高等院校经济管理核心课程精品教材

高等数学习题集

（第三版）

黄振耀　编著

上海财经大学出版社

第三版前言

本书是上海财经大学出版社出版的由黄振耀编写的《高等数学》(第三版)的配套习题集。

高等数学是高等院校经济管理类专业必修的数学基础课。高等数学是研究变量在其变化过程中的性态的一门数学学科,具有较强的抽象性,这会给学生的学习带来较大的困难,为了使学生更好地掌握高等数学中的基本概念和方法,我们编写了这本《高等数学习题集》。

在编写过程中,我们充分考虑到学生的特点,同时注意到高等数学题的完整性和规律性。对于习题中的每一道计算题,我们都做了详尽的题解,以便学习者掌握解题思路和技巧。在本书最后,我们还安排了两套模拟试卷,以综合检验学生对高等数学学习的掌握程度。

在本书编写过程中,我们得到了学院领导和兄弟部门的大力支持和关心,在此谨表谢意。书中疏漏和错误之处,恳请批评指正。

编　者

2015年2月

目　录

第一章

函　数

一、习　题

1. 单项选择题(在每小题的四项备选答案中,选出一项符合题目要求的,并把所选项前的字母填在题干后的括号内):

(1) 函数 $f(x)$ 与 $g(x)$ 相同的是(　　)。

A. $f(x)=\dfrac{x^2-1}{x-1},g(x)=x+1$

B. $f(x)=|x+1|,g(x)=x+1$

C. $f(x)=\sqrt{x^2-1},g(x)=\sqrt{x-1}\cdot\sqrt{x+1}$

D. $f(x)=\ln\sqrt{x+1},g(x)=\dfrac{1}{2}\ln(x+1)$

(2) 函数 $y=\lg\dfrac{1}{1-x}+\sqrt{x+2}$ 的定义域为(　　)。

A. $[-2,+\infty)$　　B. $[-2,1)$

C. $(-\infty,1)$　　D. $[-2,1)\cup(1,+\infty)$

(3) 分段函数 $f(x)=\begin{cases}x+1, & x<0\\ 2x, & 0<x<1\\ x-1, & 1\leqslant x\leqslant 5\end{cases}$ 的定义域为(　　)。

A. $(-\infty,0)\cup(0,5]$　　B. $(-\infty,+\infty)$

C. $(-\infty,1)\cup(1,5]$　　D. $(-\infty,0)\cup(0,1)\cup(1,5]$

(4) 在下列函数中,图像对称于原点的是(　　)。

A. $y=x^2\cos x$　　B. $y=xe^{-x}$

C. $y=\dfrac{e^x-e^{-x}}{2}$　　D. $y=\dfrac{e^x+e^{-x}}{2}$

(5) 设函数 $f(x)$ 在$(-\infty,+\infty)$ 上有定义,则下列函数中必为偶函数的是(　　)。

A. $y=|f(x)|$　　B. $y=-|f(x)|$

C. $y=xf(x)$　　D. $y=f(x)+f(-x)$

(6) 函数 $y=\dfrac{1}{x}$ 在区间$(0,2)$ 内是(　　)。

A. 单调递减且有界的　　B. 单调递减且无界的

C. 单调递增且有界的　　D. 单调递增且无界的

(7) 函数 $y=2^x$ 的图像与函数 $x=\log_2 y$ 的图像(   )。

A. 关于 x 轴对称   B. 关于 y 轴对称

C. 是同一条曲线   D. 关于直线 $y=x$ 对称

(8) 函数 $y=\dfrac{1+x}{1-x}$ 的反函数是(   )。

A. $y=\dfrac{1+x}{1-x}$ B. $y=\dfrac{x-1}{1+x}$

C. $y=\dfrac{1-x}{1+x}$ D. $y=\dfrac{x+1}{x-1}$

(9) 若 $f(x)=\dfrac{1}{x}$,$g(x)=1-x$,则 $f[g(x)]=$(   )。

A. $\dfrac{1}{1-x}$ B. $1+\dfrac{1}{x}$

C. $1-\dfrac{1}{x}$ D. x

(10) 若 $y=f(x)$ 的定义域为$[0,1]$,则函数:

$$y=f\left(x+\frac{1}{4}\right)+f\left(x-\frac{1}{4}\right)$$

的定义域为(   )。

A. $[0,1]$ B. $\left[0,\dfrac{1}{2}\right]$

C. $\left[-\dfrac{1}{4},\dfrac{5}{4}\right]$ D. $\left[\dfrac{1}{4},\dfrac{3}{4}\right]$

2. 求下列函数的定义域,并用区间表示:

(1) $y=\lg(3-x)+\cos\sqrt{x}$;   (2) $y=\sqrt{x^2-4x+3}$;

(3) $y=\dfrac{\sqrt[3]{x+1}}{x^2-3x+2}$;   (4) $y=\ln\dfrac{x}{x-2}$;

(5) $y=\dfrac{1}{\ln(3-x)}+\sqrt{49-x^2}$;   (6) $y=\arcsin\dfrac{3x-1}{5}$;

(7) $y=\begin{cases}\dfrac{\sin(x-1)}{x-1}, & x<1\\ 2x+1, & x>1\end{cases}$;   (8) $y=\begin{cases}x^2, & x<0\\ x+1, & 0\leqslant x\leqslant 2.\\ e^x, & 2<x<3\end{cases}$

3. 已知 $f(x)$ 的定义域是$[0,1]$,求下列函数的定义域:

(1) $f(x^2)$;   (2) $f(\lg x)$;

(3) $f(x+a)$;   (4) $f(x+a)+f(x-a)\left(0<a\leqslant\dfrac{1}{2}\right)$.

4. $f(x)\equiv 1$ 与 $g(x)=\dfrac{x}{x}$ 是不是相同的函数?为什么?

5. 指出函数 $f(x)=\begin{cases}x^2, & 0\leqslant x<1\\ 4, & x=1\\ 3x, & 1<x\leqslant 2\end{cases}$ 的定义域,并求:$f\left(\dfrac{1}{2}\right)$,$f(1)$,$f\left(\dfrac{3}{2}\right)$,$f(5)$.

6. 求下列函数值:

(1) $f(x)=\dfrac{|x-2|}{x+1}$,求:$f(-2),f(0),f(2)$.

(2) $g(\theta)=3\cos\theta+2$,求:$g(0),g(\frac{\pi}{2})$.

(3) $h(x)=\begin{cases}|\sin x|, & |x|<1\\ x-1, & |x|\geqslant 1\end{cases}$,求:$h(-1),h\left(\dfrac{\pi}{4}\right),h(3),h\left(-\dfrac{\pi}{4}\right)$.

(4) $y=\begin{cases}\dfrac{1}{x-1}, & x<0\\ 3x, & 0<x<1\\ 5, & 1\leqslant x\leqslant 8\end{cases}$,求:$y|_{x=-1},y|_{x=\frac{1}{2}},y|_{x=7}$.

7. 设 $y=f(x)=\begin{cases}x+1, & x<0\\ \dfrac{1}{2}, & x=0\\ x-1, & x>0\end{cases}$.

(1) 指出 $f(x)$ 的定义域;

(2) 求:$f(-1),f(0),f(1),f\left(\dfrac{3}{2}\right)$;

(3) 作出 $y=f(x)$ 的图像。

8. 将函数 $y=|3x-1|$ 用分段形式表示,并作出它的图像。

9. 若 $f(x)=ax+b,f(0)=-2,f(3)=5$,试确定 a 与 b 的值,并求:$f(1),f(2)$.

10. 设 $f(x)=\sqrt{4+x^2}$,求:$f(x_0),f(a^2),f\left(\dfrac{1}{a}\right)$.

11. 设 $f(x)=\dfrac{1-x}{1+x}$,求:$f(-x),f(x+1)$.

12. 若 $f\left(\dfrac{1}{x}-1\right)=\dfrac{x}{2x-1}$,求 $f(x)$.

13. 设 $f(x)=a^x(a>0,a\neq 1)$,证明:

$$f(x)\cdot f(y)=f(x+y)$$
$$\frac{f(x)}{f(y)}=f(x-y)$$

14. 设 $g(x)=\log_a x(a>0,a\neq 1)$,证明:

$$g(x)+g(y)=g(x\cdot y)$$
$$g(x)-g(y)=g\left(\frac{x}{y}\right)$$

15. 判断下列函数的单调性:

(1) $y=1-5x$;

(2) $y=x+\lg x$;

(3) $y=1+3x^2,x\in(-\infty,0)$;

(4) $y=2-\sqrt{x},x\in(0,+\infty)$.

16. 判断下列函数的奇偶性:

(1) $y=x^4\sin x$;

(2) $y=x^2-\cos x$;

(3) $y=\dfrac{|x|}{x^2+1}$;

(4) $y=3-|x|$;

(5) $y=\lg\frac{1+x}{1-x}$；　　(6) $y=\frac{a^x+a^{-x}}{3x}$；

(7) $y=xe^x+2$；　　(8) $y=x^3(1-x)$.

17. 设下面所考虑的函数都定义在对称区间 $(-a,a)$ 内，证明：

(1) 两个奇函数之和为奇函数，两个奇函数之积为偶函数；

(2) 两个偶函数之和或积为偶函数；

(3) 奇函数与偶函数之积为奇函数。

18. 指出下列函数中哪些是周期函数，并指出周期函数的周期：

(1) $y=2+\sin\pi x$；　　(2) $y=\sin(x-3)$；

(3) $y=3\cos^2 x$；　　(4) $y=\frac{1}{2}\cos x+\cos 2x+\sin 3x$；

(5) $y=x\cos x$；　　(6) $y=\sin\frac{1}{x}$.

19. 求下列函数的反函数：

(1) $y=2+\lg(x+3)$；　　(2) $y=2\cdot 3^{x+1}$；

(3) $y=\sqrt{x-1}$；　　(4) $y=\frac{5^x}{1+5^x}$.

20. 将 y 表示成 x 的函数：

(1) $y=u^3, u=1+v^2, v=\ln x$；

(2) $y=e^u, u=e^v, v=x^3-x^2+1$.

21. 设 $f(u)=\begin{cases}u+1, u<0\\ u-1, u\geqslant 0\end{cases}, u=\varphi(x)=\lg x$，求：$f[\varphi_{(10)}]$.

22. 设 $f(x)=\frac{x}{1-x}$，求：$f[f(x)], f\{f[f(x)]\}$.

23. 设 $f(x)=3^{x-2}$，求：$f(x^2), f^2_{(x)}$.

24. 设 $f(x)=x^3, \varphi(x)=e^{-x}$，求：$f[\varphi(x)], \varphi[f(x)]$.

25. 设 $f(x)=\operatorname{arccot}(x+1), \varphi(x)=\frac{x^2}{3}+\lg x$，求：$f[\varphi(x)], \varphi[f(x)]$.

26. 指出下列复合函数分别可由哪些函数复合而成：

(1) $y=\ln^2(x^3+1)$；　　(2) $y=\sqrt[3]{x^2+4x+1}$；

(3) $y=\cos^2(\sqrt{x}+1)$；　　(4) $y=\lg\tan\frac{x}{2}$；

(5) $y=\arcsin x^5$.

27. 某航运公司规定，在甲、乙两港间旅客托运行李的运价规则是：每件行李的重量不超过 50 千克的，每件行李的托运价按每千克 a 元计；超过 50 千克的，其超重部分另按每千克 $\frac{a}{2}$ 元计，并规定每件行李的重量不得超过 100 千克。试列出运价与行李重量之间的函数关系。

28. 设生产某商品的固定成本为 30 000 元，变动成本每件为 20 元，该商品的需求函数为 $x=1\,000(60-p)$（其中，x 为需求量，p 为每件商品的售价），求总利润函数 $L(x)$.

二、习题解答

1. (1)D (2)B (3)A (4)C (5)D (6)B (7)C (8)B (9)A (10)D

2. 解 (1) 因为 $y=\lg(3-x)+\cos\sqrt{x}$ 要有意义,必须有 $\begin{cases}3-x>0\\x\geqslant 0\end{cases}$,即 $0\leqslant x<3$. 故函数的定义域为:$[0,3)$.

(2) 因为 $y=\sqrt{x^2-4x+3}$ 要有意义,必须有 $x^2-4x+3\geqslant 0$,即 $(x-3)(x-1)\geqslant 0$.

由 $\begin{cases}x-3\geqslant 0\\x-1\geqslant 0\end{cases}$,得 $x\geqslant 3$;由 $\begin{cases}x-3\leqslant 0\\x-1\leqslant 0\end{cases}$,得 $x\leqslant 1$. 所以,函数的定义域为:$(-\infty,1]\cup[3,+\infty)$.

(3) 因为 $y=\dfrac{\sqrt[3]{x+1}}{x^2-3x+2}$ 要成立,必须有:

$$x^2-3x+2\neq 0, \text{即}(x-1)(x-2)\neq 0$$

亦即 $x\neq 1$ 且 $x\neq 2$,所以,$y=\dfrac{\sqrt[3]{x+1}}{x^2-3x+2}$ 的定义域为:$(-\infty,1)\cup(1,2)\cup(2,+\infty)$.

(4) 因为 $y=\ln\dfrac{x}{x-2}$ 要有意义,必须有 $\dfrac{x}{x-2}>0$.

由 $\begin{cases}x>0\\x-2>0\end{cases}$,得 $x>2$;由 $\begin{cases}x<0\\x-2<0\end{cases}$,得 $x<0$.

因此,$x<0$ 或 $x>2$,所以,函数 $y=\ln\dfrac{x}{x-2}$ 的定义域为 $(-\infty,0)\cup(2,+\infty)$.

(5) 因为 $y=\dfrac{1}{\ln(3-x)}+\sqrt{49-x^2}$ 要有意义,必须有:

$$\begin{cases}3-x>0\\\ln(3-x)\neq 0\\49-x^2\geqslant 0\end{cases},\text{即}\begin{cases}3-x>0\\3-x\neq 1\\x^2\leqslant 49\end{cases}$$

解得:

$$\begin{cases}-7\leqslant x<3\\x\neq 2\end{cases}$$

所以,函数的定义域为:$[-7,2)\cup(2,3)$.

(6) 因为 $y=\arcsin\dfrac{3x-1}{5}$ 要有意义,必须有:

$$\left|\frac{3x-1}{5}\right|\leqslant 1, \text{即} -1\leqslant\frac{3x-1}{5}\leqslant 1$$

于是有,$-5\leqslant 3x-1\leqslant 5$,解之得:$-\dfrac{4}{3}\leqslant x\leqslant 2$,所以,函数的定义域为:$\left[-\dfrac{4}{3},2\right]$.

(7) 所给函数是一个分段函数,在 $x<1$ 与 $x>1$ 时均有定义,仅在 $x=1$ 处无定义,故 $y=\begin{cases}\dfrac{\sin(x-1)}{x-1}, & x<1\\2x+1, & x>1\end{cases}$ 的定义域为:

$$(-\infty,1)\cup(1,+\infty)$$

(8) 所给函数的定义域为各分段定义域的并集：

$$(-\infty,0)\cup[0,2]\cup(2,3)=(-\infty,3)$$

3. 解 (1) 因为 $f(x)$ 的定义域为$[0,1]$，所以，只有当$0\leqslant x^2\leqslant 1$即$-1\leqslant x\leqslant 1$时，$f(x^2)$才有定义。所以，$f(x^2)$ 的定义域为：$[-1,1]$.

(2) 由 $0\leqslant \lg x\leqslant 1$，解得：$1\leqslant x\leqslant 10$，故 $f(\lg x)$ 的定义域为：$[1,10]$.

(3) 由 $0\leqslant x+a\leqslant 1$，解得：$-a\leqslant x\leqslant 1-a$，故 $f(x+a)$ 的定义域为：$[-a,1-a]$.

(4) 因为 $f(x)$ 的定义域为$[0,1]$，所以，只有当 $0\leqslant x+a\leqslant 1$ 且 $0\leqslant x-a\leqslant 1$ 时，函数 $y=f(x+a)+f(x-a)$ 才有意义。由给定的 $0<a\leqslant\dfrac{1}{2}$ 及不等式组：

$$\begin{cases}0\leqslant x+a\leqslant 1\\0\leqslant x-a\leqslant 1\end{cases},即\begin{cases}-a\leqslant x\leqslant 1-a\\a\leqslant x\leqslant 1+a\end{cases}$$

得：$a\leqslant x\leqslant 1-a$，所以，$f(x+a)+f(x-a)$ 的定义域为：$[a,1-a]$.

4. 答 $f(x)\equiv 1$ 与 $g(x)=\dfrac{x}{x}$ 是不同的函数，因为它们的定义域不同：$f(x)$ 的定义域为$(-\infty,+\infty)$，而 $g(x)$ 的定义域为$(-\infty,0)\cup(0,\infty)$.

5. 解 $f(x)$ 的定义域为：$[0,2]$. 因为$\dfrac{1}{2}\in[0,1)$，而$x\in[0,1)$时，$f(x)=x^2$，所以，$f\left(\dfrac{1}{2}\right)=\left(\dfrac{1}{2}\right)^2=\dfrac{1}{4}$；显然，$f(1)=4$；因为$\dfrac{3}{2}\in(1,2]$，所以，$f\left(\dfrac{3}{2}\right)=(3x)\big|_{x=\frac{3}{2}}=3\times\dfrac{3}{2}=\dfrac{9}{2}$；因为 $x=5$ 不在 $f(x)$ 的定义域$[0,2]$上，所以，$f(5)$ 无定义。

6. 解 (1) 因为 $f(x)=\dfrac{|x-2|}{x+1}$，所以：

$$f(-2)=\frac{|-2-2|}{-2+1}=-4$$

$$f(0)=\frac{|0-2|}{0+1}=2$$

$$f(2)=\frac{|2-2|}{2+1}=0$$

(2) 因为 $g(\theta)=3\cos\theta+2$，所以：

$$g(0)=3\cos 0+2=3\times 1+2=5$$

$$g\left(\frac{\pi}{2}\right)=3\cos\frac{\pi}{2}+2=3\times 0+2=2$$

(3) 因为分段函数 $h(x)=\begin{cases}|\sin x|, & |x|<1\\x-1, & |x|\geqslant 1\end{cases}$，$x=-1$ 和 $x=3$ 在 $|x|\geqslant 1$ 的范围内，故 $h(-1)$ 和 $h(3)$ 的值按第二段的公式来求；而 $x=-\dfrac{\pi}{4}$ 和 $x=\dfrac{\pi}{4}$ 属于 $|x|<1$ 的范围内，故 $h\left(-\dfrac{\pi}{4}\right)$ 和 $h\left(\dfrac{\pi}{4}\right)$的值按第一段的公式来求。所以：

$$h(-1)=-1-1=-2$$

$$h(3)=3-1=2$$

$$h\left(-\frac{\pi}{4}\right)=\left|\sin\left(-\frac{\pi}{4}\right)\right|=\frac{\sqrt{2}}{2}$$

$$h\left(\frac{\pi}{4}\right)=\left|\sin\frac{\pi}{4}\right|=\frac{\sqrt{2}}{2}$$

(4) 由所给分段函数,得:

$$y\big|_{x=-1}=\left(\frac{1}{x-1}\right)\Big|_{x=-1}=\frac{1}{-1-1}=-\frac{1}{2}$$

$$y\big|_{x=\frac{1}{2}}=(3x)\big|_{x=\frac{1}{2}}=3\times\frac{1}{2}=\frac{3}{2}$$

$$y\big|_{x=7}=5$$

7. 解 (1) 因为 $f(x)$ 在 $x<0, x=0$ 及 $x>0$ 时均有定义,所以,$f(x)$ 的定义域为:$(-\infty,+\infty)$.

(2) $f(-1)=(x+1)\big|_{x=-1}=-1+1=0$

$$f(0)=\frac{1}{2}$$

$$f(1)=(x-1)\big|_{x=1}=1-1=0$$

$$f\left(\frac{3}{2}\right)=(x-1)\big|_{x=\frac{3}{2}}=\frac{3}{2}-1=\frac{1}{2}$$

(3) $y=f(x)$ 的图像如题图 1－1 所示。

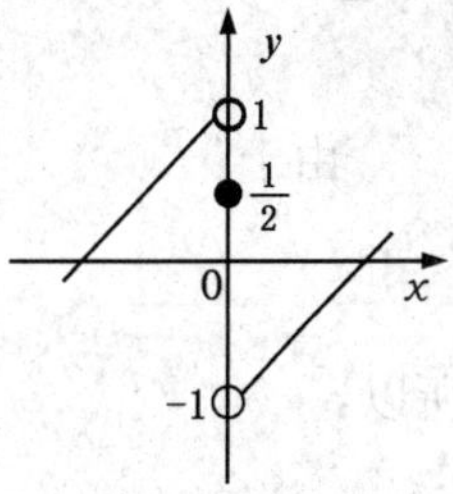

题图 1－1

8. 解 因为当 $3x-1\geqslant 0$,即 $x\geqslant\frac{1}{3}$ 时,$|3x-1|=3x-1$;当 $3x-1<0$,即 $x<\frac{1}{3}$ 时,$|3x-1|=1-3x$,所以:

$$y=|3x-1|=\begin{cases}3x-1, x\geqslant\frac{1}{3}\\ 1-3x, x<\frac{1}{3}\end{cases}$$

函数图像如题图 1－2 所示。

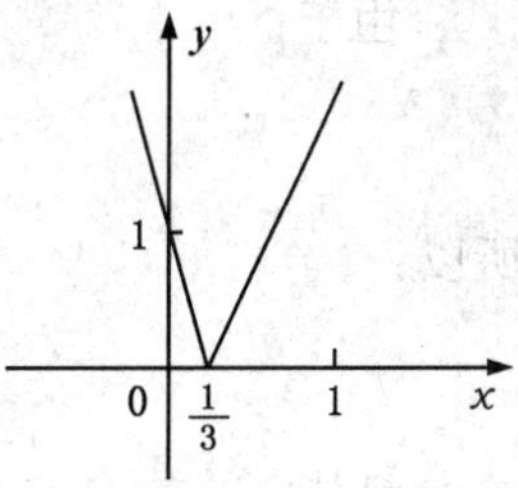

题图 1－2

9. 解 由 $f(0)=a\cdot 0+b=b=-2, f(3)=a\times 3+b=5$,

即 $\begin{cases}b=-2\\ 3a+b=5\end{cases}$,解得:$a=\frac{7}{3}, b=-2$.

所以:

$$f(x)=\frac{7}{3}x-2$$

$$f(1)=\frac{7}{3}\times 1-2=\frac{1}{3}$$

$$f(2)=\frac{7}{3}\times 2-2=\frac{8}{3}$$

10. 解

$$f(x_0)=\sqrt{4+x_0^2}$$

$$f(a^2)=\sqrt{4+a^4}$$

$$f\left(\frac{1}{a}\right)=\sqrt{4+\left(\frac{1}{a}\right)^2}=\sqrt{4+\frac{1}{a^2}}=\frac{\sqrt{4a^2+1}}{|a|}$$

11. 解

$$f(-x)=\frac{1-(-x)}{1+(-x)}=\frac{1+x}{1-x}$$

$$f(x+1)=\frac{1-(x+1)}{1+(x+1)}=-\frac{x}{2+x}$$

12. 解 由已知 $f\left(\frac{1}{x}-1\right)=\frac{x}{2x-1}$,令 $\frac{1}{x}-1=t$,即 $x=\frac{1}{1+t}$,则有:

$$f(t)=\frac{\frac{1}{1+t}}{2\cdot\frac{1}{1+t}-1}=\frac{1}{1+t}\cdot\frac{1+t}{1-t}=\frac{1+t}{1-t^2}$$

所以：
$$f(x)=\frac{1+x}{1-x^2}$$

13. 证 因为 $f(x)=a^x$，所以：

$$f(y)=a^y, f(x+y)=a^{(x+y)}, f(x-y)=a^{(x-y)}$$

由于：
$$f(x)\cdot f(y)=a^x\cdot a^y=a^{(x+y)}$$
$$\frac{f(x)}{f(y)}=\frac{a^x}{a^y}=a^{(x-y)}$$

所以：
$$f(x)\cdot f(y)=f(x+y)$$
$$\frac{f(x)}{f(y)}=f(x-y)$$

证毕。

14. 证 因为 $g(x)=\log_a x$，于是有：

$$g(y)=\log_a y, g(x\cdot y)=\log_a(x\cdot y)\qquad g\left(\frac{x}{y}\right)=\log_a\left(\frac{x}{y}\right)$$

由于：
$$g(x)+g(y)=\log_a x+\log_a y=\log_a(x\cdot y)$$
$$g(x)-g(y)=\log_a x-\log_a y=\log_a\left(\frac{x}{y}\right)$$

所以：
$$g(x)+g(y)=g(x\cdot y)$$
$$g(x)-g(y)=g\left(\frac{x}{y}\right)$$

证毕。

15. 解 (1) 因为 $y=1-5x$ 的定义域为 $(-\infty,+\infty)$，由于对任意实数 $x_1,x_2\in(-\infty,+\infty)$，当 $x_1<x_2$ 时，就有 $y(x_1)-y(x_2)=(1-5x_1)-(1-5x_2)=5(x_2-x_1)>0$，即：$y(x_1)>y(x_2)$，所以，$y=1-5x$ 为单调减函数。

(2) 因为 $y=x+\lg x$ 的定义域为 $(0,+\infty)$，由于对于 $x_1,x_2\in(0,+\infty)$，当 $x_1<x_2$ 时，有：

$$y(x_1)-y(x_2)=x_1+\lg x_1-(x_2+\lg x_2)=(x_1-x_2)+\lg\frac{x_1}{x_2}<0$$

$$\left(\text{因为 } x_1-x_2<0, 0<\frac{x_1}{x_2}<1\right)$$

即有：$y(x_1)<y(x_2)$，所以，$y=x+\lg x$ 为单调增函数。

(3) 因为对任意的 $x_1<x_2\in(-\infty,0)$，有：

$$\begin{aligned}y(x_1)-y(x_2)&=(1+3x_1^2)-(1+3x_2^2)=3(x_1^2-x_2^2)\\&=3(x_1-x_2)(x_1+x_2)\end{aligned}$$

由于 $(x_1-x_2)<0$，$(x_1+x_2)<0$，从而有 $y(x_1)-y(x_2)>0$，即 $y(x_1)>y(x_2)$，所以，$y=1+3x^2$，$x\in(-\infty,0)$ 是单调减函数。

(4) 因为对任意的 $x_1<x_2\in(0,+\infty)$：

$$y(x_1)-y(x_2)=(2-\sqrt{x_1})-(2-\sqrt{x_2})$$
$$=\sqrt{x_2}-\sqrt{x_1}=\frac{x_2-x_1}{\sqrt{x_2}+\sqrt{x_1}}>0$$

即有 $y(x_1)>y(x_2)$，所以，函数 $y=2-\sqrt{x}$，$x\in(0,+\infty)$ 是单调递减函数。

16. 解 (1) 设 $f(x)=x^4\sin x$，因为：

$$f(-x)=(-x)^4\cdot\sin(-x)=x^4\cdot(-\sin x)=-f(x)$$

所以，$y=x^4\sin x$ 是奇函数。

(2) 对于 $y=x^2-\cos x$，因为：

$$y(-x)=(-x)^2-\cos(-x)=x^2-\cos x=y(x)$$

所以，$y=x^2-\cos x$ 是偶函数。

(3) 对于 $y=\frac{|x|}{x^2+1}$，因为：

$$y(-x)=\frac{|-x|}{(-x)^2+1}=\frac{|x|}{x^2+1}=y(x)$$

所以，$y=\frac{|x|}{x^2+1}$ 是偶函数。

(4) 对于 $y=3-|x|$，因为：

$$y(-x)=3-|-x|=3-|x|=y(x)$$

所以，$y=3-|x|$ 是偶函数。

(5) 对于 $y=\lg\frac{1+x}{1-x}$，因为：

$$y(-x)=\lg\frac{1-x}{1+x}=\lg\left(\frac{1+x}{1-x}\right)^{-1}=-\lg\frac{1+x}{1-x}=-y(x)$$

所以，$y=\lg\frac{1+x}{1-x}$ 是奇函数。

(6) 对于 $y=\frac{a^x+a^{-x}}{3x}$，因为：

$$y(-x)=\frac{a^{-x}+a^x}{3\cdot(-x)}=-\frac{a^x+a^{-x}}{3x}=-y(x)$$

所以，$y=\frac{a^x+a^{-x}}{3x}$ 是奇函数。

(7) 对于 $y=xe^x+2$，因为：

$$y(-x)=-xe^{-x}+2\neq y(x)$$
$$y(-x)\neq -y(x)$$

所以，$y=xe^x+2$ 是非奇非偶函数。

(8) 因为：

$$y(x)=x^3(1-x)=x^3-x^4$$
$$y(-x)=(-x)^3-(-x)^4=-x^3-x^4$$

由于 $y(-x)\neq y(x)$，$y(-x)\neq -y(x)$，所以，$y=x^3(1-x)$ 是非奇非偶函数。

17. 证 (1) 设 $f(x)$ 和 $g(x)$ 都是奇函数：

$$F(x)=f(x)+g(x)$$
$$G(x)=f(x)\cdot g(x)$$

$$F(-x) = f(-x) + g(-x)$$
$$= -f(x) - g(x) = -F(x)$$

因为：
$$G(-x) = f(-x) \cdot g(-x)$$
$$= [-f(x)] \cdot [-g(x)] = G(x)$$

所以，$F(x)$ 是奇函数，$G(x)$ 是偶函数。即两个奇函数之和为奇函数，两个奇函数之积为偶函数。

同理可证(2)、(3)。

证毕。

18. 解 (1)$y = 2 + \sin\pi x$ 是周期函数，周期 $T = 2$.

(2)$y = \sin(x-3)$ 是 $T = 2\pi$ 的周期函数。

(3)$y = 3\cos^2 x = \frac{3}{2}(\cos 2x + 1)$ 是周期函数，周期 $T = \pi$.

(4) 因为$\frac{1}{2}\cos x$ 的周期 $T_1 = 2\pi$，$\cos 2x$ 的周期为 $T_2 = \pi$，$\sin 3x$ 的周期为 $T_3 = \frac{2\pi}{3}$，所以，$y = \frac{1}{2}\cos x + \cos 2x + \sin 3x$ 是周期函数，周期 $T = 2\pi$（T_1, T_2, T_3 的最小公倍数）。

(5)$y = x\cos x$ 不是周期函数。

(6)$y = \sin\frac{1}{x}$ 不是周期函数。

19. 解 (1) 由 $y = 2 + \lg(x+3)$ 得：$\lg(x+3) = y - 2$，于是有：$x + 3 = 10^{y-2}$，$x = 10^{y-2} - 3$. 故 $y = 2 + \lg(x+3)$ 的反函数为：$y = 10^{x-2} - 3$.

(2) 由 $y = 2 \cdot 3^{x+1}$，得：$3^{x+1} = \frac{y}{2}$，于是有：$x + 1 = \log_3\left(\frac{y}{2}\right)$，$x = \log_3\left(\frac{y}{2}\right) - 1$. 所以，$y = 2 \cdot 3^{x+1}$ 的反函数为：$y = \log_3\left(\frac{x}{2}\right) - 1$.

(3) 由 $y = \sqrt{x-1}$ 得：$y^2 = x - 1 (y \geqslant 0)$，于是有：$x = y^2 + 1 (y \geqslant 0)$. 故 $y = \sqrt{x-1}$ 的反函数为：$y = x^2 + 1, x \in [0, +\infty)$.

(4) 由 $y = \frac{5^x}{1+5^x}$ 得：$y(1 + 5^x) = 5^x$，于是有：$5^x(1 - y) = y$，$5^x = \frac{y}{1-y}$，即 $x = \log_5 \frac{y}{1-y}$. 所以，$y = \frac{5^x}{1+5^x}$ 的反函数为：$y = \log_5 \frac{x}{1-x}$.

20. 解 (1) 因为 $y = u^3, u = 1 + v^2, v = \ln x$，所以，$y = (1+v^2)^3 = (1 + \ln^2 x)^3$.

(2) 因为 $y = e^u, u = e^v, v = x^3 - x^2 + 1$，所以，$y = e^{e^v} = e^{e^{x^3 - x^2 + 1}}$.

21. 解 因为 $u_0 = \varphi(10) = \lg 10 = 1$ 属于 $u \geqslant 0$ 的范围内，所以，$f(u_0) = f_{[\varphi(10)]} = f(1) = 1 - 1 = 0$.

22. 解 因为 $f(x) = \frac{x}{1-x}$，所以：

$$f[f(x)] = \frac{\left(\frac{x}{1-x}\right)}{1 - \left(\frac{x}{1-x}\right)} = \frac{x}{1-2x}, (x \neq 1)$$

$$f\{f[f(x)]\} = \frac{\left[\frac{x}{1-2x}\right]}{1 - \left[\frac{x}{1-2x}\right]} = \frac{x}{1-3x}, \left(x \neq 1, x \neq \frac{1}{2}\right)$$

23. 解　因为 $f(x)=3^{x-2}$，所以：

$$f(x^2)=3^{x^2-2}$$

$$f^2(x)=(3^{x-2})^2=3^{2(x-2)}=3^{2x-4}$$

24. 解　因为 $f(x)=x^3,\varphi(x)=\mathrm{e}^{-x}$，所以：

$$f[\varphi(x)]=(\mathrm{e}^{-x})^3=\mathrm{e}^{-3x}$$

$$\varphi[f(x)]=\mathrm{e}^{-(x^3)}=\mathrm{e}^{-x^3}$$

25. 解　因为 $f(x)=\operatorname{arccot}(x+1),\varphi(x)=\dfrac{x^2}{3}+\lg x$，所以：

$$f[\varphi(x)]=\operatorname{arccot}\left(\frac{x^2}{3}+\lg x+1\right)$$

$$\varphi[f(x)]=\frac{[\operatorname{arccot}(x+1)]^2}{3}+\lg[\operatorname{arccot}(x+1)]$$

26. 解　(1) $y=\ln^2(x^3+1)$ 可由 $y=u^2,u=\ln v,v=x^3+1$ 复合而成。

(2) $y=\sqrt[3]{x^2+4x+1}$ 可由 $y=u^{\frac{1}{3}},u=x^2+4x+1$ 复合而成。

(3) $y=\cos^2(\sqrt{x}+1)$ 可由 $y=u^2,u=\cos v,v=\sqrt{x}+1$ 复合而成。

(4) $y=\lg\tan\dfrac{x}{2}$ 可由 $y=\lg u,u=\tan v,v=\dfrac{x}{2}$ 复合而成。

(5) $y=\arcsin x^5$ 可由 $y=\arcsin u,u=x^5$ 复合而成。

27. 解　设行李重为 x(千克)，运价为 y(元)，按题意，即有：

$$y=\begin{cases}ax, & x\in(0,50]\\ 50a+\dfrac{a}{2}(x-50), & x\in(50,100]\end{cases}$$

28. 解　设产量为 x 件时的总成本为 C 元，总收益为 R 元，则由已知可得：

$$R=R(x)=P\cdot x=\left(60-\frac{x}{1\,000}\right)\cdot x\quad(x\geqslant 0)$$

$$C=C(x)=30\,000+20x\quad(x\geqslant 0)$$

所以：

$$\begin{aligned}L(x)&=R(x)-C(x)\\&=60x-\frac{x^2}{1\,000}-(30\,000+20x)\\&=40x-\frac{x^2}{1\,000}-30\,000\quad(x\geqslant 0)\end{aligned}$$

第二章

极限与连续

一、习　题

1. 单项选择题(在每小题的四项备选答案中,选出一项符合题目要求的,并把所选项前的字母填在题干后的括号内):

(1) 若 $a_n \leqslant b_n \leqslant c_n$,且$\lim\limits_{n\to\infty} a_n = A$,$\lim\limits_{n\to\infty} c_n = C$,则必有(　　)。

A. 数列$\{b_n\}$有界　　B. $\{b_n\}$极限不存在

C. $\lim\limits_{n\to\infty} b_n = A$　　D. $\lim\limits_{n\to\infty} b_n = C$

(2) 下列极限中存在的是(　　)。

A. $\lim\limits_{x\to\infty} \dfrac{x^3+1}{x^2}$　　B. $\lim\limits_{x\to\infty} \dfrac{x(x-1)}{x^2}$

C. $\lim\limits_{x\to 0^+} 3^{\frac{1}{x}}$　　D. $\lim\limits_{x\to 0} \dfrac{1}{3^x-1}$

(3) 下列各式中,不成立的是(　　)。

A. $\lim\limits_{x\to 1^-}(x+1) = 2$　　B. $\lim\limits_{x\to 0} \dfrac{2}{x+1} = 2$

C. $\lim\limits_{x\to 0^-}(3^{\frac{1}{x}}) = 0$　　D. $\lim\limits_{x\to 0} 5^{\frac{1}{x}} = \infty$

(4) 若$\lim\limits_{x\to a^+} f(x) = A$,$\lim\limits_{x\to a^-} f(x) = A$,则 $f(x)$ 在点 a 处(　　)。

A. 一定有定义　　B. 极限存在

C. 必有 $A = f(x_0)$　　D. 一定连续

(5) 函数 $y = f(x)$ 在 $x = x_0$ 处连续是 $f(x)$ 在 $x = x_0$ 处有极限的(　　)。

A. 充分条件　　B. 必要条件

C. 充要条件　　D. 无关条件

(6) 设 $f(x) = \dfrac{x}{|x|}$,则极限$\lim\limits_{x\to 0} f(x)$(　　)。

A. 等于-1　　B. 等于0

C. 等于1　　D. 不存在

(7) $\lim\limits_{x\to\infty} x\sin\dfrac{3}{x} =$(　　)。

A. 0　　B. $\dfrac{1}{3}$　　C. 3　　D. ∞

(8) 下列各式中,成立的是(　　)。

A. $\lim\limits_{x\to\infty}\left(1+\dfrac{1}{x}\right)^{2x}=e$　　B. $\lim\limits_{x\to\infty}\left(1+\dfrac{1}{2x}\right)^{x}=e$

C. $\lim\limits_{x\to\infty}\left(1+\dfrac{2}{x}\right)^{x}=e$　　D. $\lim\limits_{x\to\infty}\left(1+\dfrac{1}{x}\right)^{x+2}=e$

(9) 设 α,β 分别是当 $x\to x_0$ 时的无穷小量与无穷大量,则 $\alpha+\beta$ 是当 $x\to x_0$ 时的(　　)。

A. 无穷小量　　B. 无穷大量

C. 有界量　　D. 常量

(10) 下列各式中,成立的是(　　)。

A. $\lim\limits_{x\to\infty}\dfrac{\sin x}{x}=1$　　B. $\lim\limits_{x\to 0}\dfrac{\tan x}{x}=1$

C. $\lim\limits_{x\to 0}\dfrac{\sin x^2}{x}=1$　　D. $\lim\limits_{x\to 0}\dfrac{\tan x}{x^2}=1$

(11) 若 $\lim\limits_{x\to a}f(x)=\infty$, $\lim\limits_{x\to a}g(x)=\infty$,则下列各式中必定成立的是(　　)。

A. $\lim\limits_{x\to a}kf(x)=\infty$(其中常数 $k\neq 0$)　　B. $\lim\limits_{x\to a}[f(x)-g(x)]=0$

C. $\lim\limits_{x\to a}[f(x)+g(x)]=\infty$　　D. $\lim\limits_{x\to a}\dfrac{1}{f(x)+g(x)}=0$

(12) 设 $f(x)$ 是在 $[a,b]$ 上有定义的初等函数,则 $f(x)$ 在 $[a,b]$ 上(　　)。

A. 必有最大值和最小值　　B. 有最大值无最小值

C. 有最小值无最大值　　D. 无最大值也无最小值

2. 考察下列数列是否有极限:

(1) $\dfrac{1}{2},\dfrac{1}{4},\dfrac{1}{6},\dfrac{1}{8},\cdots$　　(2) $1,-\dfrac{1}{2},\dfrac{1}{3},-\dfrac{1}{4},\cdots$

(3) $\left\{\dfrac{n-1}{n}\right\}$;　　(4) $\{2^n\}$.

3. 极限 $\lim\limits_{x\to 0}\dfrac{|x|}{x}$ 是否存在?

4. 极限 $\lim\limits_{x\to 0}|\sin x|$ 是否存在?

5. 设 $f(x)=\begin{cases}x^2, & x<2\\ x+1, & x>2\end{cases}$,考察当 $x\to 2$ 时,$f(x)$ 是否有极限?

6. 设 $f(x)=\begin{cases}\dfrac{1}{x}, x<-1\\ x, -1\leqslant x<0\\ 3x^2, x\geqslant 0\end{cases}$,考察下列极限:

(1) $\lim\limits_{x\to -1}f(x)$;　　(2) $\lim\limits_{x\to 0}f(x)$;

(3) $\lim\limits_{x\to -\infty}f(x)$;　　(4) $\lim\limits_{x\to +\infty}f(x)$.

7. 设 $f(x)=\begin{cases}\dfrac{1}{x-1}, & x>1\\ 3x, & x\leqslant 1\end{cases}$,考察下列极限:

(1) $\lim\limits_{x\to 1}f(x)$;　　(2) $\lim\limits_{x\to 0}f(x)$;　　(3) $\lim\limits_{x\to 2}f(x)$.

8. 求下列数列的极限:

(1) $\lim\limits_{n\to\infty}\dfrac{n+100}{n^3+1}$;

(2) $\lim\limits_{n\to\infty}\dfrac{2n^2+3}{n(n+1)}$;

(3) $\lim\limits_{n\to\infty}\dfrac{1+2+\cdots+n}{3n^2}$;

(4) $\lim\limits_{n\to\infty}\left(1+\dfrac{1}{a}+\dfrac{1}{a^2}+\cdots+\dfrac{1}{a^n}\right)$ $(|a|>1)$;

(5) $\lim\limits_{n\to\infty}\dfrac{1+a+a^2+\cdots+a^n}{1+b+b^2+\cdots+b^n}$ $(|a|<1,|b|<1)$;

(6) $\lim\limits_{n\to\infty}\dfrac{\sqrt{n^2+n}}{n+3}$;

(7) $\lim\limits_{n\to\infty}\sqrt{n}(\sqrt{n+1}-\sqrt{n})$;

(8) $\lim\limits_{n\to\infty}\dfrac{5^n+3^n}{2\cdot 5^n-4^n}$.

9. 求下列极限:

(1) $\lim\limits_{x\to 1}(x^2+27x-2)$;

(2) $\lim\limits_{x\to 2}\dfrac{x^2-2}{x+3}$;

(3) $\lim\limits_{x\to -2}\dfrac{x+2}{x^2-4}$;

(4) $\lim\limits_{x\to 2}\dfrac{x^2+x-6}{x-2}$;

(5) $\lim\limits_{x\to a}\dfrac{x^3-a^3}{x-a}$;

(6) $\lim\limits_{x\to\infty}\dfrac{x+5}{x^2-9}$;

(7) $\lim\limits_{x\to\infty}\dfrac{x^2+x+2}{5x^2+1}$;

(8) $\lim\limits_{x\to\infty}\dfrac{(x+1)^6}{(2x+1)^2\cdot(x-1)^4}$;

(9) $\lim\limits_{x\to 0}\dfrac{\sqrt{1+x}-1}{x}$;

(10) $\lim\limits_{x\to+\infty}\dfrac{1}{x(\sqrt{x^2+1}-\sqrt{x^2-1})}$;

(11) $\lim\limits_{x\to -2}\left(\dfrac{1}{x+2}-\dfrac{12}{x^3+8}\right)$;

(12) $\lim\limits_{t\to 0}\dfrac{\sqrt{x+t}-\sqrt{x}}{t}$.

10. 若极限$\lim\limits_{x\to 3}\dfrac{x^2-2x+k}{x-3}$存在,问常数 k 为何值?并求出该极限值。

11. 若$\lim\limits_{x\to 1}\dfrac{x^2+ax+b}{1-x}=5$,求 a,b 的值。

12. 求下列极限:

(1) $\lim\limits_{x\to 0}\dfrac{\tan 2x}{x}$;

(2) $\lim\limits_{x\to 0}\dfrac{\sin 2x}{\tan 3x}$;

(3) $\lim\limits_{x\to\infty}x\sin\dfrac{1}{5x}$;

(4) $\lim\limits_{x\to 0}\dfrac{x-\sin x}{x+\sin x}$;

(5) $\lim\limits_{x\to 0}\dfrac{x\sin x}{1-\cos x}$;

(6) $\lim\limits_{x\to 0}\dfrac{1-\sqrt{x+1}}{\sin 2x}$;

(7) $\lim\limits_{x\to\infty}\left(1+\dfrac{2}{x}\right)^{2x}$;

(8) $\lim\limits_{x\to\infty}\left(\dfrac{x}{x+1}\right)^{x-1}$;

(9) $\lim\limits_{x\to\infty}\left(\dfrac{2x+3}{2x+1}\right)^{x+1}$;

(10) $\lim\limits_{x\to 0}(1-3x)^{\frac{2}{x}}$;

(11) $\lim\limits_{x\to 0}\left(\dfrac{3-x}{3}\right)^{\frac{3}{x}}$；　　(12) $\lim\limits_{x\to 1}x^{\frac{1}{1-x}}$；

(13) $\lim\limits_{x\to+\infty}x[\ln(x+2)-\ln x]$；　　(14) $\lim\limits_{x\to 0}\dfrac{\ln(1+2x)}{\sin 3x}$.

13. 下列函数中，哪些是当 $x\to\infty$ 时的无穷小量：

(1) $f(x)=\dfrac{1\,000}{x}$；　　(2) $g(x)=e^x$；

(3) $h(x)=(\arctan x)^2-\dfrac{\pi^2}{4}$；　　(4) $p(x)=\left(\dfrac{1}{2}\right)^{x^2}$.

14. 在变量 $\sqrt[3]{x}$，$\dfrac{x}{100}$，x^2+2x，x^3-100，$\dfrac{1}{10x}$ 中，哪些是当 $x\to 0$ 时的无穷小量？

15. 当 $x\to 0$ 时，试将下列无穷小量与无穷小量 x 进行比较：

(1) $2x^2+3x$；　　(2) $\sqrt{1+x}-\sqrt{1-x}$.

16. 证明：

(1) 当 $x\to -3$ 时，(x^2+6x+9) 是比 $(x+3)$ 高阶的无穷小量；

(2) 当 $x\to 0$ 时，$(\tan x-\sin x)$ 是比 x 高阶的无穷小量；

(3) 当 $x\to 0$ 时，$\ln(1+x)\sim\tan x$.

17. 求下列极限：

(1) $\lim\limits_{x\to 2}(x-2)\sin\dfrac{1}{x-2}$；　　(2) $\lim\limits_{x\to\infty}\dfrac{x}{x^2+1}(1+\cos x)$；

(3) $\lim\limits_{x\to 4}\dfrac{x}{x-4}$；　　(4) $\lim\limits_{x\to\infty}(x^3-5x)$.

18. 设 $f(x)=\begin{cases}x+k, & x<0\\ 2, & x\geqslant 0\end{cases}$，问 k 为何值时，$f(x)$ 在 $x=0$ 处连续？并作出 $y=f(x)$ 的图像。

19. 当常数 k 为何值时，函数：

$$f(x)=\begin{cases}\dfrac{\sin(x^2-1)}{x-1}, & x>1\\ x^2+k, & x\leqslant 1\end{cases}$$

在 $x=1$ 处连续？

20. 已知函数 $f(x)=\begin{cases}(1+x)^{\frac{1}{2x}}, & x>0\\ a, & -1\leqslant x\leqslant 0\end{cases}$ 在其定义域上连续，求 a 的值。

21. 函数 $f(x)=\begin{cases}1-x, & 0\leqslant x<1\\ 1 & x=1\\ 3-x & 1<x\leqslant 2\end{cases}$ 在其定义域上是否连续？作出函数 $y=f(x)$ 的图形。

22. 讨论函数 $f(x)=\begin{cases}2\sqrt{x}, & 0<x\leqslant 1\\ 1+x, & 1<x<4\\ 3x, & x\geqslant 4\end{cases}$ 的连续性。

23. 求下列函数的间断点，若函数有第一类间断点或无穷间断点，请加以指明：

(1) $y=\dfrac{\sin 3x}{x}$；　　(2) $y=\dfrac{x+1}{x^2-1}$；

(3) $y=x\sin\dfrac{1}{x}+\dfrac{x}{x+2}$；　　(4) $y=\cos\dfrac{1}{x}$；

(5) $y=\begin{cases}x^2, & x\leqslant 1\\ 2x+1, & x>1\end{cases}$.

24. 给下列函数分别补充定义值 $f(0)$，使它们均在 $x=0$ 处连续：

(1) $f(x)=\dfrac{x+\sin x}{x}$；　　(2) $f(x)=x\cos\dfrac{1}{2x}$.

25. 证明方程 $x^5-5x-1=0$ 在区间(1,2)内至少有一个根。

26. 证明方程 $e^x=3x$ 至少有一个根介于 0 与 1 之间。

二、习题解答

1. (1)A　(2)B　(3)D　(4)B　(5)A　(6)D　(7)C　(8)D　(9)B　(10)B　(11)A　(12)A

2. 解　(1) 数列：$\dfrac{1}{2},\dfrac{1}{4},\dfrac{1}{6},\dfrac{1}{8},\cdots$ 的通项 $a_n=\dfrac{1}{2n}$，由于 n 趋向于无穷大时，通项 $\dfrac{1}{2n}$ 趋向于 0，故 $\left\{\dfrac{1}{2n}\right\}$ 收敛，有极限 $\lim\limits_{n\to\infty}\dfrac{1}{2n}=0$.

(2) 数列的通项 $a_n=(-1)^{n-1}\cdot\dfrac{1}{n}$，$\left\{(-1)^{n-1}\cdot\dfrac{1}{n}\right\}$ 有极限。因为当 $n\to\infty$ 时，$(-1)^{n-1}\cdot\dfrac{1}{n}\to 0$，即 $\lim\limits_{n\to\infty}\left[(-1)^{n-1}\cdot\dfrac{1}{n}\right]=0$.

(3) $\left\{\dfrac{n-1}{n}\right\}$ 有极限。因为当 $n\to\infty$ 时，$\dfrac{n-1}{n}\to 1$，即 $\lim\limits_{n\to\infty}\dfrac{n-1}{n}=1$.

(4) 由于当 n 趋向于无穷大时，2^n 趋于正无穷大，不趋于某一定值，所以，数列 $\{2^n\}$ 没有极限。

3. 解　因为

$$f(x)=\frac{|x|}{x}=\begin{cases}1, & x>0\\ -1, & x<0\end{cases}$$

$$\lim_{x\to 0^+}\frac{|x|}{x}=\lim_{x\to 0^+}1=1$$

$$\lim_{x\to 0^-}\frac{|x|}{x}=\lim_{x\to 0^-}(-1)=-1$$

$$\lim_{x\to 0^+}\frac{|x|}{x}\neq\lim_{x\to 0^-}\frac{|x|}{x}$$

所以，$\lim\limits_{x\to 0}\dfrac{|x|}{x}$ 不存在。

4. 解　因为：

$$\lim_{x\to 0^+}|\sin x|=\lim_{x\to 0^+}(\sin x)=0$$

$$\lim_{x\to 0^-}|\sin x|=\lim_{x\to 0^-}(-\sin x)=0$$

所以,$\lim\limits_{x\to 0}|\sin x|=0$.

5. 解 因为:

$$\lim_{x\to 2^+}f(x)=\lim_{x\to 2^+}(x+1)=3$$

$$\lim_{x\to 2^-}f(x)=\lim_{x\to 2^-}x^2=4$$

$$\lim_{x\to 2^+}f(x)\neq\lim_{x\to 2^-}f(x)$$

所以,$\lim\limits_{x\to 2}f(x)$ 不存在。

6. 解 (1)$x=-1$ 是 $f(x)$ 的分段点。

因为:

$$\lim_{x\to -1^+}f(x)=\lim_{x\to -1^+}x=-1$$

$$\lim_{x\to -1^-}f(x)=\lim_{x\to -1^-}\frac{1}{x}=-1$$

所以,$\lim\limits_{x\to -1}f(x)=-1$.

(2)$x=0$ 也是 $f(x)$ 的分段点。

因为:

$$\lim_{x\to 0^+}f(x)=\lim_{x\to 0^+}(3x^2)=0$$

$$\lim_{x\to 0^-}f(x)=\lim_{x\to 0^-}(x)=0$$

所以,$\lim\limits_{x\to 0}f(x)=0$.

(3) 由于 $x\in(-\infty,-1)$ 时,$f(x)=\dfrac{1}{x}$,所以,$\lim\limits_{x\to -\infty}f(x)=\lim\limits_{x\to -\infty}\dfrac{1}{x}=0$.

(4) 由于 $x\in(0,+\infty)$ 时,$f(x)=3x^2$,所以,$\lim\limits_{x\to +\infty}f(x)=\lim\limits_{x\to +\infty}(3x^2)=+\infty$,不存在。

7. 解 (1)$x=1$ 是 $f(x)$ 的分段点。

因为 $\lim\limits_{x\to 1^+}f(x)=\lim\limits_{x\to 1^+}\dfrac{1}{x-1}=\infty$,不存在,所以,$\lim\limits_{x\to 1}f(x)$ 不存在。

(2) 因为 $x_0=0$ 左右邻近点(属于 $x<1$ 的范围内)的函数值均按 $f(x)=3x$ 来计算,所以,$\lim\limits_{x\to 0}f(x)=\lim\limits_{x\to 0}(3x)=0$.

(3) 因为 $x_1=2$ 左右邻近点(属于 $x>1$ 的范围内)的函数值均按 $f(x)=\dfrac{1}{x-1}$ 来计算,

所以,$\lim\limits_{x\to 2}f(x)=\lim\limits_{x\to 2}\dfrac{1}{x-1}=1$.

8. 解 (1) $\lim\limits_{n\to\infty}\dfrac{n+100}{n^3+1}$(分子、分母同除以 n^3)

$$=\lim_{n\to\infty}\frac{\frac{1}{n^2}+\frac{100}{n^3}}{1+\frac{1}{n^3}}=\frac{0+0}{1+0}=0$$

(2) $$\lim_{n\to\infty}\frac{2n^2+3}{n(n+1)}=\lim_{n\to\infty}\frac{2+\frac{3}{n^2}}{1+\frac{1}{n}}=\frac{2+0}{1+0}=2$$

(3) 因为：

$$1+2+\cdots+n=\frac{n(n+1)}{2}$$

所以：

$$\lim_{n\to\infty}\frac{1+2+\cdots+n}{3n^2}=\lim_{n\to\infty}\frac{n(n+1)}{6n^2}=\lim_{n\to\infty}\frac{1}{6}\left(1+\frac{1}{n}\right)=\frac{1}{6}$$

(4) $\lim\limits_{n\to\infty}\left(1+\frac{1}{a}+\frac{1}{a^2}+\cdots+\frac{1}{a^n}\right)=\lim\limits_{n\to\infty}\frac{1-\left(\frac{1}{a}\right)^{n+1}}{1-\frac{1}{a}}$

$=\frac{1}{1-\frac{1}{a}}=\frac{a}{a-1}\left[\text{因为}\left|\frac{1}{a}\right|<1,\lim\limits_{n\to\infty}\left(\frac{1}{a}\right)^{n+1}=0\right]$

(5) $\lim\limits_{n\to\infty}\frac{1+a+a^2+\cdots+a^n}{1+b+b^2+\cdots+b^n}=\lim\limits_{n\to\infty}\frac{\frac{1-a^{n+1}}{1-a}}{\frac{1-b^{n+1}}{1-b}}$

$=\frac{1-b}{1-a}$(因为 $|a|<1$，$|b|<1$，$\lim\limits_{n\to\infty}a^{n+1}=0$，$\lim\limits_{n\to\infty}b^{n+1}=0$)

(6) $\lim\limits_{n\to\infty}\frac{\sqrt{n^2+n}}{n+3}$(分子、分母同除以 n)

$=\lim\limits_{n\to\infty}\frac{\sqrt{1+\frac{1}{n}}}{1+\frac{3}{n}}=1$

(7) $\lim\limits_{n\to\infty}\sqrt{n}(\sqrt{n+1}-\sqrt{n})$

$=\lim\limits_{n\to\infty}\frac{\sqrt{n}(\sqrt{n+1}-\sqrt{n})(\sqrt{n+1}+\sqrt{n})}{\sqrt{n+1}+\sqrt{n}}$

$=\lim\limits_{n\to\infty}\frac{\sqrt{n}\cdot 1}{\sqrt{n+1}+\sqrt{n}}=\lim\limits_{n\to\infty}\frac{1}{\sqrt{1+\frac{1}{n}}+1}$

$=\frac{1}{1+1}=\frac{1}{2}$

(8) $\lim\limits_{n\to\infty}\frac{5^n+3^n}{2\cdot 5^n-4^n}$(分子、分母同除以 5^n)

$=\lim\limits_{n\to\infty}\frac{1+\left(\frac{3}{5}\right)^n}{2-\left(\frac{4}{5}\right)^n}=\frac{1+0}{2-0}=\frac{1}{2}$

9. 解 (1) $\lim\limits_{x\to 1}(x^2+27x-2)=1+27-2=26$

(2) 因为 $\lim\limits_{x\to 2}(x^2-2)=4-2=2$，$\lim\limits_{x\to 2}(x+3)=5\neq 0$，所以：

$$\lim_{x\to 2}\frac{x^2-2}{x+3}=\frac{\lim\limits_{x\to 2}(x^2-2)}{\lim\limits_{x\to 2}(x+3)}=\frac{2}{5}$$

(3) 因为分子和分母的极限均为零,故不能直接用商的法则来计算。由于分子、分母均有因子$(x+2)$,因此:

$$\lim_{x\to -2}\frac{x+2}{x^2-4}=\lim_{x\to -2}\frac{x+2}{(x-2)(x+2)}=\lim_{x\to -2}\frac{1}{x-2}=-\frac{1}{4}$$

(4) $\lim\limits_{x\to 2}\dfrac{x^2+x-6}{x-2}=\lim\limits_{x\to 2}\dfrac{(x-2)(x+3)}{(x-2)}=\lim\limits_{x\to 2}(x+3)=5$

(5) $\lim\limits_{x\to a}\dfrac{x^3-a^3}{x-a}=\lim\limits_{x\to a}\dfrac{(x-a)(x^2+ax+a^2)}{x-a}=\lim\limits_{x\to a}(x^2+ax+a^2)=3a^2$

(6) $\lim\limits_{x\to\infty}\dfrac{x+5}{x^2-9}$(分子、分母同除以$x^2$)

$$=\lim_{x\to\infty}\frac{\frac{1}{x}+\frac{5}{x^2}}{1-\frac{9}{x^2}}=\frac{0+0}{1-0}=0$$

(7) $\lim\limits_{x\to\infty}\dfrac{x^2+x+2}{5x^2+1}=\lim\limits_{x\to\infty}\dfrac{1+\frac{1}{x}+\frac{2}{x^2}}{5+\frac{1}{x^2}}=\dfrac{1}{5}$

(8) $\lim\limits_{x\to\infty}\dfrac{(x+1)^6}{(2x+1)^2\cdot(x-1)^4}=\lim\limits_{x\to\infty}\dfrac{\left(1+\frac{1}{x}\right)^6}{\left(2+\frac{1}{x}\right)^2\cdot\left(1-\frac{1}{x}\right)^4}=\dfrac{1}{2^2}=\dfrac{1}{4}$

(9) $\lim\limits_{x\to 0}\dfrac{\sqrt{1+x}-1}{x}=\lim\limits_{x\to 0}\dfrac{(\sqrt{1+x}-1)(\sqrt{1+x}+1)}{x(\sqrt{1+x}+1)}$

$$=\lim_{x\to 0}\frac{x}{x(\sqrt{1+x}+1)}=\lim_{x\to 0}\frac{1}{(\sqrt{1+x}+1)}$$

$$=\frac{1}{1+1}=\frac{1}{2}$$

(10) $\lim\limits_{x\to +\infty}\dfrac{1}{x(\sqrt{x^2+1}-\sqrt{x^2-1})}$

$$=\lim_{x\to +\infty}\frac{\sqrt{x^2+1}+\sqrt{x^2-1}}{x(\sqrt{x^2+1}-\sqrt{x^2-1})(\sqrt{x^2+1}+\sqrt{x^2-1})}$$

$$=\lim_{x\to +\infty}\frac{\sqrt{x^2+1}+\sqrt{x^2-1}}{x\cdot 2}$$

$$=\lim_{x\to +\infty}\frac{1}{2}\left(\sqrt{1+\frac{1}{x^2}}+\sqrt{1-\frac{1}{x^2}}\right)=\frac{1}{2}(1+1)=1$$

(11) $\lim\limits_{x\to -2}\left(\dfrac{1}{x+2}-\dfrac{12}{x^3+8}\right)$

$$=\lim_{x\to -2}\frac{x^2-2x+4-12}{(x+2)(x^2-2x+4)}=\lim_{x\to -2}\frac{(x+2)(x-4)}{(x+2)(x^2-2x+4)}$$

$$=\lim_{x\to -2}\frac{x-4}{x^2-2x+4}=-\frac{1}{2}$$

(12) $\lim\limits_{t\to 0}\dfrac{\sqrt{x+t}-\sqrt{x}}{t}$

$$= \lim_{t \to 0} \frac{(\sqrt{x+t} - \sqrt{x})(\sqrt{x+t} + \sqrt{x})}{t(\sqrt{x+t} + \sqrt{x})}$$

$$= \lim_{t \to 0} \frac{1}{\sqrt{x+t} + \sqrt{x}} = \frac{1}{2\sqrt{x}}$$

10. 解 因为当 $x \to 3$ 时，分式 $\frac{x^2 - 2x + k}{x - 3}$ 的极限存在，而分母 $(x-3) \to 0$，故必有：分子 $(x^2 - 2x + k) \to 0$（否则，该分式的极限将不存在，与已知矛盾），即有：

$$\lim_{x \to 3}(x^2 - 2x + k) = 9 - 6 + k = 0$$

所以：

$$k = -3$$

$$\lim_{x \to 3} \frac{x^2 - 2x - 3}{x - 3} = \lim_{x \to 3} \frac{(x-3)(x+1)}{(x-3)} = \lim_{x \to 3}(x+1) = 4$$

11. 解 由所给极限特点，应有分子极限：

$$\lim_{x \to 1}(x^2 + ax + b) = 0$$

即有：$1 + a + b = 0$，得：$a = -b - 1$. 于是有：

$$\lim_{x \to 1} \frac{x^2 + ax + b}{1 - x} = \lim_{x \to 1} \frac{x^2 - (b+1)x + b}{1 - x} = 5$$

即：
$$\lim_{x \to 1} \frac{x(x-1) - b(x-1)}{1 - x} = \lim_{x \to 1}(b - x) = 5$$

因为 $\lim_{x \to 1}(b - x) = b - 1$，从而有：$b - 1 = 5$，所以，$b = 6$，$a = -7$.

12. 解 (1) $\lim_{x \to 0} \frac{\tan 2x}{x} = \lim_{x \to 0} \frac{1}{\cos 2x} \cdot \frac{\sin(2x)}{(2x)} \cdot 2 = 1 \times 1 \times 2 = 2$

(2) $\lim_{x \to 0} \frac{\sin 2x}{\tan 3x} = \lim_{x \to 0} \frac{\sin(2x)}{(2x)} \cdot \frac{(3x)}{\tan(3x)} \cdot \frac{2}{3} = 1 \times 1 \times \frac{2}{3} = \frac{2}{3}$

(3) $\lim_{x \to \infty} x \sin \frac{1}{5x} = \lim_{x \to \infty} \frac{\sin \frac{1}{5x}}{\frac{1}{5x}} \cdot \frac{1}{5} \xlongequal{令 t = \frac{1}{5x}} \lim_{t \to 0} \frac{\sin t}{t} \cdot \frac{1}{5} = \frac{1}{5}$

(4) $\lim_{x \to 0} \frac{x - \sin x}{x + \sin x} = \lim_{x \to 0} \frac{1 - \frac{\sin x}{x}}{1 + \frac{\sin x}{x}} = \frac{1-1}{1+1} = 0$

(5) $\lim_{x \to 0} \frac{x \sin x}{1 - \cos x} = \lim_{x \to 0} \frac{x \sin x}{2\left(\sin \frac{x}{2}\right)^2}$

$$= \lim_{x \to 0} \frac{\sin x}{x} \cdot \left[\frac{\left(\frac{x}{2}\right)}{\sin\left(\frac{x}{2}\right)}\right]^2 \cdot 2 = 1 \times 1^2 \times 2 = 2$$

(6) $\lim_{x \to 0} \frac{1 - \sqrt{x+1}}{\sin 2x}$

$$= \lim_{x \to 0} \frac{(1 - \sqrt{x+1})(1 + \sqrt{x+1})}{\sin 2x \cdot (1 + \sqrt{x+1})}$$

$$= \lim_{x\to 0}\frac{-x}{\sin 2x\cdot(1+\sqrt{x+1})}$$

$$= \lim_{x\to 0}\left(-\frac{1}{2}\right)\cdot\frac{2x}{\sin 2x}\cdot\frac{1}{(1+\sqrt{x+1})}$$

$$= -\frac{1}{2}\times 1\times\frac{1}{1+1} = -\frac{1}{4}$$

(7) $\lim\limits_{x\to\infty}\left(1+\frac{2}{x}\right)^{2x} = \lim\limits_{x\to\infty}\left[1+\frac{1}{\left(\frac{x}{2}\right)}\right]^{\left(\frac{x}{2}\right)\cdot 4} = e^4$

(8) $\lim\limits_{x\to\infty}\left(\frac{x}{x+1}\right)^{x-1} = \lim\limits_{x\to\infty}\left(\frac{1}{1+\frac{1}{x}}\right)^{x}\cdot\left(\frac{1}{1+\frac{1}{x}}\right)^{-1}$

$$= \lim_{x\to\infty}\frac{1}{\left(1+\frac{1}{x}\right)^{x}}\cdot\left(1+\frac{1}{x}\right) = \frac{1}{e}\cdot 1 = e^{-1}$$

(9) $\lim\limits_{x\to\infty}\left(\frac{2x+3}{2x+1}\right)^{x+1} = \lim\limits_{x\to\infty}\left[\frac{(2x+1)+2}{2x+1}\right]^{x+1} = \lim\limits_{x\to\infty}\left(1+\frac{2}{2x+1}\right)^{x+1}$

令 $t=\frac{2}{2x+1}$,则 $x=\frac{1}{t}-\frac{1}{2}$,且当 $x\to\infty$ 时,$t\to 0$,所以:

$$\lim_{x\to\infty}\left(\frac{2x+3}{2x+1}\right)^{x+1} = \lim_{t\to 0}(1+t)^{\frac{1}{t}-\frac{1}{2}+1}$$

$$= \lim_{t\to 0}(1+t)^{\frac{1}{t}}\cdot\left(1+\frac{1}{t}\right)^{\frac{1}{2}} = e\cdot 1 = e$$

(10) $\lim\limits_{x\to 0}(1-3x)^{\frac{2}{x}} \xlongequal{令 t=-3x} \lim\limits_{t\to 0}[(1+t)^{\frac{1}{t}}]^{(-6)} = e^{-6}$

(11) $\lim\limits_{x\to 0}\left(\frac{3-x}{3}\right)^{\frac{3}{x}} = \lim\limits_{x\to 0}\left\{\left[1+\left(-\frac{x}{3}\right)\right]\cdot\left(-\frac{3}{x}\right)\right\}^{(-1)} = e^{-1}$

(12) $\lim\limits_{x\to 1}x^{\frac{1}{1-x}} = \lim\limits_{x\to 1}[1+(x-1)]^{\frac{1}{1-x}}$

令 $t=x-1$,则 $\frac{1}{1-x}=-\frac{1}{t}$,且当 $x\to 1$ 时,$t\to 0$,所以:

$$\lim_{x\to 1}x^{\frac{1}{1-x}} = \lim_{t\to 0}(1+t)^{-\frac{1}{t}} = \lim_{t\to 0}[(1+t)^{\frac{1}{t}}]^{-1} = e^{-1}$$

(13) $\lim\limits_{x\to+\infty}x[\ln(x+2)-\ln x] = \lim\limits_{x\to+\infty}x\ln\left(\frac{x+2}{x}\right)$

$$= \lim_{x\to+\infty}\ln\left(1+\frac{2}{x}\right)^{x}$$

$$= \lim_{x\to+\infty}\ln\left[\left(1+\frac{2}{x}\right)^{\frac{x}{2}}\right]^{2}$$

$$= \ln e^2 = 2$$

(14) $\lim\limits_{x\to 0}\frac{\ln(1+2x)}{\sin 3x} = \lim\limits_{x\to 0}\frac{3x}{\sin 3x}\cdot\frac{\ln(1+2x)}{2x}\cdot\frac{2}{3}$

$$= \lim_{x\to 0}\frac{3x}{\sin 3x}\cdot\lim_{x\to 0}\ln[(1+2x)^{\frac{1}{2x}}]\cdot\frac{2}{3}$$

$$= 1\times 1\times\frac{2}{3} = \frac{2}{3}$$

13. 解 因为：

$$\lim_{x\to\infty}f(x)=\lim_{x\to\infty}\frac{1\,000}{x}=0$$

$$\lim_{x\to\infty}g(x)=\lim_{x\to\infty}e^{x}\text{ 不存在}$$

$$\lim_{x\to\infty}h(x)=\lim_{x\to\infty}\left[(\arctan x)^2-\frac{\pi^2}{4}\right]=0$$

$$\lim_{x\to\infty}p(x)=\lim_{x\to\infty}\left(\frac{1}{2}\right)^{x^2}=0$$

所以，由无穷小量的定义知：$\frac{1\,000}{x}$，$\left[(\text{arctg}x)^2-\frac{\pi^2}{4}\right]$，$\left(\frac{1}{2}\right)^{x^2}$ 当 $x\to\infty$ 时都是无穷小量；$e^x(x\to\infty)$ 不是无穷小量。

14. 解 因为：

$$\lim_{x\to0}\sqrt[3]{x}=0$$

$$\lim_{x\to0}\frac{x}{100}=0$$

$$\lim_{x\to0}(x^2+2x)=0$$

$$\lim_{x\to0}(x^3-100)=-100\neq0$$

$$\lim_{x\to0}\frac{1}{10x}=\infty$$

所以，$\sqrt[3]{x}$，$\frac{x}{100}$，x^2+2x 当 $x\to0$ 时都是无穷小量；而 (x^3-100) 与 $\frac{1}{10x}$ 当 $x\to0$ 时都不是无穷小量。

15. 解 (1) 因为 $\lim\limits_{x\to0}\frac{2x^2+3x}{x}=\lim\limits_{x\to0}(2x+3)=3$，所以，$2x^2+3x$ 与 x 是同阶无穷小量（当 $x\to0$ 时）。

(2) 因为：

$$\begin{aligned}\lim_{x\to0}\frac{\sqrt{1+x}-\sqrt{1-x}}{x}&=\lim_{x\to0}\frac{(1+x)-(1-x)}{x(\sqrt{1+x}+\sqrt{1-x})}\\&=\lim_{x\to0}\frac{2x}{x(\sqrt{1+x}+\sqrt{1-x})}\\&=\frac{2}{1+1}=1\end{aligned}$$

所以，当 $x\to0$ 时，$\sqrt{1+x}-\sqrt{1-x}$ 与 x 是等价的无穷小量。

16. 证 (1) 因为：

$$\lim_{x\to-3}\frac{(x^2+6x+9)}{x+3}=\lim_{x\to-3}\frac{(x+3)^2}{x+3}=\lim_{x\to-3}(x+3)=0$$

所以，当 $x\to-3$ 时，(x^2+6x+9) 是比 $(x+3)$ 高阶的无穷小量。

(2) 因为：

$$\lim_{x\to0}\frac{\tan x-\sin x}{x}=\lim_{x\to0}\left(\frac{\tan x}{x}-\frac{\sin x}{x}\right)=1-1=0$$

所以，当 $x\to0$ 时，$(\tan x-\sin x)$ 是比 x 高阶的无穷小量。

(3) 因为：

$$\lim_{x\to 0}\frac{\ln(1+x)}{\tan x}=\lim_{x\to 0}\frac{\ln(1+x)}{x}\cdot\frac{x}{\tan x}$$

$$=\lim_{x\to 0}\ln[(1+x)^{\frac{1}{x}}]\cdot\frac{x}{\tan x}=\ln e\cdot 1=1$$

所以，当 $x\to 0$ 时，$\ln(1+x)\sim\tan x$.

证毕。

17. 解 (1) 因为当 $x\to 2$ 时，$(x-2)\to 0$，$\left|\sin\frac{1}{x-2}\right|\leqslant 1$，即 $(x-2)$ 是当 $x\to 2$ 时的无穷小量，$\sin\frac{1}{x-2}$ 为有界量，由无穷小量的性质 —— 无穷小量乘有界量仍为无穷小量，故 $(x-2)\sin\frac{1}{x-2}$ 是当 $x\to 2$ 时的无穷小量。所以，$\lim\limits_{x\to 2}(x-2)\sin\frac{1}{x-2}=0$.

(2) 因为当 $x\to\infty$ 时，$\frac{x}{x^2+1}\to 0$，$|1+\cos x|\leqslant 2$，由无穷小量的性质知：$\frac{x}{x^2+1}(1+\cos x)$ 是当 $x\to\infty$ 时的无穷小量。所以，$\lim\limits_{x\to\infty}\frac{x}{x^2+1}(1+\cos x)=0$.

(3) 因为 $\lim\limits_{x\to 4}\frac{1}{\frac{x}{x-4}}=\lim\limits_{x\to 4}\frac{x-4}{x}=\frac{0}{4}=0$，所以，$\lim\limits_{x\to 4}\frac{x}{x-4}=\infty$.

(4) 因为 $\lim\limits_{x\to\infty}\frac{1}{x^3-5x}=\lim\limits_{x\to\infty}\frac{\frac{1}{x^3}}{1-\frac{5}{x^2}}=\frac{0}{1-0}=0$，所以，$\lim\limits_{x\to\infty}(x^3-5x)=\infty$.

18. 解 因为：

$$f(0)=2$$

$$\lim_{x\to 0^+}f(x)=\lim_{x\to 0^+}2=2$$

$$\lim_{x\to 0^-}f(x)=\lim_{x\to 0^-}(x+k)=k$$

所以，要使 $f(x)$ 在 $x=0$ 处连续，必须有：

$$\lim_{x\to 0^-}f(x)=\lim_{x\to 0^+}f(x)=f(0)$$

即有 $k=2$. 所以，当 $k=2$ 时，函数 $f(x)$ 在点 $x=0$ 处连续。

$y=f(x)$ 的图像见题图 2－1.

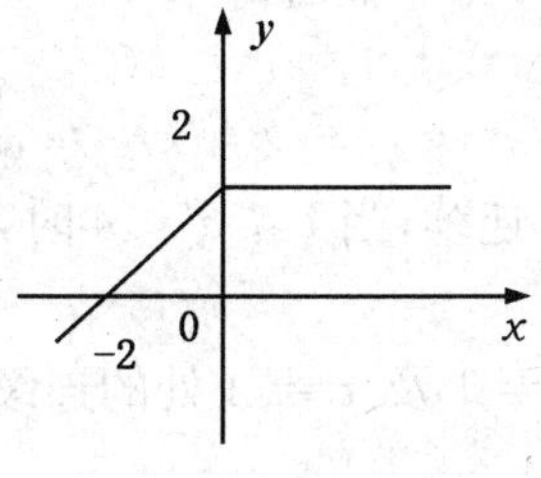

题图 2－1

19. 解 因为：

$$f(1) = 1^2 + k = 1 + k$$

$$\lim_{x \to 1^-} f(x) = \lim_{x \to 1^-} (x^2 + k) = 1 + k$$

$$\lim_{x \to 1^+} f(x) = \lim_{x \to 1^+} \frac{\sin(x^2 - 1)}{x - 1} = \lim_{x \to 1^+} \frac{\sin(x^2 - 1)}{(x^2 - 1)} \cdot (x + 1)$$

$$= 1 \times (1 + 1) = 2$$

因此，$f(x)$ 要在 $x = 1$ 处连续，必须有：

$$\lim_{x \to 1^-} f(x) = \lim_{x \to 1^+} f(x) = f(1)$$

即有 $1 + k = 2$，故 $k = 2 - 1 = 1$. 所以，当 $k = 1$ 时，$f(x)$ 在 $x = 1$ 处连续。

20. 解 由所给条件知，$f(x)$ 在 $x = 0$ 处连续，即有：

$$\lim_{x \to 0^+} f(x) = \lim_{x \to 0^-} f(x) = f(0)$$

因为：

$$\lim_{x \to 0^+} f(x) = \lim_{x \to 0^+} (1 + x)^{\frac{1}{2x}} = e^{\frac{1}{2}}$$

$$\lim_{x \to 0^-} f(x) = \lim_{x \to 0^-} a = a$$

$$f(0) = a$$

所以，$a = e^{\frac{1}{2}} = \sqrt{e}$.

21. 解 $f(x)$ 的定义域为$[0,2]$.

当 $0 \leqslant x < 1$ 时，$f(x) = 1 - x$，连续；当 $1 < x \leqslant 2$ 时，$f(x) = 3 - x$，连续；在 $x = 1$ 处，因为 $f(1) = 1$，$\lim\limits_{x \to 1^-} f(x) = \lim\limits_{x \to 1^-} (1 - x) = 0$，$\neq \lim\limits_{x \to 1^+} f(x) = \lim\limits_{x \to 1^+} (3 - x) = 2$，$\lim\limits_{x \to 1} f(x)$ 不存在，所以，$f(x)$ 在 $x = 1$ 处不连续。

$f(x)$ 除了在 $x = 1$ 处不连续外，在其定义域上的其他点处均连续。

$y = f(x)$ 的图形见题图 2－2.

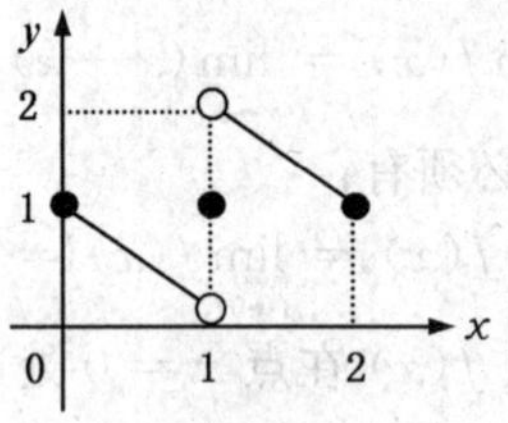

题图 2－2

22. 解 $f(x)$ 的定义域为$(0, +\infty)$.

当 $0 < x < 1$ 时，$f(x) = 2\sqrt{x}$，连续；当 $1 < x < 4$ 时，$f(x) = (1 + x)$，连续；当 $x > 4$ 时，$f(x) = 3x$，连续。

下面讨论 $f(x)$ 在其分段点 $x = 1$ 及 $x = 4$ 处的连续性。

因为：

$$f(1) = 2\sqrt{1} = 2$$

$$\lim_{x \to 1^-} f(x) = \lim_{x \to 1^-} 2\sqrt{x} = 2$$

$$\lim_{x \to 1^+} f(x) = \lim_{x \to 1^+} (x+1) = 2$$

即有：
$$\lim_{x \to 1^-} f(x) = \lim_{x \to 1^+} f(x) = f(1)$$

所以，$f(x)$ 在 $x = 1$ 处连续。

因为 $f(4) = 3 \times 4 = 12$，$\lim_{x \to 4^-} f(x) = \lim_{x \to 4^-} (1+x) = 5$，$\neq \lim_{x \to 4^+} f(x) = \lim_{x \to 4^+} (3x) = 12$，$\lim_{x \to 4} f(x)$ 不存在，所以，$f(x)$ 在 $x = 4$ 处不连续。

因此，$f(x)$ 在其定义域上除点 $x = 4$ 外处处连续。

23. 解 (1)$y = \frac{\sin 3x}{x}$ 在 $x = 0$ 处无定义，故 $x = 0$ 是其间断点，且为可去间断点(因为极限$\lim_{x \to 0} \frac{\sin 3x}{x} = 3$)，属于第一类间断点。

(2)$y = \frac{x+1}{x^2-1}$ 在 $x = \pm 1$ 处无定义，故 $x = -1$ 和 $x = 1$ 是该函数的间断点。

$x = -1$ 为可去间断点，属于第一类间断点。

$x = 1$ 为无穷间断点.

$\left(因为\lim_{x \to -1} \frac{x+1}{x^2-1} = \lim_{x \to -1} \frac{1}{x-1} = -\frac{1}{2}，而\lim_{x \to 1} \frac{x+1}{x^2-1} = \infty\right)$

(3)$y = x\sin\frac{1}{x} + \frac{x}{x+2}$ 在 $x = 0$ 及 $x = -2$ 处无定义，故 $x = 0$ 和 $x = -2$ 是其间断点。

$x = 0$ 为可去间断点，属于第一类间断点。

$x = -2$ 为无穷间断点。

(4)$y = \cos\frac{1}{x}$ 有间断点 $x = 0$.

(5)$y = \begin{cases} x^2, & x \leqslant 1 \\ 2x+1, & x > 1 \end{cases}$，在 $x = 1$ 处无极限，故 $x = 1$ 是该函数的间断点，且为跳跃间断点，属于第一类间断点。

24. 解 (1) 因为：

$$\lim_{x \to 0} \frac{x + \sin x}{x} = \lim_{x \to 0} \left(1 + \frac{\sin x}{x}\right) = 1 + 1 = 2$$

所以，补充定义 $x = 0$ 时 $f(x) = 2$，则函数：

$$y = \begin{cases} \frac{x + \sin x}{x}, & x \neq 0 \\ 2, & x = 0 \end{cases}$$

在 $x = 0$ 处连续。

(2) 因为$\lim_{x \to 0} x\cos\frac{1}{2x} = 0$，所以，补充定义 $f(0) = 0$，则函数：

$$y = \begin{cases} x\cos x\frac{1}{2x}, & x \neq 0 \\ 0, & x = 0 \end{cases}$$

在 $x=0$ 处连续。

25. 证 设 $f(x)=x^5-5x-1$. 因为 $f(x)$ 是在$[1,2]$上有定义的初等函数，所以，$f(x)$ 在$[1,2]$上连续。又因为：

$$f(1)=1^5-5\times1-1=-5<0$$

$$f(2)=2^5-5\times2-1=21>0$$

$f(1)$ 与 $f(2)$ 异号，所以，由零值定理，在区间$(1,2)$内至少有一点 ξ，使 $f(\xi)=0$. 此即方程 $x^5-5x-1=0$ 在区间$(1,2)$内至少有一个根。

证毕。

26. 证 设 $f(x)=e^x-3x$. 显然，$f(x)$ 在$[0,1]$上是连续的。因为：

$$f(0)=e^0-0=1>0$$

$$f(1)=e-3<0$$

$f(0)$ 与 $f(1)$ 异号，所以，由零值定理，在区间$(0,1)$内至少有一点 x_0，使 $f(x_0)=0$.

这就是说，方程 $e^x-3x=0$ 即 $e^x=3x$ 至少有一个根介于 0 与 1 之间。

证毕。

第三章

导数与微分

一、习　题

1. 单项选择题(在每小题的四项备选答案中,选出一项符合题目要求的,并把所选项前的字母填在题干后的括号内):

(1) 设函数 $y=f(x)$ 在 x_0 处可导,则 $\lim\limits_{\Delta x\to 0}\dfrac{f(x_0-\Delta x)-f(x_0)}{\Delta x}=$(　　)。

A. $-f'(x_0)$　　B. $f'(x_0)$　　C. 0　　D. 不存在

(2) 设曲线 $y=x^2+x-2$ 在点 M 处的切线斜率为 3,则点 M 的坐标为(　　)。

A. (0,1)　　B. (1,0)　　C. (0,0)　　D. (1,1)

(3) 设 $f(x)$ 在区间 (a,b) 内连续,且 $x_0\in(a,b)$,则在点 x_0 处 $f(x)$(　　)。

A. 极限存在且可导　　B. 极限存在但不一定可导

C. 极限不存在　　D. 极限不一定存在

(4) 下列函数中在 $x=1$ 处连续但不可导的函数是(　　)。

A. $y=\dfrac{1}{x-1}$　　B. $y=|x-1|$

C. $y=\ln(x^2-1)$　　D. $y=(x-1)^2$

(5) 设函数 $f(x)=\begin{cases}e^x, & x\geqslant 0\\ x^2+1, & x<0\end{cases}$,则函数在 $x=0$ 处(　　)。

A. 无定义　　B. 不连续

C. 连续但不可导　　D. 连续且可导

(6) 设 $f(x)=\begin{cases}x^2+2x, & x\leqslant 0\\ 2x, & 0<x<1\\ \dfrac{1}{x}, & x\geqslant 1\end{cases}$,则 $f(x)$ 的不可导点为(　　)。

A. $x=1$　　B. $x=0$ 与 $x=1$　　C. $x=0$　　D. $x=2$

(7) 设 $f(x)=e^x\sin x$,则 $f'(0)=$(　　)。

A. -1　　B. 0　　C. 1　　D. 2

(8) 设 $f(x)=x(x-1)(x-2)(x-3)$,则 $f'(0)=$(　　)。

A. 0　　B. 1　　C. 2　　D. -6

(9) 设 $y=f(-x)$,则 $\dfrac{dy}{dx}=$(　　)。

A. $f'(x)$　　B. $-f'(x)$　　C. $f'(-x)$　　D. $-f'(-x)$

(10) 设 $y=\ln\cot x$，则 $y'|_{x=\frac{\pi}{4}}=$（　　）。

A. 1　　B. $-\frac{1}{2}$　　C. -2　　D. 2

(11) 设函数 $f(x-1)=x^2-1$，则 $f'(1)=$（　　）。

A. 1　　B. 2　　C. 4　　D. 6

(12) 设函数 $f\left(\frac{1}{x}\right)=\frac{x}{x-1}$，则 $f'(x)=$（　　）。

A. $\frac{1}{(1-x)^2}$　　B. $-\frac{1}{(1-x)^2}$　　C. $\frac{1}{1-x}$　　D. $\frac{1}{x-1}$

(13) 设 $y=x^n+x^{n-1}+\cdots+x+1$，则 $y^{(n)}=$（　　）。

A. 0　　B. 1　　C. n　　D. $n!$

(14) 设 $y=\sin x$，则 $y^{(60)}=$（　　）。

A. $\sin x$　　B. $-\sin x$　　C. $\cos x$　　D. $-\cos x$

(15) 设 $y=\ln\cos x$，则 $y''=$（　　）。

A. $\sec^2 x$　　B. $-\sec^2 x$　　C. $\cot x$　　D. $-\tan x$

(16) 函数 $f(x)$ 在点 x_0 处连续是 $f(x)$ 在点 x_0 处可微的（　　）。

A. 必要条件　　B. 充分条件

C. 充要条件　　D. 无关条件

(17) 设 $y=f(x)$ 可微，则当 $\Delta x\to 0$ 时，$(\Delta y-\mathrm{d}y)$ 与 Δx 相比是（　　）。

A. 等价无穷小量　　B. 同阶无穷小量

C. 低阶无穷小量　　D. 高阶无穷小量

(18) 设 $u=u(x)$，$v=v(x)$ 都是可微函数，则 $\mathrm{d}(uv)=$（　　）。

A. $u\mathrm{d}u+v\mathrm{d}v$　　B. $u'\mathrm{d}v+v'\mathrm{d}u$

C. $u\mathrm{d}v+v\mathrm{d}u$　　D. $u\mathrm{d}v-v\mathrm{d}u$

(19) 设产量为 x 个单位时的总成本 $C(x)=9+\frac{x^2}{12}$，则产量为 6 个单位时的边际成本是（　　）。

A. 1　　B. 2　　C. 6　　D. 12

(20) 设某商品的需求量 y 是价格 x 的函数：$y=\mathrm{e}^{-0.01x}$，则当价格 $x=2$ 时，其对应的需求弹性为（　　）。

A. 0　　B. -0.1　　C. -0.2　　D. -0.02

2. 讨论函数 $y=x|x|$ 在 $x=0$ 处的可导性。

3. 讨论函数 $f(x)=\begin{cases} x\sin\frac{1}{x}, & x>0 \\ 0, & x\leqslant 0 \end{cases}$ 在 $x=0$ 处的连续性与可导性。

4. 已知 $f'(x_0)=2$，求 $\lim\limits_{t\to 0}\frac{f(x_0-2t)-f(x_0)}{t}$。

5. 求曲线 $y=\sqrt{x}$ 在点 $(1,1)$ 处的切线斜率和切线方程。

6. 问 x 为何值时，曲线 $y=x^2$ 与曲线 $y=x^3$ 的切线平行？

7. 一物体的运动方程为 $s=t^3$，求该物体在 $t=2$ 时的瞬时速度。

8. 求下列函数的导数：

(1) $y=2x^3-x^2+x+10$；

(2) $y=2^x+x^2+\ln x$；

(3) $y=\sqrt[3]{x^2}$；

(4) $y=\cos x-\sec x$；

(5) $y=\frac{1}{x}+\frac{1}{x^3}+\ln 3$；

(6) $y=x\ln x+e^x+2$；

(7) $y=(x^2+1)\arctan x$；

(8) $y=x\sec x-2\cot x$；

(9) $y=\frac{x+1}{x-1}$；

(10) $y=\frac{e^x}{x}$；

(11) $y=x\arcsin x$；

(12) $y=(\sqrt{x}+1)\left(\frac{1}{\sqrt{x}}-1\right)$.

9. 设 $f\left(\frac{1}{x}\right)=\frac{x}{1+3x^2}$，求 $f'(x)$.

10. 求下列函数的导数：

(1) $y=\sqrt{1-x^2}$；

(2) $y=\sin^2\sqrt{x}$；

(3) $y=\arccos x^3$；

(4) $y=\left(\arctan\frac{x}{2}\right)^3$；

(5) $y=2^{\sin x}+\cos 2x$；

(6) $y=x^2\cdot e^{-x}$；

(7) $y=\ln\sqrt{\frac{1-x}{1+x}}$；

(8) $y=\ln\cos\frac{1}{x}$；

(9) $y=\sqrt{x+\sqrt{x}}$；

(10) $y=\frac{x}{2}\cdot\sqrt{x^2-4}$；

(11) $y=\ln\sqrt{x}+\sqrt{\ln x}$；

(12) $y=\ln(x+\sqrt{x^2-1})$；

(13) $y=\sec^2\frac{x}{a}+\csc^2\frac{x}{a}$；

(14) $y=\sec^3(e^{2x})$；

(15) $y=x\sqrt{1-x^2}+\arcsin x$；

(16) $y=x\arccos\frac{x}{2}+\sqrt{4-x^2}$；

(17) $y=\ln\left(\tan\frac{x}{2}\right)-\cos(\ln\tan x)$；

(18) $y=2^x\cdot\sin x+\ln\sqrt{\frac{1-x}{1+x}}$.

11. 求下列函数的导数：

(1) $y=\frac{x^2}{1-x}\sqrt{\frac{3-x}{3+x}}$；

(2) $y=x^2\cdot\sqrt[3]{\frac{(x+1)(x-1)}{x+2}}$；

(3) $y=x^{\sin x}$；

(4) $y=\left(1+\frac{1}{x}\right)^x$；

(5) $y=x^x+x^2+2^x$.

12. 设某工厂生产 Q 个单位产品时的总成本（单位：万元）为：

$$C(Q)=\frac{1}{3}Q^3-Q^2+3Q+18$$

试求：(1) 生产 3 个单位产品时的总成本和平均成本；

(2) 生产 3 个单位产品时的边际成本，并解释其经济意义。

13. 设某产品的产量为 Q 吨时的总收益 R（单位：千元）为：

$$R(Q)=200Q-0.01Q^2$$

试求：产量为 50 吨时的总收益、平均收益和边际收益。

14. 设某商品的需求量 Q 关于价格 P 的函数为：

$$Q = 10e^{-P}$$

试求：(1) 总收益函数和边际收益函数；

(2) 需求价格弹性函数；

(3) $P = 3$ 时的需求弹性，并说明其经济意义；

(4) $P = 3$ 时的收益弹性，并说明其经济意义。

15. 求下列函数的弹性(a,b,c 为非零常数)：

(1) $y = e^{ax}$；　　(2) $y = x \cdot 2^{bx}$；

(3) $y = a - bx$；　　(4) $y = \dfrac{b}{x+a} - c$.

16. 求下列函数的二阶导数：

(1) $y = \dfrac{x+1}{x-1}$；　　(2) $y = (1+x^2)\arctan x$；

(3) $y = \ln(1-2x)$；　　(4) $y = e^{-x} \cdot \sin x$；

(5) $y = \dfrac{x}{2}(\sin\ln x - \cos\ln x)$；　　(6) $y = (x^2+2x+2)e^x$.

17. 设函数 $y = x \cdot \arcsin x$，求 $\left.\dfrac{d^2 y}{dx^2}\right|_{x=0}$.

18. 求下列函数的 n 阶导数：

(1) $y = a^x (a > 0$ 且 $a \neq 1)$；　　(2) $y = \dfrac{1}{2x+3}$；

(3) $y = \ln(e+x)$；　　(4) $y = xe^x$.

19. 设函数 $y = e^x \cdot \sin x$，试证：$y'' - 2y' + 2y = 0$.

20. 求函数 $y = x^3$ 在 $x = 2$ 处且 $\Delta x = 0.1$ 时的 Δy 和 dy.

21. 求下列函数的微分：

(1) $y = x - x^3$；　　(2) $y = x \cdot \ln x$；

(3) $y = e^{-2x} \cdot \cos x$；　　(4) $y = x \cdot \arctan\sqrt{x}$；

(5) $y = x \cdot \tan^2 x$；　　(6) $y = \ln(x^3 + x - 1)$；

(7) $y = 2^{x^2}$；　　(8) $y = x^{2x}$.

22. 一正方体的棱长 $x = 10$ 厘米，如果棱长增加 0.1 厘米，求此正方体体积增加的精确值 Δv 和近似值 dv.

23. 一平面圆环，其内半径为 10 厘米，宽度为 0.1 厘米，求其面积的精确值与近似值。

24. 利用微分求下列各数的近似值：

(1) $e^{-0.01}$；　　(2) $e^{0.02}$；

(3) ln1.03；　　(4) ln0.998；

(5) $\sqrt[3]{1.03}$；　　(6) arctan1.02.

二、习题解答

1. (1)A　(2)B　(3)B　(4)B　(5)C　(6)A　(7)C　(8)D　(9)D　(10)C

(11)C　(12)A　(13)D　(14)A　(15)B　(16)A　(17)D　(18)C　(19)A　(20)D

2. 解 因为：

$$y(0)=0$$

$$\lim_{\Delta x\to 0}\frac{\Delta y}{\Delta x}=\lim_{\Delta x\to 0}\frac{y(0+\Delta x)-y(0)}{\Delta x}$$

$$=\lim_{\Delta x\to 0}\frac{\Delta x\,|\Delta x|-0}{\Delta x}=\lim_{\Delta x\to 0}|\Delta x|=0$$

所以，$y=x\,|x|$ 在 $x=0$ 处可导，且 $y'|_{x=0}=0$.

3. 解 因为在 $x=0$ 处，$f(x)=0$，左极限 $\lim\limits_{x\to 0^-}f(x)=\lim\limits_{x\to 0^-}0=0$，右极限 $\lim\limits_{x\to 0^+}f(x)=\lim\limits_{x\to 0^+}x\sin\dfrac{1}{x}=0$，即有 $\lim\limits_{x\to 0^+}f(x)=\lim\limits_{x\to 0^-}f(x)=f(0)$，所以，$f(x)$ 在 $x=0$ 处连续。

又因为在 $x=0$ 处，$f(x)$ 的右导数：

$$\lim_{x\to 0^+}\frac{f(x)-f(0)}{x-0}=\lim_{x\to 0^+}\frac{x\sin\frac{1}{x}-0}{x-0}=\lim_{x\to 0^+}\sin\frac{1}{x}\text{ 不存在}$$

所以，$f(x)$ 在 $x=0$ 处不可导。

4. 解 $\lim\limits_{t\to 0}\dfrac{f(x_0-2t)-f(x_0)}{t}=\lim\limits_{t\to 0}\dfrac{f(x_0+(-2t))-f(x_0)}{(-2t)}\cdot(-2)$

$$=-2f'(x_0)=-2\times 2=-4$$

5. 解 因为 $y'=\dfrac{1}{2\sqrt{x}}$，所以，曲线 $y=\sqrt{x}$ 在点(1,1) 处的斜率：$k=y'|_{x=1}=\dfrac{1}{2}$.

在点(1,1) 处的切线方程为：

$$y-1=\frac{1}{2}(x-1)$$

即：

$$x-2y+1=0$$

6. 解 由于曲线 $y=x^2$ 上点 (x,y) 处的切线斜率为：$k=y'=2x$，对于 $y=x^3$，有 $y'=3x^2$. 由 $2x=3x^2$，解得：$x=0$，$x=\dfrac{2}{3}$. 因此，在 $x=0$ 和 $x=\dfrac{2}{3}$ 处，曲线 $y=x^2$ 的切线与 $y=x^3$ 的切线平行。

7. 解 由于速度 $v=\dfrac{ds}{dt}=3t^2$，故在 $t=2$ 时的瞬时速度：$v(2)=\left.\dfrac{ds}{dt}\right|_{t=2}=12$.

8. 解 (1) $y'=(2x^3-x^2+x+10)'=6x^2-2x+1$

(2) $y'=(2^x+x^2+\ln x)'=2^x\cdot\ln 2+2x+\dfrac{1}{x}$

(3) 因为 $y=\sqrt[3]{x^2}=x^{\frac{2}{3}}$，所以，$y'=\dfrac{2}{3}x^{-\frac{1}{3}}$.

(4) $y'=(\cos x-\sec x)'=-\sin x-\sec x\cdot\tan x$

(5) $y'=(\dfrac{1}{x}+x^{-3}+\ln 3)'=-\dfrac{1}{x^2}-3x^{-4}+0=-\dfrac{1}{x^2}-\dfrac{3}{x^4}$

(6) $y'=(x\ln x)'+(e^x)'+(2)'=1\cdot\ln x+x\cdot\dfrac{1}{x}+e^x+0$

$$=\ln x+1+e^x$$

(7) $y'=(x^2+1)'\cdot\arctan x+(x^2+1)(\arctan x)'$

$$=2x\cdot\arctan x+(x^2+1)\cdot\frac{1}{1+x^2}$$

$$= 2x \cdot \arctan x + 1$$

(8) $y' = (x\sec x)' - (2\cot x)' = \sec x + x \cdot \sec x \cdot \tan x + 2\csc^2 x$

(9) $y' = \left(\dfrac{x+1}{x-1}\right)'$

$$= \frac{(x+1)'(x-1) - (x-1)'(x+1)}{(x-1)^2}$$

$$= \frac{(x-1)-(x+1)}{(x-1)^2} = -\frac{2}{(x-1)^2}$$

(10) $y' = \left(\dfrac{e^x}{x}\right)' = \dfrac{e^x \cdot x - 1 \cdot e^x}{x^2} = \dfrac{(x-1) \cdot e^x}{x^2}$

(11) $y' = (x)'\arcsin x + x(\arcsin x)' = \arcsin x + \dfrac{x}{\sqrt{1-x^2}}$

(12) 因为 $y = 1 + \dfrac{1}{\sqrt{x}} - \sqrt{x} - 1 = x^{-\frac{1}{2}} - x^{\frac{1}{2}}$，所以：

$$y' = (x^{-\frac{1}{2}})' - (x^{\frac{1}{2}})' = -\frac{1}{2}x^{-\frac{3}{2}} - \frac{1}{2}x^{-\frac{1}{2}} = -\frac{1}{2}\left(\frac{1}{\sqrt{x^3}} + \frac{1}{\sqrt{x}}\right)$$

9. 解 先求函数 $f(x)$. 因为：

$$f\left(\frac{1}{x}\right) = \frac{x}{1+3x^2} = \frac{\frac{1}{x}}{\frac{1}{x^2}+3} = \frac{\left(\frac{1}{x}\right)}{\left(\frac{1}{x}\right)^2+3}$$

所以：

$$f(x) = \frac{x}{x^2+3}$$

$$f'(x) = \left(\frac{x}{x^2+3}\right)' = \frac{1 \cdot (x^2+3) - x \cdot (x^2+3)'}{(x^2+3)^2}$$

$$= \frac{x^2+3-2x^2}{(x^2+3)^2} = \frac{3-x^2}{(x^2+3)^2}$$

10. 解 (1) $y' = \dfrac{1}{2\sqrt{1-x^2}} \cdot (1-x^2)' = \dfrac{1}{2\sqrt{1-x^2}} \cdot (-2x) = -\dfrac{x}{\sqrt{1-x^2}}$

(2) $y' = [(\sin\sqrt{x})^2]' = 2(\sin\sqrt{x}) \cdot (\sin\sqrt{x})'$

$$= 2\sin\sqrt{x} \cdot \cos\sqrt{x} \cdot (\sqrt{x})'$$

$$= 2\sin\sqrt{x} \cdot \cos\sqrt{x} \cdot \frac{1}{2\sqrt{x}} = \frac{\sin 2\sqrt{x}}{2\sqrt{x}}$$

(3) $y' = [\arccos(x^3)]' = -\dfrac{1}{\sqrt{1-(x^3)^2}} \cdot (x^3)' = -\dfrac{3x^2}{\sqrt{1-x^6}}$

(4) $y' = 3\left(\arctan\dfrac{x}{2}\right)^2 \cdot \left(\arctan\dfrac{x}{2}\right)'$

$$= 3\left(\arctan\frac{x}{2}\right)^2 \cdot \frac{1}{1+\left(\frac{x}{2}\right)^2} \cdot \left(\frac{x}{2}\right)' = \frac{6\left(\arctan\frac{x}{2}\right)^2}{4+x^2}$$

(5) $y' = 2^{\sin x} \cdot \ln 2 \cdot (\sin x)' - \sin(2x) \cdot (2x)'$

$= 2^{\sin x} \cdot (\ln 2) \cdot \cos x - 2\sin 2x$

(6) $y' = (x^2)' \cdot e^{-x} + x^2 \cdot (e^{-x})'$

$= 2xe^{-x} + x^2 \cdot e^{-x}(-x)' = xe^{-x}(2-x)$

(7) 因为 $y = \frac{1}{2}[\ln(1-x) - \ln(1+x)]$,所以:

$$y' = \frac{1}{2}\left[\frac{1}{(1-x)} \cdot (1-x)' - \frac{1}{(1+x)} \cdot (1+x)'\right]$$

$$= \frac{1}{2}\left[\frac{-1}{1-x} - \frac{1}{1+x}\right] = \frac{1}{x^2-1}$$

(8) $y' = \frac{1}{\cos\frac{1}{x}} \cdot \left(\cos\frac{1}{x}\right)' = \frac{1}{\cos\frac{1}{x}}\left(-\sin\frac{1}{x}\right) \cdot \left(\frac{1}{x}\right)' = \frac{1}{x^2}\tan\frac{1}{x}$

(9) $y' = \frac{1}{2\sqrt{x+\sqrt{x}}} \cdot (x+\sqrt{x})' = \frac{1}{2\sqrt{x+\sqrt{x}}} \cdot \left(1 + \frac{1}{2\sqrt{x}}\right)$

(10) $y' = \frac{1}{2}[1 \cdot \sqrt{x^2-4} + x \cdot (\sqrt{x^2-4})']$

$= \frac{1}{2}\left[\sqrt{x^2-4} + x \cdot \frac{1}{2\sqrt{x^2-4}} \cdot 2x\right] = \frac{x^2-2}{\sqrt{x^2-4}}$

(11) 因为 $y = \frac{1}{2}\ln x + \sqrt{\ln x}$,所以:

$$y' = \frac{1}{2x} + \frac{1}{2\sqrt{\ln x}} \cdot (\ln x)' = \frac{1}{2x} + \frac{1}{2x\sqrt{\ln x}} = \frac{1}{2x}\left(1 + \frac{1}{\sqrt{\ln x}}\right)$$

(12) $y' = \frac{1}{x+\sqrt{x^2-1}} \cdot (x+\sqrt{x^2-1})'$

$= \frac{1}{x+\sqrt{x^2-1}} \cdot \left[1 + \frac{1}{2\sqrt{x^2-1}} \cdot (2x)\right]$

$= \frac{1}{\sqrt{x^2-1}}$

(13) $y' = 2\sec\frac{x}{a} \cdot \left(\sec\frac{x}{a}\right)' + 2\csc\frac{x}{a} \cdot \left(\csc\frac{x}{a}\right)'$

$= 2\sec\frac{x}{a} \cdot \sec\frac{x}{a} \cdot \tan\frac{x}{a} \cdot \frac{1}{a} + 2\csc\frac{x}{a}\left(-\csc\frac{x}{a} \cdot \cot\frac{x}{a}\right) \cdot \frac{1}{a}$

$= \frac{2}{a}\left(\sec^2\frac{x}{a} \cdot \tan\frac{x}{a} - \csc^2\frac{x}{a} \cdot \cot\frac{x}{a}\right)$

(14) $y' = 3[\sec(e^{2x})]^2 \cdot [\sec(e^{2x})]'$

$= 3\sec^2(e^{2x}) \cdot \sec(e^{2x}) \cdot \tan(e^{2x}) \cdot (e^{2x})'$

$= 6e^{2x} \cdot \sec^3(e^{2x}) \cdot \tan(e^{2x})$

(15) $y' = 1 \cdot \sqrt{1-x^2} + x(\sqrt{1-x^2})' + \frac{1}{\sqrt{1-x^2}}$

$= \sqrt{1-x^2} + x \cdot \frac{1}{2\sqrt{1-x^2}} \cdot (-2x) + \frac{1}{\sqrt{1-x^2}}$

$= 2\sqrt{1-x^2}$

(16) $y' = 1 \cdot \arccos\frac{x}{2} + x \cdot \left(\arccos\frac{x}{2}\right)' + \frac{1}{2\sqrt{4-x^2}} \cdot (-2x)$

$$= \arccos\frac{x}{2} + x \cdot \left[-\frac{1}{\sqrt{1-\left(\frac{x}{2}\right)^2}}\right] \cdot \left(\frac{x}{2}\right)' - \frac{x}{\sqrt{4-x^2}}$$

$$= \arccos\frac{x}{2} - \frac{2x}{\sqrt{4-x^2}}$$

(17) $y' = \frac{1}{\tan\frac{x}{2}} \cdot \left(\tan\frac{x}{2}\right)' + \sin(\ln\tan x) \cdot (\ln\tan x)'$

$$= \frac{1}{\tan\frac{x}{2}} \cdot \sec^2\frac{x}{2} \cdot \frac{1}{2} + \sin(\ln\tan x) \cdot \frac{1}{\tan x} \cdot (\tan x)'$$

$$= \frac{1}{2\sin\frac{x}{2}\cos\frac{x}{2}} + \sin(\ln\tan x) \cdot \frac{1}{\tan x} \cdot \sec^2 x$$

$$= \csc x\left[1 + \frac{\sin(\ln\tan x)}{\cos x}\right]$$

(18) 因为 $y = 2^x\sin x + \frac{1}{2}[\ln(1-x) - \ln(1+x)]$，所以：

$$y' = 2^x \cdot \ln 2 \cdot \sin x + 2^x \cdot \cos x + \frac{1}{2}\left[\frac{(-1)}{1-x} - \frac{1}{1+x}\right]$$

$$= 2^x(\ln 2 \cdot \sin x + \cos x) + \frac{1}{x^2-1}$$

11. 解 (1) **解法 1** 两边取对数，得：

$$\ln y = 2\ln x - \ln(1-x) + \frac{1}{2}[\ln(3-x) - \ln(3+x)]$$

上式两边对 x 求导，得：

$$\frac{1}{y} \cdot y' = \frac{2}{x} - \frac{1}{1-x} \cdot (-1) + \frac{1}{2}\left[\frac{1}{3-x} \cdot (-1) - \frac{1}{3+x}\right]$$

所以：

$$y' = y\left[\frac{2}{x} + \frac{1}{1-x} - \frac{3}{9-x^2}\right]$$

$$= \frac{x^2}{1-x}\sqrt{\frac{3-x}{3+x}} \cdot \left[\frac{2}{x} + \frac{1}{1-x} + \frac{3}{x^2-9}\right]$$

解法 2 因为 $y = e^{\ln\frac{x^2}{1-x}\sqrt{\frac{3-x}{3+x}}}$，所以：

$$y' = e^{\ln\frac{x^2}{1-x}\sqrt{\frac{3-x}{3+x}}} \cdot \left[\ln\frac{x^2}{1-x}\sqrt{\frac{3-x}{3+x}}\right]'$$

$$= \frac{x^2}{1-x}\sqrt{\frac{3-x}{3+x}}\left[2\ln x - \ln(1-x) + \frac{1}{2}\ln(3-x) - \frac{1}{2}(3+x)\right]'$$

$$= \frac{x^2}{1-x}\sqrt{\frac{3-x}{3+x}} \cdot \left[\frac{2}{x} + \frac{1}{1-x} + \frac{3}{x^2-9}\right]$$

(2) 两边取对数，得：

$$\ln y = 2\ln x + \frac{1}{3}[\ln(x+1) + \ln(x-1) - \ln(x+2)]$$

上式两边对 x 求导,得:

$$\frac{1}{y}\cdot y'=\frac{2}{x}+\frac{1}{3}\left[\frac{1}{x+1}+\frac{1}{x-1}-\frac{1}{x+2}\right]$$

所以: $$y'=x^2\cdot\sqrt[3]{\frac{(x+1)(x-1)}{x+2}}\left[\frac{2}{x}+\frac{1}{3}\left(\frac{1}{x+1}+\frac{1}{x-1}-\frac{1}{x+2}\right)\right]$$

(3) 因为 $y=e^{\ln x\sin x}=e^{\sin x\cdot\ln x}$,所以:

$$y'=e^{\sin x\cdot\ln x}\cdot[\sin x\cdot\ln x]'$$
$$=x^{\sin x}\cdot\left[\cos x\cdot\ln x+(\sin x)\cdot\frac{1}{x}\right]$$

(4) 因为 $y=e^{x\ln\left(1+\frac{1}{x}\right)}$,所以:

$$y'=e^{x\ln\left(1+\frac{1}{x}\right)}\cdot\left[x\cdot\ln\left(1+\frac{1}{x}\right)\right]'$$
$$=\left(1+\frac{1}{x}\right)^x\cdot\left[\ln\left(1+\frac{1}{x}\right)+x\cdot\frac{1}{1+\frac{1}{x}}\cdot\left(-\frac{1}{x^2}\right)\right]$$
$$=\left(1+\frac{1}{x}\right)^x\cdot\left[\ln\left(1+\frac{1}{x}\right)-\frac{1}{x+1}\right]$$

(5) 由于 $y'=(x^x+x^2+2^x)'=(x^x)'+(x^2)'+(2^x)'$,其中:

$$(x^x)'=(e^{x\ln x})'=e^{x\ln x}\cdot(x\ln x)'=x^x(\ln x+1)$$
$$(x^2)'=2x$$
$$(2^x)'=2^x\cdot\ln 2$$

所以: $$y'=x^x(\ln x+1)+2x+2^x\cdot\ln 2$$

12. 解 (1) 生产 3 个单位产品时的总成本为:

$$C(3)=\frac{1}{3}\times3^3-3^2+3\times3+18=27(\text{万元})$$

平均成本为:

$$\overline{C}(3)=\frac{C(3)}{3}=9(\text{万元 / 单位})$$

(2) 因为 $C'(Q)=Q^2-2Q+3$,所以生产 3 个单位产品时的边际成本为:

$$C'(3)=3^2-2\times3+3=6(\text{万元 / 单位})$$

其经济意义是:当生产的产品数量为 3 个单位时,再增加生产一个单位产品,生产的总成本将增加约 6 万元。

13. 解 因为 $R(Q)=200Q-0.01Q^2$,$R'(Q)=200-0.02Q$,所以:

$$R(50)=200\times50-0.01\times50^2=9\ 975(\text{千元})$$
$$\overline{R}(50)=\frac{R(50)}{50}=199.5(\text{千元 / 吨})$$
$$R'(50)=199(\text{千元 / 吨})$$

14. 解 (1) 总收益 $R(P)=Q\cdot P=10e^{-P}\cdot P$

边际收益 $R'(P)=10e^{-P}(1-P)$

(2) 需求价格弹性为:

$$\frac{EQ}{EP}=P\cdot\frac{Q'}{Q}=P\cdot\frac{10e^{-P}\cdot(-1)}{10e^{-P}}=-P$$

(3) $P=3$ 时的需求弹性为：

$$\left.\frac{EQ}{EP}\right|_{P=3}=-3$$

其经济意义是：若价格由 $P=3$ 上涨 1%，则需求量就降低 3%.

(4) 因为 $R(P)=10e^{-P}\cdot P$，$R'(P)=10(1-P)e^{-P}$，所以：

$$\frac{ER}{EP}=P\cdot\frac{R'(P)}{R(P)}=P\cdot\frac{10(1-P)e^{-P}}{10e^{-P}\cdot P}=(1-P)$$

$$\left.\frac{ER}{EP}\right|_{P=3}=-2$$

其经济意义是：若价格由 $P=3$ 上涨 1%，则收益将减少 2%.

15. 解 (1) 因为 $y=e^{ax}$，$y'=a\cdot e^{ax}$，所以：

$$\frac{Ey}{Ex}=x\cdot\frac{y'}{y}=x\cdot\frac{a\cdot e^{ax}}{e^{ax}}=ax$$

(2) 因为：

$$y=x\cdot 2^{bx},$$

$$y'=1\cdot 2^{bx}+x\cdot 2^{bx}\cdot\ln 2\cdot(bx)'=2^{bx}(1+bx\cdot\ln 2)$$

所以：
$$\frac{Ey}{Ex}=x\cdot\frac{y'}{y}=x\cdot\frac{2^{bx}(1+bx\cdot\ln 2)}{x\cdot 2^{bx}}=1+bx\cdot\ln 2$$

(3) 因为 $y=a-bx$，$y'=-b$，所以：

$$\frac{Ey}{Ex}=x\cdot\frac{y'}{y}=x\cdot\frac{-b}{a-bx}=\frac{bx}{bx-a}$$

(4) 因为 $y=\frac{b}{x+a}-c$，$y'=-\frac{b}{(x+a)^2}$，所以：

$$\frac{Ey}{Ex}=x\cdot\frac{y'}{y}=x\cdot\left[-\frac{b}{(x+a)^2}\right]\Big/\left(\frac{b}{x+a}-c\right)=\frac{bx}{(x+a)(cx+ac-b)}$$

16. 解 (1) 因为：

$$y=\frac{x+1}{x-1}$$

$$y'=\frac{1\cdot(x-1)-1\cdot(x+1)}{(x-1)^2}=-\frac{2}{(x-1)^2}$$

所以：
$$y''=\left[-\frac{2}{(x-1)^2}\right]'=\frac{4}{(x-1)^3}$$

(2) 因为：

$$y=(1+x^2)\arctan x$$

$$y'=2x\arctan x+1$$

所以：
$$y''=2\left(\arctan x+\frac{x}{1+x^2}\right)$$

(3) 因为：

$$y=\ln(1-2x)$$

$$y'=\frac{1}{1-2x}(-2)=\frac{2}{2x-1}$$

所以：
$$y''=-\frac{4}{(2x-1)^2}$$

(4) 因为：

$$y=\mathrm{e}^{-x}\cdot\sin x$$
$$y'=\mathrm{e}^{-x}\cdot(-1)\cdot\sin x+\mathrm{e}^{-x}\cdot\cos x=\mathrm{e}^{-x}(\cos x-\sin x)$$

所以：
$$y''=\mathrm{e}^{-x}\cdot(-1)(\cos x-\sin x)+\mathrm{e}^{-x}(-\sin x-\cos x)=-2\mathrm{e}^{-x}\cdot\cos x$$

(5) 因为：

$$y=\frac{x}{2}(\sin\ln x-\cos\ln x)$$
$$y'=\frac{1}{2}\left[1\cdot(\sin\ln x-\cos\ln x)+x\left(\cos\ln x\cdot\frac{1}{x}+\sin\ln x\cdot\frac{1}{x}\right)\right]=\sin\ln x$$

所以：
$$y''=\cos\ln x\cdot\frac{1}{x}=\frac{\cos\ln x}{x}$$

(6) 因为：

$$y=(x^2+2x+2)\mathrm{e}^x$$
$$y'=(2x+2)\mathrm{e}^x+(x^2+2x+2)\mathrm{e}^x=(x^2+4x+4)\mathrm{e}^x$$

所以：
$$y''=(2x+4)\mathrm{e}^x+(x^2+4x+4)\mathrm{e}^x=(x^2+6x+8)\mathrm{e}^x$$

17. 解 因为：

$$y=x\cdot\arcsin x$$
$$y'=\arcsin x+x\cdot\frac{1}{\sqrt{1-x^2}}$$

所以：

$$y''=\frac{1}{\sqrt{1-x^2}}+\frac{1\cdot\sqrt{1-x^2}-x\cdot\frac{(-x)}{\sqrt{1-x^2}}}{(1-x^2)}=\frac{2-x^2}{(1-x^2)\sqrt{1-x^2}}$$
$$\left.\frac{\mathrm{d}^2y}{\mathrm{d}x^2}\right|_{x=0}=2$$

18. 解 (1) $y=a^x$

$$y'=a^x\cdot\ln a$$
$$y''=a^x\cdot(\ln a)^2$$
$$\cdots$$

所以，$y^{(n)}=a^x(\ln a)^n$.

(2) $y=\dfrac{1}{2x+3}=(2x+3)^{-1}$

$$y'=(-1)(2x+3)^{-2}\cdot(2x+3)'=(-1)(2x+3)^{-2}\cdot 2$$
$$y''=(-1)\cdot(-2)(2x+3)^{-3}\cdot 2^2$$
$$\cdots$$

所以：

$$y^{(n)}=(-1)^n\cdot n!(2x+3)^{-(n+1)}\cdot 2^n=\frac{(-1)^n\cdot 2^n\cdot n!}{(2x+3)^{n+1}}$$

(3) 因为：

$$y=\ln(e+x)$$
$$y'=\frac{1}{e+x}\cdot(e+x)'=(e+x)^{-1}$$
$$y''=(-1)(e+x)^{-2}$$
$$y'''=(-1)\cdot(-2)(e+x)^{-3}$$
$$\cdots$$

所以，$y^{(n)}=(-1)^{n-1}\cdot(n-1)!(e+x)^{-n}$.

(4) 因为：

$$y=x\cdot e^x$$
$$y'=1\cdot e^x+x\cdot e^x=(1+x)e^x$$
$$y''=e^x+(1+x)e^x=(2+x)e^x$$
$$y'''=e^x+(2+x)e^x=(3+x)e^x$$
$$\cdots$$

所以，$y^{(n)}=(n+x)e^x$.

19. 证 因为：

$$y=e^x\sin x$$
$$y'=e^x\cdot\sin x+e^x\cdot\cos x=e^x(\sin x+\cos x)$$
$$y''=e^x(\sin x+\cos x)+e^x(\cos x-\sin x)=2e^x\cdot\cos x$$
$$y''-2y'+2y=2e^x\cos x-2e^x(\sin x+\cos x)+2e^x\sin x\equiv 0$$

所以，$y''-2y'+2y=0$.

证毕。

20. 解 因为 $\Delta y=y(x+\Delta x)-y(x)$，$dy=y'\Delta x$，及 $y=x^3$，$y'=3x^2$，$x=2$，$\Delta x=0.1$，所以：

$$\Delta y=2.1^3-2^3=1.261,$$
$$dy=3\times 2^2\times 0.1=1.2.$$

21. 解 (1) 因为 $y=x-x^3$，$y'=1-3x^2$，所以，$dy=(1-3x^2)dx$.

(2) 因为 $y=x\cdot\ln x$，$y'=1+\ln x$，所以，$dy=(1+\ln x)dx$.

(3) 因为：

$$y=e^{-2x}\cdot\cos x$$
$$y'=-2e^{-2x}\cdot\cos x+e^{-2x}\cdot(-\sin x)=-e^{-2x}(2\cos x+\sin x)$$

所以，$dy=-e^{-2x}(2\cos x+\sin x)dx$.

(4) 因为：

$$y=x\cdot\arctan\sqrt{x}$$
$$y'=1\cdot\arctan\sqrt{x}+x\cdot\frac{1}{1+(\sqrt{x})^2}(\sqrt{x})'$$
$$=\arctan\sqrt{x}+\frac{\sqrt{x}}{2(1+x)}$$

所以，$dy=\left[\arctan\sqrt{x}+\frac{\sqrt{x}}{2(1+x)}\right]dx$.

(5) 因为：

$$y = x \cdot \tan^2 x$$
$$y' = \tan^2 x + x \cdot 2\tan x \cdot \sec^2 x$$

所以，$\mathrm{d}y = (\tan^2 x + 2x\tan x \cdot \sec^2 x)\mathrm{d}x$.

(6) 因为：

$$y = \ln(x^3 + x - 1)$$
$$y' = \frac{1}{x^3 + x - 1} \cdot (3x^2 + 1)$$

所以，$\mathrm{d}y = \dfrac{3x^2 + 1}{x^3 + x - 1}\mathrm{d}x$.

(7) 因为：

$$y = 2^{x^2}$$
$$y' = 2^{x^2} \cdot \ln 2 \cdot (2x)$$

所以，$\mathrm{d}y = 2x \cdot 2^{x^2} \cdot \ln 2\mathrm{d}x$.

(8) 因为：

$$y = x^{2x} = \mathrm{e}^{2x\ln x}$$
$$y' = \mathrm{e}^{2x\ln x}[2x\ln x]' = x^{2x} \cdot 2(\ln x + 1)$$

所以，$\mathrm{d}y = 2x^{2x} \cdot (\ln x + 1)\mathrm{d}x$.

22. 解　因为边长为 x 的正方体的体积 $V = x^3$，而 $\Delta V = (x + \Delta x)^3 - x^3$，$\mathrm{d}V = 3x^2 \cdot \Delta x$，所以，当 $x = 10$ 厘米，$\Delta x = 0.1$ 厘米时：

精确值 $\Delta V = (10.1)^3 - 10^3 = 30.301$(立方厘米)

近似值 $\mathrm{d}V = 3 \times 10^2 \times 0.1 = 30$(立方厘米)

23. 解　因为半径为 r 的圆面积 $S = \pi r^2$，所以，圆环面积 $\Delta S = S_2 - S_1 = \pi(r + \Delta r)^2 - \pi r^2$，其近似值 $\mathrm{d}S = 2\pi r \cdot \Delta r$.

由 $r = 10$，$\Delta r = 0.1$，得：

精确值 $\Delta S = \pi \cdot 10.1^2 - \pi \cdot 10^2 = 2.01\pi$(平方厘米)

近似值 $\mathrm{d}S = 2\pi \times 10 \times 0.1 = 2\pi$(平方厘米)

24. 解　(1) 由 $\mathrm{e}^x \approx 1 + x$($|x|$ 很小时)，得：

$$\mathrm{e}^{-0.01} \approx 1 + (-0.01) = 0.99$$

(2) $\mathrm{e}^{0.02} \approx 1 + 0.02 = 1.02$.

(3) 由 $\ln(1 + x) \approx x$($|x|$ 很小时)，得：

$$\ln 1.03 \approx 0.03$$

(4) $\ln 0.998 = \ln[1 + (-0.002)] \approx -0.002$

(5) 由 $\sqrt[n]{1 + x} \approx 1 + \dfrac{x}{n}$($|x|$ 很小时)，得：

$$\sqrt[3]{1.03} = \sqrt[3]{1 + 0.03} \approx 1 + \frac{1}{3} \times 0.03 = 1.01$$

(6) 设 $f(x) = \arctan x$，则 $f'(x) = \dfrac{1}{1 + x^2}$，在 $x = 1$ 处，当 $|\Delta x| = 0.02$ 时，由 $f(x + \Delta x) \approx f(x) + f'(x) \cdot \Delta x$，得：

$$\arctan 1.02 \approx f(1) + f'(1) \cdot \Delta x = \frac{\pi}{4} + \frac{1}{2} \times 0.02 \approx 0.7954$$

第四章

导数的应用

一、习　题

1. 单项选择题(在每小题的四项备选答案中,选出一项符合题目要求的,并把所选项前的字母填在题干后的括号内):

(1) 下列函数在给定区间上满足罗尔定理条件的是(　　)。

A. $f(x)=\dfrac{3}{2x^2+1},x\in[-1,1]$

B. $f(x)=xe^{-x},x\in[0,1]$

C. $f(x)=|x|,x\in[-1,1]$

D. $f(x)=(x-1)^2,x\in[-1,1]$

(2) 设函数 $f(x)=x(x-1)(x-2)$,则方程 $f'(x)=0$ 有(　　)。

A. 一个实根　　B. 两个实根　　C. 三个实根　　D. 无实根

(3) 若两个函数 $f(x),g(x)$ 在 (a,b) 内各点的导数相等,则这两个函数在 (a,b) 内(　　)。

A. 不相等　　B. 相等　　C. 差为常数　　D. 均为常数

(4) 下列极限中,不能利用洛必达法则计算的是(　　)。

A. $\lim\limits_{x\to1}x^{\frac{1}{1-x}}$　　B. $\lim\limits_{x\to0}\dfrac{x^2\cdot\sin\dfrac{1}{x}}{\sin x}$

C. $\lim\limits_{x\to+\infty}\dfrac{\ln x}{\sqrt[3]{x}}$　　D. $\lim\limits_{x\to+\infty}x\ln\dfrac{x-a}{x+a}$

(5) 下列函数中为单调函数的是(　　)。

A. x^2-x　　B. $|x|$　　C. e^{-x}　　D. $\sin x$

(6) 函数 $y=ax^2+c$ 在区间 $(0,+\infty)$ 内单调增加,则 a,c 应满足(　　)。

A. $a<0$ 且 $c=0$　　B. $a<0$ 且 $c\neq0$

C. $a<0$ 且 c 任意　　D. $a>0$ 且 c 任意

(7) 函数 $y=16x^2(x-1)^2$ 在区间 $(0,1)$ 内(　　)。

A. 递减　　B. 递增　　C. 不增不减　　D. 有增有减

(8) 函数 $y=\sin(x+\dfrac{\pi}{2})+\pi$ 在区间 $[-\pi,\pi]$ 上有极大值点 $x_0=$(　　)。

A. 0　　B. $\dfrac{\pi}{2}$　　C. $-\pi$　　D. π

(9) 若在(a,b)内函数$y=f(x)$满足：$f'(x)>0$，$f''(x)<0$，则$y=f(x)$在此区间内(　　)。

A. 单调减少，曲线上凹　　B. 单调减少，曲线下凹

C. 单调增加，曲线上凹　　D. 单调增加，曲线下凹

(10) 函数$f(x)$如果满足$f''(x_0)=0$，则点$x=x_0$(　　)。

A. 必为极大值点　　B. 必为极小值点

C. 不一定是极值点　　D. 必为拐点的横坐标

(11) 曲线$y=e^{-x^2}$(　　)。

A. 有一个拐点　　B. 有两个拐点

C. 有三个拐点　　D. 没有拐点

(12) 曲线$y=\dfrac{2x^2-5x+4}{3x^3+2x+1}$的水平渐近线为(　　)。

A. $y=0$　　B. $y=1$

C. $y=3$　　D. 不存在

(13) 曲线$y=\dfrac{4}{x^2+2x-3}$的垂直渐近线方程为(　　)。

A. 仅有一个：$x=-3$　　B. 仅有一个：$x=1$

C. $x=-3$和$x=1$　　D. 不存在

2. 下列函数在给定区间上是否满足罗尔定理的条件，若满足，试求出定理结论中相应的ξ值：

(1) $f(x)=x^3+x^2, x\in[-1,0]$；

(2) $f(x)=\dfrac{3}{2x^2+1}, x\in[-1,1]$；

(3) $f(x)=\ln\sin x, x\in\left[\dfrac{\pi}{6},\dfrac{5}{6}\pi\right]$.

3. 下列函数在给定区间上是否满足拉格朗日中值定理的条件，若满足，试求出定理中相应的ξ值：

(1) $f(x)=2x^3, x\in[-1,1]$；

(2) $f(x)=\arctan x, x\in[0,1]$；

(3) $f(x)=\ln x, x\in[1,2]$.

4. 利用拉格朗日中值定理，证明下列不等式：

(1) $|\arctan a-\arctan b|\leqslant|a-b|$；

(2) 若$x\neq 0$，则$e^x>1+x$；

(3) 若$x>0$，则$\dfrac{x}{1+x}<\ln(1+x)<x$.

5. 设$f(x)=(x-1)^2(x+1)+2$，试用罗尔定理证明方程$f'(x)=0$在开区间$(-1,1)$内有实根。

6. 证明：$\arctan x+\operatorname{arccot} x=\dfrac{\pi}{2}$.

7. 利用洛必达法则计算下列极限：

(1) $\lim\limits_{x\to 0}\dfrac{\sin 3x}{x}$；　　(2) $\lim\limits_{x\to 0}\dfrac{\ln(1+2x)}{\arcsin(3x)}$；

(3) $\lim\limits_{x\to 0}\dfrac{e^x-e^{-x}}{\tan x}$；　(4) $\lim\limits_{x\to 0}\dfrac{e^x-1}{\ln(1+x)}$；

(5) $\lim\limits_{x\to 0}\dfrac{\tan x-\sin x}{x^3}$；　(6) $\lim\limits_{x\to+\infty}x^2\cdot e^{-x}$；

(7) $\lim\limits_{x\to+\infty}\dfrac{x+xe^x}{x+1}$；　(8) $\lim\limits_{x\to+\infty}\dfrac{x^n}{2^x}$($n$ 为自然数)；

(9) $\lim\limits_{x\to 1}\left(\dfrac{3}{1-x^3}-\dfrac{1}{1-x}\right)$；　(10) $\lim\limits_{x\to 1}\left(\dfrac{x}{x-1}-\dfrac{1}{\ln x}\right)$；

(11) $\lim\limits_{x\to 0^+}x^{\sin x}$；　(12) $\lim\limits_{x\to\infty}\left(1+\dfrac{a}{x}\right)^x(a\neq 0)$；

(13) $\lim\limits_{x\to 0^+}x^{\frac{1}{\ln(e^x-1)}}$；　(14) $\lim\limits_{x\to 0}(x^2\cdot e^{\frac{1}{x^2}})$.

8. 确定下列函数的单调增减区间：

(1) $f(x)=2x^2-\ln x$；　(2) $f(x)=x-\sqrt{x}$；

(3) $f(x)=\dfrac{x+1}{x-1}$；　(4) $f(x)=x+\sin x$；

(5) $f(x)=\dfrac{2x}{1+x^2}$；　(6) $f(x)=x-e^x$.

9. 求下列函数的极值：

(1) $f(x)=x^3-9x^2-32$；　(2) $f(x)=x-\ln(1+x)$；

(3) $f(x)=2e^x+e^{-x}$；　(4) $f(x)=2-(x-1)^{\frac{2}{3}}$；

(5) $f(x)=x+\dfrac{1}{x}$；　(6) $f(x)=\dfrac{1+3x}{\sqrt{4+5x^2}}$.

10. 求下列函数的最大值与最小值：

(1) $f(x)=\dfrac{x-1}{x+1},x\in[0,5]$；

(2) $f(x)=x^4-2x^2+5,x\in[-2,2]$；

(3) $f(x)=x\sqrt{1-x^2},x\in[-1,1]$；

(4) $f(x)=\dfrac{\ln x}{x},x\in[1,3]$.

11. 证明：当 $x\neq 0$ 时，$e^x>1+x$ 恒成立。

12. 设某企业生产某种商品，其年销售量为1 000 000 件，分若干批进行生产，每批生产的准备费为1 000元，每件的库存费为0.05元/年。如果销售率是均匀的(即商品的平均库存量为批量的一半)，问应分几批生产，才能使生产准备费与库存费之和最小？

13. 欲用高度一定的板材为围墙，围成面积为 216 平方米的一块矩形场地，并在正中用一堵墙将其隔成两块。问：此场地的长和宽各为多少米时，才能使所用板材(以长度计)最少？

14. 设生产某产品 x 个单位时的总成本 C(单位：万元) 为：

$$C(x)=100+\frac{x^2}{4}+6x$$

问：当产量 x 为多少时，才能使平均成本最低？此时的边际成本是多少？

15. 设某工厂每批生产某产品 x 个单位的总成本(单位：元) 为：

$$C(x)=5x+200$$

总收入为：

$$R(x)=10x-0.01x^2$$

问：每批应生产多少个单位的产品，才能获得最大利润？最大利润是多少？

16. 某工厂每天生产 Q 台袖珍收音机的总成本(单位：元) 为：

$$C(Q)=\frac{1}{9}Q^2+Q+98$$

该种收音机独家经营，需求函数为：

$$Q=75-3P$$

其中，P 为收音机的单价(单位：元)。

问：每天生产多少台收音机时，获利润最大？此时每台收音机的价格为多少？

17. 一家商店按每件 4 元买进一批商品零售，若零售价定为 5 元，估计可卖出 200 件；若每件售价每降低 0.02 元，则可多卖出 20 件。问：售价为多少时，才可获得最大利润？

18. 判定下列曲线的凹向及拐点：

(1) $y=2-\sqrt[3]{x-1}$；　(2) $y=x+\dfrac{1}{x}$；

(3) $y=x^3-3x^2-9x+9$；　(4) $y=xe^{-x}$；

(5) $y=x-\ln(1+x)$；　(6) $y=3x^{\frac{1}{3}}+2x$.

19. 求下列曲线的渐近线：

(1) $y=x^2+\dfrac{1}{x-1}$；　(2) $y=\dfrac{x}{1+x^2}+2$；

(3) $y=\dfrac{x}{x^2-1}$；　(4) $y=\dfrac{x-1}{x^2-1}$；

(5) $y=x-\dfrac{1}{x}$；　(6) $y=\dfrac{x^2}{1+x}$.

20. 作下列函数的图形：

(1) $y=xe^{-x}$；　(2) $y=\dfrac{(x-3)^2}{4(x-1)}$.

二、习题解答

1. (1)A　(2)B　(3)C　(4)B　(5)C　(6)D　(7)D　(8)A　(9)D　(10)C　(11)B　(12)A　(13)C

2. 解　(1) 因为 $f(x)=x^3+x^2$ 是初等函数，在 $[-1,0]$ 上有定义，故 $f(x)$ 在 $[-1,0]$ 上连续；因为 $f'(x)=3x^2+2x$ 在 $(-1,0)$ 内存在，故 $f(x)$ 在 $(-1,0)$ 内可导；又因为 $f(-1)=f(0)=0$，所以，$f(x)$ 在 $[-1,0]$ 上满足罗尔定理的条件。

令 $f'(x)=0$，解得：$x=0,x=-\dfrac{2}{3}$.

由于 $x=0\overline{\in}(-1,0)$，舍去；$x=-\dfrac{2}{3}\in(-1,0)$，故 $\xi=-\dfrac{2}{3}$ 就是相应的值，即 $\xi=-\dfrac{2}{3}$ 使 $f'(\xi)=0$.

(2) 由于 $f(x)=\dfrac{3}{2x^2+1}$ 在 $[-1,1]$ 上连续；$f'(x)=-\dfrac{12x}{(2x^2+1)^2}$ 在 $(-1,1)$ 内存在，即

$f(x)$ 在$(-1,1)$ 内可导；$f(-1)=f(1)=1$，所以，$f(x)=\dfrac{3}{2x^2+1}$ 在$[-1,1]$ 上满足罗尔定理的条件。

令 $f'(x)=-\dfrac{12x}{(2x^2+1)^2}=0$，解得：$x=0\in(-1,1)$，故满足罗尔定理的相应$\xi=0$.

(3) 因为 $f(x)=\ln\sin x$ 在$\left[\dfrac{\pi}{6},\dfrac{5}{6}\pi\right]$上连续；

$f'(x)=\dfrac{1}{\sin x}\cdot\cos x=\cot x$ 在$\left(\dfrac{\pi}{6},\dfrac{5}{6}\pi\right)$内有意义，即 $f(x)$ 在$\left(\dfrac{\pi}{6},\dfrac{5}{6}\pi\right)$内可导；$f\left(\dfrac{\pi}{6}\right)=f\left(\dfrac{5}{6}\pi\right)$.

所以，$f(x)=\ln\sin x$ 在$\left[\dfrac{\pi}{6},\dfrac{5}{6}\pi\right]$上满足罗尔定理的条件。

令 $f'(x)=\cot x=0$，解得：$x=\dfrac{\pi}{2}\in\left(\dfrac{\pi}{6},\dfrac{5}{6}\pi\right)$，故满足罗尔定理的相应 $\xi=\dfrac{\pi}{2}$.

3. 解 (1) 因为 $f(x)=2x^3$ 是初等函数，在$[-1,1]$ 上有定义，故$f(x)$ 在$[-1,1]$ 上连续；由于 $f'(x)=6x^2$ 在开区间$(-1,1)$ 内有意义，故 $f(x)$ 在$(-1,1)$ 内可导。所以，$f(x)=2x^3$ 在$[-1,1]$ 上满足拉格朗日中值定理的条件，相应的拉格朗日中值公式为：

$$2\times1^3-2\times(-1)^3=6\xi^2\cdot[1-(-1)],\ -1<\xi<1$$

解得：$\xi=\pm\dfrac{1}{\sqrt{3}}$，即定理中相应的 $\xi_1=-\dfrac{\sqrt{3}}{3}$，$\xi_2=\dfrac{\sqrt{3}}{3}$.

(2) 因为 $f(x)=\arctan x$ 在$[0,1]$ 上连续；$f'(x)=\dfrac{1}{1+x^2}$ 在$(0,1)$ 内 存在，即$f(x)$ 在$(0,1)$ 内可导，所以，$f(x)$ 在$[0,1]$ 上满足拉格朗日中值定理的条件，且有$a=0,b=1$，$f(a)=0,f(b)=\arctan1$.

令 $f'(x)=\dfrac{f(b)-f(a)}{b-a}$，即$\dfrac{1}{1+x^2}=\arctan1-0=\dfrac{\pi}{4}$，解得：

$$x=\sqrt{\frac{4}{\pi}-1}\in(0,1)$$

$$x=-\sqrt{\frac{4}{\pi}-1}\overline{\in}(0,1)\text{（舍去）}$$

所以，满足定理结论的相应 $\xi=\sqrt{\dfrac{4}{\pi}-1}$.

(3) 显然，$f(x)=\ln x$ 在$[1,2]$ 上连续，在$(1,2)$ 内可导，故$f(x)$ 在$[1,2]$ 上满足拉格朗日中值定理的条件。

令 $f'(x)=\dfrac{f(b)-f(a)}{b-a}$，即$\dfrac{1}{x}=\dfrac{\ln2-\ln1}{2-1}$；解得：$x=\dfrac{1}{\ln2}\in(1,2)$，从而 $\xi=\dfrac{1}{\ln2}$ 是满足定理结论的相应的 ξ 值。

4. 证 (1) 若 $a=b$，则显然有：

$$|\arctan a-\mathrm{artan}b|=|a-b|$$

若 $a\neq b$，不妨设 $a<b$，由于 $f(x)=\arctan x$ 在闭区间$[a,b]$ 上满足拉格朗日中值定理的条件，故有：

$$f'(\xi)=\frac{f(a)-f(b)}{a-b}(a<\xi<b)$$

即：
$$\frac{1}{1+\xi^2}=\frac{\arctan a-\arctan b}{a-b}$$

因为 $0<\frac{1}{1+\xi^2}\leqslant 1$，于是有 $\left|\frac{\arctan a-\arctan b}{a-b}\right|\leqslant 1$，所以，$|\arctan a-\arctan b|\leqslant |a-b|$.

(2) 设 $f(t)=e^t$，由于 $f(t)=e^t$ 在 $(-\infty,+\infty)$ 上连续且可导，故对任意取定的 $x\neq 0$，$f(t)$ 在区间 $[0,x]$（$x>0$ 时）或 $[x,0]$（$x<0$ 时）上满足拉格朗日中值定理的条件，于是有：

$$f(x)-f(0)=f'(\xi)(x-0)$$

即：
$$e^x-1=e^{\xi}\cdot x\qquad(\xi\text{ 介于 }0,x\text{ 之间})$$

因为当 $x>0$ 时，$\xi>0$，$e^{\xi}>1$，$e^{\xi}\cdot x>x$，从而有 $e^x>x+1$；当 $x<0$ 时，$\xi<0$，$e^{\xi}<e^0=1$，$e^{\xi}\cdot x>x$，从而也有 $e^x>x+1$. 所以，对 $x\neq 0$，都有 $e^x>x+1$.

(3) 设 $f(t)=\ln(1+t)$，由于 $f(t)$ 在 $(-1,+\infty)$ 内连续且可导，故对任意取定的 $x>0$，$f(t)$ 在区间 $[0,x]$ 上满足拉格朗日中值定理的条件，于是有：

$$f(x)-f(0)=f'(\xi)(x-0)\qquad \xi\in(0,x)$$

即：
$$\ln(1+x)-\ln 1=\frac{1}{1+\xi}\cdot x$$

亦即：
$$\ln(1+x)=\frac{x}{1+\xi}\qquad(0<\xi<x)$$

因为 $\frac{x}{1+x}<\frac{x}{1+\xi}<\frac{x}{1+0}=x$，所以：

$$\frac{x}{1+x}<\ln(1+x)<x\quad(x>0\text{ 时})$$

证毕。

5. 证　因为 $f(x)$ 在 $[-1,1]$ 上连续，在 $(-1,1)$ 内可导，且 $f(-1)=f(1)=2$，即 $f(x)=(x-1)^2(x+1)+2$ 在区间 $[-1,1]$ 上满足罗尔定理的条件，所以，由罗尔定理知，存在 $\xi\in(-1,1)$，使 $f'(\xi)=0$，此即：$f'(x)=0$ 在 $(-1,1)$ 内至少有一个实根。

证毕。

6. 证　设 $f(x)=\arctan x+\operatorname{arccot} x$，因为：

$$f'(x)=\frac{1}{1+x^2}+\left(-\frac{1}{1+x^2}\right)\equiv 0,x\in(-\infty,+\infty)$$

所以，$f(x)\equiv C$，$x\in(-\infty,+\infty)$.

又 $f(1)=\arctan 1+\operatorname{arccot} 1=\frac{\pi}{4}+\frac{\pi}{4}=\frac{\pi}{2}=C$，所以：

$$\arctan x+\operatorname{arccot} x=\frac{\pi}{2}$$

证毕。

7. 解　(1) $\lim\limits_{x\to 0}\frac{\sin 3x}{x}\overset{\left(\frac{0}{0}\text{型}\right)}{=\!=\!=}\lim\limits_{x\to 0}\frac{(\sin 3x)'}{(x)'}=\lim\limits_{x\to 0}\frac{3\cos 3x}{1}=3$

(2) $\lim\limits_{x\to 0}\frac{\ln(1+2x)}{\arcsin(3x)}\overset{\left(\frac{0}{0}\text{型}\right)}{=\!=\!=}\lim\limits_{x\to 0}\frac{[\ln(1+2x)]'}{[\arcsin(3x)]'}$

$$=\lim_{x\to 0}\frac{\frac{1}{1+2x}\cdot 2}{\frac{1}{\sqrt{1-(3x)^2}}\cdot 3}=\frac{2}{3}$$

(3) $\lim\limits_{x\to 0}\frac{e^x-e^{-x}}{\tan x}\xlongequal{\left(\frac{0}{0}\text{型}\right)}\lim\limits_{x\to 0}\frac{(e^x-e^{-x})'}{(\tan x)'}$

$$=\lim_{x\to 0}\frac{e^x+e^{-x}}{\sec^2 x}=\frac{1+1}{1}=2$$

(4) $\lim\limits_{x\to 0}\frac{e^x-1}{\ln(1+x)}\xlongequal{\left(\frac{0}{0}\text{型}\right)}\lim\limits_{x\to 0}\frac{(e^x-1)'}{[\ln(1+x)]'}$

$$=\lim_{x\to 0}\frac{e^x}{\frac{1}{1+x}}=e^0=1$$

(5) $\lim\limits_{x\to 0}\frac{\tan x-\sin x}{x^3}\xlongequal{\left(\frac{0}{0}\text{型}\right)}\lim\limits_{x\to 0}\frac{\frac{\sin x}{\cos x}-\sin x}{x^3}$

$$=\lim_{x\to 0}\frac{\sin x}{x}\cdot\frac{1}{\cos x}\cdot\frac{1-\cos x}{x^2}$$

由于：

$$\lim_{x\to 0}\frac{\sin x}{x}=1$$

$$\lim_{x\to 0}\frac{1}{\cos x}=1$$

$$\lim_{x\to 0}\frac{1-\cos x}{x^2}\xlongequal{\left(\frac{0}{0}\text{型}\right)}\lim_{x\to 0}\frac{(1-\cos x)'}{(x^2)'}=\lim_{x\to 0}\frac{\sin x}{2x}=\frac{1}{2}$$

故：
$$\lim_{x\to 0}\frac{\tan x-\sin x}{x^3}=1\times 1\times\frac{1}{2}=\frac{1}{2}$$

(6) $\lim\limits_{x\to+\infty}x^2\cdot e^{-x}\xlongequal{(\infty\cdot 0\text{型})}\lim\limits_{x\to+\infty}\frac{x^2}{e^x}$

$$\xlongequal{\left(\frac{\infty}{\infty}\text{型}\right)}\lim_{x\to+\infty}\frac{(x^2)'}{(e^x)'}=\lim_{x\to+\infty}\frac{2x}{e^x}$$

$$\xlongequal{\left(\frac{\infty}{\infty}\text{型}\right)}\lim_{x\to+\infty}\frac{(2x)'}{(e^x)'}=\lim_{x\to+\infty}\frac{2}{e^x}=0$$

(7) $\lim\limits_{x\to+\infty}\frac{x+xe^x}{x+1}\xlongequal{\left(\frac{\infty}{\infty}\text{型}\right)}\lim\limits_{x\to+\infty}\frac{(x+xe^x)'}{(x+1)'}$

$$=\lim_{x\to+\infty}\frac{1+e^x+xe^x}{1}=+\infty$$

(8) $\lim\limits_{x\to+\infty}\frac{x^n}{2^x}$

$$\xlongequal{\left(\frac{\infty}{\infty}\text{型}\right)}\lim_{x\to+\infty}\frac{(x^n)'}{(2^x)'}=\lim_{x\to+\infty}\frac{nx^{n-1}}{2^x\cdot\ln 2}=\cdots=\lim_{x\to+\infty}\frac{n!}{2^x\cdot(\ln 2)^n}$$

（注：该式是连续运用 n 次洛必达法则的结果。）

$$=\frac{n!}{(\ln 2)^n}\cdot\lim_{x\to+\infty}\frac{1}{2^x}=0$$

(9) $\lim\limits_{x\to1}(\frac{3}{1-x^3}-\frac{1}{1-x})\xlongequal{(\infty-\infty型)}\lim\limits_{x\to1}\frac{3-(x^2+x+1)}{1-x^3}$

$\xlongequal{\left(\frac{0}{0}型\right)}\lim\limits_{x\to1}\frac{[3-(x^2+x+1)]'}{(1-x^3)'}$

$=\lim\limits_{x\to1}\frac{-2x-1}{-3x^2}=1$

(10) $\lim\limits_{x\to1}(\frac{x}{x-1}-\frac{1}{\ln x})$

$\xlongequal{(\infty-\infty型)}\lim\limits_{x\to1}\frac{x\ln x-(x-1)}{(x-1)\ln x}\xlongequal{\left(\frac{0}{0}型\right)}\lim\limits_{x\to1}\frac{(x\ln x-x+1)'}{[(x-1)\ln x]'}$

$=\lim\limits_{x\to1}\frac{\ln x+1-1}{\ln x+\frac{1}{x}(x-1)}=\lim\limits_{x\to1}\frac{x\ln x}{x\ln x+(x-1)}$

$\xlongequal{\left(\frac{0}{0}型\right)}\lim\limits_{x\to1}\frac{(x\ln x)'}{[x\ln x+(x-1)]'}=\lim\limits_{x\to1}\frac{1+\ln x}{1+\ln x+1}=\frac{1}{2}$

(11) $\lim\limits_{x\to0^+}x^{\sin x}\xlongequal{(0^0型)}\lim\limits_{x\to0^+}e^{\ln x\sin x}=\lim\limits_{x\to0^+}e^{\sin x\cdot\ln x}$

因为：

$$\lim_{x\to0^+}\sin x\cdot\ln x\xlongequal{(0\cdot\infty型)}\lim_{x\to0^+}\frac{\ln x}{\frac{1}{\sin x}}$$

$$\xlongequal{\left(\frac{\infty}{\infty}型\right)}\lim_{x\to0^+}\frac{(\ln x)'}{\left(\frac{1}{\sin x}\right)'}$$

$$=\lim_{x\to0^+}\frac{\frac{1}{x}}{-\frac{\cos x}{(\sin x)^2}}=\lim_{x\to0^+}\left(-\frac{\sin x}{x}\right)\cdot\left(\frac{\sin x}{\cos x}\right)=0$$

所以：

$$\lim_{x\to0^+}x^{\sin x}=e^{\lim\limits_{x\to0^+}\sin x\ln x}=e^0=1$$

(12) $\lim\limits_{x\to\infty}\left(1+\frac{a}{x}\right)^x\xlongequal{(1^\infty型)}\lim\limits_{x\to\infty}e^{x\ln(1+\frac{a}{x})}$

因为：

$$\lim_{x\to\infty}x\cdot\ln\left(1+\frac{a}{x}\right)\xlongequal{(\infty\cdot0型)}\lim_{x\to\infty}\frac{\ln\left(1+\frac{a}{x}\right)}{\frac{1}{x}}$$

$$\xlongequal{\left(\frac{0}{0}型\right)}\lim_{x\to\infty}\frac{\frac{1}{1+\frac{a}{x}}\cdot\left(-\frac{a}{x^2}\right)}{-\frac{1}{x^2}}$$

$$=\lim_{x\to\infty}\frac{a}{1+\frac{a}{x}}=a$$

所以：

$$\lim_{x\to\infty}\left(1+\frac{a}{x}\right)^x=e^{\lim\limits_{x\to\infty}x\ln\left(1+\frac{a}{x}\right)}=e^a$$

(13) $\lim\limits_{x\to 0^+}x^{\frac{1}{\ln(e^x-1)}}=\lim\limits_{x\to 0^+}e^{\frac{\ln x}{\ln(e^x-1)}}$

因为：
$$\lim_{x\to 0^+}\frac{\ln x}{\ln(e^x-1)}\xlongequal{\left(\frac{\infty}{\infty}\text{型}\right)}\lim_{x\to 0^+}\frac{\frac{1}{x}}{\frac{1}{e^x-1}\cdot e^x}=\lim_{x\to 0^+}\frac{e^x-1}{xe^x}$$

$$\xlongequal{\left(\frac{0}{0}\text{型}\right)}\lim_{x\to 0^+}\frac{e^x}{e^x+xe^x}=\frac{e^0}{e^0+0}=1$$

所以：
$$\lim_{x\to 0^+}x^{\frac{1}{\ln(e^x-1)}}=e^{\lim\limits_{x\to 0^+}\frac{1}{\ln(e^x-1)}}=e^1=e$$

(14) $\lim\limits_{x\to 0}(x^2\cdot e^{\frac{1}{x^2}})\xlongequal{(0\cdot\infty\text{型})}\lim\limits_{x\to 0}\frac{e^{\frac{1}{x^2}}}{\frac{1}{x^2}}$

$$\xlongequal{\left(\frac{\infty}{\infty}\text{型}\right)}\lim_{x\to 0}\frac{e^{\frac{1}{x^2}}\cdot\left(-\frac{2}{x^3}\right)}{-\frac{2}{x^3}}$$

$$=\lim_{x\to 0}e^{\frac{1}{x^2}}=+\infty$$

8. 解 (1) $f(x)=2x^2-\ln x$ 是初等函数，在其定义域$(0,+\infty)$内连续。

$$f'(x)=4x-\frac{1}{x}$$

令 $f'(x)=0$，解得：$x=\frac{1}{2}\in(0,+\infty)$.

由于$x\in\left(0,\frac{1}{2}\right)$时，$f'(x)<0$；$x\in\left(\frac{1}{2},+\infty\right)$时，$f'(x)>0$，所以，$f(x)$的单调增加区间为$\left(\frac{1}{2},+\infty\right)$，单调减少区间为$\left(0,\frac{1}{2}\right)$.

(2) $f(x)=x-\sqrt{x}$ 的定义域为：$[0,+\infty)$.

$$f'(x)=1-\frac{1}{2\sqrt{x}}=\frac{2\sqrt{x}-1}{2\sqrt{x}}$$

令 $f'(x)=0$，得：$x=\frac{1}{4}$.

由于 $x\in\left[0,\frac{1}{4}\right)$时，$f'(x)<0$；$x\in\left(\frac{1}{4},+\infty\right)$时，$f'(x)>0$，所以，$f(x)$的单调增加区间为$\left(\frac{1}{4},+\infty\right)$，单调减少区间为$\left[0,\frac{1}{4}\right)$.

(3) $f(x)=\frac{x+1}{x-1}$ 的定义域为$(-\infty,1)\cup(1,+\infty)$.

由于
$$f'(x)=\left(\frac{x+1}{x-1}\right)'=-\frac{2}{(x-1)^2}<0$$

因此，函数 $f(x)=\dfrac{x+1}{x-1}$ 的单调递减区间为$(-\infty,1)$与$(1,+\infty)$.

(4)$f(x)=x+\sin x$ 的定义域为$(-\infty,+\infty)$.

由于
$$f'(x)=1+\cos x\geqslant 0,x\in(-\infty,+\infty)$$
所以，$f(x)=x+\sin x$ 的单调增加区间就是其定义域：$(-\infty,+\infty)$.

(5)$f(x)=\dfrac{2x}{1+x^2}$ 的定义域为$(-\infty,+\infty)$.

$$f'(x)=\frac{2[(1+x^2)-x\cdot 2x]}{(1+x^2)^2}=\frac{2(1-x^2)}{(1+x^2)^2}$$

令 $f'(x)=0$，得：$x=-1,x=1$. 这两点将定义域分成三个部分：$(-\infty,-1)$，$(-1,1)$，$(1,+\infty)$. 列表讨论如下：

x	$(-\infty,-1)$	$(-1,1)$	$(1,+\infty)$
$f'(x)$	$-$	$+$	$-$
$f(x)$	↓	↑	↓

可见，$f(x)$ 的单调递增区间为$(-1,1)$，$f(x)$ 的单调递减区间为$(-\infty,-1)$与$(1,+\infty)$.

(6)$f(x)=x-e^x$ 的定义域为$(-\infty,+\infty)$. $f'(x)=1-e^x$.

令 $f'(x)=0$，解得：$x=0$.

由于 $x\in(-\infty,0)$ 时，$f'(x)>0$；$x\in(0,+\infty)$ 时，$f'(x)<0$，故 $f(x)$ 的单调递增区间为$(-\infty,0)$，单调递减区间为$(0,+\infty)$.

9. 解　(1) $f(x)=x^3-9x^2-32$ 是初等函数，在其定义域$(-\infty,+\infty)$上连续。

$$f'(x)=3x^2-18x=3x(x-6),f(x)\text{ 无不可导点}$$

令 $f'(x)=0$，解得：$x=0,x=6$.

因为 $f''(x)=6x-18$，$f''(0)=-18<0$；$f''(6)=18>0$，所以，$f(x)$ 在 $x=0$ 处取得极大值 $f(0)=-32$，在 $x=6$ 处取得极小值 $f(6)=-140$.

(2)$f(x)=x-\ln(1+x)$ 在定义域$(-1,+\infty)$内连续，$f'(x)=1-\dfrac{1}{1+x}=\dfrac{x}{1+x}$，$f(x)$ 在定义域内无不可导点。令 $f'(x)=0$，得：$x=0$.

因为 $f''(x)=\left(\dfrac{x}{1+x}\right)'=\dfrac{1}{(1+x)^2}$，$f''(0)=1>0$，所以，$f(x)$ 在 $x=0$ 处取得极小值 $f(0)=0$.

(3)$f(x)=2e^x+e^{-x}$ 在定义域$(-\infty,+\infty)$上连续。

因为 $f'(x)=2e^x-e^{-x}$，$f(x)$ 无不可导点，令 $f'(x)=0$，得：$2=e^{-2x}$，解得：$x=-\dfrac{1}{2}\ln 2$.

又因为 $f''(x)=2e^x+e^{-x}>0$，$f''\left(-\dfrac{1}{2}\ln 2\right)>0$，所以，$f(x)$ 在 $x=-\dfrac{1}{2}\ln 2$ 处取得极小值 $f\left(-\dfrac{1}{2}\ln 2\right)=2\sqrt{2}$.

(4)$f(x)=2-(x-1)^{\frac{2}{3}}$ 在其定义域$(-\infty,+\infty)$上连续。

因为 $f'(x)=-\dfrac{2}{3}(x-1)^{-\frac{1}{3}}=-\dfrac{2}{3\sqrt[3]{x-1}}$，$f(x)$ 无驻点，$x=1$ 是 $f(x)$ 的不可导点。

又因为 $x<1$ 时，$f'(x)>0$；$x>1$ 时，$f'(x)<0$，所以，$f(x)$ 在 $x=1$ 处取得极大值 $f(1)=2$.

(5) $f(x)=x+\dfrac{1}{x}$ 在其定义域 $(-\infty,0)\cup(0,+\infty)$ 内连续。

因为 $f'(x)=1-\dfrac{1}{x^2}=\dfrac{x^2-1}{x^2}$，令 $f'(x)=0$，得：$x=-1$，$x=1$. $f(x)$ 在其定义域内无不可导点。

又因为 $f''(x)=\dfrac{2}{x^3}$，$f''(-1)<0$，$f''(1)>0$，所以，当 $x=1$ 时，$f(x)$ 取得极小值且极小值 $f(1)=2$；当 $x=-1$ 时，$f(x)$ 取得极大值且极大值 $f(-1)=-2$.

(6) $f(x)=\dfrac{1+3x}{\sqrt{4+5x^2}}$ 在定义域 $(-\infty,+\infty)$ 上连续。

因为 $f'(x)=\dfrac{12-5x}{(\sqrt{4+5x^2})^3}$，$f(x)$ 无不可导点，令 $f'(x)=0$，得：$x=\dfrac{12}{5}$.

又因为当 $x<\dfrac{12}{5}$ 时，$f'(x)>0$；当 $x>\dfrac{12}{5}$ 时，$f'(x)<0$，所以，当 $x=\dfrac{12}{5}$ 时，$f(x)$ 取得极大值且极大值 $f\left(\dfrac{12}{5}\right)=\sqrt{\dfrac{41}{20}}$.

10. 解 (1) $f(x)=\dfrac{x-1}{x+1}$ 在 $[0,5]$ 上连续。

因为在 $[0,5]$ 上 $f'(x)=\left(\dfrac{x-1}{x+1}\right)'=\dfrac{2}{(x+1)^2}>0$，所以，$f(x)=\dfrac{x-1}{x+1}$ 在 $[0,5]$ 上单调递增，从而 $f(x)$ 的最小值为 $f(0)=-1$，最大值为 $f(5)=\dfrac{2}{3}$.

(2) $f(x)=x^4-2x^2+5$ 在 $[-2,2]$ 上连续。

因为 $f'(x)=4x^3-4x=4x(x^2-1)$，令 $f'(x)=0$，得驻点 $x=-1$，$x=0$，$x=1$，$f(x)$ 无不可导点，于是，$f(x)$ 的驻点就是 $f(x)$ 的所有可能的极值点，计算出相应的函数值：

$$f(-1)=4,f(0)=5,f(1)=4$$

两端点的函数值为：$f(-2)=13$，$f(2)=13$.

比较上述五个函数值的大小，可见 $f(x)$ 在 $[-2,2]$ 上的最小值为 $f(-1)=f(1)=4$，最大值为 $f(-2)=f(2)=13$.

(3) $f(x)=x\sqrt{1-x^2}$ 在 $[-1,1]$ 上连续。

因为 $f'(x)=\sqrt{1-x^2}+x\cdot\dfrac{-x}{\sqrt{1-x^2}}=\dfrac{1-2x^2}{\sqrt{1-x^2}}$，令 $f'(x)=0$，得：$x=\pm\dfrac{\sqrt{2}}{2}\in(-1,1)$，$f(x)$ 在 $(-1,1)$ 内无不可导点，于是，$x=-\dfrac{\sqrt{2}}{2}$，$x=\dfrac{\sqrt{2}}{2}$ 是 $f(x)$ 在 $(-1,1)$ 内所有可能的极值点，相应的函数值为：

$$f\left(-\frac{\sqrt{2}}{2}\right)=-\frac{1}{2},f\left(\frac{\sqrt{2}}{2}\right)=\frac{1}{2}$$

两端点的函数值为：

$$f(-1)=0,f(1)=0$$

比较上述四个函数值的大小，得 $f(x)$ 在$[-1,1]$上的最小值为 $f\left(-\frac{\sqrt{2}}{2}\right)=-\frac{1}{2}$，最大值为 $f\left(\frac{\sqrt{2}}{2}\right)=\frac{1}{2}$.

(4) $f(x)=\frac{\ln x}{x}$ 在$[1,3]$上连续.

因为 $f'(x)=\frac{1-\ln x}{x^2}$，令 $f'(x)=0$，得：$x=e\in(1,3)$，$f(e)=\frac{1}{e}$.

又端点函数值 $f(1)=0$，$f(3)=\frac{\ln 3}{3}$，比较可知，函数 $f(x)$ 的最大值为 $f(e)=\frac{1}{e}$，最小值 $f(1)=0$.

11. 证 设 $f(x)=e^x-(1+x)$，$f(x)$ 是初等函数，在其定义域$(-\infty,+\infty)$上连续。

因为 $f'(x)=e^x-1$，由 $f'(x)=0$ 得：$x=0$，且：

$$f''(x)=e^x, f''(0)=1>0$$

所以，$x=0$ 是 $f(x)$ 的极小值点，由于 $f(x)$ 在$(-\infty,+\infty)$内只有这样一个极值点，故 $x=0$ 就是 $f(x)$ 的最小值点，从而对 $x\neq 0$，都有：

$$f(x)>f(0)=0, \text{即 } e^x-(1+x)>0$$

此即当 $x\neq 0$ 时，$e^x>1+x$.

12. 解 设生产批数为 n，总费用为 $C(n)$. 由题意：

$$\text{生产准备费 } C_1=1\,000n$$

$$\text{库存费 } C_2=\frac{1\,000\,000}{n}\times\frac{1}{2}\times 0.05=\frac{25\,000}{n}$$

所以：

$$C(n)=1\,000n+\frac{25\,000}{n}, n>0$$

因为 $C'(n)=1\,000-\frac{25\,000}{n^2}$，由 $C'(n)=0$，解得：$n=5$，$n=-5$(舍去). 又因为 $C''(n)=\frac{50\,000}{n^3}$，$C''(5)>0$，所以，$n=5$ 为 $C(n)$ 唯一的极小值点，且 $C(n)$ 无极大值。由实际问题中最小值的存在性，得 $n=5$ 时 $C(n)$ 取最小值，即应分 5 批生产，才能使生产准备费与库存费之和最小。

13. 解 设场地的长和宽各为 x,y(m)，由题意：$xy=216$，即 $y=\frac{216}{x}$，所用板材总长度为：

$$C=2x+3y=2x+3\times\frac{216}{x}$$

即：

$$C(x)=2x+\frac{648}{x}, x>0$$

因为 $C'(x)=2-\frac{648}{x^2}$，令 $C'(x)=0$，解得：$x=18$[$x=-18$(舍去)]，此时，$y=\frac{216}{18}=12$. 又因为 $C''(x)=\frac{648\times 2}{x^3}$，$C''(18)>0$，所以，当 $x=18$ 时，C 取极小值，由实际问题中最小值的存在性，则当场地的长为 18m、宽为 12m 时，所用板材最少。

14. 解 平均成本函数 $\overline{C}(x)=\frac{C(x)}{x}=\frac{100}{x}+\frac{x}{4}+6$

因为$\overline{C}'(x)=-\dfrac{100}{x^2}+\dfrac{1}{4}$,由$\overline{C}'(x)=0$,解得:$x=20$,$x=-20$(舍去)。又因为$\overline{C}''(x)=\dfrac{200}{x^3}$,$\overline{C}''(20)>0$,所以,当$x=20$时,$\overline{C}(x)$取得极小值,由实际问题中最小值的存在性,可得:当产量$x=20$单位时,才能使平均成本最低。最低平均成本为$\overline{C}(20)=16$(万元/单位),此时,边际成本为:$C'(x)\big|_{x=20}=\left(\dfrac{x}{2}+6\right)\Big|_{x=20}=16$(万元/单位)。

15. 解 由已知,每批产量为x个单位时,总成本为:

$$C(x)=5x+200$$

总收入为:

$$R(x)=10x-0.01x^2$$

所以: 总利润函数$L(x)=R(x)-C(x)=5x-0.01x^2-200$

因为$L'(x)=5-0.02x$,令$L'(x)=0$,得:$x=250$.又因为$L''(250)=-0.02<0$,所以,$x=250$时,$L(x)$取得极大值。$L(250)$也就是$L(x)$的最大值,故当每批生产250个单位产品时,才能获得最大利润,最大利润为$L(250)=425$元。

16. 解 因为产量为Q台时的总成本函数为:

$$C(Q)=\frac{1}{9}Q^2+Q+98$$

由$Q=75-3P$,得:$P=\dfrac{75-Q}{3}=25-\dfrac{Q}{3}$.故:

$$\text{总收入函数}\ R(Q)=P\cdot Q=\left(25-\frac{Q}{3}\right)\cdot Q$$

$$\text{总利润函数}\ L(Q)=R(Q)-C(Q)=24Q-\frac{4}{9}Q^2-98$$

因为$L'(Q)=24-\dfrac{8}{9}Q$,令$L'(Q)=0$,得$Q=27$.

又因为$L''(27)=-\dfrac{8}{9}<0$,所以,$Q=27$时,$L(Q)$取得最大值,此时,$P=25-\dfrac{27}{3}=16$。因此,每天生产27台时,获得利润最大,此时每台收音机的价格为16元。

17. 解 设售价为P元,利润函数为$L(P)$,销售量为Q.本题必须先找出P与Q之间的关系式,进而得出$L(P)$.

根据题意:P与Q成比例,即$Q=Q(P)$的图像为直线,且$Q(5)=200$,斜率为$Q'(P)=\dfrac{20}{-0.02}=-1\,000$,所以:

$$Q-200=-1\,000(P-5)$$

即有:

$$Q=-1\,000\cdot P+5\,200$$

由于:

$$\text{总成本}\ C(P)=4Q=-4\,000P+20\,800$$

$$\text{总收入}\ R(P)=P\cdot Q=(-1\,000P+5\,200)P$$

所以: 总利润$L(P)=R(P)-C(P)=-1\,000P^2+9\,200P-20\,800$

因为$L'(P)=-2\,000P+9\,200$,令$L'(P)=0$,得驻点$P=4.6$.又因为$L''(4.6)=-2\,000<0$,所以,$P=4.6$为$L(P)$的极大值点。

由于驻点唯一，问题实际，故该极大值点就是 $L(P)$ 的最大值点。所以，当零售价定为 4.6 元时，才可获得最大利润。

18. 解　(1) $y=2-\sqrt[3]{x-1}$ 在定义域 $(-\infty,+\infty)$ 内连续。

因为 $y'=-\frac{1}{3}(x-1)^{-\frac{2}{3}}$，$y''=\frac{2}{9}(x-1)^{-\frac{5}{3}}=\frac{2}{9\sqrt[3]{(x-1)^5}}$，在 $x=1$ 处，y'' 不存在；当 $x<1$ 时，$y''<0$；当 $x>1$ 时，$y''>0$. 所以，曲线 $y=2-\sqrt[3]{x-1}$ 的上凹区间为 $(1,+\infty)$，下凹区间为 $(-\infty,1)$，拐点为 $(1,2)$.

(2) $y=x+\frac{1}{x}$ 的定义域为：$(-\infty,0)\cup(0,+\infty)$，$y'=1-\frac{1}{x^2}$，$y''=\frac{2}{x^3}$，因为 $x<0$ 时，$y''<0$；$x>0$ 时，$y''>0$，所以，曲线 $y=x+\frac{1}{x}$ 的上凹区间为 $(0,+\infty)$，下凹区间为 $(-\infty,0)$，曲线无拐点(因函数 $y=x+\frac{1}{x}$ 在点 $x=0$ 处无定义)。

(3) $y=x^3-3x^2-9x+9$ 的定义域为 $(-\infty,+\infty)$，$y'=3x^2-6x-9$，$y''=6x-6=6(x-1)$.

令 $y''=0$，得：$x=1$，因为 $x<1$ 时，$y''<0$；$x>1$ 时，$y''>0$，所以，$y=x^3-3x^2-9x+9$ 的上凹区间为 $(1,+\infty)$，下凹区间为 $(-\infty,1)$，拐点为 $(1,-2)$.

(4) $y=xe^{-x}$ 的定义域为 $(-\infty,+\infty)$.

$$y'=e^{-x}+x\cdot e^{-x}(-1)=(1-x)e^{-x}$$
$$y''=-e^{-x}-(1-x)e^{-x}=(x-2)e^{-x}$$

令 $y''=0$，得 $x=2$，因为 $x<2$ 时，$y''<0$；$x>2$ 时，$y''>0$，所以，曲线 $y=xe^{-x}$ 的上凹区间为 $(2,+\infty)$，下凹区间为 $(-\infty,2)$，拐点为 $(2,2e^{-2})$.

(5) $y=x-\ln(1+x)$ 的定义域为 $(-1,+\infty)$.

$$y'=1-\frac{1}{1+x},\ y''=\frac{1}{(x+1)^2}$$

因为在 $(-1,+\infty)$ 内，$y''>0$，所以，曲线在 $(-1,+\infty)$ 内上凹，无拐点，即 $y=x-\ln(1+x)$ 是上凹曲线。

(6) $y=3x^{\frac{1}{3}}+2x$ 在定义域 $(-\infty,+\infty)$ 内连续，$y'=x^{-\frac{2}{3}}+2$，$y''=-\frac{2}{3}x^{-\frac{5}{3}}$，所以，在 $x=0$ 处，y'' 不存在。

因为 $x<0$ 时，$y''>0$；$x>0$ 时，$y''<0$，所以，曲线 $y=3x^{\frac{1}{3}}+2x$ 的上凹区间为 $(-\infty,0)$，下凹区间为 $(0,+\infty)$，曲线的拐点为：$(0,0)$.

19. 解　(1) 对于 $y=x^2+\frac{1}{x-1}$，因为 $\lim\limits_{x\to1}\left(x^2+\frac{1}{x-1}\right)=\infty$，所以，$x=1$ 是曲线的垂直渐近线。曲线无其他渐近线。

(2) 对于 $y=\frac{x}{1+x^2}+2$，因为 $\lim\limits_{x\to\infty}\left(\frac{x}{1+x^2}+2\right)=0+2=2$，所以，$y=2$ 是曲线 $y=\frac{x}{1+x^2}+2$ 的水平渐近线。

(3) 对于 $y=\frac{x}{x^2-1}$，因为 $\lim\limits_{x\to\infty}\frac{x}{x^2-1}=0$，所以，$y=0$ 是曲线的水平渐近线。

因为$\lim\limits_{x\to 1}\frac{x}{x^2-1}=\infty$，$\lim\limits_{x\to -1}\frac{x}{x^2-1}=\infty$，所以，$x=1$ 和 $x=-1$ 是 $y=\frac{x}{x^2-1}$ 的垂直渐近线。

(4) 对于 $y=\frac{x-1}{x^2-1}$，因为：

$$\lim_{x\to\infty}\frac{x-1}{x^2-1}=0$$

$$\lim_{x\to -1}\frac{x-1}{x^2-1}=\lim_{x\to -1}\frac{(x-1)}{(x-1)(x+1)}=\lim_{x\to -1}\frac{1}{x+1}=\infty$$

所以，$y=\frac{x-1}{x^2-1}$ 有水平渐近线 $y=0$，垂直渐近线 $x=-1$。

注意：$x=1$ 不是曲线的垂直渐近线。

(5) 因为$\lim\limits_{x\to 0}\left(x-\frac{1}{x}\right)=\infty$，所以，$x=0$ 是曲线 $y=x-\frac{1}{x}$ 的垂直渐近线。

因为：

$$\lim_{x\to\infty}\frac{f(x)}{x}=\lim_{x\to\infty}\left(1-\frac{1}{x^2}\right)=1=a$$

$$\lim_{x\to\infty}[f(x)-ax]=\lim_{x\to\infty}\left(x-\frac{1}{x}-x\right)=\lim_{x\to\infty}\left(-\frac{1}{x}\right)=0=b$$

所以，$y=x$ 是曲线的斜渐近线。

(6) 因为$\lim\limits_{x\to -1}\frac{x^2}{1+x}=\infty$，所以，$x=-1$ 是曲线 $y=\frac{x^2}{1+x}$ 的垂直渐近线。

因为：

$$\lim_{x\to\infty}\frac{f(x)}{x}=\lim_{x\to\infty}\frac{x^2}{x(1+x)}=1=a$$

$$\lim_{x\to\infty}[f(x)-ax]=\lim_{x\to\infty}\left(\frac{x^2}{1+x}-x\right)=\lim_{x\to\infty}\left(-\frac{x}{1+x}\right)=-1=b$$

所以，$y=x-1$ 是曲线 $y=\frac{x^2}{1+x}$ 的斜渐近线。

20. 解 (1) $y=xe^{-x}$ 的定义域为$(-\infty,+\infty)$，它是个非奇非偶函数。

$$y'=e^{-x}-xe^{-x}=e^{-x}(1-x)$$

$$y''=e^{-x}(x-2)$$

令 $y'=0$，得 $x=1$；令 $y''=0$，得 $x=2$。

x	$(-\infty,1)$	1	$(1,2)$	2	$(2,+\infty)$
y'	$+$	0	$-$	$-$	$-$
y''	$-$	$-$	$-$	0	$+$
y	↑ ∩	极大值 $y(1)$	↓ ∩	拐点	↓ ∪

$y=xe^{-x}$ 在 $x=1$ 处取得极大值 $y(1)=e^{-1}$，曲线有拐点：$\left(2,\frac{2}{e^2}\right)$，曲线经过原点 $O(0,0)$。

因为 $\lim\limits_{x\to+\infty} x\cdot e^{-x} = \lim\limits_{x\to+\infty} \dfrac{x}{e^x} = 0$，所以，$y=0$ 是曲线 $y=xe^{-x}$ 的水平渐近线。

根据上述讨论结果，即可作出 $y=xe^{-x}$ 的图形（如题图 4－1 所示）。

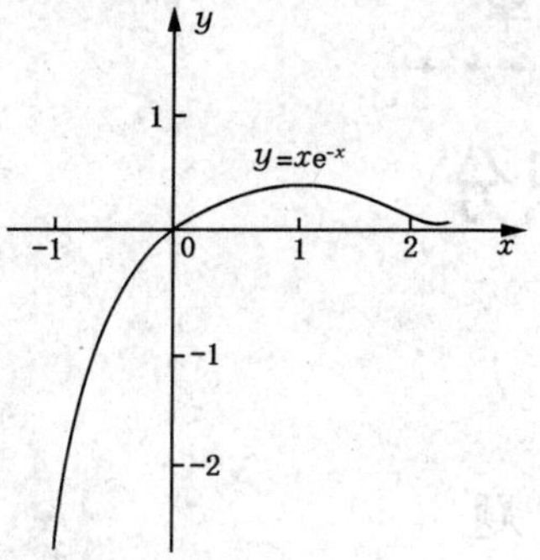

题图 4－1

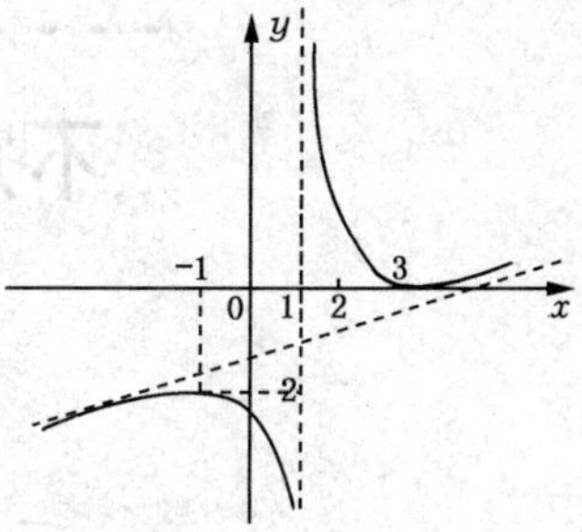

题图 4－2

(2) $y=\dfrac{(x-3)^2}{4(x-1)}$ 的定义域为 $(-\infty,1)\cup(1,+\infty)$. 该函数是非奇非偶函数。

$y'=\dfrac{(x-3)(x+1)}{4(x-1)^2}$，令 $y'=0$，得 $x=-1$，$x=3$，$y''=\dfrac{2}{(x-1)^3}$.

x	$(-\infty,-1)$	-1	$(-1,1)$	$(1,3)$	3	$(3,\infty)$
y'	$+$	0	$-$	$-$	0	$+$
y''	$-$	$-$	$-$	$+$	$+$	$+$
y	↑ ∩	极大值 $y(-1)$	↓ ∩	↓ ∪	极小值 $y(3)$	↑ ∪

极大值 $y(-1)=-2$，极小值 $y(3)=0$.

曲线无拐点。曲线与 y 轴交点为：$\left(0,-\dfrac{9}{4}\right)$.

因为 $\lim\limits_{x\to1} f(x)=\lim\limits_{x\to1}\dfrac{(x-3)^2}{4(x-1)}=\infty$，所以，$x=1$ 为曲线的垂直渐近线。

因为：

$$\lim_{x\to\infty}\frac{f(x)}{x}=\lim_{x\to\infty}\frac{(x-3)^2}{4(x-1)\cdot x}=\frac{1}{4}=a$$

$$\lim_{x\to\infty}[f(x)-ax]=\lim_{x\to\infty}\left[\frac{(x-3)^2}{4(x-1)}-\frac{1}{4}x\right]=-\frac{5}{4}$$

所以，曲线有斜渐近线 $y=\dfrac{x}{4}-\dfrac{5}{4}$.

综合上述讨论结果，即可作出函数 $y=\dfrac{(x-3)^2}{4(x-1)}$ 的图形（如题图 4－2 所示）。

第五章

不定积分

一、习　题

1. 单项选择题(在每小题的四项备选答案中,选出一项符合题目要求的,并把所选项前的字母填在题干后的括号内)。

(1) 在以下函数中是 x 的一个原函数的为(　　)。

A. 1　　B. x^2　　C. $3x^2$　　D. $\frac{1}{2}x^2$

(2) 在以下函数中不是 $e^{2x}-e^{-2x}$ 的一个原函数的为(　　)。

A. $\frac{1}{2}(e^{2x}+e^{-2x})$　　B. $(e^x-e^{-x})^2$

C. $(e^x+e^{-x})^2$　　D. $2(e^x-e^{-x})^2$

(3) $\int(\arcsin x)'\mathrm{d}x=$(　　)。

A. $\frac{1}{\sqrt{1-x^2}}$　　B. $\frac{1}{\sqrt{1-x^2}}+C$

C. $\arcsin x$　　D. $\arcsin x+C$

(4) 设 $f(x)=\frac{\cos x}{x}$,则 $\left(\int f(x)\mathrm{d}x\right)'=$(　　)。

A. $\frac{\sin x}{x}$　　B. $\frac{\cos x}{x}$

C. $\frac{\sin x}{x}+C$　　D. $\frac{\cos x}{x}+C$

(5) 如果 $\int \mathrm{d}f(x)=\int \mathrm{d}g(x)$,则下列各式中不一定成立的是(　　)。

A. $f(x)=g(x)$　　B. $f'(x)=g'(x)$

C. $\mathrm{d}f(x)=\mathrm{d}g(x)$　　D. $\mathrm{d}\int f'(x)\mathrm{d}x=\mathrm{d}\int g'(x)\mathrm{d}x$

(6) 经过点(1,2)且切线斜率为 $2x$ 的曲线方程是(　　)。

A. $y=x^2$　　B. $y=x^2+C$

C. $y=x^2-1$　　D. $y=x^2+1$

(7) $\int\frac{\mathrm{d}x}{\sqrt{4-x^2}}=$(　　)。

A. $\frac{1}{2}\arcsin x+C$　　B. $\arcsin\frac{x}{2}$

C. $\arcsin\frac{x}{2}+C$　　D. $\frac{1}{2}\arcsin\frac{x}{2}+C$

(8) 若$\int f(x)\mathrm{d}x=x^2+C$,则$\int xf(1-x^2)\mathrm{d}x=($　　$)$。

A. $(1-x^2)^2+C$　　B. $-(1-x^2)^2+C$

C. $-\frac{1}{2}(1-x^2)^2+C$　　D. $\frac{1}{2}(1-x^2)^2+C$

(9) 若$F'(x)=f(x)$,则$\int \mathrm{e}^{-x}f(\mathrm{e}^{-x})\mathrm{d}x=($　　$)$。

A. $F(\mathrm{e}^x)+C$　　B. $-F(\mathrm{e}^{-x})+C$

C. $F(\mathrm{e}^{-x})+C$　　D. $\mathrm{e}^{-x}F(\mathrm{e}^{-x})+C$

(10) 设$f(x)=e^{-x}$,则$\int\frac{f'(\ln x)}{x}\mathrm{d}x=($　　$)$。

A. 1　　B. x　　C. x^2　　D. $\frac{1}{x}$

(11) 在计算积分$\int x\cdot\sqrt[3]{1-x}\,\mathrm{d}x$时,为使被积函数有理化,可作变量代换(　　)。

A. $x=\sin u$　　B. $x=\sec u$

C. $x=\tan u$　　D. $u=\sqrt[3]{1-x}$

(12) 微分方程$y'+x^4-2x^3=(y')^2$的阶数为(　　)。

A. 一　　B. 二　　C. 三　　D. 四

(13) 微分方程$\frac{\mathrm{d}y}{\mathrm{d}x}=\frac{x(1+y^2)}{1+x^2}$的通解为(　　)。

A. $\arctan y=\frac{1}{2}\ln(1+x^2)$　　B. $\arctan y=\frac{1}{2}\ln(1+x^2)+C$

C. $\arctan x=\frac{1}{2}\ln(1+y^2)$　　D. $\arctan x=\frac{1}{2}\ln(1+y^2)+C$

2. 填空:

(1)$($　　$)'=3$;　　(2)$\int 3\mathrm{d}x=($　　$)$;

(3)$\mathrm{d}($　　$)=x^2\mathrm{d}x$;　　(4)$\int x^2\mathrm{d}x=($　　$)$;

(5)$\mathrm{d}($　　$)=\frac{\mathrm{d}x}{1+x^2}$;　　(6)$\int\frac{\mathrm{d}x}{1+x^2}=($　　$)$;

(7)$($　　$)'=\frac{2^x}{\ln 2}$;　　(8)$\int\frac{2^x}{\ln 2}\mathrm{d}x=($　　$)$.

3. 一曲线经过点$(0,3)$,且曲线上任一点(x,y)处的切线斜率为e^x,试求该曲线的方程。

4. 求下列不定积分:

(1)$\int\left(\frac{1}{\sqrt{x}}+2\sqrt{x}-\frac{1}{x^3}\right)\mathrm{d}x$;　　(2)$\int\frac{(x^2+1)(x+\sqrt{x})}{x^2}\mathrm{d}x$;

(3)$\int\frac{x^4}{1+x^2}\mathrm{d}x$;　　(4)$\int\frac{1+3x^2}{x^2(1+x^2)}\mathrm{d}x$;

(5) $\int\left(\frac{3}{\sqrt{1-x^2}}-\sin x+2e^x\right)dx$；　　(6) $\int\left(2\cos x-\frac{5}{1+x^2}\right)dx$；

(7) $\int\left(2^x5^x-\frac{2^x}{e^x}\right)dx$；　　(8) $\int(2^x+5^x)^2dx$；

(9) $\int\csc x(\csc x-\cot x)dx$；　　(10) $\int\cot^2 x dx$；

(11) $\int\frac{\cos 2x}{\cos x+\sin x}dx$；　　(12) $\int\frac{1}{1-\cos 2x}dx$.

5. 某商品的边际成本函数 $C'(Q)=125e^{0.5Q}$，且固定成本为 150，求总成本函数 $C(Q)$.

6. 某企业销售某种商品，已知其边际收益为 $10-0.02x$（千元 / 千克），边际成本为 5（千元 / 千克），且销售量为 10 千克时的成本为 250 千元。

(1) 求总收益函数 $R(x)$ 及总成本函数 $C(x)$；

(2) 问：销售量 x 等于多少时才能获得最大利润？最大利润是多少？

7. 试用第一类换元法求下列不定积分：

(1) $\int\frac{dx}{2x+1}$；　　(2) $\int\frac{dx}{\sqrt{1-2x}}$；

(3) $\int(5x+2)^4dx$；　　(4) $\int\frac{x-1}{1+x}dx$；

(5) $\int\frac{3x^2}{x^6+1}dx$；　　(6) $\int\frac{dx}{1+9x^2}$；

(7) $\int\frac{dx}{x^2+4x+13}$；　　(8) $\int\frac{dx}{x^2+2x-3}$；

(9) $\int x^2\cdot\sqrt{1-x^3}\,dx$；　　(10) $\int x\cos x^2 dx$；

(11) $\int\left(\sin\frac{x}{3}+e^{-3x}\right)dx$；　　(12) $\int x^2e^{-x^3}dx$；

(13) $\int\frac{1}{x^2}e^{\frac{1}{x}}dx$；　　(14) $\int\frac{3^{\sqrt{x}}}{\sqrt{x}}dx$；

(15) $\int\frac{e^x}{1+e^x}dx$；　　(16) $\int\frac{e^x}{e^x+e^{-x}}dx$；

(17) $\int\frac{dx}{x\ln x}$；　　(18) $\int\frac{dx}{x(1+\ln^2x)}$；

(19) $\int\frac{1}{x}\sqrt{\ln x}\,dx$；　　(20) $\int\frac{\sqrt[3]{1+2\ln x}}{x}dx$；

(21) $\int\frac{dx}{\sqrt{1-x^2}\cdot\arcsin x}$；　　(22) $\int\frac{(\arccos x)^3}{\sqrt{1-x^2}}dx$；

(23) $\int\frac{dx}{(1+x^2)(\arctan x)^2}$；　　(24) $\int\frac{1}{1+x^2}e^{\arctan x}dx$；

(25) $\int\sin^2x\cos x dx$；　　(26) $\int\frac{\cos x}{\sin^3x}dx$；

(27) $\int\sin^3x dx$；　　(28) $\int\sin^2x dx$；

(29) $\int\tan^2x\cdot\sec^2x dx$；　　(30) $\int\frac{\sqrt{1+2\tan x}}{\cos^2x}dx$.

8. 试用第二类换元法求下列不定积分：

(1)$\int \sqrt{9-x^2}\,\mathrm{d}x$；　(2)$\int (1-x^2)^{-\frac{3}{2}}\,\mathrm{d}x$；

(3)$\int \frac{1}{x^2\sqrt{1+x^2}}\mathrm{d}x$；　(4)$\int \frac{\mathrm{d}x}{\sqrt{(1+x^2)^3}}$；

(5)$\int \frac{\mathrm{d}x}{x^2\sqrt{x^2-4}}$；　(6)$\int \frac{\sqrt{x^2-4}}{x}\mathrm{d}x$；

(7)$\int \frac{1}{1+\sqrt{5x+4}}\mathrm{d}x$；　(8)$\int \frac{\mathrm{d}x}{(1+x)\sqrt{x}}$；

(9)$\int \frac{\mathrm{d}x}{\sqrt{1+\mathrm{e}^x}}$；　(10)$\int \frac{\mathrm{d}x}{x\sqrt{2x-1}}$；

(11)$\int \frac{\mathrm{d}x}{(x^2+a^2)^2}$；　(12)$\int \frac{x^2}{(x+1)^{10}}\mathrm{d}x$.

9. 试用分部积分法求下列不定积分：

(1)$\int x\sin x\,\mathrm{d}x$；　(2)$\int x\csc^2 x\,\mathrm{d}x$；

(3)$\int x\mathrm{e}^{-2x}\,\mathrm{d}x$；　(4)$\int x\sin 2x\,\mathrm{d}x$；

(5)$\int \ln x\,\mathrm{d}x$；　(6)$\int \frac{\ln x}{\sqrt{x}}\mathrm{d}x$；

(7)$\int x\arctan x\,\mathrm{d}x$；　(8)$\int \arctan x\,\mathrm{d}x$；

(9)$\int \arcsin x\,\mathrm{d}x$；　(10)$\int x^2\mathrm{e}^{-x}\,\mathrm{d}x$；

(11)$\int x^2\cos x\,\mathrm{d}x$；　(12)$\int \mathrm{e}^x\cos x\,\mathrm{d}x$.

10. 求下列不定积分：

(1)$\int \frac{x}{\sqrt{9-x^2}}\mathrm{d}x$；　(2)$\int \frac{2x+3}{\sqrt{1+x^2}}\mathrm{d}x$；

(3)$\int \frac{\cos\sqrt{x}}{\sqrt{x}}\mathrm{d}x$；　(4)$\int \frac{\mathrm{d}x}{x(x^6+2)}$；

(5)$\int [x\sin(x^2+3)-\tan^2 x]\mathrm{d}x$；　(6)$\int \cos\sqrt{x+1}\,\mathrm{d}x$.

11. 若 e^{-x} 是 $f(x)$ 的一个原函数，求$\int xf(x)\mathrm{d}x$.

12. 若$\frac{\sin x}{x}$是 $f(x)$ 的一个原函数，求$\int xf'(x)\mathrm{d}x$.

13. 指出下列微分方程的阶数：

(1)$(y')^2=y'+x$；

(2)$\mathrm{d}y+xy\,\mathrm{d}x=0$；

(3)$\left(\frac{\mathrm{d}y}{\mathrm{d}x}\right)^3-\frac{\mathrm{d}^2y}{\mathrm{d}x^2}+x^4-1=0$；

(4)$x^4y'+y'''+y^2+3=0$.

14. 判断下列各题中的函数是不是所给微分方程的解：

(1) 方程 $y' = xy$，函数 $y = x^2$；

(2) 方程 $y'' + y = 0$，函数 $y = \sin x + \cos x$；

(3) 方程 $y' = x + y$，函数 $y = \dfrac{1}{x} - x$.

15. 求下列微分方程的通解：

(1) $\dfrac{dy}{dx} = \dfrac{y^2 + 1}{y(x^2 + 1)}$；

(2) $x^2 y' + y = 0$；

(3) $y' = 3^{x+y}$；

(4) $(e^{x+y} + e^y)dy + (e^{x+y} - e^x)dx = 0$；

(5) $xydx - \sqrt{1 + x^2}\,dy = 0$；

(6) $\sec^2 x \cdot \tan y dx + \sec^2 y \cdot \tan x dy = 0$.

16. 求微分方程 $\dfrac{x}{1+y}dx + \dfrac{y}{1+x}dy = 0$ 满足初始条件：$y\,|_{x=0} = 1$ 的特解。

17. 求微分方程 $\dfrac{dy}{dx} + \cos^2 y \cdot \sin x = 0$ 满足初始条件：$y_{(0)} = \dfrac{\pi}{4}$ 的特解。

18. 求下列微分方程的通解：

(1) $\dfrac{dy}{dx} + 2xy = 4x$；

(2) $y' + 2xy = xe^{-x^2}$；

(3) $y' = y \cdot \tan x + \sec x$；

(4) $xdy - (y + x^3)dx = 0$；

(5) $xdy + (\cos x + y)dx = 0$；

(6) $xy' + y = e^x$.

19. 求解：$\dfrac{dy}{dx} = \dfrac{y}{2x} + \dfrac{x^3}{2}$，$y\,|_{x=1} = 0$.

20. 求下列微分方程的通解：

(1) $\dfrac{dy}{dx} = \dfrac{x^2 + 3y^2}{2xy}$；

(2) $(xy - x^2)dy = y^2 dx$；

(3) $y' = \dfrac{x}{y} + \dfrac{y}{x}$；

(4) $(y^2 - xy)dx + x^2 dy = 0$.

二、习题解答

1. (1)D (2)D (3)D (4)B (5)A (6)D (7)C (8)C (9)B (10)D (11)D (12)A (13)B

2. (1) $(3x + C)' = 3$　　(2) $\int 3dx = (3x + C)$；

(3) $d\left(\dfrac{x^3}{3} + C\right) = x^2 dx$　　(4) $\int x^2 dx = \left(\dfrac{x^3}{3} + C\right)$；

(5) $d(\arctan x + C) = \dfrac{dx}{1+x^2}$ (6) $\int \dfrac{dx}{1+x^2} = (\arctan x + C)$；

(7) $\left(\dfrac{2^x}{(\ln 2)^2} + C\right)' = \dfrac{2^x}{\ln 2}$ (8) $\int \dfrac{2^x}{\ln 2}dx = \left(\dfrac{2^x}{(\ln 2)^2} + C\right)$.

3. 解 由 $\int e^x dx = e^x + C$，得曲线族：$y = e^x + C$. 将 $x = 0, y = 3$ 代入，有 $3 = 1 + C$，得 $C = 2$，故所求曲线为：$y = e^x + 2$.

4. 解 (1) $\int \left(\dfrac{1}{\sqrt{x}} + 2\sqrt{x} - \dfrac{1}{x^3}\right)dx$

$$= \int (x^{-\frac{1}{2}} + 2x^{\frac{1}{2}} - x^{-3})dx$$

$$= \frac{1}{-\frac{1}{2}+1}x^{-\frac{1}{2}+1} + 2\cdot\frac{1}{\frac{1}{2}+1}x^{\frac{1}{2}+1} - \frac{1}{-3+1}x^{-3+1} + C$$

$$= 2x^{\frac{1}{2}} + \frac{4}{3}x^{\frac{3}{2}} + \frac{1}{2}x^{-2} + C$$

(2) $\int \dfrac{(x^2+1)(x+\sqrt{x})}{x^2}dx$

$$= \int (x + x^{\frac{1}{2}} + x^{-1} + x^{-\frac{3}{2}})dx$$

$$= \frac{x^2}{2} + \frac{2}{3}x^{\frac{3}{2}} + \ln|x| + (-2)\cdot x^{-\frac{1}{2}} + C$$

$$= \frac{x^2}{2} + \frac{2}{3}\sqrt{x^3} + \ln|x| - \frac{2}{\sqrt{x}} + C$$

(3) $\int \dfrac{x^4}{1+x^2}dx = \int \dfrac{(x^4-1)+1}{1+x^2}dx = \int\left(x^2 - 1 + \dfrac{1}{1+x^2}\right)dx$

$$= \frac{x^3}{3} - x + \arctan x + C$$

(4) $\int \dfrac{1+3x^2}{x^2(1+x^2)}dx = \int \dfrac{(1+x^2)+2x^2}{x^2(1+x^2)}dx = \int\left(\dfrac{1}{x^2} + \dfrac{2}{1+x^2}\right)dx$

$$= -\frac{1}{x} + 2\arctan x + C$$

(5) $\int\left(\dfrac{3}{\sqrt{1-x^2}} - \sin x + 2e^x\right)dx = 3\arcsin x + \cos x + 2e^x + C$

(6) $\int\left(2\cos x - \dfrac{5}{1+x^2}\right)dx = 2\sin x - 5\arctan x + C$

(7) $\int\left(2^x 5^x - \dfrac{2^x}{e^x}\right)dx = \int\left[(2\cdot 5)^x - \left(\dfrac{2}{e}\right)^x\right]dx$

$$= \frac{10^x}{\ln 10} - \frac{\left(\frac{2}{e}\right)^x}{\ln\left(\frac{2}{e}\right)} + C$$

$$= \frac{10^x}{\ln 10} - \frac{2^x}{e^x(\ln 2 - 1)} + C$$

(8) $\int (2^x + 5^x)^2 dx$

$$=\int[(2^x)^2+(5^x)^2+2\cdot 2^x\cdot 5^x]\mathrm{d}x$$

$$=\int[4^x+25^x+2\cdot(10)^x]\mathrm{d}x$$

$$=\frac{4^x}{\ln4}+\frac{25^x}{\ln25}+\frac{2}{\ln10}10^x+C$$

(9) $\int\csc x(\csc x-\cot x)\mathrm{d}x$

$$=\int(\csc^2x-\csc x\cdot\cot x)\mathrm{d}x=-\cot x+\csc x+C$$

(10) $\int\cot^2x\mathrm{d}x=\int(\csc^2x-1)\mathrm{d}x=-\cot x-x+C$

(11) $\int\frac{\cos2x}{\cos x+\sin x}\mathrm{d}x=\int\frac{\cos^2x-\sin^2x}{\cos x+\sin x}\mathrm{d}x$

$$=\int(\cos x-\sin x)\mathrm{d}x=\sin x+\cos x+C$$

(12) $\int\frac{1}{1-\cos2x}\mathrm{d}x=\int\frac{1}{2\sin^2x}\mathrm{d}x=\frac{1}{2}\int\csc^2x\mathrm{d}x=-\frac{1}{2}\cot x+C$

5. 解 $C(Q)=\int125\mathrm{e}^{0.5Q}\mathrm{d}Q=\frac{125}{0.5}\mathrm{e}^{0.5Q}+C=250\mathrm{e}^{0.5Q}+C$

由已知固定成本为 150，即 $Q=0$ 时，$C(Q)=150$，于是，有 $150=250\cdot\mathrm{e}^0+C$，得：$C=150-250=-100$.

所以，总成本函数 $C(Q)=250\mathrm{e}^{0.5Q}-100$.

6. 解 (1) 由已知，边际收益为 $R'(x)=10-0.02x$，因为：

$$\int(10-0.02x)\mathrm{d}x=10x-0.01x^2+C_1$$

故收益函数族为：$R(x)=10x-0.01x^2+C_1$.

由于销售量为零时，收益为零，即 $x=0$ 时，$R(x)=0$，故收益函数为 $R(x)=10x-0.01x^2$.

由已知，边际成本为 5，$\int5\mathrm{d}x=5x+C_2$，故成本函数族为：$C(x)=5x+C_2$.

又因为 $C(10)=250$，将 $x=10$，$C(x)=250$ 代入成本函数族，解得：$C_2=200$，故总成本函数为 $C(x)=5x+200$.

(2) 因为总利润 $L(x)=R(x)-C(x)$，即：

$$L(x)=5x-0.01x^2-200$$
$$L'(x)=5-0.02x$$

令 $L'(x)=0$，得驻点 $x=250$.

又因为 $L''(250)=-0.02<0$，所以，当销售量为 250 千克时，可获得最大利润，最大利润为 $L(250)=425$ 千元。

7. 解 (1) $\int\frac{\mathrm{d}x}{2x+1}=\frac{1}{2}\int\frac{1}{2x+1}\mathrm{d}(2x+1)=\frac{1}{2}\ln|2x+1|+C$

(2) $\int\frac{\mathrm{d}x}{\sqrt{1-2x}}=-\frac{1}{2}\int\frac{1}{\sqrt{(1-2x)}}\mathrm{d}(1-2x)$

$$=-\frac{1}{2}\cdot2\sqrt{1-2x}+C=-\sqrt{1-2x}+C$$

(3) $\int(5x+2)^4\mathrm{d}x=\frac{1}{5}\int(5x+2)^4\mathrm{d}(5x+2)=\frac{1}{5}\cdot\frac{1}{5}(5x+2)^5+C$

$=\frac{1}{25}(5x+2)^5+C$

(4) $\int\frac{x-1}{1+x}\mathrm{d}x=\int\frac{(1+x)-2}{1+x}\mathrm{d}x=\int(1-\frac{2}{1+x})\mathrm{d}x$

$=x-2\ln|1+x|+C$

(5) $\int\frac{3x^2}{x^6+1}\mathrm{d}x=\int\frac{1}{(x^3)^2+1}\mathrm{d}(x^3)=\arctan(x^3)+C$

(6) $\int\frac{\mathrm{d}x}{1+9x^2}=\frac{1}{3}\int\frac{1}{1+(3x)^2}\mathrm{d}(3x)=\frac{1}{3}\arctan(3x)+C$

(7) $\int\frac{\mathrm{d}x}{x^2+4x+13}=\int\frac{1}{(x+2)^2+3^2}\mathrm{d}(x+2)$

$=\frac{1}{3}\arctan\frac{x+2}{3}+C$

(8) $\int\frac{\mathrm{d}x}{x^2+2x-3}=\int\frac{\mathrm{d}(x+1)}{(x+1)^2-2^2}$

$=\frac{-1}{2\times2}\ln\left|\frac{(x+1)+2}{(x+1)-2}\right|+C$

$=\frac{1}{4}\ln\left|\frac{x-1}{x+3}\right|+C$

(9) $\int x^2\sqrt{1-x^3}\mathrm{d}x=-\frac{1}{3}\int(1-x^3)^{\frac{1}{2}}\mathrm{d}(1-x^3)$

$=-\frac{1}{3}\cdot\frac{2}{3}(1-x^3)^{\frac{3}{2}}+C$

$=-\frac{2}{9}(1-x^3)^{\frac{3}{2}}+C$

(10) $\int x\cos x^2\mathrm{d}x=\frac{1}{2}\int\cos(x^2)\mathrm{d}(x^2)=\frac{1}{2}\sin(x^2)+C$

(11) $\int\left(\sin\frac{x}{3}+\mathrm{e}^{-3x}\right)\mathrm{d}x=3\int\sin\frac{x}{3}\mathrm{d}\left(\frac{x}{3}\right)-\frac{1}{3}\int\mathrm{e}^{-3x}\mathrm{d}(-3x)$

$=-3\cos\frac{x}{3}-\frac{1}{3}\mathrm{e}^{-3x}+C$

(12) $\int x^2\mathrm{e}^{-x^3}\mathrm{d}x=-\frac{1}{3}\int\mathrm{e}^{-x^3}\mathrm{d}(-x^3)=-\frac{1}{3}\mathrm{e}^{-x^3}+C$

(13) $\int\frac{1}{x^2}\mathrm{e}^{\frac{1}{x}}\mathrm{d}x=-\int\mathrm{e}^{\frac{1}{x}}\mathrm{d}\left(\frac{1}{x}\right)=-\mathrm{e}^{\frac{1}{x}}+C$

(14) $\int\frac{3^{\sqrt{x}}}{\sqrt{x}}\mathrm{d}x=2\int3^{\sqrt{x}}\mathrm{d}(\sqrt{x})=2\cdot\frac{3^{\sqrt{x}}}{\ln3}+C$

(15) $\int\frac{\mathrm{e}^x}{1+\mathrm{e}^x}\mathrm{d}x=\int\frac{1}{1+\mathrm{e}^x}\mathrm{d}(\mathrm{e}^x+1)=\ln(1+\mathrm{e}^x)+C$

(16) $\int\frac{\mathrm{e}^x}{\mathrm{e}^x+\mathrm{e}^{-x}}\mathrm{d}x=\int\frac{\mathrm{e}^{2x}}{\mathrm{e}^{2x}+1}\mathrm{d}x=\frac{1}{2}\int\frac{\mathrm{e}^{2x}}{\mathrm{e}^{2x}+1}\mathrm{d}(2x)$

$=\frac{1}{2}\int\frac{1}{\mathrm{e}^{2x}+1}\mathrm{d}(\mathrm{e}^{2x}+1)$

$$=\frac{1}{2}\ln(e^{2x}+1)+C$$

(17) $\int\frac{dx}{x\ln x}=\int\frac{1}{\ln x}d(\ln x)=\ln|\ln x|+C$

(18) $\int\frac{dx}{x(1+\ln^2x)}=\int\frac{1}{1+(\ln x)^2}d(\ln x)=\arctan(\ln x)+C$

(19) $\int\frac{1}{x}\sqrt{\ln x}dx=\int(\ln x)^{\frac{1}{2}}d(\ln x)=\frac{2}{3}(\ln x)^{\frac{3}{2}}+C$

(20) $\int\frac{\sqrt[3]{1+2\ln x}}{x}dx=\int(1+2\ln x)^{\frac{1}{3}}d(\ln x)$

$$=\frac{1}{2}\int(1+2\ln x)^{\frac{1}{3}}d(1+2\ln x)$$

$$=\frac{1}{2}\cdot\frac{1}{\frac{1}{3}+1}(1+2\ln x)^{\frac{1}{3}+1}+C$$

$$=\frac{3}{8}(1+2\ln x)^{\frac{4}{3}}+C$$

(21) $\int\frac{dx}{\sqrt{1-x^2}\cdot\arcsin x}=\int\frac{1}{\arcsin x}d(\arcsin x)=\ln|\arcsin x|+C$

(22) $\int\frac{(\arccos x)^3}{\sqrt{1-x^2}}dx=-\int(\arccos x)^3d(\arccos x)=-\frac{1}{4}(\arccos x)^4+C$

(23) $\int\frac{dx}{(1+x^2)(\arctan x)^2}=\int\frac{1}{(\arctan x)^2}d(\arctan x)=-\frac{1}{\arctan x}+C$

(24) $\int\frac{1}{1+x^2}e^{\arctan x}dx=\int e^{\arctan x}d(\arctan x)=e^{\arctan x}+C$

(25) $\int\sin^2x\cos xdx=\int(\sin x)^2d(\sin x)=\frac{1}{3}(\sin x)^3+C$

(26) $\int\frac{\cos x}{\sin^3x}dx=\int\frac{1}{(\sin x)^3}d(\sin x)=\frac{1}{-3+1}(\sin x)^{-3+1}+C$

$$=-\frac{1}{2}(\sin x)^{-2}+C$$

(27) $\int\sin^3xdx=\int\sin^2x\cdot\sin xdx=-\int[1-(\cos x)^2]d(\cos x)$

$$=-[\cos x-\frac{1}{3}(\cos x)^3]+C$$

$$=\frac{1}{3}\cos^3x-\cos x+C$$

(28) $\int\sin^2xdx=\int\frac{1-\cos2x}{2}dx$

$$=\frac{x}{2}-\frac{1}{2}\cdot\frac{1}{2}\sin2x+C$$

$$=\frac{x}{2}-\frac{1}{4}\sin2x+C$$

(29) $\int\tan^2x\cdot\sec^2xdx=\int(\tan x)^2d(\tan x)=\frac{1}{3}\tan^3x+C$

(30) $\int \frac{\sqrt{1+2\tan x}}{\cos^2 x} dx = \int (1+2\tan x)^{\frac{1}{2}} d(\tan x)$

$= \frac{1}{2}\int (1+2\tan x)^{\frac{1}{2}} d(2\tan x + 1)$

$= \frac{1}{2} \cdot \frac{2}{3}(1+2\tan x)^{\frac{3}{2}} + C$

$= \frac{1}{3}(1+2\tan x)^{\frac{3}{2}} + C$

8. 解 (1) 令 $x = 3\sin t(|t| < \frac{\pi}{2})$,(见题图 5－1) 则:

$dx = d(3\sin t) = 3\cos t dt$

$\sqrt{9-x^2} = \sqrt{9-9\sin^2 t} = 3 \mid \cos t \mid = 3\cos t$

$\int \sqrt{9-x^2}\, dx = \int 3\cos t \cdot 3\cos t dt = 9\int \cos^2 t dt = 9\int \frac{1+\cos 2t}{2} dt$

$= \frac{9}{2}(t + \frac{1}{2}\sin 2t) + C = \frac{9}{2}(t + \sin t\cos t) + C$

$= \frac{9}{2}\arcsin\left(\frac{x}{3}\right) + \frac{1}{2}x\sqrt{9-x^2} + C$

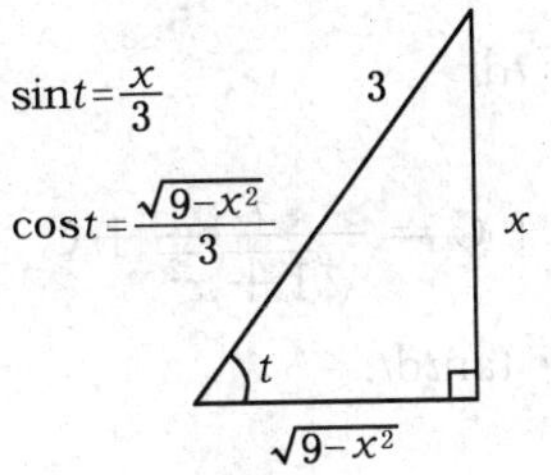

题图 5－1

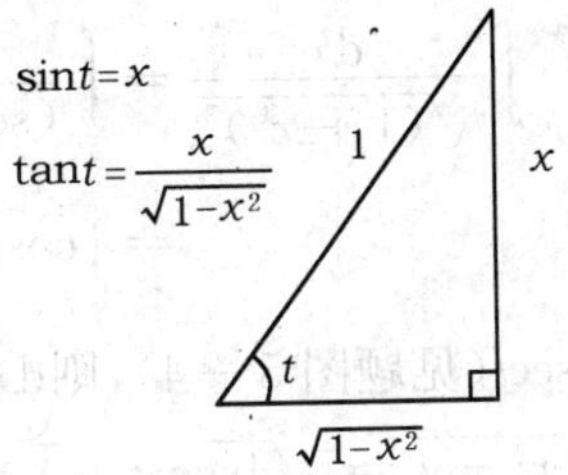

题图 5－2

(2) 令 $x = \sin t\left(|t| < \frac{\pi}{2}\right)$(见题图 5－2),则:

$dx = d(\sin t) = \cos t dt$

$(1-x^2)^{-\frac{3}{2}} = (\cos^2 t)^{-\frac{3}{2}} = (\cos t)^{-3}$

$\int (1-x^2)^{-\frac{3}{2}} dx = \int (\cos t)^{-3} \cdot \cos t dt$

$= \int \sec^2 t dt = \tan t + C$

$= \frac{x}{\sqrt{1-x^2}} + C$

(3) 令 $x = \tan t$(见题图 5－3),则:$dx = \sec^2 t dt$.

$$\sqrt{1+x^2}=\sqrt{1+\tan^2 t}=\sec t$$

$$\int\frac{1}{x^2\sqrt{1+x^2}}\mathrm{d}x=\int\frac{\sec^2 t}{\tan^2 t\cdot\sec t}\mathrm{d}t$$

$$=\int\frac{\cos t}{\sin^2 t}\mathrm{d}t=\int\frac{1}{(\sin t)^2}\mathrm{d}(\sin t)$$

$$=-\frac{1}{\sin t}+C=-\frac{\sqrt{1+x^2}}{x}+C$$

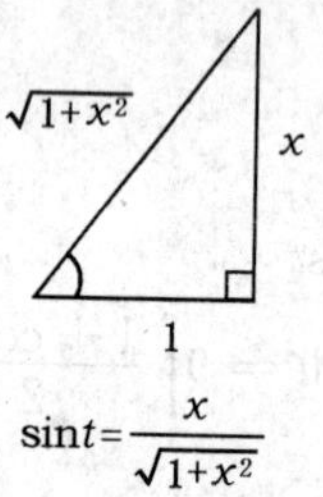

题图 5－3

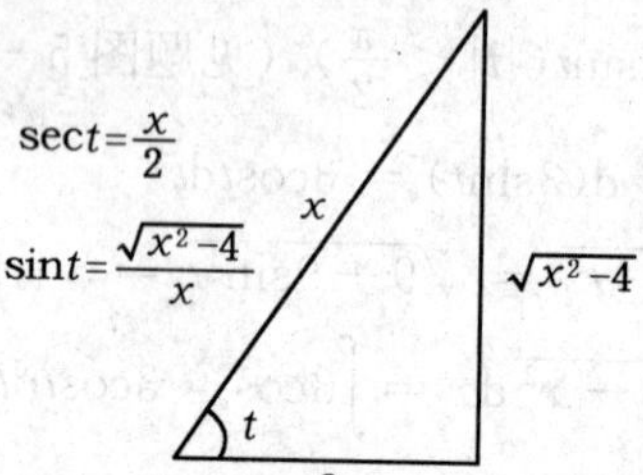

题图 5－4

(4) 令 $x=\tan t$，则 $\mathrm{d}x=\sec^2 t\mathrm{d}t$，$\sqrt{1+x^2}=\sec t$.

$$\int\frac{\mathrm{d}x}{\sqrt{(1+x^2)^3}}=\int\frac{1}{(\sec t)^3}\cdot\sec^2 t\mathrm{d}t$$

$$=\int\cos t\mathrm{d}t=\sin t+C=\frac{x}{\sqrt{1+x^2}}+C$$

(5) 令 $x=2\sec t$（见题图 5－4），则 $\mathrm{d}x=2\sec t\cdot\tan t\mathrm{d}t$.

$$\sqrt{x^2-4}=\sqrt{4\sec^2 t-4}=2\tan t$$

$$\int\frac{\mathrm{d}x}{x^2\sqrt{x^2-4}}=\int\frac{1}{4\sec^2 t\cdot 2\tan t}\cdot 2\sec t\cdot\tan t\mathrm{d}t=\frac{1}{4}\int\cos t\mathrm{d}t$$

$$=\frac{1}{4}\sin t+C=\frac{\sqrt{x^2-4}}{4x}+C$$

(6) 令 $x=2\sec t$（见题图5－5），则 $\mathrm{d}x=2\sec t\cdot\tan t\mathrm{d}t$.

$$\sqrt{x^2-4}=2\tan t$$

$$\int\frac{\sqrt{x^2-4}}{x}\mathrm{d}x=\int\frac{2\tan t}{2\sec t}\cdot 2\sec t\cdot\tan t\mathrm{d}t$$

$$=2\int\tan^2 t\mathrm{d}t=2\int(\sec^2 t-1)\mathrm{d}t$$

$$=2(\tan t-t)+C$$

$$=2\left(\frac{\sqrt{x^2-4}}{2}-\operatorname{arcsec}\frac{x}{2}\right)+C$$

(7) 令 $t=\sqrt{5x+4}$，则 $x=\dfrac{t^2-4}{5}$.

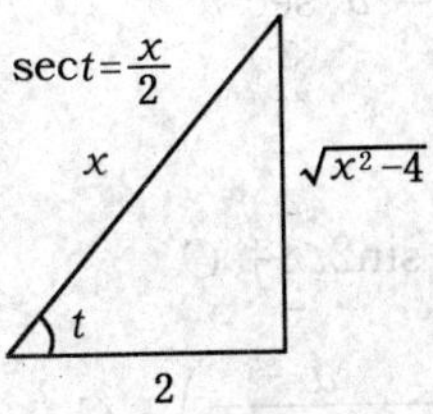

题图 5－5

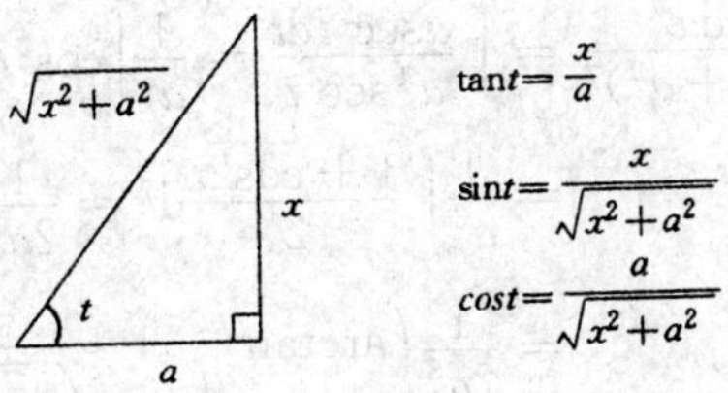

题图 5－6

$$\mathrm{d}x=\mathrm{d}\left(\frac{t^2-4}{5}\right)=\frac{2}{5}t\mathrm{d}t$$

$$\begin{aligned}\int\frac{1}{1+\sqrt{5x+4}}\mathrm{d}x&=\int\frac{1}{1+t}\cdot\frac{2}{5}t\mathrm{d}t\\&=\frac{2}{5}\int\frac{(1+t)-1}{1+t}\mathrm{d}t=\frac{2}{5}\int\left(1-\frac{1}{1+t}\right)\mathrm{d}t\\&=\frac{2}{5}[t-\ln|1+t|]+C\\&=\frac{2}{5}(\sqrt{5x+4}-\ln|1+\sqrt{5x+4}|)+C\end{aligned}$$

(8) 令 $t=\sqrt{x}$，则 $x=t^2$，$\mathrm{d}x=2t\mathrm{d}t$.

$$\begin{aligned}\int\frac{\mathrm{d}x}{(1+x)\sqrt{x}}&=\int\frac{1}{(1+t^2)t}\cdot 2t\mathrm{d}t\\&=2\int\frac{1}{1+t^2}\mathrm{d}t=2\arctan t+C\\&=2\arctan\sqrt{x}+C\end{aligned}$$

(9) 令 $t=\sqrt{1+\mathrm{e}^x}$，则 $x=\ln(t^2-1)$.

$$\mathrm{d}x=\frac{2t}{t^2-1}\mathrm{d}t$$

$$\begin{aligned}\int\frac{\mathrm{d}x}{\sqrt{1+\mathrm{e}^x}}&=\int\frac{1}{t}\cdot\frac{2t}{t^2-1}\mathrm{d}t\\&=2\int\frac{1}{t^2-1}\mathrm{d}t=2\times\frac{1}{2}\ln\left|\frac{t-1}{t+1}\right|+C\\&=\ln\left|\frac{\sqrt{1+\mathrm{e}^x}-1}{\sqrt{1+\mathrm{e}^x}+1}\right|+C\end{aligned}$$

(10) 令 $t=\sqrt{2x-1}$，则 $x=\frac{t^2+1}{2}$.

$$\mathrm{d}x=t\mathrm{d}t$$

$$\begin{aligned}\int\frac{\mathrm{d}x}{x\sqrt{2x-1}}&=\int\frac{t\mathrm{d}t}{\frac{t^2+1}{2}\cdot t}=2\int\frac{1}{t^2+1}\mathrm{d}t\\&=2\arctan t+C=2\arctan\sqrt{2x-1}+C\end{aligned}$$

(11) 令 $x=a\tan t$（见题图 5－6），则 $\mathrm{d}x=a\sec^2t\mathrm{d}t$.

$$(x^2+a^2)^2=(a^2\tan^2 t+a^2)^2=a^4\sec^4 t$$

$$\int\frac{dx}{(x^2+a^2)^2}=\int\frac{a\sec^2 t dt}{a^4\sec^4 t}=\frac{1}{a^3}\int\cos^2 t dt$$

$$=\frac{1}{a^3}\int\frac{1+\cos 2t}{2}dt=\frac{1}{2a^3}\left[t+\frac{1}{2}\sin 2t\right]+C$$

$$=\frac{1}{2a^3}\left(\arctan\frac{x}{a}+\frac{x}{\sqrt{x^2+a^2}}\cdot\frac{a}{\sqrt{x^2+a^2}}\right)+C$$

$$=\frac{1}{2a^3}\left(\arctan\frac{x}{a}+\frac{ax}{x^2+a^2}\right)+C$$

(12) 令 $t=x+1$，则 $x=t-1$，$dx=dt$.

$$\int\frac{x^2}{(x+1)^{10}}dx=\int\frac{(t-1)^2}{t^{10}}dt=\int\left(\frac{1}{t^8}-2\cdot\frac{1}{t^9}+\frac{1}{t^{10}}\right)dt$$

$$=-\frac{1}{7}t^{-7}-2\cdot\left(-\frac{1}{8}\right)t^{-8}-\frac{1}{9}t^{-9}+C$$

$$=-\frac{1}{7(x+1)^7}+\frac{1}{4(x+1)^8}-\frac{1}{9(x+1)^9}+C$$

9. 解 (1) $\int x\sin x dx=-\int x d(\cos x)$

$$=-\left[x\cos x-\int(x)'\cdot\cos x dx\right]$$

$$=-\left(x\cos x-\int\cos x dx\right)$$

$$=-x\cos x+\sin x+C$$

(2) $\int x\csc^2 x dx=-\int x d(\cot x)=-\left[x\cot x-\int\cot x dx\right]$

$$=-[x\cot x-\ln|\sin x|]+C$$

$$=\ln|\sin x|-x\cot x+C$$

(3) $\int xe^{-2x}dx=-\frac{1}{2}\int x d(e^{-2x})=-\frac{1}{2}\left[xe^{-2x}-\int e^{-2x}dx\right]$

$$=-\frac{1}{2}\left[xe^{-2x}+\frac{1}{2}e^{-2x}\right]+C$$

$$=-\frac{e^{-2x}}{2}\left(x+\frac{1}{2}\right)+C$$

(4) $\int x\sin 2x dx=-\frac{1}{2}\int x d(\cos 2x)=-\frac{1}{2}\left(x\cos 2x-\int\cos 2x dx\right)$

$$=-\frac{1}{2}x\cos 2x+\frac{1}{4}\sin 2x+C$$

(5) $\int\ln x dx=\int\ln x d(x)=x\ln x-\int x\cdot\frac{1}{x}dx$

$$=x\ln x-\int 1 dx=x\ln x-x+C$$

(6) $\int\frac{\ln x}{\sqrt{x}}dx=\int\ln x d(2\sqrt{x})=2\left(\sqrt{x}\ln x-\int\frac{1}{x}\cdot\sqrt{x}dx\right)$

$$=2\left(\sqrt{x}\ln x-\int\frac{1}{\sqrt{x}}dx\right)=2(\sqrt{x}\ln x-2\sqrt{x})+C$$

$$= 2\sqrt{x}(\ln x - 2) + C$$

(7) $\int x\arctan x\mathrm{d}x = \int \arctan x\mathrm{d}\left(\frac{x^2}{2}\right)$

$$= \frac{1}{2}\left(x^2\arctan x - \int x^2\frac{1}{1+x^2}\mathrm{d}x\right)$$

$$= \frac{1}{2}\left[x^2\arctan x - \int \frac{(x^2+1)-1}{1+x^2}\mathrm{d}x\right]$$

$$= \frac{1}{2}\left[x^2\arctan x - \int (1-\frac{1}{1+x^2})\mathrm{d}x\right]$$

$$= \frac{1}{2}[x^2\arctan x - x + \arctan x] + C$$

$$= \frac{1}{2}(x^2+1)\arctan x - \frac{x}{2} + C$$

(8) $\int \arctan x\mathrm{d}x = \int \arctan x\mathrm{d}(x)$

$$= x\arctan x - \int x\cdot(\arctan x)'\mathrm{d}x$$

$$= x\arctan x - \int \frac{x}{1+x^2}\mathrm{d}x$$

$$= x\arctan x - \frac{1}{2}\ln(1+x^2) + C$$

(9) $\int \arcsin x\mathrm{d}x = \int \arcsin x\mathrm{d}(x)$

$$= x\arcsin x - \int x\cdot(\arcsin x)'\mathrm{d}x$$

$$= x\arcsin x - \int \frac{x}{\sqrt{1-x^2}}\mathrm{d}x$$

$$= x\arcsin x + \sqrt{1-x^2} + C$$

(10) $\int x^2\mathrm{e}^{-x}\mathrm{d}x = -\int x^2\mathrm{d}(\mathrm{e}^{-x}) = -\left[x^2\cdot\mathrm{e}^{-x} - \int 2x\mathrm{e}^{-x}\mathrm{d}x\right]$

$$= -x^2\mathrm{e}^{-x} + 2\int x\mathrm{e}^{-x}\mathrm{d}x$$

对 $\int x\mathrm{e}^{-x}\mathrm{d}x$ 用分部积分法，有：

$$\int x\mathrm{e}^{-x}\mathrm{d}x = -\int x\mathrm{d}(-\mathrm{e}^{-x}) = -(x\mathrm{e}^{-x} - \int \mathrm{e}^{-x}\mathrm{d}x) = -(x\mathrm{e}^{-x} + \mathrm{e}^{-x}) + C$$

故：

$$\int x^2\mathrm{e}^{-x}\mathrm{d}x = -x^2\mathrm{e}^{-x} + 2[-(x\mathrm{e}^{-x}\mathrm{e}^{-x})] + C$$

$$= -\mathrm{e}^{-x}(x^2+2x+2) + C$$

(11) $\int x^2\cos x\mathrm{d}x = \int x^2\mathrm{d}(\sin x) = x^2\sin x - \int 2x\sin x\mathrm{d}x.$

由于：

$$\int x\sin x\mathrm{d}x = \int x\mathrm{d}(-\cos x) = -(x\cos x - \int \cos x\mathrm{d}x)$$

$$= -x\cos x + \sin x + C$$

故：

$$\int x^2\cos x\mathrm{d}x = x^2\sin x - 2(-x\cos x + \sin x) + C$$

$$= \sin x \cdot (x^2 - 2) + 2x\cos x + C$$

(12) $\int e^x \cos x dx = \int \cos x d(e^x)$

$$= \cos x \cdot e^x - \int (-\sin x) e^x dx$$

$$= \cos x \cdot e^x + \int \sin x d(e^x)$$

$$= \cos x \cdot e^x + \sin x \cdot e^x - \int \cos x \cdot e^x dx$$

移项并整理,即得:

$$\int e^x \cos x dx = \frac{e^x}{2}(\cos x + \sin x) + C$$

10. 解 (1) $\int \frac{x}{\sqrt{9-x^2}} dx = -\frac{1}{2}\int \frac{1}{\sqrt{9-x^2}} d(9-x^2)$

$$= -\frac{1}{2} \times 2\sqrt{9-x^2} + C$$

$$= -\sqrt{9-x^2} + C$$

(2) $\int \frac{2x+3}{\sqrt{1+x^2}} dx = \int \frac{2x}{\sqrt{1+x^2}} dx + 3\int \frac{dx}{\sqrt{1+x^2}}$

$$= 2\sqrt{1+x^2} + 3\ln|x+\sqrt{1+x^2}| + C$$

(3) $\int \frac{\cos\sqrt{x}}{\sqrt{x}} dx = 2\int \cos\sqrt{x} d(\sqrt{x}) = 2\sin\sqrt{x} + C$

(4) $\int \frac{dx}{x(x^6+2)} = \frac{1}{2}\int \frac{(x^6+2)-x^6}{x(x^6+2)} dx$

$$= \frac{1}{2}\int \frac{1}{x} dx - \frac{1}{2}\int \frac{x^5}{x^6+2} dx$$

$$= \frac{1}{2}\ln|x| - \frac{1}{2} \times \frac{1}{6}\int \frac{1}{x^6+2} d(x^6+2)$$

$$= \frac{1}{2}\ln|x| - \frac{1}{12}\ln(x^6+2) + C$$

(5) $\int [x\sin(x^2+3) - \tan^2 x] dx$

$$= \frac{1}{2}\int \sin(x^2+3) d(x^2+3) - \int (\sec^2 x - 1) dx$$

$$= -\frac{1}{2}\cos(x^2+3) - \tan x + x + C$$

(6) 先用换元法。

令 $t = \sqrt{x+1}$,则 $x = t^2 - 1, dx = 2tdt$.

$$\int \cos\sqrt{x+1} dx = \int \cos t \cdot 2tdt = 2\int t\cos tdt$$

再用分部积分法计算 $\int t\cos tdt$.

$$\int t\cos tdt = \int td(\sin t) = t\sin t - \int \sin tdt = t\sin t + \cos t + C$$

所以：
$$\int\cos\sqrt{x+1}\,\mathrm{d}x=2\int t\cos t\,\mathrm{d}t=2(t\sin t+\cos t)+C$$
$$=2(\sqrt{x+1}\sin\sqrt{x+1}+\cos\sqrt{x+1})+C$$

11. 解　因为 e^{-x} 是 $f(x)$ 的一个原函数，由不定积分的分部积分公式，可得：
$$\int xf(x)\mathrm{d}x=\int x\mathrm{d}(\mathrm{e}^{-x})=x\mathrm{e}^{-x}-\int(x)'\cdot\mathrm{e}^{-x}\mathrm{d}x$$
$$=x\mathrm{e}^{-x}+\int\mathrm{e}^{-x}\mathrm{d}(-x)=x\mathrm{e}^{-x}+\mathrm{e}^{-x}+C$$
所以：
$$\int xf(x)\mathrm{d}x=\mathrm{e}^{-x}(x+1)+C$$

12. 解　由已知，$\frac{\sin x}{x}$ 是 $f(x)$ 的一个原函数，故：
$$f(x)=\left(\frac{\sin x}{x}\right)'=\frac{x\cos x-\sin x}{x^2}$$
利用不定积分的分部积分公式，即有：
$$\int xf'(x)\mathrm{d}x=\int x\mathrm{d}[f(x)]=xf(x)-\int f(x)\mathrm{d}x$$
$$=x\cdot\frac{x\cos x-\sin x}{x^2}-\frac{\sin x}{x}+C$$
$$=\cos x-\frac{2\sin x}{x}+C$$

13. 答　(1) 一阶；(2) 一阶；(3) 二阶；(4) 三阶。

14. 解　(1) 对函数 $y=x^2$ 求导，得 $y'=2x$.

由于 $x\cdot y=x\cdot x^2=x^3\neq y'$，故，$y=x^2$ 不是微分方程 $y'=xy$ 的解。

(2) 对 $y=\sin x+\cos x$ 求导，得：
$$y'=\cos x-\sin x$$
$$y''=-\sin x-\cos x$$
由于 $y''+y=-\sin x-\cos x+\sin x+\cos x\equiv 0$，故 $y=\sin x+\cos x$ 是方程$y''+y=0$ 的解。

(3) 对 $y=\frac{1}{x}-x$ 求导，得 $y'=-\frac{1}{x^2}-1$.

由于 $x+y=x+\frac{1}{x}-x=\frac{1}{x}\neq y'$，故 $y=\frac{1}{x}-x$ 不是微分方程 $y'=x+y$ 的解。

15. 解　本题中的各个微分方程均为可分离变量型。

(1) 对$\frac{\mathrm{d}y}{\mathrm{d}x}=\frac{y^2+1}{y(x^2+1)}$ 分离变量，得：
$$\frac{y}{1+y^2}\mathrm{d}y=\frac{1}{1+x^2}\mathrm{d}x$$
两边同时积分：
$$\int\frac{y}{1+y^2}\mathrm{d}y=\int\frac{1}{1+x^2}\mathrm{d}x.$$
积分后得原方程的通解：$\frac{1}{2}\ln(y^2+1)=\arctan x+C.$

(2) 对方程 $x^2y'+y=0$ 分离变量，得：

$$\frac{1}{y}\mathrm{d}y = -\frac{1}{x^2}\mathrm{d}x$$

两边积分后，得：

$$\ln y = \frac{1}{x} + \ln C$$

故所给方程的通解：$y = Ce^{\frac{1}{x}}$.

(3) $y' = 3^{x+y}$，即$\frac{\mathrm{d}y}{\mathrm{d}x} = 3^x \cdot 3^y$，分离变量，得：

$$\left(\frac{1}{3}\right)^y \mathrm{d}y = 3^x \mathrm{d}x$$

两边积分，得：

$$\left(\frac{1}{3}\right)^y \Big/ \ln\left(\frac{1}{3}\right) = \frac{3^x}{\ln 3} + C_1$$

化简即得所给方程的通解：$3^{-y} + 3^x = C$.

(4) 原方程即：

$$e^y(e^x+1)\mathrm{d}y + e^x(e^y-1)\mathrm{d}x = 0$$

移项并分离变量，得：

$$\frac{e^y}{e^y-1}\mathrm{d}y = -\frac{e^x}{e^x+1}\mathrm{d}x$$

两边积分，得：

$$\ln(e^y-1) = -\ln(e^x+1) + \ln C$$

化简即得原方程的通解：$(e^y-1)(e^x+1) = C$.

(5) 原方程即$\sqrt{1+x^2}\,\mathrm{d}y = xy\mathrm{d}x$.

分离变量，得：

$$\frac{1}{y}\mathrm{d}y = \frac{x}{\sqrt{1+x^2}}\mathrm{d}x$$

两边积分，$\int \frac{1}{y}\mathrm{d}y = \int \frac{x}{\sqrt{1+x^2}}\mathrm{d}x$，得：

$$\ln y = \sqrt{1+x^2} + C_1$$

化简即得所给方程的通解：$y = Ce^{\sqrt{1+x^2}}$.

(6) 原方程可化为：

$$\frac{\sec^2 x}{\tan x}\mathrm{d}x + \frac{\sec^2 y}{\tan y}\mathrm{d}y = 0$$

两边积分，$\int \frac{\sec^2 x}{\tan x}\mathrm{d}x + \int \frac{\sec^2 y}{\tan y}\mathrm{d}y = \int 0\mathrm{d}x$，即有：

$$\ln(\tan x) + \ln(\tan y) = \ln C$$

化简即得原方程的通解：$\tan x \cdot \tan y = C$.

16. 解　原方程可化为：

$$x(1+x)\mathrm{d}x = -y(1+y)\mathrm{d}y$$

两边积分，$\int (x+x^2)\mathrm{d}x = -\int (y+y^2)\mathrm{d}y$，得：

$$\frac{1}{2}x^2+\frac{1}{3}x^3=-\left(\frac{1}{2}y^2+\frac{1}{3}y^3\right)+C$$

将初始条件 $x=0$，$y=1$ 代入上式，得 $C=\frac{5}{6}$.

于是，有 $\frac{1}{2}(x^2+y^2)+\frac{1}{3}(x^3+y^3)=\frac{5}{6}$，化简，即得所求特解：$3(x^2+y^2)+2(x^3+y^3)=5$.

17. 解 方程 $\frac{\mathrm{d}y}{\mathrm{d}x}+\cos^2 y\cdot\sin x=0$ 可化为：

$$\frac{1}{\cos^2 y}\mathrm{d}y=-\sin x\mathrm{d}x$$

两边积分，$\int\sec^2 y\mathrm{d}y=-\int\sin x\mathrm{d}x$，得通解：

$$\tan y=\cos x+C$$

将初始条件 $x=0$、$y=\frac{\pi}{4}$ 代入上式，得：$C=0$，故所求特解为：$\tan y=\cos x$.

18. 解 (1) $\frac{\mathrm{d}y}{\mathrm{d}x}+2xy=4x$ 是一阶线性微分方程。

$$P(x)=2x,Q(x)=4x$$

因为：

$$e^{-\int P(x)\mathrm{d}x}=e^{-\int 2x\mathrm{d}x}=e^{-x^2}$$

$$e^{-\int P(x)\mathrm{d}x}\left[\int Q(x)\cdot e^{\int P(x)\mathrm{d}x}\mathrm{d}x+C\right]$$

$$=e^{-x^2}\left[\int 4xe^{x^2}\mathrm{d}x+C\right]=e^{-x^2}\left[2\int e^{x^2}\mathrm{d}(x^2)+C\right]$$

所以，通解为：$y=e^{-x^2}(2e^{x^2}+C)$.

(2) $y'+2xy=xe^{-x^2}$ 是一阶线性方程。

$$P(x)=2x,Q(x)=xe^{-x^2}$$

因为：

$$e^{-\int P(x)\mathrm{d}x}=e^{-\int 2x\mathrm{d}x}=e^{-x^2}$$

所以，通解为：$y=e^{-x^2}\left[\int xe^{-x^2}\cdot e^{x^2}\mathrm{d}x+C\right]=e^{-x^2}\left(\frac{x^2}{2}+C\right)$.

(3) $y'=y\tan x+\sec x$ 可以化为一阶线性方程：

$$y'+(-\tan x)y=\sec x$$

$$P(x)=-\tan x,Q(x)=\sec x$$

由于 $e^{-\int P(x)\mathrm{d}x}=e^{\int\tan x\mathrm{d}x}=e^{-\ln\cos x}=\frac{1}{\cos x}$，故通解为：

$$y=\frac{1}{\cos x}\left[\int\sec x\cdot\cos x\mathrm{d}x+C\right]=\frac{1}{\cos x}\left[\int 1\mathrm{d}x+C\right]=\sec x(x+C)$$

(4) $x\mathrm{d}y-(y+x^3)\mathrm{d}x=0$ 可化为线性微分方程：

$$y'+\left(-\frac{1}{x}\right)y=x^2$$

由于：

$$P(x)=-\frac{1}{x},Q(x)=x^2$$

$$e^{-\int P(x)dx}=e^{\int \frac{1}{x}dx}=e^{\ln x}=x$$

故通解为：$y=x\left[\int x^2\cdot\frac{1}{x}dx+C\right]=x\left[\int xdx+C\right]=x\left(\frac{x^2}{2}+C\right)$.

(5) 因为 $xdy+(\cos x+y)dx=0$ 可化为：

$$xdy+ydx=-\cos xdx$$

而 $d(xy)=xdy+ydx$，于是有：

$$d(xy)=-\cos xdx$$

上式两边积分后，得：$xy=-\sin x+C$，所以，原方程的通解为：

$$y=\frac{1}{x}(-\sin x+C)$$

(6)$xy'+y=e^x$，即$(xy)'=e^x$. 上式两边积分后，得 $xy=e^x+C$. 故原方程的通解为：

$$y=\frac{1}{x}(e^x+C)$$

（注：本大题中的(5)、(6) 两小题，也都可以化为一阶线性微分方程，但解题过程不如上面的解法来得简洁。）

19. 解 $\frac{dy}{dx}=\frac{y}{2x}+\frac{x^3}{2}$ 可以化为一阶线性微分方程：

$$y'+\left(-\frac{1}{2x}\right)y=\frac{x^3}{2}$$

由于：

$$P(x)=-\frac{1}{2x},Q(x)=\frac{x^3}{2}$$

$$e^{-\int P(x)dx}=e^{\int\frac{1}{2x}dx}=e^{\frac{1}{2}\ln x}=x^{\frac{1}{2}}$$

故：

$$y=x^{\frac{1}{2}}\left[\int\frac{x^3}{2}\cdot x^{-\frac{1}{2}}dx+C\right]=x^{\frac{1}{2}}\left[\frac{1}{2}\int x^{\frac{5}{2}}dx+C\right]$$

$$=x^{\frac{1}{2}}\left[\frac{1}{7}x^{\frac{7}{2}}+C\right]$$

将初始条件 $x=1,y=0$ 代入通解 $y=\left(\frac{x^4}{7}+C\sqrt{x}\right)$中，得：

$$C=-\frac{1}{7}$$

故所求特解为：$y=\frac{1}{7}(x^4-\sqrt{x})$.

20. 解 (1) $\frac{dy}{dx}=\frac{x^2+3y^2}{2xy}$ 可化为齐次型方程：

$$\frac{dy}{dx}=\frac{1+3\left(\frac{y}{x}\right)^2}{2\left(\frac{y}{x}\right)}$$

令 $u=\frac{y}{x}$，则 $y=ux,\frac{dy}{dx}=u+x\frac{du}{dx}$. 代入方程并化简，得：

$$x\frac{du}{dx}=\frac{1+u^2}{2u}$$

分离变量，有$\frac{2u}{1+u^2}\mathrm{d}u=\frac{1}{x}\mathrm{d}x$.

两边积分后，得 $\ln(1+u^2)=\ln x+\ln C$，即有：$1+u^2=Cx$.

再将 $u=\frac{y}{x}$ 代回即得原方程的通解：

$$1+\left(\frac{y}{x}\right)^2=Cx$$

(2) 原方程可化为：

$$\frac{\mathrm{d}y}{\mathrm{d}x}=\frac{\left(\frac{y}{x}\right)^2}{\frac{y}{x}-1}$$

令 $u=\frac{y}{x}$，则 $y=xu$，$\frac{\mathrm{d}y}{\mathrm{d}x}=u+x\frac{\mathrm{d}u}{\mathrm{d}x}$.

于是，方程可化为：

$$u+x\frac{\mathrm{d}u}{\mathrm{d}x}=\frac{u^2}{u-1}$$

化简得：

$$x\frac{\mathrm{d}u}{\mathrm{d}x}=\frac{u^2}{u-1}-u=\frac{u}{u-1}$$

分离变量，有：

$$\frac{u-1}{u}\mathrm{d}u=\frac{1}{x}\mathrm{d}x.$$

积分得：

$$u-\ln u=\ln x+\ln C$$

即有：

$$u=\ln(uxC)$$

将 $u=\frac{y}{x}$ 代回后，化简即得原方程的通解：

$$\frac{y}{x}=\ln(yC)\text{（或 }y=C_1\mathrm{e}^{\frac{y}{x}}\text{）}$$

(3)$y'=\frac{x}{y}+\frac{y}{x}$ 是齐次型方程。

令 $u=\frac{y}{x}$，则 $y=xu$，$y'=u+x\frac{\mathrm{d}u}{\mathrm{d}x}$. 于是，方程可化为：

$$u+x\frac{\mathrm{d}u}{\mathrm{d}x}=\frac{1}{u}+u$$

化简得：

$$x\frac{\mathrm{d}u}{\mathrm{d}x}=\frac{1}{u}$$

分离变量，有：

$$u\mathrm{d}u=\frac{1}{x}\mathrm{d}x$$

积分得：

$$\frac{u^2}{2}=\ln x+C.$$

将 $u=\frac{y}{x}$ 代回后，化简即得原方程的通解：

$$\left(\frac{y}{x}\right)^2=2(\ln x+C)$$

(4) 方程$(y^2-xy)\mathrm{d}x+x^2\mathrm{d}y=0$ 可化为：

$$\frac{\mathrm{d}y}{\mathrm{d}x}=\frac{y}{x}-\left(\frac{y}{x}\right)^2$$

令 $u=\frac{y}{x}$，则 $y=xu$，$\frac{\mathrm{d}y}{\mathrm{d}x}=u+x\frac{\mathrm{d}u}{\mathrm{d}x}$. 于是，方程可以化为：

$$u+x\frac{\mathrm{d}u}{\mathrm{d}x}=u-u^2$$

化简得：

$$x\frac{\mathrm{d}u}{\mathrm{d}x}=-u^2$$

分离变量，有：

$$-\frac{1}{u^2}\mathrm{d}u=\frac{1}{x}\mathrm{d}x$$

两边积分，得：

$$\frac{1}{u}=\ln x+C$$

将 $u=\frac{y}{x}$ 代回即得原方程的通解：

$$\frac{x}{y}=\ln x+C$$

第六章

定积分及其应用

一、习 题

1. 单项选择题(在每小题的四项备选答案中,选出一项符合题目要求的,并把所选项前的字母填在题干后的括号内):

(1) 设 $f(x)$ 在$[a,b]$上连续,则$\int_a^b f(x)\mathrm{d}x$ 是(　　)。

A. $f(x)$ 的一个原函数　　B. $f(x)$ 的全体原函数

C. 确定的常数　　D. 任意常数

(2) 根据定积分的几何意义,下列各式中正确的是(　　)。

A. $\int_0^{\pi}\sin x\mathrm{d}x = 0$　　B. $\int_{-\frac{\pi}{2}}^0 \cos x\mathrm{d}x < \int_0^{\frac{\pi}{2}}\cos x\mathrm{d}x$

C. $\int_0^{2\pi}\sin x\mathrm{d}x = 0$　　D. $\int_{-\frac{\pi}{2}}^0 \cos x\mathrm{d}x > \int_0^{\frac{\pi}{2}}\cos x\mathrm{d}x$

(3) 设 $f(x)$ 在区间$[a,b]$上连续,则$\int_a^b f(x)\mathrm{d}x - \int_a^b f(t)\mathrm{d}t = ($　　$)$。

A. 0　　B. $2\int_a^b f(x)\mathrm{d}x$

C. $\int_a^b f(t)\mathrm{d}t$　　D. $2\int_a^b f(t)\mathrm{d}t$

(4) 定积分$\int_a^b 0\mathrm{d}x$ 等于(　　)。

A. 任意常数 C　　B. $a-b$

C. $b-a$　　D. 0

(5) 下列积分中,可以用牛顿 — 莱布尼兹公式计算的是(　　)。

A. $\int_0^2 \frac{\mathrm{d}x}{x^2}$　　B. $\int_{-1}^1 2^x\mathrm{d}x$　　C. $\int_0^2 \frac{\mathrm{d}x}{x-1}$　　D. $\int_1^{\mathrm{e}} \frac{\mathrm{d}x}{x\ln x}$

(6) 若$\int_0^b x\cdot(2-3x)\mathrm{d}x = 2$,则 $b = ($　　$)$。

A. -1　　B. 0　　C. $\frac{1}{2}$　　D. 1

(7) 已知 $F(x)$ 是 $f(x)$ 的原函数,则$\int_a^x f(t+a)\mathrm{d}t = ($　　$)$。

A. $F(x)-F(a)$　　B. $F(t+a)-F(2a)$

C. $F(x+a)-F(2a)$　　D. $F(t)-F(a)$

(8) 定积分$\int_{-1}^{1} x^5 \cdot \cos x \mathrm{d}x = ($　　$)$。

A. 2　　B. 1　　C. -1　　D. 0

(9) 广义积分$\int_{1}^{+\infty} x\mathrm{e}^{-x^2}\mathrm{d}x = ($　　$)$。

A. $\dfrac{1}{2\mathrm{e}}$　　B. $-\dfrac{1}{2\mathrm{e}}$　　C. e　　D. $+\infty$

(10) 若 k 为常数，且广义积分$\int_{1}^{+\infty} x^k \mathrm{d}x$ 收敛，则必定有(　　)。

A. $k>1$　　B. $k<1$　　C. $k>-1$　　D. $k<-1$

(11) 下列广义积分中，收敛的是(　　)。

A. $\int_{-\infty}^{0}\cos x\mathrm{d}x$　　B. $\int_{0}^{+\infty}\mathrm{e}^x\mathrm{d}x$　　C. $\int_{1}^{+\infty}\ln x\mathrm{d}x$　　D. $\int_{1}^{+\infty}\dfrac{\mathrm{d}x}{x^2}$

(12) 下列广义积分中，发散的是(　　)。

A. $\int_{0}^{1}\dfrac{\mathrm{d}x}{x^3}$　　B. $\int_{0}^{1}\dfrac{\mathrm{d}x}{\sqrt[3]{x}}$　　C. $\int_{1}^{2}\dfrac{\mathrm{d}x}{\sqrt{x-1}}$　　D. $\int_{1}^{2}\dfrac{\mathrm{d}x}{\sqrt[3]{(x-1)^2}}$

(13) 若 $f(x)$ 在$[a,b]$上连续，则由曲线 $y=f(x)$、直线$x=a$、$x=b$ 与 x 轴所围成的图形的面积 $S=($　　$)$。

A. $\int_{a}^{b}f(x)\mathrm{d}x$　　B. $\left|\int_{a}^{b}f(x)\mathrm{d}x\right|$

C. $\int_{a}^{b}|f(x)|\mathrm{d}x$　　D. $\dfrac{f(b)+f(a)}{2}(b-a)$

2. 根据定积分的性质或几何意义，试确定下列各组积分值的大小关系(以不等号示之)：

(1)$\int_{0}^{1}x\mathrm{d}x,\int_{0}^{1}x^2\mathrm{d}x$；　　(2)$\int_{0}^{\frac{\pi}{2}}\sin x\mathrm{d}x,\int_{0}^{\frac{\pi}{2}}\sin^3 x\mathrm{d}x$；

(3)$\int_{0}^{3}\mathrm{e}^x\mathrm{d}x,\int_{0}^{3}\mathrm{e}^{5x}\mathrm{d}x$；　　(4)$\int_{0}^{1}\mathrm{e}^x\mathrm{d}x,\int_{0}^{2}\mathrm{e}^x\mathrm{d}x$.

3. 设 $f(x)$ 在$[a,b]$上连续，证明：

$$\left|\int_{a}^{b}f(x)\mathrm{d}x\right| \leqslant \int_{a}^{b}|f(x)|\mathrm{d}x$$

4. 估计下列各定积分的值：

(1)$\int_{0}^{3}(2-x^2)\mathrm{d}x$；　　(2)$\int_{0}^{2}\mathrm{e}^{x^2-x}\mathrm{d}x$.

5. 求 $\Phi(x)=\int_{0}^{x}\sin 2t\mathrm{d}t$ 在 $x=\dfrac{\pi}{4}$ 处的导数.

6. 设 $F(x)=\int_{0}^{x}\dfrac{u+4}{u^2+u+1}\mathrm{d}u$，求 $F'(1)$.

7. 求函数 $\Phi(x)=\int_{0}^{x}t\mathrm{e}^{-t^2}\mathrm{d}t$ 的极值.

8. 求下列导数：

(1) $\dfrac{\mathrm{d}}{\mathrm{d}x}\int_{a}^{x}t^2\cos t\mathrm{d}t$；　　(2) $\dfrac{\mathrm{d}}{\mathrm{d}x}\int_{x}^{1}2^{t^2+1}\mathrm{d}t$；

(3) $\dfrac{\mathrm{d}}{\mathrm{d}x}\int_{a}^{b}\dfrac{t^3}{1+t^2}\mathrm{d}t$；　　(4) $\dfrac{\mathrm{d}}{\mathrm{d}x}\int_{x^3}^{5x}\mathrm{e}^{-t^2}\mathrm{d}t$；

(5) $\dfrac{d}{dx}\left[\int_0^x x^2 e^t dt\right]$.

9. 试用洛必达法则求下列极限：

(1) $\lim\limits_{x\to 0}\dfrac{\int_0^x \cos^2 t dt}{x}$；　(2) $\lim\limits_{x\to 0}\dfrac{\int_0^x \arctan u du}{x^2}$；

(3) $\lim\limits_{x\to 1}\dfrac{\int_1^x \tan(u-1) du}{(x-1)^2}$；　(4) $\lim\limits_{x\to 0}\dfrac{\int_0^x \arctan u du}{x^3}$.

10. 设 $f(x)$ 是在 $[a,b]$ 上连续的递增函数，证明：

$$\Phi(x)=\frac{\int_a^x f(t)dt}{x-a}$$

为开区间 (a,b) 内的递增函数。

11. 计算下列定积分：

(1) $\int_1^2\left(x^2+\dfrac{1}{x^4}\right)dx$；　(2) $\int_{-1}^{\sqrt{3}}\dfrac{dx}{1+x^2}$；

(3) $\int_0^1\dfrac{dx}{1+x}$；　(4) $\int_0^{\frac{\pi}{4}}\cos\left(\theta+\dfrac{\pi}{4}\right)d\theta$；

(5) $\int_{\frac{\pi}{6}}^{\frac{\pi}{4}}\sec^2 x dx$；　(6) $\int_0^{\frac{\pi}{2}}\sin x\cdot\cos^3 x dx$；

(7) $\int_0^{\frac{\pi}{2}}\dfrac{\cos x}{1+\sin^2 x}dx$；　(8) $\int_1^e\dfrac{\ln^2 x}{x}dx$；

(9) $\int_e^{e^2}\dfrac{dx}{x\ln x}$；　(10) $\int_0^1 e^x(e^x-1)^3 dx$；

(11) $\int_0^1\dfrac{dx}{e^{-x}+e^x}$；　(12) $\int_0^1 xe^{-\frac{x^2}{3}}dx$；

(13) $\int_0^5\dfrac{x}{\sqrt{x^2+1}}dx$；　(14) $\int_1^2\dfrac{dx}{x(x+1)}$；

(15) $\int_0^{\frac{\pi}{4}}\tan^2\theta d\theta$；　(16) $\int_{\frac{\pi}{6}}^{\frac{\pi}{2}}\cos^2 x dx$.

12. 设 $f(x)=\begin{cases}x^2+1, 0\leqslant x\leqslant 1\\ 3-x, 1<x\leqslant 3\end{cases}$，求 $\int_0^3 f(x)dx$.

13. 计算下列定积分：

(1) $\int_{-2}^1 |1+x|\, dx$；　(2) $\int_0^1 |2x-1|\, dx$；

(3) $\int_{-1}^2 \sqrt{x^2}\, dx$.

14. 试用定积分的换元积分法计算下列定积分：

(1) $\int_0^4\dfrac{dx}{1+\sqrt{x}}$；　(2) $\int_0^3\dfrac{dx}{1+\sqrt{x+1}}$；

(3) $\int_{\frac{3}{4}}^1\dfrac{dx}{\sqrt{1-x}-1}$；　(4) $\int_1^4\dfrac{\sqrt{x-1}}{x}dx$；

(5) $\int_1^{\sqrt{3}} \frac{dx}{\sqrt{(4-x^2)^3}}$；　(6) $\int_0^1 (1+x^2)^{-\frac{3}{2}} dx$；

(7) $\int_1^2 \frac{\sqrt{x^2-1}}{x} dx$；　(8) $\int_0^{\ln 2} \sqrt{e^x-1}\, dx$.

15. 证明：若 n 为自然数，则 $\int_0^{\frac{\pi}{2}} \sin^n x\, dx = \int_0^{\frac{\pi}{2}} \cos^n x\, dx$.

16. 若 m,n 为正数，证明：$\int_0^1 x^m(1-x)^n dx = \int_0^1 x^n(1-x)^m dx$.

17. 利用被积函数在对称区间上的奇偶性，计算下列定积分：

(1) $\int_{-1}^1 e^{x^2} \sin x\, dx$；　(2) $\int_{-\frac{\pi}{2}}^{\frac{\pi}{2}} \sqrt{\sin^2 x}\, dx$；

(3) 若 $f(x)$ 在 $[-a,a]$ 上连续，求 $\int_{-a}^a [f(x)-f(-x)] dx$；

(4) $\int_{-2}^2 x^4 (\arctan x)^3 dx$.

18. 试用定积分的分部积分法计算下列定积分：

(1) $\int_0^{\pi} x\cos x\, dx$；　(2) $\int_0^{\frac{\pi}{2}} x\cos 3x\, dx$；　(3) $\int_0^1 x e^x dx$；

(4) $\int_0^1 x e^{-x} dx$；　(5) $\int_1^4 \frac{\ln x}{\sqrt{x}} dx$；　(6) $\int_1^e \ln x\, dx$；

(7) $\int_0^{\frac{1}{2}} \arcsin x\, dx$；　(8) $\int_0^{\frac{\pi}{2}} e^x \sin x\, dx$.

19. 证明：若 $f''(x)$ 为区间 $[a,b]$ 上的连续函数，则：

$$\int_a^b x f''(x) dx = [bf'(b)-f(b)]-[af'(a)-f(a)]$$

20. 计算定积分 $\int_0^4 e^{\sqrt{x}} dx$.

21. 计算下列广义积分：

(1) $\int_3^{+\infty} \frac{5}{x} dx$；　(2) $\int_{\pi}^{+\infty} \sin x\, dx$；

(3) $\int_0^{+\infty} x e^{-x^2} dx$；　(4) $\int_0^{+\infty} \frac{x}{(1+x^2)^2} dx$；

(5) $\int_{-\infty}^0 \sin 2x\, dx$；　(6) $\int_{-\infty}^0 e^{2x} dx$；

(7) $\int_{-\infty}^{+\infty} \frac{x^2}{1+x^6} dx$；　(8) $\int_{-\infty}^{+\infty} \frac{(\arctan x)^2}{1+x^2} dx$.

22. 当常数 p 为何值时，广义积分 $\int_1^{+\infty} x^p dx$ 发散？

23. 当 k 为何值时，广义积分 $\int_e^{+\infty} \frac{dx}{x(\ln x)^k}$ 收敛？k 为何值时，广义积分发散？

24. 计算下列广义积分：

(1) $\int_0^1 \frac{dx}{\sqrt{1-x}}$；　(2) $\int_1^e \frac{dx}{x\sqrt{1-(\ln x)^2}}$；

(3) $\int_2^4 \frac{dx}{(x-3)^2}$；　(4) $\int_{-1}^0 \frac{dx}{\sqrt{1-x^2}}$.

25. 求由抛物线 $y=1-x^2$ 及其在点(1,0)处的切线和 y 轴所围成的平面图形的面积。

26. 求由给定曲线所围成的平面图形的面积：

(1) $y=x^2, y=0$ 及 $x=2$

(2) $y=\dfrac{1}{x}(x>0), y=x$ 及 $x=2$；

(3) $y=\cos x, y=2, x=\dfrac{\pi}{2}$ 及 $x=0$；

(4) $y=x^2, y=x$ 及 $y=2x$；

(5) $y=x^3, y=2x$；

(6) $y^2=2x, y=x-4$.

27. 设一平面图形由曲线 $y=\sqrt[3]{x}$、$y=2$ 及 $x=0$ 所围成。求此平面图形分别绕 x 轴、y 轴旋转一周所成的立体体积 V_x 与 V_y.

28. 设一平面图形由曲线 $xy=1$ 与直线 $x=2$、$y=3$ 所围成。

求：(1) 该图形绕 x 轴一周所形成的旋转体的体积 V_x；

(2) 该图形绕 y 轴一周所形成的旋转体的体积 V_y.

29. 设一平面图形由曲线 $y=e^x$ 及直线 $y=e$、$x=0$ 所围成。

求：(1) 此平面图形的面积 A；

(2) 此平面图形绕 x 轴旋转一周所形成的旋转体体积 V_x.

30. 求由直线 $x=e$、x 轴及曲线 $y=\ln x$ 所围平面图形的面积及该平面图形绕 x 轴旋转一周所得旋转体体积。

二、习题解答

1. (1)C　(2)C　(3)A　(4)D　(5)B　(6)A　(7)C　(8)D　(9)A　(10)D　(11)D　(12)A　(13)C

2. 解　(1) 由于在积分区间[0,1]上，$x-x^2=x(1-x)\geqslant 0$，即 $x\geqslant x^2$，故 $\int_0^1 x\mathrm{d}x\geqslant\int_0^1 x^2\mathrm{d}x$.

(2) 由于在积分区间 $\left[0,\dfrac{\pi}{2}\right]$ 上，$\sin x-\sin^3 x=\sin x(1-\sin^2 x)\geqslant 0$，即 $\sin x\geqslant\sin^3 x$，故 $\int_0^{\frac{\pi}{2}}\sin x\mathrm{d}x\geqslant\int_0^{\frac{\pi}{2}}\sin^3 x\mathrm{d}x$.

(3) 由于在[0,3]上，$x\leqslant 5x$，$e^x\leqslant e^{5x}$，故 $\int_0^3 e^x\mathrm{d}x\leqslant\int_0^3 e^{5x}\mathrm{d}x$.

(4) 由于 $\int_0^2 e^x\mathrm{d}x=\int_0^1 e^x\mathrm{d}x+\int_1^2 e^x\mathrm{d}x$，$e^x>0$，$\int_1^2 e^x\mathrm{d}x\geqslant 0$. 故 $\int_0^1 e^x\mathrm{d}x\leqslant\int_0^2 e^x\mathrm{d}x$.

3. 证　因为在区间 $[a,b]$ 上：

$$-|f(x)|\leqslant f(x)\leqslant|f(x)|$$

由定积分的性质：

$$-\int_a^b |f(x)|\,\mathrm{d}x\leqslant\int_a^b f(x)\mathrm{d}x\leqslant\int_a^b |f(x)|\,\mathrm{d}x$$

所以：

$$\left|\int_a^b f(x)\mathrm{d}x\right|\leqslant\int_a^b |f(x)|\,\mathrm{d}x.$$

证毕。

4. 解 (1) 由于在区间[0,3]上：

$$f'(x)=(2-x^2)'=-2x\leqslant 0$$

被积函数在积分区间上递减，故 $f(x)$ 在[0,3]上的最大值$M=f(0)=2$，最小值 $m=f(3)=2-3^2=-7$.

根据定积分的估值定理：

$$-7\times(3-0)\leqslant\int_0^3(2-x^2)\mathrm{d}x\leqslant(3-0)\times 2$$

即$\int_0^3(2-x^2)\mathrm{d}x$ 的值介于 -21 与 6 之间。

(2) 先求被积函数 $f(x)=\mathrm{e}^{x^2-x}$ 在区间[0,2]上的最值。

因为 $f'(x)=(2x-1)\mathrm{e}^{x^2-x}$，令 $f'(x)=0$，得 $x=\dfrac{1}{2}$.

比较 $f(0)=1$，$f\left(\dfrac{1}{2}\right)=\mathrm{e}^{-\frac{1}{4}}$ 与 $f(2)=\mathrm{e}^2$ 的大小，得 $f(x)$ 在区间[0,2]上的最大值 $M=f(2)=\mathrm{e}^2$，最小值 $m=f\left(\dfrac{1}{2}\right)=\mathrm{e}^{-\frac{1}{4}}$，积分区间的长度为 2.

根据估值定理，即得：

$$2\mathrm{e}^{-\frac{1}{4}}\leqslant\int_0^2\mathrm{e}^{x^2-x}\mathrm{d}x\leqslant 2\mathrm{e}^2$$

5. 解 因为 $\Phi'(x)=\left(\int_0^x\sin 2t\mathrm{d}t\right)'=\sin 2x$，所以：

$$\Phi'\left(\frac{\pi}{4}\right)=\sin 2\left(\frac{\pi}{4}\right)=\sin\frac{\pi}{2}=1$$

6. 解 因为 $F'(x)=\dfrac{x+4}{x^2+x+1}$，所以：

$$F'(1)=\frac{1+4}{1+1+1}=\frac{5}{3}$$

7. 解 因为 $\Phi'(x)=x\mathrm{e}^{-x^2}$，令 $\Phi'(x)=0$，得 $x=0$.

由于 $\Phi''(x)=\mathrm{e}^{-x^2}-2x^2\mathrm{e}^{-x^2}$，$\Phi''(0)=1>0$，所以，$x=0$ 为 $\Phi(x)$ 的极小值点。

极小值 $\Phi(0)=\int_0^0 t\mathrm{e}^{-t^2}\mathrm{d}t=0$

8. 解 (1) $\dfrac{\mathrm{d}}{\mathrm{d}x}\int_a^x t^2\cos t\mathrm{d}t=x^2\cos x$

(2) $\dfrac{\mathrm{d}}{\mathrm{d}x}\int_x^1 2^{t^2+1}\mathrm{d}t=-2^{x^2+1}$

(3) 因为定积分$\int_a^b\dfrac{t^3}{1+t^2}\mathrm{d}t$ 的值为常数，所以：

$$\frac{\mathrm{d}}{\mathrm{d}x}\int_a^b\frac{t^3}{1+t^2}\mathrm{d}t=0$$

(4) $\dfrac{\mathrm{d}}{\mathrm{d}x}\int_{x^3}^{5x}\mathrm{e}^{-t^2}\mathrm{d}t=\mathrm{e}^{-(5x)^2}\cdot(5x)'-\mathrm{e}^{-(x^3)^2}\cdot(x^3)'$

$=5\mathrm{e}^{-25x^2}-3x^2\mathrm{e}^{-x^6}$

(5) $\dfrac{\mathrm{d}}{\mathrm{d}x}\left[\int_0^x x^2\mathrm{e}^t\mathrm{d}t\right]=\dfrac{\mathrm{d}}{\mathrm{d}x}\left[x^2\cdot\int_0^x\mathrm{e}^t\mathrm{d}t\right]$

$$= (x^2)' \cdot \int_0^x e^t dt + x^2 \cdot \left(\int_0^x e^t dt\right)'$$
$$= 2x\int_0^x e^t dt + x^2 \cdot e^x$$
$$= 2x(e^x - e^0) + x^2 \cdot e^x$$
$$= (x^2 + 2x)e^x - 2x$$

9. 解　(1) $\lim\limits_{x\to 0}\dfrac{\int_0^x \cos^2 t dt}{x} \underline{\underline{\left(\frac{0}{0}型\right)}} \lim\limits_{x\to 0}\dfrac{\left(\int_0^x \cos^2 t dt\right)'}{(x)'} = \lim\limits_{x\to 0}\dfrac{\cos^2 x}{1} = 1$

(2) $\lim\limits_{x\to 0}\dfrac{\int_0^x \arctan u du}{x^2} \underline{\underline{\left(\frac{0}{0}型\right)}} \lim\limits_{x\to 0}\dfrac{\arctan x}{2x} \underline{\underline{\left(\frac{0}{0}型\right)}} \lim\limits_{x\to 0}\dfrac{\frac{1}{1+x^2}}{2} = \dfrac{1}{2}$

(3) $\lim\limits_{x\to 1}\dfrac{\int_1^x \tan(u-1)du}{(x-1)^2} \underline{\underline{\left(\frac{0}{0}型\right)}} \lim\limits_{x\to 1}\dfrac{\tan(x-1)}{2(x-1)} = \dfrac{1}{2}$

(4) $\lim\limits_{x\to 0}\dfrac{\int_0^x \arctan u du}{x^3} \underline{\underline{\left(\frac{0}{0}型\right)}} \lim\limits_{x\to 0}\dfrac{\arctan x}{3x^2} \underline{\underline{\left(\frac{0}{0}型\right)}} \lim\limits_{x\to 0}\dfrac{\frac{1}{1+x^2}}{6x} = \lim\limits_{x\to 0}\dfrac{1}{6x+6x^3} = \infty$

10. 证　因为：

$$\Phi'(x) = \frac{\left(\int_a^x f(t)dt\right)' \cdot (x-a)}{(x-a)^2} - \frac{(x-a)' \cdot \int_a^x f(t)dt}{(x-a)^2}$$
$$= \frac{f(x)\cdot(x-a) - \int_a^x f(t)dt}{(x-a)^2}, x \in (a,b)$$

由积分中值定理，有：

$$\int_a^x f(t)dt = (x-a)f(\xi), (a \leqslant \xi \leqslant x < b)$$

于是：

$$\Phi'(x) = \frac{f(x)(x-a) - (x-a)f(\xi)}{(x-a)^2} = \frac{f(x) - f(\xi)}{x-a}$$

又因为 $f(x)$ 在 $[a,b]$ 上递增，故 $f(x) - f(\xi) \geqslant 0, \Phi'(x) \geqslant 0$(等号仅在个别点处成立)，$x \in (a,b)$.

所以，函数 $\Phi(x) = \dfrac{\int_a^x f(t)dt}{x-a}$ 为开区间 (a,b) 内的递增函数。

证毕。

11. 解　(1) $\int_1^2 \left(x^2 + \dfrac{1}{x^4}\right)dx = \int_1^2 (x^2 + x^{-4})dx = \left[\dfrac{x^3}{3} + \dfrac{1}{-4+1}x^{-4+1}\right]_1^2$

$$= \left[\frac{x^3}{3} - \frac{1}{3x^3}\right]_1^2 = \left(\frac{8}{3} - \frac{1}{24}\right) - 0 = \frac{21}{8}$$

(2) $\int_{-1}^{\sqrt{3}} \dfrac{dx}{1+x^2} = [\arctan x]_{-1}^{\sqrt{3}} = \dfrac{\pi}{3} - \left(-\dfrac{\pi}{4}\right) = \dfrac{7\pi}{12}$

(3) $\int_0^1 \dfrac{dx}{1+x} = \int_0^1 \dfrac{1}{1+x}d(1+x)$

$$=\left[\ln|1+x|\right]_0^1=\ln2-\ln1=\ln2$$

(4) $\int_0^{\frac{\pi}{4}}\cos(\theta+\frac{\pi}{4})\mathrm{d}\theta=\int_0^{\frac{\pi}{4}}\cos\left(\theta+\frac{\pi}{4}\right)\mathrm{d}\left(\theta+\frac{\pi}{4}\right)$

$$=\sin\left(\theta+\frac{\pi}{4}\right)\Big|_0^{\frac{\pi}{4}}=\sin\frac{\pi}{2}-\sin\frac{\pi}{4}$$

$$=1-\frac{\sqrt{2}}{2}$$

(5) $\int_{\frac{\pi}{6}}^{\frac{\pi}{4}}\sec^2x\mathrm{d}x=\left[\tan x\right]_{\frac{\pi}{6}}^{\frac{\pi}{4}}=\tan\frac{\pi}{4}-\tan\frac{\pi}{6}=1-\frac{\sqrt{3}}{3}$

(6) $\int_0^{\frac{\pi}{2}}\sin x\cdot\cos^3x\mathrm{d}x=-\int_0^{\frac{\pi}{2}}(\cos x)^3\mathrm{d}(\cos x)$

$$=-\frac{1}{4}(\cos x)^4\Big|_0^{\frac{\pi}{2}}$$

$$=-\frac{1}{4}(\cos^4\frac{\pi}{2}-\cos^4 0)=\frac{1}{4}$$

(7) $\int_0^{\frac{\pi}{2}}\frac{\cos x}{1+\sin^2x}\mathrm{d}x=\int_0^{\frac{\pi}{2}}\frac{1}{1+(\sin x)^2}\mathrm{d}(\sin x)$

$$=\left[\arctan(\sin x)\right]_0^{\frac{\pi}{2}}=\arctan1-\arctan0=\frac{\pi}{4}$$

(8) $\int_1^{\mathrm{e}}\frac{\ln^2x}{x}\mathrm{d}x=\int_1^{\mathrm{e}}(\ln x)^2\mathrm{d}(\ln x)=\frac{1}{3}(\ln x)^3\Big|_1^{\mathrm{e}}=\frac{1}{3}$

(9) $\int_{\mathrm{e}}^{\mathrm{e}^2}\frac{\mathrm{d}x}{x\ln x}=\int_{\mathrm{e}}^{\mathrm{e}^2}\frac{1}{\ln x}\mathrm{d}(\ln x)=\left[\ln|\ln x|\right]_{\mathrm{e}}^{\mathrm{e}^2}=\ln2$

(10) $\int_0^1\mathrm{e}^x(\mathrm{e}^x-1)^3\mathrm{d}x=\int_0^1(\mathrm{e}^x-1)^3\mathrm{d}(\mathrm{e}^x-1)$

$$=\frac{1}{4}(\mathrm{e}^x-1)^4\Big|_0^1=\frac{1}{4}(\mathrm{e}-1)^4$$

(11) $\int_0^1\frac{\mathrm{d}x}{\mathrm{e}^{-x}+\mathrm{e}^x}=\int_0^1\frac{\mathrm{e}^x}{1+(\mathrm{e}^x)^2}\mathrm{d}x$

$$=\left[\arctan(\mathrm{e}^x)\right]_0^1=\arctan\mathrm{e}-\arctan1$$

$$=\arctan\mathrm{e}-\frac{\pi}{4}$$

(12) $\int_0^1 x\mathrm{e}^{-\frac{x^2}{3}}\mathrm{d}x=-\frac{3}{2}\int_0^1\mathrm{e}^{-\frac{x^2}{3}}\mathrm{d}\left(-\frac{x^2}{3}\right)$

$$=-\frac{3}{2}\mathrm{e}^{-\frac{x^2}{3}}\Big|_0^1=-\frac{3}{2}(\mathrm{e}^{-\frac{1}{3}}-\mathrm{e}^0)$$

$$=\frac{3}{2}(1-\mathrm{e}^{-\frac{1}{3}})$$

(13) $\int_0^5\frac{x}{\sqrt{x^2+1}}\mathrm{d}x=\frac{1}{2}\int_0^5\frac{1}{\sqrt{x^2+1}}\mathrm{d}(x^2+1)$

$$=\left[\sqrt{x^2+1}\right]_0^5=\sqrt{26}-1$$

(14) $\int_1^2 \frac{dx}{x(x+1)} = \int_1^2 \left(\frac{1}{x} - \frac{1}{x+1}\right)dx$

$= \left[\ln x - \ln(x+1)\right]_1^2$

$= 2\ln 2 - \ln 3 = \ln\frac{4}{3}$

(15) $\int_0^{\frac{\pi}{4}} \tan^2\theta d\theta = \int_0^{\frac{\pi}{4}} (\sec^2\theta - 1)d\theta$

$= \left[\tan\theta - \theta\right]_0^{\frac{\pi}{4}} = \left(\tan\frac{\pi}{4} - \frac{\pi}{4}\right) - 0$

$= 1 - \frac{\pi}{4}$

(16) $\int_{\frac{\pi}{6}}^{\frac{\pi}{2}} \cos^2 x dx = \int_{\frac{\pi}{6}}^{\frac{\pi}{2}} \frac{1}{2}\left(\cos 2x + 1\right)dx$

$= \left[\frac{1}{2}\left(\frac{1}{2}\sin 2x + x\right)\right]_{\frac{\pi}{6}}^{\frac{\pi}{2}}$

$= \frac{1}{2}\left[\left(\frac{1}{2}\sin\pi + \frac{\pi}{2}\right) - \left(\frac{1}{2}\sin\frac{\pi}{3} + \frac{\pi}{6}\right)\right]$

$= \frac{\pi}{6} - \frac{\sqrt{3}}{8}$

12. 解　$\int_0^3 f(x)dx = \int_0^1 f(x)dx + \int_1^3 f(x)dx$

$= \int_0^1 (x^2+1)dx + \int_1^3 (3-x)dx$

$= \left[\frac{x^3}{3} + x\right]_0^1 + \left[3x - \frac{x^2}{2}\right]_1^3$

$= \frac{10}{3}$

13. 解　(1) 因为被积函数：

$$f(x) = |1+x| = \begin{cases} -(x+1), & x < -1 \\ 1+x, & x \geqslant -1 \end{cases}$$

所以：

$$\int_{-2}^1 |1+x|\ dx = \int_{-2}^{-1} |1+x|\ dx + \int_{-1}^1 |1+x|\ dx$$

$$= \int_{-2}^{-1}[-(1+x)]dx + \int_{-1}^1 (1+x)dx$$

$$= -\left(x + \frac{x^2}{2}\right)\Big|_{-2}^{-1} + \left[x + \frac{x^2}{2}\right]_{-1}^1 = \frac{5}{2}$$

(2) 因为：

$$|2x-1| = \begin{cases} 2x-1, & x \geqslant \frac{1}{2} \\ 1-2x, & x < \frac{1}{2} \end{cases}$$

所以：

$$\int_0^1 |2x-1|\,dx = \int_0^{\frac{1}{2}} |2x-1|\,dx + \int_{\frac{1}{2}}^1 |2x-1|\,dx$$

$$= \int_0^{\frac{1}{2}} (1-2x)dx + \int_{\frac{1}{2}}^1 (2x-1)dx = \frac{1}{2}$$

(3) 因为 $\sqrt{x^2} = |x| = \begin{cases} x, & x \geqslant 0 \\ -x, & x < 0 \end{cases}$,所以:

$$\int_{-1}^2 \sqrt{x^2}\,dx = \int_{-1}^2 |x|\,dx = \int_{-1}^0 |x|\,dx + \int_0^2 |x|\,dx$$

$$= \int_{-1}^0 (-x)dx + \int_0^2 x dx$$

$$= \left[-\frac{x^2}{2}\right]_{-1}^0 + \left[\frac{x^2}{2}\right]_0^2 = \frac{1}{2} + 2 = \frac{5}{2}$$

14. 解 (1) 令 $t = \sqrt{x}$,则 $x = t^2$,$dx = d(t^2) = 2tdt$.

当 $x = 4$ 时,$t = \sqrt{4} = 2$;当 $x = 0$ 时,$t = 0$,故:

$$\int_0^4 \frac{dx}{1+\sqrt{x}} = \int_0^2 \frac{2t}{1+t}dt$$

$$= 2\int_0^2 \frac{(t+1)-1}{1+t}dt = 2\int_0^2 \left(1-\frac{1}{1+t}\right)dt$$

$$= 2\Big[t - \ln|1+t|\Big]_0^2 = 4 - 2\ln 3$$

(2) 令 $t = \sqrt{x+1}$,则 $x = t^2 - 1$,$dx = 2tdt$.

当 $x = 3$ 时,$t = \sqrt{4} = 2$;当 $x = 0$ 时,$t = \sqrt{1} = 1$,故:

$$\int_0^3 \frac{dx}{1+\sqrt{1+x}} = \int_1^2 \frac{2t}{1+t}dt = 2\int_1^2 \left(1-\frac{1}{1+t}\right)dt$$

$$= 2\Big[t - \ln|1+t|\Big]_1^2 = 2\left(1 + \ln\frac{2}{3}\right)$$

(3) 令 $t = \sqrt{1-x}$,则 $x = 1 - t^2$,$dx = -2tdt$.

当 $x = 1$ 时,$t = 0$;当 $x = \frac{3}{4}$ 时,$t = \frac{1}{2}$,故:

$$\int_{\frac{3}{4}}^1 \frac{dx}{\sqrt{1-x}-1} = \int_{\frac{1}{2}}^0 \frac{-2t}{t-1}dt = -2\int_{\frac{1}{2}}^0 \frac{(t-1)+1}{t-1}dt$$

$$= -2\int_{\frac{1}{2}}^0 \left(1+\frac{1}{t-1}\right)dt$$

$$= 2\Big[t + \ln|t-1|\Big]_0^{\frac{1}{2}}$$

$$= 1 - 2\ln 2$$

(4) 令 $t = \sqrt{x-1}$,则 $x = t^2 + 1$,$dx = 2tdt$.

当 $x = 4$ 时,$t = \sqrt{3}$;当 $x = 1$ 时,$t = 0$,故:

$$\int_1^4 \frac{\sqrt{x-1}}{x}\mathrm{d}x = \int_0^{\sqrt{3}} \frac{t \cdot 2t}{t^2+1}\mathrm{d}t = 2\int_0^{\sqrt{3}} \frac{(t^2+1)-1}{t^2+1}\mathrm{d}t$$

$$= 2\int_0^{\sqrt{3}}\left(1-\frac{1}{t^2+1}\right)\mathrm{d}t$$

$$= 2\Big[t - \arctan t\Big]_0^{\sqrt{3}}$$

$$= 2\left[\sqrt{3}-\frac{\pi}{3}\right]$$

(5) 令 $x = 2\sin t$，则 $\mathrm{d}x = 2\cos t\mathrm{d}t$.

当 $x=\sqrt{3}$ 时，$t=\frac{\pi}{3}$；当 $x = 1$ 时，$t=\frac{\pi}{6}$，故：

$$\int_1^{\sqrt{3}} \frac{\mathrm{d}x}{\sqrt{(4-x^2)^3}} = \int_{\frac{\pi}{6}}^{\frac{\pi}{3}} \frac{2\cos t}{8\cos^3 t}\mathrm{d}t$$

$$= \frac{1}{4}\int_{\frac{\pi}{6}}^{\frac{\pi}{3}} \sec^2 t\mathrm{d}t = \frac{1}{4}\Big[\tan t\Big]_{\frac{\pi}{6}}^{\frac{\pi}{3}} = \frac{\sqrt{3}}{6}$$

(6) 令 $x=\tan t$，则 $\mathrm{d}x = \sec^2 t\mathrm{d}t$.

当 $x = 1$ 时，$t = \arctan 1 = \frac{\pi}{4}$；当 $x = 0$ 时，$t = 0$，故：

$$\int_0^1 (1+x^2)^{-\frac{3}{2}}\mathrm{d}x = \int_0^{\frac{\pi}{4}} (\sec t)^{-3} \cdot \sec^2 t\mathrm{d}t$$

$$= \int_0^{\frac{\pi}{4}} \frac{1}{\sec t}\mathrm{d}t = \int_0^{\frac{\pi}{4}} \cos t\mathrm{d}t$$

$$= \Big[\sin t\Big]_0^{\frac{\pi}{4}} = \frac{\sqrt{2}}{2}$$

(7) 令 $x = \sec t$，则 $\mathrm{d}x = \sec t \cdot \tan t\mathrm{d}t$.

当 $x = 2$ 时，$t = \mathrm{arcsec}2 = \arccos\frac{1}{2} = \frac{\pi}{3}$；当 $x = 1$ 时，$t = \arccos 1 = 0$，故：

$$\int_1^2 \frac{\sqrt{x^2-1}}{x}\mathrm{d}x = \int_0^{\frac{\pi}{3}} \frac{\tan t}{\sec t} \cdot \sec t \cdot \tan t\mathrm{d}t$$

$$= \int_0^{\frac{\pi}{3}} \tan^2 t\mathrm{d}t = \int_0^{\frac{\pi}{3}} (\sec^2 t - 1)\mathrm{d}t$$

$$= \Big[\tan t - t\Big]_0^{\frac{\pi}{3}} = \sqrt{3}-\frac{\pi}{3}$$

(8) 令 $t=\sqrt{e^x-1}$，则 $x = \ln(t^2+1)$.

$$\mathrm{d}x = \frac{1}{t^2+1}\cdot 2t\mathrm{d}t$$

当 $x = \ln 2$ 时，$t = 1$；当 $x = 0$ 时，$t = 0$，故：

$$\int_0^{\ln 2} \sqrt{e^x-1}\mathrm{d}x = \int_0^1 t \cdot \frac{2t}{t^2+1}\mathrm{d}t$$

$$= 2\int_0^1 \frac{(t^2+1)-1}{t^2+1}\mathrm{d}t = 2\int_0^1\left(1-\frac{1}{t^2+1}\right)\mathrm{d}t$$

$$= 2\Big[t-\arctan t\Big]_0^1 = 2(1-\arctan 1)$$

$$= 2-\frac{\pi}{2}$$

15. 证 因为 $\sin x = \cos\left(\frac{\pi}{2}-x\right)$，于是：

$$\int_0^{\frac{\pi}{2}} \sin^n x\,dx = \int_0^{\frac{\pi}{2}} \left[\cos\left(\frac{\pi}{2}-x\right)\right]^n dx$$

令 $t=\frac{\pi}{2}-x$，则 $x=\frac{\pi}{2}-t, dx=-dt$.

当 $x=\frac{\pi}{2}$ 时，$t=0$；当 $x=0$ 时，$t=\frac{\pi}{2}$，所以：

$$\int_0^{\frac{\pi}{2}} \sin^n x\,dx = \int_{\frac{\pi}{2}}^0 \cos^n t(-dt)$$

$$=-\int_{\frac{\pi}{2}}^0 \cos^n t\,dt = \int_0^{\frac{\pi}{2}} \cos^n t\,dt = \int_0^{\frac{\pi}{2}} \cos^n x\,dx$$

证毕。

16. 证 令 $t=1-x$，则 $x=1-t, dx=-dt$.

当 $x=1$ 时，$t=0$；当 $x=0$ 时，$t=1$，所以：

$$\int_0^1 x^m(1-x)^n dx = \int_1^0 (1-t)^m \cdot t^n(-dt)$$

$$=-\int_1^0 (1-t)^m \cdot t^n dt = \int_0^1 t^n(1-t)^m dt$$

$$=\int_0^1 x^n(1-x)^m dx$$

证毕。

17. 解 (1) 因为 $e^{x^2}\cdot\sin x$ 是对称区间 $[-1,1]$ 上连续的奇函数，所以，$\int_{-1}^1 e^{x^2}\cdot\sin x\,dx=0$.

(2) 因为 $\sqrt{\sin^2 x}=|\sin x|$ 是 $\left[-\frac{\pi}{2},\frac{\pi}{2}\right]$ 上连续的偶函数，所以：

$$\int_{-\frac{\pi}{2}}^{\frac{\pi}{2}} \sqrt{\sin^2 x}\,dx = 2\int_0^{\frac{\pi}{2}} |\sin x|\,dx = 2\int_0^{\frac{\pi}{2}} \sin x\,dx$$

$$=2[-\cos x]\Big|_0^{\frac{\pi}{2}} = 2$$

(3) 设 $g(x)=f(x)-f(-x)$. 因为：

$$g(-x)=f(-x)-f(x)=-g(x)$$

即 $g(x)$ 是 $[-a,a]$ 上的奇函数，所以，$\int_{-a}^a [f(x)-f(-x)]dx=0$.

(4) 因为 $x^4\cdot(\arctan x)^3$ 是 $[-2,2]$ 上连续的奇函数，所以，$\int_{-2}^2 x^4(\arctan x)^3 dx=0$.

18. 解 (1) $\int_0^{\pi} x\cos x\,dx = \int_0^{\pi} x\,d(\sin x) = \Big[x\sin x\Big]_0^{\pi} - \int_0^{\pi} \sin x(x)'dx$

$$=0-\int_0^{\pi}\sin x\,dx = \Big[\cos x\Big]_0^{\pi}$$

$$=\cos\pi-\cos 0=-2$$

(2) $\int_0^{\frac{\pi}{2}} x\cos 3x\,dx = \frac{1}{3}\int_0^{\frac{\pi}{2}} x\,d(\sin 3x)$

$$=\frac{1}{3}\left[(x\cdot\sin3x)\Big|_0^{\frac{\pi}{2}}-\int_0^{\frac{\pi}{2}}\sin3x\mathrm{d}x\right]=-\frac{\pi}{6}-\frac{1}{9}\int_0^{\frac{\pi}{2}}\sin3x\mathrm{d}(3x)$$

$$=-\frac{\pi}{6}+\frac{1}{9}[\cos3x]\Big|_0^{\frac{\pi}{2}}$$

$$=-\frac{\pi}{6}-\frac{1}{9}$$

(3) $\int_0^1 xe^x\mathrm{d}x=\int_0^1 x\mathrm{d}(e^x)=[xe^x]_0^1-\int_0^1 e^x\mathrm{d}x$

$$=e-[e^x]_0^1=e-(e-1)=1$$

(4) $\int_0^1 xe^{-x}\mathrm{d}x=\int_0^1 x\mathrm{d}(-e^{-x})=-\left[(xe^{-x})\Big|_0^1-\int_0^1 e^{-x}\mathrm{d}x\right]$

$$=-\left[e^{-1}+(e^{-x})\Big|_0^1\right]=-e^{-1}-(e^{-1}-e^0)$$

$$=1-2e^{-1}$$

(5) $\int_1^4\frac{\ln x}{\sqrt{x}}\mathrm{d}x=\int_1^4\ln x\mathrm{d}(2\sqrt{x})$

$$=2\left[(\sqrt{x}\ln x)\Big|_1^4-\int_1^4\sqrt{x}\cdot\frac{1}{x}\mathrm{d}x\right]$$

$$=2\left[2\ln4-\int_1^4\frac{1}{\sqrt{x}}\mathrm{d}x\right]$$

$$=2\left[4\ln2-(2\sqrt{x})\Big|_1^4\right]=4(2\ln2-1)$$

(6) $\int_1^e\ln x\mathrm{d}x=\int_1^e\ln x\mathrm{d}(x)$

$$=\Big[x\ln x\Big]_1^e-\int_1^e x\cdot\frac{1}{x}\mathrm{d}x=(e\ln e-1\ln1)-\int_1^e1\mathrm{d}x$$

$$=e-(e-1)=1$$

(7) $\int_0^{\frac{1}{2}}\arcsin x\mathrm{d}x=\int_0^{\frac{1}{2}}\arcsin x\mathrm{d}(x)$

$$=\Big[x\cdot\arcsin x\Big]_0^{\frac{1}{2}}-\int_0^{\frac{1}{2}}x\cdot\frac{1}{\sqrt{1-x^2}}\mathrm{d}x$$

$$=\frac{1}{2}\arcsin\frac{1}{2}-\left(-\frac{1}{2}\right)\int_0^{\frac{1}{2}}\frac{1}{\sqrt{1-x^2}}\mathrm{d}(1-x^2)$$

$$=\frac{\pi}{12}+\Big[\sqrt{1-x^2}\Big]_0^{\frac{1}{2}}=\frac{\pi}{12}-1+\frac{\sqrt{3}}{2}$$

(8) $\int_0^{\frac{\pi}{2}}e^x\cdot\sin x\mathrm{d}x=\int_0^{\frac{\pi}{2}}\sin x\mathrm{d}(e^x)$

$$=[e^x\cdot\sin x]\Big|_0^{\frac{\pi}{2}}-\int_0^{\frac{\pi}{2}}\cos x\cdot e^x\mathrm{d}x$$

$$=e^{\frac{\pi}{2}}-\int_0^{\frac{\pi}{2}}\cos x\mathrm{d}(e^x)$$

$$=e^{\frac{\pi}{2}}-\left[(e^x\cdot\cos x)\Big|_0^{\frac{\pi}{2}}-\int_0^{\frac{\pi}{2}}(-\sin x)e^x\mathrm{d}x\right]$$

$$= e^{\frac{\pi}{2}} - (0 - e^0 \cdot \cos 0) - \int_0^{\frac{\pi}{2}} \sin x e^x dx$$

移项，整理即得：

$$\int_0^{\frac{\pi}{2}} e^x \cdot \sin x dx = \frac{1}{2}(e^{\frac{\pi}{2}} + 1)$$

19. 证 由定积分的分部积分公式，有：

$$\begin{aligned}\int_a^b x f''(x) dx &= \int_a^b x d[f'(x)] \\ &= [x f'(x)]_a^b - \int_a^b f'(x) dx \\ &= b f'(b) - a f'(a) - [f(x)]_a^b \\ &= b f'(b) - a f'(a) - [f(b) - f(a)] \\ &= [b f'(b) - f(b)] - [a f'(a) - f(a)]\end{aligned}$$

证毕。

20. 解 本题必须先换元。

令 $t = \sqrt{x}$，则 $x = t^2$，$dx = d(t^2) = 2t dt$.

当 $x = 4$ 时，$t = \sqrt{4} = 2$；当 $x = 0$ 时，$t = 0$. 由定积分的换元积分公式，有：

$$\int_0^4 e^{\sqrt{x}} dx = \int_0^2 e^t \cdot 2t dt = 2\int_0^2 e^t \cdot t dt$$

再用分部积分法。

因为：

$$\int_0^2 e^t \cdot t dt = \int_0^2 t d(e^t) = [t e^t]_0^2 - \int_0^2 e^t dt = 2e^2 - [e^t]_0^2 = e^2 + 1$$

所以：

$$\int_0^4 e^{\sqrt{x}} dx = 2(e^2 + 1)$$

21. 解 (1)
$$\begin{aligned}\int_3^{+\infty} \frac{5}{x} dx &= \lim_{b \to +\infty} \left[\int_3^b \frac{5}{x} dx\right] \\ &= \lim_{b \to +\infty} \left[5 \ln x \Big|_3^b\right] = \lim_{b \to +\infty} [5(\ln b - \ln 3)] \\ &= +\infty，发散\end{aligned}$$

(2)
$$\begin{aligned}\int_\pi^{+\infty} \sin x dx &= \lim_{b \to +\infty} \left[\int_\pi^b \sin x dx\right] = \lim_{b \to +\infty} \left[-\cos x \Big|_\pi^b\right] \\ &= \lim_{b \to +\infty} (-1 - \cos b)\end{aligned}$$

由于极限 $\lim\limits_{b \to +\infty} (-1 - \cos b)$ 不存在，故广义积分 $\int_\pi^{+\infty} \sin x dx$ 发散。

(3)
$$\begin{aligned}\int_0^{+\infty} x e^{-x^2} dx &= \lim_{b \to +\infty} \int_0^b x e^{-x^2} dx \\ &= \lim_{b \to +\infty} \left[-\frac{1}{2} \int_0^b e^{-x^2} d(-x^2)\right] \\ &= \lim_{b \to +\infty} \left[-\frac{1}{2} e^{-x^2} \Big|_0^b\right] \\ &= \lim_{b \to +\infty} \left[\frac{1}{2} - \frac{1}{2} e^{-b^2}\right] = \frac{1}{2} - 0 = \frac{1}{2}\end{aligned}$$

(4) $\int_0^{+\infty}\frac{x}{(1+x^2)^2}dx=\lim\limits_{b\to+\infty}\left[\int_0^b\frac{x}{(1+x^2)^2}dx\right]$

$=\lim\limits_{b\to+\infty}\left[\frac{1}{2}\int_0^b\frac{1}{(1+x^2)^2}d(1+x^2)\right]$

$=\lim\limits_{b\to+\infty}\left[\frac{1}{2}\cdot\left(-\frac{1}{1+x^2}\right)\Big|_0^b\right]$

$=\lim\limits_{b\to+\infty}\left[\frac{1}{2}-\frac{1}{2(1+b^2)}\right]=\frac{1}{2}$

(5) $\int_{-\infty}^0\sin 2x dx=\lim\limits_{a\to-\infty}\left[\int_a^0\sin 2x dx\right]=\lim\limits_{a\to-\infty}\left[-\frac{1}{2}\cos 2x\Big|_a^0\right]$

$=\lim\limits_{a\to-\infty}\left[-\frac{1}{2}+\frac{1}{2}\cos 2a\right]$

由于极限 $\lim\limits_{a\to-\infty}\left[-\frac{1}{2}+\frac{1}{2}\cos 2a\right]$ 不存在，故广义积分 $\int_{-\infty}^0\sin 2x dx$ 发散。

(6) $\int_{-\infty}^0 e^{2x}dx=\lim\limits_{a\to-\infty}\left[\int_a^0 e^{2x}dx\right]$

$=\lim\limits_{a\to-\infty}\left[\frac{1}{2}e^{2x}\Big|_a^0\right]=\lim\limits_{a\to-\infty}\left[\frac{1}{2}-\frac{1}{2}e^{2a}\right]=\frac{1}{2}$

(7) 由于：

$\int_0^{+\infty}\frac{x^2}{1+x^6}dx=\lim\limits_{b\to+\infty}\left[\int_0^b\frac{x^2}{1+x^6}dx\right]$

$=\lim\limits_{b\to+\infty}\left[\frac{1}{3}\int_0^b\frac{1}{1+x^6}d(x^3)\right]$

$=\lim\limits_{b\to+\infty}\left[\frac{1}{3}\arctan(x^3)\Big|_0^b\right]=\frac{1}{3}\left(\frac{\pi}{2}-0\right)=\frac{\pi}{6}$

$\int_{-\infty}^0\frac{x^2}{1+x^6}dx=\lim\limits_{a\to-\infty}\left[\frac{1}{3}\int_a^0\frac{1}{1+(x^3)^2}d(x^3)\right]$

$=\lim\limits_{a\to-\infty}\left[\frac{1}{3}\arctan(x^3)\Big|_a^0\right]$

$=\frac{1}{3}\left[0-\left(-\frac{\pi}{2}\right)\right]=\frac{\pi}{6}$

所以：

$$\int_{-\infty}^{+\infty}\frac{x^2}{1+x^6}dx=\int_{-\infty}^0\frac{x^2}{1+x^6}dx+\int_0^{+\infty}\frac{x^2}{1+x^6}dx=\frac{\pi}{6}+\frac{\pi}{6}=\frac{\pi}{3}$$

(8) 因为：

$\int_0^{+\infty}\frac{(\arctan x)^2}{1+x^2}dx=\lim\limits_{b\to+\infty}\left(\int_0^b\frac{(\arctan x)^2}{1+x^2}dx\right)$

$=\lim\limits_{b\to+\infty}\left(\int_0^b(\arctan x)^2 d(\arctan x)\right)$

$=\lim\limits_{b\to+\infty}\left[\frac{1}{3}(\arctan x)^3\Big|_0^b\right]$

$=\frac{1}{3}\left(\frac{\pi}{2}\right)^3-0=\frac{\pi^3}{24}$

$\int_{-\infty}^0\frac{(\arctan x)^2}{1+x^2}dx=\lim\limits_{a\to-\infty}\left[\int_a^0\frac{(\arctan x)^2}{1+x^2}dx\right]$

$$=\lim_{a\to-\infty}\left[\frac{1}{3}(\arctan x^3)\Big|_a^0\right]$$

$$=\frac{1}{3}\left[0-\left(-\frac{\pi}{2}\right)^3\right]=\frac{\pi^3}{24}$$

所以：
$$\int_{-\infty}^{+\infty}\frac{(\arctan x)^2}{1+x^2}\mathrm{d}x=\int_{-\infty}^{0}\frac{(\arctan x)^2}{1+x^2}\mathrm{d}x+\int_{0}^{+\infty}\frac{(\arctan x)^2}{1+x^2}\mathrm{d}x$$

$$=\frac{\pi^3}{24}+\frac{\pi^3}{24}=\frac{\pi^3}{12}$$

22. 解
$$\int_1^{+\infty}x^p\mathrm{d}x=\int_1^{+\infty}\frac{1}{x^{-p}}\mathrm{d}x$$

由教材第六章第三节 3 的例 4 知，当 $-p\leqslant 1$ 即 $p\geqslant -1$ 时，广义积分 $\int_1^{+\infty}x^p\mathrm{d}x$ 发散。

23. 解 因为 $\frac{1}{x}\mathrm{d}x=\mathrm{d}(\ln x)$，令 $t=\ln x$，由于 $x\in[\mathrm{e},+\infty)$ 时，$t=\ln x$ 单调递增，且 $x=\mathrm{e}$ 时，$t=\ln\mathrm{e}=1$；当 $x\to+\infty$ 时，$t=\ln x\to+\infty$.

于是：

$$\int_{\mathrm{e}}^{+\infty}\frac{\mathrm{d}x}{x(\ln x)^k}=\int_{\mathrm{e}}^{+\infty}\frac{1}{(\ln x)^k}\mathrm{d}(\ln x)=\int_1^{+\infty}\frac{1}{t^k}\mathrm{d}t$$

所以，当 $k>1$ 时，广义积分 $\int_{\mathrm{e}}^{+\infty}\frac{\mathrm{d}x}{x(\ln x)^k}=\int_1^{+\infty}\frac{\mathrm{d}t}{t^k}=\frac{1}{k-1}$，收敛；当 $k\leqslant 1$ 时，$\int_{\mathrm{e}}^{+\infty}\frac{\mathrm{d}x}{x(\ln x)^k}$ 发散。

24. 解 (1) 因为 $f(x)=\frac{1}{\sqrt{1-x}}$ 在 $[0,1)$ 上连续，而

$$\lim_{x\to1^-}\frac{1}{\sqrt{1-x}}=+\infty$$

所以：

$$\int_0^1\frac{\mathrm{d}x}{\sqrt{1-x}}=\lim_{\varepsilon\to0^+}\left[\int_0^{1-\varepsilon}\frac{\mathrm{d}x}{\sqrt{1-x}}\right]$$

$$=\lim_{\varepsilon\to0^+}\left[-\int_0^{1-\varepsilon}\frac{1}{\sqrt{1-x}}\mathrm{d}(1-x)\right]$$

$$=\lim_{\varepsilon\to0^+}\left[-2\sqrt{1-x}\Big|_0^{1-\varepsilon}\right]$$

$$=\lim_{\varepsilon\to0^+}[2-2\sqrt{\varepsilon}]=2$$

(2) 因为 $x=\mathrm{e}$ 是 $\frac{1}{x\sqrt{1-(\ln x)^2}}$ 的无穷间断点，$\frac{1}{x\sqrt{1-(\ln x)^2}}$ 在 $[1,\mathrm{e})$ 上连续，故：

$$\int_1^{\mathrm{e}}\frac{\mathrm{d}x}{x\sqrt{1-(\ln x)^2}}=\lim_{\varepsilon\to0^+}\left[\int_1^{\mathrm{e}-\varepsilon}\frac{1}{\sqrt{1-(\ln x)^2}}\mathrm{d}(\ln x)\right]$$

$$=\lim_{\varepsilon\to0^+}\left[\arcsin(\ln x)\Big|_1^{\mathrm{e}-\varepsilon}\right]$$

$$=\lim_{\varepsilon\to0^+}\{\arcsin[\ln(\mathrm{e}-\varepsilon)]-0\}$$

$$=\arcsin 1=\frac{\pi}{2}$$

(3) 因为函数 $y=\dfrac{1}{(x-3)^2}$ 在 $[2,3)\cup(3,4]$ 上连续，而 $x=3$ 为它的无穷间断点。

由于广义积分：

$$\int_3^4\frac{\mathrm{d}x}{(x-3)^2}=\lim_{\varepsilon\to0^+}\left[\int_{3+\varepsilon}^4\frac{\mathrm{d}(x-3)}{(x-3)^2}\right]$$
$$=\lim_{\varepsilon\to0^+}\left[-\frac{1}{(x-3)}\Big|_{3+\varepsilon}^4\right]$$
$$=\lim_{\varepsilon\to0^+}\left[-1+\frac{1}{\varepsilon}\right]=+\infty,\text{发散}$$

所以，广义积分 $\int_2^4\dfrac{\mathrm{d}x}{(x-3)^2}$ 发散。

(4) 由于 $f(x)=\dfrac{1}{\sqrt{1-x^2}}$ 在 $(-1,0]$ 上连续，$x=-1$ 为 $\dfrac{1}{\sqrt{1-x^2}}$ 的无穷间断点，故：

$$\int_{-1}^0\frac{\mathrm{d}x}{\sqrt{1-x^2}}=\lim_{\varepsilon\to0^+}\left[\int_{-1+\varepsilon}^0\frac{\mathrm{d}x}{\sqrt{1-x^2}}\right]$$
$$=\lim_{\varepsilon\to0^+}\left[\arcsin x\Big|_{-1+\varepsilon}^0\right]$$
$$=\lim_{\varepsilon\to0^+}[0-\arcsin(-1+\varepsilon)]$$
$$=0-\arcsin(-1)=\frac{\pi}{2}$$

25. 解　先求 $y=1-x^2$ 上点 $(1,0)$ 处的切线方程。

因为 $y'=(1-x^2)'=-2x$，$y'(1)=-2$，故所求切线方程为：$y=-2(x-1)$.

再作出平面图形的草图(如题图6－1所示)。

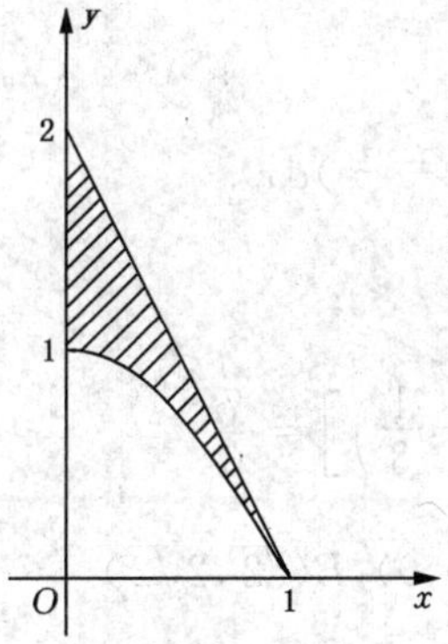

题图 6－1

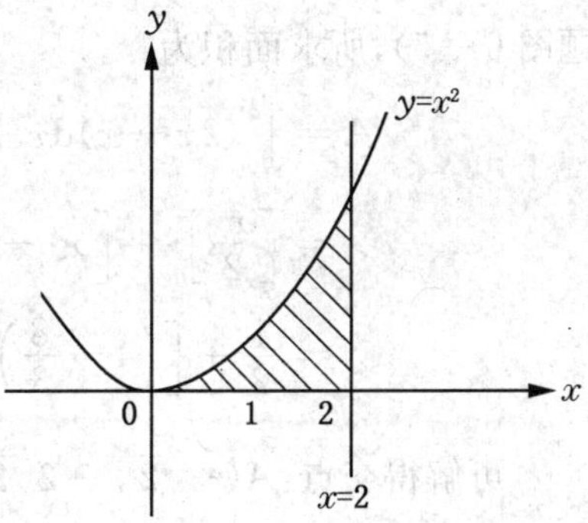

题图 6－2

$$\text{面积 }S=\int_0^1[(-2x+2)-(1-x^2)]\mathrm{d}x$$
$$=\int_0^1(x^2-2x+1)\mathrm{d}x=\left[\frac{x^3}{3}-x^2+x\right]_0^1=\frac{1}{3}$$

26. 解　(1) 作出平面图形的草图(见题图 6－2)。

$$\text{面积 }A=\int_0^2x^2\mathrm{d}x=\frac{1}{3}x^3\Big|_0^2=\frac{8}{3}$$

(2) 作出平面图形的草图(见题图 6－3)。

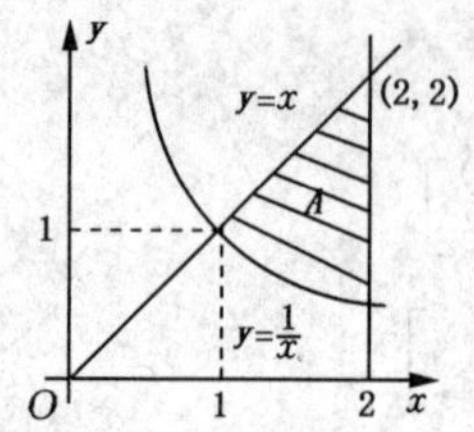

题图 6－3

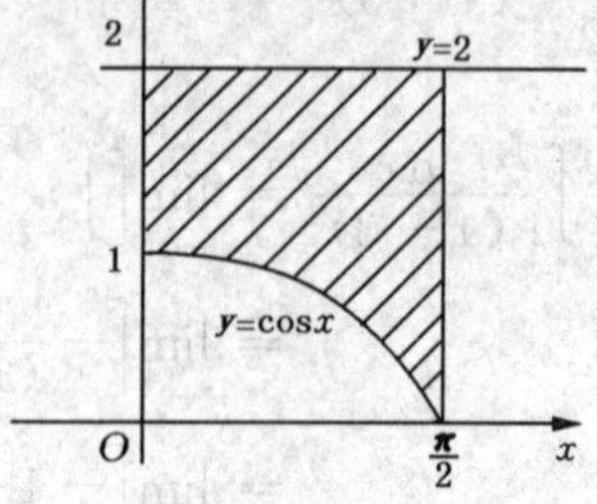

题图 6－4

$$面积 A=\int_1^2\left(x-\frac{1}{x}\right)\mathrm{d}x=\left(\frac{x^2}{2}-\ln x\right)_1^2=(2-\ln 2)-\frac{1}{2}=\frac{3}{2}-\ln 2$$

(3) 作草图(见题图 6－4)。

$$面积 A=\int_0^{\frac{\pi}{2}}(2-\cos x)\mathrm{d}x=[2x-\sin x]_0^{\frac{\pi}{2}}$$

$$=\left(2\cdot\frac{\pi}{2}-\sin\frac{\pi}{2}\right)-0=\pi-1$$

(4) 先求曲线的交点。

由$\begin{cases}y=x\\y=x^2\end{cases}$,可解得:$\begin{cases}x_1=0\\y_1=0\end{cases}$,$\begin{cases}x_2=1\\y_2=1\end{cases}$,即曲线 $y=x$ 与 $y=x^2$ 的交点为:$O(0,0)$,$B(1,1)$.

由$\begin{cases}y=2x\\y=x^2\end{cases}$,可解得:$\begin{cases}x_1=0\\y_1=0\end{cases}$,$\begin{cases}x_2=2\\y_2=4\end{cases}$,即曲线 $y=2x$ 与 $y=x^2$ 的交点为:$O(0,0)$,$C(2,4)$.

作草图(见题图 6－5),所求面积为:

$$A=\int_0^1(2x-x)\mathrm{d}x+\int_1^2(2x-x^2)\mathrm{d}x$$

$$=\left[\frac{x^2}{2}\right]_0^1+\left[x^2-\frac{x^3}{3}\right]_1^2$$

$$=\frac{1}{2}+\left[\left(4-\frac{8}{3}\right)-\left(1-\frac{1}{3}\right)\right]=\frac{7}{6}$$

(5) 由$\begin{cases}y=x^3\\y=2x\end{cases}$,可解得交点:$A(-\sqrt{2},-2\sqrt{2})$,$O(0,0)$,$B(\sqrt{2},2\sqrt{2})$.

作草图(见题图 6－6),可见由曲线 $y=x^3$ 与 $y=2x$ 所围面积为:

$$S=\int_{-\sqrt{2}}^0(x^3-2x)\mathrm{d}x+\int_0^{\sqrt{2}}(2x-x^3)\mathrm{d}x$$

$$=\left[\frac{x^4}{4}-x^2\right]\Big|_{-\sqrt{2}}^0+\left[x^2-\frac{x^4}{4}\right]\Big|_0^{\sqrt{2}}=2$$

(6) 由$\begin{cases}y^2=2x\\y=x-4\end{cases}$,可解得:$\begin{cases}x_1=2\\y_1=-2\end{cases}$,$\begin{cases}x_2=8\\y_2=4\end{cases}$,即两曲线的交点为 $B(8,4)$,$C(2,-2)$.

作草图(见题图6—7),可见以 y 为积分变量来计算较为简便,相应的积分区间为$[-2,4]$.将边界曲线方程 $y^2=2x$、$y=x-4$ 分别改写成 x 是 y 的函数:$x=\frac{y^2}{2}$、$x=y+4$. 于是,所求

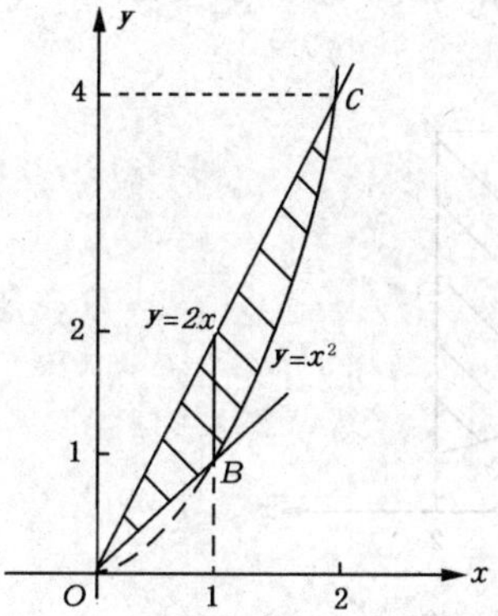

题图 6－5

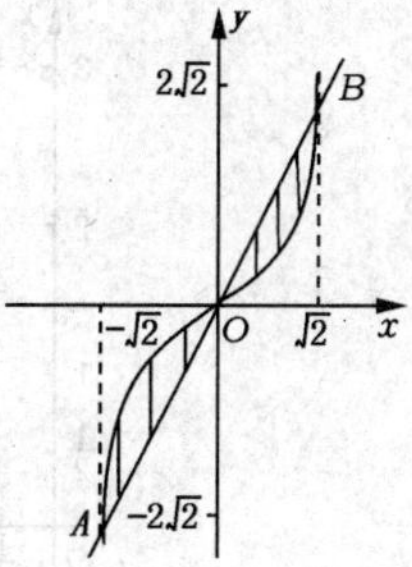

题图 6－6

面积为：

$$A=\int_{-2}^{4}\left[(y+4)-\frac{y^2}{2}\right]\mathrm{d}y=\left[\frac{y^2}{2}+4y-\frac{1}{2}\cdot\frac{y^3}{3}\right]_{-2}^{4}=18$$

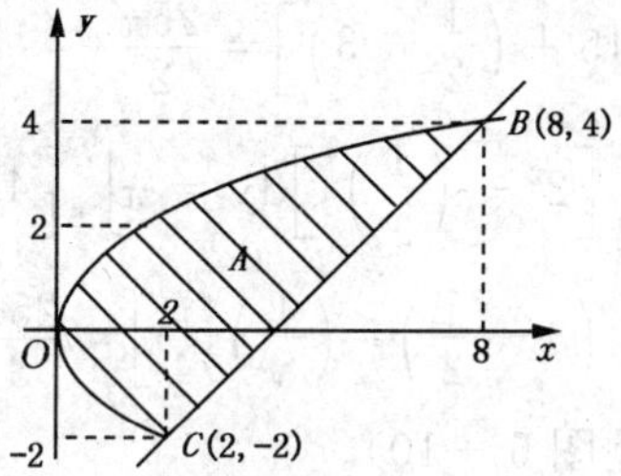

题图 6－7

27. 解　作平面图形的草图(见题图 6－8)。

$$V_x=\pi\int_0^8\left[2^2-(\sqrt[3]{x})^2\right]\mathrm{d}x=\pi\int_0^8\left[4-x^{\frac{2}{3}}\right]\mathrm{d}x$$

$$=\pi\left[4x-\frac{3}{5}x^{\frac{5}{3}}\right]_0^8=32\pi-\frac{3}{5}\pi\cdot 2^5=\frac{64}{5}\pi$$

$$V_y=\pi\int_0^2(y^3)^2\mathrm{d}y=\pi\int_0^2 y^6\mathrm{d}y$$

$$=\pi\left.\frac{y^7}{7}\right|_0^2=\frac{128\pi}{7}$$

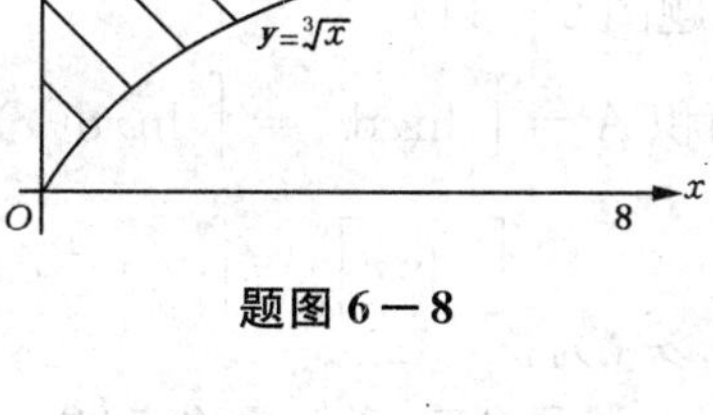

题图 6－8

28. 解 先作出平面图形的草图(见题图 6－9)。

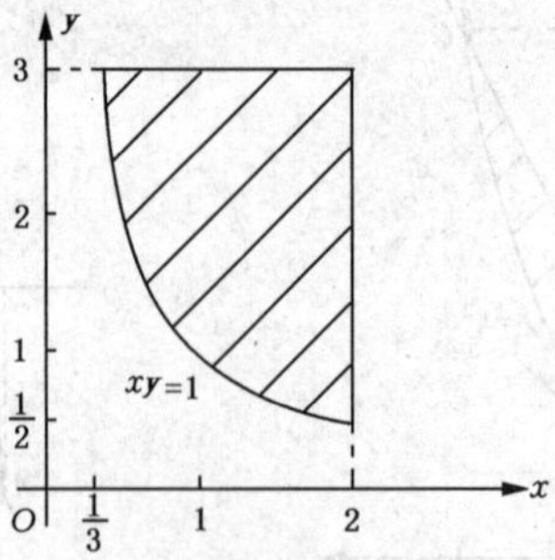

题图 6－9

$$V_x=\pi\int_{\frac{1}{3}}^{2}\left[3^2-\left(\frac{1}{x}\right)^2\right]dx=\pi\int_{\frac{1}{3}}^{2}\left[9-\frac{1}{x^2}\right]dx$$

$$=\pi\left[9\left(2-\frac{1}{3}\right)+\left(\frac{1}{x}\right)\Big|_{\frac{1}{3}}^{2}\right]$$

$$=\pi\left[15+\left(\frac{1}{2}-3\right)\right]=\frac{25\pi}{2}$$

$$V_y=\pi\int_{\frac{1}{2}}^{3}\left[2^2-\left(\frac{1}{y}\right)^2\right]dy=\pi\int_{\frac{1}{2}}^{3}\left[4-\frac{1}{y^2}\right]dy$$

$$=\pi\left[4\left(3-\frac{1}{2}\right)+\left(\frac{1}{y}\right)\Big|_{\frac{1}{2}}^{3}\right]=\frac{25\pi}{3}$$

29. 解 作平面图形的草图(见题图 6－10)。

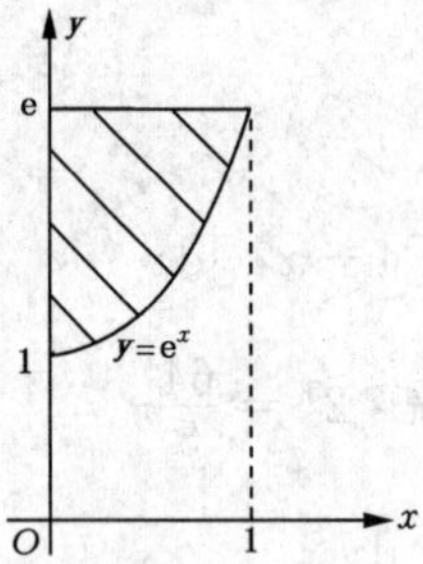

题图 6－10

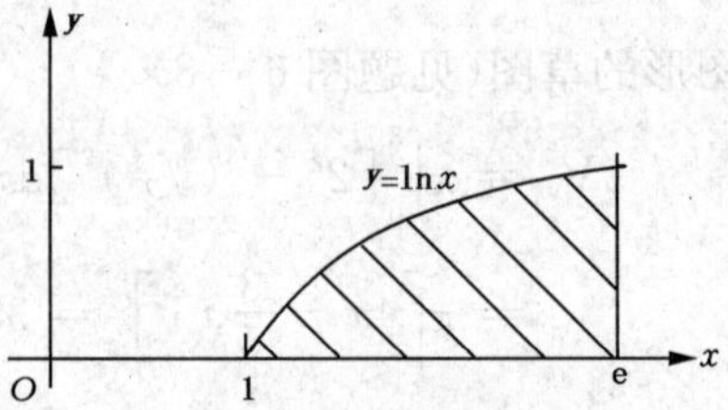

题图 6－11

所求面积 $A=\int_0^1(e-e^x)dx=\left[ex-e^x\right]_0^1=(e-e)-(0-e^0)=1$

所求体积 $V_x=\pi\int_0^1[e^2-(e^x)^2]dx=\pi\int_0^1[e^2-e^{2x}]dx=\pi\left[e^2-\left(\frac{e^{2x}}{2}\right)\Big|_0^1\right]=\frac{\pi}{2}(e^2+1)$

30. 解 作平面图形的草图(见题图 6－11)。

$$\text{所求面积 } A=\int_1^e \ln x dx=\int_1^e \ln x d(x)$$

$$=\left[x\ln x\right]_1^e-\int_1^e x\cdot\frac{1}{x}dx$$

$$=e-\left[x\right]_1^e=e-(e-1)=1$$

所求体积 $V_x=\pi\int_1^e(\ln x)^2\mathrm{d}x=\pi\int_1^e(\ln x)^2\mathrm{d}(x)$

$$=\pi\left[x(\ln x)^2\Big|_1^e-\int_1^e x\cdot 2\ln x\cdot\frac{1}{x}\mathrm{d}x\right]$$

$$=\pi e-2\pi\int_1^e\ln x\mathrm{d}x=\pi e-2\pi\times 1=\pi(e-2)$$

第七章

多元函数微积分学

一、习　题

1. 单项选择题(在每小题的四项备选答案中,选出一项符合题目要求的,并把所选项前的字母填在题干后的括号内):

(1) 球面方程 $x^2+y^2+z^2-2x-2z=0$ 的球心 M_0 及半径 R 分别为(　　)。

A. $M_0(1,0,1),R=\sqrt{2}$　　B. $M_0(-1,0,-1),R=\sqrt{2}$

C. $M_0(-1,0,-1),R=2$　　D. $M_0(1,0,1),R=2$

(2) 过 y 轴上的点$(0,1,0)$,且平行于 xOz 平面的平面方程是(　　)。

A. $x=0$　　B. $y=1$

C. $z=0$　　D. $x+z=1$

(3) 下列方程在空间直角坐标系中,表示旋转抛物面的方程是(　　)。

A. $x^2+y^2+z^2=1$　　B. $x+y+z=0$

C. $x^2+y^2+z=0$　　D. $x^2+y^2=1$

(4) 设点 $M_1(1,-4,-1),M_2(1,0,3)$,则 M_1M_2 的中点坐标是(　　)。

A. $(0,2,-2)$　　B. $(1,-2,1)$

C. $(0,4,-4)$　　D. $(2,4,2)$

(5) 在空间直角坐标系中,点 $M_1(1,0,2)$ 和点 $M_2(0,3,-2)$ 之间的距离$d=$(　　)。

A. $\sqrt{10}$　　B. $\sqrt{24}$　　C. $\sqrt{26}$　　D. $\sqrt{8}$

(6) 二元函数 $z=\ln(xy)$ 的定义域是(　　)。

A. $x\geqslant 0,y\geqslant 0$　　B. $x<0,y<0$

C. $x\geqslant 0,y\geqslant 0$ 或 $x\leqslant 0,y\leqslant 0$　　D. $x>0,y>0$ 或 $x<0,y<0$

(7) 设 $f(x+y,x-y)=x^2-y^2$,则 $f(x,y)=$(　　)。

A. x^2-y^2　　B. x^2+y^2

C. $(x-y)^2$　　D. xy

(8) 设 $f(x,y)=\dfrac{xy}{x^2+y^2}$,则 $f\left(\dfrac{y}{x},1\right)=$(　　)。

A. $\dfrac{xy}{x^2+y^2}$　　B. $\dfrac{x^2+y^2}{xy}$

C. $\dfrac{x}{x^2+1}$　　D. $\dfrac{x^2}{1+x^4}$

(9) 若 $f_x'(x_0,y_0)$，$f_y'(x_0,y_0)$ 存在，则 $f(x,y)$ 在点 (x_0,y_0) 处(　　)。

A. 可微　　B. 连续　　C. 有定义　　D. 无定义

(10) 设 $u(x,y)=\sqrt{xy}$，则 $\left.\frac{\partial u}{\partial x}\right|_{(1,1)}=$(　　)。

A. 0　　B. $\frac{1}{2}$　　C. -1　　D. 1

(11) 设 $z=xe^{xy}$，则 $\frac{\partial z}{\partial x}=$(　　)。

A. xye^{xy}　　B. x^2e^{xy}　　C. e^{xy}　　D. $(1+xy)e^{xy}$

(12) 设 $z(x,y)=\frac{1}{2}\ln(1+x^2+y^2)$，则 $dz|_{(1,1)}=$(　　)。

A. $\frac{1}{3}(dx+dy)$　　B. $dx+dy$

C. $\sqrt{3}(dx+dy)$　　D. $\frac{1}{2}(dx+dy)$

(13) 设 $z=f(2x-y^2)$，$f(u)$ 可微，则 $\frac{\partial z}{\partial y}=$(　　)。

A. $2f(2x-y^2)$　　B. $2f'(2x-y^2)$

C. $-2yf(2x-y^2)$　　D. $-2yf'(2x-y^2)$

(14) 设 $x=\ln\frac{z}{y}$，则 $\frac{\partial z}{\partial x}=$(　　)。

A. 1　　B. y　　C. z　　D. $-z$

(15) 设二元函数 $f(x,y)$ 在点 (x_0,y_0) 处的一阶偏导数 $f_x'(x_0,y_0)=f_y'(x_0,y_0)=0$，则点 (x_0,y_0) 一定是 $f(x,y)$ 的(　　)。

A. 极大值点　　B. 极小值点

C. 极值点　　D. 驻点

(16) 二元函数 $f(x,y)=2-x^2-y^2$ 的极大值点 $(x_0,y_0)=$(　　)。

A. (0,0)　　B. (1,1)　　C. (2,2)　　D. 不存在

(17) 设 D_1 是由直线 $x+y=1$、$x=0$、$y=0$ 所围成的区域，则 $\iint\limits_{D_1}d\sigma=$(　　)。

A. 0　　B. $\frac{1}{2}$　　C. 1　　D. 2

(18) 若 D_2：$1\leqslant x^2+y^2\leqslant 4$，则 $\iint\limits_{D_2}dxdy=$(　　)。

A. π　　B. 2π　　C. 3π　　D. 4π

(19) 交换二次积分的次序：$\int_0^1dx\int_{x^2}^{x}f(x,y)dy=$(　　)。

A. $\int_0^1dy\int_y^{\sqrt{y}}f(x,y)dx$　　B. $\int_0^1dy\int_{\sqrt{y}}^{y}f(x,y)dx$

C. $\int_0^1dy\int_{y^2}^{y}f(x,y)dx$　　D. $\int_0^1dy\int_y^{y^2}f(x,y)dx$

(20) 设区域 $D_3=\{(x,y)\mid x^2+y^2\leqslant 25 \text{ 且 } y\leqslant 0\}$，则 $\iint\limits_{D_3}f(x,y)d\sigma=$(　　)。

A. $\int_0^{\pi}\mathrm{d}\theta\int_0^5 f(r\cos\theta,r\sin\theta)\mathrm{d}r$　　B. $\int_0^{\pi}\mathrm{d}\theta\int_0^5 f(r\cos\theta,r\sin\theta)r\mathrm{d}r$

C. $\int_{\pi}^{2\pi}\mathrm{d}\theta\int_0^5 f(r\cos\theta,r\sin\theta)\mathrm{d}r$　　D. $\int_{\pi}^{2\pi}\mathrm{d}\theta\int_0^5 f(r\cos\theta,r\sin\theta)r\mathrm{d}r$

2. 求下列球面的球心和半径：

(1)$x^2+y^2+z^2+4y-6z=0$；

(2)$x^2+y^2+z^2-2x-4y+2z=0$.

3. 已知球面一直径的两端点 A,B 的坐标为 $A(1,0,-1)$，$B(3,2,1)$，求此球面方程。

4. 求过原点且球心坐标为$(1,2,-1)$的球面方程。

5. 指出下列方程在平面解析几何中和在空间解析几何中的不同意义：

(1)$y=5$；　　(2)$x-y=1$；

(3)$x^2+y^2=25$；　　(4)$y=x^2$.

6. 指出下列方程在空间表示怎样的曲面：

(1)$x^2+z^2=1$；　　(2)$z=2$；

(3)$x^2+y^2-\dfrac{z^2}{9}=0$；　　(4)$x^2+y^2+z=1$.

7. 求下列二元函数的定义域，并画出相应的区域图：

(1)$z=\dfrac{1}{\sqrt{1-x^2-y^2}}$；　　(2)$z=\ln(x+y)+\ln(x-y)$；

(3)$z=y^2+\sqrt{xy}$；　　(4)$z=\arcsin(x+y)$.

8. 求下列函数的偏导数$\dfrac{\partial z}{\partial x}$和$\dfrac{\partial z}{\partial y}$：

(1)$z=\sqrt{xy}-\dfrac{y}{x}$；　　(2)$z=x^2y\ln x$；

(3)$z=\ln\tan\dfrac{x}{y}$；　　(4)$z=\mathrm{e}^{\sin x}\cdot\cos y$；

(5)$z=\arcsin(y\sqrt{x})$；　　(6)$z=\mathrm{e}^{xy^2}$；

(7)$z=x^y+y^x$；　　(8)$z=x\ln\left(x+\dfrac{y}{2x}\right)$；

(9)$z=\dfrac{x}{\sqrt{x^2+y^2}}$；　　(10)$z=\mathrm{e}^{xe^y}$.

9. 设 $z=\mathrm{e}^{\frac{x}{y^2}}$，求证：$2x\cdot\dfrac{\partial z}{\partial x}+y\cdot\dfrac{\partial z}{\partial y}=0$.

10. 设 $z=\arctan\dfrac{y}{x}$，求：$\dfrac{\partial^2 z}{\partial x^2}$，$\dfrac{\partial^2 z}{\partial y^2}$，$\dfrac{\partial^2 z}{\partial x\partial y}$.

11. 设 $z=\arcsin(xy)$，求：$\dfrac{\partial^2 z}{\partial x^2}$，$\dfrac{\partial^2 z}{\partial x\partial y}$，$\dfrac{\partial^2 z}{\partial y^2}$.

12. 设 $z=x\ln(x+y)$，求：$\dfrac{\partial^2 z}{\partial x^2}$，$\dfrac{\partial^2 z}{\partial x\partial y}$.

13. 求下列函数的全微分 $\mathrm{d}z$：

(1)$z=\mathrm{e}^{x^2+y^3}$；　　(2)$z=\arctan(xy)$.

14. 设 $f(x,y)=y^x$，求 $\mathrm{d}f\big|_{(1,2)}$.

15. 设三元函数 $u=\ln(x^2+y^2+z^2)$，求 du.

16. 求下列函数在已给条件下的全微分值：

(1) 函数 $z=x^2y+y^2$.

当 $x=1,y=2,\Delta x=0.1,\Delta y=0.2$ 时；

(2) 函数 $z=e^{xy}$.

当 $x=1,y=1,\Delta x=0.15,\Delta y=0.01$ 时。

17. 设 $z=u^2v-uv^2$，而 $u=x\cos y,v=x\sin y$. 求 $\frac{\partial z}{\partial x},\frac{\partial z}{\partial y}$.

18. 设 $z=\arcsin(xy)$，而 $x=3t,y=4t^3$，求：$\frac{dz}{dt}$.

19. 设 $z=(x^2-y^2)^{xy^2}$，求：$\frac{\partial z}{\partial x},\frac{\partial z}{\partial y}$.

20. 设 $z=f(x^y,y^x)$，且 f 是可微函数，求：$\frac{\partial z}{\partial x},\frac{\partial z}{\partial y}$.

21. 设 $z=f\left(x,\frac{x}{y}\right)$，且 f 为可微函数，求：$\frac{\partial z}{\partial x},\frac{\partial z}{\partial y}$.

22. 设 $z=\frac{y}{f(x^2-y^2)}$，已知 $f(u)$ 为可导函数，求证：

$$\frac{1}{x}\cdot\frac{\partial z}{\partial x}+\frac{1}{y}\cdot\frac{\partial z}{\partial y}=\frac{z}{y^2}$$

23. 求下列隐函数的导数 $\frac{dy}{dx}$：

(1) $x^y=y^x$；　　　(2) $y=\arctan(x+y)$.

24. 设 $z=f(x,y)$ 是由方程：$xyz=e^z$ 所确定的函数，求：$\frac{\partial z}{\partial x},\frac{\partial z}{\partial y}$.

25. 求由方程 $2xz-2xyz+\ln(xyz)=0$ 所确定的隐函数 $z=f(x,y)$ 的全微分 dz.

26. 求由方程 $\int_0^{x^2}e^t dt+\int_0^{y^2}t dt+\int_0^z \sin t dt=0$ 所确定的隐函数 $z=f(x,y)$ 的偏导数：$\frac{\partial z}{\partial x}$，$\frac{\partial z}{\partial y}$.

27. 设方程 $2\sin(x+2y-3z)=x+2y-3z$ 确定了函数 $z=f(x,y)$，试证：

$$\frac{\partial z}{\partial x}+\frac{\partial z}{\partial y}=1$$

28. 试证由方程 $z^3-3xyz=a^3$ 所确定的隐函数 $z=f(x,y)$ 的全微分 $dz=\frac{z}{z^2-xy}(ydx+xdy)$.

29. 求下列二元函数的极值：

(1) $f(x,y)=x^2+xy+y^2-3x-6y+1$；

(2) $g(x,y)=x^3-3xy-y^2-y-9$.

30. 某企业生产甲、乙两种产品，出售价分别为 10 千元 / 件、与 9 千元 / 件，生产 x 件甲产品、y 件乙产品的总成本是：

$$C(x,y)=[100+2x+3y+0.01(3x^2+xy+3y^2)]\text{(千元)}$$

问：两种产品的产量各为多少时，企业获利最大？最大利润是多少？

31. 某工厂生产甲、乙两种产品，每千克的销售价分别为800元和600元，若每天生产 x 千克甲产品与 y 千克乙产品的总成本 C 为：

$$C(x,y)=[10\,000+3x^2+xy+3y^2](\text{元})$$

且每天这两种产品的产量之和为300千克，求该厂获得最大利润时两种产品的日产量各为多少？

32. 欲围一个面积为60平方米的矩形场地，正面所用材料每米造价10元，其余三面每米造价5元。问场地的长、宽各为多少米时，所用的材料费最省？

33. 将二重积分 $\iint\limits_D f(x,y)\mathrm{d}\sigma$ 化成直角坐标系下的二次积分(写出两种积分次序)：

(1) $D=\{(x,y)\mid a\leqslant x\leqslant b,c\leqslant y\leqslant d\}$；

(2) D 是由直线 $y=x$、$x=1$ 及 $y=0$ 所围成的区域；

(3) D 是由直线 $x+y=2$、$y=0$ 及抛物线 $y=x^2$ 所围成的区域；

(4) D 是由直线 $y-x=2$ 与抛物线 $y=x^2$ 所围成的区域。

34. 计算下列二重积分：

(1) $\iint\limits_D \mathrm{e}^{x+y}\mathrm{d}x\mathrm{d}y$，$D=\{(x,y)\mid 0\leqslant x\leqslant 1,0\leqslant y\leqslant 1\}$；

(2) $\iint\limits_D \dfrac{y^4}{1+x^2}\mathrm{d}x\mathrm{d}y$，$D=\{(x,y)\mid 0\leqslant x\leqslant 1,-1\leqslant y\leqslant 1\}$；

(3) $\iint\limits_D x\mathrm{e}^{xy}\mathrm{d}\sigma$，$D=\{(x,y)\mid 0\leqslant x\leqslant 1,0\leqslant y\leqslant 1\}$；

(4) $\iint\limits_D (x+6y)\mathrm{d}\sigma$，$D$ 是由直线 $y=x$、$y=5x$ 及 $x=1$ 所围成的区域；

(5) $\iint\limits_D (2x+y)\mathrm{d}\sigma$，$D$ 是由直线 $x=0$、$y=0$、$x+y=3$ 所围成的区域；

(6) $\iint\limits_D \dfrac{y}{x}\mathrm{d}\sigma$，$D$ 是由 $y=2x$，$y=x$，$x=2$ 以及 $x=4$ 所围成的区域；

(7) $\iint\limits_D xy^2\mathrm{d}\sigma$，$D$ 是由 $y^2=4x$ 与 $x=1$ 所围成的区域；

(8) $\iint\limits_D xy\mathrm{d}x\mathrm{d}y$，$D$ 是由 $y=x^2$ 与 $y^2=x$ 所围成的区域；

(9) $\iint\limits_D \cos(x+y)\mathrm{d}\sigma$，$D$ 是由直线 $x=0$、$y=x$ 及 $y=\pi$ 所围成的区域；

(10) $\iint\limits_D \dfrac{\sin x}{x}\mathrm{d}\sigma$，$D$ 是由 $y=0$、$y=x$ 及 $x=1$ 所围成的区域。

35. 交换二次积分的积分次序：

(1) $\int_1^{\mathrm{e}}\mathrm{d}x\int_0^{\ln x}f(x,y)\mathrm{d}y$；

(2) $\int_0^4\mathrm{d}y\int_{\sqrt{y}}^2 f(x,y)\mathrm{d}x$；

(3) $\int_0^1\mathrm{d}x\int_x^{2-x}f(x,y)\mathrm{d}y$；

(4) $\int_0^1\mathrm{d}x\int_0^{\sqrt{2x-x^2}}f(x,y)\mathrm{d}y+\int_1^2\mathrm{d}x\int_0^{2-x}f(x,y)\mathrm{d}y$.

36. 设 $f(x)$ 在 $[0,1]$ 上连续,证明:

$$\int_0^1 \mathrm{d}y\int_0^{\sqrt{y}} \mathrm{e}^y f(x)\mathrm{d}x = \int_0^1 (\mathrm{e}-\mathrm{e}^{x^2})f(x)\mathrm{d}x$$

37. 利用二重积分计算由直线 $y=2$、$y=x$ 及双曲线 $xy=1$ 所围成的平面图形的面积 S.

38. 利用二重积分计算由直线 $x+y=4$ 与抛物线 $y=\dfrac{x^2}{2}$ 所围成的平面图形的面积 S.

39. 将二重积分 $\iint\limits_D f(x,y)\mathrm{d}\sigma$ 化成极坐标系下的累次积分:

(1) D 是由直线 $y=0$、$y=x$ 及圆 $x^2+y^2=4$ 所围成的在第一象限内的区域;

(2) $D=\{(x,y)\mid 1\leqslant x^2+y^2\leqslant 25\}$;

(3) $D=\{(x,y)\mid x^2+y^2\leqslant 2x, y\geqslant 0\}$;

(4) $D=\{(x,y)\mid x^2+y^2\leqslant 2y, x\geqslant 0\}$.

40. 利用极坐标计算下列二重积分:

(1) $\iint\limits_D (x^2+y^2+1)\mathrm{d}\sigma$, $D=\{(x,y)\mid x^2+y^2\leqslant 1, y\geqslant 0\}$;

(2) $\iint\limits_D \mathrm{e}^{-x^2-y^2}\mathrm{d}x\mathrm{d}y$, $D=\{(x,y)\mid x^2+y^2\leqslant 9\}$.

二、习题解答

1. (1)A　(2)B　(3)C　(4)B　(5)C　(6)D　(7)D　(8)A　(9)C　(10)B
(11)D　(12)A　(13)D　(14)C　(15)D　(16)A　(17)B　(18)C　(19)A　(20)D

2. 解　(1) 由 $x^2+y^2+z^2+4y-6z=0$ 配方,得:

$$x^2+(y+2)^2+(z-3)^2=13$$

所以,球心坐标为 $(0,-2,3)$,球面半径 $R=\sqrt{13}$.

(2) 由 $x^2+y^2+z^2-2x-4y+2z=0$ 配方,得:

$$(x-1)^2+(y-2)^2+(z+1)^2=6$$

所以,球心坐标为 $(1,2,-1)$,球面半径 $R=\sqrt{6}$.

3. 解　由已知可得,直径:

$$d=|AB|=\sqrt{(1-3)^2+(0-2)^2+(-1-1)^2}=\sqrt{12}=2\sqrt{3}$$

故球面半径 $R=\sqrt{3}$.

而 AB 的中点坐标 $(2,1,0)$ 就是球心坐标。所以,球面方程为:

$$(x-2)^2+(y-1)^2+z^2=3$$

4. 解　设球面方程为:

$$(x-1)^2+(y-2)^2+(z+1)^2=R^2$$

由于它过原点 $(0,0,0)$,从而原点满足方程,得:

$$R^2=6$$

故所求球面方程为:

$$(x-1)^2+(y-2)^2+(z+1)^2=6$$

5. 解　所给方程在平面解析几何中和空间解析几何中的意义见下表:

	方　程	平面解析几何	空间解析几何
(1)	$y=5$	平行于 x 轴的直线	平行于 xOz 面的平面
(2)	$x-y=1$	直线	平行于 z 轴的平面
(3)	$x^2+y^2=25$	圆	母线平行于 z 轴的圆柱面
(4)	$y=x^2$	抛物线	母线平行于 z 轴的抛物柱面

6. 解　(1)$x^2+z^2=1$ 的空间图像为母线平行于 y 轴的圆柱面。

(2)$z=2$ 表示平行于 xOy 坐标面且过点$(0,0,2)$的平面。

(3)$x^2+y^2-\dfrac{z^2}{9}=0$ 的图像为圆锥面。

(4)$x^2+y^2+z=1$ 即 $z=1-(x^2+y^2)$ 的图像为顶点在$(0,0,1)$处，开口向下的旋转抛物面。

7. 解　(1) 定义域：$D_1=\{(x,y)\mid x^2+y^2<1\}$，区域图见题图 7－1.

(2) 定义域：$D_2=\{(x,y)\mid x+y>0,x-y>0\}$，区域图见题图 7－2.

(3) 定义域：$D_3=\{(x,y)\mid xy\geqslant 0)\}$，即：

$$D_3: x\geqslant 0, y\geqslant 0 \text{ 或 } x\leqslant 0, y\leqslant 0$$

区域图见题图 7－3.

(4) 定义域：$D_4=\{(x,y)\mid -1\leqslant x+y\leqslant 1\}$. 区域图见题图 7－4。

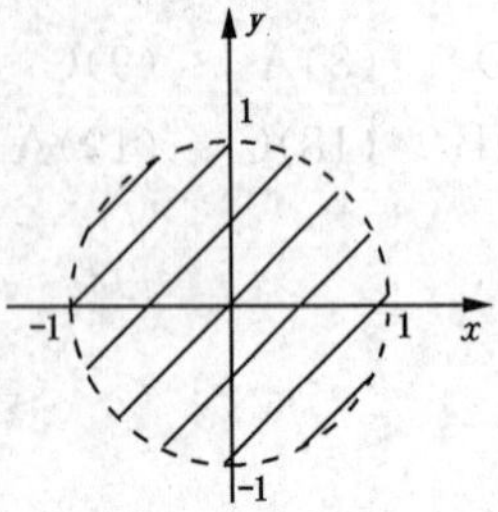

题图 7－1

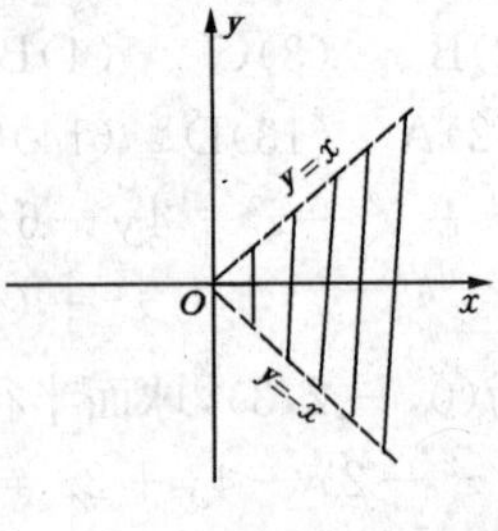

题图 7－2

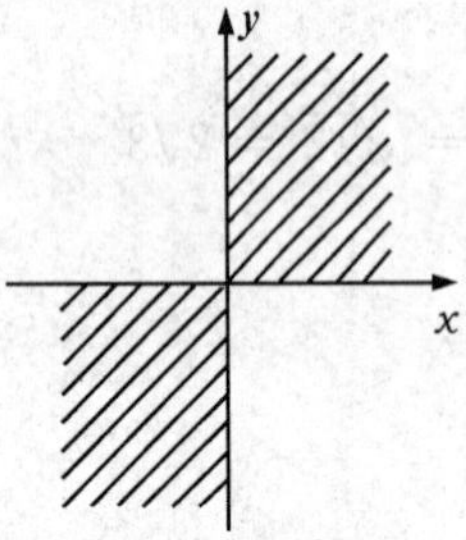

题图 7－3

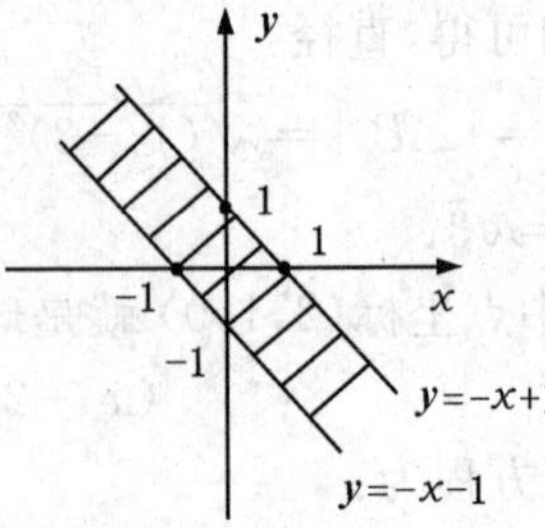

题图 7－4

8. 解　(1) $\dfrac{\partial z}{\partial x}=\dfrac{1}{2\sqrt{xy}}\cdot(xy)_x{}'-y\cdot\left(\dfrac{1}{x}\right)_x{}'=\dfrac{\sqrt{xy}}{2x}+\dfrac{y}{x^2}$

$\dfrac{\partial z}{\partial y}=\dfrac{1}{2\sqrt{xy}}\cdot(xy)_y{}'-\dfrac{1}{x}\cdot(y)_y{}'=\dfrac{\sqrt{xy}}{2y}-\dfrac{1}{x}$

(2) 因为 $z=x^2y\ln x=y\cdot(x^2\ln x)$,所以:

$$\frac{\partial z}{\partial x}=y(x^2\ln x)_x{}'=y\left(2x\cdot\ln x+x^2\cdot\frac{1}{x}\right)=xy(2\ln x+1)$$

$$\frac{\partial z}{\partial y}=(x^2\ln x)\cdot(y)_y{}'=x^2\ln x$$

(3) 因为 $z=\ln\left(\tan\frac{x}{y}\right)$,所以:

$$\frac{\partial z}{\partial x}=\frac{1}{\tan\frac{x}{y}}\cdot\left(\tan\frac{x}{y}\right)_x{}'=\cot\frac{x}{y}\cdot\sec^2\frac{x}{y}\cdot\frac{1}{y}$$

$$=\frac{2\times1}{y\cdot\sin\left(2\frac{x}{y}\right)}=\frac{2}{y}\cdot\csc\left(\frac{2x}{y}\right)$$

$$\frac{\partial z}{\partial y}=\frac{1}{\tan\frac{x}{y}}\cdot\left(\tan\frac{x}{y}\right)_y{}'=\cot\frac{x}{y}\cdot\sec^2\frac{x}{y}\cdot\left(-\frac{x}{y^2}\right)$$

$$=-\frac{2x}{y^2}\csc\left(\frac{2x}{y}\right)$$

(4) 因为 $z=e^{\sin x}\cdot\cos y$,所以:

$$\frac{\partial z}{\partial x}=\cos y\cdot(e^{\sin x})_x{}'=\cos y\cdot\cos x\cdot e^{\sin x}$$

$$\frac{\partial z}{\partial y}=e^{\sin x}(\cos y)_y{}'=-\sin y e^{\sin x}$$

(5) 因为 $z=\arcsin(y\sqrt{x})$,所以:

$$\frac{\partial z}{\partial x}=\frac{1}{\sqrt{1-(y\sqrt{x})^2}}\cdot(y\sqrt{x})_x{}'$$

$$=\frac{1}{\sqrt{1-xy^2}}\cdot y\cdot\frac{1}{2\sqrt{x}}=\frac{y}{2\sqrt{x(1-xy^2)}}$$

$$\frac{\partial z}{\partial y}=\frac{1}{\sqrt{1-(y\sqrt{x})^2}}\cdot(y\sqrt{x})_y{}'=\sqrt{\frac{x}{1-xy^2}}$$

(6) 因为 $z=e^{xy^2}$,所以:

$$\frac{\partial z}{\partial x}=e^{xy^2}\cdot(xy^2)_x{}'=y^2e^{xy^2}$$

$$\frac{\partial z}{\partial y}=e^{xy^2}(xy^2)_y{}'=2xye^{xy^2}$$

(7) 因为 $z=x^y+y^x$,所以:

$$\frac{\partial z}{\partial x}=y\cdot x^{y-1}+y^x\cdot\ln y$$

$$\frac{\partial z}{\partial y}=x^y\cdot\ln x+xy^{x-1}$$

(8) 因为 $z=x\ln\left(x+\frac{y}{2x}\right)$,所以:

$$\frac{\partial z}{\partial x}=1\cdot\ln\left(x+\frac{y}{2x}\right)+x\cdot\frac{1}{x+\frac{y}{2x}}\cdot\left(x+\frac{y}{2x}\right)_x'$$

$$=\ln\left(x+\frac{y}{2x}\right)+\frac{2x^2}{2x^2+y}\cdot\left(1-\frac{y}{2x^2}\right)$$

$$=\ln\left(x+\frac{y}{2x}\right)+\frac{2x^2-y}{2x^2+y}$$

$$\frac{\partial z}{\partial y}=x\cdot\left[\ln\left(x+\frac{y}{2x}\right)\right]_y'=x\cdot\frac{1}{x+\frac{y}{2x}}\cdot\frac{1}{2x}=\frac{x}{2x^2+y}$$

(9) $$\frac{\partial z}{\partial x}=\left(\frac{x}{\sqrt{x^2+y^2}}\right)_x'=\frac{1\cdot\sqrt{x^2+y^2}-x\cdot\frac{1}{2\sqrt{x^2+y^2}}\cdot 2x}{x^2+y^2}$$

$$=\frac{y^2}{(\sqrt{x^2+y^2})^3}=y^2\cdot(x^2+y^2)^{-\frac{3}{2}}$$

$$\frac{\partial z}{\partial y}=x\left(\frac{1}{\sqrt{x^2+y^2}}\right)_y'=x\cdot[(x^2+y^2)^{-\frac{1}{2}}]_y'$$

$$=x\cdot\left[-\frac{1}{2}(x^2+y^2)^{-\frac{3}{2}}\cdot 2y\right]$$

$$=-xy\cdot(x^2+y^2)^{-\frac{3}{2}}$$

(10) $$\frac{\partial z}{\partial x}=(\mathrm{e}^{x\mathrm{e}^y})_x'=\mathrm{e}^{x\mathrm{e}^y}\cdot(x\mathrm{e}^y)_x'=\mathrm{e}^{x\mathrm{e}^y}\cdot\mathrm{e}^y=\mathrm{e}^{x\mathrm{e}^y+y}$$

$$\frac{\partial z}{\partial y}=\mathrm{e}^{x\mathrm{e}^y}\cdot(x\mathrm{e}^y)_y'=\mathrm{e}^{x\mathrm{e}^y}\cdot x\mathrm{e}^y=x\mathrm{e}^{x\mathrm{e}^y+y}$$

9. 证 因为:

$$z=\mathrm{e}^{\frac{x}{y^2}}$$

$$\frac{\partial z}{\partial x}=\mathrm{e}^{\frac{x}{y^2}}\cdot\frac{1}{y^2}=\frac{1}{y^2}\mathrm{e}^{\frac{x}{y^2}}$$

$$\frac{\partial z}{\partial y}=\mathrm{e}^{\frac{x}{y^2}}\left(-\frac{2x}{y^3}\right)=-\frac{2x}{y^3}\mathrm{e}^{\frac{x}{y^2}}$$

从而:
$$2x\cdot\frac{\partial z}{\partial x}+y\cdot\frac{\partial z}{\partial y}=\frac{2x}{y^2}\mathrm{e}^{\frac{x}{y^2}}+\left(-\frac{2x}{y^2}\mathrm{e}^{\frac{x}{y^2}}\right)\equiv 0$$

所以:
$$2x\cdot\frac{\partial z}{\partial x}+y\cdot\frac{\partial z}{\partial y}=0$$

证毕。

10. 解 因为:

$$\frac{\partial z}{\partial x}=\left[\arctan\left(\frac{y}{x}\right)\right]_x'$$

$$=\frac{1}{1+\left(\frac{y}{x}\right)^2}\cdot\left(\frac{y}{x}\right)_x'=\frac{x^2}{x^2+y^2}\cdot\left(-\frac{y}{x^2}\right)$$

$$=-\frac{y}{x^2+y^2}$$

$$\frac{\partial z}{\partial y}=\frac{1}{1+\left(\frac{y}{x}\right)^2}\cdot\frac{1}{x}=\frac{x}{x^2+y^2}$$

$$\frac{\partial^2 z}{\partial x^2}=\left(-\frac{y}{x^2+y^2}\right)_x'=(-y)\cdot\left[-\frac{2x}{(x^2+y^2)^2}\right]=\frac{2xy}{(x^2+y^2)^2}$$

所以：

$$\frac{\partial^2 z}{\partial x\partial y}=\left(-\frac{y}{x^2+y^2}\right)_y'=-\frac{(x^2+y^2)-y\cdot 2y}{(x^2+y^2)^2}=\frac{y^2-x^2}{(x^2+y^2)^2}$$

$$\frac{\partial^2 z}{\partial y^2}=\left(\frac{x}{x^2+y^2}\right)_y'=x\cdot\left[-\frac{2y}{(x^2+y^2)^2}\right]=-\frac{2xy}{(x^2+y^2)^2}$$

11. 解　因为：

$$\frac{\partial z}{\partial x}=\frac{1}{\sqrt{1-(xy)^2}}\cdot(xy)_x'=\frac{y}{\sqrt{1-(xy)^2}}$$

$$\frac{\partial z}{\partial y}=\frac{x}{\sqrt{1-(xy)^2}}$$

所以：

$$\frac{\partial^2 z}{\partial x^2}=\left[\frac{y}{\sqrt{1-(xy)^2}}\right]_x'$$

$$=y\cdot\left[-\frac{1}{2}(1-x^2y^2)^{-\frac{3}{2}}\cdot(-2xy^2)\right]$$

$$=xy^3\cdot(1-x^2y^2)^{-\frac{3}{2}}$$

$$\frac{\partial^2 z}{\partial x\partial y}=\left(\frac{y}{\sqrt{1-x^2y^2}}\right)_y'$$

$$=\frac{\sqrt{1-x^2y^2}-y\cdot\frac{1}{2\sqrt{1-x^2y^2}}\cdot(-2yx^2)}{(1-x^2y^2)}$$

$$=(1-x^2y^2)^{-\frac{3}{2}}$$

$$\frac{\partial^2 z}{\partial y^2}=\left(\frac{x}{\sqrt{1-x^2y^2}}\right)_y'$$

$$=x\cdot\left(-\frac{1}{2}\right)(1-x^2y^2)^{-\frac{3}{2}}\cdot(-2yx^2)$$

$$=yx^3\cdot(1-x^2y^2)^{-\frac{3}{2}}$$

12. 解　因为：

$$\frac{\partial z}{\partial x}=1\cdot\ln(x+y)+x\cdot\frac{1}{x+y}=\ln(x+y)+\frac{x}{x+y}$$

所以：

$$\frac{\partial^2 z}{\partial x^2}=\left[\ln(x+y)+\frac{x}{x+y}\right]_x'$$

$$=\frac{1}{x+y}+\frac{1\cdot(x+y)-x\cdot 1}{(x+y)^2}=\frac{x+2y}{(x+y)^2}$$

$$\frac{\partial^2 z}{\partial x\partial y}=\left[\ln(x+y)+\frac{x}{x+y}\right]_y'$$

$$=\frac{1}{x+y}+x\cdot\left[-\frac{1}{(x+y)^2}\right]=\frac{y}{(x+y)^2}$$

13. 解 (1) 因为：

$$z = e^{x^2+y^3}$$

$$\frac{\partial z}{\partial x} = e^{x^2+y^3} \cdot (x^2+y^3)_x' = 2xe^{x^2+y^3}$$

$$\frac{\partial z}{\partial y} = 3y^2 e^{x^2+y^3}$$

所以：

$$dz = 2xe^{x^2+y^3}dx + 3y^2e^{x^2+y^3}dy = e^{x^2+y^3}(2xdx + 3y^2dy)$$

(2) 因为：

$$z = \arctan(xy)$$

$$\frac{\partial z}{\partial x} = \frac{1}{1+(xy)^2} \cdot (xy)_x' = \frac{y}{1+(xy)^2}$$

$$\frac{\partial z}{\partial y} = \frac{x}{1+(xy)^2}$$

所以：

$$dz = \frac{y}{1+(xy)^2}dx + \frac{x}{1+(xy)^2}dy$$

14. 解 因为：

$$f_x'(x,y) = y^x \cdot \ln y$$

$$f_y'(x,y) = x \cdot y^{x-1}$$

$$f_x'(1,2) = 2\ln 2$$

$$f_y'(1,2) = 1$$

所以：

$$df\big|_{(1,2)} = 2(\ln 2)dx + dy$$

15. 解 因为：

$$u_x' = \frac{2x}{x^2+y^2+z^2}$$

$$u_y' = \frac{2y}{x^2+y^2+z^2}$$

$$u_z' = \frac{2z}{x^2+y^2+z^2}$$

所以：

$$du = u_x'dx + u_y'dy + u_z'dz = \frac{2}{x^2+y^2+z^2}(xdx + ydy + zdz)$$

16. 解 (1) 因为：

$$z = x^2y + y^2$$

$$\frac{\partial z}{\partial x} = 2xy$$

$$\frac{\partial z}{\partial y} = x^2 + 2y$$

所以：

$$dz = 2xy\Delta x + (x^2+2y)\Delta y$$

当 $x = 1, \Delta x = 0.1, y = 2, \Delta y = 0.2$ 时：

$$dz = 2 \times 1 \times 2 \times 0.1 + (1 + 2 \times 2) \times 0.2 = 0.4 + 1 = 1.4$$

(2) 因为：

$$z = e^{xy}$$

$$\frac{\partial z}{\partial x} = e^{xy} \cdot y$$

$$\frac{\partial z}{\partial y} = e^{xy} \cdot x$$

所以：
$$dz = ye^{xy}\Delta x + xe^{xy}\Delta y = e^{xy}(y \cdot \Delta x + x\Delta y)$$

当 $x = 1, \Delta x = 0.15, y = 1, \Delta y = 0.01$ 时：

$$dz = e \cdot (1 \times 0.15 + 1 \times 0.01) = 0.16e$$

17. 解　因为：

$$\frac{\partial z}{\partial u} = 2uv - v^2, \quad \frac{\partial z}{\partial v} = u^2 - 2uv$$

$$\frac{\partial u}{\partial x} = \cos y, \quad \frac{\partial u}{\partial y} = -x\sin y$$

$$\frac{\partial v}{\partial x} = \sin y, \quad \frac{\partial v}{\partial y} = x\cos y$$

所以：
$$\begin{aligned}\frac{\partial z}{\partial x} &= \frac{\partial z}{\partial u} \cdot \frac{\partial u}{\partial x} + \frac{\partial z}{\partial v} \cdot \frac{\partial v}{\partial x} \\ &= (2uv - v^2) \cdot \cos y + (u^2 - 2uv) \cdot \sin y \\ &= v(2u - v)\cos y + u(u - 2v) \cdot \sin y \\ &= 3x^2 \sin y \cos y(\cos y - \sin y)\end{aligned}$$

$$\begin{aligned}\frac{\partial z}{\partial y} &= \frac{\partial z}{\partial u} \cdot \frac{\partial u}{\partial y} + \frac{\partial z}{\partial v} \cdot \frac{\partial v}{\partial y} \\ &= (2uv - v^2) \cdot (-x\sin y) + (u^2 - 2uv) \cdot x\cos y \\ &= x^3 \sin^2 y(\sin y - 2\cos y) + x^3 \cos^2 y(\cos y - 2\sin y)\end{aligned}$$

18. 解法 1　根据复合函数微分法，有：

$$\frac{dz}{dt} = \frac{\partial z}{\partial x} \cdot \frac{dx}{dt} + \frac{\partial z}{\partial y} \cdot \frac{dy}{dt}$$

因为：

$$\frac{\partial z}{\partial x} = \frac{1}{\sqrt{1 - (xy)^2}} \cdot y, \frac{\partial z}{\partial y} = \frac{1}{\sqrt{1 - (xy)^2}} \cdot x$$

$$\frac{dx}{dt} = 3, \frac{dy}{dt} = 12t^2$$

所以：
$$\begin{aligned}\frac{dz}{dt} &= \frac{y}{\sqrt{1 - (xy)^2}} \cdot 3 + \frac{x}{\sqrt{1 - (xy)^2}} \cdot 12t^2 \\ &= \frac{4t^3}{\sqrt{1 - (12t^4)^2}} \cdot 3 + \frac{3t}{\sqrt{1 - (12t^4)^2}} \cdot 12t^2 \\ &= \frac{48t^3}{\sqrt{1 - 144t^8}}\end{aligned}$$

解法 2　(先复合，再求导)

因为 $z = \arcsin(3t \cdot 4t^3) = \arcsin(12t^4)$，所以：

$$\frac{dz}{dt} = \frac{1}{\sqrt{1 - (12t^4)^2}} \cdot (12t^4)' = \frac{48t^3}{\sqrt{1 - 144t^8}}$$

19. 解法 1 因为 $z=(x^2-y^2)^{xy^2}$ 可由 $z=u^v, u=x^2-y^2, v=xy^2$ 复合而成,且:

$$\frac{\partial z}{\partial u}=v\cdot u^{v-1},\frac{\partial z}{\partial v}=u^v\cdot\ln u$$

$$\frac{\partial u}{\partial x}=2x,\frac{\partial v}{\partial x}=y^2$$

$$\frac{\partial u}{\partial y}=-2y,\frac{\partial v}{\partial y}=2xy$$

所以:

$$\begin{aligned}\frac{\partial z}{\partial x}&=z_u'\cdot u_x'+z_v'\cdot v_x'\\&=v\cdot u^{v-1}\cdot 2x+u^v\cdot\ln u\cdot y^2\\&=xy^2(x^2-y^2)^{xy^2-1}\cdot 2x\\&\quad+(x^2-y^2)^{xy^2}\cdot\ln(x^2-y^2)\cdot y^2\\&=(x^2-y^2)^{xy^2}\cdot y^2\left[\frac{2x^2}{x^2-y^2}+\ln(x^2-y^2)\right]\end{aligned}$$

$$\begin{aligned}\frac{\partial z}{\partial y}&=z_u'\cdot u_y'+z_v'\cdot v_y'\\&=v\cdot u^{v-1}\cdot(-2y)+u^v\cdot\ln u\cdot 2xy\\&=2xy(x^2-y^2)^{xy^2}\left[-\frac{y^2}{x^2-y^2}+\ln(x^2-y^2)\right]\end{aligned}$$

解法 2 因为 $z=(x^2-y^2)^{xy^2}=e^{xy^2\cdot\ln(x^2-y^2)}$,所以:

$$\begin{aligned}\frac{\partial z}{\partial x}&=e^{xy^2\cdot\ln(x^2-y^2)}\cdot[xy^2\ln(x^2-y^2)]_x'\\&=(x^2-y^2)^{xy^2}\cdot y^2\left[\ln(x^2-y^2)+x\cdot\frac{1}{x^2-y^2}\cdot 2x\right]\\&=(x^2-y^2)^{xy^2}\cdot y^2\left[\ln(x^2-y^2)+\frac{2x^2}{x^2-y^2}\right]\end{aligned}$$

$$\begin{aligned}\frac{\partial z}{\partial y}&=e^{xy^2\ln(x^2-y^2)}[xy^2\ln(x^2-y^2)]_y'\\&=(x^2-y^2)^{xy^2}\cdot x[2y\ln(x^2-y^2)+y^2\cdot\frac{1}{x^2-y^2}(-2y)]\\&=(x^2-y^2)^{xy^2}\cdot 2xy\left[\ln(x^2-y^2)-\frac{y^2}{x^2-y^2}\right]\end{aligned}$$

20. 解 因为 $z=f(x^y,y^x)$ 可由 $z=f(u,v), u=x^y, v=y^x$ 复合而成,由已知 f 可微,故 $f_u'(u,v)$、$f_v'(u,v)$ 均存在。

又因为:

$$u_x'=y\cdot x^{y-1},u_y'=x^y\cdot\ln x$$

$$v_x'=y^x\cdot\ln y,v_y'=xy^{x-1}$$

所以:

$$\begin{aligned}\frac{\partial z}{\partial x}&=f_u'(u,v)\cdot u_x'+f_v'(u,v)\cdot v_x'\\&=y\cdot x^{y-1}\cdot f_u'(u,v)+y^x\cdot\ln y\cdot f_v'(u,v)\end{aligned}$$

$$\begin{aligned}\frac{\partial z}{\partial y}&=f_u'(u,v)\cdot u_y'+f_v'(u,v)\cdot v_y'\\&=x^y\cdot\ln x\cdot f_u'(u,v)+xy^{x-1}\cdot f_v'(u,v)\end{aligned}$$

21. 解 因为 $z=f\left(x,\frac{x}{y}\right)$可由 $z=f(u,v), u=x, v=\frac{x}{y}$ 复合而成,由已知 f 可微,故

$f_u'(u,v)$、$f_v'(u,v)$ 均存在。

又因为：

$$\frac{\mathrm{d}u}{\mathrm{d}x}=1,\frac{\partial v}{\partial x}=\frac{1}{y}$$

$$\frac{\partial u}{\partial y}=0,\frac{\partial v}{\partial y}=-\frac{x}{y^2}$$

所以：

$$\frac{\partial z}{\partial x}=f_u'(u,v)\cdot 1+f_v'(u,v)\cdot\frac{1}{y}=f_u'(u,v)+\frac{1}{y}f_v'(u,v)$$

$$\frac{\partial z}{\partial y}=f_u'(u,v)\cdot 0+f_v'(u,v)\cdot\left(-\frac{x}{y^2}\right)=-\frac{x}{y^2}f_v'(u,v)$$

22. 证　因为：

$$\frac{\partial z}{\partial x}=-\frac{y}{[f(x^2-y^2)]^2}\cdot[f(x^2-y^2)]_x'$$

$$=-\frac{y}{[f(x^2-y^2)]^2}\cdot f'(x^2-y^2)\cdot 2x$$

$$=-\frac{2xyf'(x^2-y^2)}{[f(x^2-y^2)]^2}$$

$$\frac{\partial z}{\partial y}=\frac{f(x^2-y^2)-y\cdot f'(x^2-y^2)\cdot(-2y)}{[f(x^2-y^2)]^2}$$

$$=-\frac{f(x^2-y^2)+2y^2f'(x^2-y^2)}{[f(x^2-y^2)]^2}$$

$$\frac{1}{x}\cdot\frac{\partial z}{\partial x}+\frac{1}{y}\cdot\frac{\partial z}{\partial y}$$

$$=-\frac{2yf'(x^2-y^2)}{[f(x^2-y^2)]^2}+\frac{1}{yf(x^2-y^2)}+\frac{2yf'(x^2-y^2)}{[f(x^2-y^2)]^2}$$

$$=\frac{1}{yf(x^2-y^2)}$$

$$\frac{z}{y^2}=\frac{y}{y^2f(x^2-y^2)}=\frac{1}{yf(x^2-y^2)}$$

所以：

$$\frac{1}{x}\cdot\frac{\partial z}{\partial x}+\frac{1}{y}\cdot\frac{\partial z}{\partial y}=\frac{z}{y^2}$$

证毕。

23. 解　(1) 设 $F(x,y)=x^y-y^x$，因为：

$$F_x'=yx^{y-1}-y^x\cdot\ln y$$

$$F_y'=x^y\cdot\ln x-x\cdot y^{x-1}$$

所以：

$$\frac{\mathrm{d}y}{\mathrm{d}x}=-\frac{F_x'}{F_y'}=-\frac{yx^{y-1}-y^x\cdot\ln y}{x^y\cdot\ln x-x\cdot y^{x-1}}=\frac{yx^{-1}-\ln y}{xy^{-1}-\ln x}=\frac{y(y-x\ln y)}{x(x-y\ln x)}$$

(2) 设 $F(x,y)=y-\arctan(x+y)$，因为：

$$F_x'=0-\frac{1}{1+(x+y)^2}=-\frac{1}{1+(x+y)^2}$$

$$F_y'=1-\frac{1}{1+(x+y)^2}=\frac{(x+y)^2}{1+(x+y)^2}$$

所以：

$$\frac{\mathrm{d}y}{\mathrm{d}x}=-\frac{F_x'}{F_y'}=\frac{1}{1+(x+y)^2}\Big/\frac{(x+y)^2}{1+(x+y)^2}=\frac{1}{(x+y)^2}$$

24. 解　设 $F(x,y,z)=xyz-\mathrm{e}^z$，因为：

$$F_x' = yz, F_y' = xz$$

$$F_z' = xy - e^z$$

所以：
$$\frac{\partial z}{\partial x} = -\frac{F_x'}{F_z'} = -\frac{yz}{xy - e^z} = \frac{yz}{e^z - xy}$$

$$\frac{\partial z}{\partial y} = -\frac{F_y'}{F_z'} = -\frac{xz}{xy - e^z} = \frac{xz}{e^z - xy}$$

25. 解 设 $F(x,y,z) = 2xz - 2xyz + \ln(xyz)$，因为：

$$F_x' = 2z - 2yz + \frac{1}{x}$$

$$F_y' = -2xz + \frac{1}{y}$$

$$F_z' = 2x - 2xy + \frac{1}{z}$$

$$\frac{\partial z}{\partial x} = -\frac{F_x'}{F_z'} = -\frac{2z - 2yz + \frac{1}{x}}{2x - 2xy + \frac{1}{z}}$$

$$= -\frac{(2xz - 2xyz + 1)/x}{(2xz - 2xyz + 1)/z} = -\frac{z}{x}$$

$$\frac{\partial z}{\partial y} = -\frac{F_y'}{F_z'} = \frac{z(2xyz - 1)}{y(2xz - 2xyz + 1)}$$

所以：
$$dz = -\frac{z}{x}dx + \frac{z(2xyz - 1)}{y(2xz - 2xyz + 1)}dy$$

26. 解 设 $F(x,y,z) = \int_0^{x^2} e^t dt + \int_0^{y^2} t dt + \int_0^z \sin t dt$，因为：

$$F_x' = 2xe^{x^2}, F_y' = y^2 \cdot 2y = 2y^3$$

$$F_z' = \sin z$$

所以：
$$\frac{\partial z}{\partial x} = -\frac{F_x'}{F_z'} = -\frac{2xe^{x^2}}{\sin z}$$

$$\frac{\partial z}{\partial y} = -\frac{F_y'}{F_z'} = -\frac{2y^3}{\sin z}$$

27. 证 设 $F(x,y,z) = 2\sin(x + 2y - 3z) - x - 2y + 3z$，因为：

$$F_x' = 2\cos(x + 2y - 3z) - 1$$

$$F_y' = 4\cos(x + 2y - 3z) - 2$$

$$F_z' = -6\cos(x + 2y - 3z) + 3$$

$$\frac{\partial z}{\partial x} = -\frac{F_x'}{F_z'} = -\frac{2\cos(x + 2y - 3z) - 1}{-6\cos(x + 2y - 3z) + 3} = \frac{1}{3}$$

$$\frac{\partial z}{\partial y} = -\frac{F_y'}{F_z'} = -\frac{4\cos(x + 2y - 3z) - 2}{-6\cos(x + 2y - 3z) + 3} = \frac{2}{3}$$

所以：
$$\frac{\partial z}{\partial x} + \frac{\partial z}{\partial y} = 1$$

证毕。

28. 证 设 $F(x,y,z) = z^3 - 3xyz - a^3$，因为：

$$F_x{}' = -3yz, F_y{}' = -3xz$$
$$F_z{}' = 3z^2 - 3xy$$
$$\frac{\partial z}{\partial x} = -\frac{F_x{}'}{F_z{}'} = -\frac{-3yz}{3z^2 - 3xy} = \frac{yz}{z^2 - xy}$$
$$\frac{\partial z}{\partial y} = -\frac{F_y{}'}{F_z{}'} = -\frac{-3xz}{3z^2 - 3xy} = \frac{xz}{z^2 - xy}$$

所以：$$\mathrm{d}z = \frac{yz}{z^2 - xy}\mathrm{d}x + \frac{xz}{z^2 - xy}\mathrm{d}y = \frac{z}{z^2 - xy}(y\mathrm{d}x + x\mathrm{d}y)$$

证毕。

29. 解　(1) 因为 $f_x{}' = 2x + y - 3, f_y{}' = x + 2y - 6$，由 $\begin{cases} f_x{}' = 0 \\ f_y{}' = 0 \end{cases}$，即 $\begin{cases} 2x + y - 3 = 0 \\ x + 2y - 6 = 0 \end{cases}$，解得 $\begin{cases} x = 0 \\ y = 3 \end{cases}$，即点 $M_0(0,3)$ 为 $f(x,y)$ 的驻点。

再求二阶偏导数在 M_0 点的值：

$$A = f''_{xx}(0,3) = 2$$
$$B = f''_{xy}(0,3) = 1$$
$$C = f''_{yy}(0,3) = 2$$

由于 $B^2 - AC = -3 < 0$，而 $A > 0$，所以，函数 $f(x,y)$ 在点 $(0,3)$ 处取得极小值：$f(0,3) = -8$.

(2) 因为 $g_x{}' = 3x^2 - 3y, g_y{}' = -3x - 2y - 1$，由 $\begin{cases} g_x{}' = 0 \\ g_y{}' = 0 \end{cases}$，即 $\begin{cases} 3x^2 - 3y = 0 \\ -3x - 2y - 1 = 0 \end{cases}$，解得：

$$\begin{cases} x_1 = -1 \\ y_1 = 1 \end{cases}, \quad \begin{cases} x_2 = -\dfrac{1}{2} \\ y_2 = \dfrac{1}{4} \end{cases}$$

即 $g(x,y)$ 的驻点为：$M_1(-1,1), M_2\left(-\frac{1}{2}, \frac{1}{4}\right)$.

$$g''_{xx} = 6x, \quad g''_{xy} = -3, \quad g''_{yy} = -2$$

由于在点 $(-1,1)$ 处 $\Delta = -3 < 0$ 且 $g''_{xx}(-1,1) = -6 < 0$，因此，$g(x,y)$ 在点 $(-1,1)$ 处取得极大值 $g(-1,1) = -9$.

由于在点 $\left(-\frac{1}{2}, \frac{1}{4}\right)$ 处 $\Delta = 3 > 0$，因此，驻点 $\left(-\frac{1}{2}, \frac{1}{4}\right)$ 不是函数的极值点。

30. 解　设生产 x 件甲、y 件乙产品所得的总收入为 $R(x,y)$，总利润为 $L(x,y)$，则由题意可得：

$$R(x,y) = 10x + 9y$$
$$\begin{aligned} L(x,y) &= R(x,y) - C(x,y) \\ &= 10x + 9y - [100 + 2x + 3y + 0.01(3x^2 + xy + 3y^2)] \\ &= 8x + 6y - 0.01(3x^2 + xy + 3y^2) - 100 \end{aligned}$$

因为：

$$L_x{}'(x,y) = 8 - 0.06x - 0.01y$$
$$L_y{}'(x,y) = 6 - 0.01x - 0.06y$$

由$\begin{cases}L_x{}'=0\\L_y{}'=0\end{cases}$,即$\begin{cases}8-0.06x-0.01y=0\\6-0.01x-0.06y=0\end{cases}$,解得驻点:(120,80).

$$L''_{xx}=-0.06, L''_{xy}=-0.01, L''_{yy}=-0.06$$

由于在驻点(120,80)处$\Delta=-0.0035<0$,且:

$$L''_{xx}(120,80)=-0.06<0$$

所以,$L(x,y)$在驻点(120,80)处取得极大值:$L(120,80)=620$.

由于驻点唯一,问题实际,因此,该极大值就是利润函数$L(x,y)$的最大值。因此,当生产120件甲产品,80件乙产品时,企业可获得最大利润,最大利润为620千元。

31. 解 设甲、乙的日产量分别为x千克与y千克时的总收入为$R(x,y)$,总利润为$L(x,y)$,则由已知可得:

$$\begin{aligned}R(x,y)&=800\cdot x+600\cdot y\\L(x,y)&=R(x,y)-C(x,y)\\&=800x+600y-3x^2-xy-3y^2-10\,000\end{aligned}$$

根据题意,要求的是$L(x,y)$在约束条件:$x+y=300$下的最大值点。

作:
$$F(x,y,\lambda)=L(x,y)+\lambda(x+y-300)$$

$$\text{由}\begin{cases}F_x{}'=800-6x-y+\lambda=0\\F_y{}'=600-x-6y+\lambda=0\\F_\lambda{}'=x+y-300=0\end{cases}$$

消去λ,解得:$x=170, y=130$.

因为$F(x,y,\lambda)$驻点唯一,且实际问题最大值存在,因此,(170,130)是$L(x,y)$在条件$x+y=300$下的最大值点,所以,当甲、乙两种产品的日产量分别为170千克与130千克时,该厂获利最大。

32. 解 设矩形场地的长(正面长度)为x米,宽(侧面长度)为y米,所用材料费为z,则由题意知:

$$z(x,y)=10x+5(x+2y)$$

且x,y满足条件:$xy=60$.

作:
$$F(x,y,\lambda)=10x+5(x+2y)+\lambda(xy-60)$$

$$\text{由}\begin{cases}F_x{}'=10+5+\lambda y=0\\F_y{}'=10+\lambda x=0\\F_\lambda{}'=xy-60=0\end{cases}$$

消去λ,得$\begin{cases}\dfrac{y}{x}=\dfrac{3}{2}\\xy=60\end{cases}$,解得:$x=2\sqrt{10}, y=3\sqrt{10}$.

因为$F(x,y,\lambda)$只有一个驻点$(\lambda_0,2\sqrt{10},3\sqrt{10})$,且实际问题有最小值,所以,$(2\sqrt{10},3\sqrt{10})$是$z(x,y)$在条件$xy=60$下的最小值点。

所以,当场地的长为$2\sqrt{10}$米、宽为$3\sqrt{10}$米时,所用材料费最省。

33. 解 (1)$\displaystyle\iint_D f(x,y)\mathrm{d}\sigma=\int_a^b\mathrm{d}x\int_c^d f(x,y)\mathrm{d}y=\int_c^d\mathrm{d}y\int_a^b f(x,y)\mathrm{d}x$

(2)由直线$y=x$,$x=1$及$y=0$所围成的区域,如题图7-5所示。

$$\iint_D f(x,y)\mathrm{d}\sigma = \int_0^1 \mathrm{d}x\int_0^x f(x,y)\mathrm{d}y = \int_0^1 \mathrm{d}y\int_y^1 f(x,y)\mathrm{d}x$$

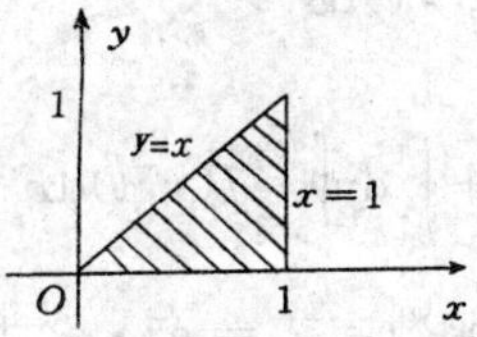

题图 7－5

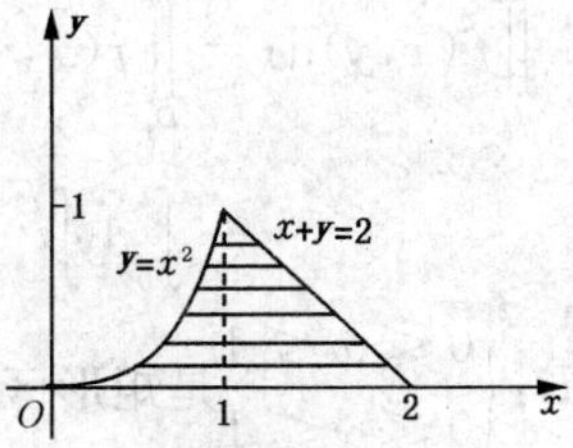

题图 7－6

(3) 由直线 $x+y=2$、$y=0$ 及抛物线$y=x^2$ 所围成的区域，如题图 7－6 所示。

若先对 y 后对 x 积分，区域 D 必须分为 D_1 和 D_2 两个部分。D_1 由 $y=x^2$、$x=1$ 及 $y=0$ 所围成，D_2 由 $x=1$、$y=0$ 及 $y=2-x$ 所围成。

由于：
$$D_1:\begin{cases}0\leqslant x\leqslant 1\\0\leqslant y\leqslant x^2\end{cases},\quad D_2:\begin{cases}1\leqslant x\leqslant 2\\0\leqslant y\leqslant 2-x\end{cases}$$

故：
$$\begin{aligned}\iint_D f(x,y)\mathrm{d}\sigma &= \iint_{D_1} f(x,y)\mathrm{d}\sigma + \iint_{D_2} f(x,y)\mathrm{d}\sigma\\ &= \int_0^1 \mathrm{d}x\int_0^{x^2} f(x,y)\mathrm{d}y + \int_1^2 \mathrm{d}x\int_0^{2-x} f(x,y)\mathrm{d}y\end{aligned}$$

若先对 x 后对 y 积分，由于区域 D 可表示为：

$$D:\begin{cases}0\leqslant y\leqslant 1\\\sqrt{y}\leqslant x\leqslant 2-y\end{cases}$$

故：
$$\iint_D f(x,y)\mathrm{d}\sigma = \int_0^1 \mathrm{d}y\int_{\sqrt{y}}^{2-y} f(x,y)\mathrm{d}x$$

(4) 由直线 $y-x=2$ 与抛物线 $y=x^2$ 所围成的区域，如题图 7－7 所示。

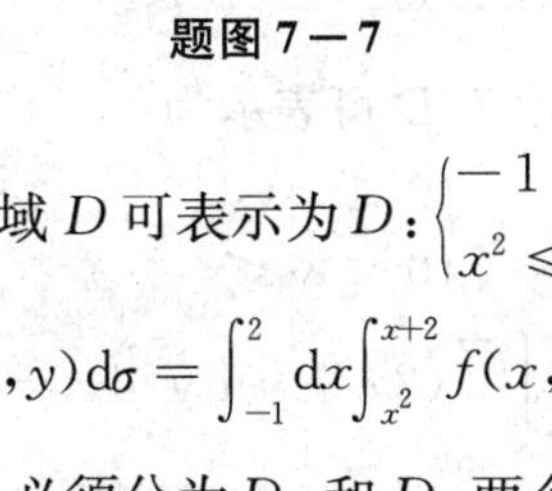

题图 7－7

若先对 y 后对 x 积分，由于区域 D 可表示为 $D:\begin{cases}-1\leqslant x\leqslant 2\\x^2\leqslant y\leqslant x+2\end{cases}$，故：

$$\iint_D f(x,y)\mathrm{d}\sigma = \int_{-1}^2 \mathrm{d}x\int_{x^2}^{x+2} f(x,y)\mathrm{d}y$$

若先对 x 后对 y 积分，区域 D 必须分为 D_1 和 D_2 两个部分。D_1 由 $y=x^2$ 与 $y=1$ 所围成，D_2 由 $y=1$、$y-x=2$ 及 $y=x^2$ 所围成。

由于 D_1 可表示为：$\begin{cases}0\leqslant y\leqslant 1\\ -\sqrt{y}\leqslant x\leqslant\sqrt{y}\end{cases}$，$D_2$ 可表示为：$\begin{cases}1\leqslant y\leqslant 4\\ y-2\leqslant x\leqslant\sqrt{y}\end{cases}$，故：

$$\begin{aligned}\iint\limits_D f(x,y)\mathrm{d}\sigma &= \iint\limits_{D_1} f(x,y)\mathrm{d}\sigma+\iint\limits_{D_2} f(x,y)\mathrm{d}\sigma\\ &=\int_0^1\mathrm{d}y\int_{-\sqrt{y}}^{\sqrt{y}}f(x,y)\mathrm{d}x+\int_1^4\mathrm{d}y\int_{y-2}^{\sqrt{y}}f(x,y)\mathrm{d}x\end{aligned}$$

34. 解 (1) 因为 $D:\begin{cases}0\leqslant x\leqslant 1\\ 0\leqslant y\leqslant 1\end{cases}$ 是矩形区域，且被积函数 $\mathrm{e}^{x+y}=\mathrm{e}^x\cdot\mathrm{e}^y$，所以：

$$\begin{aligned}\iint\limits_D \mathrm{e}^{x+y}\mathrm{d}x\mathrm{d}y &= \left(\int_0^1\mathrm{e}^x\mathrm{d}x\right)\cdot\left(\int_0^1\mathrm{e}^y\mathrm{d}y\right)=\left[\mathrm{e}^x\Big|_0^1\right]\cdot\left[\mathrm{e}^y\Big|_0^1\right]\\ &=(\mathrm{e}-1)^2\end{aligned}$$

(2) 因为 $D:\begin{cases}0\leqslant x\leqslant 1\\ -1\leqslant y\leqslant 1\end{cases}$ 是矩形区域，且被积函数 $\dfrac{y^4}{1+x^2}=\dfrac{1}{1+x^2}\cdot y^4$，所以：

$$\begin{aligned}\iint\limits_D \frac{y^4}{1+x^2}\mathrm{d}x\mathrm{d}y &= \left(\int_0^1\frac{1}{1+x^2}\mathrm{d}x\right)\cdot\left(\int_{-1}^1 y^4\mathrm{d}y\right)\\ &=\left[\arctan x\Big|_0^1\right]\cdot\left[\frac{y^5}{5}\Big|_{-1}^1\right]=\frac{\pi}{4}\cdot\frac{2}{5}=\frac{\pi}{10}\end{aligned}$$

(3) 因为 $D:\begin{cases}0\leqslant x\leqslant 1\\ 0\leqslant y\leqslant 1\end{cases}$ 是矩形区域，由被积函数 $x\mathrm{e}^{xy}$ 的特点，本题应先对 y 积分后再对 x 积分，所以：

$$\begin{aligned}\iint\limits_D x\mathrm{e}^{xy}\mathrm{d}\sigma &= \int_0^1\left[\int_0^1 x\mathrm{e}^{xy}\mathrm{d}y\right]\mathrm{d}x=\int_0^1\left[\int_0^1\mathrm{e}^{xy}\mathrm{d}(xy)\right]\mathrm{d}x\\ &=\int_0^1[\mathrm{e}^{xy}]_0^1\mathrm{d}x=\int_0^1(\mathrm{e}^x-1)\mathrm{d}x\\ &=[\mathrm{e}^x-x]_0^1=\mathrm{e}-2\end{aligned}$$

(4) 作区域图(见题图 7－8)。根据区域图的特点，若先对 y 积分就不必划分区域，计算比较简单。由于 D 可表示为：

$$\begin{cases}0\leqslant x\leqslant 1\\ x\leqslant y\leqslant 5x\end{cases}$$

故：

$$\begin{aligned}\iint\limits_D (x+6y)\mathrm{d}\sigma &= \int_0^1\left[\int_x^{5x}(x+6y)\mathrm{d}y\right]\mathrm{d}x=\int_0^1[xy+3y^2]_x^{5x}\mathrm{d}x\\ &=76\int_0^1 x^2\mathrm{d}x=\frac{76}{3}\end{aligned}$$

(5) 作区域图(见题图 7－9)。由于 D 可表示为：

$$\begin{cases}0\leqslant x\leqslant 3\\ 0\leqslant y\leqslant 3-x\end{cases}$$

故：

$$\begin{aligned}\iint\limits_D (2x+y)\mathrm{d}\sigma &= \int_0^3\left[\int_0^{3-x}(2x+y)\mathrm{d}y\right]\mathrm{d}x=\int_0^3\left[2xy+\frac{y^2}{2}\right]_0^{3-x}\mathrm{d}x\\ &=\int_0^3\left[2x(3-x)+\frac{(3-x)^2}{2}\right]\mathrm{d}x\\ &=\int_0^3\left(-\frac{3}{2}x^2+3x+\frac{9}{2}\right)\mathrm{d}x\end{aligned}$$

$$=\left[-\frac{x^3}{2}+\frac{3}{2}x^2+\frac{9}{2}x\right]_0^3=\frac{27}{2}$$

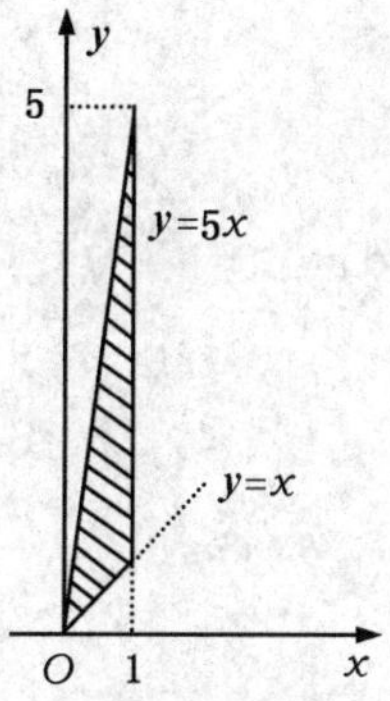

题图 7－8

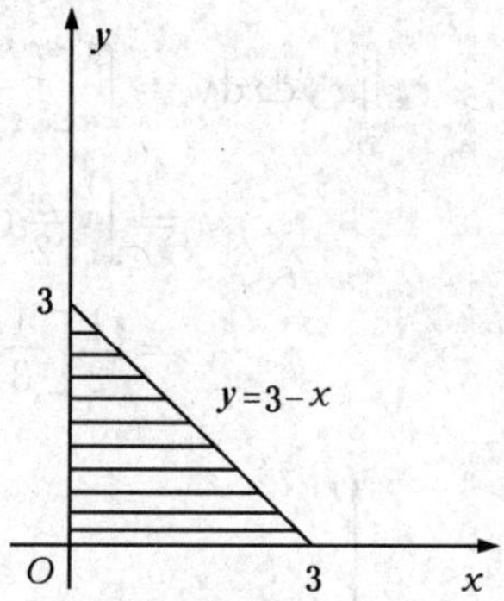

题图 7－9

(6) 由区域图(见题图 7－10)可知,先对 y 积分比较容易。由于 D 可表示为:

$$\begin{cases}2\leqslant x\leqslant 4\\ x\leqslant y\leqslant 2x\end{cases}$$

所以:

$$\iint_D \frac{y}{x}\mathrm{d}\sigma=\int_2^4\left[\int_x^{2x}\frac{y}{x}\mathrm{d}y\right]\mathrm{d}x=\int_2^4\frac{1}{x}\left[\left(\frac{y^2}{2}\right)\Big|_x^{2x}\right]\mathrm{d}x$$

$$=\int_2^4\frac{3}{2}x\mathrm{d}x=\frac{3}{4}x^2\Big|_2^4=\frac{3}{4}(16-4)=9$$

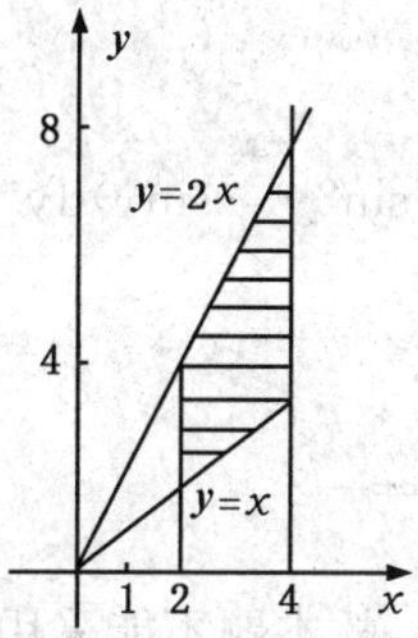

题图 7－10

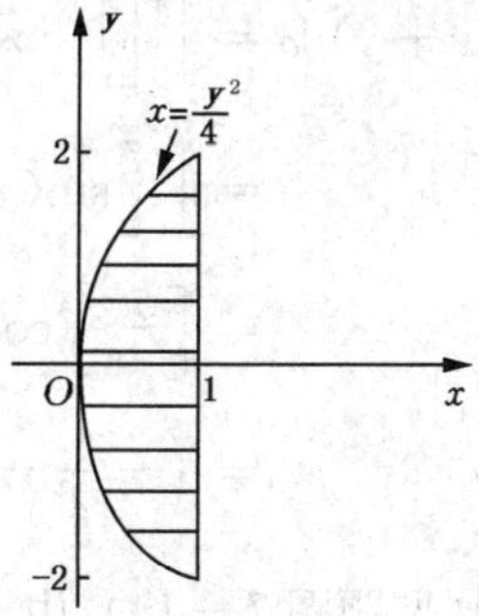

题图 7－11

(7) 作区域图(见题图 7－11)。由于 D 可表示为:

$$\begin{cases}-2\leqslant y\leqslant 2\\ \dfrac{y^2}{4}\leqslant x\leqslant 1\end{cases}$$

所以:

$$\iint_D xy^2\mathrm{d}\sigma=\int_{-2}^2\left[\int_{\frac{y^2}{4}}^1 xy^2\mathrm{d}x\right]\mathrm{d}y=\int_{-2}^2 y^2\cdot\left[\frac{x^2}{2}\right]_{\frac{y^2}{4}}^1\mathrm{d}y$$

$$=\int_{-2}^2\frac{y^2}{2}\left(1-\frac{y^4}{16}\right)\mathrm{d}y=\frac{1}{2}\int_{-2}^2\left(y^2-\frac{y^6}{16}\right)\mathrm{d}y$$

$$=\frac{1}{2}\left[\frac{y^3}{3}-\frac{1}{16}\cdot\frac{y^7}{7}\right]_{-2}^2=\frac{32}{21}$$

(8) 作区域图(见题图 7－12)。由于 D 可表示为:

$$\begin{cases}0\leqslant x\leqslant 1\\ x^2\leqslant y\leqslant \sqrt{x}\end{cases}$$

所以：
$$\iint_D xy\,\mathrm{d}x\mathrm{d}y=\int_0^1\left[\int_{x^2}^{\sqrt{x}}xy\,\mathrm{d}y\right]\mathrm{d}x=\int_0^1 x\cdot\left[\frac{y^2}{2}\right]_{x^2}^{\sqrt{x}}\mathrm{d}x$$
$$=\int_0^1\frac{x}{2}(x-x^4)\mathrm{d}x=\frac{1}{2}\int_0^1(x^2-x^5)\mathrm{d}x$$
$$=\frac{1}{2}\left[\frac{1}{3}x^3-\frac{1}{6}x^6\right]_0^1=\frac{1}{12}$$

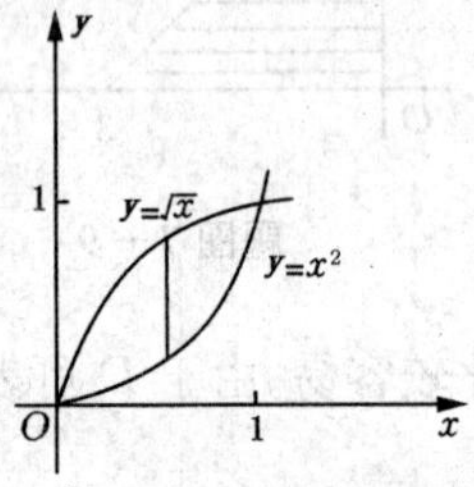

题图 7－12

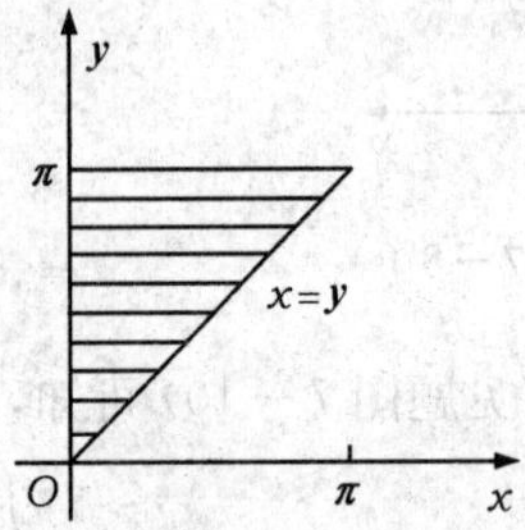

题图 7－13

(9) 作区域图(见题图 7－13)。由于区域 D 可表示为：
$$\begin{cases}0\leqslant y\leqslant \pi\\ 0\leqslant x\leqslant y\end{cases}$$

所以：
$$\iint_D\cos(x+y)\mathrm{d}\sigma=\int_0^\pi\left[\int_0^y\cos(x+y)\mathrm{d}x\right]\mathrm{d}y$$
$$=\int_0^\pi\left[\sin(x+y)\right]_0^y\mathrm{d}y=\int_0^\pi(\sin 2y-\sin y)\mathrm{d}y$$
$$=\left[-\frac{1}{2}\cos 2y+\cos y\right]_0^\pi$$
$$=\left(-\frac{1}{2}-1\right)-\left(-\frac{1}{2}+1\right)=-2$$

(10) 作区域图(见题图 7－14)。由于$\int\frac{\sin x}{x}\mathrm{d}x$积不出，故本题不能采用先对 x 后再对 y 的积分次序来计算。

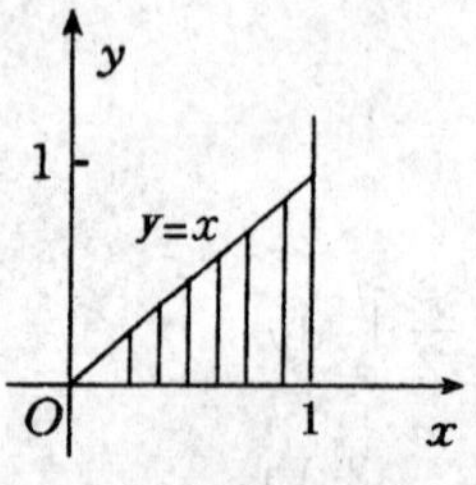

题图 7－14

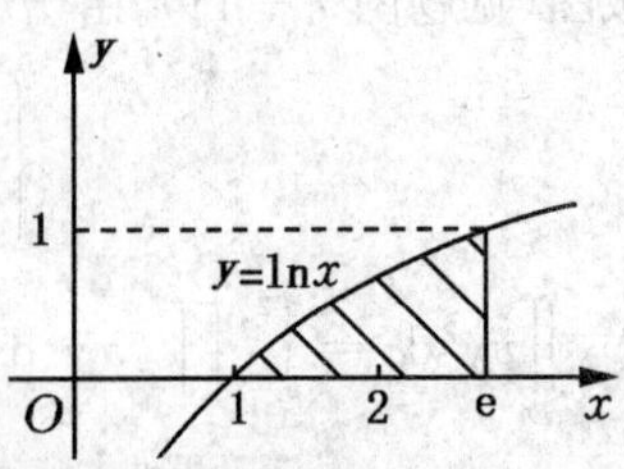

题图 7－15

若先对 y 积分，由于 D 可表示为：

$$\begin{cases}0\leqslant x\leqslant 1\\0\leqslant y\leqslant x\end{cases}$$

故
$$\iint_D \frac{\sin x}{x}\mathrm{d}\sigma=\int_0^1\left[\int_0^x \frac{\sin x}{x}\mathrm{d}y\right]\mathrm{d}x=\int_0^1 \frac{\sin x}{x}\left[\int_0^x \mathrm{d}y\right]\mathrm{d}x$$
$$=\int_0^1 \frac{\sin x}{x}(x-0)\mathrm{d}x=\int_0^1 \sin x\mathrm{d}x=\Big[-\cos x\Big]_0^1=1-\cos 1$$

35. 解　(1) 由所给二次积分的上、下限,积分区域可表示为:

$$D:\begin{cases}1\leqslant x\leqslant \mathrm{e}\\0\leqslant y\leqslant \ln x\end{cases}$$

作区域图(见题图 7－15)。

由于 D 也可表示为:$\begin{cases}0\leqslant y\leqslant 1\\ \mathrm{e}^y\leqslant x\leqslant \mathrm{e}\end{cases}$,所以:

$$\int_1^{\mathrm{e}}\mathrm{d}x\int_0^{\ln x}f(x,y)\mathrm{d}y=\int_0^1\mathrm{d}y\int_{\mathrm{e}^y}^{\mathrm{e}}f(x,y)\mathrm{d}x$$

(2) 由所给积分次序可知,积分区域 D:

$$\begin{cases}0\leqslant y\leqslant 4\\ \sqrt{y}\leqslant x\leqslant 2\end{cases}$$

作区域图(见题图 7－16)。

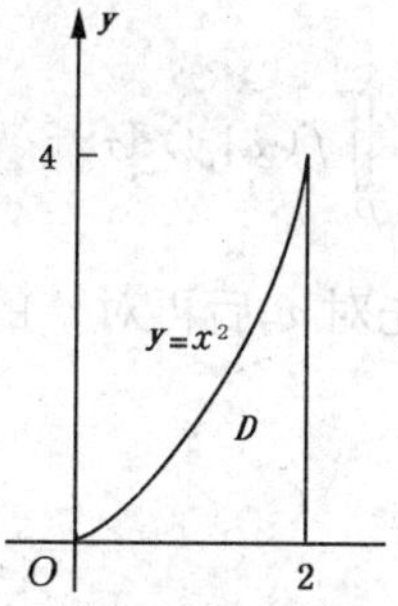

题图 7－16

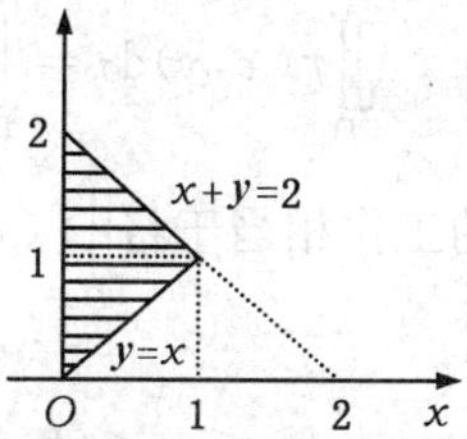

题图 7－17

因为 D 也可表示为:$\begin{cases}0\leqslant x\leqslant 2\\0\leqslant y\leqslant x^2\end{cases}$,所以:

$$\int_0^4\mathrm{d}y\int_{\sqrt{y}}^2 f(x,y)\mathrm{d}x=\int_0^2\mathrm{d}x\int_0^{x^2}f(x,y)\mathrm{d}y$$

(3) 由所给二次积分可知积分区域 D:

$$\begin{cases}0\leqslant x\leqslant 1\\x\leqslant y\leqslant 2-x\end{cases}$$

作区域图(见题图 7－17)。

若先对 x 后对 y 积分,则区域 D 必须分为 D_1 和 D_2 两个部分。

D_1 由 $x=0$、$x+y=2$ 以及 $y=1$ 所围成,D_2 由 $x=0$、$y=x$ 以及 $x=1$ 所围成。

由于 D_1:$\begin{cases}1\leqslant y\leqslant 2\\0\leqslant x\leqslant 2-y\end{cases}$,$D_2$:$\begin{cases}0\leqslant y\leqslant 1\\0\leqslant x\leqslant y\end{cases}$,所以:

$$\int_0^1\mathrm{d}x\int_x^{2-x}f(x,y)\mathrm{d}y=\int_0^1\mathrm{d}y\int_0^y f(x,y)\mathrm{d}x+\int_1^2\mathrm{d}y\int_0^{2-y}f(x,y)\mathrm{d}x$$

(4) $\int_0^1 dx\int_0^{\sqrt{2x-x^2}} f(x,y)dy$ 所对应的积分区域 D_1 可表示为：

$$\begin{cases}0\leqslant x\leqslant 1\\0\leqslant y\leqslant \sqrt{2x-x^2}\end{cases}$$

$\int_1^2 dx\int_0^{2-x} f(x,y)dy$ 所对应的积分区域 D_2 可表示为：

$$\begin{cases}1\leqslant x\leqslant 2\\0\leqslant y\leqslant 2-x\end{cases}$$

作出 D_1 与 D_2 的图形(见题图 7－18)。

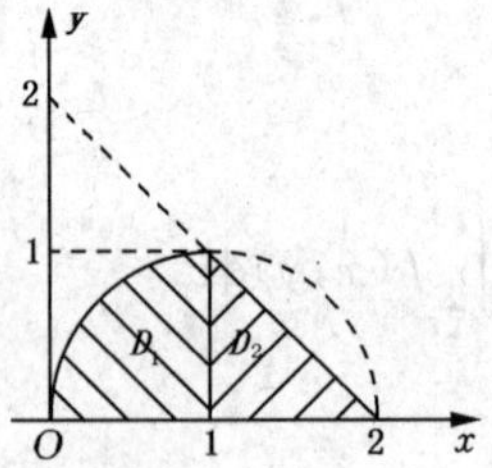

题图 7－18

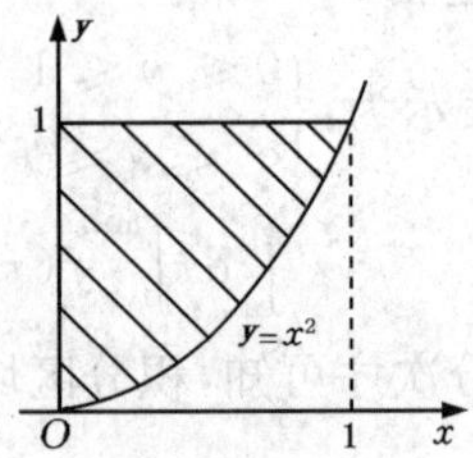

题图 7－19

记 $D_1\cup D_2=D$. 由于 D 可以看做是被直线 $x=1$ 分成了 D_1、D_2 两个区域，故由二重积分的区域可加性，有：

$$\iint\limits_D f(x,y)d\sigma=\iint\limits_{D_1} f(x,y)d\sigma+\iint\limits_{D_2} f(x,y)d\sigma$$

因此，本题要做的工作相当于将 $\iint\limits_D f(x,y)d\sigma$ 化成先对 x 后再对 y 的二次积分。

因为 D 可表示为：

$$\begin{cases}0\leqslant y\leqslant 1\\1-\sqrt{1-y^2}\leqslant x\leqslant 2-y\end{cases}$$

$$\iint\limits_D f(x,y)d\sigma=\int_0^1 dy\int_{1-\sqrt{1-y^2}}^{2-y} f(x,y)dx$$

所以：

$$\int_0^1 dx\int_0^{\sqrt{2x-x^2}} f(x,y)dy+\int_1^2 dx\int_0^{2-x} f(x,y)dy=\int_0^1 dy\int_{1-\sqrt{1-y^2}}^{2-y} f(x,y)dx$$

36. 证 因为 $\int_0^1 dy\int_0^{\sqrt{y}} e^y f(x)dx$ 是先对 x 后再对 y 的二次积分，它所对应的二重积分的积分区域为 D: $\begin{cases}0\leqslant y\leqslant 1\\0\leqslant x\leqslant \sqrt{y}\end{cases}$，据此作出 D 的图形(见题图 7－19)。

交换积分次序，由于 D 也可表示为：

$$\begin{cases}0\leqslant x\leqslant 1\\x^2\leqslant y\leqslant 1\end{cases}$$

于是：
$$\int_0^1 dy\int_0^{\sqrt{y}} e^y f(x)dx=\int_0^1 dx\int_{x^2}^1 e^y f(x)dy=\int_0^1\left[\int_{x^2}^1 e^y dy\right]f(x)dx$$

$$=\int_0^1[e^y]_{x^2}^1 f(x)dx=\int_0^1(e-e^{x^2})f(x)dx$$

所以：
$$\int_0^1 dy\int_0^{\sqrt{y}} e^y f(x)dx=\int_0^1(e-e^{x^2})f(x)dx$$

证毕。

37. 解　作由 $y=2$、$y=x$ 及 $xy=1$ 所围成的平面区域 D 的图形(见题图7－20).

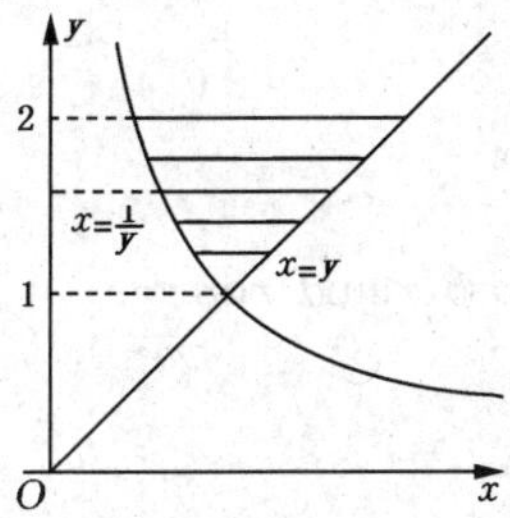

题图 7－20

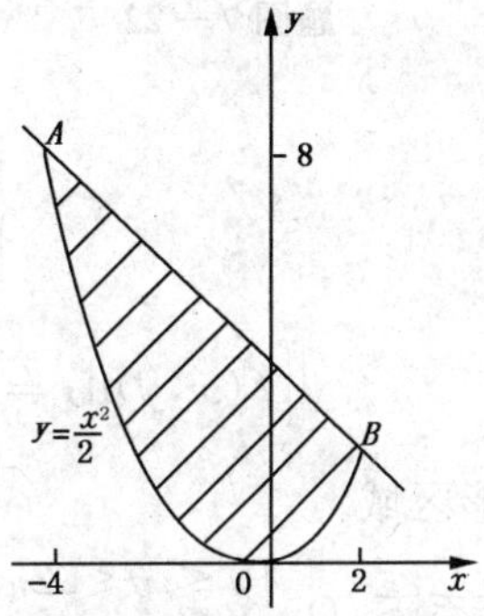

题图 7－21

因为 D 可表示为：

$$\begin{cases}1\leqslant y\leqslant 2\\ \dfrac{1}{y}\leqslant x\leqslant y\end{cases}$$

所以：
$$S=\iint_D 1d\sigma=\int_1^2\left[\int_{\frac{1}{y}}^y 1dx\right]dy=\int_1^2\left(y-\frac{1}{y}\right)dy$$

$$=\left[\frac{y^2}{2}-\ln y\right]_1^2$$

$$=(2-\ln 2)-\left(\frac{1}{2}-\ln 1\right)=\frac{3}{2}-\ln 2$$

38. 解　解方程组 $\begin{cases}x+y=4\\ y=\dfrac{x^2}{2},\end{cases}$ 得：$\begin{cases}x_1=-4\\ y_1=8\end{cases}$，$\begin{cases}x_2=2\\ y_2=2\end{cases}$，即两曲线的交点为：$A(-4,8)$，$B(2,2)$.

由 $x+y=4$ 与 $y=\dfrac{x^2}{2}$ 所围成的平面区域 D 的图形如题图 7－21 所示。

因为区域 D 可表示为：

$$\begin{cases}-4\leqslant x\leqslant 2\\ \dfrac{x^2}{2}\leqslant y\leqslant 4-x\end{cases}$$

所以：
$$S=\iint_D d\sigma=\int_{-4}^2\left[\int_{\frac{x^2}{2}}^{4-x}dy\right]dx$$

$$=\int_{-4}^2\left[(4-x)-\frac{x^2}{2}\right]dx=\left[4x-\frac{x^2}{2}-\frac{x^3}{6}\right]_{-4}^2=18$$

39. 解　(1) 作区域图(见题图 7－22)。

因为在极坐标系下，区域 D 可表示为：

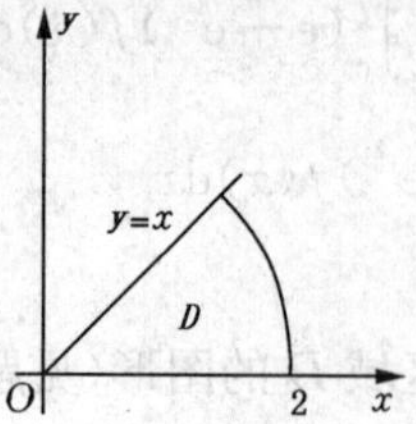

题图 7－22

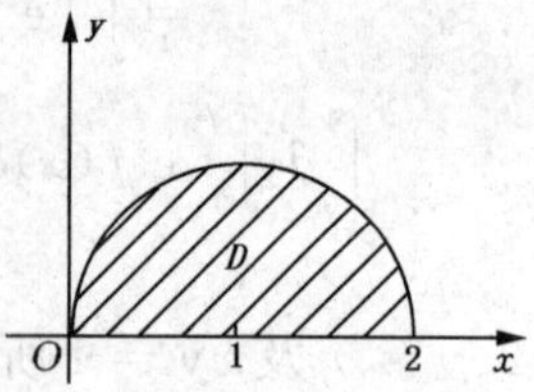

题图 7－23

$$\begin{cases}0\leqslant\theta\leqslant\dfrac{\pi}{4}\\0\leqslant r\leqslant 2\end{cases}$$

所以：
$$\iint\limits_{D}f(x,y)\mathrm{d}\sigma=\int_{0}^{\frac{\pi}{4}}\mathrm{d}\theta\int_{0}^{2}f(r\cos\theta,r\sin\theta)r\mathrm{d}r$$

(2)D 为圆环形区域。

因为在极坐标系下，D：$\begin{cases}0\leqslant\theta\leqslant 2\pi\\1\leqslant r\leqslant 5\end{cases}$，所以：

$$\iint\limits_{D}f(x,y)\mathrm{d}\sigma=\int_{0}^{2\pi}\mathrm{d}\theta\int_{1}^{5}f(r\cos\theta,r\sin\theta)r\mathrm{d}r$$

(3) 作区域图(见题图 7－23)。

因为在极坐标系下，区域 D：

$$\begin{cases}0\leqslant\theta\leqslant\dfrac{\pi}{2}\\0\leqslant r\leqslant 2\cos\theta\end{cases}$$

所以：
$$\iint\limits_{D}f(x,y)\mathrm{d}\sigma=\int_{0}^{\frac{\pi}{2}}\mathrm{d}\theta\int_{0}^{2\cos\theta}f(r\cos\theta,r\sin\theta)r\mathrm{d}r$$

(4) 作区域图(见题图 7－24)。

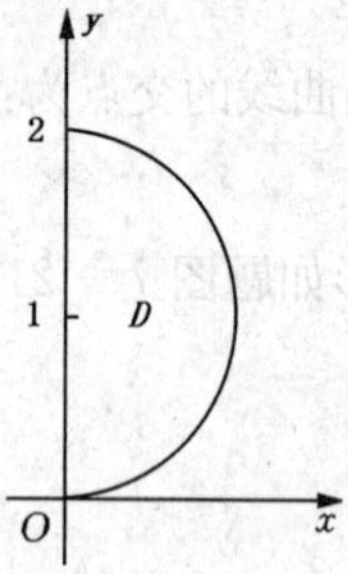

题图 7－24

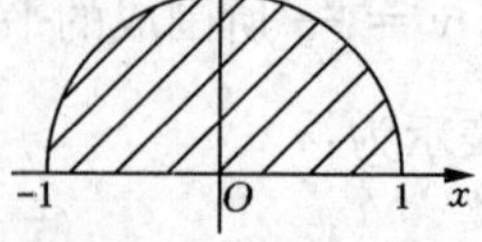

题图 7－25

因为在极坐标系下，D：$\begin{cases}0\leqslant\theta\leqslant\dfrac{\pi}{2}\\0\leqslant r\leqslant 2\sin\theta\end{cases}$，所以：

$$\iint\limits_{D}f(x,y)\mathrm{d}\sigma=\int_{0}^{\frac{\pi}{2}}\mathrm{d}\theta\int_{0}^{2\sin\theta}f(r\cos\theta,r\sin\theta)r\mathrm{d}r$$

40. 解 (1) 作区域图(见题图 7－25)。

因为在极坐标系下，D 可以表示为：

$$\begin{cases}0\leqslant\theta\leqslant\pi\\0\leqslant r\leqslant 1\end{cases}$$

所以：
$$\iint\limits_D(x^2+y^2+1)\mathrm{d}\sigma=\int_0^{\pi}\left[\int_0^1(r^2+1)r\mathrm{d}r\right]\mathrm{d}\theta$$
$$=\int_0^{\pi}\mathrm{d}\theta\cdot\int_0^1(r^3+r)\mathrm{d}r=\pi\cdot\left[\frac{r^4}{4}+\frac{r^2}{2}\right]_0^1=\frac{3}{4}\pi$$

(2) 因为区域 D 由圆 $x^2+y^2=9$ 所围成。在极坐标系下：

$$D:\begin{cases}0\leqslant\theta\leqslant 2\pi\\0\leqslant r\leqslant 3\end{cases}$$

所以：
$$\iint\limits_D\mathrm{e}^{-x^2-y^2}\mathrm{d}x\mathrm{d}y=\int_0^{2\pi}\left[\int_0^3\mathrm{e}^{-r^2}\cdot r\mathrm{d}r\right]\mathrm{d}\theta$$
$$=\int_0^{2\pi}\mathrm{d}\theta\cdot\left[-\frac{1}{2}\int_0^3\mathrm{e}^{-r^2}\mathrm{d}(-r^2)\right]$$
$$=2\pi\cdot\left[-\frac{1}{2}\mathrm{e}^{-r^2}\right]_0^3=\pi(1-\mathrm{e}^{-9})$$

第八章

无穷级数

一、习　题

1. 单项选择题(在每小题的四项备选答案中,选出一项符合题目要求的,并把所选项前的字母填在题目后的括号内)

(1) 若已知级数$\sum\limits_{n=1}^{\infty}u_n$收敛,$S_n$是它的前$n$项部分之和,则它的和$\sum\limits_{n=1}^{\infty}u_n=$(　　).

A. S_n　　B. u_n　　C. $\lim\limits_{n\to\infty}S_n$　　D. $\lim\limits_{n\to\infty}u_n$

(2) 若级数$\sum\limits_{n=1}^{\infty}(u_n-1)$收敛,则$\lim\limits_{n\to\infty}u_n$(　　).

A. 等于0　　B. 等于1　　C. 等于-1　　D. 不存在

(3) 若$u_n\neq 0$且级数$\sum\limits_{n=1}^{\infty}u_n$收敛,则(　　)。

A. $\sum\limits_{n=1}^{\infty}(-1)^n u_n$必收敛　　B. $\sum\limits_{n=1}^{\infty}\dfrac{1}{u_n}$必发散

C. $\sum\limits_{n=1}^{\infty}\left(u_n+\dfrac{1}{3}\right)$收敛　　D. $\sum\limits_{n=1}^{\infty}|u_n|$必收敛

(4) 级数$\sum\limits_{n=0}^{\infty}\left(\dfrac{2}{5}\right)^{n+1}$的和$s=$(　　).

A. $\dfrac{3}{2}$　　B. $\dfrac{5}{3}$　　C. $\dfrac{2}{5}$　　D $\dfrac{2}{3}$

(5) 级数$1+\left(\dfrac{1}{2}\right)^2+\left(\dfrac{1}{3}\right)^2\cdots+\left(\dfrac{1}{n}\right)^2+\cdots$是(　　)。

A. 等差级数　　B. 等比级数

C. 调和级数　　D. p级数

(6) 在下列级数中,绝对收敛的级数是(　　)。

A. $\sum\limits_{n=1}^{\infty}(-1)^n\left(\dfrac{3}{2}\right)^n$　　B. $\sum\limits_{n=1}^{\infty}\dfrac{1}{\sqrt{2n+1}}$

C. $\sum\limits_{n=1}^{\infty}\dfrac{(-1)^n}{n+1}$　　D. $\sum\limits_{n=1}^{\infty}(-1)^{n-1}\dfrac{1}{\sqrt{n^3}}$

(7) 下列级数中,发散的是(　　)。

A. $\sum_{n=1}^{\infty}\sin\frac{n\pi}{2}$　　B. $\sum_{n=1}^{\infty}(-1)^n\frac{1}{n}$

C. $\sum_{n=1}^{\infty}\left(\frac{3}{4}\right)^n$　　D. $\sum_{n=1}^{\infty}\left(\frac{1}{n}\right)^3$

(8) 幂级数 $\sum_{n=1}^{\infty}\frac{3^n}{n+3}x^n$ 的收敛半径 $R=$(　　)。

A. 1　　B. 3　　C. $\frac{1}{3}$　　D. ∞

(9) 幂级数 $\sum_{n=1}^{\infty}\frac{x^n}{5^n n}$ 的收敛区间为(　　)。

A. $(-5,5)$　　B. $[-5,5]$　　C. $(-5,5]$　　D. $[-5,5)$

(10) 幂级数 $x-\frac{x^3}{3}+\frac{x^5}{5}-\frac{x^7}{7}+\cdots$ 的收敛域为(　　)。

A. $(-1,1)$　　B. $[-1,1]$　　C. $(-1,1]$　　D. $[-1,1)$

(11) 幂级数 $\sum_{n=0}^{\infty}\frac{(-1)^n}{2^n}x^n$，$|x|<2$ 的和函数是(　　)。

A. $\frac{2}{2+x}$　　B. $\frac{2}{2-x}$　　C. $\frac{1}{1+2x}$　　D. $\frac{1}{1-2x}$

(12) 幂级数 $\sum_{n=0}^{\infty}(-1)^n\cdot\frac{x^n}{n!}$ 在 $-\infty<x<+\infty$ 的和函数是(　　)。

A. $\ln(1+x)$　　B. e^{-x}　　C. e^x　　D. $\arctan x$

2. 写出下列各级数的通项 u_n：

(1) $\frac{1}{\ln 2}+\frac{1}{\ln 3}+\frac{1}{\ln 4}+\cdots$；

(2) $7+\frac{7}{2}+\frac{7}{3}+\frac{7}{4}+\cdots$；

(3) $\frac{1}{1\times 2}+\frac{1}{2\times 3}+\frac{1}{3\times 4}+\frac{1}{4\times 5}+\cdots$；

(4) $\frac{1}{\sqrt{3}}+\frac{1}{\sqrt[3]{3}}+\frac{1}{\sqrt[4]{3}}+\frac{1}{\sqrt[5]{3}}+\cdots$；

(5) $\frac{2}{3}+\frac{4}{9}+\frac{8}{27}+\frac{16}{81}+\cdots$；

(6) $-1+\frac{1}{2}-\frac{1}{3}+\frac{1}{4}-\frac{1}{5}+\cdots$；

(7) $\frac{1}{2}-\frac{3}{4}+\frac{5}{6}-\frac{7}{8}+\cdots$；

(8) $a-\frac{a^2}{3}+\frac{a^3}{5}-\frac{a^4}{7}+\cdots$.

3. 写出下列各级数的前 4 项：

(1) $\sum_{n=1}^{\infty}\frac{5^n}{n!}$；　　(2) $\sum_{n=1}^{\infty}n\sin\frac{\pi}{n}$；

(3) $\sum_{n=1}^{\infty}\frac{(-1)^n}{n+1}$；　　(4) $\sum_{n=1}^{\infty}\frac{1}{1+2+3+\cdots+n}$；

(5) $\sum\limits_{n=1}^{\infty}(-1)^{\frac{n(n+1)}{2}}\cdot\frac{1}{n^2}$.

4. 试根据级数收敛与发散的定义判定下列各级数的敛散性：

(1) $\sum\limits_{n=1}^{\infty}\frac{3}{2^n}$；　　(2) $\sum\limits_{n=1}^{\infty}\frac{1}{n(n+1)}$；

(3) $\sum\limits_{n=1}^{\infty}(\sqrt{n}-\sqrt{n-1})$；　　(4) $\sum\limits_{n=1}^{\infty}(-1)^{n+1}\cdot 2$.

5. 利用无穷级数的基本性质以及等比级数、调和级数的敛散性，判定下列各级数的敛散性：

(1) $\sum\limits_{n=1}^{\infty}\frac{n}{3n+100}$；

(2) $\sum\limits_{n=1}^{\infty}\sqrt[n]{0.01}$；

(3) $\sum\limits_{n=1}^{\infty}n\sin\frac{\alpha}{n}$（其中 α 为非零常数）；

(4) $-\frac{1}{2}-\frac{1}{4}-\frac{1}{6}-\frac{1}{8}-\cdots$；

(5) $\frac{1}{3}+\frac{1}{4}+\frac{1}{5}+\frac{1}{6}+\cdots$；

(6) $\frac{4}{5}-\frac{4^2}{5^2}+\frac{4^3}{5^3}-\frac{4^4}{5^4}+\cdots$；

(7) $\sum\limits_{n=1}^{\infty}3\cdot\frac{(-1)^{n+1}}{2^n}$；

(8) $\sum\limits_{n=1}^{\infty}\left(\frac{1}{3^n}+\frac{4^n}{5^n}\right)$；

(9) $\left(1-\frac{1}{6}\right)+\left(2-\frac{1}{6^2}\right)+\left(3-\frac{1}{6^3}\right)+\left(4-\frac{1}{6^4}\right)+\cdots$；

(10) $\sum\limits_{n=1}^{\infty}\left(\frac{1}{2n}+\frac{1}{2^n}\right)$.

6. 利用比较判别法或其极限形式判定下列级数的敛散性：

(1) $\sum\limits_{n=1}^{\infty}\frac{1}{(n+1)\cdot 5^n}$；　　(2) $\sum\limits_{n=1}^{\infty}\left(\frac{n}{3n+4}\right)^n$；

(3) $\sum\limits_{n=1}^{\infty}\frac{1}{n(n+1)}$；　　(4) $\sum\limits_{n=1}^{\infty}\frac{1}{2^n}\cos\frac{\pi}{2n}$；

(5) $1+\frac{1}{3}+\frac{1}{5}+\frac{1}{7}+\frac{1}{9}+\cdots$；　　(6) $\sum\limits_{n=1}^{\infty}\frac{n+1}{\sqrt{n^5+2}}$；

(7) $\sum\limits_{n=1}^{\infty}\sin\frac{1}{\sqrt{n}}$；　　(8) $\sum\limits_{n=1}^{\infty}\sin\frac{\pi}{2^n}$；

(9) $\sum\limits_{n=1}^{\infty}\ln\left(1+\frac{1}{n^3}\right)$；　　(10) $\sum\limits_{n=1}^{\infty}\ln\frac{n+1}{n}$.

7. 利用比值判别法判定下列正项级数的敛散性：

(1) $\sum\limits_{n=1}^{\infty}\frac{3^n}{n!}$；　　(2) $\sum\limits_{n=1}^{\infty}\frac{n!}{n^n}$；

(3) $\frac{5}{100}+\frac{5^2}{200}+\frac{5^3}{300}+\frac{5^4}{400}+\cdots$；　(4) $\sum_{n=1}^{\infty}\frac{2n-1}{3^n}$；

(5) $\sum_{n=1}^{\infty}\frac{2^n-1}{5^n}$；　(6) $\sum_{n=1}^{\infty}\frac{4^n}{n\cdot 3^n}$；

(7) $\sum_{n=1}^{\infty}\frac{3^n\cdot n!}{n^n}$；　(8) $\sum_{n=1}^{\infty}\frac{1}{(2n+1)!}$.

8. 判定下列任意项级数的敛散性，对于收敛级数，还要指出是条件收敛的还是绝对收敛的：

(1) $\sum_{n=1}^{\infty}(-1)^{\frac{n(n+1)}{2}}\cdot\frac{1}{n^2+1}$；　(2) $\sum_{n=1}^{\infty}\frac{(-1)^n\cdot 3^n}{(2n-1)\cdot 4^n}$；

(3) $\sum_{n=1}^{\infty}\frac{n^2}{7^n}\cdot\sin\frac{n\pi}{2}$；　(4) $\sum_{n=1}^{\infty}\frac{\cos n}{(n+1)^2}$；

(5) $\sum_{n=1}^{\infty}\frac{(-1)^n}{\sqrt{n+1}}$；　(6) $\sum_{n=1}^{\infty}(-1)^{n+1}\cdot\frac{n!}{5^n}$

(7) $1-\frac{1}{3}+\frac{1}{5}-\frac{1}{7}+\frac{1}{9}-\cdots$；　(8) $\sum_{n=1}^{\infty}(-\frac{3}{2})^n$.

9. 求下列幂级数的收敛区间：

(1) $\sum_{n=0}^{\infty}(n+1)x^n$；　(2) $\sum_{n=0}^{\infty}(n!)x^n$；

(3) $\sum_{n=0}^{\infty}\frac{1}{(2n)!}x^n$；　(4) $\sum_{n=1}^{\infty}\frac{n^3}{4^n}x^n$；

(5) $\sum_{n=1}^{\infty}\frac{3^n}{n^2}x^n$；　(6) $\sum_{n=1}^{\infty}\frac{(-1)^n\cdot n}{3^n}x^n$；

(7) $\sum_{n=1}^{\infty}\frac{(-1)^{n-1}}{n^2}(x-2)^n$；　(8) $\sum_{n=1}^{\infty}\frac{(x+1)^n}{n}$；

(9) $\sum_{n=1}^{\infty}nx^{2n-1}$；　(10) $\sum_{n=0}^{\infty}\frac{2n+1}{2^n}\cdot x^{2n}$.

10. 下列幂级数都可以化为等比级数，试分别求出它们的和函数及收敛域：

(1) $\sum_{n=0}^{\infty}(-1)^{n+1}x^n$；　(2) $\sum_{n=0}^{\infty}\frac{(-1)^n}{3^n}x^n$；

(3) $\sum_{n=0}^{\infty}4^n x^{2n}$；　(4) $\sum_{n=0}^{\infty}\frac{(-1)^{n+1}}{5^n}x^n$.

11. 求幂级数 $\sum_{n=1}^{\infty}(-1)^{n-1}\cdot nx^{n-1}$ 在其收敛区间 $(-1,1)$ 内的和函数。

12. 求幂级数 $x-\frac{x^3}{3}+\frac{x^5}{5}-\frac{x^7}{7}+\cdots$ 在其收敛区间 $[-1,1]$ 上的和函数。

13. 利用已知展开式，将下列函数展开成 x 的幂级数：

(1) $\sin\frac{x}{2}$；　(2) $x^2 e^{-x}$；

(3) $\sin^2\frac{x}{2}$；　(4) $\cos^2 x$；

(5) $\frac{e^x-e^{-x}}{2}$；　　(6) $\frac{e^x+e^{-x}}{2}$；

(7)$\ln(5+x)$；　　(8)$\ln(2-x)$；

(9)$\ln\frac{1+x}{1-x}$；　　(10)$\ln(1+x-2x^2)$；

(11) $\frac{2x^3}{1-x}$；　　(12) $\frac{1}{x-3}$.

14. 将函数 $f(x)=\frac{1}{x+1}$ 展开成$(x+4)$ 的幂级数。

15. 将函数 $f(x)=\ln x$ 展开成$(x-1)$ 的幂级数。

16. 利用函数的幂级数展开式，求下列各数的近似值(取前三项之和作近似)：

(1) $\sqrt{e}$；　　(2)$\int_0^{0.5} e^{x^2}\,dx$；

(3)$\int_0^1 \frac{\sin x}{x}dx$.

二、习题解答

1. (1)C　(2)B　(3)B　(4)D　(5)D　(6)D　(7)A　(8)C　(9)D　(10)B　(11)A　(12)B

2. 解 (1)$u_n=\frac{1}{\ln(n+1)}$　　(2)$u_n=\frac{7}{n}$

(3)$u_n=\frac{1}{n(n+1)}$　　(4)$u_n=3^{-\frac{1}{n+1}}$

(5)$u_n=\left(\frac{2}{3}\right)^n$　　(6)$u_n=(-1)^n\cdot\frac{1}{n}$

(7)$u_n=(-1)^{n+1}\cdot\frac{2n-1}{2n}$　　(8)$u_n=(-1)^{n-1}\frac{a^n}{2n-1}$

3. 解 (1) $\frac{5}{1!},\frac{5^2}{2!},\frac{5^3}{3!},\frac{5^4}{4!}$

(2)$\sin\pi,2\sin\frac{\pi}{2},3\sin\frac{\pi}{3},4\sin\frac{\pi}{4}$

(3)$-\frac{1}{2},\frac{1}{3},-\frac{1}{4},\frac{1}{5}$

(4)$1,\frac{1}{1+2},\frac{1}{1+2+3},\frac{1}{1+2+3+4}$

(5)$-1,-\frac{1}{4},\frac{1}{9},\frac{1}{16}$

4. 解 (1) 因为：

$$s_n=\frac{3}{2}+\frac{3}{2^2}+\cdots+\frac{3}{2^n}=\frac{3}{2}\cdot\frac{1-\left(\frac{1}{2}\right)^n}{1-\frac{1}{2}}=3\left[1-\left(\frac{1}{2}\right)^n\right]$$

$$\lim_{n\to\infty}s_n=\lim_{n\to\infty}3\left[1-\left(\frac{1}{2}\right)^n\right]=3$$

所以，级数$\sum_{n=1}^{\infty}\frac{3}{2^n}$收敛。

(2) 因为：

$$u_n=\frac{1}{n(n+1)}=\frac{1}{n}-\frac{1}{n+1}$$

$$s_n=\left(1-\frac{1}{2}\right)+\left(\frac{1}{2}-\frac{1}{3}\right)+\cdots+\left(\frac{1}{n-1}-\frac{1}{n}\right)+\left(\frac{1}{n}-\frac{1}{n+1}\right)$$

$$=1-\frac{1}{n+1}$$

$$\lim_{n\to\infty}s_n=\lim_{n\to\infty}\left(1-\frac{1}{n+1}\right)=1$$

所以，级数$\sum_{n=1}^{\infty}\frac{1}{n(n+1)}$收敛。

(3) 因为：

$$s_n=(\sqrt{1}-\sqrt{0})+(\sqrt{2}-\sqrt{1})+\cdots+(\sqrt{n}-\sqrt{n-1})=\sqrt{n}$$

$$\lim_{n\to\infty}s_n=\lim_{n\to\infty}\sqrt{n}=+\infty$$

所以，级数$\sum_{n=1}^{\infty}(\sqrt{n}-\sqrt{n-1})$发散。

(4) 因为$s_1=2, s_2=2-2=0, s_3=2-2+2=2, s_4=0,\cdots \lim_{n\to\infty}s_{2n}=0, \lim_{n\to\infty}s_{2n-1}=2$，从而$\lim_{n\to\infty}s_n$不存在。

所以，级数$\sum_{n=1}^{\infty}(-1)^{n+1}\cdot 2$发散。

5. 解　(1) 因为级数的通项$u_n=\frac{n}{3n+100}$，$\lim_{n\to\infty}u_n=\lim_{n\to\infty}\frac{n}{3n+100}=\frac{1}{3}\neq 0$，不满足级数收敛的必要条件，故级数$\sum_{n=1}^{\infty}\frac{n}{3n+100}$发散。

(2) 由于级数通项的极限$\lim_{n\to\infty}\sqrt[n]{0.01}=\lim_{n\to\infty}(0.01)^{\frac{1}{n}}=1\neq 0$，故级数$\sum_{n=1}^{\infty}\sqrt[n]{0.01}$发散。

(3) 因为：

$$u_n=n\sin\frac{\alpha}{n}\text{（常数 }\alpha\neq 0\text{）}$$

$$\lim_{n\to\infty}u_n=\lim_{n\to\infty}n\sin\frac{\alpha}{n}=\lim_{n\to\infty}\frac{\sin\frac{\alpha}{n}}{\frac{\alpha}{n}}\cdot\alpha=1\times\alpha=\alpha\neq 0$$

故级数$\sum_{n=1}^{\infty}\sin\frac{\alpha}{n}$发散。

(4) 因为$-\frac{1}{2}-\frac{1}{4}-\frac{1}{6}-\cdots=\sum_{n=1}^{\infty}\left(-\frac{1}{2}\right)\cdot\frac{1}{n}$，其通项等于调和级数的通项$\frac{1}{n}$乘以$\left(-\frac{1}{2}\right)$，由于调和级数$\sum_{n=1}^{\infty}\frac{1}{n}$发散，根据无穷级数的性质，级数$\sum_{n=1}^{\infty}\left(-\frac{1}{2}\right)\frac{1}{n}$发散。

(5) 由于$\frac{1}{3}+\frac{1}{4}+\frac{1}{5}+\frac{1}{6}+\cdots=\sum_{n=3}^{\infty}\frac{1}{n}$相当于调和级数$\sum_{n=1}^{\infty}\frac{1}{n}$去掉了前二项，而$\sum_{n=1}^{\infty}\frac{1}{n}$

发散，根据无穷级数的性质，级数$\frac{1}{3}+\frac{1}{4}+\frac{1}{5}+\frac{1}{6}+\cdots$ 发散。

(6) $\frac{4}{5}-\frac{4^2}{5^2}+\frac{4^3}{5^3}-\frac{4^4}{5^4}+\cdots$ 是公比 $q=-\frac{4}{5}$ 的等比级数，由于 $|q|=\frac{4}{5}<1$，故此等比级数收敛。

(7) 因为$\sum\limits_{n=1}^{\infty}3\cdot\frac{(-1)^{n+1}}{2^n}=\sum\limits_{n=1}^{\infty}(-3)\left(-\frac{1}{2}\right)^n$ 是公比$q=-\frac{1}{2}$ 的等比级数，$|q|<1$，所以，此级数收敛。

(8) 由于$\sum\limits_{n=1}^{\infty}\frac{1}{3^n}=\sum\limits_{n=1}^{\infty}\left(\frac{1}{3}\right)^n$、$\sum\limits_{n=1}^{\infty}\frac{4^n}{5^n}=\sum\limits_{n=1}^{\infty}\left(\frac{4}{5}\right)^n$ 都收敛(均为公比的绝对值小于1的等比级数)，根据无穷级数的性质，级数$\sum\limits_{n=1}^{\infty}\left(\frac{1}{3^n}+\frac{4^n}{5^n}\right)$收敛。

(9) 由于：

$$\left(1-\frac{1}{6}\right)+\left(2-\frac{1}{6^2}\right)+\left(3-\frac{1}{6^3}\right)+\left(4-\frac{1}{6^4}\right)+\cdots=\sum_{n=1}^{\infty}\left(n-\frac{1}{6^n}\right)$$

且$\sum\limits_{n=1}^{\infty}n$ 发散(因为其通项的极限$\lim\limits_{n\to\infty}n=\infty\neq 0$)，$\sum\limits_{n=1}^{\infty}\frac{1}{6^n}$ 收敛(公比的绝对值小于 1 的等比级数)，根据无穷级数的性质，$\sum\limits_{n=1}^{\infty}\left(n-\frac{1}{6^n}\right)$发散。

(10) 由于$\sum\limits_{n=1}^{\infty}\frac{1}{2n}$ 的通项等于调和级数的通项$\frac{1}{n}$ 乘以$\frac{1}{2}$，而调和级数发散，从而$\sum\limits_{n=1}^{\infty}\frac{1}{2n}$ 发散；又因为$\sum\limits_{n=1}^{\infty}\frac{1}{2^n}$ 是收敛的等比级数，根据级数的性质，$\sum\limits_{n=1}^{\infty}\left(\frac{1}{2n}+\frac{1}{2^n}\right)$发散。

6. 解 (1) 因为 $u_n=\frac{1}{(n+1)\cdot 5^n}<\frac{1}{5^n}$，而$\sum\limits_{n=1}^{\infty}\frac{1}{5^n}=\sum\limits_{n=1}^{\infty}\left(\frac{1}{5}\right)^n$ 是收敛的几何级数，故由比较判别法知，正项级数$\sum\limits_{n=1}^{\infty}\frac{1}{(n+1)\cdot 5^n}$ 收敛。

(2) 因为 $0<\frac{n}{3n+4}<\frac{n}{3n}=\frac{1}{3}$，于是有 $0<u_n=\left(\frac{n}{3n+4}\right)^n<\left(\frac{1}{3}\right)^n$，而几何级数$\sum\limits_{n=1}^{\infty}\left(\frac{1}{3}\right)^n$收敛，故$\sum\limits_{n=1}^{\infty}\left(\frac{n}{3n+4}\right)^n$ 收敛。

(3) 因为 $u_n=\frac{1}{n(n+1)}<\frac{1}{n\cdot n}=\frac{1}{n^2}$，而$\sum\limits_{n=1}^{\infty}\frac{1}{n^2}$ 是 $p=2>1$ 的 p 级数，收敛，故$\sum\limits_{n=1}^{\infty}\frac{1}{n(n+1)}$ 收敛。

(4) 因为 $0\leqslant u_n=\frac{1}{2^n}\cos\frac{\pi}{2n}\leqslant\frac{1}{2^n}\cdot 1=\left(\frac{1}{2}\right)^n$，而$\sum\limits_{n=1}^{\infty}\left(\frac{1}{2}\right)^n$ 是收敛的等比级数，故$\sum\limits_{n=1}^{\infty}\frac{1}{2^n}\cos\frac{\pi}{2n}$ 收敛。

(5) 因为：$u_n=\frac{1}{2n-1}$，设 $v_n=\frac{1}{n}$

由于：

$$\lim_{n\to\infty}\frac{u_n}{v_n}=\lim_{n\to\infty}\frac{1}{2n-1}\Big/\frac{1}{n}=\frac{1}{2}\neq 0$$

而调和级数$\sum\limits_{n=1}^{\infty}\frac{1}{n}$发散,故由极限形式的比较判别法知:

$$\sum_{n=1}^{\infty}\frac{1}{2n-1}=1+\frac{1}{3}+\frac{1}{5}+\frac{1}{7}+\frac{1}{9}+\cdots \text{发散}$$

(6) 因为$u_n=\dfrac{n+1}{\sqrt{n^5+2}}$,故设$v_n=\dfrac{1}{n^{\frac{5}{2}-1}}=\dfrac{1}{n^{\frac{3}{2}}}$.

由于$\lim\limits_{n\to\infty}\dfrac{u_n}{v_n}=\lim\limits_{n\to\infty}\dfrac{n+1}{\sqrt{n^5+2}}\Big/\dfrac{1}{n^{\frac{3}{2}}}=1\neq 0$,而$\sum\limits_{n=1}^{\infty}\dfrac{1}{n^{\frac{3}{2}}}$是$p=\dfrac{3}{2}>1$的$p$级数,收敛,所以,$\sum\limits_{n=1}^{\infty}\dfrac{n+1}{\sqrt{n^5+2}}$收敛。

(7) 因为$u_n=\sin\dfrac{1}{\sqrt{n}}$,设$v_n=\dfrac{1}{\sqrt{n}}$.

由于$\lim\limits_{n\to\infty}\dfrac{u_n}{v_n}=\lim\limits_{n\to\infty}\sin\dfrac{1}{\sqrt{n}}\Big/\dfrac{1}{\sqrt{n}}\xlongequal{t=\frac{1}{\sqrt{n}}}\lim\limits_{t\to 0}\dfrac{\sin t}{t}=1\neq 0$,而$\sum\limits_{n=1}^{\infty}\dfrac{1}{\sqrt{n}}=\sum\limits_{n=1}^{\infty}\dfrac{1}{n^{\frac{1}{2}}}$是$p=\dfrac{1}{2}<1$的$p$级数,发散,所以$\sum\limits_{n=1}^{\infty}\sin\dfrac{1}{\sqrt{n}}$发散。

(8) 因为$u_n=\sin\dfrac{\pi}{2^n}$,设$v_n=\dfrac{\pi}{2^n}$.

由于$\lim\limits_{n\to\infty}\dfrac{u_n}{v_n}=\lim\limits_{n\to\infty}\sin\dfrac{\pi}{2^n}\Big/\dfrac{\pi}{2^n}=1$,而$\sum\limits_{n=1}^{\infty}\dfrac{\pi}{2^n}$是收敛的等比级数,所以,$\sum\limits_{n=1}^{\infty}\sin\dfrac{\pi}{2^n}$收敛。

(9) 因为$u_n=\ln\left(1+\dfrac{1}{n^3}\right)$,故设$v_n=\dfrac{1}{n^3}$.

由于:

$$\lim_{n\to\infty}\frac{u_n}{v_n}=\lim_{n\to\infty}n^3\ln\left(1+\frac{1}{n^3}\right)=\lim_{n\to\infty}\ln\left(1+\frac{1}{n^3}\right)^{n^3}=\ln e=1\neq 0$$

而$\sum\limits_{n=1}^{\infty}\dfrac{1}{n^3}$是$p=3>1$的$p$级数,收敛,所以,$\sum\limits_{n=1}^{\infty}\ln\left(1+\dfrac{1}{n^3}\right)$收敛。

(10) 因为$u_n=\ln\dfrac{n+1}{n}=\ln\left(1+\dfrac{1}{n}\right)$,设$v_n=\dfrac{1}{n}$.

由于:

$$\lim_{n\to\infty}\frac{u_n}{v_n}=\lim_{n\to\infty}n\ln\left(1+\frac{1}{n}\right)=\lim_{n\to\infty}\ln\left(1+\frac{1}{n}\right)^n=\ln e=1$$

而调和级数$\sum\limits_{n=1}^{\infty}\dfrac{1}{n}$发散,所以,$\sum\limits_{n=1}^{\infty}\ln\dfrac{n+1}{n}$发散。

7. 解 (1) 因为:

$$u_n=\frac{3^n}{n!},\quad u_{n+1}=\frac{3^{n+1}}{(n+1)!}$$

$$\lim_{n\to\infty}\frac{u_{n+1}}{u_n}=\lim_{n\to\infty}\frac{3^{n+1}}{(n+1)!}\Big/\frac{3^n}{n!}=\lim_{n\to\infty}\frac{3}{n+1}=0<1$$

所以，$\sum_{n=1}^{\infty}\frac{3^n}{n!}$ 收敛。

(2) 因为：

$$u_n=\frac{n!}{n^n},\quad u_{n+1}=\frac{(n+1)!}{(n+1)^{n+1}}$$

$$\lim_{n\to\infty}\frac{u_{n+1}}{u_n}=\lim_{n\to\infty}\frac{(n+1)!}{(n+1)^{n+1}}\cdot\frac{n^n}{n!}$$

$$=\lim_{n\to\infty}\frac{n^n}{(n+1)^n}=\lim_{n\to\infty}\frac{1}{\left(1+\frac{1}{n}\right)^n}=\frac{1}{\mathrm{e}}<1$$

故级数 $\sum_{n=1}^{\infty}\frac{n!}{n^n}$ 收敛。

(3) 由于：

$$u_n=\frac{5^n}{100n},\quad u_{n+1}=\frac{5^{n+1}}{100(n+1)}$$

$$\lim_{n\to\infty}\frac{u_{n+1}}{u_n}=\lim_{n\to\infty}\frac{5^{n+1}}{100(n+1)}\cdot\frac{100n}{5^n}=\lim_{n\to\infty}\frac{5n}{n+1}=5>1$$

故 $\sum_{n=1}^{\infty}\frac{5^n}{100n}$ 发散。

(4) 因为：

$$u_n=\frac{2n-1}{3^n},\quad u_{n+1}=\frac{2(n+1)-1}{3^{n+1}}=\frac{2n+1}{3^{n+1}}$$

$$\lim_{n\to\infty}\frac{u_{n+1}}{u_n}=\lim_{n\to\infty}\frac{2n+1}{3^{n+1}}\cdot\frac{3^n}{2n-1}=\lim_{n\to\infty}\frac{1}{3}\cdot\frac{2n+1}{2n-1}=\frac{1}{3}<1$$

所以，$\sum_{n=1}^{\infty}\frac{2n-1}{3^n}$ 收敛。

(5) 因为：

$$u_n=\frac{2^n-1}{5^n},\quad u_{n+1}=\frac{2^{n+1}-1}{5^{n+1}}$$

$$\lim_{n\to\infty}\frac{u_{n+1}}{u_n}=\lim_{n\to\infty}\frac{2^{n+1}-1}{5^{n+1}}\cdot\frac{5^n}{2^n-1}=\lim_{n\to\infty}\frac{1}{5}\cdot\frac{2-\frac{1}{2^n}}{1-\frac{1}{2^n}}=\frac{2}{5}<1$$

所以，$\sum_{n=1}^{\infty}\frac{2^n-1}{5^n}$ 收敛。

(6) 因为：

$$u_n=\frac{4^n}{n\cdot 3^n},\quad u_{n+1}=\frac{4^{n+1}}{(n+1)\cdot 3^{n+1}}$$

$$\lim_{n\to\infty}\frac{u_{n+1}}{u_n}=\lim_{n\to\infty}\frac{4^{n+1}}{(n+1)\cdot 3^{n+1}}\cdot\frac{n\cdot 3^n}{4^n}$$

$$=\lim_{n\to\infty}\frac{4}{3}\cdot\frac{n}{n+1}=\frac{4}{3}>1$$

所以，级数 $\sum_{n=1}^{\infty}\frac{4^n}{n\cdot 3^n}$ 发散。

(7) 因为：

$$u_n=\frac{3^n\cdot n!}{n^n},\quad u_{n+1}=\frac{3^{n+1}\cdot(n+1)!}{(n+1)^{n+1}}$$

$$\lim_{n\to\infty}\frac{u_{n+1}}{u_n}=\lim_{n\to\infty}\frac{3^{n+1}\cdot(n+1)!}{(n+1)^{n+1}}\cdot\frac{n^n}{3^n\cdot n!}$$

$$=\lim_{n\to\infty}\frac{3}{(1+\frac{1}{n})^n}=\frac{3}{\mathrm{e}}>1$$

所以，$\sum\limits_{n=1}^{\infty}\frac{3^n\cdot n!}{n^n}$ 发散。

(8) 因为：

$$u_n=\frac{1}{(2n+1)!},\quad u_{n+1}=\frac{1}{(2n+3)!}$$

$$\lim_{n\to\infty}\frac{u_{n+1}}{u_n}=\lim_{n\to\infty}\frac{1}{(2n+3)!}\cdot(2n+1)!$$

$$=\lim_{n\to\infty}\frac{1}{(2n+3)\cdot(2n+2)}=0<1$$

所以，$\sum\limits_{n=1}^{\infty}\frac{1}{(2n+1)!}$ 收敛。

8. 解　(1) 因为此级数的通项 $u_n=(-1)^{\frac{n(n+1)}{2}}\cdot\frac{1}{n^2+1}$，$|u_n|=\frac{1}{n^2+1}<\frac{1}{n^2}$，由于$\sum\limits_{n=1}^{\infty}\frac{1}{n^2}$ 是 $p=2>1$ 的 p 级数，收敛，故由比较判别法可知，$\sum\limits_{n=1}^{\infty}\left|(-1)^{\frac{n(n+1)}{2}}\cdot\frac{1}{n^2+1}\right|$ 收敛，所以，原级数为绝对收敛。

(2) 级数的通项 $u_n=\frac{(-1)^n\cdot 3^n}{(2n-1)\cdot 4^n}$，$|u_n|=\frac{3^n}{(2n-1)\cdot 4^n}$. 由于：

$$\lim_{n\to\infty}\left|\frac{u_{n+1}}{u_n}\right|=\lim_{n\to\infty}\frac{3^{n+1}}{(2n+1)\cdot 4^{n+1}}\cdot\frac{(2n-1)\cdot 4^n}{3^n}=\frac{3}{4}<1$$

所以，原级数为绝对收敛。

(3) 级数的通项 $u_n=\frac{n^2}{7^n}\cdot\sin\frac{n\pi}{2}$，设 $v_n=\frac{n^2}{7^n}$，由于 $|u_n|=\frac{n^2}{7^n}\cdot\left|\sin\frac{n\pi}{2}\right|\leqslant\frac{n^2}{7^n}=v_n$，而正项级数 $\sum\limits_{n=1}^{\infty}\frac{n^2}{7^n}$ 可由比值法判定为收敛（因 $\lim\limits_{n\to\infty}\frac{v_{n+1}}{v_n}=\frac{1}{7}<1$），故由比较判别法知，$\sum\limits_{n=1}^{\infty}\left|\frac{n^2}{7^n}\sin\frac{n\pi}{2}\right|$ 收敛，所以，$\sum\limits_{n=1}^{\infty}\frac{n^2}{7^n}\cdot\sin\frac{n\pi}{2}$ 绝对收敛。

(4) 因为 $\left|\frac{\cos n}{(n+1)^2}\right|\leqslant\frac{1}{(n+1)^2}<\frac{1}{n^2}$，而 $\sum\limits_{n=1}^{\infty}\frac{1}{n^2}$ 是 $p=2>1$ 的 p 级数，收敛，故 $\sum\limits_{n=1}^{\infty}\left|\frac{\cos n}{(n+1)^2}\right|$ 收敛，所以，原级数绝对收敛。

(5) 因为 $\sum\limits_{n=1}^{\infty}\left|\frac{(-1)^n}{\sqrt{n+1}}\right|=\sum\limits_{n=1}^{\infty}\frac{1}{\sqrt{n+1}}$，设 $v_n=\frac{1}{\sqrt{n}}$，由于 $\lim\limits_{n\to\infty}\frac{\frac{1}{\sqrt{n+1}}}{v_n}=\lim\limits_{n\to\infty}\frac{\sqrt{n}}{\sqrt{n+1}}=1$，而 $\sum\limits_{n=1}^{\infty}\frac{1}{\sqrt{n}}=\sum\limits_{n=1}^{\infty}\frac{1}{n^{\frac{1}{2}}}$ 是 $p=\frac{1}{2}<1$ 的 p 级数，发散，故由极限形式的比较判别法知：$\sum\limits_{n=1}^{\infty}\left|\frac{(-1)^n}{\sqrt{n+1}}\right|$ 发

散。

又因为原级数为交错级数，且满足：

$$u_n=\frac{1}{\sqrt{n+1}}>\frac{1}{\sqrt{n+2}}=u_{n+1},\quad \lim_{n\to\infty}u_n=\lim_{n\to\infty}\frac{1}{\sqrt{n+1}}=0$$

故由莱布尼兹定理知，$\sum\limits_{n=1}^{\infty}(-1)^n\frac{1}{\sqrt{n+1}}$ 收敛，所以，此级数为条件收敛。

(6) 因为级数的通项 $u_n=(-1)^{n+1}\cdot\frac{n!}{5^n}$，$|u_n|=\frac{n!}{5^n}$，由于：

$$\lim_{n\to\infty}\left|\frac{u_{n+1}}{u_n}\right|=\lim_{n\to\infty}\frac{(n+1)!}{5^{n+1}}\Big/\frac{n!}{5^n}=\lim_{n\to\infty}\frac{n+1}{5}=+\infty$$

所以，级数 $\sum\limits_{n=1}^{\infty}(-1)^{n+1}\cdot\frac{n!}{5^n}$ 发散。

(7) 因为 $1-\frac{1}{3}+\frac{1}{5}-\frac{1}{7}+\cdots=\sum\limits_{n=1}^{\infty}(-1)^{n-1}\cdot\frac{1}{2n-1}$，设 $v_n=\frac{1}{n}$，由于 $\lim\limits_{n\to\infty}\frac{\frac{1}{2n-1}}{v_n}=\lim\limits_{n\to\infty}\frac{n}{2n-1}=\frac{1}{2}$，而调和级数 $\sum\limits_{n=1}^{\infty}\frac{1}{n}$ 发散，故由极限形式的比较判别法知，$\sum\limits_{n=1}^{\infty}\left|(-1)^{n-1}\cdot\frac{1}{2n-1}\right|$ 发散。

又因为原级数为交错级数，且满足：

$$u_n=\frac{1}{2n-1}>\frac{1}{2n+1}=u_{n+1},\quad \lim_{n\to\infty}u_n=\lim_{n\to\infty}\frac{1}{2n-1}=0$$

故由莱布尼兹定理知，$\sum\limits_{n=1}^{\infty}(-1)^{n-1}\cdot\frac{1}{2n-1}$ 收敛，所以，此级数为条件收敛。

(8) 解法 1：因为 $|u_n|=\left|\left(-\frac{3}{2}\right)^n\right|=\left(\frac{3}{2}\right)^n$，由于 $\lim\limits_{n\to\infty}|u_n|=\lim\limits_{n\to\infty}\left(\frac{3}{2}\right)^n=+\infty$，故 $\lim\limits_{n\to\infty}u_n$ 不存在，不满足级数收敛的必要条件，所以，$\sum\limits_{n=1}^{\infty}\left(-\frac{3}{2}\right)^n$ 发散。

解法 2：由于 $\sum\limits_{n=1}^{\infty}\left(-\frac{3}{2}\right)^n$ 是公比 $q=-\frac{3}{2}$ 的等比级数，$|q|=\frac{3}{2}>1$，故级数发散。

9. 解 (1) 因为：

$$|a_n|=n+1,\ |a_{n+1}|=n+2$$

$$L=\lim_{n\to\infty}\left|\frac{a_{n+1}}{a_n}\right|=\lim_{n\to\infty}\frac{n+2}{n+1}=1$$

故幂级数的收敛半径 $R=\frac{1}{L}=1$.

又因为：

$$x=1\text{ 时},\sum_{n=0}^{\infty}(n+1)x^n=\sum_{n=0}^{\infty}(n+1),\text{发散；}$$

$$x=-1\text{ 时},\sum_{n=0}^{\infty}(n+1)x^n=\sum_{n=0}^{\infty}(-1)^n(n+1),\text{发散.}$$

所以，幂级数 $\sum\limits_{n=0}^{\infty}(n+1)x^n$ 的收敛区间为：$(-1,1)$.

(2) 因为：

$$|a_n| = n!, \quad |a_{n+1}| = (n+1)!$$

$$L = \lim_{n\to\infty}\left|\frac{a_{n+1}}{a_n}\right| = \lim_{n\to\infty}\frac{(n+1)!}{n!} = \lim_{n\to\infty}(n+1) = +\infty$$

所以，$R = 0$，$\sum\limits_{n=0}^{\infty}(n!)x^n$ 仅在 $x = 0$ 处收敛。

(3) 因为：

$$|a_n| = \frac{1}{(2n)!}, \quad |a_{n+1}| = \frac{1}{[2(n+1)]!}$$

$$L = \lim_{n\to\infty}\left|\frac{a_{n+1}}{a_n}\right| = \lim_{n\to\infty}\frac{1}{(2n+2)!}\cdot\frac{(2n)!}{1}$$

$$= \lim_{n\to\infty}\frac{1}{(2n+2)(2n+1)} = 0$$

所以，$R = +\infty$，幂级数 $\sum\limits_{n=0}^{\infty}\frac{1}{(2n)!}x^n$ 的收敛域为 $(-\infty, +\infty)$.

(4) 因为：

$$|a_n| = \frac{n^3}{4^n}, \quad |a_{n+1}| = \frac{(n+1)^3}{4^{n+1}}$$

$$L = \lim_{n\to\infty}\left|\frac{a_{n+1}}{a_n}\right| = \lim_{n\to\infty}\frac{(n+1)^3}{4^{n+1}}\cdot\frac{4^n}{n^3} = \lim_{n\to\infty}\frac{1}{4}\cdot\left(1+\frac{1}{n}\right)^3 = \frac{1}{4}$$

故 $R = \frac{1}{L} = 4$.

又因为 $x = 4$ 时，级数为：$\sum\limits_{n=1}^{\infty}n^3$，发散；$x = -4$ 时，级数为：$\sum\limits_{n=1}^{\infty}(-1)^n\cdot n^3$，发散，所以，幂级数 $\sum\limits_{n=1}^{\infty}\frac{n^3}{4^n}x^n$ 的收敛区间为：$(-4, 4)$.

(5) 因为：

$$|a_n| = \frac{3^n}{n^2}, \quad |a_{n+1}| = \frac{3^{n+1}}{(n+1)^2}$$

$$L = \lim_{n\to\infty}\left|\frac{a_{n+1}}{a_n}\right| = \lim_{n\to\infty}\frac{3^{n+1}}{(n+1)^2}\cdot\frac{n^2}{3^n} = \lim_{n\to\infty}3\cdot\left(\frac{n}{n+1}\right)^2 = 3$$

故 $R = \frac{1}{L} = \frac{1}{3}$.

又因为 $x = \frac{1}{3}$ 时，级数为 $\sum\limits_{n=1}^{\infty}\frac{1}{n^2}$，收敛；$x = -\frac{1}{3}$ 时，级数为 $\sum\limits_{n=1}^{\infty}\frac{(-1)^n}{n^2}$，收敛。所以，幂级数 $\sum\limits_{n=1}^{\infty}\frac{3^n}{n^2}x^n$ 的收敛区间为：$\left[-\frac{1}{3}, \frac{1}{3}\right]$.

(6) 因为：

$$|a_n| = \frac{n}{3^n}, \quad |a_{n+1}| = \frac{n+1}{3^{n+1}}$$

$$L = \lim_{n\to\infty}\left|\frac{a_{n+1}}{a_n}\right| = \lim_{n\to\infty}\frac{n+1}{3^{n+1}}\cdot\frac{3^n}{n} = \lim_{n\to\infty}\frac{1}{3}\cdot\frac{n+1}{n} = \frac{1}{3}$$

故收敛半径 $R = \frac{1}{L} = 3$.

又因为 $x=3$ 时，级数为 $\sum_{n=1}^{\infty}(-1)^n\cdot n$，发散；$x=-3$ 时，级数为 $\sum_{n=1}^{\infty}n$，发散，所以，幂级数 $\sum_{n=1}^{\infty}\frac{(-1)^n\cdot n}{3^n}x^n$ 的收敛区间为 $(-3,3)$.

(7) 令 $y=x-2$，则 $\sum_{n=1}^{\infty}\frac{(-1)^{n-1}}{n^2}(x-2)^n=\sum_{n=1}^{\infty}\frac{(-1)^{n-1}}{n^2}y^n$，在幂级数 $\sum_{n=1}^{\infty}\frac{(-1)^{n-1}}{n^2}y^n$ 中，$|a_n|=\frac{1}{n^2}$.

因为

$$\lim_{n\to\infty}\left|\frac{a_{n+1}}{a_n}\right|=\lim_{n\to\infty}\frac{1}{(n+1)^2}\bigg/\frac{1}{n^2}=\lim_{n\to\infty}\left(\frac{n}{n+1}\right)^2=1=L$$

故 $R=\frac{1}{L}=1$.

当 $y=1$ 时，$\sum_{n=1}^{\infty}\frac{(-1)^{n-1}}{n^2}y^n=\sum_{n=1}^{\infty}\frac{(-1)^{n-1}}{n^2}$，收敛；

当 $y=-1$ 时，$\sum_{n=1}^{\infty}\frac{(-1)^{n-1}}{n^2}y^n=\sum_{n=1}^{\infty}\left(-\frac{1}{n^2}\right)$，收敛.

于是，$-1\leqslant x-2\leqslant 1$，即 $1\leqslant x\leqslant 3$，亦即 $[1,3]$ 为原幂级数的收敛区间。

(8) 令 $y=x+1$，则 $\sum_{n=1}^{\infty}\frac{(x+1)^n}{n}=\sum_{n=1}^{\infty}\frac{y^n}{n}$.

在幂级数 $\sum_{n=1}^{\infty}\frac{y^n}{n}$ 中，$|a_n|=\frac{1}{n}$.

因为 $L=\lim_{n\to\infty}\left(\frac{a_{n+1}}{a_n}\right)=\lim_{n\to\infty}\frac{n}{n+1}=1$，故 $R=\frac{1}{L}=1$.

当 $y=1$ 时，$\sum_{n=1}^{\infty}\frac{y^n}{n}=\sum_{n=1}^{\infty}\frac{1}{n}$，发散；当 $y=-1$ 时，$\sum_{n=1}^{\infty}\frac{y^n}{n}=\sum_{n=1}^{\infty}\frac{(-1)^n}{n}$ 是满足莱布尼兹定理的交错级数，收敛。

于是，$-1\leqslant x+1<1$，即 $-2\leqslant x<0$，亦即 $[-2,0)$ 为幂级数 $\sum_{n=1}^{\infty}\frac{(x+1)^n}{n}$ 的收敛区间。

(9) $\sum_{n=1}^{\infty}nx^{2n-1}$ 缺偶次幂项。

由于幂级数的通项：

$$u_n=nx^{2n-1}$$

$$\lim_{n\to\infty}\left|\frac{u_{n+1}}{u_n}\right|=\lim_{n\to\infty}\left|\frac{(n+1)x^{2n+1}}{nx^{2n-1}}\right|=\lim_{n\to\infty}\frac{n+1}{n}\cdot|x|^2=|x|^2$$

故当 $|x|^2<1$，即 $|x|<1$ 时，幂级数收敛；当 $|x|^2>1$，即 $|x|>1$ 时，幂级数发散。所以，收敛半径 $R=1$.

又因为 $x=1$ 时，级数为 $\sum_{n=1}^{\infty}n$，发散；$x=-1$ 时，级数为 $\sum_{n=1}^{\infty}(-n)$，发散，所以，幂级数 $\sum_{n=1}^{\infty}nx^{2n-1}$ 的收敛区间为：$(-1,1)$.

(10) 幂级数$\sum_{n=0}^{\infty}\frac{2n+1}{2^n}x^{2n}$缺奇次幂项。

由于幂级数的通项：

$$u_n=\frac{2n+1}{2^n}x^{2n}$$

$$\lim_{n\to\infty}\left|\frac{u_{n+1}}{u_n}\right|=\lim_{n\to\infty}\left(\frac{2n+3}{2^{n+1}}\cdot|x|^{2n+2}\right)\Big/\left(\frac{2n+1}{2^n}\cdot|x|^{2n}\right)=\frac{|x|^2}{2}$$

故当$\frac{|x|^2}{2}<1$,即$|x|<\sqrt{2}$时,幂级数收敛;当$\frac{|x|^2}{2}>1$,即$|x|>\sqrt{2}$时,幂级数发散。

此幂级数的收敛半径$R=\sqrt{2}$.

又因为$x=\pm\sqrt{2}$时,级数均为$\sum_{n=0}^{\infty}(2n+1)$,发散,所以,幂级数$\sum_{n=0}^{\infty}\frac{2n+1}{2^n}x^{2n}$的收敛区间为:$(-\sqrt{2},\sqrt{2})$.

10. 解　(1) 因为$\sum_{n=0}^{\infty}(-1)^{n+1}x^n=\sum_{n=0}^{\infty}(-1)(-x)^n$,是公比为$-x$,首项为$-1$的等比级数,当$|-x|<1$时收敛于和$\frac{-1}{1-(-x)}=\frac{-1}{1+x}$,当$|-x|\geqslant 1$时发散,所以,$\sum_{n=0}^{\infty}(-1)^{n+1}x^n$的和函数为$-\frac{1}{1+x}$,收敛域为$(-1,1)$.

(2) 因为$\sum_{n=0}^{\infty}\frac{(-1)^n}{3^n}x^n=\sum_{n=0}^{\infty}(-\frac{x}{3})^n$,是公比为$-\frac{x}{3}$,首项为1的等比级数,当$\left|-\frac{x}{3}\right|<1$时收敛于和$\frac{1}{1-\left(-\frac{x}{3}\right)}=\frac{3}{3+x}$,当$\left|-\frac{x}{3}\right|\geqslant 1$时发散,而$\left|-\frac{x}{3}\right|<1$即$-3<x<3$,所以,$\sum_{n=0}^{\infty}\frac{(-1)^n}{3^n}x^n$的和函数为$\frac{3}{3+x}$,收敛域为$(-3,3)$,即:

$$\sum_{n=0}^{\infty}\frac{(-1)^n}{3^n}x^n=\frac{3}{3+x},\quad x\in(-3,3)$$

(3) 因为$\sum_{n=0}^{\infty}4^nx^{2n}=\sum_{n=0}^{\infty}4^n(x^2)^n=\sum_{n=0}^{\infty}(4x^2)^n$,是公比为$4x^2$,首项为1的等比级数,当$|4x^2|<1$,即$|x|<\frac{1}{2}$时收敛于和$\frac{1}{1-(4x^2)}$,当$|x|\geqslant\frac{1}{2}$时发散,所以,$\sum_{n=0}^{\infty}4^nx^{2n}$的和函数$s(x)=\frac{1}{1-4x^2}$,收敛域为$\left(-\frac{1}{2},\frac{1}{2}\right)$,即$\sum_{n=0}^{\infty}4^nx^{2n}=\frac{1}{1-4x^2},x\in\left(-\frac{1}{2},\frac{1}{2}\right)$.

(4) 因为$\sum_{n=0}^{\infty}\frac{(-1)^{n+1}}{5^n}x^n=\sum_{n=0}^{\infty}(-1)\cdot\left(-\frac{x}{5}\right)^n$是公比为$-\frac{x}{5}$、首项为$-1$的等比级数,当$\left|-\frac{x}{5}\right|<1$即$-5<x<5$时收敛于和$\frac{(-1)}{1-\left(-\frac{x}{5}\right)}=-\frac{5}{5+x}$,当$\left|-\frac{x}{5}\right|\geqslant 1$时发散。所以,此幂级数的和函数$s(x)=-\frac{5}{x+5}$,收敛区间为$(-5,5)$,即:

$$\sum_{n=0}^{\infty}\frac{(-1)^{n+1}}{5^n}x^n=-\frac{5}{x+5},\quad x\in(-5,5)$$

11. 解 设 $s(x)$ 为该幂级数在其收敛区间 $(-1,1)$ 内的和函数，即在 $(-1,1)$ 内：

$$\sum_{n=1}^{\infty}(-1)^{n-1}\cdot nx^{n-1}=1-2x+3x^2-4x^3+\cdots=s(x)$$

逐项积分，得 $x-x^2+x^3-x^4+\cdots=\int_0^x s(t)\mathrm{d}t$.

由于 $x-x^2+x^3-x^4+\cdots=\dfrac{x}{1-(-x)}=\dfrac{x}{1+x}, x\in(-1,1)$，于是：

$$\int_0^x s(t)\mathrm{d}t=\frac{x}{1+x}$$

上式两边求导，即得：

$$s(x)=\left(\frac{x}{1+x}\right)'=\frac{1}{(1+x)^2}$$

所以：

$$\sum_{n=1}^{\infty}(-1)^{n-1}\cdot nx^{n-1}=\frac{1}{(1+x)^2},\quad x\in(-1,1)$$

12. 解 设 $x-\dfrac{x^3}{3}+\dfrac{x^5}{5}-\dfrac{x^7}{7}+\cdots=s(x), x\in[-1,1]$，逐项求导，得：

$$s'(x)=1-x^2+x^4-x^6+\cdots=\frac{1}{1+x^2},\quad |x|<1$$

因此：

$$s(x)=\int_0^x\frac{\mathrm{d}t}{1+t^2}=[\arctan t]_0^x=\arctan x$$

$$x-\frac{x^3}{3}+\frac{x^5}{5}-\frac{x^7}{7}+\cdots=\arctan x,\quad x\in[-1,1]$$

13. 解 (1) 已知 $\sin t=\sum\limits_{n=0}^{\infty}\dfrac{(-1)^n}{(2n+1)!}t^{2n+1}, -\infty<t<+\infty$. 以 $\dfrac{x}{2}$ 代替 t，有：

$$\sin\frac{x}{2}=\sum_{n=0}^{\infty}\frac{(-1)^n}{(2n+1)!}\cdot\left(\frac{x}{2}\right)^{2n+1},\quad -\infty<\frac{x}{2}<+\infty$$

即：
$$\sin\frac{x}{2}=\sum_{n=0}^{\infty}\frac{(-1)^n}{2^{2n+1}\cdot(2n+1)!}x^{2n+1},\quad x\in(-\infty,+\infty)$$

(2) 已知 $\mathrm{e}^t=\sum\limits_{n=0}^{\infty}\dfrac{1}{n!}t^n, -\infty<t<+\infty$. 以 $-x$ 代替 t，有：

$$\mathrm{e}^{-x}=\sum_{n=0}^{\infty}\frac{1}{n!}(-x)^n=\sum_{n=0}^{\infty}\frac{(-1)^n}{n!}x^n,\quad -\infty<-x<+\infty$$

故：
$$x^2\mathrm{e}^{-x}=x^2\sum_{n=0}^{\infty}\frac{(-1)^n}{n!}x^n=\sum_{n=0}^{\infty}\frac{(-1)^n}{n!}x^{n+2},\quad x\in(-\infty,+\infty)$$

(3) $\sin^2\dfrac{x}{2}=\dfrac{1}{2}(1-\cos x)=\dfrac{1}{2}-\dfrac{1}{2}\sum\limits_{n=0}^{\infty}\dfrac{(-1)^n}{(2n)!}x^{2n},\quad x\in(-\infty,+\infty)$

(4) 因为：
$$\cos^2 x=\frac{1}{2}(1+\cos 2x)$$

$$\cos t=\sum_{n=0}^{\infty}\frac{(-1)^n}{(2n)!}t^{2n},\quad -\infty<t<+\infty$$

因此：

$$\cos(2x)=\sum_{n=0}^{\infty}\frac{(-1)^n}{(2n)!}\cdot(2x)^{2n},\quad -\infty<2x<+\infty$$

$$\cos^2 x=\frac{1}{2}+\frac{1}{2}\sum_{n=0}^{\infty}\frac{(-1)^n4^n}{(2n)!}x^{2n},\quad x\in(-\infty,+\infty)$$

(5) $\frac{e^x-e^{-x}}{2}=\frac{1}{2}(e^x-e^{-x})=\frac{1}{2}\left[\sum_{n=0}^{\infty}\frac{x^n}{n!}-\sum_{n=0}^{\infty}\frac{(-x)^n}{n!}\right]$

$$=\frac{1}{2}\left[\left(1+x+\frac{x^2}{2!}+\frac{x^3}{3!}+\cdots+\frac{x^n}{n!}+\cdots\right)-\left(1-x+\frac{x^2}{2!}-\frac{x^3}{3!}+\cdots+\frac{(-1)^nx^n}{n!}+\cdots\right)\right]$$

$$=x+\frac{x^3}{3!}+\frac{x^5}{5!}+\cdots$$

$$=\sum_{n=0}^{\infty}\frac{x^{2n+1}}{(2n+1)!},\quad x\in(-\infty,+\infty)$$

(6) $\frac{e^x+e^{-x}}{2}=\frac{1}{2}\left[\sum_{n=0}^{\infty}\frac{x^n}{n!}+\sum_{n=0}^{\infty}\frac{(-x)^n}{n!}\right]$

$$=\frac{1}{2}\left[\left(1+x+\frac{x^2}{2!}+\frac{x^3}{3!}+\cdots\right)+\left(1-x+\frac{x^2}{2!}-\frac{x^3}{3!}+\cdots\right)\right]$$

$$=1+\frac{x^2}{2!}+\frac{x^4}{4!}+\cdots=\sum_{n=0}^{\infty}\frac{x^{2n}}{(2n)!},\quad x\in(-\infty,+\infty)$$

(7) $\ln(5+x)=\ln5\left(1+\frac{x}{5}\right)=\ln5+\ln\left(1+\frac{x}{5}\right)$

$$=\ln5+\sum_{n=1}^{\infty}(-1)^{n-1}\cdot\frac{1}{n}\left(\frac{x}{5}\right)^n,\quad -1<\frac{x}{5}\leqslant1$$

即：
$$\ln(5+x)=\ln5+\sum_{n=1}^{\infty}\frac{(-1)^{n-1}}{n\cdot5^n}x^n,\quad x\in(-5,5]$$

(8) $\ln(2-x)=\ln2\left[1+\left(-\frac{x}{2}\right)\right]=\ln2+\ln\left[1+\left(-\frac{x}{2}\right)\right]$

$$=\ln2+\sum_{n=1}^{\infty}\frac{(-1)^{n-1}}{n}\left(-\frac{x}{2}\right)^n,\quad -1<-\frac{x}{2}\leqslant1$$

即：
$$\ln(2-x)=\ln2+\sum_{n=1}^{\infty}\left(-\frac{1}{n\cdot2^n}\right)x^n,\quad x\in[-2,2)$$

(9) $\ln\frac{1+x}{1-x}=\ln(1+x)-\ln(1-x)$.

因为：

$$\ln(1+x)=x-\frac{x^2}{2}+\frac{x^3}{3}-\frac{x^4}{4}+\cdots,\quad -1<x\leqslant1$$

$$\ln[1+(-x)]=-x-\frac{x^2}{2}-\frac{x^3}{3}-\frac{x^4}{4}-\cdots,\quad -1<-x\leqslant1$$

所以：
$$\ln\frac{1+x}{1-x}=2\left[x+\frac{x^3}{3}+\frac{x^5}{5}+\cdots\right],\quad x\in(-1,1)$$

(10) 由于：

$$\ln(1+x-2x^2)=\ln(1+2x)(1-x)=\ln(1+2x)+\ln(1-x)$$

$$\ln(1+2x)=(2x)-\frac{(2x)^2}{2}+\frac{(2x)^3}{3}-\cdots,\quad -1<2x\leqslant 1$$

$$\ln(1-x)=-x-\frac{x^2}{2}-\frac{x^3}{3}-\cdots,\quad -1<-x\leqslant 1$$

故：
$$\ln(1+x-2x^2)=\sum_{n=1}^{\infty}\left[\frac{(-1)^{n-1}}{n}2^n-\frac{1}{n}\right]x^n$$
$$=\sum_{n=1}^{\infty}\frac{(-1)^{n-1}\cdot 2^n-1}{n}x^n,\quad x\in\left(-\frac{1}{2},\frac{1}{2}\right]$$

(11) $\dfrac{2x^3}{1-x}=2x^3\cdot\dfrac{1}{1-x}=2x^3\cdot\sum\limits_{n=0}^{\infty}x^n=\sum\limits_{n=0}^{\infty}2x^{n+3},\quad x\in(-1,1)$

(12) $\dfrac{1}{x-3}=-\dfrac{1}{3}\cdot\dfrac{1}{1-\left(\dfrac{x}{3}\right)}=-\dfrac{1}{3}\sum\limits_{n=0}^{\infty}\left(\dfrac{x}{3}\right)^n,\left|\dfrac{x}{3}\right|<1$,即：

$$\frac{1}{x-3}=-\frac{1}{3}\sum_{n=0}^{\infty}\frac{1}{3^n}x^n=\sum_{n=0}^{\infty}\left(-\frac{1}{3^{n+1}}\right)x^n,\quad x\in(-3,3)$$

14. 解 因为：

$$\frac{1}{x+1}=\frac{1}{-3+(x+4)}=-\frac{1}{3}\cdot\frac{1}{1-\left(\dfrac{x+4}{3}\right)}$$

已知$\dfrac{1}{1-t}=\sum\limits_{n=0}^{\infty}t^n$, $|t|<1$,故：

$$\frac{1}{1-\left(\dfrac{x+4}{3}\right)}=\sum_{n=0}^{\infty}\left(\frac{x+4}{3}\right)^n,\left|\frac{x+4}{3}\right|<1,\text{即}-7<x<-1$$

$$\frac{1}{x+1}=-\frac{1}{3}\sum_{n=0}^{\infty}\left(\frac{x+4}{3}\right)^n=\sum_{n=0}^{\infty}\left(-\frac{1}{3^{n+1}}\right)x+4)^n,\quad x\in(-7,-1)$$

15. 解 因为 $\ln x=\ln[1+(x-1)]$,已知：

$$\ln(1+t)=\sum_{n=1}^{\infty}\frac{(-1)^{n-1}}{n}t^n,\quad -1<t\leqslant 1$$

故：
$$\ln[1+(x-1)]=\sum_{n=1}^{\infty}\frac{(-1)^{n-1}}{n}(x-1)^n,\quad -1<x-1\leqslant 1$$

$$\ln x=\sum_{n=1}^{\infty}\frac{(-1)^{n-1}}{n}(x-1)^n,\quad x\in(0,2]$$

16. 解 (1) 因为$\sqrt{e}=e^{\frac{1}{2}}$,已知 $e^x=1+x+\dfrac{x^2}{2!}+\dfrac{x^3}{3!}+\cdots,x\in(-\infty,+\infty)$,故取 $x=\dfrac{1}{2}$,即有：

$$\sqrt{e}=e^{\frac{1}{2}}=1+\frac{1}{2}+\frac{1}{2!}\cdot\left(\frac{1}{2}\right)^2+\frac{1}{3!}\left(\frac{1}{2}\right)^3+\cdots$$
$$\approx 1+\frac{1}{2}+\frac{1}{8}=1.625$$

(2) 因为：$e^{x^2}=\sum\limits_{n=0}^{\infty}\dfrac{1}{n!}(x^2)^n=1+x^2+\dfrac{1}{2!}x^4+\cdots\quad x\in(-\infty,+\infty)$

所以：

$$\int_0^{0.5} e^{x^2}\,dx = \int_0^{0.5}\left(1+x^2+\frac{1}{2!}x^4+\cdots\right)dx$$

$$=\left[x+\frac{x^3}{3}+\frac{x^5}{10}+\cdots\right]_0^{0.5}$$

$$\approx (0.5)+\frac{(0.5)^3}{3}+\frac{(0.5)^5}{10}=0.5448$$

(3) 因为 $\sin x = x-\frac{x^3}{3!}+\frac{x^5}{5!}-\frac{x^7}{7!}+\cdots, x\in(-\infty,+\infty)$，所以：

$$\int_0^1 \frac{\sin x}{x}dx = \int_0^1\left(1-\frac{x^2}{3!}+\frac{x^4}{5!}-\frac{x^6}{7!}+\cdots\right)dx$$

$$=\left[x-\frac{1}{3!}\cdot\frac{x^3}{3}+\frac{1}{5!}\cdot\frac{x^5}{5}-\frac{1}{7!}\cdot\frac{x^7}{7}+\cdots\right]_0^1$$

$$\approx 1-\frac{1}{3!}\cdot\frac{1}{3}+\frac{1}{5!}\cdot\frac{1}{5}=1-\frac{1}{18}+\frac{1}{600}$$

$$\approx 0.9461$$

模拟试卷一(上)

一、单项选择题(每小题 2 分,共 10 分)

1. $y=\frac{1}{3}(e^x+e^{-x})$ 的图像关于(　　)对称。

A. x 轴　　B. y 轴　　C. 直线 $y=x$　　D. 原点

2. $\lim\limits_{n\to\infty}\frac{4-3^n}{3^n-2^{n+1}}=$(　　).

A. -1　　B. 0　　C. 1　　D. ∞

3. 在区间$[-1,3]$上,函数 $y=2x+\cos x$(　　)。

A. 无最大值　　B. 无最小值　　C. 单调递增　　D. 单调递减

4. 设 $f(x)=2+\ln x$,则$\lim\limits_{x\to1}\frac{f(x)-f(1)}{x-1}=$(　　).

A. 0　　B. 1　　C. 2　　D. 3

5. 设产量为 x 吨时的总成本 $C(x)=2x+x^2+7$(万元),则产量为 4 吨时的边际成本是(　　)万元。

A. 7　　B. 9　　C. 10　　D. 31

二、填空题(每小题 3 分,共 30 分)

1. 若 $f(x)=3x+5$,则 $f[f(x)-2]=$________.

2. $y=7^{x+3}$ 的反函数为________.

3. $\lim\limits_{x\to\infty}x\sin\frac{2}{x}=$________.

4. $\lim\limits_{x\to1}x^{\frac{3}{1-x}}=$________.

5. 当常数 $a=$________时,$f(x)=\begin{cases}x\cos\frac{1}{x}, x>0\\ 6^x+a, x\leqslant 0\end{cases}$在定义域内连续。

6. 曲线 $y=x^2+1$ 在点(1,2)处的切线方程为________.

7. 设 $y^{(n-2)}=2^x+2x$,则 $y^{(n)}=$________.

8. 设 $y=e^{3x}$,则$\frac{Ey}{Ex}=$________.

9. 利用微分近似计算,$\sqrt{1.04}\approx$________.

10. $y=\frac{1}{x^2+1}$ 在区间$[-2,2]$上满足罗尔定理的 $\xi=$________.

三、计算题(每小题 6 分,共 36 分)

1. 设 $f(x)=\begin{cases}\left(\frac{x+3}{x-1}\right)^{x+4}, & x>1\\ 1-\cos x, & -1\leqslant x\leqslant 1\end{cases}$,指出 $f(x)$ 的定义域,

并求 $\lim\limits_{x\to+\infty} f(x)$.

2. 计算 $\lim\limits_{x\to 0}\dfrac{\sin 3x}{\sqrt{1+x}-\sqrt{1-x}}$.

3. 计算 $\lim\limits_{x\to 0}\left(\dfrac{1}{x^2}-\dfrac{\sin x}{x^3}\right)$.

4. 设 $f\left(\dfrac{1}{x}\right)=\dfrac{x}{1+x}$,求 $f'(x)$.

5. 设 $y(x)=3\tan 2x-\sec(x^2)$,求 $\mathrm{d}y$.

6. 设 $y=(2+x^2)^x$,求 y'.

四、综合题(16 分)

求函数 $y=\dfrac{4(x+1)}{x^2}-2$ 的单调区间、极值及其曲线的凹向区间和拐点,并指出渐近线方程。

五、证明题(8 分)

利用拉格朗日中值定理,证明:若 $a>b>0$,则 $\dfrac{a-b}{a}<\ln\dfrac{a}{b}<\dfrac{a-b}{b}$.

模拟试卷一(上) 参考答案

一、单项选择题

1. B　2. A　3. C　4. B　5. C

二、填空题

1. $9x+14$　2. $y=\log_7 x-3$　3. 2　4. e^{-3}

5. -1　6. $y=2x$　7. $y=2^x(\ln 2)^2$　8. $3x$

9. 1.02　10. 0

三、计算题

1. **解**　$f(x)$ 的定义域为:$[-1,+\infty)$.

$$\lim_{x\to+\infty} f(x)=\lim_{x\to+\infty}\left(\frac{x+3}{x-1}\right)^{x+4}\overset{u=\frac{x-1}{4}}{=}\lim_{u\to+\infty}\left(1+\frac{1}{u}\right)^{4u+5}=\mathrm{e}^4$$

2. **解**　$$\lim_{x\to 0}\frac{\sin 3x}{\sqrt{1+x}-\sqrt{1-x}}=\lim_{x\to 0}\frac{\sin 3x\cdot(\sqrt{1+x}+\sqrt{1-x})}{2x}$$

$$=\lim_{x\to 0}\frac{\sin 3x}{3x}\cdot 3\cdot\frac{\sqrt{1+x}+\sqrt{1-x}}{2}=3$$

3. **解**　$$\lim_{x\to 0}\left(\frac{1}{x^2}-\frac{\sin x}{x^3}\right)=\lim_{x\to 0}\frac{x-\sin x}{x^3}\overset{\left(\frac{0}{0}\right)}{=}\lim_{x\to 0}\frac{1-\cos x}{3x^2}\overset{\left(\frac{0}{0}\right)}{=}\lim_{x\to 0}\frac{\sin x}{6x}=\frac{1}{6}$$

4. **解** $\because$ $f\left(\dfrac{1}{x}\right)=\dfrac{x}{1+x}\overset{t=\frac{1}{x}}{=}f(t)=\dfrac{1}{t+1},f(x)=\dfrac{1}{x+1}$

$\therefore$ $f'(x)=-\dfrac{1}{(x+1)^2}$

5. **解** $\because$ $y'(x)=3\sec^2 2x\cdot(2x)'-\sec(x^2)\tan(x^2)\cdot(x^2)'$

$\therefore$ $\mathrm{d}y=(6\sec^2 2x-2x\sec x^2\cdot\tan x^2)\mathrm{d}x$

6. **解** $\because$ $\ln y=x\ln(2+x^2)$

$$\frac{1}{y}\cdot y'=1\cdot\ln(2+x^2)+x\cdot\frac{1}{2+x^2}\cdot 2x$$

$\therefore$ $y'=(2+x^2)^x\cdot\left[\ln(2+x^2)+\dfrac{2x^2}{2+x^2}\right]$

四、综合题

解 函数的定义域为：$(-\infty,0)\cup(0,+\infty)$.

$y'=-\dfrac{4(x+2)}{x^3}$，令 $y'=0$，解得 $x_1=-2$；

$y''=\dfrac{8(x+3)}{x^4}$，令 $y''=0$，解得 $x_2=-3$.

列表讨论：

x	$(-\infty,-3)$	-3	$(-3,-2)$	-2	$(-2,0)$	0	$(0,+\infty)$
y'	$-$	$-$	$-$	0	$+$		$-$
y''	$-$	0	$+$	$+$	$+$		$+$
y	$\downarrow\cap$	拐点	$\downarrow\cup$	极小值	$\uparrow\cup$	间断	$\downarrow\cup$

函数的递减区间为$(-\infty,-2)$与$(0,+\infty)$，递增区间为$(-2,0)$，函数有极小值 $y(-2)=-3$. 曲线在$(-3,0)$与$(0,+\infty)$内上凹，在$(-\infty,-3)$内下凹，所以，点$\left(-3,-\dfrac{26}{9}\right)$为拐点。

曲线有水平渐近线：$y=-2$，垂直渐近线：$x=0$.

五、证明题

证 $\because$ $\ln a-\ln b=\dfrac{1}{\xi}\cdot(a-b),0<b<\xi<a$

$\therefore$ $\dfrac{a-b}{a}<\ln\dfrac{a}{b}=\dfrac{a-b}{\xi}<\dfrac{a-b}{b}$

模拟试卷一（下）

一、单项选择题（每小题 2 分，共 10 分）

1. 若$\frac{1}{x}$是 $f(x)$ 的一个原函数，则$\int xf(x)\mathrm{d}x=$（　　）.

A. $\frac{1}{x}+c$　　B. $-\frac{1}{x}+c$　　C. $-\ln|x|+c$　　D. $\ln|x|+c$

2. 定积分$\int_{-1}^{1}\sqrt{x^2}\,\mathrm{d}x=$（　　）.

A. 1　　B. 2　　C. 0　　D. -1

3. 下列广义积分中，收敛的是（　　）.

A. $\int_0^{+\infty}\sin x\mathrm{d}x$　　B. $\int_1^{+\infty}\ln x\mathrm{d}x$

C. $\int_0^1\frac{1}{x}\mathrm{d}x$　　D. $\int_0^1\frac{1}{\sqrt{x}}\mathrm{d}x$

4. 若 $G'_x(x_0,y_0)$，$G'_y(x_0,y_0)$ 存在，则 $G(x,y)$ 在(x_0,y_0)处（　　）。

A. 无定义　　B. 有定义　　C. 连续　　D. 可微

5. 若区域 D 由圆 $x^2+y^2=3$ 围成，则在极坐标系下，$\iint\limits_D f(x,y)\mathrm{d}\sigma=$（　　）.

A. $\int_0^{2\pi}\mathrm{d}\theta\int_0^{\sqrt{3}}f(r\cos\theta,r\sin\theta)\mathrm{d}r$　　B. $\int_0^{2\pi}\mathrm{d}\theta\int_0^{\sqrt{3}}f(r\cos\theta,r\sin\theta)r\mathrm{d}r$

C. $\int_0^{\pi}\mathrm{d}\theta\int_0^{3}f(r\cos\theta,r\sin\theta)r\mathrm{d}r$　　D. $\int_0^{2\pi}\mathrm{d}\theta\int_0^{3}f(r\cos\theta,r\sin\theta)r\mathrm{d}r$

二、填空题（每小题 3 分，共 30 分）

1. $\int f'(x)\cdot[3+f(x)]\mathrm{d}x=$________.

2. $\frac{\mathrm{d}}{\mathrm{d}x}\left[\int_1^{x^2}t\cdot\cos t\mathrm{d}t\right]=$________.

3. 定积分$\int_{-2}^{2}x^6\arctan x\mathrm{d}x=$________.

4. 定积分$\int_0^{\frac{\pi}{4}}\tan x\sec^2x\mathrm{d}x=$________.

5. 广义积分$\int_0^{+\infty}\mathrm{e}^{-3x}\mathrm{d}x=$________.

6. 球心在点$(1,-1,2)$且过点$(1,1,0)$的球面方程为________.

7. 二元函数 $Z=\sqrt{4-x^2-y^2}+\ln(x^2+y^2)$ 的定义域为________.

8. 设 $z=f(u)$ 可微，$u=x^2-3y$，则$\frac{\partial z}{\partial y}=$________.

9. 设 $z\ln y + xy = z\ln z$，则$\dfrac{\partial z}{\partial x} =$ ________.

10. 若区域 D 由直线 $x=0, y=x, y=2$ 围成，则$\iint\limits_D \mathrm{d}x\mathrm{d}y =$ ________.

三、计算题（每小题 6 分，共 36 分）

1. 求不定积分$\int \dfrac{1+x}{1-x}\mathrm{d}x$.

2. 求$\int \dfrac{1}{x\sqrt{x^2-1}}\mathrm{d}x$.

3. 计算$\int_1^{\mathrm{e}} x\ln x\mathrm{d}x$.

4. 设 $Z=u^v, u=3x^2+y^2, v=x+2y$，求$\dfrac{\partial z}{\partial x}$.

5. 求 $z(x,y)=\sin(x^3y^2)+2^x$ 的全微分 $\mathrm{d}z$.

6. 计算$\iint\limits_D \cos(x+y)\mathrm{d}\sigma$，其中，$D$ 是由直线 $y=\pi, x=0$ 与 $y=x$ 所围成的平面区域。

四、综合应用题（每小题 8 分，共 16 分）

1. 求由 $y=1$ 与 $y=x^2$ 所围成的平面图形面积 A，并求该图形绕 x 轴旋转一周所成的旋转体体积 V.

2. 设某厂生产 x 吨甲、y 吨乙产品的总成本为：

$$C(x,y)=x^2+2y^2-2xy+10\text{（万元）}$$

甲、乙每吨售价分别为 8 万元、6 万元。当甲、乙的产量各为多少时，获利最大？最大利润为多少？

五、证明题（共 8 分）

证明：$\int_0^1 \mathrm{d}x\int_x^1 y^2\mathrm{e}^{xy}\mathrm{d}y = \dfrac{\mathrm{e}}{2}-1$

模拟试卷一（下）参考答案

一、选择题

1. C　2. A　3. D　4. B　5. B

二、填空题

1. $\dfrac{1}{2}[3+f(x)]^2+c$

2. $2x^3\cdot\cos x^2$

3. 0

4. $\frac{1}{2}$

5. $\frac{1}{3}$

6. $(x-1)^2+(y+1)^2+(z-2)^2=8$

7. $0<x^2+y^2\leqslant 4$

8. $-3\cdot f'(x^2-3y)$

9. $\dfrac{y}{1+\ln z-\ln y}$

10. 2

三、计算题

1. **解** $\int\frac{2-(1-x)}{1-x}dx=\int\left(\frac{2}{1-x}-1\right)dx=-2\ln|1-x|-x+c$

2. **解** 设 $x=\sec t$ 则 $dx=\sec t\cdot\tan t dt$，$\sqrt{x^2-1}=\tan t$.

$$\int\frac{1}{x\sqrt{x^2-1}}dx=\int\frac{\sec t\cdot\tan t}{\sec t\cdot\tan t}dt=\int 1dt=t+c=\text{arcsec}x+c$$

3. **解** $\int_1^e x\ln x dx=\int_1^e\ln x d\left(\frac{x^2}{2}\right)$

$$=\frac{x^2}{2}\ln x\Big|_1^e-\int_1^e\frac{x^2}{2}\cdot\frac{1}{x}dx$$

$$=\left(\frac{e^2}{2}-0\right)-\frac{x^2}{4}\Big|_1^e=\frac{1}{4}(e^2+1)$$

4. **解** $\frac{\partial Z}{\partial x}=z'_u\cdot u'_x+z'_v\cdot v'_x$

$$=(v\cdot u^{v-1})\cdot 6x+(u^v\cdot\ln u)\cdot 1$$

$$=6x(x+2y)(3x^2+y^2)^{x+2y-1}+(3x^2+y^2)^{x+2y}\cdot\ln(3x^2+y^2)$$

5. **解** $\because$ $z'_x=3x^2y^2\cos(x^3y^2)+2^x\ln 2$

$z'_y=2yx^3\cos(x^3y^2)$

$\therefore$ $dz=[3x^2y^2\cos(x^3y^2)+2^x\ln 2]dx+[2yx^3\cos(x^3y^2)]dy$

6. **解** $\iint\limits_D\cos(x+y)d\sigma=\int_0^\pi dy\int_0^y\cos(x+y)dx$

$$=\int_0^\pi\sin(x+y)\Big|_0^y dy$$

$$=\int_0^\pi(\sin 2y-\sin y)dy$$

$$=\left(-\frac{1}{2}\cos 2y+\cos y\right)\Big|_0^\pi$$

$$=\left(-\frac{1}{2}-1\right)-\left(-\frac{1}{2}+1\right)=-2$$

四、应用题

1. **解** 所围面积 $A=\int_{-1}^1(1-x^2)dx=\left[x-\frac{x^3}{3}\right]_{-1}^1=\frac{4}{3}$

旋转体体积 $V=\pi\int_{-1}^{1}[(1)^2-(x^2)^2]\mathrm{d}x=\pi\left[x-\frac{x^5}{5}\right]_{-1}^{1}=\frac{8\pi}{5}$

2. **解**　由题意，生产 x 吨甲、y 吨乙产品的总利润为：

$$L(x,y)=R-C=8x+6y-(x^2+2y^2-2xy+10)\text{(万元)}$$

∵
$$L'_x=8-2x+2y,L'_y=6-4y+2x$$

由 $\begin{cases}L'_x=0\\L'_y=0\end{cases}$ 解得 $L(x,y)$ 只有一个驻点：(11,7)，且在该点处，$\Delta=-4<0$，$L''_{xx}=-2<0$.

∴　当甲、乙的产量分别为 11 吨、7 吨时，获利最大，最大利润为 $L(11,7)=55$ 万元。

五、证明题

证　交换积分次序：

$$\int_0^1\mathrm{d}x\int_x^1 y^2\mathrm{e}^{xy}\mathrm{d}y=\int_0^1\left[\int_0^y y^2\mathrm{e}^{xy}\mathrm{d}x\right]\mathrm{d}y=\int_0^1(y\mathrm{e}^{xy})\Big|_0^y\mathrm{d}y$$

$$=\int_0^1(y\mathrm{e}^{y^2}-y)\mathrm{d}y=\frac{1}{2}\left[\mathrm{e}^{y^2}-y^2\right]_0^1=\frac{\mathrm{e}}{2}-1$$

模拟试卷二(上)

一、单项选择题(每小题 2 分,共 10 分)

1. $y=($　　$)$是奇函数。

A. $x^2\cos x$　　B. $x\mathrm{e}^x$　　C. $\mathrm{e}^x+\mathrm{e}^{-x}$　　D. $\mathrm{e}^x-\mathrm{e}^{-x}$

2. 若 $f(x)=x^3,g(x)=2^x$,则 $f[g(x)]=($　　$)$.

A. 2^{3x}　　B. 2^{x^3}　　C. 6^x　　D. 3^{2x}

3. 曲线 $y=x^2$ 在点(2,4)处的切线斜率 $k=($　　$)$.

A. 0　　B. 1　　C. 2　　D. 4

4. 设 $y^{(n-2)}=5^x+5x$,则 $y^{(n)}=($　　$)$.

A. 5^x　　B. $5^x\cdot(\ln 5)^2$　　C. $\frac{5^x}{(\ln 5)^2}$　　D. 0

5. $y=2x^2-x-3$ 在区间$\left[-1,\frac{3}{2}\right]$上满足罗尔定理的 $\xi=($　　$)$.

A. -1　　B. 0　　C. $\frac{1}{4}$　　D. $\frac{3}{2}$

二、填空题(每小题 3 分,共 30 分)

1. $y=3x-4$ 的反函数为________.

2. $f(x)=\begin{cases}x^3+2, & x>1\\ \cos x, & 0\leqslant x<1\end{cases}$ 的定义域为________.

3. 函数 $y=\sqrt{x-1}+\lg\frac{1}{5-x}$ 的连续区间为________.

4. $\lim\limits_{x\to0}x\cos\frac{1}{3x}=$________.

5. $\lim\limits_{x\to\infty}\left(1-\frac{3}{x}\right)^{2x}=$________.

6. $\lim\limits_{n\to\infty}n(\sqrt{n^2+1}-n)=$________.

7. $f(x)$ 在 $x=x_0$ 处连续是 $f(x)$ 在 $x=x_0$ 处可导的________条件。

8. 利用微分近似计算，$\ln0.98\approx$________.

9. 设产量为 x 个单位时的总利润 $L(x)=26x-x^2-18$(万元)，则产量为 13 个单位时的边际利润是________.

10. $y=\frac{x+1}{x^2-1}+3$ 的水平渐近线为________，垂直渐近线为________.

三、计算题(每小题 6 分，共 42 分)

1. 求常数 k，使 $f(x)=\begin{cases}x^{\frac{2}{x-1}}, & x>1\\ k, & x\leqslant1\end{cases}$ 在 $x=1$ 处连续。

2. 计算 $\lim\limits_{x\to2}\frac{\sin(x-2)}{x^2+x-6}$.

3. 计算 $\lim\limits_{x\to1}\left(\frac{1}{x-1}-\frac{3}{x^3-1}\right)$.

4. 求曲线 $y=1-x^2$ 在点(1,0)处的切线方程。

5. 设 $f(x)=x\ln x+e^3$，求 $f''(x)$.

6. 设 $y(x)=6\tan x-\arctan(x^3)+\frac{e^x}{x}$，求 y'.

7. 设 $y=(1+\sin^2x)^x$，求 dy.

四、综合应用题(12 分)

将边长为 a 的正三角形薄铁皮剪去三个全等的四边形(如图示的阴影部分)，然后将其沿虚线折起，做成一个无盖的正三棱柱盒子。当图中的 x 取何值时，该盒子的容积最大?

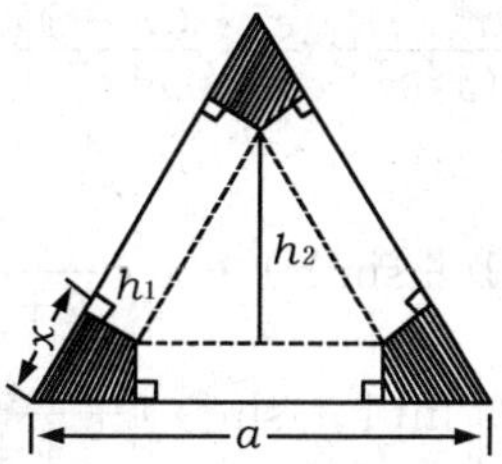

五、证明题(6 分)

证 当 $x>0$ 时，$x-\frac{x^2}{2}<\ln(x+1)$.

模拟试卷二(上)参考答案

一、单项选择题

1. D 2. A 3. D 4. B 5. C

二、填空题

1. $y=\frac{1}{3}(x+4)$ 2. $[0,1)\cup(1,+\infty)$ 3. $[1,5)$

4. 0 5. e^{-6} 6. $\frac{1}{2}$

7. 必要 8. -0.02 9. 0

10. $y=3,x=1$

三、计算题

1. **解** $\because \lim\limits_{x\to1^+}f(x)=\lim\limits_{x\to1^+}x^{\frac{2}{x-1}}=\lim\limits_{x\to1^+}[1+(x-1)]^{\frac{2}{x-1}}=e^2$

$f(1)=k,\lim\limits_{x\to1^-}f(x)=\lim\limits_{x\to1^-}k=k$

$\therefore$ 当常数 $k=e^2$ 时,$f(x)$ 在 $x=1$ 处连续。

2. **解** $\lim\limits_{x\to2}\frac{\sin(x-2)}{x^2+x-6}=\lim\limits_{x\to2}\frac{\sin(x-2)}{x-2}\cdot\frac{1}{x+3}=1\times\frac{1}{5}=\frac{1}{5}$

3. **解** $\lim\limits_{x\to1}\left(\frac{1}{x-1}-\frac{3}{x^3-1}\right)=\lim\limits_{x\to1}\frac{x^2+x+1-3}{x^3-1}\overset{(\frac{0}{0})}{=}\lim\limits_{x\to1}\frac{2x+1}{3x^2}$

$=1$

4. **解** $\because y'=-2x$,$\therefore$ 曲线 $y=1-x^2$ 在点(1,0)处的切线斜率 $k=y'(1)=-2$,所求方程为:$y=-2x+2$.

5. **解** $f'(x)=1\cdot\ln x+x\cdot\frac{1}{x}+0=\ln x+1,f''(x)=\frac{1}{x}$

6. **解** $y'(x)=6\sec^2x-\frac{1}{1+(x^3)^2}\cdot(x^3)'+\frac{e^x\cdot x-1\cdot e^x}{x^2}$

$$=6\sec^2x-\frac{3x^2}{1+(x^3)^2}+\frac{e^x\cdot(x-1)}{x^2}$$

7. **解** $\because \ln y=x\ln(1+\sin^2x)$

$$\frac{1}{y}\cdot y'=1\cdot\ln(1+\sin^2x)+x\cdot\frac{1}{1+\sin^2x}\cdot2\sin x\cos x$$

$\therefore$ $y'=(1+\sin^2x)^x\left[\ln(1+\sin^2x)+\frac{x\sin2x}{1+\sin^2x}\right]$

$$dy=(1+\sin^2x)^x\left[\ln(1+\sin^2x)+\frac{x\sin2x}{1+\sin^2x}\right]dx$$

四、综合应用题

解 如图,设 h_1 为该盒子的高,h_2 为该盒子底边上的高,则盒子的容积为:

$$v=\frac{1}{2}(a-2x)h_2\cdot h_1$$

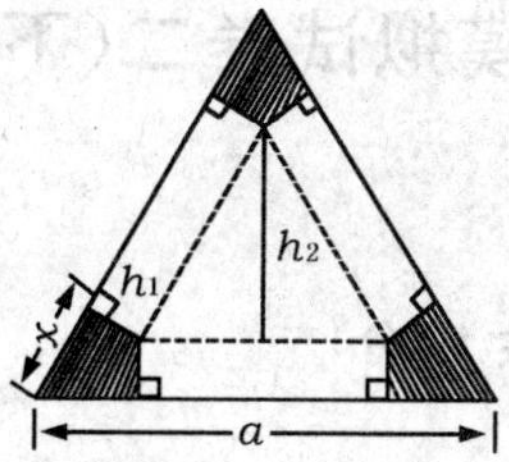

$$h_1=x\tan\frac{\pi}{6}=\frac{\sqrt{3}}{3}x$$

而

$$h_2=\frac{1}{2}(a-2x)\tan\frac{\pi}{3}=\frac{\sqrt{3}}{2}(a-2x)$$

故：
$$v=\frac{1}{2}(a-2x)\frac{\sqrt{3}}{3}x\cdot\frac{\sqrt{3}}{2}(a-2x)$$
$$=\frac{1}{4}x(a-2x)^2,\quad x\in(0,\frac{a}{2})$$

∵
$$v'=\frac{1}{4}[(a-2x)^2+x2(a-2x)\cdot(-2)]$$
$$=\frac{1}{4}(a-2x)(a-6x)$$

令 $v'=0$，得驻点 $x=\frac{a}{6}$，$x=\frac{a}{2}$（舍去）.

且：
$$v''=\frac{1}{4}(-8a+24x),\quad v''\left(\frac{a}{6}\right)=-a<0$$

∴ $x=\frac{a}{6}$ 时，v 取得极大值，由极大值唯一性即是最大值，则当图中的 $x=\frac{a}{6}$ 时，该盒子的容积最大。

五、证明题

证 设 $f(x)=\ln(x+1)-\left(x-\frac{x^2}{2}\right)$

∵ $f(x)$ 在$[0,+\infty)$ 上连续，且当 $x>0$ 时：

$$f'(x)=\frac{1}{x+1}-1+x=\frac{x^2}{x+1}>0$$

∴ $f(x)$ 在$[0,+\infty)$ 上递增，当 $x>0$ 时，$f(x)>f(0)=0$.

此即当 $x>0$ 时，$x-\frac{x^2}{2}<\ln(x+1)$.

模拟试卷二(下)

一、单项选择题(每小题 2 分,共 10 分)

1. 在计算积分$\int\sqrt{4-x^2}\,dx$时,为使被积函数有理化,可作变量代换(　　).

A. $x=2\sin t$　　B. $x=2\sec t$　　C. $x=2\tan t$　　D. $u=\sqrt{4-x^2}$

2. 定积分$\int_{-1}^{1}(1+x^4)\sin^3 x dx=$(　　).

A. -1　　B. 0　　C. 1　　D. 2

3. 当常数(　　)时,广义积分$\int_{1}^{2}(x-1)^{-\alpha}dx$收敛。

A. $\alpha>1$　　B. $\alpha\geqslant 1$　　C. $\alpha\leqslant 1$　　D. $0<\alpha<1$

4. 设$Z=e^{xy}$,则$Z''_{xy}=$(　　).

A. e^{xy}　　B. xe^{xy}　　C. xye^{xy}　　D. $(1+xy)e^{xy}$

5. 若区域D由圆$x^2+y^2=3$围成,则$\iint\limits_D d\sigma=$(　　).

A. π　　B. 2π　　C. 3π　　D. 4π

二、填空题(每小题 3 分,共 30 分)

1. $\left(\int\sec x dx\right)'=$________.

2. $\int\frac{f'(x)}{1+f^2(x)}dx=$________.

3. $\frac{d}{dx}\left[\int_{3}^{x^3}t\cdot 2^t dt\right]=$________.

4. 定积分$\int_{-\frac{\pi}{2}}^{\frac{\pi}{2}}|\sin x|\,dx=$________.

5. 广义积分$\int_{0}^{+\infty}xe^{-x^2}dx=$________.

6. 二元函数$f(x,y)=\ln(1-x^2-y^2)+\frac{5}{x^2+y^2}$的定义域为________.

7. 设$x^2+y^2+z^2-4z=0$,则$\frac{\partial z}{\partial x}=$________.

8. $G(x,y)=x^2+y^2-4x+4y$的极小值点$(x_0,y_0)=$________.

9. 交换积分次序$\int_{-1}^{1}dx\int_{0}^{\sqrt{1-x^2}}f(x,y)dy=$________.

10. 若$D:\begin{cases}0\leqslant x\leqslant 1\\1\leqslant y\leqslant 2\end{cases}$,则$\iint\limits_D\frac{y^2}{1+x^2}dxdy=$________.

三、计算题(每小题 7 分,任选 6 题,共 42 分)

1. 求不定积分$\int x\tan^2 x\mathrm{d}x$.

2. 计算$\int_{-1}^{2}\frac{1}{1+\sqrt{x+2}}\mathrm{d}x$.

3. 设 $Z=f(x^2y,y^x)$ 可微,求$\frac{\partial Z}{\partial y}$.

4. 求 $z=\cos(xy^5)+\ln y$ 的全微分 $\mathrm{d}z$.

5. 计算$\iint\limits_D(x^2+y)\mathrm{d}\sigma$,其中 D 是由 $y=x^2$ 与 $y=x$ 所围成的平面区域。

6. 求 $L(x,y)=6x+8y-2x^2-y^2+2xy-5$ 的极值。

*7. 判定$\sum\limits_{n=1}^{\infty}\frac{3n-1}{8^n}$ 的敛散性。

*8. 将函数 $f(x)=\ln\frac{x+1}{x-1}$ 展开成 x 的幂级数。

四、应用题(8 分)

求由 $x=1,y=2x$ 与 $y=x^2(x\leqslant 1)$ 所围成的平面图形面积 S,并求该图形绕 x 轴旋转一周所生成的旋转体体积 V.

五、证明题(每小题 5 分,共 10 分)

1. 设 $f(x)=x^2-\int_0^a f(x)\mathrm{d}x$,且常数 $a\neq-1$,求证:$\int_0^a f(x)\mathrm{d}x=\frac{a^3}{3(1+a)}$.

2. 设 $z=\arctan\left(\frac{x}{y}\right)$,证明:$y\frac{\partial z}{\partial x}-x\frac{\partial z}{\partial y}=1$.

模拟试卷二(下)参考答案

一、单项选择题

1. A 2. B 3. D 4. D 5. C

二、填空题

1. $\sec x$ 2. $\arctan[f(x)]+c$ 3. $3x^5\cdot 2^{x^3}$

4. 2 5. $\frac{1}{2}$ 6. $0<x^2+y^2<1$

7. $\frac{x}{2-z}$ 8. $(2,-2)$ 9. $\int_0^1\mathrm{d}y\int_{-\sqrt{1-y^2}}^{\sqrt{1-y^2}}f(x,y)\mathrm{d}x$

10. $\frac{7\pi}{12}$

三、计算题

1. 解 $\int x\tan^2 x\mathrm{d}x=\int x(\sec^2 x-1)\mathrm{d}x=\int x\sec^2 x\mathrm{d}x-\int x\mathrm{d}x$

$$=\int x\mathrm{d}\tan x-\frac{x^2}{2}=x\tan x-\int \tan x\mathrm{d}x-\frac{x^2}{2}$$

$$=x\tan x+\ln|\cos x|-\frac{x^2}{2}+c$$

2. 解 设 $t=\sqrt{x+2}$，则：

$$\int_{-1}^{2}\frac{1}{1+\sqrt{x+2}}\mathrm{d}x=\int_{1}^{2}\frac{2t}{1+t}\mathrm{d}t=2\int_{1}^{2}\left(1-\frac{1}{1+t}\right)\mathrm{d}t$$

$$=2\Big[t-\ln|1+t|\Big]_{1}^{2}=2\left(1+\ln\frac{2}{3}\right)$$

3. 解 ∵ $Z=f(x^2y,y^x)$ 可由 $Z=f(u,v),u=x^2y,v=y^x$ 复合而成。

∴ $\frac{\partial Z}{\partial y}=z'_u\cdot u'_y+z'_v\cdot v'_y=x^2\cdot f'_u(u,v)+xy^{x-1}\cdot f'_v(u,v)$

4. 解 ∵ $z'_x=-y^5\sin(xy^5),z'_y=-5xy^4\sin(xy^5)+\frac{1}{y}$

∴ $\mathrm{d}z=-y^5\sin(xy^5)\mathrm{d}x+[-5xy^4\sin(xy^5)+\frac{1}{y}]\mathrm{d}y$

5. 解 $\iint\limits_D(x^2+y)\mathrm{d}\sigma=\int_0^1\left[\int_{x^2}^{x}(x^2+y)\mathrm{d}y\right]\mathrm{d}x=\int_0^1\left[x^2y+\frac{y^2}{2}\right]_{x^2}^{x}\mathrm{d}x$

$$=\int_0^1\left(-\frac{3}{2}x^4+x^3+\frac{x^2}{2}\right)\mathrm{d}x$$

$$=\left[-\frac{3}{10}x^5+\frac{x^4}{4}+\frac{x^3}{6}\right]_0^1=\frac{7}{60}$$

6. 解 ∵ $L'_x=6-4x+2y,L'_y=8-2y+2x$

由 $\begin{cases}L'_x=0\\L'_y=0\end{cases}$ 解得 $L(x,y)$ 只有一个驻点：$(7,11)$，且在该点处，$\Delta=-4<0,L''_{xx}=-4<0$.

∴ $L(x,y)$ 有极大值：$L(7,11)=60$

7. 解 ∵ $u_n=\frac{3n-1}{8^n}>0,\lim\limits_{n\to\infty}u_{n+1}\div u_n=\frac{1}{8}<1$

∴ $\sum\limits_{n=1}^{\infty}\frac{3n-1}{8^n}$ 收敛。

8. 解 ∵ $f(x)=\ln\frac{x+1}{x-1}=\ln(x+1)-\ln(x-1)$

$$\ln(x+1)=x-\frac{x^2}{2}+\frac{x^3}{3}-\frac{x^4}{4}+\cdots\quad -1<x\leqslant 1$$

$$\ln(x-1)=-x-\frac{x^2}{2}-\frac{x^3}{3}-\frac{x^4}{4}-\cdots\quad -1<-x\leqslant 1$$

∴ $\ln\frac{x+1}{x-1}=2(x+\frac{x^3}{3}+\frac{x^5}{5}+\cdots)\quad x\in(-1,1)$

四、应用题

解 所围面积 $S=\int_0^1(2x-x^2)\mathrm{d}x=\left[x^2-\frac{x^3}{3}\right]_0^1=\frac{2}{3}$

旋转体体积 $V=\pi\int_0^1[(2x)^2-(x^2)^2]\mathrm{d}x=\pi\left[\frac{4x^3}{3}-\frac{x^5}{5}\right]_0^1=\frac{17\pi}{15}$

五、证明题

1. **证** ∵

$$\int_0^a f(x)\mathrm{d}x=\int_0^a\left[x^2-\int_0^a f(x)\mathrm{d}x\right]\mathrm{d}x=\int_0^a x^2\mathrm{d}x-\int_0^a\left[\int_0^a f(x)\mathrm{d}x\right]\mathrm{d}x$$

$$=\frac{x^3}{3}\Big|_0^a-\left[\int_0^a f(x)\mathrm{d}x\right]\cdot\int_0^a\mathrm{d}x$$

$$=\frac{a^3}{3}-a\int_0^a f(x)\mathrm{d}x$$

$$\int_0^a f(x)\mathrm{d}x+a\int_0^a f(x)\mathrm{d}x=\frac{a^3}{3}$$

∴

$$\int_0^a f(x)\mathrm{d}x=\frac{a^3}{3(1+a)}$$

2. **证** ∵

$$\frac{\partial Z}{\partial x}=\frac{1}{1+\left(\frac{x}{y}\right)^2}\cdot\left(\frac{x}{y}\right)'_x=\frac{y}{x^2+y^2}$$

$$\frac{\partial Z}{\partial y}=\frac{1}{1+\left(\frac{x}{y}\right)^2}\cdot\left(\frac{x}{y}\right)'_y=-\frac{x}{x^2+y^2}$$

∴

$$y\frac{\partial Z}{\partial x}-x\frac{\partial Z}{\partial y}=\frac{y^2-(-x^2)}{x^2+y^2}=1$$

高等院校经济管理核心课程精品教材

高等数学

（第三版）

黄振耀　编著

上海财经大学出版社

图书在版编目(CIP)数据

高等数学/黄振耀编著．—3版．—上海：上海财经大学出版社，2015.2

（高等院校经济管理核心课程精品教材）

ISBN 978-7-5642-2100-3/F·2100

Ⅰ.①高…　Ⅱ.①黄…　Ⅲ.①高等数学-高等学校-教材　Ⅳ.①O13

中国版本图书馆CIP数据核字(2015)第016272号

□ 责任编辑　王　芳
□ 封面设计　钱宇辰
□ 责任校对　王从远

GAODENG SHUXUE
高 等 数 学
（第三版）

黄振耀　编著

上海财经大学出版社出版发行
（上海市武东路321号乙　邮编200434）
网　　址：http://www.sufep.com
电子邮箱：webmaster @ sufep.com
全国新华书店经销
启东市人民印刷有限公司印刷装订
2015年2月第3版　2015年2月第1次印刷

787mm×1092mm　1/16　13.5印张　345千字
（习题集10印张　256千字）
印数：16 001—21 000　　定价：40.00元

第三版前言

本书是为了适应财经管理类专业的实际需要而编写的经济数学系列教材之一，介绍从事经济管理和经济理论研究所需要的高等数学微积分部分的基础知识。

本书是以上海财经大学出版社出版的李国勤、黄振耀编写的《高等数学》为基础修订编写而成的。在编写过程中，编者根据近几年教学实践和继续教育的特点，充分考虑微积分学的系统性和科学性，在教学大纲范围内，适当调整了部分内容的顺序和部分例题，力求做到重点突出、通俗易懂、循序渐进。

本书还新配有习题集，以帮助读者更好地掌握高等数学中的基本概念和方法。

本书可作为本科和高职财经管理类专业经济数学中微积分课程的教材或教学参考书，也可以作为高等教育自学考试财经类《高等数学(一)》的自学参考书。

本书在编写过程中，得到了学院领导和兄弟部门的大力支持和关心，在此谨表谢意。另限于编者水平，对书中不妥之处，恳请同仁与广大读者不吝赐教。

编　者

2015年1月

目　录

第一章

函　数

函数是高等数学中最基本的研究对象，微积分学研究函数限于实数范围。本章主要介绍一元函数的概念及其性态讨论、反函数的求法，并给出复合函数与初等函数的概念。

第一节　变量及其变化范围

一、常量与变量

在考察自然现象、进行科学实验或各种经济活动时，常常会遇到各种各样的量，其中有的量在过程中不变化，也就是保持一定的数值，这种量叫作**常量**；还有一些量在过程中是变化的，也就是可以取不同的数值，这种量叫作**变量**。

例如，某工厂工人的月工资分为两部分：基本工资和效益工资，基本工资是根据工人的技术等级等因素决定的，通常在一个时期(如一年内)是不变的，也就是常量。而效益工资是根据工人每月的产品产量和质量来决定的，所以它就是个变量。

当然，一个量是常量还是变量，要根据具体情况作具体分析，同一个量在某一过程中是常量，而在另一过程中完全有可能是变量。例如，在某一个时段内，基本工资是常量，但在一个比较长的时段里，由于有晋级等因素，基本工资则是变量。

通常以 x,y,z,u,t 等表示变量；以 a,b,c,x_0,x_1,y_0 等表示常量。

在数轴上，每一点都唯一地代表一个实数，而任一实数也都对应数轴上唯一的一点。正因为全体实数与数轴上的点的这种一一对应关系，故常量可以用数轴上的定点表示，变量可以用动点表示，并可以把“实数 a”也说成“数轴上的点 a”或“点 a”.

二、区间与邻域

区间是最常见的一类数集，分为两种：

1. 有限区间

设 a,b 为实数，且 $a<b$，则称数集 $\{x|a\leqslant x\leqslant b\}$ 为**闭区间**，记作 $[a,b]$；称数集 $\{x|a<x<b\}$ 为**开区间**，记作 (a,b)；称数集 $\{x|a<x\leqslant b\}$ 和 $\{x|a\leqslant x<b\}$ 为**半开半闭区间**，分别记为 $(a,b]$ 和 $[a,b)$；并称 a 为区间的左端点，b 为区间的右端点，以上有限区间的长度均为 $b-a$.

开区间 (a,b) 表示数轴上介于 a 与 b 两点之间的所有点的全体；闭区间 $[a,b]$ 比开区间多两个端点；而 $(a,b]$ 只比 (a,b) 多了一个右端点，$[a,b)$ 只比 (a,b) 多了一个左端点(见图 1－1)。

2. 无限区间

设 a 为实数，满足不等式 $x\geqslant a$ 的全体实数 x，可用区间 $[a,+\infty)$ 表示。其中，记

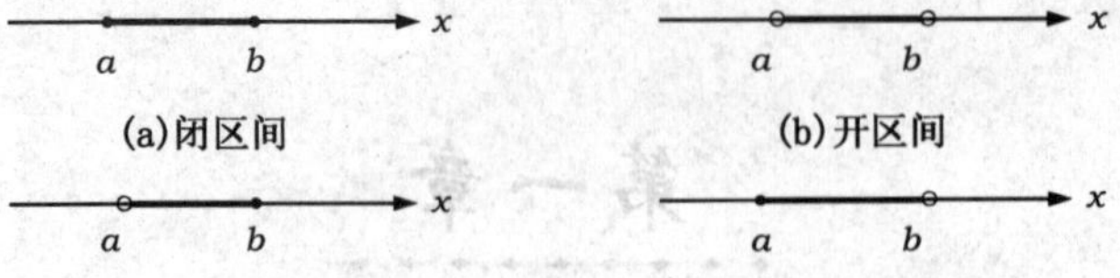

图 1－1　数轴的区间表示法

号“$+\infty$”读作“正无穷大”。

满足不等式 $x>a$ 的全体实数 x，可用区间 $(a,+\infty)$ 表示。

类似地，可以定义：区间 $(-\infty,a]=\{x\mid x\leqslant a\}$；区间 $(-\infty,a)=\{x\mid x<a\}$. 其中，记号“$-\infty$”读作“负无穷大”。

全体实数 $\{x\mid -\infty<x<+\infty\}$ 也可以用区间形式表示为：$(-\infty,+\infty)$.

以后，我们还经常要用到与区间有关的邻域概念。

定义　设 a 与 δ 都是实数，且 $\delta>0$，满足不等式 $|x-a|<\delta$ 的实数 x 的全体叫作**点 a 的 δ 邻域**。点 a 叫作该邻域的中心，δ 叫作该邻域的半径。

由于上述绝对值不等式与

$$-\delta<x-a<\delta$$

等价，因此有：

$$a-\delta<x<a+\delta$$

从而，满足不等式 $|x-a|<\delta$ 的实数 x 的全体就是开区间 $(a-\delta,a+\delta)$（见图1－2）。所以，点 a 的 δ 邻域，也就是以点 a 为中心，而长度为 2δ 的开区间。

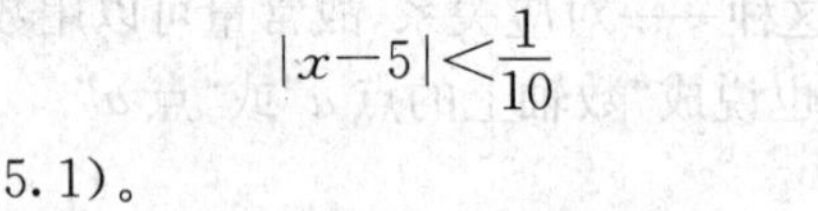

图 1－2　领域示意图

例如，“点 $x_0=5$ 的 $\frac{1}{10}$ 邻域”就是指满足不等式

$$|x-5|<\frac{1}{10}$$

的全体实数，即开区间：(4.9,5.1)。

第二节　函　数

一、函数概念

在某个变化过程中，往往同时有几个变量在变化着，这些变量往往是相互联系的，并且遵循着一定的变化规律。下面我们先考察几个例子。

［**例 1**］　某种商品的售价为每千克 10 元，则销售收入 R 与销售量 q 之间由公式

$$R=10q\quad(q>0)$$

联系着，销售量 q 的值确定了，销售收入 R 也就随之唯一确定了。

[**例 2**] 某企业上半年甲种零件的月产量统计表如表 1－1 所示。

表 1－1 **某企业上半年甲种零件的月产量统计表**

t(月序)	1	2	3	4	5	6
产量 y(万个)	2.4	3.2	2.8	2.7	2.0	2.9

该统计表体现了月序 t 自 1 至 6 的任何一个值都有唯一确定的产量 y 与之对应。

[**例 3**] 图 1－3 中的曲线 l 表达了某种商品的销售成本。对于销售量 x 在$[0,b]$上的任一取值 Q，都能从图上找到相应的成本值 $y=c$.

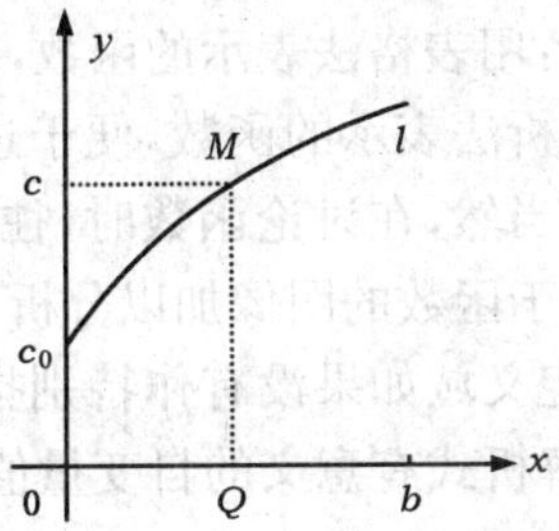

图 1－3

以上三例，如果抽去所考虑的实际意义，那么，它们都表达了两个变量之间的相依关系。这种相依关系给出了一种对应法则，根据这一法则，当其中一个变量在其变化范围内任意取定一个数值时，另一个变量就有唯一确定的值与之对应，两个变量间的这种对应关系就是函数概念的实质。

定义 设 D 是非空的实数集合，x 和 y 是两个变量，如果对于 x 的取值范围 D 内的每一个值，按照某一个确定的对应法则 f，变量 y 有唯一确定的值与之对应，则称 **y 是确定在 D 上的 x 的函数**，记作：

$$y=f(x),x\in D$$

x 称为**自变量**，y 称为**因变量**，x 的取值范围 D 称为函数的**定义域**。

这类一个自变量的函数称为一元函数。

对于函数 $y=f(x)$，当自变量 x 取 D 中某个定值 x_0 时，因变量 y 的相应值称为 $x=x_0$ 时的**函数值**，记作：

$$f(x_0)\text{或 } y|_{x=x_0},f(x)|_{x=x_0}$$

此时，也称**函数 $f(x)$ 在 x_0 处有定义**。当自变量 x 在定义域上取值时，其相应的函数值的全体，称为函数 $y=f(x)$的**值域**。

常用的函数表示法有三种：

1. 解析法

用数学算式(公式)表示一个函数，称这种表示函数的方法为**解析法**，也称为公式法。如例 1中的函数：

$$R=10q \quad (q>0)$$

还有像指数函数、对数函数等，如

$$y=5^x,x\in(-\infty,+\infty)$$

$$y=\log_2 x,x\in(0,+\infty)$$

都是用解析法表示的函数。

2. 列表法

把自变量所取的值和对应的函数值列成表格来表示函数的方法，称为**列表**法，也称为**表格**法。如例 2，还有，我们使用的各种数学用表等，都是用列表法来表示函数的例子。

3. 图像法

由图像给出函数的对应法则的方法称为**图像**法，也称为**图示**法。如例 3 实质上由图 1－3 表示了销售成本函数：$y=C(x)$。因为当自变量 x 在$[0,b]$上任意取定值 Q 时，即有成本曲线 l 上相应的点 M 的纵坐标为 C（即因变量 y 的值），反过来也可以说函数 $y=C(x)$的图像（图形）是曲线 l.

函数的这三种表示法各有所长：用表格法表示的函数，查阅方便；用图像法表示的函数，直观、便于考察函数的变化规律；用解析法表示的函数，便于进行各类运算和理论研究。本课程中讨论的函数大多由解析法表示。当然，在讨论函数时，往往并不局限于用一种方法。例如，我们经常对解析法表示的函数借助于函数的图像加以分析、研究。

对于用解析法表示的函数，其定义域如果没有作特别指明，那么，它的存在域就是它的定义域，即此时函数的定义域就是使解析式有意义的自变量值的全体。

例如，函数：

$$y=x^2$$

也就是函数：

$$y=x^2,x\in(-\infty,+\infty)$$

又如，函数：

$$y=\log_2 x$$

也就是函数：

$$y=\log_2 x,x\in(0,+\infty)$$

由函数定义可知，定义域和对应法则是构成函数的两大要素。当且仅当定义域相同、对应法则也相同的函数才认为是相同的函数。值得注意的是，两个相同的函数，其相应的对应法则的表达形式可能不同。例如，函数：

$$f(x)\equiv 1,x\in(-\infty,+\infty)$$

与函数：

$$g(x)=\sin^2 x+\cos^2 x$$

实质上是相同的。

［**例 4**］ 下列 $f(x)$和 $g(x)$是相同函数的为(　　)。

A. $f(x)=x$，　　$g(x)=(\sqrt{x})^2$；

B. $f(x)=\sqrt{x^2}$，　　$g(x)=|x|$；

C. $f(x)=\log_3 x^2$，　　$g(x)=2\log_3 x$；

D. $f(x)=\log_3\sqrt{x}$，　　$g(x)=\frac{1}{2}\log_3|x|$.

解 应选 B.

因为在 A，C，D 中，$f(x)$的定义域和 $g(x)$的定义域都不相同；在 B 中，$f(x)$和 $g(x)$既有相同的定义域$(-\infty,+\infty)$，又有实质相同的对应法则，所以，B 中的 $f(x)$和 $g(x)$是同一个函数。

［例 5］ 求下列函数的定义域：

(1) $y=\frac{1}{\sqrt{2x-1}}$；

(2) $y=\frac{1}{x-3}+\log_5(x-2)$.

解　(1)因为偶次根号内的被开方式必须非负，分式的分母不能为零，从而当 $\begin{cases}2x-1\geqslant 0\\ \sqrt{2x-1}\neq 0\end{cases}$ 即 $x>\frac{1}{2}$ 时，$y=\frac{1}{\sqrt{2x-1}}$ 才有意义。所以，$y=\frac{1}{\sqrt{2x-1}}$ 的定义域为：$\left(\frac{1}{2},+\infty\right)$.

(2)因为分式 $\frac{1}{x-3}$ 只有当 $x-3\neq 0$ 时才有意义，而 $\log_5(x-2)$ 当真数 $(x-2)>0$ 时有意义。

由 $\begin{cases}x-3\neq 0\\ x-2>0\end{cases}$，解得：$x>2$ 且 $x\neq 3$.

所以，函数 $y=\frac{1}{x-3}+\log_5(x-2)$ 的定义域为：$(2,3)\cup(3,+\infty)$.

二、分段函数

在用解析法表示的函数中有一种函数称为**分段函数**，它在定义域的不同部分用不同的算式来表示变量间的对应法则，即对于其定义域内自变量的不同值，函数不能用一个相同的解析式表达，而要用两个或两个以上不同的解析式来按段表达。

例如，$y=f(x)=\begin{cases}x^2, x>0\\ 2, x=0\\ -x, x<0\end{cases}$ 就是一个分段函数，此函数的对应法则是：当 $x\in(0,+\infty)$ 时，按 $y=x^2$ 来确定函数 y 的值；当 $x=0$ 时，函数 y 的对应值为 2；当 $x\in(-\infty,0)$ 时，按 $y=-x$ 来确定函数 y 的值。

应该明白，一个分段函数只是在定义域的不同部分需要用相应的解析式计算函数值，不能看作是几个函数。分段函数的定义域是各分段定义域的并集。例如，函数

$$y=f(x)=\begin{cases}x^2, & x>0\\ 2, & x=0\\ -x, & x<0\end{cases}$$

的定义域为：$(-\infty,+\infty)$. 函数图像见图 1－4。

又如，函数

$$y=g(x)=\begin{cases}2x, & 0\leqslant x\leqslant 1\\ 1+x, & x>1\end{cases}$$

的定义域为：$[0,+\infty)$. 函数图像见图 1－5。

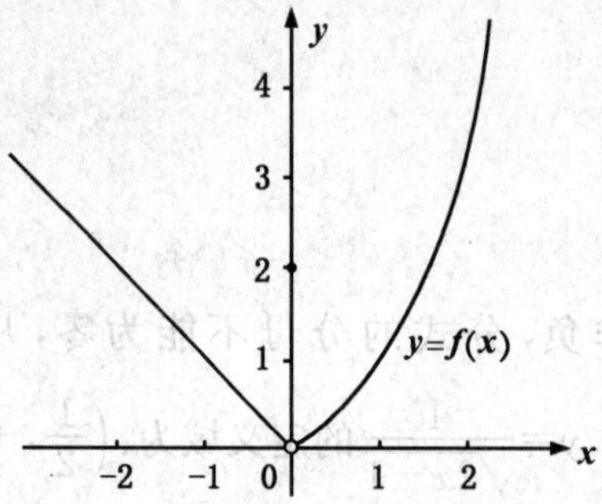

图 1—4

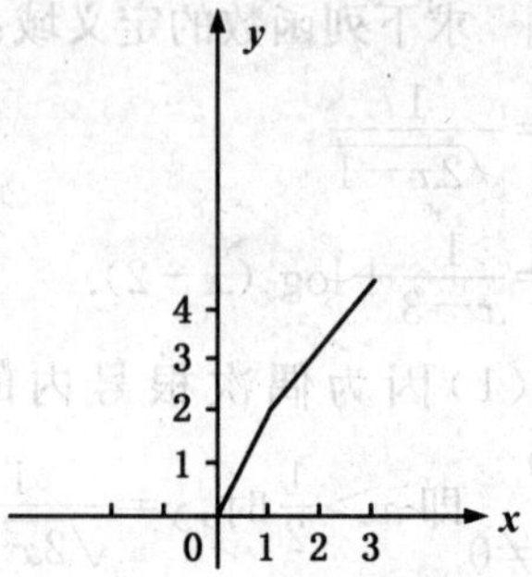

图 1—5

［例 6］ 求下列函数值：

(1) $y=x^2+x+3$. 求：$y|_{x=-4}, y|_{x=0}, y|_{x=2}$；

(2) $f(x)=\begin{cases} x^2-1, & x<-1 \\ x^3, & -1<x\leqslant\dfrac{3}{2} \\ \dfrac{1}{x}, & x>\dfrac{3}{2} \end{cases}$，求：$f(-2), f(0), f(6)$.

解 (1)因为 $y=x^2+x+3$，所以：

$$y|_{x=-4}=(-4)^2+(-4)+3=15$$
$$y|_{x=0}=0^2+0+3=3$$
$$y|_{x=2}=2^2+2+3=9$$

(2)因为 $f(x)$是分段函数，$x=-2$ 属于 $x<-1$ 的范围内，故 $f(-2)$的值按第一段公式来求；$x=0$ 在 $-1<x\leqslant\frac{3}{2}$ 的范围内，故 $f(0)$的值按第二段公式来求；而 $x=6$ 在 $x>\frac{3}{2}$ 的范围内，故 $f(6)$按第三段解析式来求。所以：

$$f(-2)=(-2)^2-1=3$$
$$f(0)=0^3=0$$
$$f(6)=\frac{1}{6}$$

第三节　函数的几个主要性质

本节介绍以后常见的一些特殊类型的函数：有界函数、单调函数、奇函数与偶函数以及周期函数。

一、函数的有界性

设函数 $f(x)$在区间 D 上有定义，若存在某个正数 M，对一切 $x\in D$，恒有

$$|f(x)|\leqslant M$$

则称 $f(x)$在 D 上**有界**，也称 $f(x)$为 D 上的**有界函数**。否则，称 $f(x)$在 D 上**无界**或称 $f(x)$为 D 上的**无界函数**。

若在$[a,b]$上 $|f(x)|\leqslant M$，则 $y=f(x)$图像的特征是，在区间$[a,b]$上，它完全落在两条水

平直线 $y=M$ 和 $y=-M$ 之间的范围内(见图1－6)。

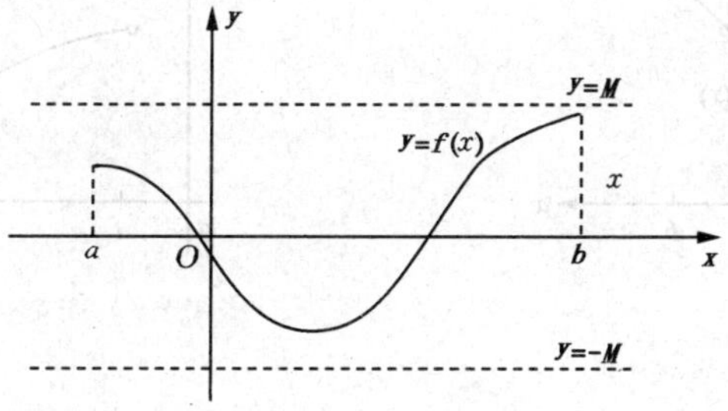

图 1－6

例如，函数 $f(x)=\sin x$ 和 $g(x)=\cos x$ 在整个数轴上都是有界的，这是因为对任意的实数 x，都有：

$$|\sin x|\leqslant 1, |\cos x|\leqslant 1$$

它们的图像夹在两条平行于 x 轴的直线 $y=1$ 和 $y=-1$ 之间。

函数 $y=\frac{1}{x}$ 在区间$[1,2]$上有界(因为 $0<\frac{1}{x}\leqslant 1$)，但在$(0,1)$内无界(因为不存在这样的正数 M，能使 $y\leqslant M$)。

二、函数的单调性

设函数 $f(x)$在区间 D 上有定义。若对于 D 中任意两点 x_1, x_2，当 $x_1<x_2$ 时，总有：

(1) $f(x_1)<f(x_2)$，则称 $f(x)$在 D 上**严格单调递增**或称 $f(x)$在 D 上**严格单调增加**；

(2) $f(x_1)>f(x_2)$，则称 $f(x)$在 D 上**严格单调递减**或称 $f(x)$在 D 上**严格单调减少**。

在定义域上严格单调递增或严格单调递减的函数统称为严格单调函数，在本书中，以后均简称为单调函数。

[**例 1**] 讨论函数 $y=\frac{x}{3}$ 的单调性。

解 $y=\frac{x}{3}$的定义域为$(-\infty,+\infty)$.

因为对于任意的实数 $x_1, x_2\in(-\infty,+\infty)$，当 $x_1<x_2$ 时就有 $y(x_1)-y(x_2)=\frac{x_1}{3}-\frac{x_2}{3}=\frac{1}{3}(x_1-x_2)<0$，即：

$$y(x_1)<y(x_2)$$

所以，$y=\frac{x}{3}$在$(-\infty,+\infty)$上递增，$y=\frac{x}{3}$是$(-\infty,+\infty)$上的单调递增函数。

同样，利用单调性定义，我们可以判定函数 $y=x^2$ 在区间$(-\infty,0)$内单调递减，在$(0,+\infty)$内单调递增，从而 $y=x^2$ 在$(-\infty,+\infty)$内不是单调函数。

如果函数 $y=f(x)$在区间(a,b)内递增，则它在(a,b)内的图像沿 x 轴正向上升(如图 1－7所示)。如果 $y=g(x)$在区间(a,b)内递减，则其在(a,b)内的图像沿 x 轴正向下降(如图 1－8 所示)。

对大多数函数而言，按定义判定函数的单调性比较困难，以后我们可以借助导数来判定函数的单调性。

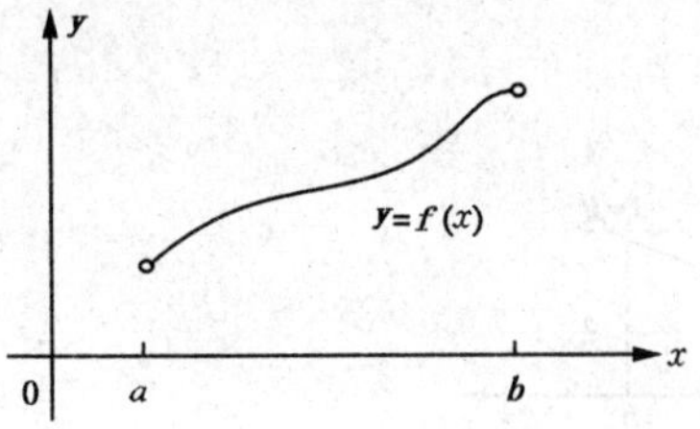

图 1—7

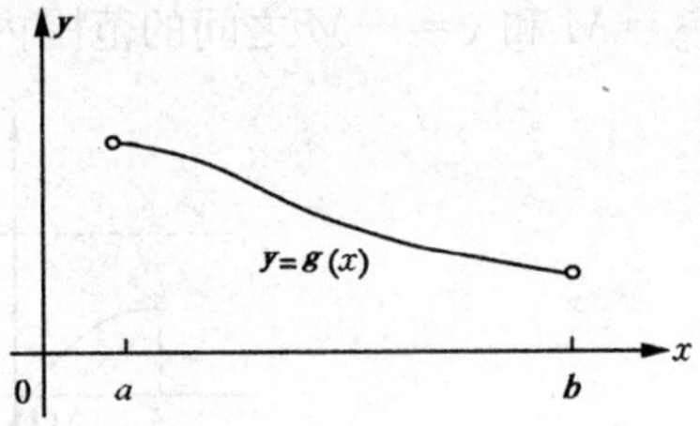

图 1—8

三、函数的奇偶性

如果函数 $f(x)$ 在一个关于原点对称的区间 D 上有定义，且对任意的 $x\in D$，恒有：

(1) $f(-x)=-f(x)$，则称 $f(x)$ 为 D 上的**奇函数**；

(2) $f(-x)=f(x)$，则称 $f(x)$ 为 D 上的**偶函数**。

例如，由于对任意的 $x\in(-\infty,+\infty)$，恒有：

$$\sin(-x)=-\sin x$$
$$\cos(-x)=\cos x$$

因此，$y=\sin x$ 和 $y=\cos x$ 分别是 $(-\infty,+\infty)$ 上的奇函数和偶函数。

又如函数 $y=x^3$，$y=x^2+1$，由于在 $(-\infty,+\infty)$ 上：

$$(-x)^3=-(x)^3$$
$$(-x)^2+1=x^2+1$$

因此，$y=x^3$ 为奇函数，其图像如图 1—9 所示；$y=x^2+1$ 为偶函数，其图像如图 1—10 所示。

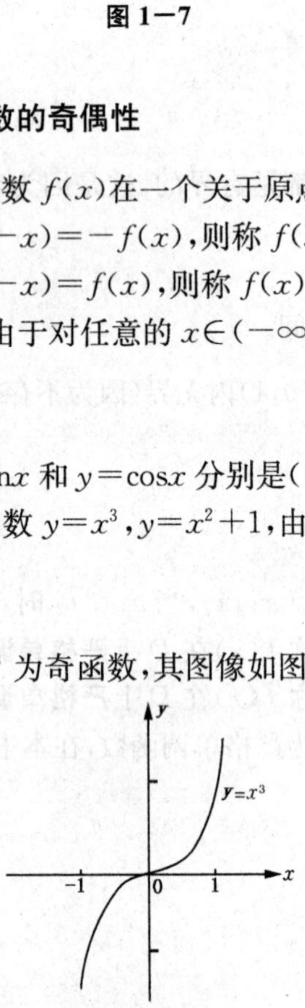

图 1—9

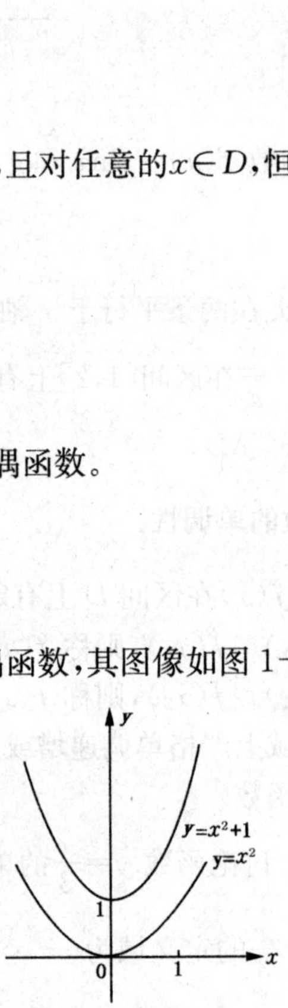

图 1—10

一般地，奇函数的图像关于原点对称，偶函数的图像关于纵轴对称。

［例 2］ 设函数 $f(x)$ 在 $(-\infty,+\infty)$ 上有定义，判别函数

$$F(x)=f(x)-f(-x)$$

的奇偶性。

解 因为：

$$F(-x)=f(-x)-f(x)=-[f(x)-f(-x)]$$
$$=-F(x)$$

所以，$F(x)=f(x)-f(-x)$ 为奇函数。

［例 3］ 判别 $f(x)=\log_a(\sqrt{1+x^2}+x)(a>0,a\neq1)$ 的奇偶性。

解 $f(x)$ 的定义域为 $(-\infty,+\infty)$.

因为：

$$
\begin{aligned}
f(-x) &= \log_a[\sqrt{1+(-x)^2}-x] \\
&= \log_a(\sqrt{1+x^2}-x) \\
&= \log_a\frac{(\sqrt{1+x^2}-x)\cdot(\sqrt{1+x^2}+x)}{\sqrt{1+x^2}+x} \\
&= \log_a\frac{1}{\sqrt{1+x^2}+x} = \log_a(\sqrt{1+x^2}+x)^{-1} \\
&= -\log_a(\sqrt{1+x^2}+x) = -f(x)
\end{aligned}
$$

所以，$f(x)=\log_a(\sqrt{1+x^2}+x)$为奇函数。

应该明白，并非任何函数都具有奇偶性。例如，$y=2^x$ 既不是奇函数，也不是偶函数，为非奇非偶函数。

四、函数的周期性

对于函数 $y=f(x)$，$x\in(-\infty,+\infty)$，若存在常数 $T>0$，使对任意的 x 均有：

$$f(x+T)=f(x)$$

则称 $f(x)$为**周期函数**，T 是 $f(x)$的一个**周期**。

显然，如果 T 是 $f(x)$的一个周期，那么，$2T,3T,\cdots$也都是$f(x)$的周期。若 $f(x)$的所有周期中有一个最小周期 T_0，则称 T_0 为 $f(x)$的基本周期。通常说的函数的周期，指的就是基本周期。

例如，$y=\sin x$，$y=\cos x$ 都是周期为 2π 的周期函数。$y=\tan x$、$y=\cot x$都是周期为 π 的周期函数。

如果 $f(x)$是以 T 为周期的周期函数，则它的图形可以由任一个长度为 T 的区间$[a,a+T]$上的图形沿 x 轴平移而得。

［**例 4**］ 设 ω,φ 为常数，且 $\omega>0$，求下列函数的周期：

(1)$y=\sin(\omega x+\varphi)$；

(2)$y=\tan(\omega x+\varphi)$.

解 (1)因为：

$$
\begin{aligned}
y &= \sin(\omega x+\varphi)=\sin(\omega x+\varphi+2\pi) \\
&= \sin[\omega(x+\frac{2\pi}{\omega})+\varphi]
\end{aligned}
$$

所以， $y=\sin(\omega x+\varphi)$的周期为$\frac{2\pi}{\omega}$.

(2)因为：

$$
\begin{aligned}
y &= \tan(\omega x+\varphi)=\tan(\omega x+\varphi+\pi) \\
&= \tan[\omega(x+\frac{\pi}{\omega})+\varphi]
\end{aligned}
$$

所以，$y=\tan(\omega x+\varphi)$的周期为$\frac{\pi}{\omega}$.

若 $f(x)$是周期为 T 的周期函数，则 $f(ax+b)$（常数 $a>0$，b 为常数）是以$\frac{T}{a}$为周期的周期

函数。

第四节 反函数与复合函数

一、反函数

在某些变化过程中，自变量与因变量的关系往往是相对的。例如，经营售价为 10 元/千克的商品，销售收入 R 是销售量 q 的函数，即：

$$R=10q \quad (q>0)$$

其中，q 是自变量，R 是因变量。

而如果知道了总收入 R，则可以由

$$q=\frac{1}{10}R$$

求出销售量 q，此时，R 为自变量，q 为因变量。

由 $R=10q$ 与 $q=\frac{1}{10}R$ 这对函数，即引出如下反函数的概念。

定义 1 设已知函数

$$y=f(x), x\in D$$

其值域为 F，若对于值域 F 中的每个值 y_0，D 中**只有**一个值 x_0 按照

$$x=\varphi(y)[\text{由 } f(x)=y \text{ 解析得出}]$$

与之对应，则称函数 $x=\varphi(y)$ 为 $y=f(x)$ 的**反函数**，记作：

$$x=f^{-1}(y), y\in F$$

由反函数的定义可知，若 $x=\varphi(y)$ 是 $y=f(x)$ 的反函数，则 $y=f(x)$ 也是 $x=\varphi(y)$ 的反函数。$y=f(x)$ 的定义域是 $x=\varphi(y)$ 的值域，而 $x=\varphi(y)$ 的定义域是 $y=f(x)$ 的值域。

由于习惯上通常以 x 表示自变量，以 y 表示因变量，因此，$y=f(x)$ 的反函数 $x=f^{-1}(y)=\varphi(y)$ 可改写为：

$$y=f^{-1}(x)=\varphi(x), x\in F$$

应该指出，$y=f^{-1}(x), x\in F$ 和 $x=f^{-1}(y), y\in F$ 是同一个函数，因为定义域都是 F，对应法则都是 f^{-1}，值域均为 D，只是表示自变量与函数的字母互相调换了而已。它们的几何特征是：在同一坐标系下，$y=f(x)$ 与 $x=f^{-1}(y)$ 的图像是同一条曲线，而 $y=f(x)$ 与 $y=f^{-1}(x)$ 的图像关于直线 $y=x$ 对称（如图 1—11所示）。

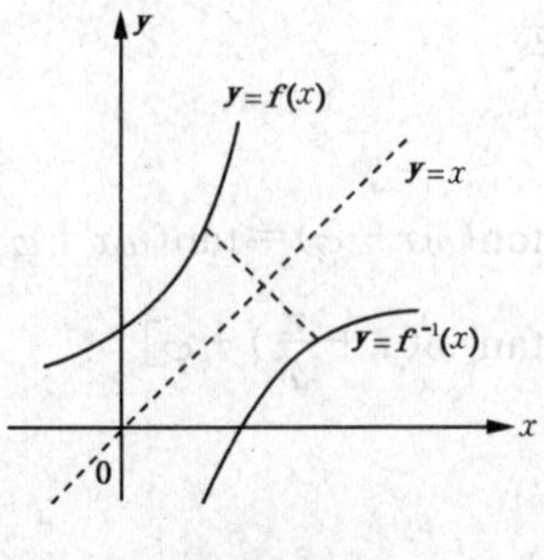

图 1—11

注意:并不是每一个函数都有反函数。由反函数的定义,如果函数 $y=f(x)$ 的图像与任一条平行于 x 轴的直线至多只有一个交点,则函数有反函数。因此,**单调函数必有反函数,且反函数也是单调的**。

例如,函数 $y=x^2,x\in[0,+\infty)$ 有反函数 $y=\sqrt{x}$;函数 $y=x^2,x\in(-\infty,0]$ 有反函数 $y=-\sqrt{x}$;函数 $y=x^2$ 在 $(-\infty,+\infty)$ 上不存在反函数。

[**例 1**] 求 $y=5x+2$ 的反函数。

解 由 $y=5x+2$,可得 $5x=y-2$,于是有:

$$x=f^{-1}(y)=\frac{1}{5}(y-2)$$

所以,$y=5x+2$ 的反函数为:

$$y=\frac{1}{5}(x-2)$$

[**例 2**] 求 $y=\sqrt{x+1}(x\geqslant-1)$ 的反函数。

解 由 $y=\sqrt{x+1}(x\geqslant-1)$,可得:

$$y^2=x+1(x\geqslant-1)$$

即有:

$$x=f^{-1}(y)=y^2-1(y\geqslant0)$$

所以,$y=\sqrt{x+1}(x\geqslant-1)$ 的反函数为:

$$y=x^2-1(x\geqslant0)$$

[**例 3**] 求 $y=\log_2(x-3)$ 的反函数。

解 由 $y=\log_2(x-3)$,可得:$2^y=x-3$,于是有:

$$x=2^y+3$$

所以,$y=\log_2(x-3)$ 的反函数为:

$$y=2^x+3$$

二、复合函数

定义 2 设 y 是 u 的函数:

$$y=f(u)$$

而 u 又是 x 的函数:

$$u=g(x)$$

I 是函数 $u=g(x)$ 的定义域的一个子集,若对于 I 上任意取定的 x,所对应的 u 值使函数 $y=f(u)$ 有定义,则称 y 是 x 的**复合函数**,记作:

$$y=f[g(x)],x\in I$$

其中,$y=f(u)$ 称为**外函数**,$u=g(x)$ 称为**内函数**,u 称为**中间变量**。

例如,由 $y=2^u$,$u=\sin x$ 复合而成的函数是 $y=2^{\sin x}$.

又如,由函数 $y=\sqrt{u}$,$u=1-x^2$ 复合而成的函数是 $y=\sqrt{1-x^2}$,定义域为 $[-1,1]$;反过来说,$y=\sqrt{1-x^2}$ 可由 $y=\sqrt{u}$,$u=1-x^2$ 复合而成。而函数 $y=\cos^3x$ 可以看做是由外函数 $y=u^3$ 和内函数 $u=\cos x$ 复合而成的,它的定义域为 $(-\infty,+\infty)$.

应该明白,并非任意两个函数都能复合成一个函数。只有当内函数 $u=g(x)$ 的值域与外

函数 $y=f(u)$的定义域的交集为非空集合时，才能进行复合，否则就不可行。例如，$y=\log_2 u$ 与 $u=-x^2$ 就不能复合成一个复合函数，因为对于 $u=-x^2$ 的定义域$(-\infty,+\infty)$内的任一 x，所对应的 u 值都不大于零，使 $y=\log_2 u$ 无意义。

复合函数不仅可以有一个中间变量，也可以有多个中间变量。例如，函数 $y=2^{\cos(x^2+1)}$ 可以看做是由三个函数：$y=2^u$，$u=\cos v$，$v=x^2+1$相继复合而成的。

第五节 初等函数

初等函数是本课程要重点讨论的函数。

一、基本初等函数

常数函数、幂函数、指数函数、对数函数、三角函数和反三角函数统称为基本初等函数，这些函数大多数在初等数学中已经讲述，故在此仅作简介及指出一些简单性态。

1. 常数函数

$$y=c\ (c\text{ 为已知常数})$$

它的定义域为$(-\infty,+\infty)$，函数图像是通过点$(0,c)$且平行于 x 轴的直线(见图 1－12)。显然 $y=c$ 为偶函数。

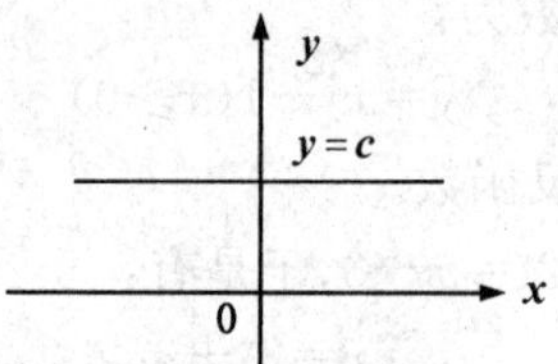

图 1－12

2. 幂函数

$$y=x^{\alpha}\ (\alpha\text{ 为常数})$$

它的定义域随 α 值而定，但在$(0,+\infty)$内函数总有定义，且由函数所描绘出的曲线都通过点$(1,1)$。$y=x^{\alpha}(\alpha\neq0)$无界。

[**例 1**] 当 α 为正整数时，$y=x^{\alpha}$ 的定义域为$(-\infty,+\infty)$，曲线过原点。且当 α 为正奇数时，$y=x^{\alpha}$ 为递增的奇函数，曲线过点$(-1,-1)$，如 $y=x^3$(见图 1－9)、$y=x$(见图 1－13)；当 α 为正偶数时，$y=x^{\alpha}$ 为偶函数，曲线过点$(-1,1)$，如 $y=x^2$(见图 1－10)。

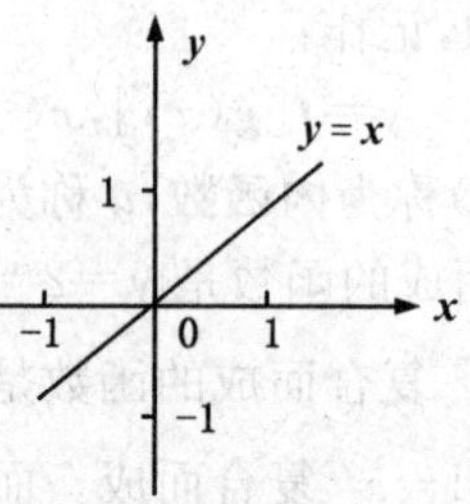

图 1－13

[例 2] 幂函数 $y=x^{-1}$ 即 $y=\frac{1}{x}$ 的定义域为$(-\infty,0)$,$(0,+\infty)$. 它是奇函数,其图像为双曲线(见图 1－14)。

[例 3] 幂函数 $y=x^{\frac{1}{3}}$ 的定义域为$(-\infty,+\infty)$,它是 $y=x^3$ 的反函数,故在其定义域上也是递增的(见图 1－15)。

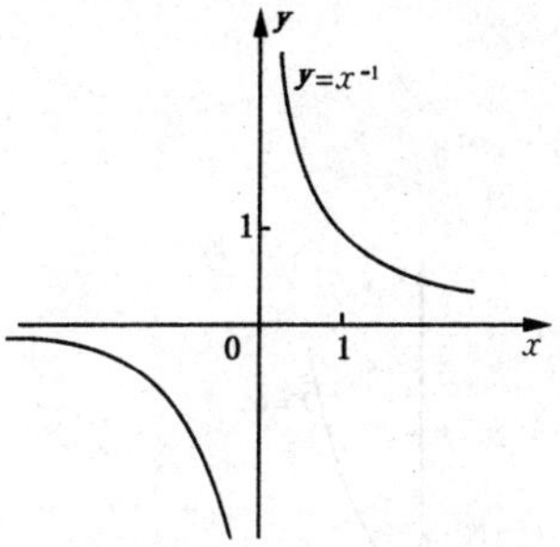

图 1－14

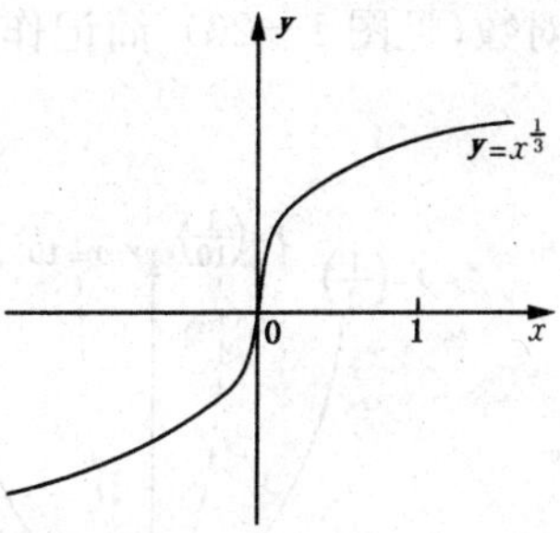

图 1－15

[例 4] 幂函数 $y=x^{\frac{1}{2}}$ 即 $y=\sqrt{x}$,定义域为$[0,+\infty)$,它是函数 $y=x^2$,$x\in[0,+\infty)$的反函数,在$[0,+\infty)$上递增(见图 1－16)。

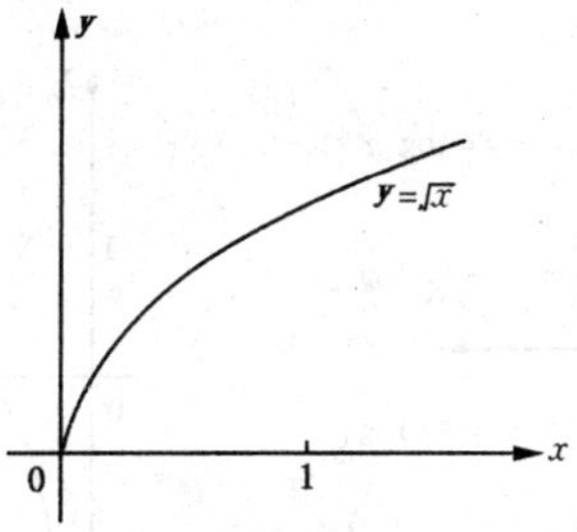

图 1－16

3. 指数函数

$$y=a^x(a>0,a\neq1)$$

它的定义域为$(-\infty,+\infty)$.

由于 $a^0=1$,且对任意的 x 有 $a^x>0$,因此,$y=a^x$ 的图像在 x 轴的上方,且通过点$(0,1)$。指数函数是无界函数,其值域为$(0,+\infty)$(见图 1－17)。

当 $0<a<1$ 时,$y=a^x$ 单调递减;当 $a>1$ 时,$y=a^x$ 单调递增,其中,以无理数 $e=2.718\ 28\cdots$为底的指数函数 $y=e^x$(见图 1－18)是本课程最常用的函数之一。

4. 对数函数

$$y=\log_a x(a>0,a\neq1)$$

它的定义域为$(0,+\infty)$,它是指数函数 $y=a^x$ 的反函数。对数函数是无界函数(见图 1－19),其值域为$(-\infty,+\infty)$. $\log_a 1=0$,$\log_a a=1$.

当 $0<a<1$ 时,对数函数单调递减;当 $a>1$ 时,对数函数单调递增。

以 10 为底的对数函数:

$$y=\log_{10}x$$

称为常用对数，简记作：

$$y=\lg x$$

以无理数 e 为底的对数函数：

$$y=\log_e x$$

称为自然对数(见图 1—20)，简记作：

$$y=\ln x$$

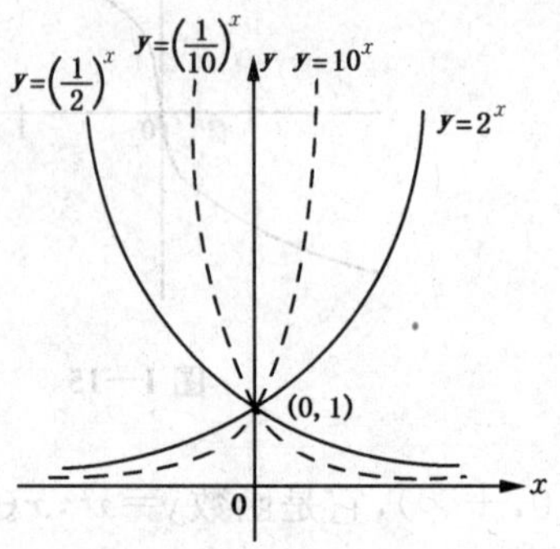

图 1—17

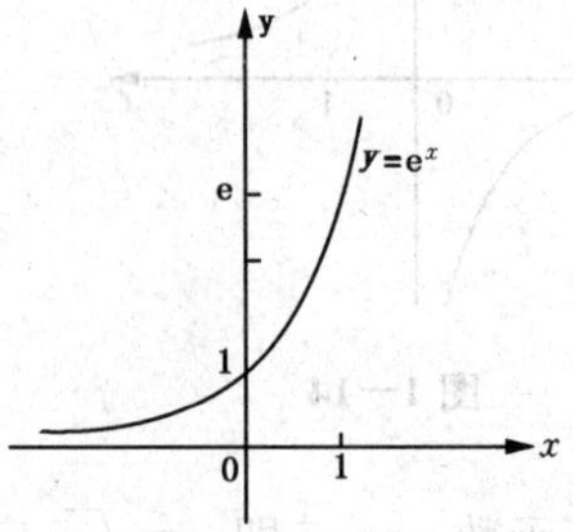

图 1—18

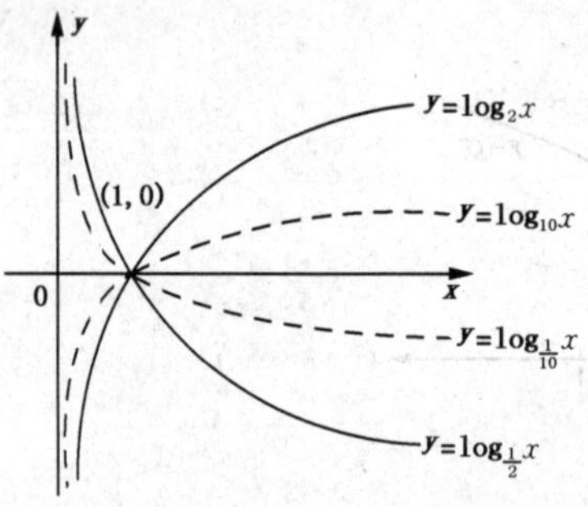

图 1—19

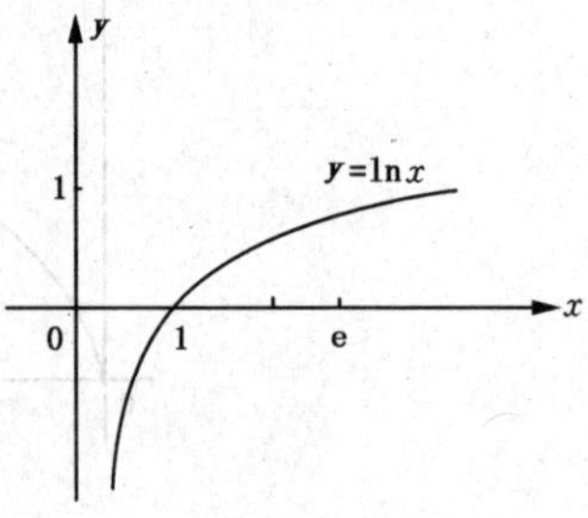

图 1—20

[注：由于 $e^{\ln x}=x$，因此，当 $x>0$ 时，幂函数 $y=x^{\alpha}$ 也可以利用对数函数与指数函数复合运算的形式表达为：

$$y=x^{\alpha}=(e^{\ln x})^{\alpha}=e^{\alpha\ln x}$$

幂函数的这一表达形式将在以后有助于我们解决某些运算问题。]

5. 三角函数

在本课程中，三角函数的自变量以“弧度”为单位。

三角函数主要包括：

(1)正弦函数 $y=\sin x, x\in(-\infty,+\infty)$.

$y=\sin x$ 是奇函数，是周期为 2π 的有界周期函数，值域为$[-1,1]$.

(2)余弦函数 $y=\cos x$.

它的定义域为$(-\infty,+\infty)$，值域为$[-1,1]$. $y=\cos x$ 是偶函数，是周期为 2π 的有界周期函数。

(3)正切函数 $y=\tan x$.

它的定义域是除去点 $x=n\pi+\frac{\pi}{2}(n=0,\pm1,\pm2,\cdots)$ 的所有实数。$y=\tan x$ 是奇函数，是周期为 π 的无界周期函数。

$y=\sin x$，$y=\cos x$、$y=\tan x$ 的图形见图 1—21。

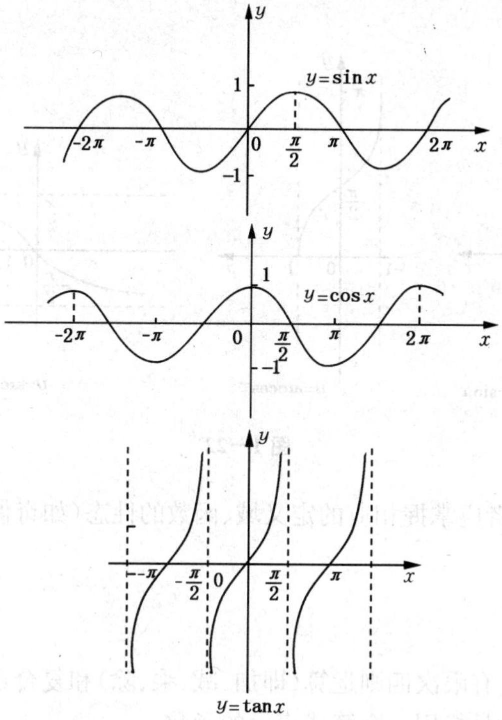

图 1—21

(4)余切函数 $y=\cot x$.

它的定义域是除去点 $x=n\pi(n=0,\pm1,\pm2,\cdots)$ 的所有实数，余切函数 $y=\cot x$ 也是奇函数，是周期为 π 的无界周期函数。

另外，正割函数 $y=\sec x=\frac{1}{\cos x}$，余割函数 $y=\csc x=\frac{1}{\sin x}$.

[注：常用的三角函数关系式与一些特殊点处的三角函数值(见附录)，读者必须熟记。]

6. 反三角函数

常见的反三角函数有四个，它们是：

(1)反正弦函数 $y=\arcsin x$.

其定义域为$[-1,1]$，值域为$\left[-\frac{\pi}{2},\frac{\pi}{2}\right]$. 它是函数$y=\sin x$，$x\in\left[-\frac{\pi}{2},\frac{\pi}{2}\right]$的反函数。

(2)反余弦函数 $y=\arccos x$.

其定义域为$[-1,1]$，值域为$[0,\pi]$，它是函数 $y=\cos x$，$x\in[0,\pi]$的反函数。

(3)反正切函数 $y=\arctan x$.

其定义域为$(-\infty,+\infty)$，值域为$\left(-\frac{\pi}{2},\frac{\pi}{2}\right)$，它是函数 $y=\tan x$，$x\in\left(-\frac{\pi}{2},\frac{\pi}{2}\right)$的反函数。

(4)反余切函数 $y=\text{arccot}x$。

其定义域为$(-\infty,+\infty)$，值域为$(0,\pi)$，它是函数 $y=\cot x, x\in(0,\pi)$的反函数。

以上四个反三角函数都是有界且单调的(其中，反正弦函数和反正切函数均为单调增函数，反余弦函数和反余切函数均为单调减函数)。$y=\arcsin x$，$y=\arccos x$ 以及 $y=\arctan x$ 的图形见图 1－22。

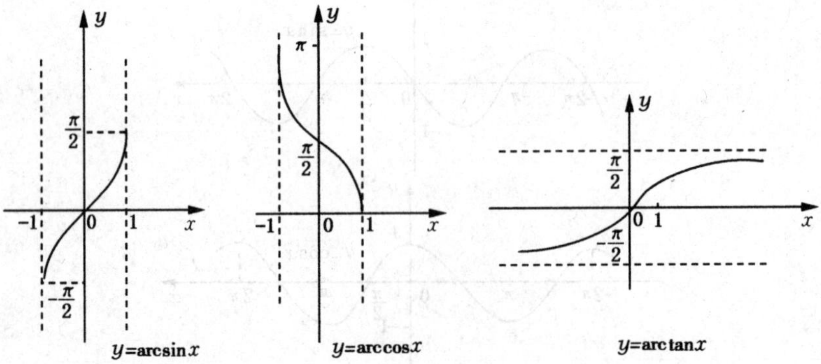

图 1－22

对基本初等函数，读者应掌握相应的定义域、函数的性态(如奇偶性、单调性、有界性等)及图像特征。

二、初等函数

由基本初等函数经过有限次四则运算(即加、减、乘、除)和复合运算步骤所得到的函数，统称为**初等函数**。初等函数是能用一个算式表示的函数。

例如：

$$y=\cos^3 x$$
$$y=e^{\sqrt{x-1}}$$
$$y=\ln(x+\sqrt{1+x^2})$$
$$y=\frac{5x}{x^2-3x+2}$$
$$y=\arctan(x^2+1)-\ln(2x-1)$$

等都是初等函数。

而
$$f(x)=\begin{cases} x^2, & x>0 \\ 2, & x=0 \\ -x, & x<0 \end{cases}$$

和
$$g(x)=\begin{cases} 2x, & 0\leqslant x\leqslant 1 \\ 1+x, & x>1 \end{cases}$$

等都不是初等函数。

初等函数以使算式有意义的自变量全体即以其存在域为定义域。

例如，初等函数 $y=\cos^3 x$ 和 $y=\ln(x+\sqrt{1+x^2})$ 的定义域都是$(-\infty,+\infty)$；$y=e^{\sqrt{x-1}}$ 当 $x-1\geqslant 0$即 $x\geqslant 1$ 时有意义，所以，$y=e^{\sqrt{x-1}}$ 的定义域为$[1,+\infty)$；$y=\frac{5x}{x^2-3x+2}$当分母 x^2-3x+

$2\neq 0$，即 $x\neq 1$ 且 $x\neq 2$ 时有意义，故定义域为 $(-\infty,1)\cup(1,2)\cup(2,+\infty)$；$y=\arctan(x^2+1)-\ln(2x-1)$ 当 $2x-1>0$，即 $x>\dfrac{1}{2}$ 时有意义，故定义域为 $\left(\dfrac{1}{2},+\infty\right)$.

初等函数的图像可以由描点法作出（一般方法将在第四章中介绍）。对一些特殊的函数，例如，若函数具有奇偶性，则可利用函数图形的对称性作图；若函数以 T 为周期，则只需先作出它在区间 $[0,T]$ 上的图形，其余部分可利用周期性沿 x 轴平移作出。有些函数的图像可以由已知函数的图像沿 y 轴平移得到。

例如，要作 $y=x^2+3$ 和 $y=x^2-1$ 的图像。由于 $y=x^2$ 的图像是我们非常熟悉的，那么，$y=x^2+3$ 就是把 $y=x^2$ 的图像沿 y 轴向上平移 3 个单位，而 $y=x^2-1$ 就是把 $y=x^2$ 的图像沿 y 轴向下平移一个单位（见图 1—23）。

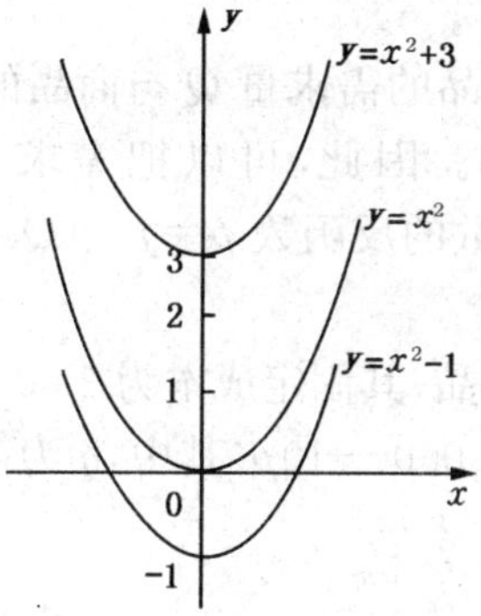

图 1—23

此外，由 $y=f(x)$ 的图像，可作出 $y=-f(x)$ 和 $y=|f(x)|$ 的图像，作为练习，请读者根据 $y=\sin x$ 和 $y=\cos x$、$y=x$ 的图像，分别作出 $y=|\sin x|$，$y=|\cos x|$ 及 $y=|x|$ 的图形。

在以后的学习中，对于初等函数，若它是复合函数的话，为了便于分析或进行某些运算（如求函数的导数等），往往要先将该函数分解成基本初等函数或简单函数。因此，这种分解工作必须会做。

［**例 5**］ $y=\ln\sin(x^2)$ 可以看成是由哪些基本初等函数复合而成的？

解 设 $u=\sin x^2$，则 $y=\ln u$ 是基本初等函数；设 $v=x^2$，则 $u=\sin v$，$v=x^2$ 都是基本初等函数，所以，$y=\ln\sin(x^2)$ 可以看做是由 $y=\ln u$，$u=\sin v$，$v=x^2$ 复合而成的复合函数。

［**例 6**］ 函数 $y=\arctan e^{\sqrt{x^2-1}}$ 可以看做是由哪些基本初等函数或简单函数复合而成的？

解 设 $u=e^{\sqrt{x^2-1}}$，则 $y=\arctan u$ 是基本初等函数；设 $v=\sqrt{x^2-1}$，则 $u=e^v$ 是基本初等函数；设 $\omega=x^2-1$，则 $v=\sqrt{\omega}=\omega^{\frac{1}{2}}$ 是基本初等函数，而 $\omega=x^2-1$ 是二次函数。

所以，$y=\arctan e^{\sqrt{x^2-1}}$ 可以看做是由 $y=\arctan u$，$u=e^v$，$v=\omega^{\frac{1}{2}}$，$\omega=x^2-1$ 复合而成的复合函数。

三、常用的经济类函数

下面介绍几个在本课程中常用的经济类函数。

1. 成本函数

企业生产产品（或销售商品）的总成本可分为固定成本和变动成本两个部分，变动成本是指随产量(或销售量)变化而变动的那部分成本。产量为 x 个单位时的总成本 C 是 x 的函数,称为**成本函数**,记作 $C=C(x)(x\geqslant 0)$. 固定成本等于产量为零时的总成本函数值 $C(0)$.

2. 收益函数(又称收入函数)

设某商品的销售单价为 p(元),则销售量为 x 个单位时的总收入 $R=p\cdot x$ 是 x 的函数,称 $R=R(x)$ 为**收益函数或收入函数**。

3. 利润函数

设生产某种产品的产量(或销售某种商品的销售量)为 x 个单位时的总收入为 R 元,总成本为 C 元,则总利润

$$L=R-C$$

称 $L=L(x)$ 为**利润函数**。

4. 需求函数

在一段时期内,市场上某种商品的需求量 Q 与商品的销售单价 p 总有关系,对不同的价格,商品的需求量一般是不同的。因此,可以把需求量 Q 看做是单价 p 的函数,记作 $Q=f(p)$,称为**需求函数**。需求函数的反函数 $p=f^{-1}(Q)$ 称为**价格函数**,通常为方便起见,我们把价格函数也统称为需求函数。

[**例 7**] 设某企业生产某种产品,其固定成本为 2 000 元,且每生产 1 千克产品,成本增加 60 元。该产品的需求函数为:$q=1\,000-10p$(其中,q 为需求量,p 为该产品每千克的销售价格)。试求:

(1)总成本函数 $C(q)$;

(2)总收益函数 $R(q)$;

(3)总利润函数 $L(q)$.

解 (1)已知固定成本为 2 000 元,产量为 q 千克时的变动成本为 $60q$ 元。

所以,总成本函数为:

$$C(q)=2\,000+60q \quad (q\geqslant 0)$$

(2)由 $q=1\,000-10p$,得:$p=100-\frac{1}{10}q$. 所以,总收益函数为:

$$R(q)=p\cdot q=\left(100-\frac{1}{10}q\right)q$$
$$=100q-\frac{1}{10}q^2 \quad (q\geqslant 0)$$

(3)总利润函数为:

$$L(q)=R(q)-C(q)$$
$$=\left(100q-\frac{1}{10}q^2\right)-(2\,000+60q)$$
$$=-\frac{1}{10}q^2+40q-2\,000 \quad (q\geqslant 0)$$

由本节例 7 可见,若函数的解析式由实际问题得出,则其定义域既要使解析式有意义,又要使得实际问题有意义。

第二章

极限与连续

极限是微积分学最基本的概念，是研究函数的主要工具，在本课程中，许多概念和运算都与极限有着密切关系，如连续、导数和定积分以及级数的敛散性等，都是用极限方式定义的。

在本章中，我们先介绍数列极限，再讨论一元函数的极限与连续性，并给出闭区间上连续函数的性质。

第一节　数列的极限

一、数列的定义

无穷多个按正整数顺序排列的数：

$$a_1, a_2, \cdots, a_n, \cdots$$

称为**数列**，记作$\{a_n\}$，其中，$a_1, a_2, \cdots$依次称为数列的第一项，第二项，$\cdots$，a_n 称为数列的**通项**或**一般项**。

例如，数列

(1)$1, (-1), 1, (-1), \cdots$

(2)$\frac{1}{2}, \frac{1}{4}, \frac{1}{6}, \frac{1}{8}, \cdots$

的通项分别为：

(1)$a_n = (-1)^{n+1}$

(2)$a_n = \frac{1}{2n}$

通项 $a_n = 3^{n-1}$ 的数列$\{3^{n-1}\}$即为：

$$1, 3, 9, 27, \cdots, 3^{n-1}, \cdots$$

通项 $a_n = \frac{(-1)^n}{n}$ 的数列$\{\frac{(-1)^n}{n}\}$即为：

$$-1, \frac{1}{2}, -\frac{1}{3}, \frac{1}{4}, \cdots, \frac{(-1)^n}{n}, \cdots$$

二、数列的有界性和单调性

1. 数列的有界性

设$\{a_n\}$为已知数列，若存在正数 M，使得对一切正整数 n，有$|a_n| \leqslant M$，则称$\{a_n\}$为**有界数列**，否则称为**无界数列**。

例如，数列$\{(-1)^{n+1}\}$、$\left\{\frac{1}{2n}\right\}$、$\left\{\frac{(-1)^n}{n}\right\}$都是有界的，而$\{3^{n-1}\}$是无界数列。

2. 数列的单调性

设$\{a_n\}$为已知数列，若对于任何正整数n，恒有$a_n \leqslant a_{n+1}$，则称$\{a_n\}$为**递增数列**；$a_n \geqslant a_{n+1}$，则称$\{a_n\}$为**递减数列**。

递增与递减数列统称为**单调数列**。

例如，$\{3^{n-1}\}$为递增数列，$\left\{\frac{1}{2n}\right\}$为递减数列，从而它们都是单调数列。

$\{(-1)^{n+1}\}$，$\left\{\frac{(-1)^n}{n}\right\}$都不是单调数列。

三、数列极限的定义

设A是一个常数，当n无限增大时，如果$|a_n - A|$总能小于预先给定的任意小的正数，则称A是数列$\{a_n\}$的极限。精确定义为：

数列极限的$\boldsymbol{\varepsilon}$-$\boldsymbol{N}$定义 设$\{a_n\}$是已知数列，A是定值，如果对于任意给定的小正数ε，总存在某一个自然数N，使得当$n>N$时，都有：

$$|a_n - A| < \varepsilon$$

则称数列$\{a_n\}$**收敛**于A，A为$\{a_n\}$的**极限**，并记作：

$$\lim_{n\to\infty} a_n = A$$

读作"当n趋于无穷大时，a_n的极限等于A"，又记作：

$$a_n \to A\ (n\to\infty)$$

或

$$n\to\infty\text{时}, a_n \to A$$

读作"当n趋于无穷大时，a_n趋于A"。

ε-N定义主要用于严格地验证数列的极限。

从通俗意义上讲，如果随着n的无限增大，a_n无限地趋近于某一常数A，则数列$\{a_n\}$收敛于A，即A是$\{a_n\}$的极限，$\lim\limits_{n\to\infty} a_n = A$.

如果当n趋于无穷大时，a_n并不趋于某个定值，则称数列$\{a_n\}$发散，也称$\{a_n\}$没有极限或$\lim\limits_{n\to\infty} a_n$不存在。

观察下面五个数列：

(1) $\left\{\frac{1}{n}\right\}$：$1, \frac{1}{2}, \frac{1}{3}, \cdots, \frac{1}{n}, \cdots$

(2) $\left\{\frac{n+2}{n}\right\}$：$\frac{3}{1}, \frac{4}{2}, \frac{5}{3}, \cdots, \frac{n+2}{n}, \cdots$

(3) $\{3n\}$：$3, 6, 9, \cdots, 3n, \cdots$

(4) $\{(-1)^n\}$：$-1, 1, -1, \cdots, (-1)^n, \cdots$

(5) $\left\{\left(-\frac{1}{2}\right)^n\right\}$：$-\frac{1}{2}, \frac{1}{4}, -\frac{1}{8}, \cdots, \left(-\frac{1}{2}\right)^n, \cdots$

其中，(1)，(2)，(5)三个数列，当n趋于无穷大时，它们的通项分别趋于0，1，0；而数列(3)，(4)却不是这样，当n趋于无穷大时，通项都不能趋于某一定值，即：

$\lim\limits_{n\to\infty}\frac{1}{n}=0$，$\lim\limits_{n\to\infty}\frac{n+2}{n}=1$，$\lim\limits_{n\to\infty}\left(-\frac{1}{2}\right)^n=0$；

$\lim\limits_{n\to\infty}(3n)$不存在，$\lim\limits_{n\to\infty}(-1)^n$ 不存在。

请读者记住，极限$\lim\limits_{n\to\infty}\dfrac{1}{n}=0$.

另外，请读者注意极限$\lim\limits_{n\to\infty}\left[\left(-\dfrac{1}{2}\right)^n\right]=0$ 的特征。一般地，可以验证，若$\alpha>0$，则当 $n\to\infty$ 时，$\dfrac{1}{n^\alpha}\to 0$；若 q 为常数，且$|q|<1$，则当 $n\to\infty$时，$q^n\to 0$. 即：

若 $\alpha>0$，则$\lim\limits_{n\to\infty}\dfrac{1}{n^\alpha}=0$；

若$|q|<1$，则$\lim\limits_{n\to\infty}q^n=0$.

四、单调数列的收敛准则

前面我们考察了一些数列的极限，这些数列都比较简单，而大量的数列都不像它们那样可由观察法得出极限。现在，我们不加证明地给出数列收敛的一个充分条件：

准则　单调且有界的数列一定有极限。

借助于这个准则，我们可以解决极限$\lim\limits_{n\to\infty}\left(1+\dfrac{1}{n}\right)^n$ 的存在性问题。

例　证明$\lim\limits_{n\to\infty}\left(1+\dfrac{1}{n}\right)^n$ 存在。

证　设 $a_n=\left(1+\dfrac{1}{n}\right)^n$，先证明数列$\{a_n\}$是单调递增的。

由牛顿二项式展开定理，a_n 与 a_{n+1}可以分别展开成为：

$$\begin{aligned}
a_n&=\left(1+\frac{1}{n}\right)^n\\
&=1+n\cdot\frac{1}{n}+\frac{n(n-1)}{2!}\cdot\frac{1}{n^2}+\frac{n(n-1)(n-2)}{3!}\cdot\frac{1}{n^3}\\
&\quad+\cdots+\frac{n(n-1)(n-2)\cdots[n-(n-1)]}{n!}\cdot\frac{1}{n^n}\\
&=1+1+\frac{1}{2!}\left(1-\frac{1}{n}\right)+\frac{1}{3!}\left(1-\frac{1}{n}\right)\left(1-\frac{2}{n}\right)+\cdots\\
&\quad+\frac{1}{n!}\left(1-\frac{1}{n}\right)\left(1-\frac{2}{n}\right)\cdots\left(1-\frac{n-1}{n}\right)
\end{aligned}$$

$$\begin{aligned}
a_{n+1}&=\left(1+\frac{1}{n+1}\right)^{n+1}\\
&=1+1+\frac{1}{2!}\left(1-\frac{1}{n+1}\right)+\frac{1}{3!}\left(1-\frac{1}{n+1}\right)\left(1-\frac{2}{n+1}\right)\\
&\quad+\cdots+\frac{1}{n!}\left(1-\frac{1}{n+1}\right)\left(1-\frac{2}{n+1}\right)\cdots\left(1-\frac{n-1}{n+1}\right)\\
&\quad+\frac{1}{(n+1)!}\left(1-\frac{1}{n+1}\right)\left(1-\frac{1}{n+1}\right)\cdots\left(1-\frac{n}{n+1}\right)
\end{aligned}$$

比较 a_n 与 a_{n+1}的展开式可见，除前二项相同外，从第三项起，a_n 的每一项都小于 a_{n+1}的对应项，且 a_{n+1}最后还多出了一个正项，因此，对任意的正整数 n，恒有：

$$2\leqslant a_n<a_{n+1}$$

所以，$\{a_n\}$是单调递增数列。

再证明$\{a_n\}$是有界的。

由于$\left(1-\frac{1}{n}\right),\left(1-\frac{2}{n}\right),\cdots,\left(1-\frac{n-1}{n}\right)$都小于1，将$a_n$展开式中各项括弧内的数都放大至1，得：

$$a_n=\left(1+\frac{1}{n}\right)^n<1+1+\frac{1}{2!}+\frac{1}{3!}+\cdots+\frac{1}{n!}\text{（再适当放大）}$$

$$<1+1+\frac{1}{2}+\frac{1}{2^2}+\cdots+\frac{1}{2^{n-1}}$$

$$=1+\frac{1-\left(\frac{1}{2}\right)^n}{1-\frac{1}{2}}=3-\frac{1}{2^{n-1}}<3$$

因此，$\{a_n\}$是有界数列。

由单调数列收敛准则知，数列$\left\{\left(1+\frac{1}{n}\right)^n\right\}$收敛，从而极限$\lim\limits_{n\to\infty}\left(1+\frac{1}{n}\right)^n$存在。证毕。

这个数列极限值为无理数 e=2.718 28…，即：

$$\lim_{n\to\infty}\left(1+\frac{1}{n}\right)^n=\mathrm{e}$$

第二节 函数的极限

一、当 $x\to\infty$ 时 $f(x)$ 的极限

1. 当 $x\to+\infty$ 时 $f(x)$ 的极限

定义 1 设函数 $y=f(x)$ 在 $(a,+\infty)$ 内有定义，A 为定值。如果对于任意给定的小正数 ε，总存在正数 M，使得当 $x>M$ 时，都有：

$$|f(x)-A|<\varepsilon$$

则称常数 A 为函数 $f(x)$ 当 $x\to+\infty$ 时的极限，或称 $f(x)$ 在 x 趋于正无穷时以 A 为极限，记作：

$$\lim_{x\to+\infty}f(x)=A$$

或

$$f(x)\to A\qquad(x\to+\infty)$$

定义 1 的通俗意义是，对于函数 $y=f(x)$，如果当 x 无限增大时（即 x 趋于正无穷大时），对应的函数值 $f(x)$ 无限地趋于常数 A，则 A 为当 $x\to+\infty$ 时 $f(x)$ 的极限，即：

$$\lim_{x\to+\infty}f(x)=A$$

例如，函数 $f(x)=\frac{1}{x}$，当 x 无限增大时，$f(x)=\frac{1}{x}$ 无限地趋于 0，因此：

$$\lim_{x\to+\infty}\frac{1}{x}=0$$

又如，函数 $g(x)=\arctan x$，当 x 无限增大时，$\arctan x$ 无限地趋于 $\frac{\pi}{2}$，因此：

$$\lim_{x\to+\infty}(\arctan x)=\frac{\pi}{2}$$

而函数 $y=\sin x$，$y=x^2$，$y=e^x$ 等，当 x 无限增大时，相应的函数值都不能无限地趋于某一确定的数，因此，它们的极限：

$$\lim_{x\to+\infty}\sin x,\ \lim_{x\to+\infty}x^2,\ \lim_{x\to+\infty}e^x$$

都不存在。

2. 当 $x\to-\infty$ 时 $f(x)$ 的极限

定义 2 设 $f(x)$ 在 $(-\infty,b)$ 内有定义，A 为定值。如果对于任意给定的小正数 ε，总存在正数 M，使得当 $x<-M$ 时，都有：

$$|f(x)-A|<\varepsilon$$

则称常数 A 为函数 $f(x)$ 当 $x\to-\infty$ 时的极限，或称 $f(x)$ 在 x 趋于 $-\infty$ 时以 A 为极限，记作：

$$\lim_{x\to-\infty}f(x)=A$$

或

$$f(x)\to A\qquad(x\to-\infty)$$

定义 2 的通俗意义是，对于函数 $y=f(x)$，如果当 x 趋于 $-\infty$ 时，$f(x)$ 无限地趋于一个常数 A，则：

$$\lim_{x\to-\infty}f(x)=A$$

例如，函数 $f(x)=\dfrac{1}{x}$，当 $x\to-\infty$ 时，$f(x)=\dfrac{1}{x}$ 无限地趋于 0，因此：

$$\lim_{x\to-\infty}\frac{1}{x}=0$$

又如，函数 $g(x)=\arctan x$ 和 $y=e^x$，当 $x\to-\infty$ 时，$\arctan x$ 和 e^x 分别无限地趋于 $-\dfrac{\pi}{2}$ 和 0，因此：

$$\lim_{x\to-\infty}(\arctan x)=-\frac{\pi}{2}$$

$$\lim_{x\to-\infty}e^x=0$$

而函数 $y=x^2$，$y=\sin x$ 等，当 x 趋于负无穷时，相应的函数值都不能无限地趋近于某一确定的数，因此，极限

$$\lim_{x\to-\infty}x^2,\ \lim_{x\to-\infty}\sin x$$

都不存在。

3. 当 $x\to\infty$ 时 $f(x)$ 的极限

定义 3 设 A 为定值。如果对于任意给定的小正数 ε，总存在正数 M，使得当 $|x|>M$ 时，都有：

$$|f(x)-A|<\varepsilon$$

则称当 $x\to\infty$ 时 $f(x)$ 的极限为 A，记作：

$$\lim_{x\to\infty}f(x)=A$$

或

$$f(x)\to A\qquad(x\to\infty)$$

定义 3 的通俗意义是，当 x 的绝对值越来越大（即点 x 与原点的距离越来越远）时，函数值 $f(x)$ 趋于 A.

由定义可见："当 $x\to\infty$ 时 $f(x)$ 的极限是 A"表明，当 $x\to-\infty$ 以及 $x\to+\infty$ 时，$f(x)$ 有相同的极限 A.

［例 1］ 函数 $f(x)=\frac{1}{x}$，有：

$$\lim_{x\to\infty}f(x)=\lim_{x\to\infty}\frac{1}{x}=0$$

类似地，函数 $y=2+\frac{1}{x}$（图像见图 2—1），有：

$$\lim_{x\to\infty}\left(2+\frac{1}{x}\right)=2$$

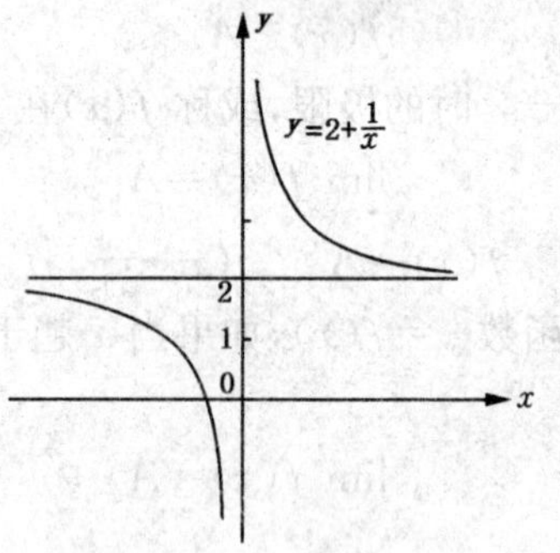

图 2—1

［例 2］ 考察下列极限：

(1) $\lim\limits_{x\to\infty}(\arctan x)$；

(2) $\lim\limits_{x\to\infty}\mathrm{e}^x$；

(3) $\lim\limits_{x\to\infty}(\sin x)$.

解 (1)由于：

$$\lim_{x\to+\infty}(\arctan x)=\frac{\pi}{2}$$

$$\neq\lim_{x\to-\infty}(\arctan x)=-\frac{\pi}{2}$$

因此，极限 $\lim\limits_{x\to\infty}(\arctan x)$ 不存在。

(2)虽然有 $\lim\limits_{x\to-\infty}\mathrm{e}^x=0$，即 $x\to-\infty$ 时，函数 $y=\mathrm{e}^x$ 的极限存在，但由于 x 趋于正无穷大时，e^x 趋于正无穷大，不趋于某一定值，即 $\lim\limits_{x\to+\infty}\mathrm{e}^x$ 不存在，因此，极限 $\lim\limits_{x\to\infty}\mathrm{e}^x$ 不存在。

(3)对函数 $y=\sin x$，由于 x 趋于无穷大时，函数值在 1 和 -1 之间振荡而不趋于某一定值，因此，极限 $\lim\limits_{x\to\infty}\sin x$ 不存在。

二、当 $x\to x_0$ 时 $f(x)$ 的极限

现在讨论当自变量 x 趋向于某一定点 x_0 且 $x\neq x_0$ 时，函数值的变化趋势。

例如，函数 $f(x)=3x$（图像见图 2—2），当 x 趋于 2 时，可见 x 所对应的函数值 $f(x)$ 趋于 6.

又如，函数 $g(x)=\frac{x^2-1}{x-1}$（见图 2—3）。当 $x\neq1$ 时，$g(x)=x+1$，可见当 x 不等于 1 而趋于 1 时，对应的函数值 $g(x)$ 趋于 2.

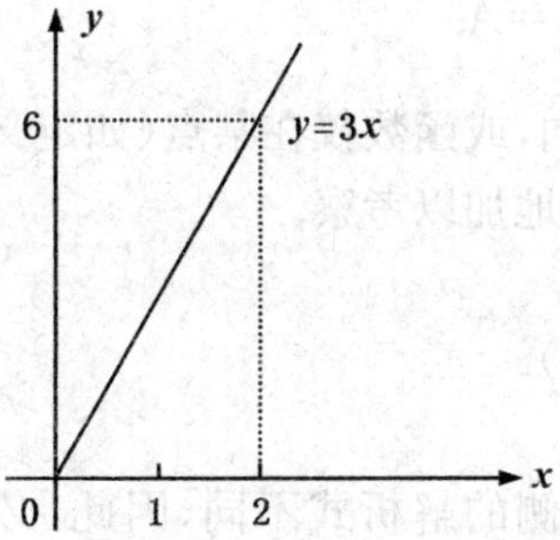

图 2—2

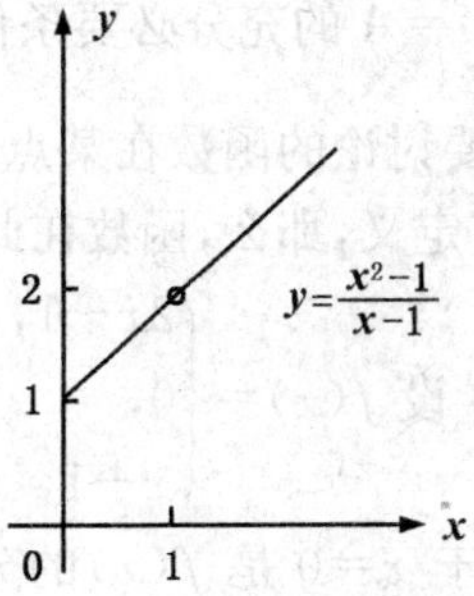

图 2—3

一般地，设函数 $f(x)$ 在点 x_0 的某个邻域（x_0 点可以除外）内有定义，A 是某一定值，如果 x 趋于 x_0（但不等于 x_0）时 $f(x)$ 趋于 A，就称 $f(x)$ 的极限为 A. 其精确的分析定义如下：

定义 4 （函数极限的 ε-δ 定义） 设 A 为定值，如果对于任意给定的小正数 ε，总存在正数 δ，使得当 $0<|x-x_0|<\delta$ 时，都有：

$$|f(x)-A|<\varepsilon$$

则称当 $x\to x_0$ 时 $f(x)$ 的极限为 A，记作：

$$\lim_{x\to x_0}f(x)=A$$

或

$$f(x)\to A\qquad(x\to x_0)$$

如

$$\lim_{x\to 2}(3x)=6,\qquad \lim_{x\to 1}\left[\frac{x^2-1}{x-1}\right]=2$$

由定义可见，$f(x)$ 在 x_0 处的极限与函数值 $f(x_0)$ 无关，甚至 $f(x)$ 在 x_0 处可以没有定义；也就是说，讨论 $\lim\limits_{x\to x_0}f(x)$ 时，不考虑函数 $f(x)$ 在点 x_0 处的情形。该极限的通俗意义就是当 x 不等于 x_0 而趋于 x_0 时 $f(x)$ 的变化趋势。

三、函数的单侧极限

定义 5 对于函数 $y=f(x)$，如果当 x 从点 x_0 的左边无限地趋于 x_0 时，$f(x)$ 无限地趋于某一定值 A，则称函数 $f(x)$ 在 x_0 处的**左极限**为 A，记作：

$$f(x)\to A\qquad(x\to x_0^-)$$

或

$$\lim_{x\to x_0^-}f(x)=A$$

也记作：

$$f(x_0-0)=A$$

如果当 x 从点 x_0 的右边无限地趋于 x_0 时，$f(x)$ 无限地趋于某一定值 B，则称函数 $f(x)$ 在 x_0 处的**右极限**为 B，记作：

$$f(x)\to B\qquad(x\to x_0^+)$$

或

$$\lim_{x\to x_0^+}f(x)=B$$

也记作：

$$f(x_0+0)=B$$

函数的左、右极限统称为**单侧极限**。

显然，在点 x_0 处，函数 $y=f(x)$ 的极限与左、右极限之间具有如下关系：

定理 $f(x)$ 在 x_0 处有极限的充分必要条件是 $f(x)$ 在 x_0 处的左、右极限存在且相等。即：

$\lim\limits_{x\to x_0}f(x)=A$ 的充分必要条件是 $\lim\limits_{x\to x_0^-}f(x)=\lim\limits_{x\to x_0^+}f(x)=A$.

如果所要讨论的函数在某点处左右两侧的解析式不同，或函数仅在某点(如定义区间的端点)的一侧有定义，那么，函数在此点的极限问题必须单侧地加以考察。

［例 3］ 设 $f(x)=\begin{cases}2x-1, & -\infty<x<0\\ 0, & x=0\\ x+1, & 0<x<+\infty\end{cases}$，求 $\lim\limits_{x\to 0}f(x)$.

解 由于 $x=0$ 是 $f(x)$ 的分段点，且该点处左右两侧的解析式不同，因此，必须先考察 $x=0$ 处 $f(x)$ 的左、右极限[$y=f(x)$ 的图像见图 2－4]。

因为 $x<0$ 时，$f(x)=2x-1$；$x>0$ 时，$f(x)=x+1$. 于是，当 x 小于 0 而趋于 0 时，应按 $2x-1$ 考察函数值的变化趋势；当 x 大于 0 而趋于 0 时，应按 $x+1$ 考察函数值的变化趋势。从而：

$$\lim_{x\to 0^-}f(x)=\lim_{x\to 0^-}(2x-1)=-1$$

$$\lim_{x\to 0^+}f(x)=\lim_{x\to 0^+}(x+1)=1$$

由于 $\lim\limits_{x\to 0^-}f(x)\neq\lim\limits_{x\to 0^+}f(x)$，因此，极限 $\lim\limits_{x\to 0}f(x)$ 不存在。

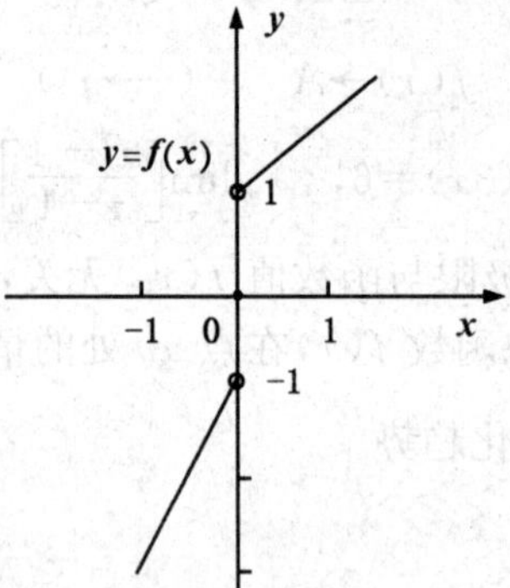

图 2－4

［例 4］ 设 $g(x)=|x|$，证明：$\lim\limits_{x\to 0}g(x)=0$.

证 因为：

$$g(x)=\begin{cases}x, & x>0\\ 0, & x=0\\ -x, & x<0\end{cases}$$

$$\lim_{x\to 0^+}g(x)=\lim_{x\to 0^+}(x)=0$$

$$\lim_{x\to 0^-}g(x)=\lim_{x\to 0^-}(-x)=0$$

由于：

$$\lim_{x\to 0^-}g(x)=\lim_{x\to 0^+}g(x)=0$$

所以：

$$\lim_{x\to 0}g(x)=0$$

证毕。

本节中例题采用的解法均为观察法，读者应了解 ε-M、ε-δ 以及上节中的 ε-N 分析定义，理

解无穷逼近的思想，对比较简单的函数极限问题，要会用观察法解决。

第三节　极限的性质及运算法则

本节介绍极限的性质及其运算法则，虽然在形式上都是 $x\to x_0$ 的情形，但是，对 $x\to+\infty$（包括数列 $n\to\infty$）、$x\to-\infty$、$x\to\infty$、$x\to x_0^+$ 及 $x\to x_0^-$ 的情形有类似的结论，只要在相应的部分作适当的修改即可。

一、极限的性质

性质 1（唯一性）　若极限 $\lim\limits_{x\to x_0}f(x)$ 存在，则极限值必定唯一。

性质 2（局部有界性）　若极限 $\lim\limits_{x\to x_0}f(x)$ 存在，则函数 $f(x)$ 在点 x_0 的某邻域内有界。

性质 3（局部保号性）　若 $\lim\limits_{x\to x_0}f(x)=A>0$（或 $A<0$），则在点 x_0 的某邻域内（x_0 可除外）必有 $f(x)>0$[或 $f(x)<0$].

性质 4（不等式性质）　若 $\lim\limits_{x\to x_0}f(x)=A$，$\lim\limits_{x\to x_0}g(x)=B$，且在 x_0 的某邻域内（x_0 可除外）有 $f(x)\leqslant g(x)$，则 $A\leqslant B$.

性质 5（迫敛性）　设函数 $f(x)$，$g(x)$，$h(x)$ 在点 x_0 的某邻域内（x_0 可除外）满足条件：$f(x)\leqslant h(x)\leqslant g(x)$，且 $\lim\limits_{x\to x_0}f(x)=\lim\limits_{x\to x_0}g(x)=A$，则 $\lim\limits_{x\to x_0}h(x)=A$.

极限的迫敛性又称为夹挤原理或两面夹定理。

对以上性质，读者可根据极限的定义及其几何意义加以理解（它们的严格证明此处从略）。

二、极限的四则运算法则

如果 $\lim\limits_{x\to x_0}f(x)=A$，$\lim\limits_{x\to x_0}g(x)=B$，则：

(1) $\lim\limits_{x\to x_0}[f(x)\pm g(x)]=\lim\limits_{x\to x_0}f(x)\pm\lim\limits_{x\to x_0}g(x)=A\pm B$；

(2) $\lim\limits_{x\to x_0}[f(x)\cdot g(x)]=[\lim\limits_{x\to x_0}f(x)]\cdot[\lim\limits_{x\to x_0}g(x)]=A\cdot B$，

特别地，$\lim\limits_{x\to x_0}[C\cdot g(x)]=C\cdot\lim\limits_{x\to x_0}g(x)=C\cdot B$（其中 C 为常数）；

(3) 当 $B\neq0$ 时，$\lim\limits_{x\to x_0}\dfrac{f(x)}{g(x)}=\dfrac{\lim\limits_{x\to x_0}f(x)}{\lim\limits_{x\to x_0}g(x)}=\dfrac{A}{B}$.

上述运算法则可以推广到有限多个函数的和、差、积、商求极限的情形。例如，若 $\lim\limits_{x\to x_0}f(x)$、$\lim\limits_{x\to x_0}g(x)$、$\lim\limits_{x\to x_0}h(x)$ 都存在，则：

$$\lim_{x\to x_0}[f(x)\pm g(x)\pm h(x)]=\lim_{x\to x_0}f(x)\pm\lim_{x\to x_0}g(x)\pm\lim_{x\to x_0}h(x)$$

若 k 为自然数，则：

$$\lim_{x\to x_0}[f(x)]^k=[\lim_{x\to x_0}f(x)]^k$$

注意　利用极限的四则运算法则求极限时，每个参与运算的函数极限必须存在，并且在求商的极限时，分母的极限不能为零。

下面就几类常见的题型分别举例说明法则的运用。

[1]若 $P(x)$ 为多项式,则 $\lim\limits_{x\to x_0}P(x)=?$

[例 1] 求 $\lim\limits_{x\to 2}(3x^2+5x-8)$.

解
$$\begin{aligned}\lim_{x\to 2}(3x^2+5x-8)&=3\lim_{x\to 2}(x^2)+5\lim_{x\to 2}(x)-\lim_{x\to 2}8\\&=3\times 2^2+5\times 2-8=14\end{aligned}$$

由例 1 的解题过程可见,一般地,若 $P(x)$ 为多项式,则极限 $\lim\limits_{x\to x_0}P(x)=P(x_0)$.

[2]若 $P(x)$、$Q(x)$ 均为多项式,且 $Q(x_0)\neq 0$,则:

$$\lim_{x\to x_0}\frac{P(x)}{Q(x)}=\frac{\lim\limits_{x\to x_0}P(x)}{\lim\limits_{x\to x_0}Q(x)}=\frac{P(x_0)}{Q(x_0)}$$

[例 2] 求 $\lim\limits_{x\to 2}\dfrac{x^2+2x+3}{x^2-1}$.

解 因为:
$$\begin{aligned}\lim_{x\to 2}(x^2+2x+3)&=\lim_{x\to 2}(x^2)+2\lim_{x\to 2}(x)+\lim_{x\to 2}3\\&=4+4+3=11\end{aligned}$$

且分母的极限:

$$\lim_{x\to 2}(x^2-1)=\lim_{x\to 2}(x^2)-1=4-1=3\neq 0$$

所以:

$$\lim_{x\to 2}\frac{x^2+2x+3}{x^2-1}=\frac{\lim\limits_{x\to 2}(x^2+2x+3)}{\lim\limits_{x\to 2}(x^2-1)}=\frac{11}{3}$$

[3]若 $P(x)$、$Q(x)$ 均为多项式,且 $Q(x_0)=0$,但 $P(x_0)\neq 0$,则 $\lim\limits_{x\to x_0}\dfrac{P(x)}{Q(x)}$ 不存在。

注意 由于分母的极限 $\lim\limits_{x\to x_0}Q(x)=Q(x_0)=0$,因此,该极限 $\lim\limits_{x\to x_0}\dfrac{P(x)}{Q(x)}$ 不能利用商的法则来求。在今后的学习中可以知道,$\lim\limits_{x\to x_0}\dfrac{P(x)}{Q(x)}=\infty$.

[4]若 $P(x)$、$Q(x)$ 均为多项式,且 $P(x_0)=Q(x_0)=0$,求 $\lim\limits_{x\to x_0}\dfrac{P(x)}{Q(x)}$.

基本解法是,分母、分子都因式分解,约去 $(x-x_0)$ 的因式,原式即可化到[2]型或[3]型。

[例 3] 求 $\lim\limits_{x\to 2}\dfrac{x^2+x-6}{x^2-3x+2}$.

解
$$\begin{aligned}\lim_{x\to 2}\frac{x^2+x-6}{x^2-3x+2}&=\lim_{x\to 2}\frac{(x+3)(x-2)}{(x-1)(x-2)}\\&=\lim_{x\to 2}\frac{x+3}{x-1}\text{(属于[2]型)}\\&=\frac{2+3}{2-1}=5\end{aligned}$$

[例 4] 求 $\lim\limits_{x\to 2}\dfrac{x^2+x-6}{(x-2)^2}$.

解
$$\begin{aligned}\lim_{x\to 2}\frac{x^2+x-6}{(x-2)^2}&=\lim_{x\to 2}\frac{(x+3)(x-2)}{(x-2)^2}\\&=\lim_{x\to 2}\frac{x+3}{x-2}\text{(属于[3]型)}=\infty\end{aligned}$$

当然,也可能会出现这样的情形,在约去 $(x-x_0)$ 的因子后,把 $x=x_0$ 代入分子和分母,分子与分母的值仍然都为零，这说明分子和分母还含有$(x-x_0)$因子，则只要再继续约去$(x-x_0)$的因式，经过有限步骤，总可把原式化为[2]型或[3]型。

[5]设n,m为正整数，$b_0,b_1,\cdots,b_m,a_0,a_1,\cdots,a_n$为常数，且$a_0\neq0,b_0\neq0$，则：

$$\lim_{x\to\infty}\frac{a_0x^n+a_1x^{n-1}+\cdots+a_{n-1}x+a_n}{b_0x^m+b_1x^{m-1}+\cdots+b_{m-1}x+b_m}=\begin{cases}0, & m>n\\ \dfrac{a_0}{b_0}, & m=n\\ \text{不存在}, & m<n\end{cases}$$

对上述结果，在理论上可严格证明，在此我们仅通过举例来验证。

[例 5]　求$\lim\limits_{x\to\infty}\dfrac{x^2+1}{x^3+1}$.

解　在本例中，由于分子与分母的极限都不存在（都趋于无穷大），故不能直接利用商的法则，必须将分式变形成可用法则的形式。

$$\lim_{x\to\infty}\frac{x^2+1}{x^3+1}\text{（分子、分母同除以 }x^3\text{）}$$

$$=\lim_{x\to\infty}\frac{\dfrac{1}{x}+\dfrac{1}{x^3}}{1+\dfrac{1}{x^3}}=\frac{\lim\limits_{x\to\infty}\left(\dfrac{1}{x}+\dfrac{1}{x^3}\right)}{\lim\limits_{x\to\infty}\left(1+\dfrac{1}{x^3}\right)}$$

$$=\frac{0+0}{1+0}=0\quad\left(\text{因为}\lim_{x\to\infty}\frac{1}{x}=0,\lim_{x\to\infty}\frac{1}{x^3}=0\right)$$

[例 6]　求$\lim\limits_{x\to\infty}\dfrac{x^2+1}{3x^2+1}$.

解　$\lim\limits_{x\to\infty}\dfrac{x^2+1}{3x^2+1}=\lim\limits_{x\to\infty}\dfrac{1+\dfrac{1}{x^2}}{3+\dfrac{1}{x^2}}=\dfrac{\lim\limits_{x\to\infty}\left(1+\dfrac{1}{x^2}\right)}{\lim\limits_{x\to\infty}\left(3+\dfrac{1}{x^2}\right)}=\dfrac{1+0}{3+0}=\dfrac{1}{3}$

[例 7]　求$\lim\limits_{x\to\infty}\dfrac{3x^3+1}{x^2+1}$.

解　$\lim\limits_{x\to\infty}\dfrac{3x^3+1}{x^2+1}=\lim\limits_{x\to\infty}\dfrac{3+\dfrac{1}{x^3}}{\dfrac{1}{x}+\dfrac{1}{x^3}}$与[3]型同理，不能直接利用极限的商的法则。在今后的学习中可以知道，极限$\lim\limits_{x\to\infty}\dfrac{3x^3+1}{x^2+1}=\infty$，不存在。

对形如

$$\lim_{n\to\infty}\frac{a_0n^k+a_1n^{k-1}+\cdots+a_{k-1}\cdot n+a_k}{b_0n^s+b_1n^{s-1}+\cdots+b_{s-1}\cdot n+b_s}$$

的数列极限，也可作与上面类似的讨论。

[6]分子有理化或分母有理化。

[例 8]　求$\lim\limits_{x\to2}\dfrac{x-2}{\sqrt{x-1}-1}$.

解　$\lim\limits_{x\to2}\dfrac{x-2}{\sqrt{x-1}-1}=\lim\limits_{x\to2}\dfrac{(x-2)(\sqrt{x-1}+1)}{(\sqrt{x-1}-1)(\sqrt{x-1}+1)}$

$$=\lim_{x\to 2}\frac{(x-2)(\sqrt{x-1}+1)}{(x-2)}=\lim_{x\to 2}(\sqrt{x-1}+1)$$

$$=\sqrt{2-1}+1=2$$

（注：在这里，我们采用观察法得出$\lim\limits_{x\to 2}\sqrt{x-1}=\sqrt{2-1}$，其严格证明可以借助于 ε-δ 分析定义。以下类同处不再另注。）

［**例 9**］ 求$\lim\limits_{x\to 3}\frac{\sqrt{x+1}-2}{x-3}$.

解 $$\lim_{x\to 3}\frac{\sqrt{x+1}-2}{x-3}=\lim_{x\to 3}\frac{(\sqrt{x+1}-2)(\sqrt{x+1}+2)}{(x-3)(\sqrt{x+1}+2)}$$

$$=\lim_{x\to 3}\frac{(x-3)}{(x-3)(\sqrt{x+1}+2)}=\lim_{x\to 3}\frac{1}{\sqrt{x+1}+2}=\frac{1}{2+2}=\frac{1}{4}$$

例 8 与例 9 分别作分母有理化和分子有理化，以便约去趋向于零的因式（称为**零因子**），化为可用法则的形式，进而求得极限。

[7]设 q 为常数，则数列$\{q^n\}$的极限取决于 q 的值：

$$\lim_{n\to\infty}(q^n)=\begin{cases}0, & 若|q|<1\\ 1, & 若 q=1\\ 不存在, & 若 q=-1\\ 不存在, & 若|q|>1\end{cases}$$

［**例 10**］ 求$\lim\limits_{n\to\infty}\frac{4^n+3}{5^n-4}$.

解 $$\lim_{n\to\infty}\frac{4^n+3}{5^n-4}=\lim_{n\to\infty}\frac{\left(\frac{4}{5}\right)^n+3\left(\frac{1}{5}\right)^n}{1-4\cdot\left(\frac{1}{5}\right)^n}$$

$$=\frac{\lim\limits_{n\to\infty}\left[\left(\frac{4}{5}\right)^n+3\cdot\left(\frac{1}{5}\right)^n\right]}{\lim\limits_{n\to\infty}\left[1-4\cdot\left(\frac{1}{5}\right)^n\right]}=\frac{0+3\times 0}{1-4\times 0}=\frac{0}{1}=0$$

[8]以极限$\lim\limits_{x\to 1}\left(\frac{x^2}{x-1}-\frac{1}{x-1}\right)$为例来说明。

由于 x 趋于 1 时，$\frac{x^2}{x-1}$和$\frac{1}{x-1}$都趋于无穷大，即极限$\lim\limits_{x\to 1}\frac{x^2}{x-1}$和$\lim\limits_{x\to 1}\frac{1}{x-1}$都不存在，因此，原式不能利用和差的法则来求，必须先变形，化为可用法则的形式。

因为：

$$\frac{x^2}{x-1}-\frac{1}{x-1}=\frac{x^2-1}{x-1}=x+1(x\neq 1 时)$$

所以：

$$\lim_{x\to 1}\left(\frac{x^2}{x-1}-\frac{1}{x-1}\right)=\lim_{x\to 1}\frac{x^2-1}{x-1}=\lim_{x\to 1}(x+1)=2$$

第四节 两个重要极限

1. $\lim\limits_{x\to 0}\frac{\sin x}{x}=1$

证　由于 $y=\dfrac{\sin x}{x}$ 除 $x=0$ 外处处有定义，且 $\dfrac{\sin(-x)}{(-x)}=\dfrac{\sin x}{x}$，故只需讨论 $x>0$ 的情形。

作单位圆（见图 2－5），设 $0<x<\dfrac{\pi}{2}$，由示意图可见：

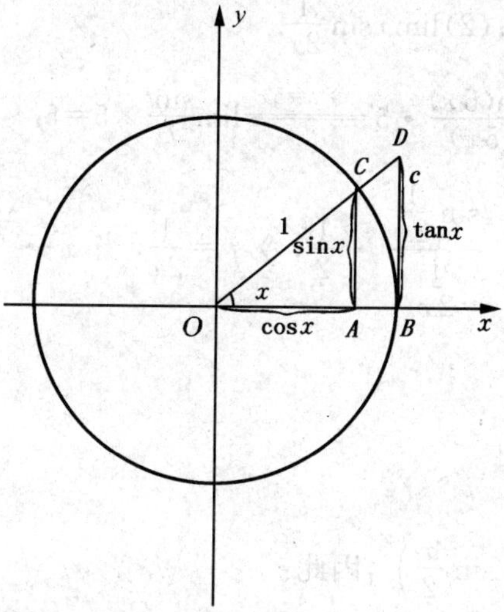

图 2－5

$$\triangle AOC\text{ 面积}<\text{扇形 }COB\text{ 面积}<\triangle BOD\text{ 面积}$$

即有：

$$\frac{1}{2}(\cos x)\cdot(\sin x)<\frac{1}{2}\cdot 1\cdot x<\frac{1}{2}\cdot 1\cdot \tan x$$

除以 $\dfrac{1}{2}\sin x$，可得：

$$\cos x<\frac{x}{\sin x}<\frac{1}{\cos x}$$

即：
$$\frac{1}{\cos x}>\frac{\sin x}{x}>\cos x$$

从而对满足不等式 $0<|x|<\dfrac{\pi}{2}$ 的一切 x，有：

$$\cos x<\frac{\sin x}{x}<\frac{1}{\cos x}$$

因为当 $x\to 0$ 时，$\cos x\to 1$，$\dfrac{1}{\cos x}\to 1$. 即：

$$\lim_{x\to 0}\cos x=\lim_{x\to 0}\frac{1}{\cos x}=1$$

由极限的迫敛性知：

$$\lim_{x\to 0}\frac{\sin x}{x}=1$$

证毕。

［**例 1**］　求 $\lim\limits_{x\to 0}\dfrac{\tan x}{x}$.

解 因为 $\tan x=\dfrac{\sin x}{\cos x}$,所以：

$$\lim_{x\to 0}\frac{\tan x}{x}=\lim_{x\to 0}\frac{\sin x}{x}\cdot\frac{1}{\cos x}=\lim_{x\to 0}\frac{\sin x}{x}\cdot\lim_{x\to 0}\frac{1}{\cos x}=1\times\frac{1}{1}=1$$

［**例 2**］ 求：(1)$\lim\limits_{x\to 0}\dfrac{\sin 5x}{x}$；(2)$\lim\limits_{x\to\infty}x\sin\dfrac{1}{2x}$.

解 (1)$\lim\limits_{x\to 0}\dfrac{\sin 5x}{x}=\lim\limits_{x\to 0}\dfrac{\sin(5x)}{(5x)}\cdot 5\xlongequal{令\ t=5x}\lim\limits_{t\to 0}\dfrac{\sin t}{t}\times 5=5.$

(2)由于 $x\sin\dfrac{1}{2x}=\dfrac{\sin\dfrac{1}{2x}}{\dfrac{1}{2x}}\cdot\dfrac{1}{2}$,令 $t=\dfrac{1}{2x}$,当 $x\to\infty$ 时,$t\to 0$,故 $\lim\limits_{x\to\infty}x\sin\dfrac{1}{2x}=$ $\lim\limits_{t\to 0}\dfrac{\sin t}{t}\cdot\dfrac{1}{2}=\dfrac{1}{2}.$

［**例 3**］ 求$\lim\limits_{x\to 0}\dfrac{\cos x-1}{x^2}$.

解 由于 $\cos x-1=-2\left(\sin\dfrac{x}{2}\right)^2$,因此：

$$\lim_{x\to 0}\frac{\cos x-1}{x^2}=\lim_{x\to 0}\frac{-2\left(\sin\dfrac{x}{2}\right)^2}{x^2}$$

$$=-\frac{1}{2}\lim_{x\to 0}\left(\frac{\sin\dfrac{x}{2}}{\dfrac{x}{2}}\right)^2$$

$$=-\frac{1}{2}\times 1^2=-\frac{1}{2}$$

2. $\lim\limits_{x\to\infty}\left(1+\dfrac{1}{x}\right)^x=\mathrm{e}$

证 (1)当 $x\to+\infty$时,对于任意 $x(>1)$,必有一个正整数 n,使得 $n\leqslant x\leqslant n+1$,于是有：

$$1+\frac{1}{n+1}\leqslant 1+\frac{1}{x}\leqslant 1+\frac{1}{n}$$

因此有：

$$\left(1+\frac{1}{n+1}\right)^n\leqslant\left(1+\frac{1}{x}\right)^x\leqslant\left(1+\frac{1}{n}\right)^n\leqslant\left(1+\frac{1}{n}\right)^{n+1}$$

但因为：

$$\lim_{n\to\infty}\left(1+\frac{1}{n}\right)^{n+1}=\lim_{n\to\infty}\left(1+\frac{1}{n}\right)^n\lim_{n\to\infty}\left(1+\frac{1}{n}\right)=\mathrm{e}$$

$$\lim_{n\to\infty}\left(1+\frac{1}{n+1}\right)^n=\lim_{n\to\infty}\left(1+\frac{1}{n+1}\right)^{n+1}\Big/\lim_{n\to\infty}\left(1+\frac{1}{n+1}\right)=\mathrm{e}$$

根据极限的迫敛性,可得：

$$\lim_{x\to+\infty}\left(1+\frac{1}{x}\right)^x=\mathrm{e}$$

(2)当 $x\to-\infty$时,设 $x=-(t+1)$,则 $x\to-\infty$时,有 $t\to+\infty$,于是：

$$\lim_{x\to-\infty}\left(1+\frac{1}{x}\right)^{n}=\lim_{t\to+\infty}\left(1-\frac{1}{t+1}\right)^{-(t+1)}=\lim_{t\to+\infty}\left(\frac{t}{t+1}\right)^{-(t+1)}$$

$$=\lim_{t\to+\infty}\left(1+\frac{1}{t}\right)^{t}\left(1+\frac{1}{t}\right)=\mathrm{e}$$

由(1)、(2)所证，可得：

$$\lim_{x\to\infty}\left(1+\frac{1}{x}\right)^{x}=\mathrm{e}$$

如果令$\frac{1}{x}=t$，并注意到当$x\to\infty$时，$t\to0$，则：

$$\lim_{x\to\infty}\left(1+\frac{1}{x}\right)^{x}=\lim_{t\to0}(1+t)^{\frac{1}{t}}=\mathrm{e}$$

因此，极限$\lim\limits_{x\to\infty}\left(1+\frac{1}{x}\right)^{x}=\mathrm{e}$的另一种等价形式为：

$$\lim_{x\to0}(1+x)^{\frac{1}{x}}=\mathrm{e}$$

[例 4]　求$\lim\limits_{x\to\infty}\left(1-\frac{1}{x}\right)^{x}$.

解　$$\lim_{x\to\infty}\left(1-\frac{1}{x}\right)^{x}=\lim_{x\to\infty}\left[1+\frac{1}{(-x)}\right]^{(-x)\cdot(-1)}$$

$$\xlongequal{\text{令 } t=-x}\lim_{t\to\infty}\left[\left(1+\frac{1}{t}\right)^{t}\right]^{-1}$$

$$=\lim_{t\to\infty}\frac{1}{\left(1+\frac{1}{t}\right)^{t}}=\frac{1}{\mathrm{e}}$$

[例 5]　求$\lim\limits_{x\to\infty}\left(1+\frac{3}{x}\right)^{x}$.

解　$$\lim_{x\to\infty}\left(1+\frac{3}{x}\right)^{x}=\lim_{x\to\infty}\left[\left(1+\frac{1}{\frac{x}{3}}\right)^{\frac{x}{3}}\right]^{3}$$

$$\xlongequal{\text{令 } t=\frac{x}{3}}\lim_{t\to\infty}\left[\left(1+\frac{1}{t}\right)^{t}\right]^{3}=\mathrm{e}^{3}$$

[例 6]　求$\lim\limits_{x\to0}(1-2x)^{\frac{1}{x}}$.

解　由于$(1-2x)^{\frac{1}{x}}=[1+(-2x)]^{\frac{1}{-2x}\cdot(-2)}$，令$-2x=t$，于是有：

$$(1-2x)^{\frac{1}{x}}=[(1+t)^{\frac{1}{t}}]^{-2}$$

且当$x\to0$时，$t\to0$，故：

$$\lim_{x\to0}(1-2x)^{\frac{1}{x}}=\lim_{t\to0}[(1+t)^{\frac{1}{t}}]^{-2}$$

$$=\lim_{t\to0}\frac{1}{[(1+t)^{\frac{1}{t}}]^{2}}=\frac{1}{\mathrm{e}^{2}}$$

[例 7]　求$\lim\limits_{x\to\infty}\left(\frac{x-1}{x+1}\right)^{x}$.

解法 1　$$\lim_{x\to\infty}\left(\frac{x-1}{x+1}\right)^{x}=\lim_{x\to\infty}\left(\frac{1-\frac{1}{x}}{1+\frac{1}{x}}\right)^{x}$$

$$=\lim_{x\to\infty}\frac{\left(1+\frac{1}{-x}\right)^{x}}{\left(1+\frac{1}{x}\right)^{x}}=\frac{e^{-1}}{e}=e^{-2}$$

解法 2 由于：

$$\left(\frac{x-1}{x+1}\right)^{x}=\left(1+\frac{-2}{x+1}\right)^{x}=\left[1+\frac{1}{-\frac{x+1}{2}}\right]^{x}$$

令 $t=-\frac{x+1}{2}$，则 $x=-2t-1$. 且当 $x\to\infty$时，$t\to\infty$. 故：

$$\lim_{x\to\infty}\left(\frac{x-1}{x+1}\right)^{x}=\lim_{x\to\infty}\left[1+\frac{1}{-\frac{x+1}{2}}\right]^{x}$$

$$=\lim_{t\to\infty}\left(1+\frac{1}{t}\right)^{-2t-1}$$

$$=\lim_{t\to\infty}\frac{1}{\left[\left(1+\frac{1}{t}\right)^{t}\right]^{2}}\cdot\frac{1}{\left(1+\frac{1}{t}\right)}$$

$$=\frac{1}{e^{2}}\times\frac{1}{1}=e^{-2}$$

第五节　无穷小量与无穷大量

一、无穷小量

1. 无穷小量的定义

定义 1 对于函数 $y=f(x)$，如果自变量 x 在某个变化过程中，相应的 $f(x)$的极限为零，则称在该变化过程中 $f(x)$为**无穷小量**。

由定义可见，无穷小量不是指一个很小的数，而是一类特殊的函数(极限为零的函数)，并且一般还要指明当 x 趋向于什么值时才有意义。

例如，由于$\lim\limits_{x\to0}(2x)=0$，$\lim\limits_{x\to0}x^2=0$，$\lim\limits_{x\to0}\sin x=0$，$\lim\limits_{x\to0}\tan x=0$，因此，$2x$、$x^2$、$\sin x$、$\tan x$ 都是当 $x\to0$ 时的无穷小量。

又如，由于$\lim\limits_{x\to2}(x^2-4)=0$，$\lim\limits_{n\to\infty}\frac{1}{n^3+1}=0$，因此，$(x^2-4)$是当 $x\to2$ 时的无穷小量，$\frac{1}{n^3+1}$是当 $n\to\infty$时的无穷小量。

在常数函数中，只有 $f(x)\equiv0$ 是无穷小量。

2. 无穷小量的性质

由极限的定义与运算法则及无穷小量的定义，可得到下列性质：

(1)两个无穷小量的和、差、积仍为无穷小量。

(2)无穷小量与有界量的乘积仍为无穷小量。

(3)A 为函数 $f(x)$在 $x\to x_0$ 时的极限的充分必要条件是：$f(x)-A=\alpha(x)$在 $x\to x_0$ 时为无穷小量。即$\lim\limits_{x\to x_0}f(x)=A$ 的充分必要条件是 $f(x)=A+\alpha(x)$[其中，$\alpha(x)$为 $x\to x_0$ 时的无穷小量]。

［例 1］ 求下列极限：

(1)$\lim\limits_{x\to\infty}\dfrac{\sin x}{x}$；

(2)$\lim\limits_{x\to1}\left[(x^2-1)\cdot\cos\dfrac{1}{x-1}\right]$.

解 (1)因为当 $x\to\infty$ 时，$\dfrac{1}{x}\to0$，$|\sin x|\leqslant1$，即$\dfrac{1}{x}$是 $x\to\infty$ 时的无穷小量，$\sin x$ 为有界量，由无穷小量的性质(2)：无穷小量乘有界量仍为无穷小量，故$\dfrac{\sin x}{x}=\dfrac{1}{x}\cdot\sin x$ 是 $x\to\infty$ 时的无穷小量，所以：

$$\lim_{x\to\infty}\frac{\sin x}{x}=0$$

注意 由于分子、分母的极限均不存在，故本题不能采用商的法则来求极限。另外，请注意$\lim\limits_{x\to\infty}\dfrac{\sin x}{x}=0$ 与重要极限$\lim\limits_{x\to0}\dfrac{\sin x}{x}=1$ 的差异。

(2)因为当 $x\to1$ 时，$(x^2-1)\to0$，$\left|\cos\dfrac{1}{x-1}\right|\leqslant1$，即 (x^2-1) 是 $x\to1$ 时的无穷小量，$\cos\dfrac{1}{x-1}$ 为有界量，由无穷小量的性质可知，$(x^2-1)\cdot\cos\dfrac{1}{x-1}$ 是 $x\to1$ 时的无穷小量，所以：

$$\lim_{x\to1}\left[(x^2-1)\cdot\cos\frac{1}{x-1}\right]=0$$

3. 无穷小量阶的比较

无穷小量是以零为极限的变量，但收敛于零的速度不尽相同，一般可以由两个无穷小量比的极限来判断它们的收敛速度。

定义 2 设 $x\to x_0$ 时，$\alpha(x)$ 与 $\beta(x)$（以下分别简记作 α 与 β）均为无穷小量。

(1)如果$\lim\limits_{x\to x_0}\dfrac{\alpha}{\beta}=0$，则称当 $x\to x_0$ 时，α 是比 β **较高阶的无穷小量**，亦称 β 是比 α **较低阶的无穷小量**，记作：

$$\alpha=o(\beta)\qquad(x\to x_0)$$

(2)如果$\lim\limits_{x\to x_0}\dfrac{\alpha}{\beta}=C\neq0$，则称当 $x\to x_0$ 时，α 是与 β **同阶的无穷小量**。特别是当 $C=1$ 时，称当 $x\to x_0$ 时，α 与 β 是**等价的无穷小量**，记作

$$\alpha\sim\beta\quad(x\to x_0)$$

例如，因为$\lim\limits_{x\to0}\dfrac{x^2}{x}=0$，所以，$x^2$ 是比 x 较高阶的无穷小量（当$x\to0$时）；因为$\lim\limits_{x\to0}\dfrac{\cos x-1}{x^2}=-\dfrac{1}{2}$，所以，$(\cos x-1)$ 是 x^2 的同阶无穷小量（当 $x\to0$ 时）；因为$\lim\limits_{x\to0}\dfrac{\sin x}{x}=1$，$\lim\limits_{x\to0}\dfrac{\tan x}{x}=1$，$\lim\limits_{x\to0}\dfrac{\sin x}{\tan x}=1$，所以，$x$、$\sin x$、$\tan x$ 都是等价的无穷小量（当 $x\to0$ 时）。

等价无穷小量具有如下替换性质：

定理 设 α 和 α_1，β 和 β_1 都是同一变化过程中（如 $x\to x_0$ 时）的无穷小量，且 $\alpha\sim\alpha_1$，$\beta\sim\beta_1$，$\lim\limits_{x\to x_0}\dfrac{\alpha_1}{\beta_1}$存在，则：

$$\lim_{x\to x_0}\frac{\alpha}{\beta}=\lim_{x\to x_0}\frac{\alpha_1}{\beta_1}$$

证 因为：

$$\frac{\alpha}{\beta}=\frac{\alpha}{\alpha_1}\cdot\frac{\alpha_1}{\beta_1}\cdot\frac{\beta_1}{\beta}$$

由已知$\lim\limits_{x\to x_0}\frac{\alpha}{\alpha_1}=1$，$\lim\limits_{x\to x_0}\frac{\beta}{\beta_1}=1$及$\lim\limits_{x\to x_0}\frac{\alpha_1}{\beta_1}$存在，所以：

$$\begin{aligned}\lim_{x\to x_0}\frac{\alpha}{\beta}&=\lim_{x\to x_0}\frac{\alpha}{\alpha_1}\cdot\frac{\alpha_1}{\beta_1}\cdot\frac{\beta_1}{\beta}\\&=\left(\lim_{x\to x_0}\frac{\alpha}{\alpha_1}\right)\cdot\left(\lim_{x\to x_0}\frac{\alpha_1}{\beta_1}\right)\cdot\left(\lim_{x\to x_0}\frac{\beta_1}{\beta}\right)\\&=\lim_{x\to x_0}\frac{\alpha_1}{\beta_1}\end{aligned}$$

证毕。

据此定理，在求某些无穷小量之比的极限时，往往可以用等价的无穷小量来代替，以简化运算。

［**例 2**］ 求$\lim\limits_{x\to 0}\frac{\sin 3x}{\tan 2x}$.

解 由于$\sin 3x$、$\tan 2x$都是当$x\to 0$时的无穷小量，且$\sin 3x\sim 3x$，$\tan 2x\sim 2x(x\to 0)$，故：

$$\lim_{x\to 0}\frac{\sin 3x}{\tan 2x}=\lim_{x\to 0}\frac{3x}{2x}=\frac{3}{2}$$

注意 和、差的情形不要随便以等价无穷小量代替其中的某一项来进行计算。

二、无穷大量

定义 3 对于函数$y=f(x)$，如果自变量x在某个变化过程中，函数值的绝对值越来越大且可以无限地增大，则称$f(x)$为该变化过程中的**无穷大量**。

由定义可见，若$x\to x_0$时$f(x)$为无穷大量，则极限$\lim\limits_{x\to x_0}f(x)$不存在，但由于$x\to x_0$时$|f(x)|$的趋向很明显：无限制地增大，因此，通常称极限不存在的这类特殊情形为具有非正常极限∞，记作$\lim\limits_{x\to x_0}f(x)=\infty$.

例如，$\lim\limits_{x\to\infty}x^2=+\infty$，$\lim\limits_{x\to 0^+}\ln x=-\infty$，$\lim\limits_{x\to 1}\frac{1}{x-1}=\infty$.

由无穷小量与无穷大量的定义立即可以得到性质：

$f(x)$为$x\to x_0$（或$x\to\infty$）时的无穷大量的充分必要条件是：$\frac{1}{f(x)}$为$x\to x_0$（或$x\to\infty$）时的无穷小量。

［**例 3**］ 求$\lim\limits_{x\to\infty}(x^2-3x+1)$.

解 由于$\lim\limits_{x\to\infty}x^2=\infty$，$\lim\limits_{x\to\infty}(3x)=\infty$均不存在，故本例不能直接利用和、差的法则来求极限。现利用无穷小量与无穷大量的关系来求此极限。

因为：

$$\lim_{x\to\infty}\frac{1}{(x^2-3x+1)}\text{（分子、分母同除以 }x^2\text{）}$$

$$=\lim_{x\to\infty}\frac{\frac{1}{x^2}}{1-\frac{3}{x}+\frac{1}{x^2}}=\frac{0}{1-0+0}=\frac{0}{1}=0$$

所以，$\lim\limits_{x\to\infty}(x^2-3x+1)=\infty$，不存在。

第六节　连续函数

一、函数的连续性

定义 1　设 $f(x)$在点 x_0 的某邻域内有定义，如果

$$\lim_{x\to x_0}f(x)=f(x_0)$$

则称函数 $y=f(x)$**在 x_0 处连续**，或称点 x_0 是 $f(x)$的**连续点**，称$x-x_0$为**自变量 x 在 x_0 处的增量**（也称为改变量），记作 Δx，即：

$$\Delta x=x-x_0$$

称 $f(x)-f(x_0)$为**函数在 x_0 处的增量**，记作 Δy，即：

$$\Delta y=f(x)-f(x_0)=f(x_0+\Delta x)-f(x_0)$$

［注：增量（如 $\Delta x,\Delta y$）可以是正数，也可以是负数或零。］

具体可参见图 2－6。

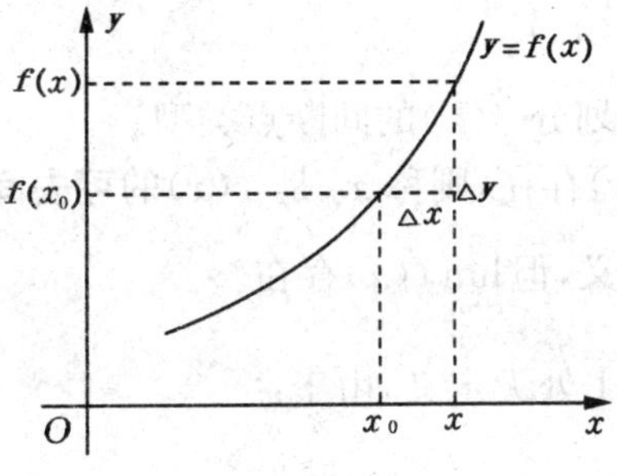

图 2－6

由于 $x\to x_0$ 和 $f(x)\to f(x_0)$相当于 $\Delta x\to 0$ 和 $\Delta y\to 0$，因此，定义 1 也可以等价地表示成：

$$\lim_{\Delta x\to 0}\Delta y=0$$

即：若当自变量 x 在 x_0 处的增量 Δx 趋于零时，相应的函数增量 Δy 也趋于零，则称点 x_0 为 $f(x)$的连续点。

如果 $f(x)$在开区间(a,b)内的每一点处都连续，则称函数 $y=f(x)$为区间(a,b)内的连续函数。

如果 $f(x)$在闭区间$[a,b]$上满足下列条件：

(1) $f(x)$在(a,b)内连续；

(2) $\lim\limits_{x\to b^-}f(x)=f(b)$；

(3) $\lim\limits_{x\to a^+} f(x)=f(a)$.

则称函数 $y=f(x)$ 为闭区间 $[a,b]$ 上的连续函数。

［**例 1**］ 证明 $f(x)=\cos x$ 在 $(-\infty,+\infty)$ 内连续。

证 设 x_0 是 $(-\infty,+\infty)$ 内任意一点，因为：

$$\begin{aligned}\Delta y&=f(x_0+\Delta x)-f(x_0)\\&=\cos(x_0+\Delta x)-\cos x_0\\&=-2\sin\frac{\Delta x}{2}\cdot\sin\left(x_0+\frac{\Delta x}{2}\right)\end{aligned}$$

当 $\Delta x\to 0$ 时，$\sin\frac{\Delta x}{2}$ 是无穷小量，$-2\sin\left(x_0+\frac{\Delta x}{2}\right)$ 是有界量。

由无穷小量的性质知：

$$\lim_{\Delta x\to 0}\Delta y=0$$

即 x_0 是 $f(x)=\cos x$ 的连续点。由于 x_0 是 $(-\infty,+\infty)$ 内的任意一点，因此，$f(x)=\cos x$ 在 $(-\infty,+\infty)$ 内连续。

可以证明，**一切基本初等函数在其定义域内都连续**。

二、函数的间断点

函数的不连续点也称为函数的**间断点**。

如果 x_0 是函数 $f(x)$ 的间断点，则 x_0 不外乎下列三种情况：

(1) 在 x_0 邻近的点，$f(x)$ 有定义，但在点 x_0 处，$f(x)$ 无定义；

(2) $f(x)$ 在 x_0 处没有极限，即 $\lim\limits_{x\to x_0} f(x)$ 不存在；

(3) $\lim\limits_{x\to x_0} f(x)=A$，而 $A\neq f(x_0)$.

我们可以以极限论观点来划分 $f(x)$ 的间断点类型。

[1] 在间断点 x_0 处 $\lim\limits_{x\to x_0} f(x)$ 存在，则称 x_0 是 $f(x)$ 的**可去间断点**（又称为**可补间断点**）。

① 函数 $f(x)$ 在 x_0 处无定义，但 $\lim\limits_{x\to x_0} f(x)$ 存在。

例如，$f(x)=\dfrac{x^2-1}{x-1}$ 在 $x=1$ 处无定义，由于：

$$\lim_{x\to 1} f(x)=\lim_{x\to 1}\frac{x^2-1}{x-1}=\lim_{x\to 1}(x+1)=2$$

故 $x=1$ 是 $f(x)$ 的可去间断点。

② $f(x)$ 在 x_0 处有定义，但 $\lim\limits_{x\to x_0} f(x)=A\neq f(x_0)$.

例如，函数 $g(x)=\begin{cases}1+x^2, & x\neq 0\\ 0, & x=0\end{cases}$，由于：

$$\lim_{x\to 0} g(x)=\lim_{x\to 0}(1+x^2)=1\neq g(0)=0$$

故 $x=0$ 是 $g(x)$ 的间断点，且为可去间断点。

对 [1] 这种类型，我们只要补充定义 $f(x_0)$ 或改变 $f(x_0)$ 的值，使 $f(x_0)=\lim\limits_{x\to x_0} f(x)$，则新的 $f(x)$ 就在 x_0 处连续。

例如，对于 $f(x)=\dfrac{x^2-1}{x-1}$，$x=1$ 是它的可去间断点，$\lim\limits_{x\to 1} f(x)=2$，若补充定义：$x=1$ 时

$y=2$，则函数

$$y=\begin{cases}\dfrac{x^2-1}{x-1}, & x\neq 1\\ 2, & x=1\end{cases}$$

就在 $x=1$ 处连续。

又如，对于 $g(x)=\begin{cases}1+x^2, & x\neq 0\\ 0, & x=0\end{cases}$，$g(0)\neq\lim\limits_{x\to 0}g(x)=1$，$x=0$ 是 $g(x)$ 的可补间断点，若重新定义 $x=0$ 时 $y=1$，则 $x=0$ 就是函数 $y=\begin{cases}1+x^2, & x\neq 0\\ 1, & x=0\end{cases}$ 的连续点。

[2]在点 x_0 处 $f(x)$ 的左、右极限存在但不相等，则称点 x_0 为 $f(x)$ 的**跳跃间断点**。

例如，函数 $y=f(x)=\begin{cases}x+1, x\leqslant 0\\ x-1, x>0\end{cases}$（见图 2－7）。

由于：

$$\lim_{x\to 0^-}f(x)=\lim_{x\to 0^-}(x+1)=1$$
$$\neq\lim_{x\to 0^+}f(x)=\lim_{x\to 0^+}(x-1)=-1$$

故 $x=0$ 是 $f(x)$ 的（跳跃）间断点。

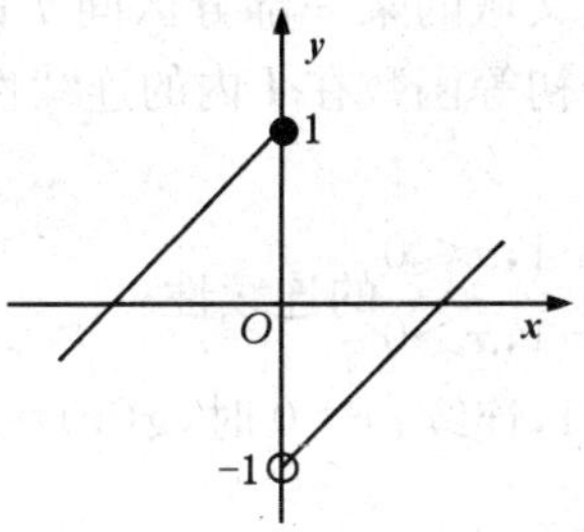

图 2—7

[1]、[2]类型的间断点，即可去间断点与跳跃间断点，统称为**第一类间断点**。第一类间断点的特征是函数在点 x_0 处的左、右极限都存在。

[3]函数的其他形式的间断点（即函数 $f(x)$ 在点 x_0 处至少有一侧的极限不存在）统称为**第二类间断点**。其中，特别地，若 $\lim\limits_{\substack{x\to x_0^-\\(\text{或}x\to x_0^+)}}f(x)=\infty$，则称 $x=x_0$ 为 $f(x)$ 的**无穷间断点**。

例如，函数 $y=\dfrac{1}{x-1}$ 由于 $\lim\limits_{x\to 1}\dfrac{1}{x-1}=\infty$，故 $x=1$ 是 $y=\dfrac{1}{x-1}$ 的无穷间断点，属于第二类间断点。

读者要熟悉可去间断点、无穷间断点、第一类间断点、第二类间断点的概念。

如果 $f(x)$ 在区间 $[a,b]$ 上只有有限个第一类间断点，无第二类间断点，则称函数 $f(x)$ 在 $[a,b]$ 上**按段连续**。

三、连续函数的性质

1. 连续函数的运算法则

(1)如果 $f(x)$，$g(x)$ 在区间 I 内都连续，则：

$f(x)+g(x),f(x)-g(x),f(x)\cdot g(x),\dfrac{f(x)}{g(x)}$（若 $g(x)\neq 0$）都是 I 内的连续函数。

(2)如果 $y=f(x)$ 为单调连续函数，则其反函数 $y=f^{-1}(x)$ 也是单调连续函数。

(3)如果 $u=g(x)$ 在 x_0 处连续，$y=f(u)$ 在 $u_0=g(x_0)$ 处连续，则复合函数 $y=f[g(x)]$ 在 x_0 处连续，即：

$$\lim_{x\to x_0}f[g(x)]=f[\lim_{x\to x_0}g(x)]=f[g(\lim_{x\to x_0}x)]=f[g(x_0)]$$

由初等函数的定义及基本初等函数的连续性，并利用上述性质，可以得出：**一切初等函数在其定义域内都是连续函数**。这是个重要结论，读者必须掌握。

函数在某点连续，意味着函数不仅在该点有极限，且在该点处的极限值等于函数值。从而，欲求一初等函数 $f(x)$ 在其有定义的点 x_0 处的极限 $\lim\limits_{x\to x_0}f(x)$，只要将 x_0 代入 $f(x)$ 即可。

例如：

$$\lim_{x\to 0}e^{x^2+3}=e^{0+3}=e^3$$

$$\lim_{x\to -1^+}\sqrt{1-x^2}=\sqrt{1-(-1)^2}=0$$

$$\lim_{x\to 1}\frac{\arctan x}{1+x^2}=\frac{\arctan 1}{1+1^2}=\frac{\frac{\pi}{4}}{2}=\frac{\pi}{8}$$

对于分段函数 $g(x)$，如果在定义域的某一部分区间 I 内函数值与某个初等函数 $f(x)$ 的取值相同，则分段函数 $g(x)$ 与这个初等函数在 I 内的连续性相同，但 $g(x)$ 在分段点处的连续性必须按定义考察。

［**例 2**］ 讨论函数 $g(x)=\begin{cases}x+1, x\leqslant 0\\ x-1, x>0\end{cases}$ 的连续性。

解 因为 $x<0$ 时，$g(x)=x+1$，连续；$x>0$ 时，$g(x)=x-1$，连续。

由于在分段点 $x=0$ 处：

$$\lim_{x\to 0^-}g(x)=\lim_{x\to 0^-}(x+1)=1$$

$$\lim_{x\to 0^+}g(x)=\lim_{x\to 0^+}(x-1)=-1$$

$$\lim_{x\to 0^+}g(x)\neq\lim_{x\to 0^-}g(x)$$

故 $g(x)$ 在 $x=0$ 处不连续，$x=0$ 是 $g(x)$ 的第一类间断点。

所以，$g(x)$ 在 $(-\infty,0)$ 与 $(0,+\infty)$ 内连续。

［**例 3**］ 已知函数 $f(x)=\begin{cases}\dfrac{\sin 3x}{x}, x>0\\ e^x+k, x\leqslant 0\end{cases}$ 在 $x=0$ 处连续，求常数 k 的值。

解 因为：

$$\lim_{x\to 0^+}f(x)=\lim_{x\to 0^+}\frac{\sin 3x}{x}=\lim_{x\to 0^+}\frac{\sin(3x)}{(3x)}\cdot 3=3$$

$$\lim_{x\to 0^-}f(x)=\lim_{x\to 0^-}(e^x+k)=e^0+k=1+k$$

$$f(0)=e^0+k=1+k$$

已知 $f(x)$ 在 $x=0$ 处连续，即：

$$\lim_{x\to 0^-}f(x)=f(0)=\lim_{x\to 0^+}f(x)$$

于是有：$1+k=3$，所以 $k=2$.

［**例 4**］ 当常数 k 为何值时，$f(x)=\begin{cases}\dfrac{\sqrt{x-1}-1}{x-2}, & 1\leqslant x<2\\ k, & x\geqslant 2\end{cases}$ 为连续函数？

解 $f(x)$ 的定义域为 $[1,+\infty)$，当 $1\leqslant x<2$ 时，$f(x)=\dfrac{\sqrt{x-1}-1}{x-2}$ 连续；当 $x>2$ 时，$f(x)=k$ 连续；$x=2$ 为 $f(x)$ 的分段点。

由于：

$$\lim_{x\to 2^-}f(x)=\lim_{x\to 2^-}\frac{\sqrt{x-1}-1}{x-2}$$

$$=\lim_{x\to 2^-}\frac{(\sqrt{x-1}-1)(\sqrt{x-1}+1)}{(x-2)(\sqrt{x-1}+1)}$$

$$=\lim_{x\to 2^-}\frac{x-2}{(x-2)(\sqrt{x-1}+1)}=\lim_{x\to 2^-}\frac{1}{\sqrt{x-1}+1}=\frac{1}{2}$$

$$\lim_{x\to 2^+}f(x)=\lim_{x\to 2^+}k=k$$

$$f(2)=k$$

当且仅当 $\lim\limits_{x\to 2^-}f(x)=f(2)=\lim\limits_{x\to 2^+}f(x)$，即 $k=\dfrac{1}{2}$ 时，$f(x)$ 在 $x=2$ 处连续。所以，当 $k=\dfrac{1}{2}$ 时，$f(x)$ 在其定义域上连续，$f(x)$ 为连续函数。

前面我们介绍了如果复合函数 $y=f[g(x)]$ 在 $x=x_0$ 处连续，则：

$$\lim_{x\to x_0}f[g(x)]=f[\lim_{x\to x_0}g(x)]=f[g(x_0)]$$

事实上，更一般地，我们可以推出：如果复合函数 $f[g(x)]$ 的内函数 $g(x)$ 在 $x\to x_0$ 时的极限为 a，外函数 $f(u)$ 在 $u=a$ 时连续，则复合函数 $f[g(x)]$ 在 $x\to x_0$ 时的极限为：

$$\lim_{x\to x_0}f[g(x)]=f[\lim_{x\to x_0}g(x)]=f(a)$$

可以证明，上式对于 $x\to+\infty$ 或 $x\to-\infty$ 等情形也是成立的。

［**例 5**］ 求 $\lim\limits_{x\to 0}\dfrac{\ln(1+x)}{x}$.

解 $$\lim_{x\to 0}\frac{\ln(1+x)}{x}=\lim_{x\to 0}\ln[(1+x)^{\frac{1}{x}}]$$

$$=\ln[\lim_{x\to 0}(1+x)^{\frac{1}{x}}]=\ln e=1$$

［**例 6**］ 求 $\lim\limits_{x\to 0}\dfrac{a^x-1}{x}$ $(a>0,a\neq 1)$.

解 设 $a^x-1=t$，则 $x=\log_a(1+t)$.

当 $x\to 0$ 时，$t\to 0$，

$$\lim_{x\to 0}\frac{a^x-1}{x}=\lim_{t\to 0}\frac{t}{\log_a(1+t)}=\lim_{t\to 0}\frac{1}{\log_a[(1+t)^{\frac{1}{t}}]}$$

$$=\frac{1}{\log_a e}=\ln a$$

2. 闭区间上连续函数的基本性质

定义 2 设 $f(x)$ 为定义在 D 上的函数，如果存在 $x_1,x_2\in D$，对一切 $x\in D$，有：

(1)$f(x_1)\geqslant f(x)$，则称 $f(x)$ 在 D 上有**最大值**，并称 $f(x_1)$ 为 D 上的最大值；

(2)$f(x_2)\leqslant f(x)$，则称 $f(x)$ 在 D 上有**最小值**，并称 $f(x_2)$ 为 D 上的最小值。

应该指出，并非每个函数在有定义的区间上都有最大(小)值。例如，$f(x)=x^2$，$x\in(0,1)$，该函数在开区间(0,1)内既没有最大值，也没有最小值。

最大值、最小值定理　如果函数 $f(x)$ 在闭区间 $[a,b]$ 上连续，则 $f(x)$ 在 $[a,b]$ 上必定能取得最大值和最小值，也就是说，存在 $\xi,\eta\in[a,b]$，使得对于 $[a,b]$ 上的一切 x，都有：

$$f(\xi)\leqslant f(x)\leqslant f(\eta)$$

即 $f(\xi)$，$f(\eta)$ 分别是 $f(x)$ 在 $[a,b]$ 上的最小值和最大值(这个定理又简称为**最值定理**)。

由最值定理可直接得出：闭区间上的连续函数一定是有界函数(见图2—8)。

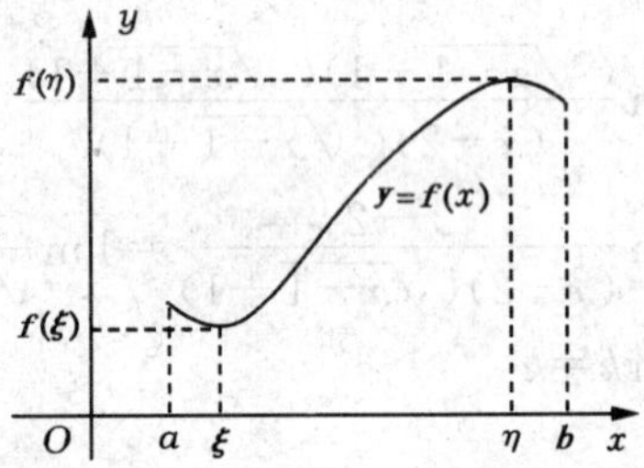

图 2—8

介值定理　如果函数 $f(x)$ 在 $[a,b]$ 上连续，m 和 M 分别是 $f(x)$ 在 $[a,b]$ 上的最小值和最大值，则对介于 m，M 之间的任一实数 $C(m<C<M)$，存在 $\xi\in[a,b]$，使得 $f(\xi)=C$(如图 2—9 所示)。

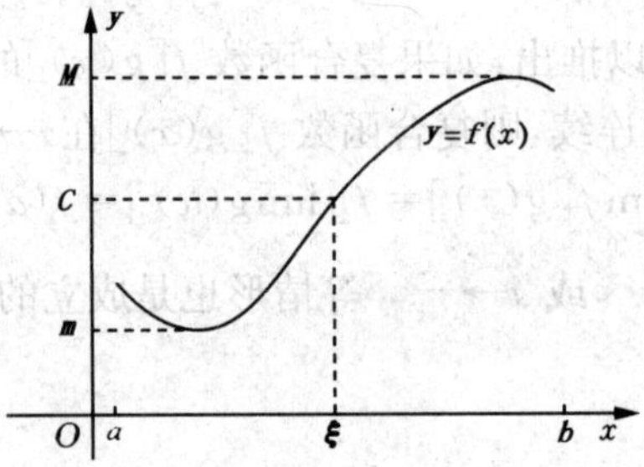

图 2—9

推论(零值定理)　如果函数 $f(x)$ 在 $[a,b]$ 上连续，且 $f(a)$ 与 $f(b)$ 异号，则在 (a,b) 内至少存在一点 ξ，使得 $f(\xi)=0$，即方程 $f(x)=0$ 在 (a,b) 内至少有一个实根。

零值定理又称为根的存在性定理。这个定理从几何上讲，即若点 $A(a,f(a))$ 与 $B(b,f(b))$ 分别在 x 轴的上、下方，则连接 A、B 的连续曲线 $y=f(x)$ 至少与 x 轴相交一次(如图 2—10所示)。

[例 7]　证明方程 $x^3-4x^2+1=0$ 在区间(0,1)内至少有一个实根。

证明　设 $f(x)=x^3-4x^2+1$，由于 $f(x)$ 为初等函数，在闭区间 $[0,1]$ 上有定义，故 $f(x)$ 在 $[0,1]$ 上连续。

因为 $f(0)=1>0$，$f(1)=-2<0$，所以，根据零值定理，在(0,1)内至少有一点 ξ，使得：

$$f(\xi)=0\quad 即\ \xi^3-4\xi^2+1=0\quad(0<\xi<1)$$

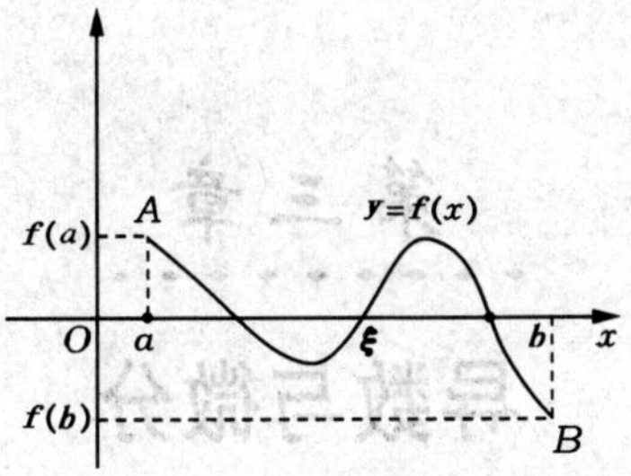

图 2—10

这说明方程 $x^3-4x^2+1=0$ 在区间(0,1)内至少有一个实根。
证毕。

第三章

导数与微分

微分学是微积分的重要组成部分，它的基本概念是导数与微分，其中，函数的导数反映函数相对于自变量的变化率，而微分则反映了函数的增量随自变量增量变化的近似值。

本章主要介绍导数和微分的基本概念、它们的计算方法以及导数在边际分析和弹性分析中的应用。

第一节 导 数

一、导数问题的引例

1. 曲线的切线斜率

设点 $M_0(x_0, y_0)$ 是连续曲线 $y=f(x)$ 上的一点，当自变量由 x_0 变到 $x_0+\Delta x$ 时，在曲线上得到另一点 $M(x_0+\Delta x, y_0+\Delta y)$，由图 3－1 可见，函数的增量 Δy 与自变量的增量 Δx 的比 $\frac{\Delta y}{\Delta x}$ 等于曲线 $y=f(x)$ 的割线 M_0M 的斜率：

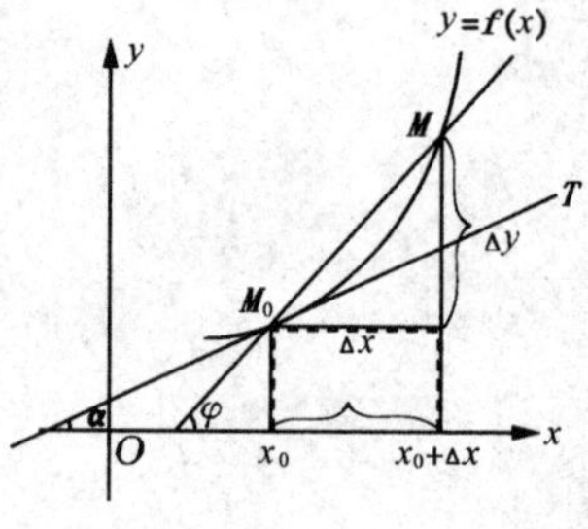

图 3－1

$$\tan\varphi=\frac{\Delta y}{\Delta x}=\frac{f(x_0+\Delta x)-f(x_0)}{\Delta x}$$

其中，φ 是割线 M_0M 的倾角。

如果点 M 沿曲线 $y=f(x)$ 趋于点 M_0（即 $\Delta x\to 0$）时，割线 M_0M 趋于一个确定的极限位置 M_0T，则称 M_0T 为曲线在点 M_0 处的切线。切线 M_0T 的斜率为：

$$\tan\alpha=\lim_{\varphi\to\alpha}\tan\varphi=\lim_{\Delta x\to 0}\frac{\Delta y}{\Delta x}=\lim_{\Delta x\to 0}\frac{f(x_0+\Delta x)-f(x_0)}{\Delta x}$$

2. 变速直线运动的速度——瞬时速度

设一物体沿直线作变速运动，其行走的路程 s 是时间 t 的已知函数 $s=s(t)$，在 t_0 时刻物

体的位置为 $s(t_0)$，当 t 由 t_0 变到 $t_0+\Delta t$ 时，则物体的位置相应地有增量(见图 3—2)：

图 3—2

$$\Delta s=s(t_0+\Delta t)-s(t_0)$$

于是，比值 $\dfrac{\Delta s}{\Delta t}=\dfrac{s(t_0+\Delta t)-s(t_0)}{\Delta t}$ 是物体在 t_0 到 $t_0+\Delta t$ 这段时间内的平均速度，记作 $\bar{v}$，当 $\Delta t\to 0$ 时，$\bar{v}$ 的极限就是物体在 t_0 时刻的瞬时速度，即：

$$v(t_0)=\lim_{\Delta t\to 0}\bar{v}=\lim_{\Delta t\to 0}\frac{\Delta s}{\Delta t}=\lim_{\Delta t\to 0}\frac{s(t_0+\Delta t)-s(t_0)}{\Delta t}$$

3. 成本对产量的变化率——边际成本

设某产品的总成本 C 是产量 q 的函数 $C=C(q)$，当产量 q 由 q_0 增加了 Δq 后，总成本的增量：

$$\Delta C=C(q_0+\Delta q)-C(q_0)$$

此时，总成本的平均变化率为：

$$\frac{\Delta C}{\Delta q}=\frac{C(q_0+\Delta q)-C(q_0)}{\Delta q}$$

当 $\Delta q\to 0$ 时，$\dfrac{\Delta C}{\Delta q}$ 的极限就是产量为 q_0 时的**边际成本**，通常记作 $C_{\underline{M}}$. 即：

$$C_{\underline{M}}=\lim_{\Delta q\to 0}\frac{\Delta C}{\Delta q}=\lim_{\Delta q\to 0}\frac{C(q_0+\Delta q)-C(q_0)}{\Delta q}$$

上面我们考察了曲线的切线斜率、变速直线运动的速度以及边际成本问题，虽然它们的具体意义各不相同，但是，它们的数学模式却是相同的，抽象出来，就是导数的概念。

二、导数的概念

1. $f(x)$ 在 x_0 处的导数

定义 1　设函数 $y=f(x)$ 在 x_0 的某邻域内有定义，当自变量由 x_0 变到 $x_0+\Delta x$ 时，相应的函数增量

$$\Delta y=f(x)-f(x_0)=f(x_0+\Delta x)-f(x_0)$$

如果极限

$$\lim_{\Delta x\to 0}\frac{\Delta y}{\Delta x}=\lim_{\Delta x\to 0}\frac{f(x_0+\Delta x)-f(x_0)}{\Delta x}\tag{3.1}$$

存在，则称此极限值为**函数 $f(x)$ 在点 x_0 处的导数**，记作：

$$f'(x_0)，或\ y'|_{x=x_0}；\left.\frac{\mathrm{d}y}{\mathrm{d}x}\right|_{x=x_0}，或\ \left.\frac{\mathrm{d}f}{\mathrm{d}x}\right|_{x=x_0}$$

即：

$$f'(x_0)=\lim_{\Delta x\to 0}\frac{f(x_0+\Delta x)-f(x_0)}{\Delta x}\tag{3.2}$$

也写成：

$$f'(x_0)=\lim_{x\to x_0}\frac{f(x)-f(x_0)}{x-x_0}\tag{3.3}$$

并称**函数 $f(x)$ 在点 x_0 处可导**。如果极限(3.1)式不存在，则称 $y=f(x)$ 在 x_0 处不可导或没有导数，也称 $f'(x_0)$ 不存在。

按导数定义，曲线 $y=f(x)$ 在点 $(x_0,f(x_0))$ 处的切线斜率为 $f'(x_0)$，这也就是导数的几何意义；变速直线运动 $s=s(t)$ 在时刻 t_0 的瞬时速度就是 $s'(t_0)$；总成本 $C=C(q)$ 当产量为 q_0 时的边际成本就是 $C'(q_0)$。

［**例 1**］ 设 $y=f(x)=x^2$，求 $f'(2)$.

解 因为：

$$\begin{aligned}\Delta y&=f(2+\Delta x)-f(2)\\&=(2+\Delta x)^2-2^2\\&=4\Delta x+(\Delta x)^2\end{aligned}$$

$$\begin{aligned}\lim_{\Delta x\to 0}\frac{\Delta y}{\Delta x}&=\lim_{\Delta x\to 0}\frac{4\Delta x+(\Delta x)^2}{\Delta x}\\&=\lim_{\Delta x\to 0}(4+\Delta x)\\&=4\end{aligned}$$

所以：

$$f'(2)=4$$

［**例 2**］ 求曲线 $y=x^2$ 在点(2,4)处的切线方程。

解 由导数的几何意义，曲线 $y=x^2$ 在点(2,4)处的切线斜率为 $k=f'(2)$.

利用本节例 1 的结果，得 $k=f'(2)=4$.

根据直线的点斜式方程即得所求的切线方程为：

$$y-4=4(x-2)$$

即：

$$y=4x-4$$

2. 单侧导数

定义 2 如果极限

$$\lim_{\Delta x\to 0^+}\frac{f(x_0+\Delta x)-f(x_0)}{\Delta x}$$

存在，则称此极限值为函数 $f(x)$ 在点 x_0 处的**右导数**，记作 $f'_+(x_0)$，并称 $f(x)$ 在点 x_0 的右导数存在。

同理，如果极限

$$\lim_{\Delta x\to 0^-}\frac{f(x_0+\Delta x)-f(x_0)}{\Delta x}$$

存在，则称 $f(x)$ 在点 x_0 处的**左导数**存在，且记其为 $f'_-(x_0)$.

根据导数定义及极限的性质，有：

定理 1 设函数 $y=f(x)$ 在包含 x_0 的某邻域内有定义，则 $f(x)$ 在 x_0 处可导的充分必要条件是 $f(x)$ 在 x_0 处的左、右导数都存在并且相等。

如果 $f(x)$ 是分段函数，并且在分段点 $x=x_0$ 两侧函数的表达式不同，则必须讨论 x_0 处的左、右导数，才能判定该点处 $f(x)$ 的可导性。

［**例 3**］ 设函数 $f(x)=|x|$，求 $f'(0)$.

解 因为 $f(x)=|x|=\begin{cases}x, & x\geqslant 0\\ -x, & x<0\end{cases}$，$x=0$ 处的左导数：

$$f'_{-}(0)=\lim_{\Delta x\to 0^{-}}\frac{f(\Delta x)-f(0)}{\Delta x}$$

$$=\lim_{\Delta x\to 0^{-}}\frac{|\Delta x|-0}{\Delta x}=\lim_{\Delta x\to 0^{-}}\frac{-\Delta x}{\Delta x}$$

$$=-1$$

$x=0$ 处的右导数：

$$f'_{+}(0)=\lim_{\Delta x\to 0^{+}}\frac{f(\Delta x)-f(0)}{\Delta x}$$

$$=\lim_{\Delta x\to 0^{+}}\frac{|\Delta x|-0}{\Delta x}=\lim_{\Delta x\to 0^{+}}\frac{\Delta x}{\Delta x}=1$$

$$f'_{-}(0)\neq f'_{+}(0)$$

所以，$f'(0)$不存在，$f(x)=|x|$在 $x=0$ 处不可导。

3. 导函数

定义 3　如果函数 $f(x)$在区间(a,b)内的每一点处都可导，则称$\boldsymbol{f(x)}$**在**$\boldsymbol{(a,b)}$**内可导**或称 $f(x)$为(a,b)内的**可导函数**。

由于 $f(x)$在(a,b)内可导时，对于开区间(a,b)内的每一个 x 值，都有唯一确定的导数值 $f'(x)$与之对应，因此，$f'(x)$是 x 的函数，称$f'(x)$为 $\boldsymbol{f(x)}$**在**$\boldsymbol{(a,b)}$**内的导函数**，在不致混淆时也简称为导数，记作：

$$f'(x)\text{或 }y',\frac{\mathrm{d}f(x)}{\mathrm{d}x},\frac{\mathrm{d}y}{\mathrm{d}x}$$

即：

$$f'(x)=\lim_{\Delta x\to 0}\frac{f(x+\Delta x)-f(x)}{\Delta x}\tag{3.4}$$

如果 $f(x)$在(a,b)内可导，且 $f'_{+}(a)$，$f'_{-}(b)$都存在，**则称**$\boldsymbol{f(x)}$**在闭区间**$\boldsymbol{[a,b]}$**上可导，或称** $\boldsymbol{f(x)}$**为**$\boldsymbol{[a,b]}$**上的可导函数**。

［例 4］　设 $f(x)=x^2$，求导函数 $f'(x)$.

解　已知 $f(x)=x^2$，由(3.4)式：

$$f'(x)=\lim_{\Delta x\to 0}\frac{f(x+\Delta x)-f(x)}{\Delta x}$$

$$=\lim_{\Delta x\to 0}\frac{(x+\Delta x)^2-x^2}{\Delta x}$$

$$=\lim_{\Delta x\to 0}\frac{2x\Delta x+(\Delta x)^2}{\Delta x}$$

$$=\lim_{\Delta x\to 0}(2x+\Delta x)$$

$$=2x$$

应该指出，函数 $y=f(x)$在点 x_0 处的导数 $f'(x_0)$就是导函数$f'(x)$在点 x_0 处的函数值，从而，如果已求得 $f'(x)$，那么，x_0 点的导数值就可利用 $f'(x)|_{x=x_0}$来求得。

［例 5］　设 $f(x)=x^2$，求 $f'(1)$，$f'(9)$，$\left.\frac{\mathrm{d}f}{\mathrm{d}x}\right|_{x=-3}$.

解　因为 $f'(x)=2x$(由本节例 4 的结论)，所以：

$$f'(1)=2\times1=2$$

$$f'(9)=2\times9=18$$

$$\left.\frac{\mathrm{d}f}{\mathrm{d}x}\right|_{x=-3}=f'(-3)=2\times(-3)=-6$$

4. 可导与连续之间的关系

定理 2 如果 $f(x)$ 在点 x_0 处可导，则 $f(x)$ 在 x_0 处一定连续。

证 由于 $y=f(x)$ 在点 x_0 处可导，即：

$$\lim_{x\to x_0}\frac{f(x)-f(x_0)}{x-x_0}=f'(x_0)$$

于是有：

$$\begin{aligned}\lim_{x\to x_0}[f(x)-f(x_0)]&=\lim_{x\to x_0}\frac{f(x)-f(x_0)}{x-x_0}\cdot(x-x_0)\\&=\lim_{x\to x_0}\frac{f(x)-f(x_0)}{x-x_0}\cdot\lim_{x\to x_0}(x-x_0)\\&=f'(x_0)\cdot 0=0\end{aligned}$$

即有：

$$\lim_{x\to x_0}f(x)=f(x_0)$$

所以，$f(x)$ 在 x_0 处连续。

证毕。

原命题成立，逆否命题一定成立。因此，$f(x)$ 如果在某点处**不连续**，则在该点处 $f(x)$ **一定不可导**。

但要注意，**定理 2 的逆命题是不成立的**。也就是说，$y=f(x)$ 在 x_0 处**连续**，$f(x)$ 在 x_0 处**不一定可导**。例如，例 3 中的函数 $y=|x|$，它在 $x=0$ 处虽然连续，但它在 $x=0$ 处并不可导。

第二节 基本初等函数的导数公式

由导数定义来求函数 $y=f(x)$ 的导数，其一般步骤为：

(1)列出 $\Delta y=f(x+\Delta x)-f(x)$，并化简；

(2)化简 $\frac{\Delta y}{\Delta x}$；

(3)求极限 $\lim\limits_{\Delta x\to 0}\frac{\Delta y}{\Delta x}$，得 $f'(x)$.

下面，我们就按此步骤求一些基本初等函数的导数。

1. 常数的导数

［**例 1**］ 求函数 $y=C$（C 为常数）的导数。

解 因为：

$$\begin{aligned}\Delta y&=f(x+\Delta x)-f(x)\\&=C-C=0\end{aligned}$$

$$\frac{\Delta y}{\Delta x}=0,\lim_{\Delta x\to 0}\frac{\Delta y}{\Delta x}=0$$

所以：

$$y'=(C)'=0$$

这就是说，常数的导数等于零。

2. 幂函数的导数

［**例 2**］ 求函数 $y=x$ 的导数。

解　因为：

$$\begin{aligned}\Delta y &= f(x+\Delta x)-f(x)\\ &=(x+\Delta x)-x\\ &=\Delta x\end{aligned}$$

$$\frac{\Delta y}{\Delta x}=\frac{\Delta x}{\Delta x}=1$$

所以：
$$y'=\lim_{\Delta x\to 0}\frac{\Delta y}{\Delta x}=1$$

即：
$$(x)'=1$$

另外，由上一节例 4 知：

$$(x^2)'=2x$$

类似地，对于函数 $y=x^3$，可得出：

$$(x^3)'=3x^2$$

更一般地，对于幂函数 $y=x^\alpha$（α 为常数），有：

$$(x^\alpha)'=\alpha\cdot x^{\alpha-1}$$

这就是幂函数的导数公式（以后可以证明此式，为了运算方便，现在不妨先加以引用）。在记住这个公式的同时，对其中 α 取一些特殊值的结论，也应加以记住。如：

(1)$\alpha=-1$ 时：

$$(x^{-1})'=-x^{-2}$$

即：
$$\left(\frac{1}{x}\right)'=-\frac{1}{x^2}$$

(2)$\alpha=-2$ 时：

$$(x^{-2})'=-2x^{-3}$$

即：
$$\left(\frac{1}{x^2}\right)'=-\frac{2}{x^3}$$

(3)$\alpha=\frac{1}{2}$时：

$$(x^{\frac{1}{2}})'=\frac{1}{2}x^{-\frac{1}{2}}$$

即：
$$(\sqrt{x})'=\frac{1}{2\sqrt{x}}$$

3. 三角函数的导数

［**例 3**］　求函数 $y=\sin x$ 的导数。

解　因为：

$$\begin{aligned}\Delta y &=\sin(x+\Delta x)-\sin x\\ &=2\cos(x+\frac{\Delta x}{2})\sin\frac{\Delta x}{2}\end{aligned}$$

$$\frac{\Delta y}{\Delta x}=2\cos\left(x+\frac{\Delta x}{2}\right)\cdot\frac{\sin\frac{\Delta x}{2}}{\Delta x}$$

$$\lim_{\Delta x\to 0}\frac{\Delta y}{\Delta x}=\lim_{\Delta x\to 0}\cos\left(x+\frac{\Delta x}{2}\right)\cdot\lim_{\Delta x\to 0}\frac{\sin\left(\frac{\Delta x}{2}\right)}{\left(\frac{\Delta x}{2}\right)}=\cos x$$

所以：

$$(\sin x)'=\cos x$$

用类似的方法，可以求得 $y=\cos x$ 的导数为：

$$(\cos x)'=-\sin x$$

另外，在下一节，我们将可以得到：

$$(\tan x)'=\sec^2 x$$

$$(\cot x)'=-\csc^2 x$$

$$(\sec x)'=\sec x\cdot\tan x$$

$$(\csc x)'=-\csc x\cdot\cot x$$

4. 对数函数的导数

［**例 4**］ 求函数 $y=\ln x$ 的导数。

解 因为：

$$\begin{aligned}\Delta y&=\ln(x+\Delta x)-\ln x\\&=\ln\frac{x+\Delta x}{x}=\ln\left(1+\frac{\Delta x}{x}\right)\end{aligned}$$

$$\begin{aligned}\lim_{\Delta x\to 0}\frac{\Delta y}{\Delta x}&=\lim_{\Delta x\to 0}\frac{\ln\left(1+\frac{\Delta x}{x}\right)}{\Delta x}=\lim_{\Delta x\to 0}\ln\left(1+\frac{\Delta x}{x}\right)^{\frac{1}{\Delta x}}\\&=\lim_{\Delta x\to 0}\frac{1}{x}\ln\left[\left(1+\frac{\Delta x}{x}\right)^{\frac{x}{\Delta x}}\right]=\frac{1}{x}\ln e=\frac{1}{x}\end{aligned}$$

所以：

$$(\ln x)'=\frac{1}{x}$$

类似地，可以得到：

$$(\log_a x)'=\frac{1}{x\ln a}\quad(a>0,a\neq 1)$$

对于反三角函数、指数函数的求导公式，推导将在以后给出，但为了便于使用，现先将基本初等函数的导数公式列表如下。

导数基本公式：

(1) $(C)'=0$ （C 为常数）；

(2) $(x^\alpha)'=\alpha x^{\alpha-1}$ （α 为常数）；

(3) $(\sin x)'=\cos x$；

(4) $(\cos x)'=-\sin x$；

(5) $(\tan x)'=\sec^2 x$；

(6) $(\cot x)'=-\csc^2 x$；

(7) $(\sec x)'=\sec x\cdot\tan x$；

(8) $(\csc x)'=-\csc x\cdot\cot x$；

(9) $(a^x)'=a^x\cdot\ln a$ （常数 $a>0,a\neq 1$），$(e^x)'=e^x$；

(10) $(\log_a x)'=\dfrac{1}{x\ln a}$ （常数 $a>0,a\neq 1$），$(\ln x)'=\dfrac{1}{x}$；

(11) $(\arcsin x)'=\dfrac{1}{\sqrt{1-x^2}}$；

(12) $(\arccos x)'=-\dfrac{1}{\sqrt{1-x^2}}$；

(13) $(\arctan x)'=\dfrac{1}{1+x^2}$；

(14) $(\text{arccot}x)'=-\dfrac{1}{1+x^2}$.

由于在导数运算中经常要利用这些公式，因此，必须熟记这些基本公式。

第三节　导数的运算法则

前面我们根据导数的定义，求出了一些函数的导数，但是，对于比较复杂的函数，根据定义来求它们的导数往往很困难。在这一节中，我们将介绍一些求导数的基本法则，借助这些法则，就能比较方便地求出常见的函数——初等函数的导数。

一、导数的四则运算法则

1. 函数和、差的求导法则

设 $u(x)$ 和 $v(x)$ 都是可导函数，我们来求这两个函数之和 $y=u(x)+v(x)$ 的导数。

设 $u=u(x)$，$v=v(x)$ 在 x 点处可导，则：

$$\lim_{\Delta x\to 0}\frac{\Delta u}{\Delta x}=u'(x),\lim_{\Delta x\to 0}\frac{\Delta v}{\Delta x}=v'(x)$$

又由于：

$$\begin{aligned}\Delta y&=[u(x+\Delta x)+v(x+\Delta x)]-[u(x)+v(x)]\\&=u(x+\Delta x)-u(x)+v(x+\Delta x)-v(x)\\&=\Delta u+\Delta v\end{aligned}$$

所以：

$$\begin{aligned}[u(x)+v(x)]'&=\lim_{\Delta x\to 0}\frac{\Delta y}{\Delta x}=\lim_{\Delta x\to 0}\frac{\Delta u+\Delta v}{\Delta x}\\&=\lim_{\Delta x\to 0}\frac{\Delta u}{\Delta x}+\lim_{\Delta x\to 0}\frac{\Delta v}{\Delta x}\\&=u'(x)+v'(x)\end{aligned}$$

对于两个可导函数之差的导数，也有类似的结论：

$$[u(x)-v(x)]'=u'(x)-v'(x)$$

总之，两个可导函数之和(差)的导数等于这两个函数的导数之和(差)，即：

$$[u(x)\pm v(x)]'=u'(x)\pm v'(x)\tag{3.5}$$

[例 1]　求函数 $y=\dfrac{1}{x}-\ln x$ 的导数。

解　由公式(3.5)，有：

$$\begin{aligned}y'&=\left(\frac{1}{x}\right)'-(\ln x)'\\&=-\frac{1}{x^2}-\frac{1}{x}\\&=-\frac{1+x}{x^2}\end{aligned}$$

公式(3.5)可以推广到有限多个可导函数和、差的情形。例如，若 $u_1(x)$，$u_2(x)$，$u_3(x)$ 均为 x 的可导函数，则：

$$[u_1(x)\pm u_2(x)\pm u_3(x)]'=u_1'(x)\pm u_2'(x)\pm u_3'(x)$$

2. 函数乘积的求导法则

对于函数 $y=u(x)\cdot v(x)$，其中，$u(x)$，$v(x)$都是可导函数，可以得到以下结论：

$$[u(x)\cdot v(x)]'=u'(x)\cdot v(x)+u(x)\cdot v'(x) \tag{3.6}$$

证明从略。

［例 2］ 求函数 $y=2^x\cdot\sin x$ 的导数 y' 及 $y'|_{x=0}$.

解 $y'=(2^x\cdot\sin x)'$

$=(2^x)'\cdot\sin x+2^x\cdot(\sin x)'$

$=2^x\cdot\ln2\cdot\sin x+2^x\cdot\cos x$

$y'|_{x=0}=2^0\cdot\ln2\cdot\sin0+2^0\cdot\cos0=0+1=1$

如果(3.6)式中的 $u(x)\equiv C$(C 为常数)，由于$(C)'=0$，因此：

$$[C\cdot v(x)]'=C\cdot v'(x) \tag{3.7}$$

即常数与可导函数乘积的导数，等于这个常数乘以该函数的导数。

另外，公式(3.6)也可以推广到有限个函数乘积的情形，如：

$[u_1(x)\cdot u_2(x)\cdot u_3(x)]'$

$=u'_1(x)\cdot u_2(x)\cdot u_3(x)+u_1(x)\cdot u'_2(x)\cdot u_3(x)+u_1(x)\cdot u_2(x)\cdot u'_3(x)$

［例 3］ 求函数 $f(x)=2x+\sqrt[3]{x}+3xe^x-\ln2$ 的导数 $f'(x)$。

解 $f'(x)=(2x)'+(\sqrt[3]{x})'+(3xe^x)'-(\ln2)'$

$=2(x)'+(x^{\frac{1}{3}})'+3[(x)'e^x+x(e^x)']-0$

$=2\times1+\frac{1}{3}\cdot x^{\frac{1}{3}-1}+3[1\cdot e^x+xe^x]$

$=2+\frac{1}{3}x^{-\frac{2}{3}}+3e^x(1+x)$

3. 函数商的求导法则

如果函数 $u(x)$，$v(x)$在点 x 处可导，$v(x)\neq0$，则函数$y=\frac{u(x)}{v(x)}$在点 x 处也可导，且有：

$$\left(\frac{u(x)}{v(x)}\right)'=\frac{u'(x)\cdot v(x)-u(x)\cdot v'(x)}{v^2(x)} \tag{3.8}$$

特别地，若 $u(x)\equiv1$，则有$\left(\frac{1}{v(x)}\right)'=-\frac{v'(x)}{v^2(x)}$. (3.9)

［例 4］ 正切函数的导数，即：设 $y=\tan x$，求 y'.

解 $y'=(\tan x)'=\left(\frac{\sin x}{\cos x}\right)'$

$=\frac{(\sin x)'\cdot\cos x-\sin x\cdot(\cos x)'}{(\cos x)^2}$

$=\frac{\cos x\cdot\cos x-\sin x(-\sin x)}{\cos^2x}$

$=\frac{\cos^2x+\sin^2x}{\cos^2x}=\frac{1}{\cos^2x}=\sec^2x$

即

$$(\tan x)'=\sec^2x$$

［例 5］ 正割函数的导数，即：设 $y=\sec x$，求 y'.

解 因为 $y=\sec x=\frac{1}{\cos x}$，由公式(3.9)，有：

$$y'=(\sec x)'=\left(\frac{1}{\cos x}\right)'=-\frac{(\cos x)'}{(\cos x)^2}=-\frac{-\sin x}{\cos^2 x}$$
$$=\frac{1}{\cos x}\cdot\frac{\sin x}{\cos x}=\sec x\cdot\tan x$$

即：
$$(\sec x)'=\sec x\cdot\tan x$$

用类似于本节例 4 与例 5 的方法，我们还可以求得余切函数 $\cot x$ 和余割函数 $\csc x$ 的导数公式：

$$(\cot x)'=-\csc^2 x$$
$$(\csc x)'=-\csc x\cdot\cot x$$

［例 6］ 设 $y=\frac{\ln x}{x}$，求 y'.

解 $y'=\left(\frac{\ln x}{x}\right)'=\frac{(\ln x)'\cdot x-\ln x\cdot(x)'}{x^2}=\frac{1-\ln x}{x^2}$

［例 7］ 设 $y=\frac{\sin x-x\cos x}{\cos x+x\sin x}$，求 y'.

解
$$y'=\left(\frac{\sin x-x\cos x}{\cos x+x\sin x}\right)'$$
$$=\frac{(\sin x-x\cos x)'\cdot(\cos x+x\sin x)}{(\cos x+x\sin x)^2}$$
$$-\frac{(\sin x-x\cos x)\cdot(\cos x+x\sin x)'}{(\cos x+x\sin x)^2}$$
$$=\frac{(x\sin x)(\cos x+x\sin x)-(\sin x-x\cos x)\cdot(x\cos x)}{(\cos x+x\sin x)^2}$$
$$=\frac{x^2\sin^2 x+x^2\cos^2 x}{(\cos x+x\sin x)^2}=\frac{x^2}{(\cos x+x\sin x)^2}$$

二、反函数的求导法则

如果单调函数 $x=\varphi(y)$ 在某一区间内可导，且 $\varphi'(y)\neq 0$，则它的反函数 $y=f(x)$ 在对应的区间内也可导，且：

$$\frac{dy}{dx}=\frac{1}{\frac{dx}{dy}}$$

即：
$$f'(x)=\frac{1}{\varphi'(y)} \tag{3.10}$$

证明从略。

［例 8］ 求 $y=\arcsin x$ 的导数。

解 因为 $y\in\left(-\frac{\pi}{2},\frac{\pi}{2}\right)$ 时，$x=\sin y$ 单调递增且其导数 $\frac{dx}{dy}=\cos y>0$，所以，$x=\sin y$，$y\in\left(-\frac{\pi}{2},\frac{\pi}{2}\right)$ 的反函数 $y=\arcsin x$ 在 $(-1,1)$ 内可导，且由公式(3.10)，有：

$$(\arcsin x)'=\frac{1}{\frac{dx}{dy}}=\frac{1}{\cos y}$$

又因为：
$$\cos y=\sqrt{1-\sin^2 y}\quad\left(-\frac{\pi}{2}<y<\frac{\pi}{2}\right)$$

$$= \sqrt{1-x^2} \quad (-1<x<1)$$

所以：

$$(\arcsin x)' = \frac{1}{\sqrt{1-x^2}}, \quad x\in(-1,1)$$

类似地，可得：

$$(\arccos x)' = -\frac{1}{\sqrt{1-x^2}}$$

［例 9］ 求 $y=\arctan x$ 的导数。

解 因为 $y\in\left(-\frac{\pi}{2},\frac{\pi}{2}\right)$ 时，$x=\tan y$ 单调递增，且：

$$(\tan y)' = \sec^2 y > 0$$

所以，$x=\tan y, y\in\left(-\frac{\pi}{2},\frac{\pi}{2}\right)$ 的反函数 $y=\arctan x$ 在 $(-\infty,+\infty)$ 内可导，且：

$$(\arctan x)' = \frac{1}{(\tan y)'} = \frac{1}{\sec^2 y}$$

而

$$\sec^2 y = 1+\tan^2 y = 1+x^2$$

所以：

$$(\arctan x)' = \frac{1}{1+x^2}$$

类似地，可得：

$$(\text{arccot}\, x)' = -\frac{1}{1+x^2}$$

［例 10］ 求指数函数 $y=a^x(a>0, a\neq 1)$ 的导数。

解 因为 $x=\log_a y$ 是 $(0,+\infty)$ 内的单调函数，且：

$$(\log_a y)'_y = \frac{1}{y\ln a}$$

所以，$x=\log_a y$ 的反函数 $y=a^x$ 在 $(-\infty,+\infty)$ 内可导，且：

$$\frac{dy}{dx} = \frac{1}{\frac{dx}{dy}} = \frac{1}{(\log_a y)'_y} = \frac{1}{\frac{1}{y\ln a}} = y\cdot\ln a = a^x\cdot\ln a$$

即：

$$(a^x)' = a^x\cdot\ln a$$

特别地，当 $a=\mathrm{e}$ 时，可得：

$$(\mathrm{e}^x)' = \mathrm{e}^x$$

三、复合函数的求导法则

设 $y=f[\varphi(x)]$ 是由函数 $y=f(u)$ 及 $u=\varphi(x)$ 复合而成的函数，如果函数 $u=\varphi(x)$ 在点 x 处可导，$y=f(u)$ 在对应点 $u=\varphi(x)$ 处也可导，那么，可以证明，复合函数 $y=f[\varphi(x)]$ 在点 x 处也可导，且其导数 $\frac{dy}{dx}$ 等于函数 $y=f(u)$ 的导数 $\frac{dy}{du}$ 与函数 $u=\varphi(x)$ 的导数 $\frac{du}{dx}$ 之积，即：

$$\frac{dy}{dx} = \frac{dy}{du}\cdot\frac{du}{dx} \tag{3.11}$$

简记作：

$$y'_x = y'_u\cdot u'_x$$

复合函数的求导法则可以推广到多个中间变量的情形。我们以两个中间变量为例，设 $y=f(u)$，$u=\varphi(v)$，$v=h(x)$，则复合函数 $y=f\{\varphi[h(x)]\}$ 的导数为：

$$\frac{\mathrm{d}y}{\mathrm{d}x}=\frac{\mathrm{d}y}{\mathrm{d}u}\cdot\frac{\mathrm{d}u}{\mathrm{d}v}\cdot\frac{\mathrm{d}v}{\mathrm{d}x} \tag{3.12}$$

简记作：

$$y'_x=y'_u\cdot u'_v\cdot v'_x$$

证明从略。

［例 11］　求 $y=\sin^2 x$ 的导数 y'.

解　由于 $y=\sin^2 x=(\sin x)^2$ 可由 $y=u^2$，$u=\sin x$ 复合而成，从而由公式(3.11)，可得：

$$\begin{aligned}y'&=(\sin^2 x)'=(u^2)'_u\cdot(\sin x)'_x\\&=2u\cdot\cos x\\&=2\sin x\cdot\cos x=\sin 2x\end{aligned}$$

［例 12］　设 $y=\sqrt{a^2-x^2}$，求 $\frac{\mathrm{d}y}{\mathrm{d}x}$.

解　由于 $y=\sqrt{a^2-x^2}$ 可以分解为：$y=\sqrt{u}$，$u=a^2-x^2$，故：

$$\begin{aligned}\frac{\mathrm{d}y}{\mathrm{d}x}&=(\sqrt{a^2-x^2})'\\&=(\sqrt{u})_u'\cdot(a^2-x^2)'_x\\&=\frac{1}{2\sqrt{u}}\cdot(-2x)\\&=-\frac{x}{\sqrt{a^2-x^2}}\end{aligned}$$

［例 13］　设 $y=\sin^2\frac{x}{2}$，求 y'.

解法 1　因为 $y=\sin^2\frac{x}{2}$ 可由 $y=u^2$，$u=\sin v$，$v=\frac{x}{2}$ 复合而成，所以，由公式(3.12)，可得：

$$\begin{aligned}\frac{\mathrm{d}y}{\mathrm{d}x}&=(u^2)'_u\cdot(\sin v)'_v\cdot\left(\frac{x}{2}\right)'_x\\&=2u\cdot\cos v\cdot\frac{1}{2}\\&=\sin\frac{x}{2}\cdot\cos\frac{x}{2}\\&=\frac{1}{2}\sin x\end{aligned}$$

对复合函数的求导法则熟练之后，运算中通常可不写出中间变量，采用如下直接套用(3.11)式的计算方法，给出求导结果。

解法 2　因为 $y=\sin^2\frac{x}{2}=\left(\sin\frac{x}{2}\right)^2$ $\left[视\left(\sin\frac{x}{2}\right)为 u\right]$，所以：

$$\begin{aligned}y'&=2\left(\sin\frac{x}{2}\right)^{2-1}\cdot\left[\sin\left(\frac{x}{2}\right)\right]'_x \qquad \left[视\left(\frac{x}{2}\right)为 v\right]\\&=2\sin\frac{x}{2}\cdot\cos\frac{x}{2}\cdot\left(\frac{x}{2}\right)'_x\end{aligned}$$

$$=2\sin\frac{x}{2}\cdot\cos\frac{x}{2}\cdot\frac{1}{2}$$

$$=\frac{1}{2}\sin x$$

注意： 不要错为$\left(\sin^2\frac{x}{2}\right)'=\left(\sin^2\frac{x}{2}\right)'\cdot\left(\sin\frac{x}{2}\right)'\cdot\left(\frac{x}{2}\right)'$.

［例 14］ 设 $f(x)=2^{\sin x}$,求 $f'(x),f'(0)$.

解 $f'(x)=[2^{(\sin x)}]'_x$

$$=2^{(\sin x)}\cdot\ln 2\cdot(\sin x)'_x$$

$$=2^{(\sin x)}\cdot\ln 2\cdot\cos x$$

$$f'(0)=2^{(\sin 0)}\cdot\ln 2\cdot\cos 0=\ln 2$$

［例 15］ 设 $f(x)=\ln\tan x$,求 $f'(x)$.

解 $f'(x)=[\ln(\tan x)]'_x$

$$=\frac{1}{(\tan x)}\cdot(\tan x)'_x$$

$$=\frac{1}{\tan x}\cdot\sec^2 x$$

$$=\frac{1}{\sin x\cdot\cos x}=\frac{2}{\sin 2x}$$

$$=2\csc 2x$$

［例 16］ 设 $y=\sqrt{\tan\frac{x}{3}}$,求$\frac{dy}{dx}$.

解 $\frac{dy}{dx}=\left[\sqrt{\left(\tan\frac{x}{3}\right)}\right]'_x$

$$=\frac{1}{2\sqrt{\tan\frac{x}{3}}}\cdot\left[\tan\left(\frac{x}{3}\right)\right]'_x$$

$$=\frac{1}{2\sqrt{\tan\frac{x}{3}}}\cdot\sec^2\left(\frac{x}{3}\right)\cdot\left(\frac{x}{3}\right)'_x$$

$$=\frac{1}{2\sqrt{\tan\frac{x}{3}}}\cdot\sec^2\frac{x}{3}\cdot\frac{1}{3}$$

$$=\frac{1}{6}\sqrt{\cot\frac{x}{3}}\cdot\sec^2\frac{x}{3}$$

［例 17］ 设 $y=\ln(x+\sqrt{x^2+1})$,求 y'.

解 $y'=\frac{1}{(x+\sqrt{x^2+1})}\cdot(x+\sqrt{x^2+1})'_x$

$$=\frac{1}{x+\sqrt{x^2+1}}\cdot[1+(\sqrt{x^2+1})']$$

$$=\frac{1}{x+\sqrt{x^2+1}}\cdot\left[1+\frac{1}{2\sqrt{(x^2+1)}}\cdot(x^2+1)'\right]$$

$$=\frac{1}{x+\sqrt{x^2+1}}\cdot\left(1+\frac{x}{\sqrt{x^2+1}}\right)$$

$$=\frac{1}{x+\sqrt{x^2+1}}\cdot\frac{\sqrt{x^2+1}+x}{\sqrt{x^2+1}}$$

$$=\frac{1}{\sqrt{x^2+1}}$$

对某些类型函数[如 $f(x)$ 是若干简单函数的积商以及 $g(x)=[u(x)]^{v(x)}$ 等]的求导，可以先对函数两边取对数，然后再求导，从而可以将积商的导数运算转化为和差的导数运算，将不能直接求导的 $g(x)=[u(x)]^{v(x)}$ 转化为便于求导的形式，进而求得导数。这种求导方法称为**对数求导法**，下面通过两个例子来说明。

[**例 18**]　设 $f(x)=x^5\cdot\sqrt{\frac{(x+1)(2x+1)}{(1-3x)}}$，求 $f'(x)$.

解　先对函数的两边同时取对数并化简，得：

$$\ln f(x)=5\ln x+\frac{1}{2}[\ln(x+1)+\ln(2x+1)-\ln(1-3x)]$$

上式两边对 x 求导，得：

$$\frac{1}{f(x)}\cdot f'(x)=5\cdot\frac{1}{x}+\frac{1}{2}\left[\frac{1}{x+1}\cdot 1+\frac{1}{2x+1}\cdot 2-\frac{1}{1-3x}\cdot(-3)\right]$$

所以：$$f'(x)=x^5\cdot\sqrt{\frac{(x+1)(2x+1)}{(1-3x)}}\cdot\left[\frac{5}{x}+\frac{1}{2}\left(\frac{1}{x+1}+\frac{2}{2x+1}+\frac{3}{1-3x}\right)\right]$$

[**例 19**]　设 $y=x^x$，求 y'.

解法 1　（用对数求导法）

先对函数的两边同时取对数，得：

$$\ln y=x\cdot\ln x$$

再两边对 x 求导，注意到 y 是 x 的函数，得：

$$\frac{1}{y}\cdot y'=1\cdot\ln x+x\cdot\frac{1}{x}$$

所以：$$y'=y(\ln x+1)$$
$$=x^x(\ln x+1)$$

函数 $y=x^x$ 属于 $g(x)=[u(x)]^{v(x)}$ 型，既不是指数函数，也不是对数函数。这类函数的求导以及求极限问题比较常见，求导的一种方法是对数求导法，对它适用的另一种求导方法是：先变形，再求导。

解法 2　由于 $y=x^x=e^{\ln x^x}=e^{x\ln x}$，因此：

$$y'=[e^{(x\ln x)}]'_x=e^{x\ln x}\cdot(x\ln x)'_x$$
$$=e^{x\ln x}\left(1\cdot\ln x+x\cdot\frac{1}{x}\right)$$
$$=x^x(\ln x+1)$$

[**例 20**]　设 $f(x)=\left(1+\frac{1}{x}\right)^x$，求 $f'\left(\frac{1}{2}\right)$.

解　因为 $f(x)=\left(1+\frac{1}{x}\right)^x=e^{x\ln\left(1+\frac{1}{x}\right)}$，所以：

$$f'(x)=\mathrm{e}^{x\ln(1+\frac{1}{x})}\cdot\left[x\ln\left(1+\frac{1}{x}\right)\right]'$$
$$=\left(1+\frac{1}{x}\right)^x\left\{1\cdot\ln\left(1+\frac{1}{x}\right)+x\cdot\left[\ln\left(1+\frac{1}{x}\right)\right]'\right\}$$
$$=\left(1+\frac{1}{x}\right)^x\left[\ln\left(1+\frac{1}{x}\right)-\frac{1}{x+1}\right]$$
$$f'\left(\frac{1}{2}\right)=(1+2)^{\frac{1}{2}}\left[\ln(1+2)-\frac{1}{\frac{1}{2}+1}\right]$$
$$=\sqrt{3}\left(\ln3-\frac{2}{3}\right)$$

第四节　边际与弹性

一、边际概念

在讨论经济问题时，经常要使用变化率的概念。我们以成本问题为例。

设产品的总成本 C 是产量 q 的函数 $C=C(q)$，则总成本的平均变化率定义为：

$$\frac{\Delta C}{\Delta q}=\frac{C(q+\Delta q)-C(q)}{\Delta q}$$

其中，$\Delta C=C(q+\Delta q)-C(q)$ 是产量由 q 增至 $q+\Delta q$ 时相应的总成本的增量，而总成本在 q 时的“边际上”的变化率为：

$$C'(q)=\lim_{\Delta q\to 0}\frac{C(q+\Delta q)-C(q)}{\Delta q}$$

若 Δq 很小，则 $C'(q)\approx\frac{C(q+\Delta q)-C(q)}{\Delta q}$.

由上式可知，$C'(q)$ 近似等于产量为 q 时的单位产量的成本增加量，也即近似地等于生产第 $q+1$ 个产品所花费的成本，这与经济学上所讲的边际成本是一致的。于是，有如下定义：

定义 1　设经济函数 $y=f(x)$ 在 x 处可导，则称导数 $f'(x)$ 为 $f(x)$ 的边际函数，$f'(x)$ 在 x_0 处的值 $f'(x_0)$ 为边际函数值。

由以上定义，类似于边际成本，如果 $R(x)$ 表示销售 x 个单位的某种商品的收益，则 $R'(x)$ 表示销售量为 x 个单位时的**边际收益**，它近似地等于在销售量为 x 个单位时，再销售一个单位所得到的收益；如果 $L(x)$ 表示销售 x 个单位某种商品的利润，则 $L'(x)$ 表示销售量为 x 个单位时的**边际利润**，它近似地等于在销售量为 x 个单位时再销售一个单位商品所得的利润。

［**例 1**］　设生产某一产品 Q 吨时的总成本函数为：

$$C(Q)=100+\frac{Q^2}{4}+6Q$$

求边际成本函数和 $Q=10$ 吨时的边际成本，并解释后者的经济意义（单位：万元）。

解　(1)边际成本函数为：

$$C'(Q)=\frac{1}{2}Q+6$$

(2)$Q=10$ 吨时的边际成本为：

$$C'(10)=\left(\frac{1}{2}Q+6\right)\Big|_{Q=10}$$
$$=11(万元/吨)$$

这表示当产量为 10 吨时，再多生产 1 吨产品，总成本约要增加 11 万元。

［**例 2**］　某工厂生产 Q 个单位产品的总成本为：

$$C(Q)=400+\frac{1}{100}Q^2$$

求：(1)生产 100 个单位时的总成本和平均成本；

(2)生产 100 个单位到 200 个单位时的总成本的平均变化率；

(3)生产 100 个单位时的边际成本。

解　(1)生产 100 个单位时的总成本为：

$$C(100)=\left(400+\frac{1}{100}Q^2\right)\Big|_{Q=100}$$
$$=500$$

平均成本为：

$$\overline{C}(100)=\frac{C(100)}{100}=5$$

(2)生产 100 个单位到 200 个单位时总成本的平均变化率为：

$$\frac{\Delta C}{\Delta Q}=\frac{C(200)-C(100)}{200-100}=\frac{800-500}{100}=3$$

(3)生产 100 个单位时的边际成本为：

$$C'(100)=\left(\frac{1}{50}Q\right)\Big|_{Q=100}=2$$

此例表明边际成本与平均成本有着显著的区别。

［**例 3**］　设某种产品的需求函数为：

$$Q=30-\frac{P}{2}$$

产品的成本函数为：

$$C(Q)=40+8Q$$

其中，P 为产品的销售单价(单位：元)，Q 为产品的销售数量。试求：该产品的利润函数；当产品销售量 $Q=13$ 时的总利润和边际利润。

解　由于收益函数：

$$R(Q)=Q\cdot P$$

由已知需求函数 $Q=30-\frac{P}{2}$，得 $P=2(30-Q)$，从而：

$$R(Q)=Q\cdot 2(30-Q)=60Q-2Q^2$$

利润函数为：

$$L(Q)=R(Q)-C(Q)$$
$$=60Q-2Q^2-(40+8Q)$$
$$=52Q-2Q^2-40$$

当 $Q=13$ 时的总利润为：

$$L(13)=298(元)$$

当 $Q=13$ 时的边际利润为：

$$L'(13)=(52-4Q)|_{Q=13}=0(\text{元})$$

它说明了销售量从 13 个单位增加 1 个单位时，利润增加 0 元，即不带来利润。

二、弹性

在以上边际分析中，讨论的函数变化率与函数改变量均属于绝对改变量的讨论范围。在经济问题中，仅讨论绝对改变量的概念往往是不够的，必须通过研究**函数的相对改变量与相对变化率**，才能对某些经济问题作深入分析。

定义 2 设函数 $y=f(x)$ 在 x 处可导，**函数的相对改变量 $\frac{\Delta y}{y}$ 与自变量的相对改变量 $\frac{\Delta x}{x}$ 之比**：$\frac{\Delta y}{y}\Big/\frac{\Delta x}{x}$，称为函数 $f(x)$ 从 x 到 $x+\Delta x$ 间的弹性，当 $\Delta x\to 0$ 时，极限

$$\lim_{\Delta x\to 0}\frac{\Delta y}{y}\Big/\frac{\Delta x}{x}=\lim_{\Delta x\to 0}\frac{\Delta y}{\Delta x}\cdot\frac{x}{y}$$

称为 **$f(x)$ 在 x 处的弹性**，记作 $\frac{Ey}{Ex}$，即：

$$\frac{Ey}{Ex}=f'(x)\cdot\frac{x}{f(x)}$$

由于弹性是一个与变量单位无关的标量，因此，在研究经济变量之间的变化关系方面比边际概念来得方便。

弹性 $\frac{Ey}{Ex}$ 揭示了变量 y 对变量 x 变化的反映程度。如果 $f(x)$ 在 x_0 处的弹性 $\frac{Ey}{Ex}\Big|_{x=x_0}=2$，它表示在 x_0 处，当 x 增加 1% 时，应变量 y 相应地增加 2%；如果 $f(x)$ 在 x_0 处的弹性 $\frac{Ey}{Ex}\Big|_{x=x_0}=-2$，表示自变量在 x_0 处增加 1% 时，应变量 y 相应减少 2%。

［**例 4**］ 求函数 $y=a^{bx}(a>0,b\neq 0)$ 的弹性 $\frac{Ey}{Ex}$.

解
$$\frac{Ey}{Ex}=y'\cdot\frac{x}{y}=(a^{bx})'\cdot\frac{x}{a^{bx}}$$
$$=a^{bx}\cdot\ln a\cdot b\cdot\frac{x}{a^{bx}}$$
$$=bx\ln a$$

在实际经济问题中，弹性反映了一个经济变量对另一个经济变量的反映程度。对于需求函数

$$Q=Q(P)$$

则需求弹性

$$\frac{EQ}{EP}=P\cdot\frac{Q'(P)}{Q(P)}$$

反映了需求量 Q 对价格 P 变化的程度，即该值反映了价格在 P 处每增加 1%，需求量的增加或减少的百分数值（其中，正值时为增加，负值时为减少）。

同样，对于收益函数

$$R=R(P)$$

则收益对价格的弹性

$$\frac{ER}{EP}=P\cdot\frac{R'(P)}{R(P)}$$

反映了收益 R 对价格 P 变化的程度，即此值反映了价格在 P 处每增加 1%，收益的增加或减少的百分数值(其中，正值时为增加，负值时为减少)。

［**例 5**］　设某商品的需求函数为：

$$Q=10-\frac{P}{2}$$

求：(1)需求弹性；

(2)当 $p=3$ 时的需求弹性；

(3)当 $p=3$ 时的收益弹性。

解　(1)$\frac{EQ}{Ep}=Q'(p)\cdot\frac{p}{Q(p)}=-\frac{1}{2}\cdot\frac{p}{10-\frac{p}{2}}=\frac{p}{p-20}$

(2)当 $p=3$ 时的需求弹性为：

$$\left.\frac{EQ}{Ep}\right|_{p=3}=-\frac{3}{17}\approx-0.176$$

这一结果的经济意义是，当价格 $P=3$ 时，若价格上涨 1%，其需求量就下降 0.176%。

(3)由于收益函数：

$$R(p)=Q\cdot p=\left(10-\frac{p}{2}\right)\cdot p$$

$$=10p-\frac{1}{2}p^2$$

$$R'(p)=10-p$$

所以：

$$\frac{ER}{Ep}=R'(p)\cdot\frac{p}{R(p)}=(10-p)\cdot\frac{p}{10p-\frac{1}{2}p^2}=\frac{2(10-p)}{20-p}$$

$$\left.\frac{ER}{Ep}\right|_{p=3}=\frac{2(10-3)}{20-3}=\frac{14}{17}\approx0.82$$

它的经济意义是，当价格 $p=3$ 时，若价格上涨 1%，则相应的收益增加 0.82%。

第五节　高阶导数

定义　称函数 $y=f(x)$ 的导函数 $f'(x)$ 为 $f(x)$ 的一阶导数。如果 $f'(x)$ 仍可导，则称 $[f'(x)]'$ 为 $f(x)$ 的二阶导数，记作：

$$f''(x)\text{或 }y'',\frac{d^2f}{dx^2},\frac{d^2y}{dx^2}$$

即：

$$y''=(y')'=\frac{d}{dx}\left(\frac{dy}{dx}\right)=\frac{d^2y}{dx^2}$$

如果 $f''(x)$ 的导数存在，则称该导数为 $y=f(x)$ 的三阶导数，记作：

$$f'''(x)\text{或 }y''',\frac{d^3f}{dx^3},\frac{d^3y}{dx^3}$$

一般地，如果 $y=f(x)$ 的 $n-1$ 阶导数的导数存在，则称该导数为 $y=f(x)$ 的 n 阶导数，记作：

$$f^{(n)}(x)\text{或 } y^{(n)},\frac{d^n f}{dx^n},\frac{d^n y}{dx^n}$$

二阶和二阶以上的导数统称为**高阶导数**。

函数 $f(x)$ 的 n 阶导数在 x_0 处的值，记作：

$$y^{(n)}_{(x_0)}\text{ 或 } f^{(n)}_{(x_0)},\left.\frac{d^n f}{dx^n}\right|_{x=x_0},\left.\frac{d^n y}{dx^n}\right|_{x=x_0}$$

[例 1] 设函数 $y=\ln(1+x^2)$，求 y'' 及 $y''_{(0)}$.

解 因为：

$$y'=\frac{1}{1+x^2}(1+x^2)'=\frac{2x}{1+x^2}$$

所以：
$$y''=\left(\frac{2x}{1+x^2}\right)'=\frac{2\cdot(1+x^2)-2x\cdot 2x}{(1+x^2)^2}=\frac{2(1-x^2)}{(1+x^2)^2}$$

$$y''_{(0)}=\frac{2(1-0)}{(1+0)^2}=2$$

[例 2] 设 $y=xe^x$，求 y''.

解 因为：

$$y'=1\cdot e^x+x\cdot e^x=(1+x)e^x$$

所以：
$$\begin{aligned}y''&=[(1+x)e^x]'=1\cdot e^x+(1+x)e^x\\&=(2+x)e^x\end{aligned}$$

[例 3] 设函数 $y=2^x$，求 y''，$y^{(n)}$.

解 因为：

$$y'=2^x\cdot\ln2$$

所以：
$$\begin{aligned}y''&=(2^x\cdot\ln2)'=\ln2(2^x)'\\&=\ln2\cdot 2^x\cdot\ln2\\&=2^x\cdot(\ln2)^2\end{aligned}$$

依次类推，即得：

$$y^{(n)}=2^x\cdot(\ln2)^n$$

一般地：

$$(a^x)^{(n)}=a^x(\ln a)^n$$
$$(e^x)^{(n)}=e^x$$

[例 4] 设函数 $f(x)=ax^2+bx+c$（a,b,c 为常数），求 $f''(x)$，$f'''(x)$.

解 因为：

$$f'(x)=2ax+b$$

所以：
$$f''(x)=2a$$
$$f'''(x)=0$$

一般地，对多项式函数 $f(x)=a_0+a_1x+a_2x^2+\cdots+a_nx^n$（$a_0,a_1,\cdots,a_n$ 为常系数），有：

$$f^{(n)}(x)=a_n\cdot n!$$
$$f^{(k)}(x)=0\quad(\text{自然数 } k>n)$$

即 n 次多项式的 n 阶导数为常数，高于 n 阶的导数皆为零。

[例 5] 设 $y=\sin x$，求 $y^{(n)}$.

解 因为：

$$y'=\cos x=\sin\left(x+\frac{\pi}{2}\right)$$

所以：

$$y''=\left[\sin\left(x+\frac{\pi}{2}\right)\right]'=\cos\left(x+\frac{\pi}{2}\right)$$

$$=\sin\left(x+2\cdot\frac{\pi}{2}\right)$$

$$y'''=\left[\sin\left(x+2\cdot\frac{\pi}{2}\right)\right]'$$

$$=\cos\left(x+2\cdot\frac{\pi}{2}\right)=\sin\left(x+3\cdot\frac{\pi}{2}\right)$$

依次类推，得：

$$y^{(n)}=\sin\left(x+n\cdot\frac{\pi}{2}\right)$$

即：

$$(\sin x)^{(n)}=\sin\left(x+n\cdot\frac{\pi}{2}\right)$$

同理可得：

$$(\cos x)^{(n)}=\cos\left(x+n\cdot\frac{\pi}{2}\right)$$

［例 6］ 设 $y=\frac{1}{x}$，求 $y^{(n)}$.

解 因为：

$$y'=-\frac{1}{x^2}$$

所以：

$$y''=\left(-\frac{1}{x^2}\right)'=\frac{1\cdot 2}{x^3}=\frac{2!}{x^3}$$

$$y'''=\left(\frac{2!}{x^3}\right)'=-\frac{1\cdot 2\cdot 3}{x^4}=-\frac{3!}{x^4}$$

从而：

$$y^{(n)}=(-1)^n\cdot\frac{n!}{x^{n+1}}$$

第六节　微　分

在导数概念中，讨论了函数 $y=f(x)$ 中应变量 y 对自变量 x 的变化率问题，即增量 Δy 对自变量的增量 Δx 比值的极限问题。在本节中，我们要讨论 Δy 随 Δx 的变化情况，即讨论当自变量的增量 Δx 为已知时，如何估计应变量的增量 Δy.

一、微分的概念

先看一个具体问题：一块正方形金属薄片受温度变化的影响时，其边长由 x_0 变到 $x_0+\Delta x$（见图 3－3）。问此薄片的面积改变了多少？

由于边长为 x 的正方形面积 S 是 x 的函数：

$$S=x^2$$

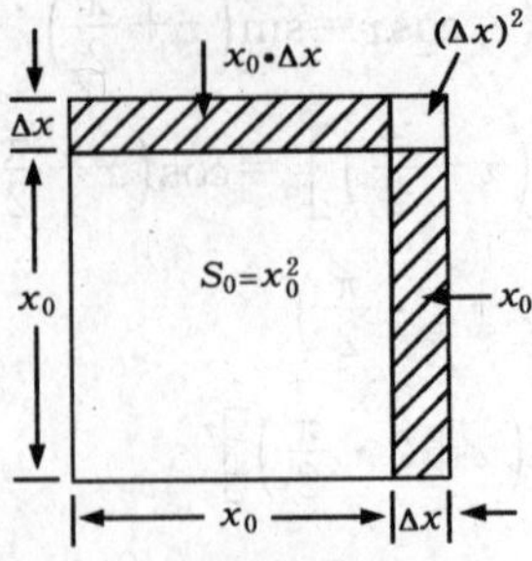

图 3—3

正方形薄片受温度变化的影响对面积的改变量可以看成是当自变量 x 自 x_0 取得增量 Δx 时，函数 S 相应的增量 ΔS，即：

$$\Delta S=(x_0+\Delta x)^2-x_0^2=2x_0\Delta x+(\Delta x)^2$$

由上式可见，ΔS 是两部分之和，第一部分 $2x_0\Delta x$ 是 Δx 的线性函数，第二部分 $(\Delta x)^2$ 是 Δx 的高阶无穷小量（当 $\Delta x\to 0$ 时）。从而，若边长的改变很微小，即 $|\Delta x|$ 很小时，面积 S 的改变量 ΔS 可近似地用第一部分来代替，这第一部分 Δx 的线性函数就是我们下面讨论的"微分"。

定义 设函数 $y=f(x)$ 在点 x_0 的某邻域内有定义。如果 $f(x)$ 在 x_0 的增量 Δy 可以表示为 Δx 的线性函数 $A\cdot\Delta x$（A 是只与 x_0 有关而与 Δx 无关的常数）与较 Δx 高阶的无穷小量两部分之和：

$$\Delta y=A\cdot\Delta x+o(\Delta x) \tag{3.13}$$

则称函数 $y=f(x)$ 在点 x_0 处**可微**，并称 $A\cdot\Delta x$ 为 $f(x)$ 在 x_0 的**微分**，记作：

$$\mathrm{d}y|_{x=x_0} \text{ 或 } \mathrm{d}f(x)|_{x=x_0}$$

即：

$$\mathrm{d}y|_{x=x_0}=A\cdot\Delta x$$

对大多数函数而言，按定义考察可微性都比较繁琐和困难。下面的定理回答了在什么条件下 $y=f(x)$ 在 x_0 处可微以及微分中的 A 如何计算。

定理 如果函数 $y=f(x)$ 在点 x_0 处可微，则 $f(x)$ 在点 x_0 处可导；如果 $f(x)$ 在点 x_0 处可导，则 $f(x)$ 在点 x_0 处可微，且 $\mathrm{d}y=f'(x_0)\cdot\Delta x$，即(3.13)式中的 $A=f'(x_0)$.

证 如果 $f(x)$ 在 x_0 处可微，则有：

$$\Delta y=A\Delta x+o(\Delta x)$$

上式两边同除以 Δx，并取极限后，有：

$$\lim_{\Delta x\to 0}\frac{\Delta y}{\Delta x}=\lim_{\Delta x\to 0}\left(A+\frac{o(\Delta x)}{\Delta x}\right)=A$$

即 $f(x)$ 在 x_0 处可导。

反之，如果 $y=f(x)$ 在 x_0 处可导，即：

$$\lim_{\Delta x\to 0}\frac{\Delta y}{\Delta x}=f'(x_0)$$

由极限与无穷小量的关系，有：

$$\frac{\Delta y}{\Delta x}=f'(x_0)+\alpha \quad (\text{其中}, \lim_{\Delta x\to 0}\alpha=0)$$

于是有：

$$\Delta y=f'(x_0)\cdot\Delta x+\alpha\cdot\Delta x$$

上式右边的第一部分是 Δx 的线性函数，而第二部分 $\alpha\cdot\Delta x=o(\Delta x)$（$\Delta x\to 0$ 时），即 $y=$

$f(x)$在 x_0 处可微，且：

$$dy|_{x=x_0}=f'(x_0)\cdot\Delta x$$

即(3.13)式中的 $A=f'(x_0)$.

证毕。

这个定理说明：**一元函数 $y=f(x)$在点 x_0 处可导和可微是等价的。**

如果函数 $y=f(x)$在区间 I 内的每点处都可微，则称 $f(x)$为 I 内的可微函数，$f(x)$在 I 内的微分记作：

$$dy=f'(x)\Delta x$$

或

$$df(x)=f'(x)\Delta x \tag{3.14}$$

它不仅与 x 有关，也与 Δx 有关。

如果 $y=g(x)=x$，则由(3.14)式：

$$dg(x)=g'(x)\Delta x=1\cdot\Delta x$$

即有：

$$dx=\Delta x$$

可见，自变量的增量 Δx 等于函数 $g(x)=x$ 的微分，通常也称为自变量的微分，从而函数 $y=f(x)$的微分也可表示为：

$$dy=f'(x)\cdot dx \tag{3.15}$$

或

$$df(x)=f'(x)dx$$

即一元函数 $y=f(x)$的微分等于函数的导数与自变量微分的乘积。只要知道函数的导数，就能写出函数的微分。

［**例 1**］ 设函数 $y=e^{2x}$，求 dy，$dy|_{x=0}$.

解 因为：

$$y'=e^{2x}\cdot(2x)'=2e^{2x}$$

所以：

$$dy=2e^{2x}dx$$

$$dy|_{x=0}=2dx$$

［**例 2**］ 设 $y=x\ln(1+x^2)$，求 dy.

解 因为：

$$y'=1\cdot\ln(1+x^2)+x\cdot\frac{1}{1+x^2}\cdot 2x$$

$$=\ln(1+x^2)+\frac{2x^2}{1+x^2}$$

所以：

$$dy=\left[\ln(1+x^2)+\frac{2x^2}{1+x^2}\right]dx$$

二、微分基本公式和运算法则

由函数 $y=f(x)$的微分表达式 $dy=f'(x)dx$，以及导数的基本公式和运算法则，我们可以得到微分的基本公式和运算法则。

1. 基本初等函数的微分公式

(1) $d(C)=0$ （C 为常数）；

(2) $d(x^\alpha)=\alpha x^{\alpha-1}dx$ （α 为常数）；

(3) $d(\sin x)=\cos x dx$；

(4) $d(\cos x)=-\sin x dx$；

(5) $d(\tan x)=\sec^2 x dx$；

(6) $d(\cot x)=-\csc^2 x dx$；

(7) $d(\sec x)=\sec x\cdot\tan x dx$；

(8) $d(\csc x)=-\csc x\cot x dx$；

(9) $d(a^x)=a^x\cdot\ln a dx \quad (a>0,a\neq1)$，$d(e^x)=e^x dx$；

(10) $d(\log_a x)=\frac{1}{x\ln a}dx \quad (a>0,a\neq1)$，$d(\ln x)=\frac{1}{x}dx$；

(11) $d(\arcsin x)=\frac{1}{\sqrt{1-x^2}}dx$；

(12) $d(\arccos x)=-\frac{1}{\sqrt{1-x^2}}dx$；

(13) $d(\arctan x)=\frac{1}{1+x^2}dx$；

(14) $d(\text{arccot}\, x)=-\frac{1}{1+x^2}dx$.

2. 函数微分的四则运算法则

设 $u(x)$，$v(x)$都是可微函数，则：

(1) $d[u(x)\pm v(x)]=du(x)\pm dv(x)$；

(2) $d[C\cdot u(x)]=Cdu(x) \quad$ (C 为常数)；

(3) $d[u(x)v(x)]=u(x)dv(x)+v(x)du(x)$；

(4) $d\left[\frac{u(x)}{v(x)}\right]=\frac{v(x)du(x)-u(x)dv(x)}{v^2(x)} \quad (v(x)\neq0)$.

现在，我们以乘法的微分运算法则为例加以证明。

根据(3.15)式，有：

$$\begin{aligned} d[u(x)\cdot v(x)]&=[u(x)v(x)]'dx \\ &=[u'(x)\cdot v(x)+u(x)\cdot v'(x)]dx \\ &=u'(x)v(x)dx+u(x)\cdot v'(x)dx \end{aligned}$$

因为：

$$u'(x)dx=du(x),v'(x)dx=dv(x)$$

所以：

$$d[u(x)v(x)]=u(x)dv(x)+v(x)du(x)$$

3. 复合函数的微分法则

与复合函数的求导法则相对应的复合函数的微分法则可推导如下：

设 $y=f(u)$，$u=\varphi(x)$均可微，则复合函数 $y=f[\varphi(x)]$的微分为：

$$dy=y'_x\cdot dx=f'(u)\cdot\varphi'(x)dx$$

由于 $\varphi'(x)dx=du$，因此，复合函数 $y=f[\varphi(x)]$的微分公式也可以写成：

$$dy=f'(u)du$$

由此可见，无论 u 是自变量还是中间变量，$y=f(u)$的微分 dy 总可以用$f'(u)$与 du 的乘积来表示。这一性质称为**一阶微分形式的不变性**。

[**例 3**] 设 $y=\sin(2x+1)$，求 dy.

解 将 $2x+1$ 看做是中间变量 u，则：

$$
\begin{aligned}
dy &= d[\sin(2x+1)] \\
&= \cos(2x+1)d(2x+1) \\
&= 2\cos(2x+1)dx
\end{aligned}
$$

本例也可直接套用(3.15)式求解：

因为：

$$[\sin(2x+1)]' = 2\cos(2x+1)$$

所以：

$$dy = 2\cos(2x+1)dx$$

［例 4］　设 $y = e^x \cdot \cos x$，求 dy.

解法 1　运用积的微分法则，得：

$$
\begin{aligned}
dy &= \cos x d(e^x) + e^x d(\cos x) \\
&= \cos x e^x dx + e^x(-\sin x)dx \\
&= e^x(\cos x - \sin x)dx
\end{aligned}
$$

解法 2　［先求出导数，再利用(3.15)式］

因为：

$$
\begin{aligned}
(e^x \cdot \cos x)' &= (e^x)'\cos x + e^x(\cos x)' \\
&= e^x \cos x + e^x(-\sin x) \\
&= e^x(\cos x - \sin x)
\end{aligned}
$$

所以：

$$dy = e^x(\cos x - \sin x)dx$$

三、微分的应用

在实际问题中，经常会遇到一些复杂的计算公式，如果直接用这些公式进行计算，一般很麻烦。利用微分往往可以把一些复杂的计算公式用简单的近似公式来代替。

由微分知识可知，如果 $y=f(x)$ 在 x_0 处可导，则有：

$$\Delta y = f'(x_0) \cdot \Delta x + o(\Delta x)$$

从而当 $|\Delta x|$ 很小时，有：

$$\Delta y \approx dy|_{x=x_0} = f'(x_0) \cdot \Delta x \tag{3.16}$$

即：当 $|\Delta x|$ 很小时，微分是 Δy 的一个近似值。

由于 $\Delta y = f(x_0+\Delta x) - f(x_0)$，从而由(3.16)式，可得到：

$$f(x_0+\Delta x) \approx f(x_0) + f'(x_0) \cdot \Delta x \tag{3.17}$$

(3.17)式可作为 $f(x)$ 即 $f(x_0+\Delta x)$ 的近似计算公式。

［例 5］　一正方体的棱长 $x_0=10$ 米，如果棱长增加 0.01 米，求此正方体体积增加的精确值和近似值。

解　由于棱长为 x 的正方体体积 $V=x^3$，从而当 x 由 $x_0=10$ 米增加 $\Delta x=0.01$ 米时，正方体体积增加的精确值为：

$$
\begin{aligned}
\Delta V &= (x_0+\Delta x)^3 - x_0^3 \\
&= 10.01^3 - 10^3 = 3.003\,001 \text{（立方米）}
\end{aligned}
$$

由于 $|\Delta x| = 0.01$ 很小，$V'(10) = (3x^2)|_{x=10} = 300$，根据(3.16)式：

$$\Delta V \approx dV\Big|_{\substack{x=10 \\ \Delta x=0.01}} = 300 \times 0.01 = 3 \text{（立方米）}$$

从计算结果看，后者的误差相当小。

［**例 6**］ 利用微分计算 sin30°30′的近似值。

解 把 30°30′化为弧度，得：

$$30°30'=\frac{\pi}{6}+\frac{\pi}{360}$$

设 $y=\sin x, x_0=\frac{\pi}{6}, \Delta x=\frac{\pi}{360}$，由(3.17)式有：

$$\begin{aligned}\sin(30°30')&\approx y\left(\frac{\pi}{6}\right)+y'\left(\frac{\pi}{6}\right)\cdot\Delta x\\&=\sin\frac{\pi}{6}+\cos\frac{\pi}{6}\cdot\frac{\pi}{360}\\&=\frac{1}{2}+\frac{\sqrt{3}}{2}\cdot\frac{\pi}{360}\\&\approx 0.5076\end{aligned}$$

下面，我们来推导一些常用的近似公式。在(3.17)式中取 $x_0=0$，于是，$\Delta x=x$，从而当 $|x|$ 较小时，有：

$$f(x)\approx f(0)+f'(0)\cdot x \tag{3.18}$$

运用(3.18)式可以推得以下几个常用的近似计算公式：

(1) $\sqrt[n]{1+x}\approx 1+\frac{1}{n}x$；

(2) $\ln(1+x)\approx x$；

(3) $e^x\approx 1+x$.

在这里，我们只证明其中的(1)式，其余各式的证明留给读者作为练习。

证 设 $f(x)=\sqrt[n]{1+x}$，则 $f(0)=1$，由于 $f'(x)=\frac{1}{n}(1+x)^{\frac{1}{n}-1}$，$f'(0)=\frac{1}{n}$，当 $|x|$ 较小时，根据(3.18)式，即有：

$$\sqrt[n]{1+x}\approx f(0)+f'(0)\cdot x=1+\frac{1}{n}\cdot x$$

证毕。

运用这些公式，可以近似地计算一些相应的数值。如：

$$\sqrt{1.05}=\sqrt{1+0.05}\approx 1+\frac{1}{2}\times 0.05=1.025$$

$$e^{0.01}\approx 1+0.01=1.01$$

$$\ln 0.97=\ln[1+(-0.03)]\approx -0.03$$

第四章

导数的应用

在本章中，先介绍微分学的两个中值定理，然后运用导数来研究函数及曲线的某些性质，并利用这些知识去解决一些经济中的实际问题。

第一节　中值定理

本节要介绍的两个基本定理，由于都与自变量在区间内的某个中间值有关，故统称中值定理。

罗尔(Rolle)定理　如果函数 $y=f(x)$满足：

(1)在闭区间$[a,b]$上连续；

(2)在开区间(a,b)内可导；

(3)$f(a)=f(b)$.

则至少存在一点 $\xi\in(a,b)$，使得 $f'(\xi)=0$.

证明从略。罗尔中值定理的几何意义是：在两个高度相同的端点 A,B 之间的一段连续曲线上，如果除端点外该曲线上的每一点都有不垂直于 x 轴的切线，则切线中必定至少有一条平行于 x 轴，即曲线 $y=f(x)$上至少有一点 $P(\xi,f(\xi))$，P 点处的切线平行于 x 轴(见图4—1)。

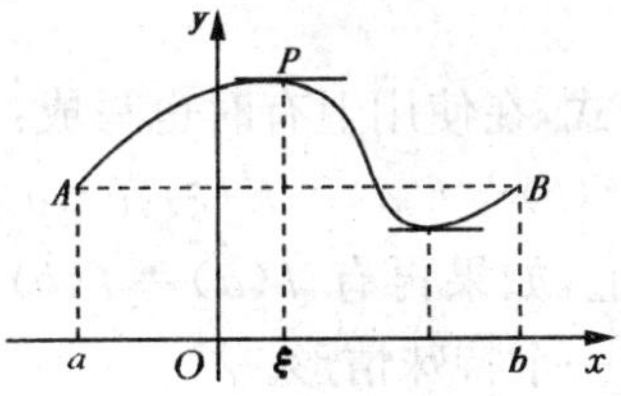

图 4—1

[**例 1**]　验证函数 $f(x)=x\cdot\sqrt{3-x}$在$[0,3]$上满足罗尔定理，并求相应的ξ值。

解　由于 $f(x)$是初等函数，它在$[0,3]$上有定义，故一定在$[0,3]$上连续；又由于

$$f'(x)=\sqrt{3-x}+x\cdot\frac{1}{2\sqrt{3-x}}(-1)=\frac{3(2-x)}{2\sqrt{3-x}}$$

在$(0,3)$内有定义，即 $f(x)$在$(0,3)$内可导；而

$$f(0)=f(3)=0$$

因此，$f(x)$在$[0,3]$上满足罗尔定理的所有条件。

令 $f'(x)=0$，可解得 $x=2\in(0,3)$，从而在$(0,3)$内满足罗尔定理的ξ值为 2.

［例 2］ 设 $f(x)=(x-1)(x-2)(x-3)$，试判断方程 $f'(x)=0$ 有几个实根，并指出它们所在的区间。

解 首先，由于 $f(x)$ 是三次多项式，$f'(x)$ 是二次多项式，则 $f'(x)=0$ 最多只有两个实根。

而 $f(x)$ 在区间 $[1,2]$ 和 $[2,3]$ 上显然满足罗尔定理的三个条件，于是，在区间 $(1,2)$ 内至少有一点 ξ_1，使 $f'(\xi_1)=0$；在 $(2,3)$ 内至少有一点 ξ_2，使 $f'(\xi_2)=0$，这也就是说，$f'(x)=0$ 至少有两个不同的实根。

综合以上两点，可知 $f'(x)=0$ 有且仅有两个实根，分别在 $(1,2)$ 和 $(2,3)$ 内。

拉格朗日(Lagrange)中值定理 如果函数 $f(x)$ 满足下列条件：

(1)在闭区间 $[a,b]$ 上连续；

(2)在开区间 (a,b) 内可导。

则至少存在一点 $\xi\in(a,b)$，使得：

$$f'(\xi)=\frac{f(b)-f(a)}{b-a} \tag{4.1}$$

证明从略。拉格朗日中值定理的几何意义是，如果连续曲线 $y=f(x)$ 在 (a,b) 内每一点都有不垂直于 x 轴的切线，则在该曲线上至少存在一点 $P[\xi,f(\xi)]$，使曲线在点 P 处的切线平行于过曲线两端点的连线 AB（见图 4－2）。

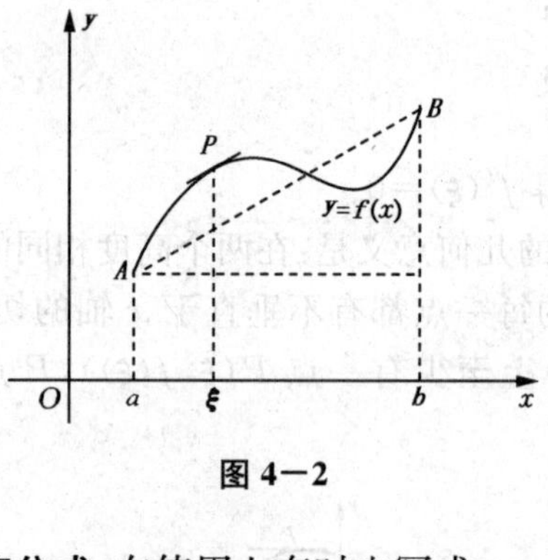

图 4－2

(4.1)式称为**拉格朗日中值公式**，在使用上有时也写成：

$$f(b)-f(a)=f'(\xi)(b-a) \tag{4.2}$$

在拉格朗日定理条件的基础上，如果再有 $f(a)=f(b)$，这时就是前面所讲的罗尔定理。因此，罗尔定理是拉格朗日定理的一个特殊情形。

拉格朗日中值定理的应用非常广泛，有许多等式、不等式、函数性质和数学定理的证明都要用到它。该定理有两个重要的推论：

推论 1 如果函数 $f(x)$ 在 (a,b) 内可导，且 $f'(x)\equiv 0$，则 $f(x)$ 在 (a,b) 内必定是一个常数。

证 任取 $x_1,x_2\in(a,b)$，且 $x_1<x_2$，由于 $f(x)$ 在 (a,b) 内可导，因此，在区间 $[x_1,x_2]$ 上，$f(x)$ 满足拉格朗日中值定理的条件，从而在 (x_1,x_2) 内至少存在一点 ξ，使得：

$$f'(\xi)=\frac{f(x_2)-f(x_1)}{x_2-x_1}$$

已知 $f'(x)\equiv 0$，即有 $f'(\xi)=0$，因此，$f(x_2)-f(x_1)=0$。

由于 x_1,x_2 是 (a,b) 内的任意两点，故：

$$f(x)=C,\quad x\in(a,b)$$

证毕。

[**例 3**]　证明：$\arcsin x+\arccos x=\frac{\pi}{2}, x\in[-1,1]$.

证　当 $x=\pm1$ 时，等式显然成立。

当 $x\in(-1,1)$ 时，设 $f(x)=\arcsin x+\arccos x$，由于：

$$\begin{aligned}f'(x)&=(\arcsin x)'+(\arccos x)'\\&=\frac{1}{\sqrt{1-x^2}}+\left(-\frac{1}{\sqrt{1-x^2}}\right)\\&\equiv0\end{aligned}$$

由推论 1 知：

$$f(x)=C,\quad x\in(-1,1)$$

因为 $x=0$ 时，有 $f(0)=\arcsin0+\arccos0=C$，即：

$$C=0+\frac{\pi}{2},\quad C=\frac{\pi}{2}$$

所以：

$$f(x)=C=\frac{\pi}{2}, x\in(-1,1)$$

$$\arcsin x+\arccos x=\frac{\pi}{2},\quad x\in[-1,1]$$

证毕。

推论 2　如果在 (a,b) 内，$f'(x)=g'(x)$，则在 (a,b) 内，$f(x)=g(x)+C$　（C 为常数）。

证　设

$$y=f(x)-g(x), x\in(a,b)$$

$$y'=f'(x)-g'(x), x\in(a,b)$$

由已知 $f'(x)=g'(x)$，得 $y'\equiv0, x\in(a,b)$.

由推论 1 知，$y=C$，即：

$$f(x)-g(x)=C$$

所以，在 (a,b) 内，$f(x)=g(x)+C$.

证毕。

拉格朗日中值定理的这两个推论，在积分学中也具有一定的作用。

第二节　待定式的极限——洛必达法则

如果当 $x\to x_0$（或 $x\to\infty$ 等情形）时，两个函数 $f(x)$，$g(x)$ 同时趋于零或趋于无穷大，则由第二章中的讨论，我们知道极限 $\lim\limits_{x\to x_0}\frac{f(x)}{g(x)}$ 可能存在，也可能不存在，需要根据函数 $\frac{f(x)}{g(x)}$ 的具体情况进一步确定。因此，我们把两个无穷小量之比或两个无穷大量之比的极限称为 $\frac{0}{0}$ 型或 $\frac{\infty}{\infty}$ 型**待定式**（或未定式）的极限，简记为 $\frac{0}{0}$ 或 $\frac{\infty}{\infty}$. 这两类极限都不能直接利用“商的极限等于极限的商”这一法则。本节将介绍求这两类待定式极限的一种简便且重要的方法——洛必达(L'Hospital)法则。

一、$\frac{0}{0}$型待定式

定理1(洛必达法则Ⅰ)　设 $f(x)$,$g(x)$在点 x_0 的某邻域内(点 x_0 可以除外)有定义,且满足:

(1)$\lim\limits_{x\to x_0}f(x)=\lim\limits_{x\to x_0}g(x)=0$;

(2)在点 x_0 的某邻域内(点 x_0 可以除外),$f'(x)$,$g'(x)$都存在,且 $g'(x)\neq 0$;

(3)$\lim\limits_{x\to x_0}\frac{f'(x)}{g'(x)}$存在(或为$\infty$).

则:
$$\lim_{x\to x_0}\frac{f(x)}{g(x)}=\lim_{x\to x_0}\frac{f'(x)}{g'(x)}$$

如果把定理中的 $x\to x_0$ 换成 $x\to x_0^-$ 或 $x\to+\infty$等,那么,只要对定理1中的条件(2)做相应的修改,定理仍然成立。证明从略。

在运用洛比达法则Ⅰ求待定式的极限值时,应注意以下两个问题:

(1)原式必须为$\frac{0}{0}$型,并且极限$\lim\limits_{x\to x_0}\frac{f'(x)}{g'(x)}$要存在或为$\infty$,否则,就不能使用该法则;

(2)如果$\lim\limits_{x\to x_0}\frac{f'(x)}{g'(x)}$仍属于$\frac{0}{0}$型,且 $f'(x)$,$g'(x)$能满足定理1中 $f(x)$,$g(x)$所要满足的条件,则可以继续使用洛必达法则Ⅰ,即:
$$\lim_{x\to x_0}\frac{f(x)}{g(x)}=\lim_{x\to x_0}\frac{f'(x)}{g'(x)}=\lim_{x\to x_0}\frac{f''(x)}{g''(x)}$$

[例1]　求$\lim\limits_{x\to 0}\frac{\sin 2x}{\sin 3x}$.

解　这是个$\frac{0}{0}$型待定式,且满足定理1的条件,于是,对分子、分母分别求导,即得:
$$\lim_{x\to 0}\frac{\sin 2x}{\sin 3x}\xlongequal{\left(\frac{0}{0}型\right)}\lim_{x\to 0}\frac{(\sin 2x)'}{(\sin 3x)'}=\lim_{x\to 0}\frac{2\cos 2x}{3\cos 3x}=\frac{2}{3}$$

[例2]　求$\lim\limits_{x\to 0}\frac{x-\sin x}{x^3}$.

解　$$\lim_{x\to 0}\frac{x-\sin x}{x^3}\xlongequal{\left(\frac{0}{0}型\right)}\lim_{x\to 0}\frac{(x-\sin x)'}{(x^3)'}=\lim_{x\to 0}\frac{1-\cos x}{3x^2}\xlongequal{\left(\frac{0}{0}型\right)}\lim_{x\to 0}\frac{(1-\cos x)'}{(3x^2)'}=\lim_{x\to 0}\frac{\sin x}{6x}=\frac{1}{6}$$

[例3]　求$\lim\limits_{x\to 1}\frac{x^3-3x+2}{x^3-x^2-x+1}$.

解　$$\lim_{x\to 1}\frac{x^3-3x+2}{x^3-x^2-x+1}\xlongequal{\left(\frac{0}{0}型\right)}\lim_{x\to 1}\frac{(x^3-3x+2)'}{(x^3-x^2-x+1)'}=\lim_{x\to 1}\frac{3x^2-3}{3x^2-2x-1}\xlongequal{\left(\frac{0}{0}型\right)}\lim_{x\to 1}\frac{(3x^2-3)'}{(3x^2-2x-1)'}=\lim_{x\to 1}\frac{6x}{6x-2}=\frac{6}{6-2}=\frac{3}{2}$$

注意： 上式中的$\lim\limits_{x\to1}\frac{6x}{6x-2}$已不是待定式，故不能对它运用洛必达法则。

二、$\frac{\infty}{\infty}$型待定式

定理 2(洛必达法则Ⅱ)　设 $f(x)$，$g(x)$在点 x_0 的某邻域内(点 x_0 可以除外)有定义，且满足：

(1)$\lim\limits_{x\to x_0}f(x)=\lim\limits_{x\to x_0}g(x)=\infty$；

(2)在点 x_0 的某邻域内(点 x_0 可以除外)，$f'(x)$，$g'(x)$都存在，且 $g'(x)\neq0$；

(3)$\lim\limits_{x\to x_0}\frac{f'(x)}{g'(x)}$存在(或为$\infty$)。

则
$$\lim_{x\to x_0}\frac{f(x)}{g(x)}=\lim_{x\to x_0}\frac{f'(x)}{g'(x)}$$

证明从略。在定理 2 中，$x\to x_0$ 可改换为 $x\to x_0^+$ 或 $x\to+\infty$ 等情形，此时也有相应的结论。

定理 2 和定理 1 一样，必要时也可接连运用几次，只要$f'(x)$，$g'(x)$，$f''(x)$，$g''(x)$等满足定理的条件。

［**例 4**］　求 $\lim\limits_{x\to+\infty}\frac{x^2}{e^x}$.

解　这是个$\frac{\infty}{\infty}$型待定式，且满足定理 2 的条件，于是，由洛必达法则：

$$\lim_{x\to+\infty}\frac{x^2}{e^x}\xlongequal{\left(\frac{\infty}{\infty}型\right)}\lim_{x\to+\infty}\frac{(x^2)'}{(e^x)'}=\lim_{x\to+\infty}\frac{2x}{e^x}$$
$$\xlongequal{\left(\frac{\infty}{\infty}型\right)}\lim_{x\to+\infty}\frac{(2x)'}{(e^x)'}=\lim_{x\to+\infty}\frac{2}{e^x}=0$$

一般地，若常数 $\lambda>0$，n 为正整数，则 $\lim\limits_{x\to+\infty}\frac{x^n}{e^{\lambda x}}=0$.

［**例 5**］　求 $\lim\limits_{x\to+\infty}\frac{\ln x}{x}$.

解　$\lim\limits_{x\to+\infty}\frac{\ln x}{x}\xlongequal{\left(\frac{\infty}{\infty}型\right)}\lim\limits_{x\to+\infty}\frac{(\ln x)'}{(x)'}=\lim\limits_{x\to+\infty}\frac{\frac{1}{x}}{1}=0$

一般地，若常数 $\alpha>0$，则 $\lim\limits_{x\to+\infty}\frac{\ln x}{x^\alpha}=0$.

三、其他类型待定式

待定式除$\frac{0}{0}$、$\frac{\infty}{\infty}$型外，还有 $0\cdot\infty$型、$\infty-\infty$型、0^0 型、1^∞ 型等，这些待定式经过适当变形后，都可转化为$\frac{0}{0}$型或$\frac{\infty}{\infty}$型，在满足定理条件的情况下，即可运用洛必达法则进行计算。

［**例 6**］　求 $\lim\limits_{x\to0^+}x\ln x$.

解　这属于 $0\cdot\infty$型，因为 $x\ln x=\frac{\ln x}{\frac{1}{x}}$，当 $x\to0^+$时，$\frac{\ln x}{\frac{1}{x}}$为$\frac{\infty}{\infty}$型，所以：

$$\lim_{x\to0^+}x\ln x=\lim_{x\to0^+}\frac{\ln x}{\frac{1}{x}}\xlongequal{\left(\frac{\infty}{\infty}\text{型}\right)}\lim_{x\to0^+}\frac{(\ln x)'}{\left(\frac{1}{x}\right)'}=\lim_{x\to0^+}\frac{\frac{1}{x}}{-\frac{1}{x^2}}=\lim_{x\to0^+}(-x)$$

$$=0$$

一般地，若常数 $\alpha>0$，则 $\lim\limits_{x\to0^+}x^{\alpha}\ln x=0$.

［**例 7**］ 求$\lim\limits_{x\to0}\left(\frac{1}{x}-\frac{1}{e^x-1}\right)$.

解 这属于$\infty-\infty$型，通分以后，$\frac{1}{x}-\frac{1}{e^x-1}=\frac{e^x-1-x}{x(e^x-1)}$，当 $x\to0$ 时，为$\frac{0}{0}$型。于是，由洛必达法则，得：

$$\lim_{x\to0}\left(\frac{1}{x}-\frac{1}{e^x-1}\right)=\lim_{x\to0}\frac{e^x-1-x}{x(e^x-1)}$$

$$\xlongequal{\left(\frac{0}{0}\text{型}\right)}\lim_{x\to0}\frac{(e^x-1-x)'}{[x(e^x-1)]'}=\lim_{x\to0}\frac{e^x-1}{e^x-1+xe^x}$$

$$\xlongequal{\left(\frac{0}{0}\text{型}\right)}\lim_{x\to0}\frac{(e^x-1)'}{(e^x-1+xe^x)'}=\lim_{x\to0}\frac{e^x}{e^x+e^x+xe^x}$$

$$=\frac{e^0}{2e^0+0}$$

$$=\frac{1}{2}$$

［**例 8**］ 求 $\lim\limits_{x\to0^+}x^x$.

解 这是一个 0^0 型待定式，由于 $x^x=e^{x\ln x}$，故可以转换成指数部分的 $0\cdot\infty$型，利用例 6 的结果，即得：

$$\lim_{x\to0^+}x^x=\lim_{x\to0^+}e^{x\ln x}=e^{\lim\limits_{x\to0^+}x\ln x}=e^0=1$$

［**例 9**］ 求$\lim\limits_{x\to1}x^{\frac{2}{1-x}}$.

解 这是一个 1^{∞} 型待定式，先变形，将函数化成以 e 为底的指数函数：$y=x^{\frac{2}{1-x}}=e^{\frac{2\ln x}{1-x}}$，于是转化成指数部分$\frac{0}{0}$型，由于：

$$\lim_{x\to1}\frac{2\ln x}{1-x}\xlongequal{\left(\frac{0}{0}\text{型}\right)}\lim_{x\to1}\frac{(2\ln x)'}{(1-x)'}=\lim_{x\to1}\frac{2\cdot\frac{1}{x}}{-1}=-2$$

所以

$$\lim_{x\to1}x^{\frac{2}{1-x}}=\lim_{x\to1}e^{\frac{2\ln x}{1-x}}=e^{\lim\limits_{x\to1}\frac{2\ln x}{1-x}}=e^{-2}$$

最后，我们必须指出，洛必达法则说明的是一个充分条件，当$\lim\limits_{x\to x^0}\frac{f'(x)}{g'(x)}$不存在($\infty$情形除外)时，并不能断言$\lim\limits_{x\to x^0}\frac{f(x)}{g(x)}$不存在。例如，极限$\lim\limits_{x\to\infty}\frac{x+\sin x}{x}$属于$\frac{\infty}{\infty}$型，但由于$\lim\limits_{x\to\infty}\frac{(x+\sin x)'}{(x)'}=\lim\limits_{x\to\infty}(1+\cos x)$不存在，故不满足洛必达法则的条件，当然也就不能据此判定$\lim\limits_{x\to\infty}\frac{x+\sin x}{x}$不存在。事实上，此极限是存在的：

$$\lim_{x\to\infty}\frac{x+\sin x}{x}=\lim_{x\to\infty}\left(1+\frac{1}{x}\cdot\sin x\right)$$

$$=1+0=1$$

第三节　函数单调性和极值的判定

在第一章中，我们介绍了函数的一些主要性质，如单调性等。对大多数函数而言，直接按定义判定函数的单调性，判断函数在定义域中哪些区间内是单调增加的、哪些区间内是单调减少的，是相当困难的。在本章的这一节及以后两节，我们将介绍用导数的方法来判断函数的单调性及其曲线的某些特性。

一、函数单调性的判定

定理1（单调性判别定理）　设函数 $y=f(x)$ 在 $[a,b]$ 上连续，在 (a,b) 内可导。

(1) 如果在 (a,b) 内，$f'(x)>0$，则 $y=f(x)$ 在 $[a,b]$ 上单调增加；

(2) 如果在 (a,b) 内，$f'(x)<0$，则 $y=f(x)$ 在 $[a,b]$ 上单调减少。

若将这个定理中的闭区间换成其他各种区间（包括无限区间），结论也成立。另外，如果在 (a,b) 内，$f'(x)\geqslant 0$（$f'(x)\leqslant 0$），而等号仅在个别点处成立，则函数 $f(x)$ 在 (a,b) 内仍然单调增加（单调减少）。定理的证明可由拉格朗日中值定理推得，这里从略。

［**例1**］　判定函数 $y=4x-\sin x$ 的单调性。

解　函数的定义域为 $(-\infty,+\infty)$，$y'=4-\cos x$，由于对任意的 $x\in(-\infty,+\infty)$，均有 $y'=4-\cos x>0$，所以，函数 $y=4x-\sin x$ 是 $(-\infty,+\infty)$ 内的增函数。

［**例2**］　判定函数 $f(x)=2x^3-9x^2+12x-3$ 的单调区间。

解　$f(x)$ 的定义域为 $(-\infty,+\infty)$，$f'(x)=6x^2-18x+12=6(x-1)(x-2)$，由于当 $x<1$ 或 $x>2$ 时，$f'(x)>0$，当 $1<x<2$ 时，$f'(x)<0$，所以，函数 $f(x)$ 在 $(-\infty,1)$ 和 $(2,+\infty)$ 内单调增加，在 $(1,2)$ 内单调减少。

由例2可见，函数单调增加和单调减少的交界是使 $f'(x)=0$ 的点 x. 从而，为了确定函数的单调区间，可以先求出使一阶导数为零的点，以这些点划分函数的连续区间，列表根据导数符号判定函数的单调性，即：

令 $f'(x)=0$，得 $x_1=1$，$x_2=2$. 列表如下（见表4—1）：

表4—1

x	$(-\infty,1)$	$(1,2)$	$(2,+\infty)$
$f'(x)$	$+$	$-$	$+$
$f(x)$	↑	↓	↑

注："↑"表示单调增加，"↓"表示单调减少。

由此我们可以得到 $f(x)$ 的单调增加区间为 $(-\infty,1)$ 和 $(2,+\infty)$，单调减少区间为 $(1,2)$. 如果 x_0 是 $g(x)$ 的不可导点，那么，$g(x)$ 在 x_0 左、右两边的单调性也有可能不同。

［**例3**］　求函数 $g(x)=\sqrt[3]{x^2}$ 的单调增减区间。

解　$g(x)$ 是初等函数，在其定义域 $(-\infty,+\infty)$ 内连续。

$$g'(x)=\frac{2}{3}x^{-\frac{1}{3}}=\frac{2}{3\sqrt[3]{x}}$$

在 $g(x)$ 的定义域内，没有使 $g'(x)=0$ 的点。

$g(x)$在 $x=0$ 处不可导。列表讨论如下(见表 4－2)：

表 4－2

x	$(-\infty,0)$	$(0,+\infty)$
$g'(x)$	$-$	$+$
$g(x)$	↓	↑

因此，$g(x)$的单调增加区间为$(0,+\infty)$，单调减少区间为$(-\infty,0)$.

综合上述各例，可以得出确定函数 $y=f(x)$的单调增减区间的一般步骤：

(1)求出定义域内使 $f'(x)=0$ 和使 $f'(x)$不存在的点，用这些点将 $f(x)$的定义域划分为若干个小区间；

(2)列表，考察每个小区间内 $f'(x)$的符号[只要在每个小区间内各取一个特殊点，计算相应的导数值，即知 $f'(x)$在各个小区间内的取值符号]，由此确定 $f(x)$的单调增减区间。

[**例 4**] 确定函数 $f(x)=\sqrt[3]{(2x-x^2)^2}$ 的单调增减区间。

解 该函数的连续区间为$(-\infty,+\infty)$.

$$f'(x)=\frac{2}{3}(2x-x^2)^{-\frac{1}{3}}\cdot(2-2x)$$

$$=\frac{4(1-x)}{3\sqrt[3]{2x-x^2}}=\frac{4(1-x)}{3\sqrt[3]{x(2-x)}}$$

当 $x=1$ 时，$f'(x)=0$；当 $x=0$ 或 $x=2$ 时，$f'(x)$不存在。从而，这三点将$f(x)$的连续区间$(-\infty,+\infty)$划分成四个小区间，则可列表讨论如下(见表4－3)：

表 4－3

x	$(-\infty,0)$	$(0,1)$	$(1,2)$	$(2,+\infty)$
$f'(x)$	$-$	$+$	$-$	$+$
$f(x)$	↓	↑	↓	↑

所以，$f(x)$的单调增加区间为$(0,1)$和$(2,+\infty)$，单调减少区间为$(-\infty,0)$和$(1,2)$.

运用函数的单调性还可以证明一些不等式，如下例。

[**例 5**] 证明：当 $x>0$ 时，$x>\ln(1+x)$.

证 设 $f(x)=x-\ln(1+x)$.

$f(x)$是初等函数，在$[0,+\infty)$上有定义，故 $f(x)$在$[0,+\infty)$上连续。

因为：

$$f'(x)=1-\frac{1}{1+x}=\frac{x}{1+x}>0 \quad (x>0\text{ 时})$$

所以，$f(x)$在$[0,+\infty)$上单调递增。

当 $x>0$ 时，$f(x)>f(0)$.

由于 $f(0)=0$，于是有 $x-\ln(1+x)>0$，因此：

$$x>\ln(1+x) \qquad (x>0\text{ 时})$$

证毕。

二、函数的极值及其求法

在例 4 的讨论中，我们知道，函数 $f(x)=\sqrt[3]{(2x-x^2)^2}$ 先是单调减少；到达 $x=0$ 点后，在 $(0,1)$ 内单调递增；然后，到达 $x=1$ 点后，在 $(1,2)$ 内单调减少；最后，经过 $x=2$ 后，变为单调增加。这说明在这些点：$x=0,x=1,x=2$，函数的增减性发生了转变；同时，在这些点的函数值又具有与它附近的函数值比较是最大值或是最小值的特征。即在 $x=0$ 附近，$f(x)>f(0)$ 均成立；在 $x=1$ 附近，$f(x)<f(1)$ 均成立；在 $x=2$ 附近，$f(x)>f(2)$ 均成立。具有这样特征的点在应用上具有重要的意义，值得作一般性的讨论。

定义　设函数 $f(x)$ 在点 x_0 的某一邻域内有定义。

(1)若对于该邻域内异于 x_0 的一切 x 都有 $f(x)<f(x_0)$，则称 $f(x)$ 在 x_0 处取得**极大值** $f(x_0)$，并称点 x_0 为 $f(x)$ 的**极大值点**；

(2)若对于该邻域内异于 x_0 的一切 x 都有 $f(x)>f(x_0)$，则称 $f(x)$ 在 x_0 处取得**极小值** $f(x_0)$，并称点 x_0 为**极小值点**。

函数的极大值与极小值统称为函数的**极值**，使函数取得极值的点称为**极值点**。

例如，以上例 4 中的函数

$$f(x)=\sqrt[3]{(2x-x^2)^2}$$

有极大值点 $x=1$，极大值 $f(1)=1$；有极小值点 $x=0,x=2$，相应的极小值 $f(0)=0,f(2)=0$.

从极值的定义中，我们知道，函数的极小值和极大值的概念是局部性的。即如果 $f(x_0)$ 是函数 $f(x)$ 的一个极大值，那只是就 x_0 附近的一个局部范围来说，$f(x_0)$ 是 $f(x)$ 的一个最大值，但对整个定义域来说，$f(x_0)$ 不一定是最大值，关于极小值也类似，有时完全可能出现某个极大值小于一个极小值的情形(如图4－3所示)。

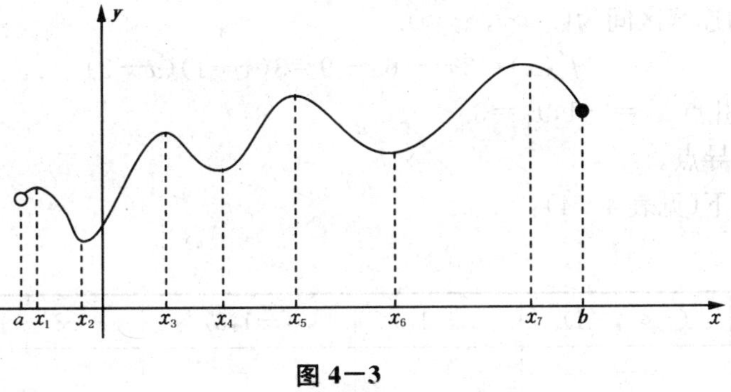

图 4－3

另外，应该指出的是，极值不可能在区间的端点处取得，故单调函数一定不存在极值。

下面，我们介绍函数取得极值的必要条件和充分条件。

定理 2(可导函数取得极值的必要条件)　如果函数 $f(x)$ 在 x_0 处可导，且在 x_0 处取得极值，则 $f'(x_0)=0$.

定理的证明从略。从几何上看，该定理说明：如果可导函数 $y=f(x)$ 在 x_0 处取得极值，则曲线上点 $(x_0,f(x_0))$ 的切线斜率为零，即切线平行于 x 轴。通常，我们称使 $f'(x)=0$ 的点 x 为函数 $f(x)$ 的**驻点**。于是，定理 2 说明：**可导函数的极值点必定是驻点**。但要注意，反过来，函数的驻点不一定是极值点。例如，$f(x)=x^3$，$f'(x)=3x^2$，$f'(0)=0$. 然而，$x=0$ 并不是 $f(x)=x^3$ 的极值点[因为 $f(x)=x^3$ 是一个单调函数]。

另外，由本节的例 4 可以看出，函数的极值也可以在一阶导数不存在的点$x=0$，$x=2$ 处取得，从而一般地，如果连续函数 $y=f(x)$ 在 x_0 点取得极值，则在 x_0 点，有 $f'(x_0)=0$ 或者 $f'(x_0)$不存在。事实上，连续函数的极值只可能在使得 $f'(x)=0$ 和 $f'(x)$不存在的这两类点(如果有的话)处取得。因此，要求得连续函数的极值，首先必须先求出函数所有的驻点和使一阶导数不存在的点，然后再判断这些点中哪些是极值点，最后计算极值点处的函数值，得到极值，问题的关键在于怎样判断上述各点是否极值点。

由极值的定义，联系上面函数的单调性判断，对于驻点(或不可导点)x_0，我们只要考察 x_0 左右两边 $f(x)$的单调性状况，就可以判定$f(x_0)$是否极值，以及是极大值还是极小值，由此我们就可以得到如下定理：

定理 3(第一充分条件)　设函数 $f(x)$在点 x_0 的某个邻域内连续，在 x_0 点有 $f'(x_0)=0$ 或 $f'(x_0)$不存在，且在此邻域内：

(1)当 $x<x_0$ 时，$f(x)$可导且 $f'(x)>0$；当 $x>x_0$ 时，$f(x)$可导且 $f'(x)<0$，则 $f(x)$在 x_0 点取得极大值。

(2)当 $x<x_0$ 时，$f(x)$可导且 $f'(x)<0$；当 $x>x_0$ 时，$f(x)$可导且 $f'(x)>0$，则 $f(x)$在 x_0 点取得极小值。

(3)如果无论 $x<x_0$ 还是 $x>x_0$，$f'(x)$存在且不变号(均为正数或均为负数)，则 x_0 不是 $f(x)$的极值点。

根据以上讨论，求函数 $f(x)$的极值可分成以下两步进行：

(1)指出函数的连续区间，求出使得 $f'(x)=0$ 和 $f'(x)$不存在的所有点 x_i；

(2)根据 x_i 点左、右两边的导数符号(可列表进行讨论)，确定极值及极值的类型，最后算出极值。

[**例 6**]　求出函数 $f(x)=x^3-3x^2-9x+1$ 的极值。

解　$f(x)$的连续区间为$(-\infty,+\infty)$.

$$f'(x)=3x^2-6x-9=3(x+1)(x-3)$$

令 $f'(x)=0$，得驻点 $x_1=-1$，$x_2=3$.

函数无不可导点。

列表讨论如下(见表 4—4)：

表 4—4

x	$(-\infty,-1)$	-1	$(-1,3)$	3	$(3,+\infty)$
$f'(x)$	+		−		+
$f(x)$	↑	极大值 $f(-1)$	↓	极小值 $f(3)$	↑

故 $f(x)$的极大值为 $f(-1)=6$，极小值为 $f(3)=-26$.

当函数 $f(x)$在驻点处的二阶导数存在且不为零时，也可以利用下列定理来判定 $f(x)$在驻点处取得极大值还是极小值。

定理 4(第二充分条件)　设函数 $f(x)$在点 x_0 处具有二阶导数，且 $f'(x_0)=0$，$f''(x_0)\neq0$，则：

(1)当 $f''(x_0)<0$ 时，函数 $f(x)$在 x_0 处取得极大值；

(2)当 $f''(x_0)>0$ 时，函数 $f(x)$在 x_0 处取得极小值。

证明从略。

注意：此定理说明了如果函数 $f(x)$ 在驻点 x_0 处的二阶导数 $f''(x_0)\neq 0$，则该驻点 x_0 一定是极值点，并且可以按二阶导数 $f''(x_0)$ 的符号来判断 $f(x_0)$ 是极大值还是极小值。但是，如果 $f''(x_0)=0$，那么，就不能用此定理来判定了。事实上，当 $f'(x_0)=f''(x_0)=0$ 时，$f(x)$ 在 x_0 处可能取得极大值或极小值，也可能没有极值。例如，$f(x)=-x^4$，$g(x)=x^4$，$h(x)=x^3$ 这三个函数在 $x=0$ 处就分别属于这三种情况。因此，如果函数在驻点处的二阶导数为零，则还需用第一充分条件来判断。

类似于例 6 中的多项式函数，通常用第二充分条件来判定驻点处取得极值的情况比较方便。

［**例 7**］（同本节例 6）　求出函数 $f(x)=x^3-3x^2-9x+1$ 的极值。

解　$f(x)$ 在 $(-\infty,+\infty)$ 内连续。

$$f'(x)=3x^2-6x-9$$

令 $f'(x)=0$，得驻点：$x_1=-1$，$x_2=3$.

由于：

$$f''(x)=6x-6=6(x-1)$$
$$f''(-1)=-12<0$$
$$f''(3)=12>0$$

则由第二充分条件知，$f(x)$ 在 $x=-1$ 处取得极大值，在 $x=3$ 处取得极小值。

所以，函数 $f(x)$ 有极大值 $f(-1)=6$，极小值 $f(3)=-26$.

第四节　函数的最值

函数的最大值与最小值统称为**函数的最值**。本节介绍连续性函数最值的求法。

由第二章闭区间上连续函数的性质知，$[a,b]$ 上连续函数 $f(x)$ 在 $[a,b]$ 上的最大值和最小值一定存在。如果最大值（或最小值）在区间内部取得，那么，这个最大值（或最小值）必定也是函数的极大值（或极小值）。当然，最大值或最小值也可能在区间端点上取得。因此，一般可按下列步骤求连续函数 $f(x)$ 在 $[a,b]$ 上的最大值与最小值：

(1) 在 (a,b) 内，求出使导数 $f'(x)$ 为零和 $f'(x)$ 不存在的所有点，不妨设为 $x_1,x_2,\cdots,x_k$；

(2) 计算点 $x_1,x_2,\cdots,x_k$ 处的函数值：$f(x_1),f(x_2),\cdots,f(x_k)$ 以及区间端点处的函数值 $f(a),f(b)$；

(3) 比较上述所有函数值，其中最大的值和最小的值就是 $f(x)$ 在 $[a,b]$ 上的最大值和最小值。

［**例 1**］　求出函数 $f(x)=\sqrt[3]{(2x-x^2)^2}$ 在区间 $[-1,4]$ 上的最大值和最小值。

解　$f(x)$ 在 $[-1,4]$ 上连续。

$$f'(x)=\frac{2}{3}(2x-x^2)^{-\frac{1}{3}}\cdot(2-2x)$$
$$=\frac{4}{3}\cdot\frac{(1-x)}{\sqrt[3]{x(2-x)}}$$

当 $x=1$ 时，$f'(x)=0$；当 $x=0$ 或 $x=2$ 时，$f'(x)$ 不存在。

计算 $f(x)$ 在 $[-1,4]$ 内的驻点、不可导点及区间端点的函数值，有：

$$f(-1)=\sqrt[3]{9},f(0)=0,f(1)=1,f(2)=0,f(4)=4$$

比较上述各值，得出函数 $f(x)$ 在 $[-1,4]$ 上的最大值为：$f(4)=4$，最小值为：$f(0)=f(2)=0$.

在工农业生产、经济管理和经济核算中有诸多求最大值与最小值的问题，如"投入最小"、"产出最多"、"成本最低"、"利润最大"，等等。并且，在处理这些实际问题时，常常会遇到这样一种特殊情况，即连续函数在 (a,b) 内只有一个极大值，没有极小值，则此极大值就是函数在区间 (a,b) 内的最大值；同样，若连续函数只有唯一的极小值而无极大值，则此极小值就是最小值。

［**例 2**］ 设有一块边长为 a 的正方形薄铁皮，从其四角截去同样的小正方形，做成一个无盖的方盒，问截去的小正方形边长为多少，方能使做成的盒子之容积最大？

解 设小正方形的边长为 x（如图 4－4 所示）。

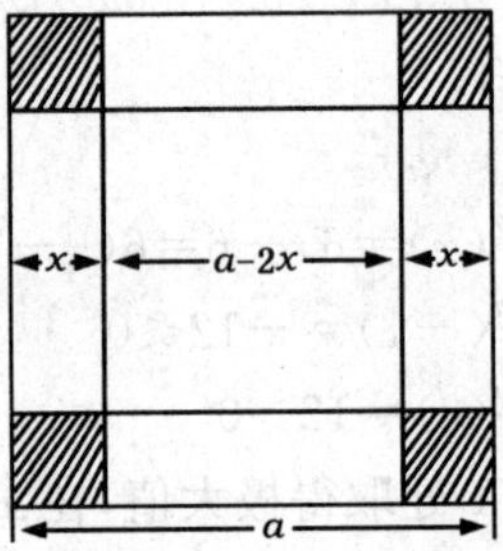

图 4－4

则所做成方盒的容积：

$$y=(a-2x)^2\cdot x \qquad \left(0<x<\frac{a}{2}\right)$$

因为：

$$y'=(a-2x)(a-6x)$$

可见函数在区间 $\left(0,\frac{a}{2}\right)$ 内只有一个可能取得极值的点，它就是函数的驻点：$x=\frac{a}{6}$.

且

$$y''\left(\frac{a}{6}\right)=-4a<0$$

所以，当 $x=\frac{a}{6}$ 时，y 取得极大值。由于 y 只有一个极大值而没有极小值，故这个极大值点就是最大值点，因此当截去的小正方形边长为 $\frac{a}{6}$ 时，做成的方盒容积最大。

［**例 3**］ 某企业每周生产 x 台 A 型游戏机的总成本为（单位：百元）：

$$C(x)=\frac{1}{9}x^2+3x+106$$

该种游戏机独家经营，市场需求规律为：

$$x=81-3P$$

其中，P 是游戏机的单价（百元）。问：每周生产多少台游戏机时，获利润最大？最大利润为多少？

解 设产量为 x 台时的总收益函数为 $R(x)$，总利润函数为 $L(x)$. 由已知可得：

$$R(x)=P\cdot x=\left(\frac{81-x}{3}\right)\cdot x$$

于是：

$$\begin{aligned}L(x)&=R(x)-C(x)\\&=\left(27x-\frac{x^2}{3}\right)-\left(\frac{1}{9}x^2+3x+106\right)\\&=24x-\frac{4}{9}x^2-106\quad(x\geqslant 0)\end{aligned}$$

因为：

$$L'(x)=24-\frac{8}{9}x$$

令 $L'(x)=0$，得 $x=27$.

又因为：

$$L''(27)=-\frac{8}{9}<0$$

所以，当 $x=27$ 时，$L(x)$ 取得极大值。由于 $L(x)$ 只有一个极大值而没有极小值，故这个极大值点就是最大值点。因此，当每周生产 27 台时，获得的利润最大，最大利润为 $L(27)=218$（百元）。

［**例 4**］　某产品计划一个生产周期内的总产量为 a 吨，分若干批生产，设每批产品需要投入固定费用1 000元，而每批生产的直接消耗费用（不包括固定费用）与产品数量的立方成正比，且比例系数为 $\frac{1}{3}$. 问：每批生产多少吨时，才能使总费用最省？

解　设每批生产的数量为 Q 吨，总费用为 $C(Q)$（元）。由题意：

总费用 $C(Q)$ = 固定费用 $C_1(Q)$ + 直接消耗费用 $C_2(Q)$

而

$$C_1(Q)=\frac{a}{Q}\cdot 1\,000$$

$$C_2(Q)=\frac{a}{Q}\cdot\frac{1}{3}Q^3=\frac{a}{3}Q^2$$

于是

$$C(Q)=\frac{1\,000a}{Q}+\frac{a}{3}Q^2$$

因为：

$$C'(Q)=-\frac{1\,000a}{Q^2}+\frac{2a}{3}Q$$

令 $C'(Q)=0$，得：

$$Q=10\cdot\sqrt[3]{\frac{3}{2}}$$

又因为：

$$C''(Q)=\frac{2\,000a}{Q^3}+\frac{2a}{3},C''\left(10\cdot\sqrt[3]{\frac{3}{2}}\right)>0$$

所以，当 $Q=10\cdot\sqrt[3]{\frac{3}{2}}$ 时，$C(Q)$ 取得极小值。由于只有一个极小值而没有极大值，故这个极小值点就是最小值点。因此，当每批生产 $10\cdot\sqrt[3]{\frac{3}{2}}$ 吨时，才能使总费用最省。

第五节　曲线的凹向与拐点

在前几节中，我们研究了函数的单调性与极值，这对于描绘函数的图形是有很大作用的。但是，仅仅知道这些，还不能比较准确地画出函数的图形。例如，由图 4－5 可见，虽然在区间$[a,b]$上，$f(x)$和 $g(x)$都是递增的，但图形却有显著的差异，$y=f(x)$的图像是向上弯曲（凸）的曲线弧，而 $y=g(x)$是向下弯曲（凹）的曲线弧，它们的凹凸性不同。下面，我们来研究可导函数图像的凹凸性及其判别法。

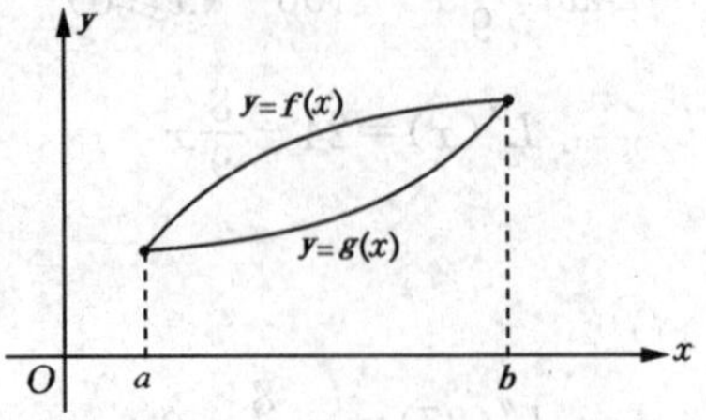

图 4－5

一、曲线的凹向

定义 1　设函数 $y=f(x)$在(a,b)内可导。如果曲线$y=f(x)$位于其上每一点处切线的上方（见图 4－6），则称曲线 $y=f(x)$在(a,b)内是**上凹的**（或凹的）；如果在(a,b)内，曲线 $y=f(x)$位于其上每一点处切线的下方（见图 4－7），则称 $y=f(x)$在(a,b)内是**下凹的**（或凸的）。

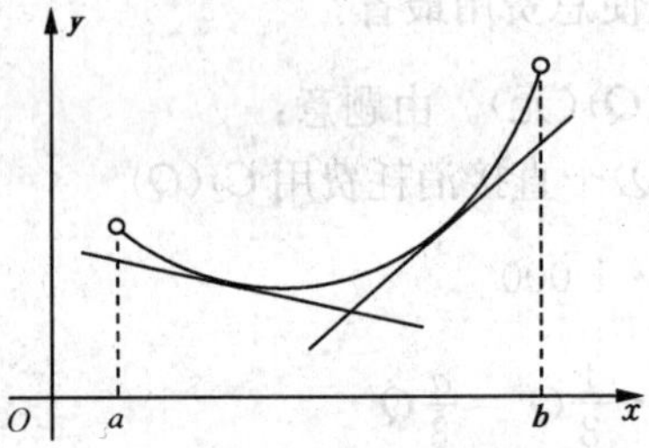

图 4－6

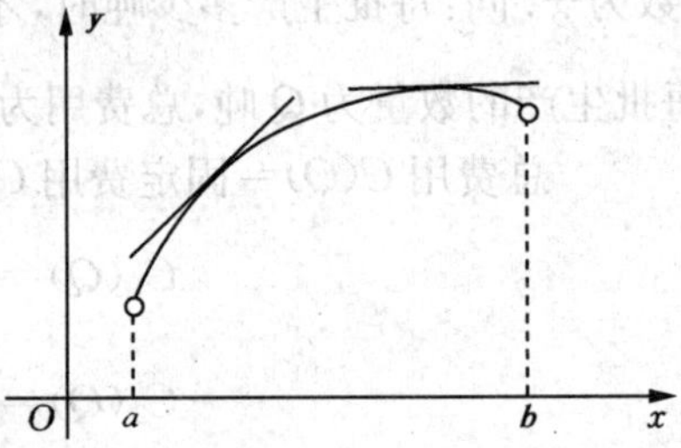

图 4－7

“判定（或求）曲线的凹凸性”也可说成是“判定曲线的凹向”或“判定曲线的凹凸区间”。

从图 4－6 和图 4－7 中不难看出，上凹曲线上各点切线斜率随着 x 的增大而增大，即 $f'(x)$是一个单调增加函数；下凹曲线上各点切线斜率随着 x 的增大而减小，即 $f'(x)$是一个单调减少函数。既然一阶导函数 $f'(x)$的单调性能对曲线 $y=f(x)$的凹凸性作出判断，那么，我们就能像本章第三节中的定理 1（单调性判别定理）那样以高一阶导数 $f''(x)$的符号来判定曲线的凹向，从而有下面的曲线凹向的判别定理：

定理　设 $f(x)$在$[a,b]$上连续，在(a,b)内具有一阶和二阶导数。

(1)如果在(a,b)内，$f''(x)>0$，则曲线 $y=f(x)$在$[a,b]$上是上凹的；

(2)如果在(a,b)内，$f''(x)<0$，则曲线 $y=f(x)$在$[a,b]$上是下凹的。

［例 1］　判定曲线 $y=\ln x$ 的凹向。

解　$y=\ln x$ 是基本初等函数，在其定义域$(0,+\infty)$内连续。

因为 $y'=\dfrac{1}{x}$，$y''=-\dfrac{1}{x^2}$，在$(0,+\infty)$内，$y''=-\dfrac{1}{x^2}<0$，所以，$y=\ln x$ 在$(0,+\infty)$内是下凹（凸）的。

［例 2］　判定曲线 $y=x^3$ 的凹凸性。

解　$y=x^3$ 在$(-\infty,+\infty)$上连续。因为 $y'=3x^2$，$y''=6x$，在$(0,+\infty)$内，$y''=6x>0$；在$(-\infty,0)$内，$y''=6x<0$。所以，$y=x^3$ 在$(0,+\infty)$内是上凹的，在$(-\infty,0)$内是下凹的（凸

的)。

二、曲线的拐点

定义 2　在连续曲线 $y=f(x)$ 上，其上凹与下凹部分的分界点 (x_0,y_0) 称为该曲线的**拐点**。

例如，在本节例 2 中，点(0,0)就是 $y=x^3$ 的拐点。

既然拐点 $(x_0,f(x_0))$ 是上凹与下凹的分界点，那么，在拐点的横坐标 x_0 的左右邻近处，$f''(x)$ 必定异号，从而在点 x_0 处必有 $f''(x)=0$ 或 $f''(x)$ 不存在。因此，我们可以通过以下步骤去求得连续曲线 $y=f(x)$ 的拐点：

(1)求出使 $f''(x)=0$ 或 $f''(x)$ 不存在的所有点，不妨设为：$x_1,x_2,\cdots,x_k$.

(2)逐个检验。判断 $f''(x)$ 在 x_i 左右两侧的取值符号，若两侧符号不同，则 $(x_i,f(x_i))$ 是曲线 $y=f(x)$ 的拐点；否则，就不是曲线的拐点 $(i=1,2,\cdots,k)$.

当然，在判断曲线凹向和拐点的过程中，也可采用列表的方式来进行。

［**例 3**］　求曲线 $y=\ln(1+x^2)$ 的拐点。

解　$y=\ln(1+x^2)$ 在其定义域 $(-\infty,+\infty)$ 内连续。

$$y'=\frac{2x}{1+x^2}$$

$$y''=\frac{2(1-x^2)}{(1+x^2)^2}$$

令 $y''=0$，解得 $x=1,x=-1$.

表 4—5

x	$(-\infty,-1)$	-1	$(-1,1)$	1	$(1,+\infty)$
y''	$-$		$+$		$-$
y	∩	拐点	∪	拐点	∩

注：表中∪表示上凹，∩表示下凹。

由表 4—5 可知，曲线 $y=\ln(1+x^2)$ 的拐点为 $(-1,\ln 2)$ 和 $(1,\ln 2)$.

［**例 4**］　求曲线 $y=\sqrt[3]{x}$ 的凹向区间与拐点。

解　$y=\sqrt[3]{x}$ 在其定义域 $(-\infty,+\infty)$ 内连续。

$$y'=\frac{1}{3}x^{-\frac{2}{3}}$$

$$y''=-\frac{2}{9}x^{-\frac{5}{3}}=-\frac{2}{9}\cdot\frac{1}{\sqrt[3]{x^5}}$$

在 $x=0$ 处，y'' 不存在。

表 4—6

x	$(-\infty,0)$	0	$(0,+\infty)$
y''	$+$		$-$
y	∪	拐点	∩

由表 4－6 可见，曲线 $y=\sqrt[3]{x}$ 的上凹区间为 $(-\infty,0)$，下凹区间为 $(0,+\infty)$，拐点为 $(0,0)$.

［**例 5**］ 求 $y=f(x)=x^4-2x^3$ 的极值与拐点。

解 $y=x^4-2x^3$ 在 $(-\infty,+\infty)$ 内连续。

因为：
$$f'(x)=4x^3-6x^2=2x^2(2x-3)$$
$$f''(x)=12x^2-12x=12x(x-1)$$

所以：
$$f'(x)=0 \text{ 的根}:x=0,\quad x=\frac{3}{2}$$
$$f''(x)=0 \text{ 的根}:x=0,\quad x=1$$

点 $x=0,x=1,x=\frac{3}{2}$ 把 $f(x)$ 的定义域分划成以下四个区间：$(-\infty,0)$，$(0,1)$，$\left(1,\frac{3}{2}\right)$，$\left(\frac{3}{2},+\infty\right)$.

列表讨论如下(见表 4－7)：

表 4－7

x	$(-\infty,0)$	0	$(0,1)$	1	$\left(1,\frac{3}{2}\right)$	$\frac{3}{2}$	$\left(\frac{3}{2},+\infty\right)$
y'	$-$	0	$-$	$-$	$-$	0	$+$
y''	$+$	0	$-$	0	$+$	$+$	$+$
y	$\downarrow\cup$	拐点	$\downarrow\cap$	拐点	$\downarrow\cup$	极小值	$\uparrow\cup$

由表 4－7 可得函数的极小值为 $f\left(\frac{3}{2}\right)=-\frac{27}{16}$.

曲线的拐点坐标为：$(0,0)$，$(1,-1)$.

第六节　曲线的渐近线

在平面作图中，如果曲线伸向无穷远处，且能渐渐靠近一条定直线，那么，就能准确地画出这条曲线的走向。

例如，由初等几何知识，双曲线 $\frac{x^2}{a^2}-\frac{y^2}{b^2}=1$ 有渐近线：$y=\pm\frac{b}{a}x$. 在作图时，先画出渐近线，这样就能把握双曲线在无限伸展部分的特征(如图 4－8 所示)。

现在，我们讨论一般的平面曲线的渐近线问题。

定义 如果曲线上的动点 M 沿着曲线无限地远离原点时，点 M 与某一条定直线 l 的距离趋于零，则称直线 l 为该曲线的**渐近线**。

渐近线可分为水平渐近线、垂直渐近线和斜渐近线三种。

应该指出，并非任何曲线都有渐近线，即使曲线 $y=f(x)$ 是无限伸展的，它也不一定有渐近线。例如，$y=x^3$ 和 $y=\sin x$ 等都是没有渐近线的。

下面介绍怎样的曲线 $y=f(x)$ 有渐近线，以及在有渐近线的情形下怎样求出渐近线方程。

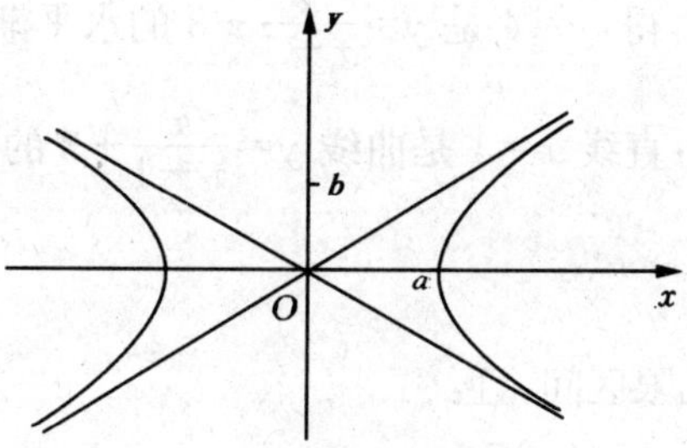

图 4—8

一、水平渐近线

若 $y=f(x)$ 的定义域为无限区间，且有：

$$\lim_{x\to+\infty} f(x)=C \quad 或 \quad \lim_{x\to-\infty} f(x)=C$$

则直线 $y=C$ 是曲线 $y=f(x)$ 的水平渐近线。

例如，对于 $y=\frac{1}{x}$，由于 $\lim\limits_{x\to\infty}\frac{1}{x}=0$，所以，$y=0$ 是曲线 $y=\frac{1}{x}$ 的水平渐近线。

［例 1］　求曲线 $y=\arctan x$ 的水平渐近线。

解　因为：

$$\lim_{x\to+\infty}(\arctan x)=\frac{\pi}{2}$$

$$\lim_{x\to-\infty}(\arctan x)=-\frac{\pi}{2}$$

所以，直线 $y=\frac{\pi}{2}$ 和 $y=-\frac{\pi}{2}$ 都是曲线 $y=\arctan x$ 的渐近线（见图 4—9）。

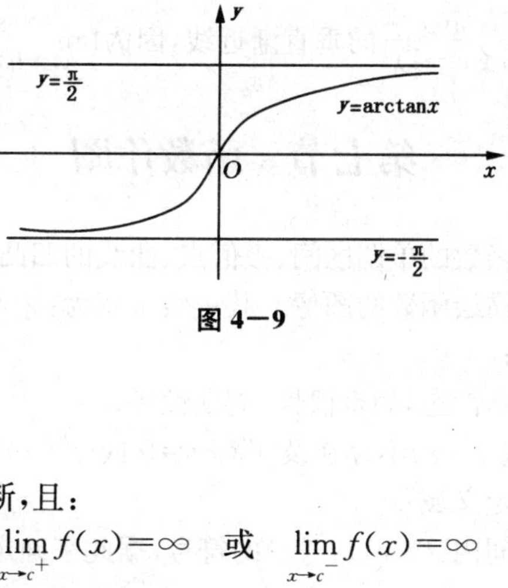

图 4—9

二、垂直渐近线

若 $y=f(x)$ 在点 C 处间断，且：

$$\lim_{x\to c^+} f(x)=\infty \quad 或 \quad \lim_{x\to c^-} f(x)=\infty$$

则直线 $x=C$ 为曲线 $y=f(x)$ 的垂直渐近线。

［例 2］　求曲线 $y=\ln x$ 的垂直渐近线。

解　由 $\lim\limits_{x\to0^+}\ln x=-\infty$，得：直线 $x=0$ 就是曲线 $y=\ln x$ 的垂直渐近线。

［例 3］　求曲线 $y=\frac{x}{x-1}+3$ 的水平渐近线与垂直渐近线。

解 由$\lim\limits_{x\to\infty}\left(\frac{x}{x-1}+3\right)=4$，得：$y=4$ 是 $y=\frac{x}{x-1}+3$ 的水平渐近线。

由$\lim\limits_{x\to1}\left(\frac{x}{x-1}+3\right)=\infty$，得：直线 $x=1$ 是曲线 $y=\frac{x}{x-1}+3$ 的垂直渐近线。

*三、斜渐近线

若 $y=f(x)$ 的定义域为无限区间，且：

$$\lim_{\substack{x\to+\infty\\(\text{或}x\to-\infty)}}\left[\frac{f(x)}{x}\right]=a,\quad \lim_{\substack{x\to+\infty\\(\text{或}x\to-\infty)}}[f(x)-ax]=b$$

则直线 $y=ax+b$ 为曲线 $y=f(x)$ 的斜渐近线，当其中的 $a=0$ 时，即退化为水平渐近线。

一般地，满足条件 $\lim\limits_{\substack{x\to+\infty\\(\text{或}x\to-\infty)}}f(x)=\infty$ 的曲线 $y=f(x)$ 才可能有斜渐近线。

［**例 4**］ 求曲线 $y=x+e^{-x}$ 的斜渐近线。

解 由

$$\lim_{x\to+\infty}\frac{f(x)}{x}=\lim_{x\to+\infty}\frac{x+e^{-x}}{x}=\lim_{x\to+\infty}\left(1+\frac{e^{-x}}{x}\right)=1$$

$$\lim_{x\to+\infty}[f(x)-ax]=\lim_{x\to+\infty}[(x+e^{-x})-1\cdot x]$$

$$=\lim_{x\to+\infty}e^{-x}=0$$

得：$y=x$ 是曲线 $y=x+e^{-x}$ 的一条斜渐近线。

［**例 5**］ 求曲线 $y=\frac{\sin x}{x(x-1)^2}$ 的渐近线。

解 首先，由于$\lim\limits_{x\to\infty}\frac{\sin x}{x(x-1)^2}=0$，所以，$y=0$ 是其一条水平渐近线；又由于$\lim\limits_{x\to1}\frac{\sin x}{x(x-1)^2}=\infty$，所以，$x=1$ 是其一条垂直渐近线；该曲线无斜渐近线。从而曲线 $y=\frac{\sin x}{x(x-1)^2}$ 有水平渐近线 $y=0$ 和垂直渐近线 $x=1$.

注意： $x=0$ 不是 $y=\frac{\sin x}{x(x-1)^2}$ 的垂直渐近线，因为$\lim\limits_{x\to0}\frac{\sin x}{x(x-1)^2}=1\neq\infty$.

第七节 函数作图

利用函数的导数，判定函数的单调区间、极值点、曲线的凹凸性和拐点，并考察曲线有无渐近线，从而就能比较准确地描绘函数的图像。其一般步骤为：

(1)确定函数的定义域；

(2)讨论函数的一些基本性态，如奇偶性、周期性等；

(3)求出使 $f'(x)=0$ 或 $f'(x)$ 不存在及 $f''(x)=0$ 或 $f''(x)$ 不存在的所有点，把这些点按大小顺序排列后，用于划分定义域；

(4)列表讨论各部分区间内 $f'(x)$、$f''(x)$ 的符号，据此来确定函数的单调性和曲线的凹凸性，且求出极值和拐点；

(5)求出并画出曲线的渐近线(如果存在的话)；

(6)为了使图形画得更准确，有时可适当选择并计算几个特殊点的坐标，如曲线与坐标轴的交点坐标等。

［**例 1**］ 作函数 $y=x^3-3x^2+5$ 的图形。

解　$y=x^3-3x^2+5$ 是初等函数，在其定义域$(-\infty,+\infty)$内连续，它是非奇、非偶、非周期函数。

函数无不可导点。

令 $y'=3x^2-6x=0$，得：$x=0,x=2$.

令 $y''=6x-6=0$，得：$x=1$.

$x=0,x=1,x=2$ 将定义域划分为四个区间：$(-\infty,0),(0,1),(1,2),(2,+\infty)$.

列表讨论如下(见表 4-8)：

表 4-8

x	$(-\infty,0)$	0	$(0,1)$	1	$(1,2)$	2	$(2,+\infty)$
y'	+	0	−	−	−	0	+
y''	−	−	−	0	+	+	+
y	↑∩	极大值 $y(0)=5$	↓∩	拐点 $(1,3)$	↓∪	极小值 $y(2)=1$	↑∪

曲线无渐近线。

$x=-1$ 时，$y=1$；$x=3$ 时，$y=5$.

$y=x^3-3x^2+5$ 的图像见图 4-10.

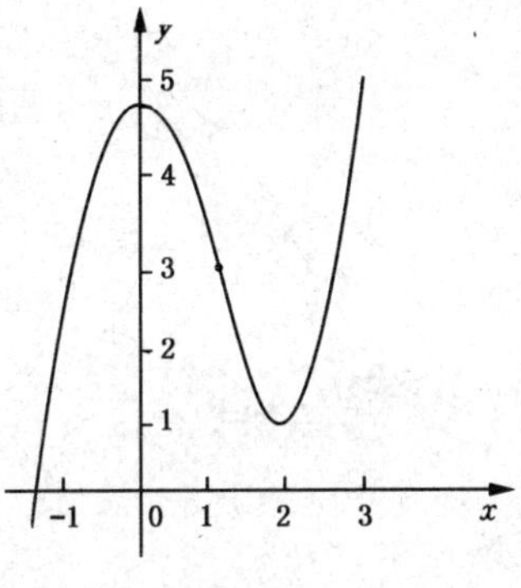

图 4-10

［**例 2**］　作函数 $y=\frac{1}{\sqrt{2\pi}}e^{-\frac{x^2}{2}}$ 的图形。

解　$y=\frac{1}{\sqrt{2\pi}}e^{-\frac{x^2}{2}}$ 的定义域为$(-\infty,+\infty)$，它是一个偶函数，即图形关于 y 轴对称。

令 $y'=-\frac{x}{\sqrt{2\pi}}e^{-\frac{x^2}{2}}=0$，得：$x=0$.

$$y''=-\frac{1}{\sqrt{2\pi}}\left[e^{-\frac{x^2}{2}}+xe^{-\frac{x^2}{2}}\cdot(-x)\right]=-\frac{1}{\sqrt{2\pi}}e^{-\frac{x^2}{2}}(1-x^2)$$

令 $y''=0$，得：$x=-1,x=1$.

点 $x=-1,x=0,x=1$ 将定义域$(-\infty,+\infty)$划分成四个区间，列表讨论如下(见表 4-9)：

表 4—9

x	$(-\infty,-1)$	-1	$(-1,0)$	0	$(0,1)$	1	$(1,+\infty)$
y'	+	+	+	0	−	−	−
y''	+	0	−		−	0	+
y	↑∪	拐点	↑∩	极大值 $y(0)$	↓∩	拐点	↓∪

函数有极大值：$y(0)=\frac{1}{\sqrt{2\pi}}$；曲线有拐点：$\left(-1,\frac{1}{\sqrt{2\pi}}e^{-\frac{1}{2}}\right)$，$\left(1,\frac{1}{\sqrt{2\pi}}e^{-\frac{1}{2}}\right)$；由 $\lim\limits_{x\to\infty}\frac{1}{\sqrt{2\pi}}e^{-\frac{x^2}{2}}=0$，可知曲线有水平渐近线 $y=0$；曲线无其他渐近线。

由以上讨论，可作函数 $y=\frac{1}{\sqrt{2\pi}}e^{-\frac{x^2}{2}}$ 的图形（见图 4—11）。

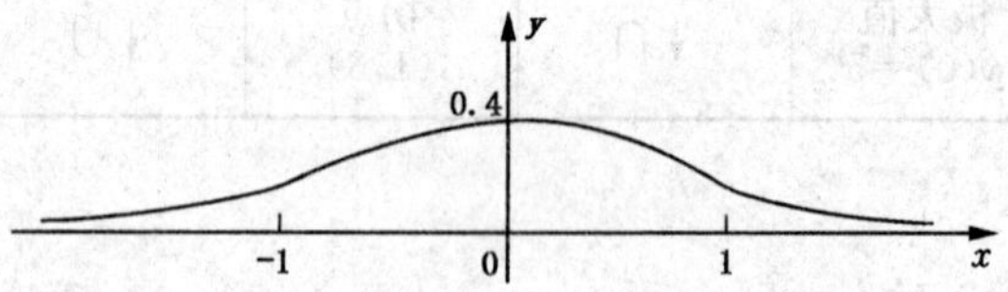

图 4—11

第五章

不定积分

在一元函数微分学部分，我们考察了如何由已知函数出发去求其导数的问题。实际上，我们还经常遇到这样的问题：已知某函数的导数 $F'(x)$，欲求此函数 $F(x)$. 例如，已知边际成本 $C'(x)$，求总成本 $C(x)$. 又如，已知某平面曲线上任一点 (x,y) 处的切线斜率 $k(x)=F'(x)$，求此曲线方程 $y=F(x)$. 这类求导数运算的逆运算问题属于积分学的范畴，一元函数的积分学包括不定积分和定积分两个部分。

本章主要介绍不定积分的概念、性质、基本积分方法和一阶微分方程及其解法。

第一节　原函数与不定积分的概念

定义 1　已知 $f(x)$ 是定义在某一区间上的一个函数，如果存在函数 $F(x)$，使得在此区间上的任意一点都有：

$$F'(x)=f(x) \quad \text{或} \quad \mathrm{d}F(x)=f(x)\mathrm{d}x$$

则称 $F(x)$ 是 $f(x)$ 在此区间上的一个**原函数**。

例如，$\sin x$ 是 $\cos x$ 在 $(-\infty,+\infty)$ 上的一个原函数，这是因为 $(\sin x)'=\cos x$；$\ln|x|$ 是 $\frac{1}{x}$ 在 $(-\infty,0)$ 与 $(0,+\infty)$ 内的一个原函数，因为 $(\ln|x|)'=\begin{cases}(\ln x)', & x>0\\ [\ln(-x)]', & x<0\end{cases}=\frac{1}{x}$.

又如，因为 $(x^2)'=2x$，$(x^2+1)'=2x$，所以，x^2 与 x^2+1 都是 $2x$ 在 $(-\infty,+\infty)$ 上的原函数。不难验证，若 C 为常数，则 x^2+C 也是 $2x$ 的原函数。

一般地，如果 $f(x)$ 具有原函数 $F(x)$，则 $F(x)+C$（C 为任意实数）也都是 $f(x)$ 的原函数。

另外，如果 $F(x)$，$G(x)$ 均为 $f(x)$ 的原函数，因为 $F'(x)=G'(x)=f(x)$，由拉格朗日中值定理的推论 2，则有：

$$G(x)-F(x)=C \quad (C\text{ 为常数})$$

即

$$G(x)=F(x)+C$$

综上所述，如果 $F(x)$ 是 $f(x)$ 的一个原函数，则 $f(x)$ 的原函数全体（**原函数族**）可表示为：$F(x)+C$（C 为任意常数）。

定义 2　$f(x)$ 的原函数全体称为 $f(x)$ 的**不定积分**，记作 $\int f(x)\mathrm{d}x$.

其中，$\int$ 称为**积分符号**，$f(x)$ 称为**被积函数**，x 称为**积分变量**，$f(x)\mathrm{d}x$ 称为**被积表达式**。

于是，如果 $F(x)$ 是 $f(x)$ 的一个原函数，则：

$$\int f(x)\mathrm{d}x=F(x)+C$$

其中，任意常数 C 也称为**积分常数**。

例如：

$$\int \cos x \mathrm{d}x = \sin x + C$$

$$\int \frac{1}{x} \mathrm{d}x = \ln|x| + C$$

$$\int 2x \mathrm{d}x = x^2 + C$$

定义 3 如果 $F(x)$ 是 $f(x)$ 的一个原函数，则称 $y = F(x)$ 的图像为 $f(x)$ 的一条积分曲线。$f(x)$ 的积分曲线全体称为 $f(x)$ 的**积分曲线族**。

因为 $F'(x) = f(x)$，所以，积分曲线 $y = F(x)$ 上横坐标为 x_0 处的切线斜率为 $f(x_0)$. 由于 $f(x)$ 的任何两个原函数的差为常数，故只要将 $y = F(x)$ 的图像沿着 y 轴平移，就可得到 $f(x)$ 的其他积分曲线。在横坐标相同点处，积分曲线族中曲线的切线彼此平行（示意图见图 5－1）。

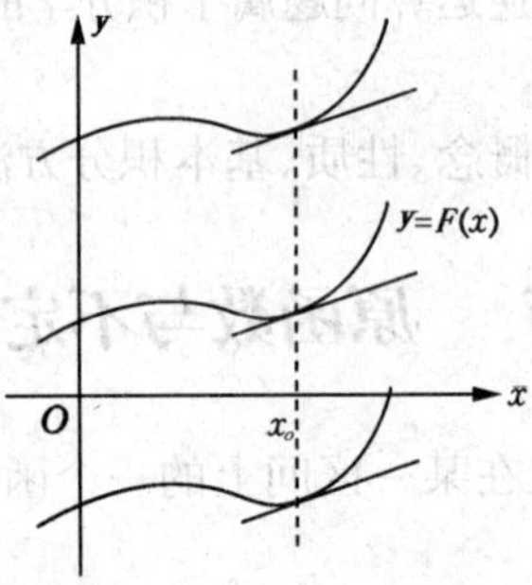

图 5－1

在实际问题中，有时要从全体原函数 $F(x) + C$ 中找出一个满足条件 $y_0 = F(x_0)$（称为**初始条件**）的原函数。从几何上看，即要从积分曲线族中确定一条经过点 (x_0, y_0) 的曲线。

［**例 1**］ 设一曲线经过点 $(1,2)$，且曲线上任意一点 $M(x,y)$ 处的切线斜率为 $3x^2$，求此曲线方程。

解 设所求曲线方程为：$y = y(x)$，由已知 $y' = 3x^2$，得：$y = \int 3x^2 \mathrm{d}x$.

因为 $(x^3)' = 3x^2$，于是，$y = \int 3x^2 \mathrm{d}x = x^3 + C$.

由于曲线经过点 $(1,2)$，即 $x = 1$ 时，$y = 2$，代入 $y = x^3 + C$ 中，有 $2 = 1 + C$，因此，$C = 1$，故所求曲线方程为：$y = x^3 + 1$.

［**例 2**］ 设某企业生产 A 产品，产量为 3 吨时的成本为 15 万元，产量为 x 吨时的边际成本为 $2x$（万元 / 吨），求总成本函数 $C(x)$.

解 已知 $C'(x) = 2x$，因为 $(x^2)' = 2x$，于是，$C(x) = \int 2x \mathrm{d}x = x^2 + C$.

由于 $C(3) = 15$，即有 $15 = 3^2 + C$，$C = 15 - 9 = 6$，所以：

$$C(x) = x^2 + 6$$

关于原函数，有一点需要说明：并非任何函数都具有原函数。那么，怎样的函数一定有原函数呢？在第六章中我们将证明：如果 $f(x)$ 在某区间上连续，则在这个区间内，$f(x)$ 的原函数一定存在。

由于初等函数在其有定义的区间内是连续的，故初等函数必有原函数。

第二节　不定积分的性质与基本积分公式

我们已经知道，解决一个积分问题的关键是求得原函数，但原函数的定义并未给出由已知函数出发去求得其原函数的一般步骤，我们只能试探着逆向使用导数公式，看能否得到结果。这就要求我们不仅熟悉导数公式和一些简单函数的导数结果，并能逆向运用。

一、不定积分的性质

由不定积分的定义及导数的和差运算法则，不难验证下列积分运算性质：

性质 1　如果 k 为非零常数，则 $\int kf(x)\mathrm{d}x = k\int f(x)\mathrm{d}x$.

性质 2

$$\int[f(x)\pm g(x)\pm\cdots\pm h(x)]\mathrm{d}x = \int f(x)\mathrm{d}x \pm \int g(x)\mathrm{d}x \pm \cdots \pm \int h(x)\mathrm{d}x$$

即有限个函数之和(差)的积分，等于各个函数的积分之和(差)。

性质 3　$\int F'(x)\mathrm{d}x = \int \mathrm{d}F(x) = F(x) + C$

$$\left(\int f(x)\mathrm{d}x\right)' = f(x) \quad 或 \quad \mathrm{d}\left[\int f(x)\mathrm{d}x\right] = f(x)\mathrm{d}x$$

性质 3 说明：若先求导再积分，由于最终是不定积分，则两种运算的作用抵消后还要差一个积分常数项；若先积分后求导，则两种运算的作用相互抵消，不定积分的导数等于被积函数(今后，我们常常据此来检验一个积分结果是否正确)。

二、基本积分公式

由不定积分与微分法的逆运算关系，每一个导数公式都有一个积分公式与之相对应。把基本初等函数的导数公式反过来用，我们可以得到不定积分的基本公式(基本积分表)：

(1) $\int 0\mathrm{d}x = C$；

(2) 若常数 $\alpha \neq -1$，则 $\int x^{\alpha}\mathrm{d}x = \dfrac{1}{\alpha+1}x^{\alpha+1} + C$；

(3) $\int x^{-1}\mathrm{d}x = \int \dfrac{1}{x}\mathrm{d}x = \ln|x| + C$；

(4) 若常数 $a > 0$，且 $a \neq 1$，则 $\int a^x\mathrm{d}x = \dfrac{a^x}{\ln a} + C$，特别是，$\int \mathrm{e}^x\mathrm{d}x = \mathrm{e}^x + C$；

(5) $\int \cos x\mathrm{d}x = \sin x + C$；

(6) $\int \sin x\mathrm{d}x = -\cos x + C$；

(7) $\int \dfrac{1}{\cos^2 x}\mathrm{d}x = \int \sec^2 x\mathrm{d}x = \tan x + C$；

(8) $\int \dfrac{1}{\sin^2 x}\mathrm{d}x = \int \csc^2 x\mathrm{d}x = -\cot x + C$；

(9) $\int \frac{1}{\sqrt{1-x^2}}dx = \int \frac{dx}{\sqrt{1-x^2}} = \arcsin x + C = -\arccos x + C_1$；

(10) $\int \frac{1}{1+x^2}dx = \int \frac{dx}{1+x^2} = \arctan x + C = -\text{arccot} x + C_1$；

(11) $\int \sec x \cdot \tan x dx = \sec x + C$；

(12) $\int \csc x \cdot \cot x dx = -\csc x + C$.

在上述积分中，函数的自变量与积分变量如果同时以另一变量代换，则各式相应成立。例如，$\int \frac{du}{u} = \ln|u| + C$，$\int \cos\theta d\theta = \sin\theta + C$.

基本积分公式必须熟记，另外还有一些常用公式将在以后的例题中给出。

所谓“求不定积分”，其实就是设法将所给积分用初等函数表达出来。

运用不定积分的性质和基本积分公式，我们可以直接求得一些简单函数的不定积分。

［**例 1**］　求不定积分$\int\left(1+\sqrt{x}+\frac{1}{\sqrt{x}}\right)dx$.

解　$\int\left(1+\sqrt{x}+\frac{1}{\sqrt{x}}\right)dx$

$$= \int 1dx + \int x^{\frac{1}{2}}dx + \int x^{-\frac{1}{2}}dx$$

$$= x + \frac{1}{\frac{1}{2}+1}x^{\frac{1}{2}+1} + \frac{1}{-\frac{1}{2}+1}x^{-\frac{1}{2}+1} + C$$

$$= x + \frac{2}{3}x^{\frac{3}{2}} + 2x^{\frac{1}{2}} + C$$

［**例 2**］　求$\int\left(2^t + 3\sin t + \frac{4}{\sqrt{1-t^2}}\right)dt$.

解　$\int\left(2^t + 3\sin t + \frac{4}{\sqrt{1-t^2}}\right)dt$

$$= \int 2^t dt + 3\int \sin t dt + 4\int \frac{dt}{\sqrt{1-t^2}}$$

$$= \frac{2^t}{\ln 2} - 3\cos t + 4\arcsin t + C$$

当然，有时需要对被积函数先作适当的代数或三角恒等变形，分项化为可套用积分表中的形式，再积分。

［**例 3**］　求$\int\left(\frac{1}{\sqrt{x}}+x^2\right)^2 dx$.

解　因为被积函数$\left(\frac{1}{\sqrt{x}}+x^2\right)^2 = \frac{1}{x} + 2x^{\frac{3}{2}} + x^4$，所以：

$$\int\left(\frac{1}{\sqrt{x}}+x^2\right)^2 dx=\int\left(\frac{1}{x}+2x^{\frac{3}{2}}+x^4\right)dx$$

$$=\int\frac{1}{x}dx+2\int x^{\frac{3}{2}}dx+\int x^4 dx$$

$$=\ln|x|+2\cdot\frac{1}{\frac{3}{2}+1}x^{\frac{3}{2}+1}+\frac{1}{5}x^5+C$$

$$=\ln|x|+\frac{4}{5}x^{\frac{5}{2}}+\frac{x^5}{5}+C$$

［例 4］　求$\int\frac{x^2}{1+x^2}dx$.

解　因为被积函数$\frac{x^2}{1+x^2}=\frac{(x^2+1)-1}{1+x^2}=1-\frac{1}{1+x^2}$，所以：

$$\int\frac{x^2}{1+x^2}dx=\int\left(1-\frac{1}{1+x^2}\right)dx$$

$$=x-\arctan x+C$$

［例 5］　求$\int\frac{\cos 2x}{\sin^2 x\cdot\cos^2 x}dx$.

解　因为$\frac{\cos 2x}{\sin^2 x\cdot\cos^2 x}=\frac{\cos^2 x-\sin^2 x}{\sin^2 x\cdot\cos^2 x}=\frac{1}{\sin^2 x}-\frac{1}{\cos^2 x}$，所以：

$$\int\frac{\cos 2x}{\sin^2 x\cdot\cos^2 x}dx=\int\left(\frac{1}{\sin^2 x}-\frac{1}{\cos^2 x}\right)dx$$

$$=\int(\csc^2 x-\sec^2 x)dx$$

$$=-\cot x-\tan x+C$$

［例 6］　求$\int\left(\tan^2\theta+\sin^2\frac{\theta}{2}\right)d\theta$.

解　因为 $\tan^2\theta=\sec^2\theta-1,\sin^2\frac{\theta}{2}=\frac{1}{2}(1-\cos\theta)$，所以：

$$\int\left(\tan^2\theta+\sin^2\frac{\theta}{2}\right)d\theta=\int\left(\sec^2\theta-\frac{1}{2}-\frac{1}{2}\cos\theta\right)d\theta$$

$$=\tan\theta-\frac{\theta}{2}-\frac{1}{2}\sin\theta+C$$

［例 7］　求$\int\sec x(\tan x+\sec x)dx$.

解　$\int\sec x(\tan x+\sec x)dx=\int(\sec x\cdot\tan x+\sec^2 x)dx$

$$=\int d(\sec x+\tan x)$$

$$=\sec x+\tan x+C$$

［例 8］　某企业生产某种产品，固定成本为 500 千元，产量为 x 个单位时的边际收入为 $600-2x$（千元 / 单位），边际成本为 $10x$（千元 / 单位）。试求总成本函数 $C(x)$，总收益函数 $R(x)$，并问产量为多少时可获得最大利润，最大利润为多少。

解　由已知 $C'(x)=10x,R'(x)=600-2x$，可得：

$$C(x)=\int 10x\mathrm{d}x=5x^2+C_1$$

$$R(x)=\int(600-2x)\mathrm{d}x=600x-x^2+C_2$$

又因为固定成本为 500,即 $C(0)=500$,将 $x=0$ 代入 $C(x)=5x^2+C_1$,可得 $C_1=500$. 产量为零时,收益为零,即 $R(0)=0$,故 $C_2=0$.

所以:

$$\text{总成本函数 } C(x)=5x^2+500 \quad (x\geqslant 0)$$
$$\text{总收益函数 } R(x)=600x-x^2 \quad (x\geqslant 0)$$

从而得出:

$$\begin{aligned}\text{总利润 } L(x)&=R(x)-C(x)\\&=600x-6x^2-500 \quad (x\geqslant 0)\end{aligned}$$

$$\begin{aligned}L'(x)&=R'(x)-C'(x)\\&=600-12x\end{aligned}$$

令 $L'(x)=0$,解出驻点为 $x_0=50$,又:

$$L''(50)=-12<0$$

所以,产量为 50 个单位时,可获得最大利润。最大利润为:

$$L(50)=14\,500(\text{千元})$$

第三节　换元积分法与分部积分法

本节介绍不定积分的换元积分法和分部积分法,这两种基本方法有助于我们解决更多的不定积分问题。

一、换元积分法

相应于复合函数微分法,不定积分有换元积分法:通过适当的变量代换,把所求积分化为(对新变量而言)可查积分表的形式,积分后再把原自变量代回,即得最终结果。不定积分的换元法按侧重点不同,又有第一类与第二类之分。

定理 1(第一类换元法)　设 $g(u)$ 具有原函数 $G(u)$,$u=\varphi(x)$ 可导,如果被积函数 $f(x)=g[\varphi(x)]\cdot\varphi'(x)$,则有第一类换元积分公式:

$$\begin{aligned}\int f(x)\mathrm{d}x&=\int g[\varphi(x)]\cdot\varphi'(x)\mathrm{d}x=\int g[\varphi(x)]\mathrm{d}[\varphi(x)]\\&=\int g(u)\mathrm{d}u=G(u)+C\\&=G[\varphi(x)]+C\end{aligned} \tag{5.1}$$

证　由复合函数的求导法则,得:

$$\begin{aligned}\frac{\mathrm{d}}{\mathrm{d}x}[G[\varphi(x)]+C]&=G'(u)\cdot\varphi'(x)=g(u)\cdot\varphi'(x)\\&=g[\varphi(x)]\cdot\varphi'(x)\\&=f(x)\end{aligned}$$

所以:
$$\int f(x)\mathrm{d}x=\int g[\varphi(x)]\cdot\varphi'(x)\mathrm{d}x$$

$$= G[\varphi(x)] + C$$

证毕。

［例 1］　求$\int 3x^2 \cdot e^{x^3} dx$.

解　因为：

$$3x^2 \cdot e^{x^3} = e^{(x^3)} \cdot (x^3)'$$

设 $u = x^3$，由于：

$$\int e^u du = e^u + C$$

故

$$\int 3x^2 \cdot e^{x^3} dx = \int e^{(x^3)} \cdot (x^3)' dx$$

$$= \int e^{(x^3)} d(x^3) = \int e^u du = e^u + C$$

$$= e^{x^3} + C$$

解法更简：

设 $u = x^3, du = 3x^2 dx$.

$$\text{原式 } I = \int e^u du = e^u + C$$

将 $u = x^3$ 代入上式，得：

$$I = e^{x^3} + C$$

［例 2］　求$\int \frac{(\ln x)^2}{x} dx$.

解　注意到被积函数有因子$\frac{1}{x}$与 $\ln x$，而$(\ln x)' = \frac{1}{x}$，因此，设$u = \ln x$，于是：

$$\int \frac{(\ln x)^2}{x} dx = \int (\ln x)^2 \cdot (\ln x)' dx$$

$$= \int (\ln x)^2 d(\ln x) = \int u^2 du = \frac{u^3}{3} + C$$

$$= \frac{(\ln x)^3}{3} + C$$

［例 3］　求$\int x^4 \cdot \sqrt{1 - x^5} dx$.

解　因为：

$$(1 - x^5)' = -5x^4$$

$$\text{被积函数 } x^4 \cdot \sqrt{(1 - x^5)} = -\frac{1}{5} \sqrt{(1 - x^5)} \cdot (1 - x^5)'$$

设 $u = 1 - x^5$，则：

$$\int x^4 \sqrt{1 - x^5} dx = -\frac{1}{5} \int \sqrt{(1 - x^5)} \cdot (1 - x^5)' dx$$

$$= -\frac{1}{5} \int \sqrt{(1 - x^5)} d(1 - x^5)$$

$$= -\frac{1}{5} \int u^{\frac{1}{2}} du$$

$$=-\frac{1}{5}\cdot\frac{1}{\frac{1}{2}+1}u^{\frac{1}{2}+1}+C$$

$$=-\frac{2}{15}(1-x^5)^{\frac{3}{2}}+C$$

由上述例题可见，只有当被积函数可以凑成复合函数的导数：$g[\varphi(x)]\cdot\varphi'(x)$，且在换元后，积分$\int g(u)\mathrm{d}u$较容易求得，这时才能用第一类换元法。由于第一类换元法的核心是将被积表达式凑成微分形式，故通常又称第一类换元法为**凑微分法**。在对此法熟练以后，换元变量u可以不设出，即可省去运算过程中的“作代换”和最后的“代换回原自变量”步骤。请看下面几个例题：

[例4] 求$\int\frac{\mathrm{d}x}{(1+x^2)\cdot(\mathrm{arccot}x)^2}$.

解
$$\int\frac{\mathrm{d}x}{(1+x^2)\cdot(\mathrm{arccot}x)^2}=\int\frac{1}{(\mathrm{arccot}x)^2}\cdot\frac{1}{1+x^2}\mathrm{d}x$$
$$=\int\frac{1}{(\mathrm{arccot}x)^2}\cdot(-\mathrm{arccot}x)'\mathrm{d}x$$
$$=-\int\frac{1}{(\mathrm{arccot}x)^2}\mathrm{d}(\mathrm{arccot}x)$$
$$=\frac{1}{(\mathrm{arccot}x)}+C$$

[例5] 设常数$a\cdot b\neq 0$，求$\int(ax+b)^5\mathrm{d}x$.

解
$$\int(ax+b)^5\mathrm{d}x=\int(ax+b)^5\cdot\frac{1}{a}(ax+b)'\mathrm{d}x$$
$$=\frac{1}{a}\int(ax+b)^5\mathrm{d}(ax+b)=\frac{1}{a}\cdot\frac{1}{6}(ax+b)^6+C$$
$$=\frac{1}{6a}(ax+b)^6+C$$

[例6] 求$\int\sin 2x\mathrm{d}x$.

解法1
$$\int\sin 2x\mathrm{d}x=\int\sin 2x\cdot\frac{1}{2}(2x)'\mathrm{d}x$$
$$=\frac{1}{2}\int\sin(2x)\mathrm{d}(2x)=-\frac{1}{2}\cos 2x+C$$

解法2
$$\int\sin 2x\mathrm{d}x=\int 2\sin x\cos x\mathrm{d}x$$
$$=2\int\sin x\mathrm{d}(\sin x)=(\sin x)^2+C_1$$

[注：由于$\sin^2x+C_1=1-\frac{1}{2}\cos 2x+C_1=-\frac{1}{2}\cos 2x+(1+C_1)$，故本节例6解法1与解法2的结果其实是**形异实同**的。事实上，不定积分具有“答案的形式不唯一”性。检验一个不定积分的计算结果是否正确，通常可以看它的导数是否等于被积函数。]

[例7] 求$\int\tan x\mathrm{d}x$与$\int\cot x\mathrm{d}x$.

解　$\int \tan x\mathrm{d}x=\int \frac{\sin x}{\cos x}\mathrm{d}x=-\int \frac{1}{\cos x}\mathrm{d}(\cos x)$

$=-\ln|\cos x|+C$

$\int \cot x\mathrm{d}x=\int \frac{\cos x}{\sin x}\mathrm{d}x=\int \frac{1}{\sin x}\mathrm{d}(\sin x)$

$=\ln|\sin x|+C$

[例 8]　求$\int \frac{\mathrm{d}x}{a^2+x^2}$(常数 $a>0$).

解　$\int \frac{\mathrm{d}x}{a^2+x^2}=\frac{1}{a^2}\int \frac{1}{1+\left(\frac{x}{a}\right)^2}\mathrm{d}x$

$=\frac{1}{a}\int \frac{1}{1+\left(\frac{x}{a}\right)^2}\mathrm{d}\left(\frac{x}{a}\right)$

$=\frac{1}{a}\arctan\left(\frac{x}{a}\right)+C$

[例 9]　求$\int \frac{1}{\sqrt{a^2-x^2}}\mathrm{d}x$(常数 $a>0$).

解　$\int \frac{1}{\sqrt{a^2-x^2}}\mathrm{d}x=\frac{1}{a}\int \frac{1}{\sqrt{1-\left(\frac{x}{a}\right)^2}}\mathrm{d}x$

$=\int \frac{1}{\sqrt{1-\left(\frac{x}{a}\right)^2}}\mathrm{d}\left(\frac{x}{a}\right)$

$=\arcsin\left(\frac{x}{a}\right)+C$

[例 10]　求$\int \frac{1}{a^2-x^2}\mathrm{d}x$(常数 $a>0$).

解　由于被积函数$\frac{1}{a^2-x^2}=\frac{1}{(a+x)(a-x)}=\frac{1}{2a}\left[\frac{1}{a+x}+\frac{1}{a-x}\right]$,故:

$$\int \frac{1}{a^2-x^2}\mathrm{d}x=\frac{1}{2a}\left[\int \frac{1}{a+x}\mathrm{d}x+\int \frac{1}{a-x}\mathrm{d}x\right]$$

$$=\frac{1}{2a}\left[\int \frac{1}{a+x}\mathrm{d}(a+x)-\int \frac{1}{a-x}\mathrm{d}(a-x)\right]$$

$$=\frac{1}{2a}[\ln|a+x|-\ln|a-x|]+C$$

$$=\frac{1}{2a}\ln\left|\frac{a+x}{a-x}\right|+C$$

[例 11]　求$\int \sec x\mathrm{d}x$ 与$\int \csc x\mathrm{d}x$.

解　$\int \sec x\mathrm{d}x=\int \sec x\cdot\frac{\sec x+\tan x}{\sec x+\tan x}\mathrm{d}x$

$=\int \frac{\sec^2 x+\sec x\cdot\tan x}{\sec x+\tan x}\mathrm{d}x$

$=\int \frac{1}{\sec x+\tan x}\mathrm{d}(\sec x+\tan x)$

$$= \ln|\sec x+\tan x|+C$$

类似地，可得：

$$\int \csc x\mathrm{d}x = \ln|\csc x-\cot x|+C$$

定理 2（第二类换元法） 对于不定积分$\int f(x)\mathrm{d}x$，若所作自变量代换 $x=\varphi(t)$ 可导，且 $\varphi'(t)>0$（或 $\varphi'(t)<0$），又设$f[\varphi(t)]\cdot\varphi'(t)$ 具有原函数 $F(t)$，则有第二类换元积分公式：

$$\begin{aligned}\int f(x)\mathrm{d}x &= \int f[\varphi(t)]\cdot\varphi'(t)\mathrm{d}t = F(t)+C\\ &= F[\varphi^{-1}(x)]+C\end{aligned} \tag{5.2}$$

证 因为 $x=\varphi(t)$ 可导，且 $\varphi'(t)>0$（或 $\varphi'(t)<0$），故 $x=\varphi(t)$ 单调，其反函数 $t=\varphi^{-1}(x)$ 存在且可导。

由复合函数与反函数的求导法则，得：

$$\begin{aligned}\frac{\mathrm{d}}{\mathrm{d}x}[F[\varphi^{-1}(x)]+C] &= F'(t)\cdot(\varphi^{-1}(x))'\\ &= F'(t)\cdot\frac{1}{\varphi'(t)}\\ &= f[\varphi(t)]\cdot\varphi'(t)\cdot\frac{1}{\varphi'(t)}\\ &= f(x)\end{aligned}$$

所以，第二类换元积分公式成立。

证毕。

第二类换元法主要用于解决这样一类积分问题：

$\int f(x)\mathrm{d}x$ 不能直接查基本积分表，也不能用凑微分法积分，而通过适当的自变量代换 $x=\varphi(t)$ 可把它化为容易积出的$\int f[\varphi(t)]\cdot\varphi'(t)\mathrm{d}t$.

具体操作分为以下三步：

(1) 选择适当的 $\varphi(t)$ 代换 x.

若被积函数含有 $\sqrt{a^2-x^2}$，应设 $x=a\sin t$；

若被积函数含有 $\sqrt{x^2-a^2}$，应设 $x=a\sec t$；

若被积函数含有 $\sqrt{x^2+a^2}$，应设 $x=a\tan t$.

（以上代换统称为三角代换）。

若被积函数含有不属于以上三种形式的其他根式，则应设这个根式为 t，并解析出 $x=\varphi(t)$.

(2) 化简 $f[\varphi(t)]$ 与 $\mathrm{d}[\varphi(t)]$，再计算积分$\int f[\varphi(t)]\cdot\varphi'(t)\mathrm{d}t$，得 $F(t)+C$.

(3) 将原自变量代回，即用 $t=\varphi^{-1}(x)$ 把 $F(t)+C$ 变更为 $F[\varphi^{-1}(x)]+C$（对于作三角代换的，通常还需要借助于辅助直角三角形来实现）。

［**例 12**］ 求不定积分$\int\frac{1}{\sqrt{x^2+a^2}}\mathrm{d}x$（常数 $a>0$）.

解 令 $x=\varphi(t)=a\tan t\left(|t|<\frac{\pi}{2}\right)$，由于在$\left(-\frac{\pi}{2},\frac{\pi}{2}\right)$内 $\varphi(t)$ 单调递增可导，且

$\varphi'(t) = a\sec^2 t > 0$.

$$dx = \varphi'(t)dt = a\sec^2 t dt$$

$$\sqrt{x^2+a^2} = \sqrt{a^2(\tan^2 t+1)} = a \mid \sec t \mid = a\sec t$$

故：

$$\int \frac{1}{\sqrt{x^2+a^2}}dx = \int \frac{a\sec^2 t}{a\sec t}dt = \int \sec t dt$$

$$= \ln \mid \sec t + \tan t \mid + C_1$$

再根据换元关系式 $x = a\tan t$ 及 $\sqrt{x^2+a^2} = a\sec t$ 将 $\sec t$ 和 $\tan t$ 换成 x 的函数，也可由 $\tan t = \frac{x}{a}$，利用图 5－2 中所示的辅助直角三角形得出：$\sec t = \frac{\sqrt{x^2+a^2}}{a}$.

所以：

$$\int \frac{dx}{\sqrt{x^2+a^2}} = \ln \mid \frac{\sqrt{x^2+a^2}}{a} + \frac{x}{a} \mid + C_1$$

$$= \ln \mid \sqrt{x^2+a^2} + x \mid + C$$

$$(其中 C = C_1 - \ln a)$$

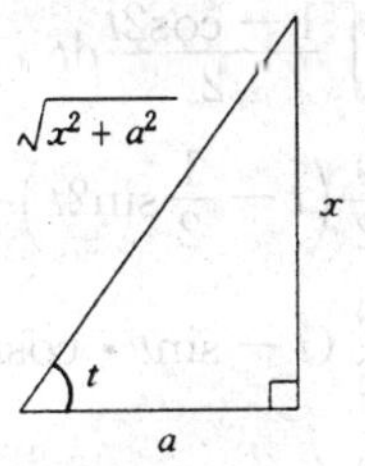

图 5－2

［例 13］　求$\int \frac{1}{\sqrt{x^2-a^2}}dx$（常数 $a > 0$）.

解　令 $x = a\sec t\left(0 < t < \frac{\pi}{2}\right)$，则：

$$dr = a\sec t \cdot \tan t dt$$

$$\sqrt{x^2-a^2} = \sqrt{a^2(\sec^2 t-1)}$$

$$= a \mid \tan t \mid = a \cdot \tan t$$

$$\int \frac{dx}{\sqrt{x^2-a^2}} = \int \frac{a\sec t \cdot \tan t}{a\tan t}dt = \int \sec t dt$$

$$= \ln \mid \sec t + \tan t \mid + C_1$$

$$= \ln \left| \frac{x}{a} + \frac{\sqrt{x^2-a^2}}{a} \right| + C_1$$

$$= \ln \mid \sqrt{x^2-a^2} + x \mid + C$$

注意　本节例 7 至例 13 中的积分及其结果以后可以作为积分公式加以引用。

下面我们再举几个关于运用第二类换元法的例子。

［例 14］　求$\int \frac{x^2}{\sqrt{9-x^2}}dx$.

解　令 $x = 3\sin t\left(\mid t \mid < \frac{\pi}{2}\right)$，则：

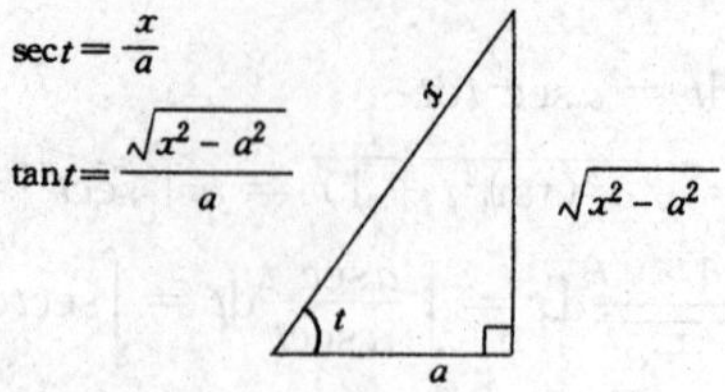

图 5—3

$$dx = 3\cos t dt$$

$$\sqrt{9-x^2} = \sqrt{9(1-\sin^2 t)} = 3\,|\cos t| = 3\cos t$$

$$\int \frac{x^2}{\sqrt{9-x^2}}dx = \int \frac{9\sin^2 t}{3\cos t}\cdot 3\cos t dt$$

$$= 9\int \sin^2 t dt$$

$$= 9\int \frac{1-\cos 2t}{2}dt$$

$$= \frac{9}{2}\left(t-\frac{1}{2}\sin 2t\right)+C$$

$$= \frac{9}{2}(t-\sin t\cdot\cos t)+C$$

$$= \frac{9}{2}\left(\arcsin\frac{x}{3}-\frac{x}{3}\cdot\frac{\sqrt{9-x^2}}{3}\right)+C$$

$$= \frac{9}{2}\arcsin\frac{x}{3}-\frac{x\sqrt{9-x^2}}{2}+C$$

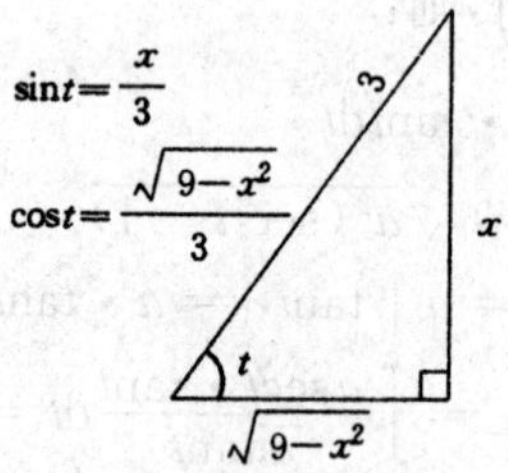

图 5—4

［例 15］ 求$\int\frac{1}{1+\sqrt{3x+2}}dx$.

解 令$t=\sqrt{3x+2}$,则:

$$x=\frac{t^2-2}{3}, dx=\frac{2}{3}tdt$$

$$\int\frac{1}{1+\sqrt{3x+2}}dx=\int\frac{1}{1+t}\cdot\frac{2}{3}tdt$$

$$=\frac{2}{3}\int\frac{(t+1)-1}{1+t}dt$$

$$= \frac{2}{3}\int\left(1-\frac{1}{1+t}\right)dt$$

$$= \frac{2}{3}[t-\ln|t+1|]+C$$

$$= \frac{2}{3}[\sqrt{3x+2}-\ln|\sqrt{3x+2}+1|]+C$$

［例 16］　求$\int\sqrt{e^x-1}\,dx$.

解　令 $t=\sqrt{e^x-1}$，则：

$$x=\ln(t^2+1),dx=\frac{2t}{t^2+1}dt$$

$$\int\sqrt{e^x-1}\,dx=\int t\cdot\frac{2t}{t^2+1}dt=2\int\frac{(t^2+1)-1}{t^2+1}dt$$

$$=2\int\left[1-\frac{1}{t^2+1}\right]dt$$

$$=2[t-\arctan t]+C$$

$$=2[\sqrt{e^x-1}-\arctan(\sqrt{e^x-1})]+C$$

二、分部积分法

设函数 $u=u(x),v=v(x)$ 的导数都存在且连续，由函数乘积的求导法则，$(u\cdot v)'=u'v+uv'$，移项可得：$uv'=(uv)'-u'v$.

对上式两边求不定积分，得：

$$\int u(x)\cdot v'(x)dx=u(x)\cdot v(x)-\int u'(x)\cdot v(x)dx \tag{5.3}$$

(5.3) 式称为**分部积分公式**，可简记为：

$$\int u\,dv=uv-\int v\,du \tag{5.4}$$

如果$\int f(x)dx$ 不能直接积分，也不能用换元法来求，但是有 $f(x)=u(x)\cdot v'(x)$，且$\int u'(x)v(x)dx$ 较容易积分，这时就可以利用分部积分公式将不易计算的$\int u(x)v'(x)dx$ 转化为容易积出的$\int u'(x)v(x)dx$.

例如，$\int x\sec^2x\,dx$，$\int xe^x\,dx$，$\int x\cos x\,dx$ 以及$\int x\ln x\,dx$ 等都可以利用分部积分法来计算。

［例 17］　求不定积分$\int x\cos x\,dx$.

解　设 $u=x,dv=\cos x\,dx=d\sin x$，则有：

$$du=1\cdot dx,v=\sin x$$

由不定积分的分部积分公式，可得：

$$\int x\cos x\,dx=\int x\,d(\sin x)$$

$$=x\sin x-\int\sin x\,dx$$

$$=x\sin x+\cos x+C$$

在对此法熟练以后，可以直接将积分化成$\int u(x)\mathrm{d}[v(x)]$的形式（即不必设出 u,v 的表达式），套用分部积分公式。

［例 18］ 求$\int \frac{x}{\cos^2 x}\mathrm{d}x$.

解
$$\int \frac{x}{\cos^2 x}\mathrm{d}x = \int x \cdot \sec^2 x\mathrm{d}x = \int x\mathrm{d}(\tan x)$$
$$= x \cdot \tan x - \int (x)' \cdot \tan x\mathrm{d}x$$
$$= x\tan x - \int \tan x\mathrm{d}x$$
$$= x\tan x + \ln|\cos x| + C$$

［例 19］ 求$\int x^3 \ln x\mathrm{d}x$.

解
$$\int x^3 \cdot \ln x\mathrm{d}x = \frac{1}{4}\int (\ln x)\mathrm{d}(x^4)$$
$$= \frac{1}{4}\left[x^4\ln x - \int x^4 \cdot (\ln x)'\mathrm{d}x\right]$$
$$= \frac{1}{4}\left[x^4\ln x - \int x^4 \cdot \frac{1}{x}\mathrm{d}x\right]$$
$$= \frac{1}{4}\left[x^4\ln x - \int x^3\mathrm{d}x\right]$$
$$= \frac{1}{4}\left[x^4\ln x - \frac{x^4}{4}\right] + C$$
$$= \frac{x^4}{4}\left(\ln x - \frac{1}{4}\right) + C$$

［例 20］ 求$\int \mathrm{e}^{\sqrt{x}}\mathrm{d}x$.

解 先用换元法。

令 $t=\sqrt{x}$，则：
$$x = t^2, \mathrm{d}x = 2t\mathrm{d}t$$
$$\int \mathrm{e}^{\sqrt{x}}\mathrm{d}x = \int \mathrm{e}^t \cdot 2t\mathrm{d}t = 2\int \mathrm{e}^t \cdot t\mathrm{d}t$$

再用分部积分法。

因为：
$$\int t \cdot \mathrm{e}^t\mathrm{d}t = \int t\mathrm{d}(\mathrm{e}^t) = t\mathrm{e}^t - \int \mathrm{e}^t(t)'\mathrm{d}t$$
$$= t\mathrm{e}^t - \int \mathrm{e}^t\mathrm{d}t = t\mathrm{e}^t - \mathrm{e}^t + C_1$$

所以，将 $t=\sqrt{x}$ 代回，即得：
$$\int \mathrm{e}^{\sqrt{x}}\mathrm{d}x = 2\mathrm{e}^{\sqrt{x}}(\sqrt{x}-1) + C$$

一般地，下列几类被积函数的积分都可以利用分部积分法来计算：

Ⅰ 型：

(1)$x\sec^2 x$，$x\csc^2 x$，如本节例 18。

(2)$x^n \cdot h(x)$[其中,n为自然数,$h(x)$为e^{ax},$\sin ax$或$\cos ax$],并且视x^n为u,$h(x)$为v',如本节例17。

Ⅱ型:

(1)$x^\alpha \cdot \ln x$(常数$\alpha \neq -1$),并且视$\ln x$为u,x^α为v',如本节例19。

(2)$x^k \cdot P(x)$[常数k为0或1,$P(x)$为$\arctan x$,$\operatorname{arccot} x$,$\arcsin x$或$\arccos x$],并且视$P(x)$为u,x^k为v',如下面的例21。

[例21] 求$\int \operatorname{arccot} x \mathrm{d}x$.

解
$$\begin{aligned}\int \operatorname{arccot} x \mathrm{d}x &= \int \operatorname{arccot} x \mathrm{d}(x)\\ &= x\operatorname{arccot} x - \int x \cdot (\operatorname{arccot} x)' \mathrm{d}x\\ &= x\operatorname{arccot} x - \int x \cdot \left(-\frac{1}{1+x^2}\right)\mathrm{d}x\\ &= x\operatorname{arccot} x + \frac{1}{2}\int \frac{1}{1+x^2}\mathrm{d}(1+x^2)\\ &= x\operatorname{arccot} x + \frac{1}{2}\ln(1+x^2) + C\end{aligned}$$

有的不定积分需要运用几次分部积分公式才能求得结果。

[例22] $\int (x^2+1)e^x \mathrm{d}x$.

解
$$\begin{aligned}\int (x^2+1)e^x \mathrm{d}x &= \int (x^2+1)\mathrm{d}(e^x)\\ &= (x^2+1)e^x - \int (x^2+1)' \cdot e^x \mathrm{d}x\\ &= (x^2+1)e^x - \int 2xe^x \mathrm{d}x\end{aligned}$$

由于:
$$\begin{aligned}\int xe^x \mathrm{d}x = \int x\mathrm{d}(e^x) &= xe^x - \int 1 \cdot e^x \mathrm{d}x\\ &= xe^x - e^x + C_1\end{aligned}$$

故:
$$\begin{aligned}\int (x^2+1)e^x \mathrm{d}x &= (x^2+1)e^x - 2e^x(x-1) + C\\ &= e^x(x^2-2x+3) + C\end{aligned}$$

另有一些不定积分在进行若干次分部积分后,会出现原来所要求的积分形式,此时,可通过移项等代数运算求出结果。

[例23] 求$\int \sin x \cdot e^x \mathrm{d}x$.

解
$$\begin{aligned}\int \sin x \cdot e^x \mathrm{d}x &= \int \sin x \mathrm{d}(e^x)\\ &= \sin x \cdot e^x - \int e^x \cdot (\sin x)' \mathrm{d}x\\ &= \sin x \cdot e^x - \int \cos x \mathrm{d}(e^x)\\ &= \sin x \cdot e^x - \left[\cos x \cdot e^x - \int (\cos x)' \cdot e^x \mathrm{d}x\right]\end{aligned}$$

即：$$\int \sin x e^x dx = e^x(\sin x - \cos x) - \int \sin x e^x dx$$

移项，得：$$2\int \sin x \cdot e^x dx = e^x(\sin x - \cos x) + C_1$$

注意 在这里，等号左边是不定积分，右边作为其结果，故右边要有积分常数。

因此：

$$\int \sin x \cdot e^x dx = \frac{1}{2}e^x(\sin x - \cos x) + C$$

上面我们结合典型例题介绍了两种基本积分方法。在初学阶段会感到求不定积分很难，因为解题时不仅要判断应该采用何种积分方法，而且往往还要适当变形后才能使用某种方法。这就要求读者在熟悉这些基本方法的前提下进行一定数量的练习，熟练后也就掌握了。

最后，关于原函数和不定积分问题还应该明白，初等函数都存在原函数，但并非每一个初等函数的原函数都能用初等函数的形式来表达。例如，不定积分$\int \frac{\sin x}{x}dx$，$\int \frac{\cos x}{x}dx$，$\int e^{-x^2}dx$，$\int e^{x^2}dx$，$\int \frac{1}{\ln x}dx$ 等都积不出，也就是说它们虽然存在，但都不能用前述积分方法求出，而有待以后采用其他方法研究和解决。

* 第四节　微分方程简介

本节介绍有关微分方程的一些基本概念，着重讨论几类常见的一阶微分方程及其求解问题。

一、微分方程的概念

含有一元未知函数的导数（或微分）的方程称为**常微分方程**，在不致混淆时，也简称为**微分方程**或**方程**。

例如，$y' - y + x^2 = 0$，$y'' + (y')^3 + 5x + 1 = 0$，$ydx + xdy = 0$，都是微分方程。

一个微分方程可以不显含自变量和未知函数，但未知函数的导数（或微分）必定出现，如微分方程 $y' - 1 = 0$ 就属于这种情形。

微分方程中所出现的未知函数的最高阶导数的阶数，称为该**微分方程的阶**。

例如，$y' - y + x^2 = 0$，$ydx + xdy = 0$，都是一阶微分方程。$y'' + (y')^3 + 5x + 1 = 0$，是二阶微分方程。

如果一个函数代入微分方程后，能使该方程成为恒等式，则称这个函数为该**微分方程的解**。

如果微分方程的解中含有任意常数，且任意常数的个数与微分方程的阶数相同，则这样的解称为微分方程的**通解**。

由一组给定的附加条件（即**初始条件**）确定了通解中的任意常数后，所得到的解称为**特解**。

例如，现在再回头看本章第一节的例1，此题其实相当于要求微分方程 $y' = 3x^2$ 满足初始条件 $y|_{x=1} = 2$ 的特解。

当时，我们先积分，得：

$$y = x^3 + C$$

这其实就是微分方程 $y' = 3x^2$ 的通解，再将 $x = 1, y = 2$ 代入 $y = x^3 + C$，解得 $C = 1$，即得：$y = x^3 + 1$。这其实就是所要求的特解。

另外，微分方程的解可以是隐函数。

注意　x 与 y 的函数关系由一个方程 $F(x, y) = 0$ 所确定的 $y = f(x)$，称为隐函数。例如，$x^3 + y^3 - 3xy = 0$ 就是(确定了)一个隐函数。

［**例 1**］　判断：

(1) $y = x^2 + x$ 是不是方程 $y'' - \frac{2}{x}y' + \frac{3}{x^2}y = 0$ 的解？

(2) $y^3 + x^3 = 3xy$ 是不是方程 $y' = \frac{x^2 - y}{x - y^2}$ 的解？

解　(1) 对 $y = x^2 + x$ 求导，得：

$$y' = 2x + 1$$

$$y'' = 2$$

将 y, y' 和 y'' 代入所给微分方程的左端中，有：

左端：
$$\begin{aligned} y'' - \frac{2}{x}y' + \frac{3}{x^2}y &= 2 - \frac{2}{x}(2x+1) + \frac{3}{x^2}(x^2 + x) \\ &= 2 - 4 - \frac{2}{x} + 3 + \frac{3}{x} \\ &= 1 + \frac{1}{x} \neq 0 \end{aligned}$$

故 $y = x^2 + x$ 不是 $y'' - \frac{2}{x}y' + \frac{3}{x^2}y = 0$ 的解。

(2) $y^3 + x^3 = 3xy$ 两边对 x 求导，有：

$$3y^2 \cdot y' + 3x^2 = 3y + 3xy'$$

移项并化简，得：$y' = \frac{x^2 - y}{x - y^2}$. 故 $y^3 + x^3 = 3xy$ 是微分方程 $y' = \frac{x^2 - y}{x - y^2}$ 的解。

二、几类常见的一阶方程及其解法

1. 可分离变量型方程

形如

$$\frac{dy}{dx} = f(x) \cdot g(y) \tag{5.5}$$

或

$$h(x) \cdot v(y)dx + s(x) \cdot w(y)dy = 0 \tag{5.6}$$

的微分方程，称为**可分离变量型方程**。

求解步骤：(1) 分离变量，使方程的两端分别只含一个变量及其微分，得：

$$\frac{1}{g(y)}dy = f(x)dx\left[\text{或}\frac{h(x)}{s(x)}dx + \frac{w(y)}{v(y)}dy = 0\right]$$

(2) 上式两端同时积分，得：

$$\int \frac{1}{g(y)}dy = \int f(x)dx\left[\text{或}\int \frac{h(x)}{s(x)}dx + \int \frac{w(y)}{v(y)}dy = C\right]$$

若$\Phi(y)$,$F(x)$分别是$\frac{1}{g(y)}$,$f(x)$的原函数,则微分方程(5.5)的通解为:$\Phi(y)=F(x)+C$.

注意 在求微分方程的通解时,通常是将任意常数单独列开,而对$\int f(x)\mathrm{d}x$只用$f(x)$的一个原函数(常数项为零的)来表达。

[**例 2**] 求微分方程$\frac{\mathrm{d}y}{\mathrm{d}x}=\frac{x(y^2+1)}{(x^2+1)\cdot y}$的通解。

解 所给方程是可分离变量型,对其分离变量,得:

$$\frac{y}{y^2+1}\mathrm{d}y=\frac{x}{x^2+1}\mathrm{d}x$$

两边积分:

$$\int\frac{y}{y^2+1}\mathrm{d}y=\int\frac{x}{x^2+1}\mathrm{d}x$$

得:

$$\frac{1}{2}\ln(y^2+1)=\frac{1}{2}\ln(x^2+1)+\frac{1}{2}\ln C$$

注意 这里将任意常数写作$\frac{1}{2}\ln C$,以便于化简。亦即:

$$\frac{1}{2}\ln(y^2+1)=\frac{1}{2}\ln[C(x^2+1)]$$

故原方程的通解为:

$$y^2+1=C(x^2+1)$$

[**例 3**] 求解$\frac{\mathrm{d}x}{y}+\frac{\mathrm{d}y}{x}=0$,$y|_{x=1}=2$.

解 $\frac{\mathrm{d}x}{y}+\frac{\mathrm{d}y}{x}=0$是可分离变量型方程,两边同乘以$xy$,得:

$$x\mathrm{d}x+y\mathrm{d}y=0$$

上式两边同时积分:

$$\int x\mathrm{d}x+\int y\mathrm{d}y=\int 0\mathrm{d}x$$

得:

$$\frac{x^2}{2}+\frac{y^2}{2}=\frac{C}{2}$$

故$\frac{\mathrm{d}x}{y}+\frac{\mathrm{d}y}{x}=0$的通解为:

$$x^2+y^2=C$$

将$x=1$,$y=2$代入通解,有:

$$1+2^2=C,C=5$$

所以,微分方程$\frac{\mathrm{d}x}{y}+\frac{\mathrm{d}y}{x}=0$满足初始条件$y|_{x=1}=2$的特解为:

$$x^2+y^2=5$$

2. 一阶线性微分方程

形如

$$y'+P(x)\cdot y=Q(x) \tag{5.7}$$

[其中,$P(x)$,$Q(x)$为已知的连续函数]的微分方程,称为**一阶线性微分方程**,简称**线性方程**。

它是关于 y' 及 y 的线性方程。如果 $Q(x)\equiv 0$,(5.7) 式即成为:

$$\frac{\mathrm{d}y}{\mathrm{d}x}+P(x)\cdot y=0 \tag{5.8}$$

称为**一阶线性齐次方程**。如果 $Q(x)\neq 0$,方程(5.7) 式称为**一阶线性非齐次方程**。

对于一阶线性齐次方程(5.8) 式,它可以通过分离变量化为:

$$\frac{1}{y}\mathrm{d}y=-P(x)\mathrm{d}x$$

两边积分,得:

$$\ln y=-\int P(x)\mathrm{d}x+\ln C$$

再化简,即得通解:

$$y=C\mathrm{e}^{-\int P(x)\mathrm{d}x}$$

对于一阶线性非齐次方程:

$$\frac{\mathrm{d}y}{\mathrm{d}x}+P(x)y=Q(x)$$

由于在等式两边同乘以 $\mathrm{e}^{\int P(x)\mathrm{d}x}$,就有:

$$\mathrm{e}^{\int P(x)\mathrm{d}x}\cdot\frac{\mathrm{d}y}{\mathrm{d}x}+\mathrm{e}^{\int P(x)\mathrm{d}x}\cdot P(x)\cdot y=\mathrm{e}^{\int P(x)\mathrm{d}x}\cdot Q(x)$$

而上式的左边恰为 $\frac{\mathrm{d}}{\mathrm{d}x}(\mathrm{e}^{\int P(x)\mathrm{d}x}\cdot y)$,即有:

$$\frac{\mathrm{d}}{\mathrm{d}x}(\mathrm{e}^{\int P(x)\mathrm{d}x}\cdot y)=\mathrm{e}^{\int P(x)\mathrm{d}x}\cdot Q(x)$$

$$\mathrm{d}(\mathrm{e}^{\int P(x)\mathrm{d}x}\cdot y)=\mathrm{e}^{\int P(x)\mathrm{d}x}\cdot Q(x)\mathrm{d}x$$

在两边积分后,有:

$$\mathrm{e}^{\int P(x)\mathrm{d}x}\cdot y=\int \mathrm{e}^{\int P(x)\mathrm{d}x}\cdot Q(x)\mathrm{d}x+C$$

由此即得**一阶线性非齐次方程**(5.7) 式的**通解公式**:

$$y=\mathrm{e}^{-\int P(x)\mathrm{d}x}\left[\int Q(x)\cdot\mathrm{e}^{\int P(x)\mathrm{d}x}\mathrm{d}x+C\right] \tag{5.9}$$

此通解公式必须熟记,并能熟练地运用。

［**例 4**］　求微分方程 $\frac{\mathrm{d}y}{\mathrm{d}x}-\frac{y}{x}+x\sec^2 x=0$ 的通解。

解　所给方程可化为一阶线性方程:

$$y'+\left(-\frac{1}{x}\right)y=-x\sec^2 x$$

由于:

$$P(x)=-\frac{1}{x},Q(x)=-x\sec^2 x$$

$$\mathrm{e}^{-\int P(x)\mathrm{d}x}=\mathrm{e}^{\int\frac{1}{x}\mathrm{d}x}=\mathrm{e}^{\ln x}=x$$

$$\mathrm{e}^{-\int P(x)\mathrm{d}x}\left[\int Q(x)\cdot\mathrm{e}^{\int P(x)\mathrm{d}x}\mathrm{d}x+C\right]$$

$$=x\left[\int(-x\sec^2 x)\cdot\frac{1}{x}\mathrm{d}x+C\right]$$

$$=x[-\int \sec^2 x\mathrm{d}x+C]$$

故通解为：

$$y=x[-\tan x+C]$$

［**例 5**］ 求解：$\frac{\mathrm{d}y}{\mathrm{d}x}+3x^2y=x\mathrm{e}^{-x^3}$，$y|_{x=1}=0$.

解 由于$\frac{\mathrm{d}y}{\mathrm{d}x}+3x^2y=x\mathrm{e}^{-x^3}$ 是一阶线性方程：

$$P(x)=3x^2,\quad Q(x)=x\mathrm{e}^{-x^3}$$

$$\mathrm{e}^{-\int P(x)\mathrm{d}x}=\mathrm{e}^{-\int 3x^2\mathrm{d}x}=\mathrm{e}^{-x^3}$$

$$\mathrm{e}^{-\int P(x)\mathrm{d}x}\left[\int Q(x)\cdot \mathrm{e}^{\int P(x)\mathrm{d}x}\mathrm{d}x+C\right]$$

$$=\mathrm{e}^{-x^3}\cdot\left[\int(x\mathrm{e}^{-x^3})\cdot \mathrm{e}^{x^3}\mathrm{d}x+C\right]$$

$$=\mathrm{e}^{-x^3}\cdot\left[\int x\mathrm{d}x+C\right]$$

故通解为：

$$y=\mathrm{e}^{-x^3}\left[\frac{x^2}{2}+C\right]$$

将初始条件 $x=1,y=0$ 代入通解 $y=\mathrm{e}^{-x^3}\left[\frac{x^2}{2}+C\right]$中，有$0=\mathrm{e}^{-1}\left(\frac{1}{2}+C\right)$，从而 $C=-\frac{1}{2}$.

故所求特解为：

$$y=\mathrm{e}^{-x^3}\left(\frac{x^2}{2}-\frac{1}{2}\right)=\frac{x^2-1}{2}\mathrm{e}^{-x^3}$$

3. 齐次型方程

形如

$$\frac{\mathrm{d}y}{\mathrm{d}x}=f\left(\frac{y}{x}\right) \tag{5.10}$$

的微分方程，称为**齐次型微分方程**，简称**齐次型方程**。

例如，$\frac{\mathrm{d}y}{\mathrm{d}x}=-1-\left(\frac{y}{x}\right)$是齐次型方程。又如，$xy\mathrm{d}y-(x^2+y^2)\mathrm{d}x=0$，如果以 x^2 除方程两端，再移项，即可化为$\frac{y}{x}\mathrm{d}y=\left[1+\left(\frac{y}{x}\right)^2\right]\mathrm{d}x$，即：

$$\frac{\mathrm{d}y}{\mathrm{d}x}=\frac{1+\left(\frac{y}{x}\right)^2}{\left(\frac{y}{x}\right)}$$

是齐次型方程。

对于齐次型方程(5.10)，只要令$\frac{y}{x}=u$，即 $y=xu$，就能将它化为可分离变量型方程，求出后者的通解，并将 $u=\frac{y}{x}$ 代回，即可得到原方程的通解。

［**例 6**］ 求微分方程 $xy\mathrm{d}y-(x^2+y^2)\mathrm{d}x=0$ 的通解。

解 由于所给方程可化为齐次型方程：

$$\frac{\mathrm{d}y}{\mathrm{d}x}=\frac{1+\left(\frac{y}{x}\right)^2}{\left(\frac{y}{x}\right)} \tag{5.11}$$

令 $u=\frac{y}{x}$,则 $y=xu,\frac{\mathrm{d}y}{\mathrm{d}x}=u+x\cdot\frac{\mathrm{d}u}{\mathrm{d}x}$.

代入(5.11)式中,有:

$$u+x\frac{\mathrm{d}u}{\mathrm{d}x}=\frac{1+u^2}{u}$$

化简,有 $x\frac{\mathrm{d}u}{\mathrm{d}x}=\frac{1}{u}$.

分离变量,得 $u\mathrm{d}u=\frac{1}{x}\mathrm{d}x$. 积分,$\int u\mathrm{d}u=\int\frac{1}{x}\mathrm{d}x$,得:

$$\frac{1}{2}u^2=\ln x+\frac{C}{2}$$

故
$$u^2=\ln x^2+C$$

再将 $u=\frac{y}{x}$ 代入,即得原方程的通解:

$$\frac{y^2}{x^2}=\ln x^2+C$$

至此,我们介绍了可分离变量型微分方程、一阶线性微分方程以及齐次型微分方程的一般解法。当一个微分方程有几种解法时,应该选择比较简便的方法来求解。

例如,方程 $(x+y)\mathrm{d}x+x\mathrm{d}y=0$ 可化为齐次型方程:$\frac{\mathrm{d}y}{\mathrm{d}x}=-1-\left(\frac{y}{x}\right)$,也可化为一阶线性方程:$y'+\frac{1}{x}\cdot y=-1$.

如果注意到原方程,即:$y\mathrm{d}x+x\mathrm{d}y=-x\mathrm{d}x$,而 $y\mathrm{d}x+x\mathrm{d}y=\mathrm{d}(xy)$,那么,求解的过程就相当简便。

对 $\mathrm{d}(xy)=-x\mathrm{d}x$ 两边积分,得:$xy=-\frac{x^2}{2}+C$,此即为方程 $(x+y)\mathrm{d}x+x\mathrm{d}y=0$ 的通解。

第六章

定积分及其应用

定积分与不定积分之间既有区别，又有联系。本章主要介绍定积分的概念和性质，讲述定积分的计算方法及其应用。

第一节　定积分的概念与性质

一、引例

求曲边梯形的面积：在平面直角坐标系中，由连续曲线 $y = f(x)$ $[f(x) \geqslant 0]$ 与直线 $x = a, x = b(a < b)$ 及 x 轴所围成的图形称为 $f(x)$ 在区间 $[a,b]$ 上的**曲边梯形**(如图 6－1 阴影部分所示)。

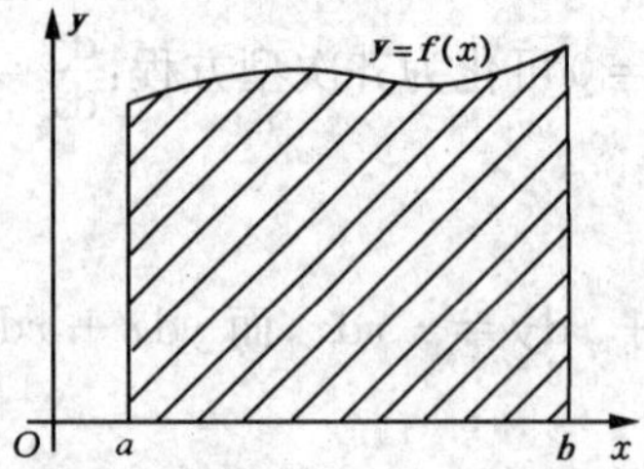

图 6－1

现考察其面积的求法。

由于 $f(x)$ 连续，在一个相当小的区间内，$f(x)$ 的值变化不大，近似于一个常数，由此可以这样来求此曲边梯形的面积 A：

1. 分割

在区间 $[a,b]$ 内添加 $n-1$ 个分点 $x_1, x_2, x_3 \cdots, x_{n-1}$，且满足

$$a = x_0 < x_1 < x_2 < \cdots < x_{n-1} < x_n = b$$

它们将区间 $[a,b]$ 细分成了 n 个小区间，第 i 个小区间 $[x_{i-1}, x_i]$ 的长度记为 Δx_i，即 $\Delta x_i = x_i - x_{i-1}(i = 1,2,\cdots,n)$，并记 $\|\Delta x\| = \max\limits_{1 \leqslant i \leqslant n}\{\Delta x_i\}$，即以 $\|\Delta x\|$ 表示 $\Delta x_1, \Delta x_2, \cdots, \Delta x_n$ 中的最大者。过每一个分点作 x 轴的垂线，把曲边梯形分成 n 个小曲边梯形，面积值依次记为 $\Delta A_1, \Delta A_2, \cdots, \Delta A_n$. 显然，曲边梯形的面积为：

$$A = \Delta A_1 + \Delta A_2 + \cdots + \Delta A_n = \sum_{i=1}^{n} \Delta A_i$$

2. 近似求和

当分割$[a,b]$的分点较多且区间被分得较细时，由于$f(x)$在每个小区间上的函数值变化不大，可以以“直”代“曲”，即在第i个小区间$[x_{i-1},x_i]$上任取一点ξ_i，以小矩形面积$f(\xi_i)\Delta x_i$作为相应小曲边梯形面积ΔA_i的近似值（见图6－2），即$\Delta A_i\approx f(\xi_i)\cdot\Delta x_i(i=1,2,\cdots,n)$. 求和得：

$$\sum_{i=1}^{n}\Delta A_i\approx\sum_{i=1}^{n}f(\xi_i)\cdot\Delta x_i$$

即有：

$$A\approx\sum_{i=1}^{n}f(\xi_i)\cdot\Delta x_i \tag{6.1}$$

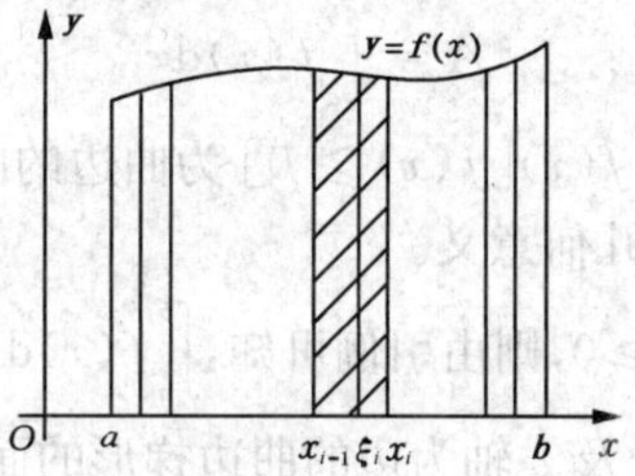

图6－2

3. 取极限

显而易见，随着区间分得越来越细，(6.1)式的误差将越来越小。因此，当分点无限增多且$\|\Delta x\|$趋于零时，$\sum\limits_{i=1}^{n}f(\xi_i)\cdot\Delta x_i$的极限就是曲边梯形的面积，即：

$$A=\lim_{\substack{\|\Delta x\|\to 0\\(n\to\infty)}}\sum_{i=1}^{n}f(\xi_i)\cdot\Delta x_i$$

这样，我们采用“分割、近似求和、取极限”的方法，解决了求曲边梯形的面积问题。在科学技术中还有许多问题的解决都归结为求与此类似结构的和式极限，对它进行抽象分析与概括，便有定积分的概念。

二、定积分的定义

定义　设函数$f(x)$在闭区间$[a,b]$上有定义。在闭区间$[a,b]$内任取$n-1$个分点：

$$a=x_0<x_1<x_2<\cdots<x_{n-1}<x_n=b$$

把$[a,b]$分成n个小的闭区间：

$$[x_{i-1},x_i],i=1,2,\cdots,n$$

第i个小区间的长度为$\Delta x_i=x_i-x_{i-1}(i=1,2,\cdots,n)$，记$\|\Delta x\|=\max\limits_{1\leqslant i\leqslant n}\{\Delta x_i\}$. 在第$i$个小区间上任取一点$\xi_i\in[x_{i-1},x_i]$，作乘积$f(\xi_i)\cdot\Delta x_i(i=1,2,\cdots,n)$，并作和式：

$$f(\xi_1)\cdot\Delta x_1+f(\xi_2)\cdot\Delta x_2+\cdots+f(\xi_n)\cdot\Delta x_n=\sum_{i=1}^{n}f(\xi_i)\cdot\Delta x_i$$

如果当小区间长度中的最大者$\|\Delta x\|$趋向于零（此时必有$n\to\infty$）时，上述和式的极限存在，且与对区间$[a,b]$的分法及ξ_i的取法无关，则称此极限值为函数$f(x)$在区间$[a,b]$上的定积分，记作

$$\int_a^b f(x)\mathrm{d}x$$

即

$$\int_a^b f(x)\mathrm{d}x = \lim_{\substack{\|\Delta x\|\to 0 \\ (n\to\infty)}} \sum_{i=1}^{n} f(\xi_i)\cdot\Delta x_i \tag{6.2}$$

称其中的 $f(x)$ 为**被积函数**，x 为**积分变量**，$f(x)\mathrm{d}x$ 为**被积表达式**，b 为**积分上限**，a 为**积分下限**，$[a,b]$ 为**积分区间**，并称 $f(x)$ 在区间$[a,b]$上是**可积的**。

哪些函数在$[a,b]$上一定是可积的？我们不加证明地给出下述定积分的存在定理。

定积分的存在定理　如果 $f(x)$ 在闭区间$[a,b]$上连续，则 $f(x)$ 在$[a,b]$上可积。更一般地，如果 $f(x)$ 在$[a,b]$上有界，且只有有限个间断点，则函数 $f(x)$ 在$[a,b]$上可积。

由定积分的定义，本节引例可以用定积分来简洁地表示：

$$A=\int_a^b f(x)\mathrm{d}x$$

这就是以$[a,b]$上连续曲线 $y=f(x)[f(x)\geqslant 0]$ 为曲边的曲边梯形面积公式。

接着，我们来考察定积分的几何意义。

如果在区间$[a,b]$上 $f(x)\geqslant 0$，则由引例可知，$\int_a^b f(x)\mathrm{d}x$ 的值等于如图6－1所示的以曲线 $y=f(x)$、直线 $x=a$、$x=b$ 及 x 轴为边的曲边梯形的面积 A.

如果在$[a,b]$上 $f(x)<0$，由于此时 $f(x)$ 在$[a,b]$上的曲边梯形（如图6－3阴影部分所示）位于 x 轴的下方，其面积值为 $\lim\limits_{\substack{\|\Delta x\|\to 0 \\ (n\to\infty)}} \sum\limits_{i=1}^{n}[-f(\xi_i)]\cdot\Delta x_i=-\int_a^b f(x)\mathrm{d}x$ 故定积分$\int_a^b f(x)\mathrm{d}x$ 为负数，且其值等于相应的曲边梯形面积的相反数。

一般地，如果在区间$[a,b]$上，曲线 $y=f(x)$ 有一部分位于 x 轴的上方，而其他部分位于 x 轴下方，则定积分$\int_a^b f(x)\mathrm{d}x$ 的几何意义就是：$\int_a^b f(x)\mathrm{d}x$ 的值为介于 x 轴、曲线 $y=f(x)$、直线 $x=a$、$x=b$之间各部分曲边梯形面积的代数和（对 x 轴上方的面积值取正号，对 x 轴下方的面积值取负号）。例如，若函数 $y=g(x)$ 在区间$[c,d]$上的图形如图6－4所示，正数 A_1,A_2,A_3 是对应的曲边梯形的面积，则定积分$\int_c^d g(x)\mathrm{d}x=A_1-A_2+A_3$.

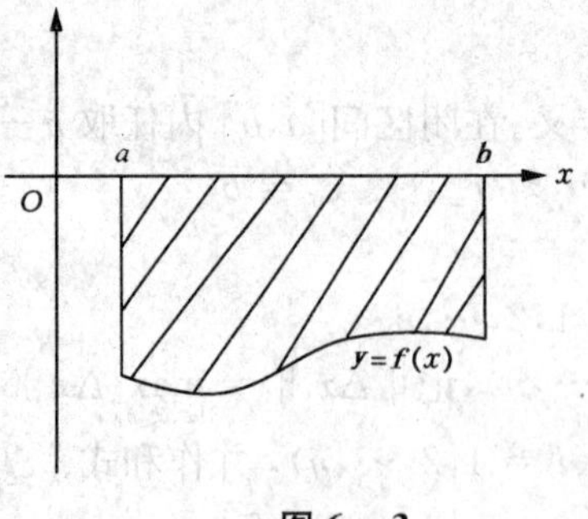

图6－3

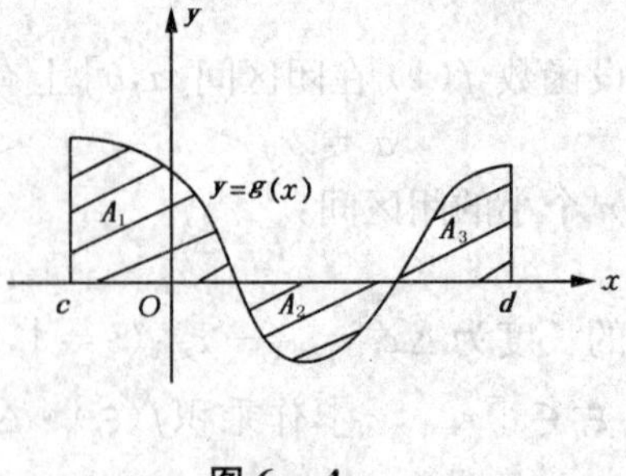

图6－4

［**例1**］　利用定积分的几何意义，说明下列定积分的值：

(1)$\int_0^1 3x\mathrm{d}x$；　　(2)$\int_{-\pi}^{\pi}\sin x\mathrm{d}x$.

解　(1) 因为在区间$[0,1]$上，被积函数 $f(x)=3x\geqslant 0$，故定积分$\int_0^1 3x\mathrm{d}x$ 的值等于

$y=3x$ 在 $[0,1]$ 上的曲边梯形面积。而该图形为三角形(见图 6－5)，面积为 $\frac{1}{2}\times1\times3=\frac{3}{2}$，所以：

$$\int_0^1 3x\mathrm{d}x=\frac{3}{2}$$

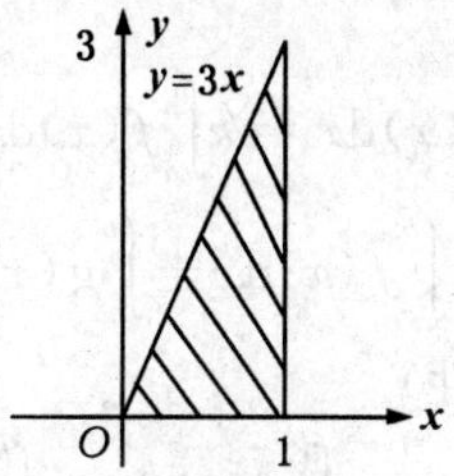

图 6－5

(2) 由于 $\sin x$ 是 $[-\pi,\pi]$ 上的奇函数，曲线 $y=\sin x$ 在 $[-\pi,0]$ 与 $[0,\pi]$ 上的曲边梯形面积相同(见图 6－6)，而这两个曲边梯形分别位于 x 轴的下方与上方，故由定积分的几何意义知，$\int_{-\pi}^{\pi}\sin x\mathrm{d}x=0$.

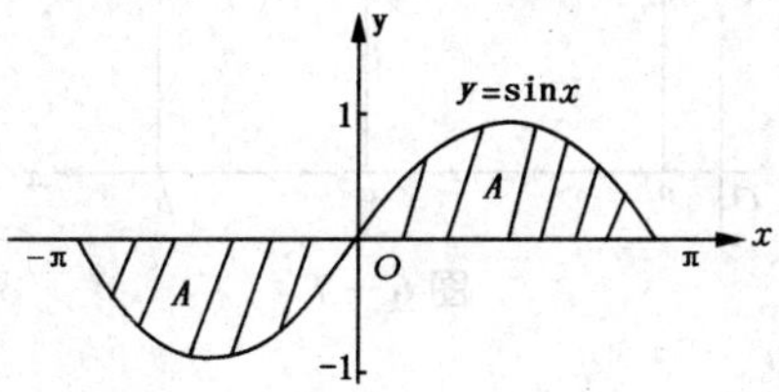

图 6－6

关于定积分的概念，还有两点需要说明：

(1) 由于定积分是和式的极限，故其值仅与被积函数及积分区间有关，而与所用积分变量的记号无关。如：

$$\int_0^1 3x\mathrm{d}x=\frac{3}{2},\qquad \int_0^1 3u\mathrm{d}u=\frac{3}{2}$$

$$\int_{-\pi}^{\pi}\sin x\mathrm{d}x=0,\qquad \int_{-\pi}^{\pi}\sin t\mathrm{d}t=0$$

一般地，有：

$$\int_a^b f(x)\mathrm{d}x=\int_a^b f(u)\mathrm{d}u=\int_a^b f(t)\mathrm{d}t$$

(2) 在定积分的定义中假设了 $a<b$，在实际运算中，若遇到 $b<a$ 的定积分，则规定：

$$\int_a^b f(x)\mathrm{d}x=-\int_b^a f(x)\mathrm{d}x$$

即：交换积分的上、下限，值要变号。

若 $b=a$，则规定：

$$\int_a^a f(x)\mathrm{d}x=0$$

即：上限等于下限的定积分，其值为零。

三、定积分的性质

由定积分的定义和极限的运算法则，不难推出定积分具有一些基本性质[假定 $f(x)$ 与 $g(x)$ 在所论区间上都是可积的]。

性质 1 $\int_a^b 1\mathrm{d}x = \int_a^b \mathrm{d}x = b-a.$

性质 2 若 k 是常数，则 $\int_a^b k\cdot f(x)\mathrm{d}x = k\int_a^b f(x)\mathrm{d}x.$

性质 3 $\int_a^b [f(x)\pm g(x)]\mathrm{d}x = \int_a^b f(x)\mathrm{d}x \pm \int_a^b g(x)\mathrm{d}x.$

性质 4(定积分的积分区间可加性)

$$\int_a^b f(x)\mathrm{d}x = \int_a^c f(x)\mathrm{d}x + \int_c^b f(x)\mathrm{d}x \tag{6.3}$$

如果 $f(x)\geqslant 0$，且 c 介于 a，b 之间，那么，性质 4 的几何意义很明显，它表示了曲边梯形面积的可加性(如图 6－7 所示)。当 c 在区间 $[a,b]$ 之外时，(6.3) 式仍然成立。

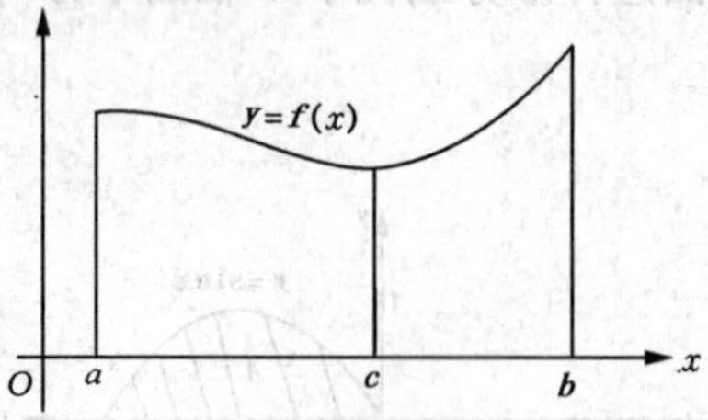

图 6－7

性质 5 如果在区间 $[a,b]$ 上 $f(x)\leqslant g(x)$，则：

$$\int_a^b f(x)\mathrm{d}x \leqslant \int_a^b g(x)\mathrm{d}x$$

[**例 2**] 试确定定积分 $\int_1^3 x\mathrm{d}x$ 与 $\int_1^3 x^2\mathrm{d}x$ 哪个较大。

解 因为在区间 $[1,3]$ 上，$x-x^2 = x(1-x)\leqslant 0$，即有：

$$x\leqslant x^2$$

故由性质 5 知：

$$\int_1^3 x\mathrm{d}x \leqslant \int_1^3 x^2\mathrm{d}x$$

性质 6(估值定理) 如果 M，m 分别是 $f(x)$ 在 $[a,b]$ 上的最大、最小值，则：

$$m(b-a)\leqslant \int_a^b f(x)\mathrm{d}x \leqslant M(b-a)$$

[**例 3**] 估计积分 $\int_1^3 (x^2-1)\mathrm{d}x$ 的值。

解 设 $f(x)=x^2-1$，由于在 $[1,3]$ 上，$f'(x)=2x>0$，$f(x)$ 递增，故在 $x=1$ 处取得最小值 $m=f(1)=0$，在 $x=3$ 处取得最大值 $M=f(3)=8$。

由定积分的估值定理：

$$0\cdot(3-1)\leqslant \int_1^3 (x^2-1)\mathrm{d}x \leqslant 8(3-1)$$

因此，$\int_1^3 (x^2-1)\mathrm{d}x$ 的值介于 0 与 16 之间。

性质 7（积分中值定理）　如果函数 $f(x)$ 在 $[a,b]$ 上连续，则在 $[a,b]$ 上至少存在一点 ξ，使得：

$$\int_a^b f(x)\mathrm{d}x = f(\xi)\cdot(b-a)$$

性质 1 至性质 6 较易验证，留给读者作为练习。下面给出性质 7 的证明，这需要综合运用定积分的性质 6 与闭区间上连续函数的最值定理及介值定理。

证　由于 $f(x)$ 在 $[a,b]$ 上连续，根据闭区间上连续函数的最值定理，$f(x)$ 在 $[a,b]$ 上有最大值 M 与最小值 m，由定积分性质 6，得：

$$m(b-a) \leqslant \int_a^b f(x)\mathrm{d}x \leqslant M(b-a)$$

即有：

$$m \leqslant \frac{1}{b-a}\int_a^b f(x)\mathrm{d}x \leqslant M$$

可见数 $\frac{1}{b-a}\int_a^b f(x)\mathrm{d}x$ 介于 m,M 之间。根据闭区间上连续函数的介值定理知，存在 $\xi\in[a,b]$，使得：

$$f(\xi) = \frac{1}{b-a}\int_a^b f(x)\mathrm{d}x$$

即有：

$$\int_a^b f(x)\mathrm{d}x = (b-a)f(\xi)$$

证毕。

若在 $[a,b]$ 上 $f(x)\geqslant 0$，则性质 7 的几何意义很明显：在 $[a,b]$ 上至少存在一点 ξ，使得以区间 $[a,b]$ 为底边、以曲线 $y=f(x)$ 为曲边的曲边梯形的面积 $\int_a^b f(x)\mathrm{d}x$ 等于以同一底边为长、宽为 $f(\xi)$ 的一个矩形的面积 $f(\xi)\cdot(b-a)$（如图 6－8 所示）。

数值 $\frac{1}{b-a}\cdot\int_a^b f(x)\mathrm{d}x$ 称为 $f(x)$ 在 $[a,b]$ 上的平均值。

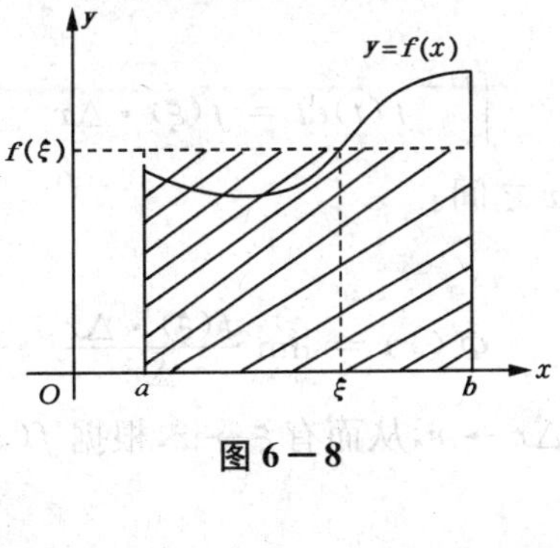

图 6－8

第二节　定积分的计算

直接按定义来计算定积分通常十分繁琐和困难，本节将介绍微积分学基本定理，揭示积分与微分的关系，给出计算定积分的简便方法。

一、微积分学基本定理

1. 积分上限函数及其导数

设函数 $f(x)$ 在区间$[a,b]$上连续，对于任意取定的 $x(a\leqslant x\leqslant b)$，由于$[a,x]\subset[a,b]$，因此，$f(x)$ 在$[a,x]$上连续，定积分$\int_a^x f(x)\mathrm{d}x$ 存在。在这里，积分上限 x 与被积表达式中的 x 两者含义并不相同，由于定积分的值与积分变量的记号无关，因此，为了避免混淆，不妨将积分变量改记为 t，于是，$\int_a^x f(x)\mathrm{d}x$ 可改写成$\int_a^x f(t)\mathrm{d}t$.

因为对于$[a,b]$上的每一点 x，都有唯一确定的定积分值$\int_a^x f(t)\mathrm{d}t$ 与之对应，所以，$\int_a^x f(t)\mathrm{d}t$ 是上限 x 的函数，称为**积分上限函数**，记作 $\Phi(x)$，即：

$$\Phi(x)=\int_a^x f(t)\mathrm{d}t,\quad x\in[a,b]$$

定理 1(积分上限函数的导数) 如果函数 $f(x)$ 在区间$[a,b]$上连续，则函数 $\Phi(x)=\int_a^x f(t)\mathrm{d}t$ 在$[a,b]$上可导，且：

$$\frac{\mathrm{d}}{\mathrm{d}x}\int_a^x f(t)\mathrm{d}t=f(x)$$

即：

$$\Phi'(x)=\left(\int_a^x f(t)\mathrm{d}t\right)'=f(x)\tag{6.4}$$

证 根据导数定义 $\Phi'(x)=\lim\limits_{\Delta x\to 0}\dfrac{\Phi(x+\Delta x)-\Phi(x)}{\Delta x}$，由于：

$$\begin{aligned}\Phi(x+\Delta x)-\Phi(x)&=\int_a^{x+\Delta x}f(t)\mathrm{d}t-\int_a^x f(t)\mathrm{d}t\\&=\int_x^a f(t)\mathrm{d}t+\int_a^{x+\Delta x}f(t)\mathrm{d}t\\&=\int_x^{x+\Delta x}f(t)\mathrm{d}t\end{aligned}$$

由积分中值定理可知：

$$\int_x^{x+\Delta x}f(t)\mathrm{d}t=f(\xi)\cdot\Delta x$$

注意 ξ 介于 x 与 $x+\Delta x$ 之间。

于是有：

$$\Phi'(x)=\lim_{\Delta x\to 0}\frac{f(\xi)\cdot\Delta x}{\Delta x}$$

又因为当 $\Delta x\to 0$ 时，$x+\Delta x\to x$，从而有 $\xi\to x$，根据 $f(x)$ 连续的假定，$f(\xi)\to f(x)$(当 $\Delta x\to 0$ 时)。

所以：

$$\Phi'(x)=\lim_{\Delta x\to 0}\frac{\Phi(x+\Delta x)-\Phi(x)}{\Delta x}=f(x)$$

证毕。

由定理 1,结合定积分性质和复合函数求导法则,还可以得出:

积分下限函数$\int_x^b f(t)\mathrm{d}t$ 的导数为:

$$\left(\int_x^b f(t)\mathrm{d}t\right)' = \left(-\int_b^x f(t)\mathrm{d}t\right)' = -f(x)$$

如果函数 $b(x)$ 可导,则函数 $\Phi(x) = \int_a^{b(x)} f(t)\mathrm{d}t$ 的导数为:

$$\frac{\mathrm{d}}{\mathrm{d}x}\int_a^{b(x)} f(t)\mathrm{d}t = f[b(x)]\cdot b'(x)$$

更一般地,如果 $a(x)$,$b(x)$ 都为可导函数,则:

$$\frac{\mathrm{d}}{\mathrm{d}x}\int_{a(x)}^{b(x)} f(t)\mathrm{d}t = f[b(x)]\cdot b'(x) - f[a(x)]\cdot a'(x) \tag{6.5}$$

[**例 1**]　设 $\Phi(x) = \int_0^x \frac{\mathrm{d}t}{1+t^2}$,求 $\Phi'(3)$.

解　因为 $\Phi'(x) = \frac{1}{1+x^2}$,所以:

$$\Phi'(3) = \frac{1}{1+3^2} = \frac{1}{10}$$

[**例 2**]　求$\frac{\mathrm{d}}{\mathrm{d}x}\int_{3x}^{x^2} \mathrm{e}^{t^2}\mathrm{d}t$.

解　$\frac{\mathrm{d}}{\mathrm{d}x}\int_{3x}^{x^2} \mathrm{e}^{t^2}\mathrm{d}t = \mathrm{e}^{(x^2)^2}\cdot(x^2)' - \mathrm{e}^{(3x)^2}\cdot(3x)'$

$$= 2x\mathrm{e}^{x^4} - 3\mathrm{e}^{9x^2}$$

反观定理 1,它其实同时告诉我们:$\Phi(x) = \int_a^x f(t)\mathrm{d}t$ 是连续函数 $f(x)$ 的一个原函数,即有下面的原函数存在定理。

定理 2(原函数存在定理)　如果函数 $f(x)$ 在区间$[a,b]$上连续,则 $\Phi(x) = \int_a^x f(t)\mathrm{d}t$ 是函数 $f(x)$ 在该区间上的一个原函数。

这个定理明确了连续函数的原函数一定存在,从而解决了不定积分遗留下来的那个问题:如果 $f(x)$ 在$[a,b]$上连续,则它的原函数必定存在。这个定理的重要性还在于,它初步揭示了定积分与原函数之间的内在联系,使我们有可能利用原函数来计算定积分。

2. 牛顿 — 莱布尼兹公式

定理 3　设 $f(x)$ 在$[a,b]$上连续,$F(x)$ 是 $f(x)$ 在$[a,b]$上的任一个原函数,则:

$$\int_a^b f(x)\mathrm{d}x = F(b) - F(a) \tag{6.6}$$

证　由定理 2,$\int_a^x f(t)\mathrm{d}t$ 是 $f(x)$ 的一个原函数。

因为一个函数的任何两个原函数仅相差一个常数,所以:

$$\int_a^x f(t)\mathrm{d}t - F(x) = C \tag{6.7}$$

在(6.7)式中,令 $x=a$,由于$\int_a^a f(t)\mathrm{d}t = 0$,得:$C = -F(a)$,因此有$\int_a^x f(t)\mathrm{d}t = F(x) - F(a)$,令 $x=b$,即得$\int_a^b f(t)\mathrm{d}t = F(b) - F(a)$.

又因为定积分的值与积分变量的记号无关，故：

$$\int_a^b f(x)\mathrm{d}x = F(b) - F(a)$$

证毕。

(6.6) 式称为**牛顿 — 莱布尼兹(Newton-Leibniz) 公式**，又记作：

$$\int_a^b f(x)\mathrm{d}x = F(x)\ |_a^b = F(b) - F(a)$$

或

$$\int_a^b f(x)\mathrm{d}x = [F(x)]_a^b = F(b) - F(a) \tag{6.8}$$

定理 3 很重要，又很实用，它深刻而有效地揭示了定积分与原函数之间的联系。它把计算定积分的问题转化成了主要是求一个原函数及其增量的问题。因此，只要被积函数 $f(x)$ 在 $[a,b]$ 上连续且存在初等函数形式的原函数，则$\int_a^b f(x)\mathrm{d}x$ 就可以利用牛顿 — 莱布尼兹公式来计算。在实际运用时，为简便起见，通常取不带常数 C 的原函数来套(6.8) 式。对这个简便又实用的定积分计算公式，读者必须熟记，并能熟练地运用。

[例 3] 计算定积分$\int_0^3 x^2\mathrm{d}x$.

解 由于被积函数 $f(x) = x^2$ 在积分区间$[0,3]$上连续，$\frac{x^3}{3}$ 是 x^2 的一个原函数，根据牛顿 — 莱布尼兹公式：

$$\int_0^3 x^2\mathrm{d}x = \left[\frac{x^3}{3}\right]_0^3 = \frac{1}{3}(3^3 - 0) = 9$$

在以后的定积分运算中，如果被积函数在积分区间上显然满足定理 3 的条件，则可以省略文字说明，直接套用牛顿 — 莱布尼兹公式来计算。

[例 4] 求定积分$\int_0^{\frac{\pi}{2}}(1 - 2\sin x)\mathrm{d}x$.

解

$$\begin{aligned}\int_0^{\frac{\pi}{2}}(1 - 2\sin x)\mathrm{d}x &= \int_0^{\frac{\pi}{2}} 1\mathrm{d}x - 2\int_0^{\frac{\pi}{2}} \sin x\mathrm{d}x \\ &= \left(\frac{\pi}{2} - 0\right) - 2[-\cos x]\Big|_0^{\frac{\pi}{2}} \\ &= \frac{\pi}{2} + 2\left(\cos\frac{\pi}{2} - \cos 0\right) \\ &= \frac{\pi}{2} - 2\end{aligned}$$

[例 5] 设 $f(x) = \begin{cases} \mathrm{e}^x, & x \geqslant 0 \\ \cos x, & x < 0 \end{cases}$，计算定积分$\int_{-\pi}^2 f(x)\mathrm{d}x$.

解 由于被积函数 $f(x)$ 在积分区间$[-\pi, 2]$ 内含有分段点 $x = 0$，故必须分段对相应的被积函数式求原函数，使用牛顿 — 莱布尼兹公式，并运用区间的可加性来积分。

$$
\begin{aligned}
\int_{-\pi}^{2} f(x)\mathrm{d}x &= \int_{-\pi}^{0} f(x)\mathrm{d}x + \int_{0}^{2} f(x)\mathrm{d}x \\
&= \int_{-\pi}^{0} \cos x\mathrm{d}x + \int_{0}^{2} \mathrm{e}^{x}\mathrm{d}x \\
&= [\sin x]_{-\pi}^{0} + [\mathrm{e}^{x}]_{0}^{2} \\
&= [\sin 0 - \sin(-\pi)] + (\mathrm{e}^{2} - \mathrm{e}^{0}) \\
&= \mathrm{e}^{2} - 1
\end{aligned}
$$

［例 6］　计算$\int_{-1}^{3} |x-1|\,\mathrm{d}x$.

解　由于被积函数$f(x)=|x-1|=\begin{cases} x-1, x\geqslant 1 \\ 1-x, x<1 \end{cases}$在积分区间内含有分段点$x=1$,故(见图 6－9)：

$$
\begin{aligned}
\int_{-1}^{3} |x-1|\,\mathrm{d}x &= \int_{-1}^{1} |x-1|\,\mathrm{d}x + \int_{1}^{3} |x-1|\,\mathrm{d}x \\
&= \int_{-1}^{1} (1-x)\mathrm{d}x + \int_{1}^{3} (x-1)\mathrm{d}x \\
&= \left[x-\frac{x^2}{2}\right]_{-1}^{1} + \left[\frac{x^2}{2}-x\right]_{1}^{3} \\
&= \left[\left(1-\frac{1}{2}\right)-\left(-1-\frac{1}{2}\right)\right] + \left[\left(\frac{9}{2}-3\right)-\left(\frac{1}{2}-1\right)\right] \\
&= 2+2=4
\end{aligned}
$$

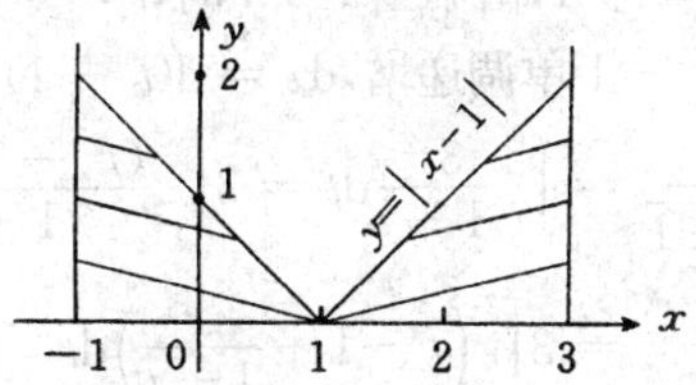

图 6－9

［例 7］　计算$\int_{0}^{1} 2x\mathrm{e}^{x^2}\mathrm{d}x$.

解　$\int_{0}^{1} 2x\mathrm{e}^{x^2}\mathrm{d}x = \int_{0}^{1} \mathrm{e}^{x^2}\mathrm{d}(x^2) = [\mathrm{e}^{x^2}]_{0}^{1} = \mathrm{e}^{1}-\mathrm{e}^{0} = \mathrm{e}-1$

本节例 7 的解法是:先采用不定积分的凑微分法求得被积函数的原函数,然后再套用牛顿—莱布尼兹公式。

二、定积分的换元积分法

定理 4　设$f(x)$在$[a,b]$上连续。如果$x=\varphi(t)$在区间$[\alpha,\beta]$(或$[\beta,\alpha]$)上单调、具有连续的导函数,且$\varphi(\alpha)=a$,$\varphi(\beta)=b$,则有定积分的换元积分公式：

$$\int_{a}^{b} f(x)\mathrm{d}x = \int_{\alpha}^{\beta} f[\varphi(t)]\cdot\varphi'(t)\mathrm{d}t \tag{6.9}$$

即:左端(或右端)的定积分经过换元可以化为另一端的积分。

证明从略。

在运用定积分的换元法时，应该注意：(1) 所设代换函数在相应区间上必须是单调的，这样可以保证其反函数存在；(2) 在换元的同时要将积分上限、下限作相应的改变，并在求得原函数后(不要代回原变量)，直接套用牛顿—莱布尼兹公式。也正是因此，对于必须作三角代换或根式代换的定积分，运用此方法计算可使运算过程简化。

［**例 8**］　计算定积分$\int_0^1 \sqrt{1-x^2}\,\mathrm{d}x$.

解　令 $x=\sin t$，即 $t=\arcsin x$，由于当 $x=1$ 时，$t=\frac{\pi}{2}$；当 $x=0$ 时，$t=0$. 并且，当 $t\in\left[0,\frac{\pi}{2}\right]$ 时，$x=\sin t$ 单调递增，$\cos t\geqslant 0$，从而 $\sqrt{1-x^2}=\sqrt{1-\sin^2 t}=|\cos t|=\cos t$，$\mathrm{d}x=\mathrm{d}(\sin t)=\cos t\mathrm{d}t$.

由定积分的换元积分公式：

$$\begin{aligned}\int_0^1 \sqrt{1-x^2}\,\mathrm{d}x &= \int_0^{\frac{\pi}{2}} \cos t\cdot\cos t\mathrm{d}t\\ &= \int_0^{\frac{\pi}{2}} \cos^2 t\mathrm{d}t = \int_0^{\frac{\pi}{2}} \frac{1+\cos 2t}{2}\mathrm{d}t\\ &= \frac{1}{2}\left(t+\frac{1}{2}\sin 2t\right)\Big|_0^{\frac{\pi}{2}} = \frac{1}{2}\times\frac{\pi}{2}=\frac{\pi}{4}\end{aligned}$$

［**例 9**］　计算定积分$\int_0^7 \frac{\mathrm{d}x}{1+\sqrt[3]{x+1}}$.

解　令 $t=\sqrt[3]{x+1}$，即 $x=t^3-1$，由于当 $x=7$ 时，$t=\sqrt[3]{7+1}=2$；当 $x=0$ 时，$t=\sqrt[3]{1+0}=1$. 并且，当 $t\in[1,2]$ 时，$x=t^3-1$ 单调递增，$\mathrm{d}x=\mathrm{d}(t^3-1)=3t^2\mathrm{d}t$，故：

$$\begin{aligned}\int_0^7 \frac{\mathrm{d}x}{1+\sqrt[3]{x+1}} &= \int_1^2 \frac{3t^2}{1+t}\mathrm{d}t = 3\int_1^2 \frac{(t^2-1)+1}{1+t}\mathrm{d}t\\ &= 3\int_1^2\left(t-1+\frac{1}{1+t}\right)\mathrm{d}t\\ &= 3\left[\frac{t^2}{2}-t+\ln|1+t|\right]_1^2\\ &= 3\left[\left(\frac{2^2}{2}-2+\ln 3\right)-\left(\frac{1}{2}-1+\ln 2\right)\right]\\ &= 3\left(\frac{1}{2}+\ln\frac{3}{2}\right)\end{aligned}$$

［**例 10**］　求定积分$\int_{-1}^1 \frac{x}{\sqrt{5-4x}}\mathrm{d}x$.

解　令 $u=\sqrt{5-4x}$，即 $x=\frac{5-u^2}{4}$，由于当 $x=1$ 时，$u=1$；当 $x=-1$ 时，$u=3$. 并且，$u\in[1,3]$ 时，$\frac{\mathrm{d}x}{\mathrm{d}u}=\left(\frac{5-u^2}{4}\right)'=-\frac{u}{2}<0$，故 $x=\frac{5-u^2}{4}$ 单调递减。

由定积分的换元积分公式：

$$\int_{-1}^{1}\frac{x}{\sqrt{5-4x}}\mathrm{d}x=\int_{3}^{1}\frac{\frac{5-u^2}{4}}{u}\cdot\left(-\frac{u}{2}\right)\mathrm{d}u$$

$$=-\frac{1}{8}\int_{3}^{1}(5-u^2)\mathrm{d}u=\frac{1}{8}\int_{1}^{3}(5-u^2)\mathrm{d}u$$

$$=\frac{1}{8}\left[5u-\frac{u^3}{3}\right]_1^3=\frac{1}{8}\times\frac{4}{3}=\frac{1}{6}$$

定积分的换元法还可以用于证明一些定积分的恒等式。

［**例 11**］　设 $f(x)$ 在对称于原点的闭区间$[-a,a]$上连续，证明：

(1) 如果 $f(x)$ 为奇函数，则$\int_{-a}^{a}f(x)\mathrm{d}x=0$；

(2) 如果 $f(x)$ 为偶函数，则$\int_{-a}^{a}f(x)\mathrm{d}x=2\int_{0}^{a}f(x)\mathrm{d}x$.

证　根据定积分的区间可加性：

$$\int_{-a}^{a}f(x)\mathrm{d}x=\int_{-a}^{0}f(x)\mathrm{d}x+\int_{0}^{a}f(x)\mathrm{d}x \tag{6.10}$$

(1) 因为 $f(x)$ 为奇函数，即有 $f(-x)=-f(x)$.

对(6.10)式中的积分$\int_{-a}^{0}f(x)\mathrm{d}x$，令 $x=-t$，有：

$$\mathrm{d}x=\mathrm{d}(-t)=-\mathrm{d}t$$

当 $x=0$ 时，$t=0$；当 $x=-a$ 时，$t=a$. 于是：

$$\int_{-a}^{0}f(x)\mathrm{d}x=\int_{a}^{0}f(-t)\mathrm{d}(-t)=-\int_{a}^{0}f(-t)\mathrm{d}t$$

$$=\int_{0}^{a}f(-t)\mathrm{d}t=-\int_{0}^{a}f(t)\mathrm{d}t$$

$$=-\int_{0}^{a}f(x)\mathrm{d}x$$

所以：

$$\int_{-a}^{a}f(x)\mathrm{d}x=\int_{-a}^{0}f(x)\mathrm{d}x+\int_{0}^{a}f(x)\mathrm{d}x$$

$$=-\int_{0}^{a}f(x)\mathrm{d}x+\int_{0}^{a}f(x)\mathrm{d}x=0$$

(2) 因为 $f(x)$ 为偶函数，即有 $f(-x)=f(x)$.

令 $x=-t$，有：

$$\int_{-a}^{0}f(x)\mathrm{d}x=\int_{a}^{0}f(-t)\mathrm{d}(-t)=-\int_{a}^{0}f(t)\mathrm{d}t$$

$$=\int_{0}^{a}f(t)\mathrm{d}t=\int_{0}^{a}f(x)\mathrm{d}x$$

所以：

$$\int_{-a}^{a}f(x)\mathrm{d}x=\int_{-a}^{0}f(x)\mathrm{d}x+\int_{0}^{a}f(x)\mathrm{d}x$$

$$=\int_{0}^{a}f(x)\mathrm{d}x+\int_{0}^{a}f(x)\mathrm{d}x$$

$$=2\int_{0}^{a}f(x)\mathrm{d}x$$

证毕。

利用本节例 11 的结论，可以简化连续的奇、偶函数在对称区间$[-a,a]$上定积分的运算。

［例 12］ 求定积分$\int_{-3}^{3} x^4 \cdot \arctan x \mathrm{d}x$.

解 因为积分区间$[-3,3]$是对称于原点的闭区间，被积函数$x^4 \cdot \arctan x$是连续的奇函数，所以：

$$\int_{-3}^{3} x^4 \cdot \arctan x \mathrm{d}x = 0$$

［例 13］ 求定积分$\int_{-\frac{\pi}{2}}^{\frac{\pi}{2}} \sin^2 t \cdot \cos t \mathrm{d}t$.

解法 1 因为被积函数 $f(t) = \sin^2 t \cdot \cos t$ 是对称区间$\left[-\frac{\pi}{2},\frac{\pi}{2}\right]$上连续的偶函数，于是有：

$$\int_{-\frac{\pi}{2}}^{\frac{\pi}{2}} \sin^2 t \cdot \cos t \mathrm{d}t = 2\int_{0}^{\frac{\pi}{2}} \sin^2 t \cdot \cos t \mathrm{d}t = 2\int_{0}^{\frac{\pi}{2}} \sin^2 t \mathrm{d}(\sin t)$$

令 $u = \sin t$，由定积分的换元积分公式，得：

$$\int_{0}^{\frac{\pi}{2}} \sin^2 t \mathrm{d}(\sin t) = \int_{0}^{1} u^2 \mathrm{d}u = \left.\frac{u^3}{3}\right|_{0}^{1} = \frac{1}{3}$$

所以：
$$\int_{-\frac{\pi}{2}}^{\frac{\pi}{2}} \sin^2 t \cdot \cos t \mathrm{d}t = 2 \times \frac{1}{3} = \frac{2}{3}$$

解法 2 $\int_{-\frac{\pi}{2}}^{\frac{\pi}{2}} \sin^2 t \cdot \cos t \mathrm{d}t = \int_{-\frac{\pi}{2}}^{\frac{\pi}{2}} (\sin t)^2 \mathrm{d}(\sin t)$

$$= \left.\left[\frac{1}{3}(\sin t)^3\right]\right|_{-\frac{\pi}{2}}^{\frac{\pi}{2}} = \frac{1}{3} \times 1^3 - \frac{1}{3}(-1)^3 = \frac{2}{3}$$

注意 例13的解法2其实是先采用不定积分的凑微分法求得原函数，然后直接套用牛顿—莱布尼兹公式。由于解题过程中并未运用定积分的换元法，故不要改变积分的上限与下限。

三、定积分的分部积分法

定理 5 如果 $u(x)$、$v(x)$ 在区间$[a,b]$上都有连续的导函数，则：

$$\int_{a}^{b} u(x) \cdot v'(x) \mathrm{d}x = [u(x) \cdot v(x)]_{a}^{b} - \int_{a}^{b} v(x) u'(x) \mathrm{d}x \tag{6.11}$$

证明从略。

(6.11) 式称为**定积分的分部积分公式**，也简记为：

$$\int_{a}^{b} u \mathrm{d}v = [uv]_{a}^{b} - \int_{a}^{b} v \mathrm{d}u$$

当所求定积分的被积表达式可凑成 $u(x)\mathrm{d}v(x)$ 的形式，并且$\int_{a}^{b} v(x) \cdot u'(x) \mathrm{d}x$ 容易计算时，该定积分即可以运用分部积分法求出。

［例 14］ 计算定积分$\int_{0}^{\pi} x\sin x \mathrm{d}x$.

解 $\int_{0}^{\pi} x\sin x \mathrm{d}x = -\int_{0}^{\pi} x\mathrm{d}(\cos x)$

$$= -\left[\left.(x\cos x)\right|_{0}^{\pi} - \int_{0}^{\pi} \cos x \cdot (x)' \mathrm{d}x\right]$$

$$=-\left[\pi\cos\pi-\int_0^{\pi}\cos x\mathrm{d}x\right]$$

$$=-\left[-\pi-(\sin x)\Big|_0^{\pi}\right]=\pi$$

［例 15］　计算$\int_0^1 x\cdot\arctan x\mathrm{d}x$.

解　$\int_0^1 x\cdot\arctan x\mathrm{d}x=\int_0^1\arctan x\mathrm{d}\left(\frac{x^2}{2}\right)$

$$=\frac{1}{2}\left[(x^2\cdot\arctan x)\Big|_0^1-\int_0^1 x^2\cdot(\arctan x)'\mathrm{d}x\right]$$

$$=\frac{1}{2}\left[\arctan 1-\int_0^1 x^2\cdot\frac{1}{1+x^2}\mathrm{d}x\right]$$

$$=\frac{1}{2}\left[\frac{\pi}{4}-\int_0^1\left(1-\frac{1}{1+x^2}\right)\mathrm{d}x\right]$$

$$=\frac{1}{2}\left[\frac{\pi}{4}-(x-\arctan x)\Big|_0^1\right]$$

$$=\frac{1}{2}\left[\frac{\pi}{4}-(1-\arctan 1)\right]$$

$$=\frac{1}{2}\left[\frac{\pi}{4}-1+\frac{\pi}{4}\right]=\frac{\pi}{4}-\frac{1}{2}$$

［例 16］　求定积分$\int_{-1}^{8}\mathrm{e}^{\sqrt{x+1}}\mathrm{d}x$.

解　本题必须先换元。

令$t=\sqrt{x+1}$，即$x=t^2-1$，由于当$x=8$时，$t=\sqrt{8+1}=3$；当$x=-1$时，$t=0$. 并且，$t\in[0,3]$时，$x=t^2-1$递增，$\mathrm{d}x=\mathrm{d}(t^2-1)=2t\mathrm{d}t$，故由定积分的换元积分公式，得：

$$\int_{-1}^{8}\mathrm{e}^{\sqrt{x+1}}\mathrm{d}x=\int_0^3\mathrm{e}^t\cdot 2t\mathrm{d}t=2\int_0^3\mathrm{e}^t\cdot t\mathrm{d}t$$

再用分部积分法。

因为：

$$\int_0^3\mathrm{e}^t\cdot t\mathrm{d}t=\int_0^3 t\mathrm{d}(\mathrm{e}^t)=[t\mathrm{e}^t]_0^3-\int_0^3\mathrm{e}^t\cdot(t)'\mathrm{d}t$$

$$=(3\mathrm{e}^3-0)-\int_0^3\mathrm{e}^t\mathrm{d}t$$

$$=3\mathrm{e}^3-[\mathrm{e}^t]_0^3=3\mathrm{e}^3-(\mathrm{e}^3-\mathrm{e}^0)$$

$$=2\mathrm{e}^3+1$$

所以：

$$\int_{-1}^{8}\mathrm{e}^{\sqrt{x+1}}\mathrm{d}x=2\int_0^3\mathrm{e}^t\cdot t\mathrm{d}t=2(2\mathrm{e}^3+1)=4\mathrm{e}^3+2$$

第三节　广义积分

前面在讨论定积分$\int_a^b f(x)\mathrm{d}x$时，一直限制积分区间为有限区间（即积分的上限b、下限a均为常数）及被积函数$f(x)$是有界的。但是，在实际问题中，经常会遇到积分区间为无限区间（即积分的上、下限为无穷记号），或被积函数在积分区间上有无穷间断点的积分，这就要拓广定积分的范围，引入“广义积分”的概念。

一、无穷限广义积分

定义 1　积分上、下限中至少有一个是无穷大的积分，称为**无穷限广义积分**，也称为**无穷区间的广义积分**。

设函数 $f(x)$ 在区间 $[a,+\infty)$ 上连续，取 $b>a$，由于 $f(x)$ 在 $[a,b]$ 上连续，故定积分 $\int_a^b f(x)\mathrm{d}x$ 存在；如果极限

$$\lim_{b\to+\infty}\left[\int_a^b f(x)\mathrm{d}x\right]$$

存在，则定义**函数 $f(x)$ 在 $[a,+\infty)$ 上的广义积分**：

$$\int_a^{+\infty} f(x)\mathrm{d}x=\lim_{b\to+\infty}\left[\int_a^b f(x)\mathrm{d}x\right]$$

并称广义积分 $\int_a^{+\infty} f(x)\mathrm{d}x$ 收敛；如果上述极限不存在，则称广义积分 $\int_a^{+\infty} f(x)\mathrm{d}x$ 发散。

类似地，可以定义 **$f(x)$ 在 $(-\infty,b]$ 上的广义积分**：

$$\int_{-\infty}^{b} f(x)\mathrm{d}x=\lim_{a\to-\infty}\left[\int_a^b f(x)\mathrm{d}x\right]$$

定义函数 **$f(x)$ 在 $(-\infty,+\infty)$ 上的广义积分** $\int_{-\infty}^{+\infty} f(x)\mathrm{d}x$ 为收敛，当且仅当广义积分 $\int_{-\infty}^{0} f(x)\mathrm{d}x$ 与 $\int_0^{+\infty} f(x)\mathrm{d}x$ 均收敛，且：

$$\int_{-\infty}^{+\infty} f(x)\mathrm{d}x=\int_{-\infty}^{0} f(x)\mathrm{d}x+\int_0^{+\infty} f(x)\mathrm{d}x$$

当 $\int_{-\infty}^{0} f(x)\mathrm{d}x$ 与 $\int_0^{+\infty} f(x)\mathrm{d}x$ 中有一个为发散时，$\int_{-\infty}^{+\infty} f(x)\mathrm{d}x$ 即为发散。

［**例 1**］　计算广义积分 $\int_0^{+\infty}\cos x\mathrm{d}x$.

解　因为定积分 $\int_0^b \cos x\mathrm{d}x=[\sin x]_0^b=\sin b$，极限 $\lim\limits_{b\to+\infty}\left[\int_0^b \cos x\mathrm{d}x\right]=\lim\limits_{b\to+\infty}(\sin b)$ 不存在，所以，广义积分 $\int_0^{+\infty}\cos x\mathrm{d}x$ 发散.

［**例 2**］　求广义积分 $\int_{-\infty}^{0}\mathrm{e}^{3x}\mathrm{d}x$.

解　因为定积分：

$$\int_a^0 \mathrm{e}^{3x}\mathrm{d}x=\left[\frac{1}{3}\mathrm{e}^{3x}\right]_a^0=\frac{1}{3}(1-\mathrm{e}^{3a})$$

$$\lim_{a\to-\infty}\left[\int_a^0 \mathrm{e}^{3x}\mathrm{d}x\right]=\lim_{a\to-\infty}\frac{1}{3}(1-\mathrm{e}^{3a})=\frac{1}{3}(1-0)=\frac{1}{3}$$

所以：

$$\int_{-\infty}^{0}\mathrm{e}^{3x}\mathrm{d}x=\frac{1}{3}$$

［**例 3**］　求 $\int_{-\infty}^{+\infty}\frac{1}{1+x^2}\mathrm{d}x$.

解　因为：

$$\int_0^{+\infty}\frac{1}{1+x^2}dx=\lim_{b\to+\infty}\left[\int_0^b\frac{1}{1+x^2}dx\right]$$
$$=\lim_{b\to+\infty}\{[\arctan x]_0^b\}=\lim_{b\to+\infty}\arctan b$$
$$=\frac{\pi}{2}\text{，收敛}$$

$$\int_{-\infty}^0\frac{1}{1+x^2}dx=\lim_{a\to-\infty}\left[\int_a^0\frac{1}{1+x^2}dx\right]$$
$$=\lim_{a\to-\infty}\{[\arctan x]_a^0\}$$
$$=\lim_{a\to-\infty}(0-\arctan a)$$
$$=0-\left(-\frac{\pi}{2}\right)=\frac{\pi}{2}\text{，收敛}$$

所以：
$$\int_{-\infty}^{+\infty}\frac{1}{1+x^2}dx=\int_{-\infty}^0\frac{1}{1+x^2}dx+\int_0^{+\infty}\frac{1}{1+x^2}dx$$
$$=\frac{\pi}{2}+\frac{\pi}{2}=\pi$$

［例 4］　设 α 为常数，试讨论 $\int_1^{+\infty}\frac{dx}{x^\alpha}$ 的敛散性。

解　若 $\alpha=1$，则广义积分 $\int_1^{+\infty}\frac{dx}{x^\alpha}=\int_1^{+\infty}\frac{dx}{x}$，由于定积分 $\int_1^b\frac{dx}{x}=[\ln x]_1^b=(\ln b)\to+\infty(b\to+\infty$ 时)，因此，$\int_1^{+\infty}\frac{dx}{x}$ 发散。

若 $\alpha\neq1$，由于：
$$\int_1^b\frac{dx}{x^\alpha}=\int_1^b x^{-\alpha}dx=\left[\frac{1}{1+(-\alpha)}x^{1-\alpha}\right]_1^b$$
$$=\frac{1}{1-\alpha}\cdot(b^{1-\alpha}-1)$$

当 $\alpha<1$ 时，$1-\alpha>0$，$\lim_{b\to+\infty}(b^{1-\alpha})=+\infty$，因此：
$$\int_1^{+\infty}\frac{dx}{x^\alpha}=\lim_{b\to+\infty}\left[\int_1^b\frac{dx}{x^\alpha}\right]=\lim_{b\to+\infty}\left[\frac{1}{1-\alpha}(b^{1-\alpha}-1)\right]$$
$$=+\infty\text{，发散}$$

当 $\alpha>1$ 时，$1-\alpha<0$，$\lim_{b\to+\infty}(b^{1-\alpha})=0$，因此：
$$\int_1^{+\infty}\frac{dx}{x^\alpha}=\lim_{b\to+\infty}\left[\int_1^b\frac{dx}{x^\alpha}\right]=\lim_{b\to+\infty}\left[\frac{1}{1-\alpha}(b^{1-\alpha}-1)\right]$$
$$=\frac{1}{1-\alpha}(0-1)=\frac{1}{\alpha-1}\text{，收敛}$$

综上所述，**若常数 $\alpha\leqslant1$，则广义积分 $\int_1^{+\infty}\frac{dx}{x^\alpha}$ 发散；若常数 $\alpha>1$，则广义积分 $\int_1^{+\infty}\frac{dx}{x^\alpha}$ 收敛，其值为 $\frac{1}{\alpha-1}$.**

本节例 4 的结论必须熟记。

［例 5］　判定下列广义积分的敛散性：

(1) $\int_e^{+\infty}\frac{1}{x\ln x}dx$；　　(2) $\int_e^{+\infty}\frac{dx}{x(\ln x)^2}$.

解 在$[\mathrm{e},+\infty)$上，被积函数均连续且$\frac{1}{x}\mathrm{d}x=\mathrm{d}(\ln x)$. 令$u=\ln x$，由于$x\in[\mathrm{e},+\infty)$时，$u=\ln x$单调递增，且当$x=\mathrm{e}$时，$u=\ln\mathrm{e}=1$；当$x\to+\infty$时，$u=\ln x\to+\infty$. 于是，广义积分(1)、(2)可分别化为：

(1)$\int_{\mathrm{e}}^{+\infty}\frac{1}{x\ln x}\mathrm{d}x=\int_{\mathrm{e}}^{+\infty}\frac{1}{\ln x}\mathrm{d}(\ln x)=\int_{1}^{+\infty}\frac{1}{u}\mathrm{d}u$

(2)$\int_{\mathrm{e}}^{+\infty}\frac{\mathrm{d}x}{x(\ln x)^2}=\int_{1}^{+\infty}\frac{1}{u^2}\mathrm{d}u$

利用本节例4的结论，可得：

广义积分(1)$\int_{\mathrm{e}}^{+\infty}\frac{1}{x\ln x}\mathrm{d}x$发散；

(2)$\int_{\mathrm{e}}^{+\infty}\frac{\mathrm{d}x}{x(\ln x)^2}=\int_{1}^{+\infty}\frac{\mathrm{d}u}{u^2}=\frac{1}{2-1}=1$，收敛.

二、被积函数有无穷间断点的广义积分

定义2 (1)设函数$y=f(x)$在$(a,b]$上连续，而$\lim\limits_{x\to a^+}f(x)=\infty$. 任取小正数$\varepsilon$，由于$f(x)$在$[a+\varepsilon,b]$上连续(见图6—10(a))，故定积分$\int_{a+\varepsilon}^{b}f(x)\mathrm{d}x$存在。如果$\lim\limits_{\varepsilon\to0^+}\left[\int_{a+\varepsilon}^{b}f(x)\mathrm{d}x\right]$存在，则定义广义积分：

$$\int_a^b f(x)\mathrm{d}x=\lim_{\varepsilon\to0^+}\left[\int_{a+\varepsilon}^{b}f(x)\mathrm{d}x\right]$$

并称**广义积分$\int_a^b f(x)\mathrm{d}x$收敛**；如果上述极限不存在，则称**广义积分$\int_a^b f(x)\mathrm{d}x$发散**。

(2)设$f(x)$在$[a,b)$上连续(见图6—10(b))，而$\lim\limits_{x\to b^-}f(x)=\infty$，如果极限$\lim\limits_{\varepsilon\to0^+}\left[\int_a^{b-\varepsilon}f(x)\mathrm{d}x\right]$存在，则定义广义积分：

$$\int_a^b f(x)\mathrm{d}x=\lim_{\varepsilon\to0^+}\left[\int_a^{b-\varepsilon}f(x)\mathrm{d}x\right]$$

并称此广义积分收敛；否则，称广义积分$\int_a^b f(x)\mathrm{d}x$发散。

(3)设$f(x)$在$[a,c)\cup(c,b]$上连续(见图6—10(c))，而$\lim\limits_{x\to c}f(x)=\infty$，如果广义积分$\int_a^c f(x)\mathrm{d}x$、$\int_c^b f(x)\mathrm{d}x$都收敛，则称广义积分$\int_a^b f(x)\mathrm{d}x$收敛，且：

$$\int_a^b f(x)\mathrm{d}x=\int_a^c f(x)\mathrm{d}x+\int_c^b f(x)\mathrm{d}x$$

如果广义积分$\int_a^c f(x)\mathrm{d}x$、$\int_c^b f(x)\mathrm{d}x$中有一个发散，则称广义积分$\int_a^b f(x)\mathrm{d}x$发散。

[例6] 求广义积分$\int_0^1\frac{x}{\sqrt{1-x^2}}\mathrm{d}x$.

解 由于被积函数$f(x)=\frac{x}{\sqrt{1-x^2}}$在区间$[0,1)$上连续，而$\lim\limits_{x\to1^-}f(x)=+\infty$，即$x=1$是$f(x)$的无穷间断点。

取$\varepsilon>0$，因为定积分：

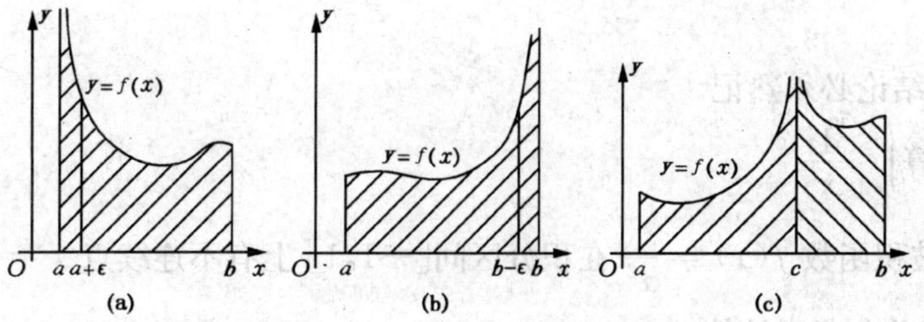

图 6－10

$$\int_0^{1-\varepsilon}\frac{x}{\sqrt{1-x^2}}\mathrm{d}x=\frac{1}{2}\int_0^{1-\varepsilon}\frac{1}{\sqrt{1-x^2}}\mathrm{d}(x^2)$$
$$=-\frac{1}{2}\int_0^{1-\varepsilon}\frac{1}{\sqrt{1-x^2}}\mathrm{d}(1-x^2)$$
$$=-\left[\sqrt{1-x^2}\right]_0^{1-\varepsilon}$$
$$=1-\sqrt{1-(1-\varepsilon)^2}$$
$$\lim_{\varepsilon\to0^+}\int_0^{1-\varepsilon}\frac{x}{\sqrt{1-x^2}}\mathrm{d}x=\lim_{\varepsilon\to0^+}\left[1-\sqrt{1-(1-\varepsilon)^2}\right]=1$$

所以，广义积分$\int_0^1\frac{x}{\sqrt{1-x^2}}\mathrm{d}x=1$，收敛。

［例 7］　讨论广义积分$\int_0^1\frac{\mathrm{d}x}{x^q}$（常数 $q>0$）的敛散性。

解　被积函数 $f(x)=\frac{1}{x^q}$ 在$(0,1]$上连续，而$\lim\limits_{x\to0^+}\frac{1}{x^q}=+\infty$，即$x=0$是$f(x)$的无穷间断点。

若 $q=1$，则广义积分：

$$\int_0^1\frac{\mathrm{d}x}{x^q}=\int_0^1\frac{\mathrm{d}x}{x}=\lim_{\varepsilon\to0^+}\left[\int_{0+\varepsilon}^1\frac{\mathrm{d}x}{x}\right]$$
$$=\lim_{\varepsilon\to0^+}[\ln x]_\varepsilon^1=\lim_{\varepsilon\to0^+}[0-\ln\varepsilon]=+\infty\text{，发散}$$

若 $q\neq1$，对于 $\varepsilon>0$，定积分：

$$\int_{0+\varepsilon}^1\frac{\mathrm{d}x}{x^q}=\int_\varepsilon^1x^{-q}\mathrm{d}x=\left[\frac{1}{1+(-q)}x^{1-q}\right]_\varepsilon^1=\frac{1}{1-q}\left(1-\varepsilon^{1-q}\right)$$

当 $q>1$ 时，$1-q<0$，$\lim\limits_{\varepsilon\to0^+}\varepsilon^{1-q}=+\infty$，此时，广义积分：

$$\int_0^1\frac{\mathrm{d}x}{x^q}=\lim_{\varepsilon\to0^+}\left[\int_{0+\varepsilon}^1\frac{\mathrm{d}x}{x^q}\right]$$
$$=\lim_{\varepsilon\to0^+}\left[\frac{1}{1-q}\cdot(1-\varepsilon^{1-q})\right]=\infty\text{，发散}$$

当 $0<q<1$ 时，$1-q>0$，$\lim\limits_{\varepsilon\to0^+}\varepsilon^{1-q}=0$，广义积分：

$$\int_0^1\frac{\mathrm{d}x}{x^q}=\lim_{\varepsilon\to0^+}\left[\int_\varepsilon^1\frac{\mathrm{d}x}{x^q}\right]=\lim_{\varepsilon\to0^+}\left[\frac{1}{1-q}(1-\varepsilon^{1-q})\right]=\frac{1}{1-q}\text{，收敛}$$

综上所述，**当常数 $q\geqslant1$ 时，广义积分$\int_0^1\frac{\mathrm{d}x}{x^q}$发散；当$0<q<1$时，广义积分$\int_0^1\frac{\mathrm{d}x}{x^q}$收敛，其**

值为$\frac{1}{1-q}$.

本节例 7 的结论必须熟记。

[**例 8**] 计算$\int_{-1}^{1}\frac{dx}{x^2}$.

解 由于被积函数 $f(x)=\frac{1}{x^2}$ 在积分区间$[-1,1]$上有不连续点 $x=0$,故本例不能套用牛顿 — 莱布尼兹公式来计算。

事实上,$f(x)=\frac{1}{x^2}$ 在$[-1,0)$与$(0,1]$上连续,$x=0$ 是其无穷间断点(因$\lim\limits_{x\to0}\frac{1}{x^2}=+\infty$),对于广义积分$\int_{0}^{1}\frac{dx}{x^2}$,利用本节例 7 的结论可知其发散,所以,广义积分$\int_{-1}^{1}\frac{dx}{x^2}$ 发散。

如果解题时忽略了被积函数在积分区间上含有无穷间断点的话,就有可能导致这样的错误:$\int_{-1}^{1}\frac{dx}{x^2}=\left[-\frac{1}{x}\right]_{-1}^{1}=-2$.

第四节 定积分的应用

本节将介绍运用定积分来求一些平面图形的面积和特殊立体的体积的方法。

一、计算平面图形的面积

根据定积分的几何意义,可以推出:

如果在$[a,b]$上 $f(x)\geqslant g(x)$,则由连续曲线 $y=f(x)$、$y=g(x)$ 与直线$x=a$、$x=b$ 所围成的图形(如图 6 — 11 阴影部分所示)的面积为:

$$A=\int_a^b[f(x)-g(x)]dx \tag{6.12}$$

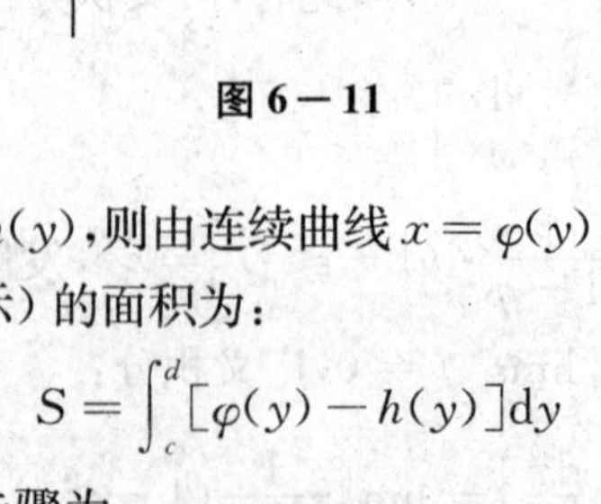

图 6 — 11

如果 $y\in[c,d]$时,$\varphi(y)\geqslant h(y)$,则由连续曲线 $x=\varphi(y)$,$x=h(y)$ 与直线 $y=c$,$y=d$ 所围图形(如图 6 — 12 阴影部分所示)的面积为:

$$S=\int_c^d[\varphi(y)-h(y)]dy \tag{6.13}$$

计算平面图形面积的一般步骤为:

(1) 求出曲线的交点坐标,画出示意草图。

(2) 看图形是否具有对称性,根据图形的特点,套用面积公式(6.12) 式或(6.13) 式(若以

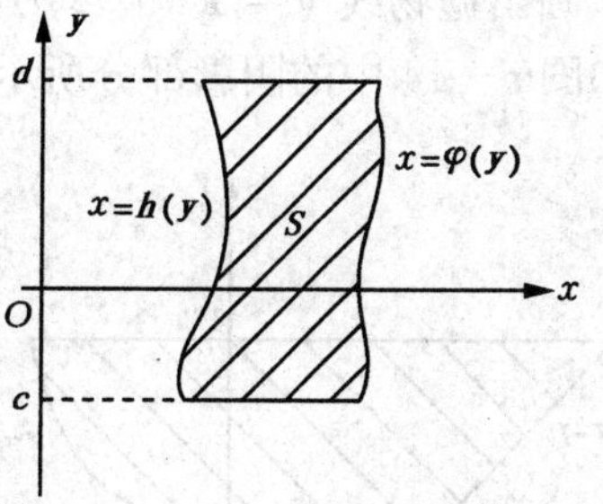

图 6－12

x 为积分变量，则积分区间为该图形在 x 轴上的投影；若以 y 为积分变量，则积分区间为该图形在 y 轴上的投影）。

［**例 1**］　求由抛物线 $y=x^2-1$ 与 $y=1-x^2$ 所围成的平面图形面积 A.

解　解方程组 $\begin{cases} y=x^2-1 \\ y=1-x^2 \end{cases}$，得 $\begin{cases} x_1=-1 \\ y_1=0 \end{cases}$，$\begin{cases} x_2=1 \\ y_2=0 \end{cases}$，故两曲线的交点为 $M_1(-1,0)$，$M_2(1,0)$.

作草图（见图 6－13）.

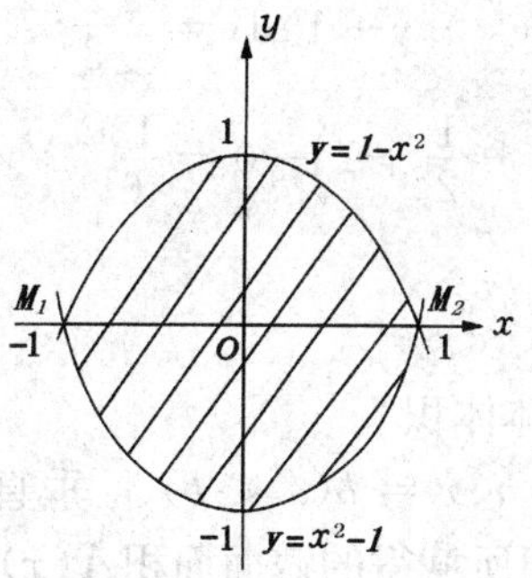

图 6－13

以 x 为积分变量，积分区间为［－1，1］，利用（6.12）式：

$$A=\int_{-1}^{1}[(1-x^2)-(x^2-1)]\mathrm{d}x$$

$$=2\int_{-1}^{1}(1-x^2)\mathrm{d}x=2\left[x-\frac{x^3}{3}\right]_{-1}^{1}$$

$$=2\left[\left(1-\frac{1}{3}\right)-\left(-1+\frac{1}{3}\right)\right]=\frac{8}{3}$$

如果注意到此图形既对称于 x 轴，又对称于 y 轴，所求面积是位于第一象限部分面积的 4 倍，那么，本例的解法相当简洁：

$$A=4\int_{0}^{1}[(1-x^2)-0]\mathrm{d}x=4\left[x-\frac{x^3}{3}\right]_{0}^{1}$$

$$=4\left(1-\frac{1}{3}\right)=\frac{8}{3}$$

［**例 2**］　求由曲线 $y=x^2(x\geqslant 0)$，$y=-(x+1)$，$y=1$ 与 x 轴所围成的平面图形的面积。

解 在平面直角坐标系中，画出抛物线 $y=x^2(x\geqslant 0)$，直线 $y=1$ 和 $y=-(x+1)$，由它们与 x 轴所围成的平面图形如图6－14 中的阴影部分所示。

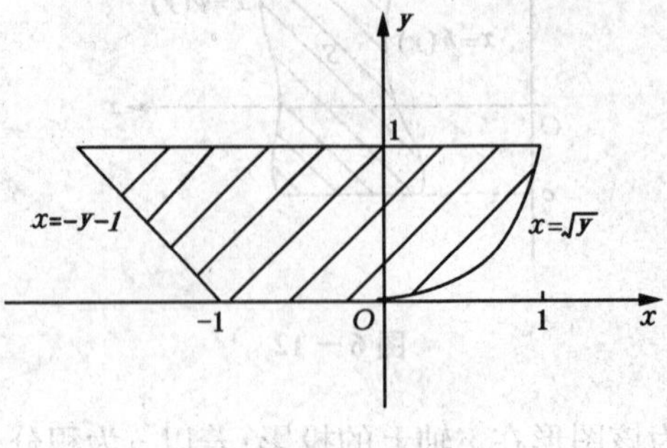

图 6－14

显然，利用(6.13)式来求此面积比较方便。即以 y 为积分变量，相应的积分区间为[0,1]. 右边的曲线为 $x=\sqrt{y}$ [$y=x^2(x\geqslant 0)$ 的反函数]，左边的曲线为 $x=-y-1$ [$y=-(x+1)$ 的反函数]。故所求面积为：

$$
\begin{aligned}
S&=\int_0^1[\sqrt{y}-(-y-1)]\mathrm{d}y\\
&=\int_0^1(y^{\frac{1}{2}}+y+1)\mathrm{d}y=\left[\frac{2}{3}y^{\frac{3}{2}}+\frac{y^2}{2}+y\right]_0^1\\
&=\left(\frac{2}{3}+\frac{1}{2}+1\right)-0=\frac{13}{6}
\end{aligned}
$$

二、计算特殊立体的体积

1. 平行截面面积为已知的立体体积

设一立体夹在分别过点 $x=a$、$x=b(a<b)$ 且垂直于 x 轴的两个平行平面之间(见图 6－15)，它被垂直于 x 轴的平面所截得的截面面积 $A(x)$ 是 x 的连续函数。下面就来导出计算该立体体积 V 的公式。

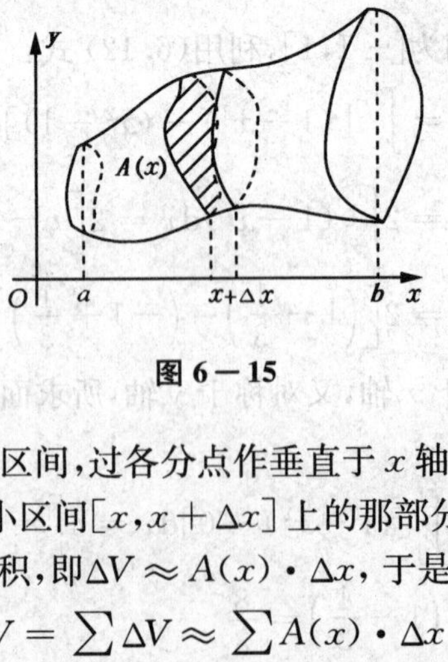

图 6－15

把$[a,b]$ 任意地分成 n 个小区间，过各分点作垂直于 x 轴的平面分立体成 n 个小立体。当区间被分得较细时，对应于典型小区间$[x,x+\Delta x]$ 上的那部分小立体体积 ΔV 近似于底面积为 $A(x)$、高为 Δx 的扁柱体的体积，即$\Delta V\approx A(x)\cdot\Delta x$，于是：

$$V=\sum\Delta V\approx\sum A(x)\cdot\Delta x$$

故 $V=\lim\limits_{||\Delta x||\to 0}\sum A(x)\cdot\Delta x$，即：

$$V=\int_a^b A(x)\mathrm{d}x \tag{6.14}$$

2. 旋转体的体积

由一个平面图形绕这平面上一条定直线旋转一周所生成的立体称为**旋转体**。

设一旋转体是由区间 $[a,b]$ 上的连续曲线 $y=f(x)(f(x)\geqslant 0)$、直线 $x=a$、$x=b$ $(a<b)$ 及 x 轴所围成的平面图形绕 x 轴旋转而成(如图 6—16 所示)。由于其垂直于 x 轴的截面面积为：

$$A(x)=\pi y^2=\pi[f(x)]^2$$

因此，运用(6.14) 式，即得该旋转体的体积：

$$V_x=\int_a^b \pi f^2(x)\mathrm{d}x=\pi\int_a^b f^2(x)\mathrm{d}x \tag{6.15}$$

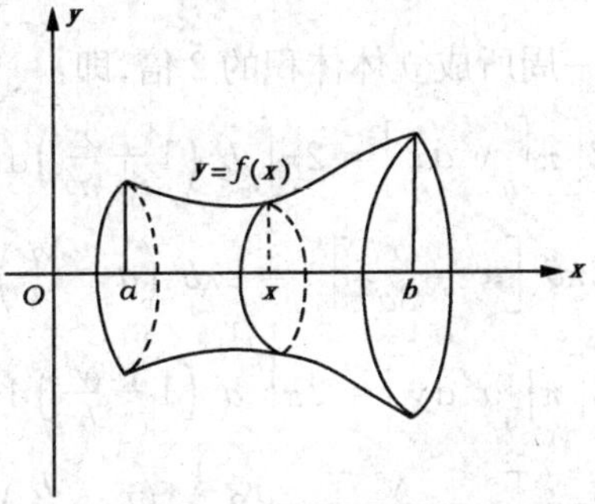

图 6—16

类似地可得：由连续曲线 $x=\varphi(y)$、直线 $y=c$、$y=d(c<d)$ 及 y 轴所围成的平面图形绕 y 轴旋转一周所生成的旋转体(见图 6—17)，其体积为：

$$V_y=\pi\int_c^d \varphi^2(y)\mathrm{d}y \tag{6.16}$$

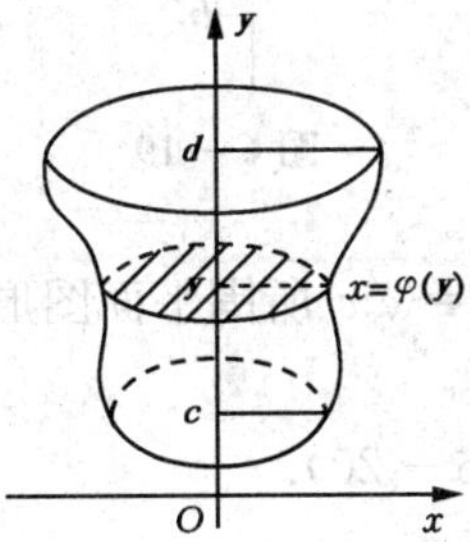

图 6—17

此外，不难得出，由图 6—18 中阴影部分绕 x 轴旋转所得的旋转体体积 V 是两个旋转体的体积之差：

$$V=\pi\int_a^b f^2(x)\mathrm{d}x-\pi\int_a^b g^2(x)\mathrm{d}x$$

$$=\pi\int_a^b [f^2(x)-g^2(x)]\mathrm{d}x$$

注意 不要错为 $\pi\int_a^b[f(x)-g(x)]^2\mathrm{d}x$.

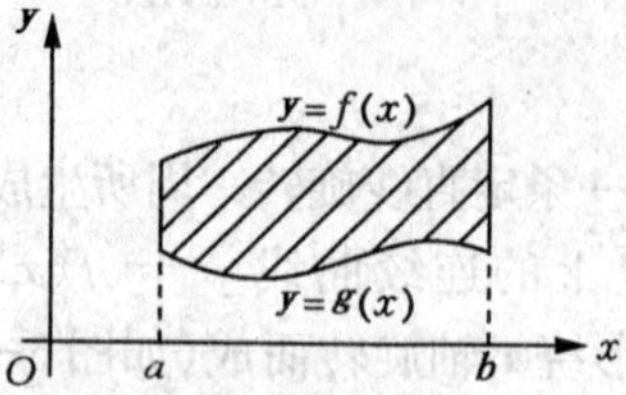

图 6－18

［例 3］ 求椭圆$\frac{x^2}{a^2}+\frac{y^2}{b^2}=1$分别绕 x 轴与 y 轴旋转一周所得的旋转体体积 V_x 和 V_y.

解 由于椭圆$\frac{x^2}{a^2}+\frac{y^2}{b^2}=1$既对称于 x 轴，又对称于 y 轴，故所求体积 $V_x(V_y)$ 等于图6－19中阴影部分绕 x 轴(y 轴) 旋转一周所成立体体积的 2 倍，即：

$$V_x=2\left[\pi\int_0^a y^2\mathrm{d}x\right]=2\pi\int_0^a b^2\left(1-\frac{x^2}{a^2}\right)\mathrm{d}x$$

$$=2\pi b^2\left[x-\frac{x^3}{3a^2}\right]_0^a=2\pi b^2\left(a-\frac{a}{3}\right)=\frac{4}{3}\pi ab^2$$

$$V_y=2\left[\pi\int_0^b x^2\mathrm{d}y\right]=2\pi\int_0^b a^2\left(1-\frac{y^2}{b^2}\right)\mathrm{d}y$$

$$=2\pi a^2\left[y-\frac{y^3}{3b^2}\right]_0^b=2\pi a^2\left(b-\frac{b}{3}\right)=\frac{4}{3}\pi ba^2$$

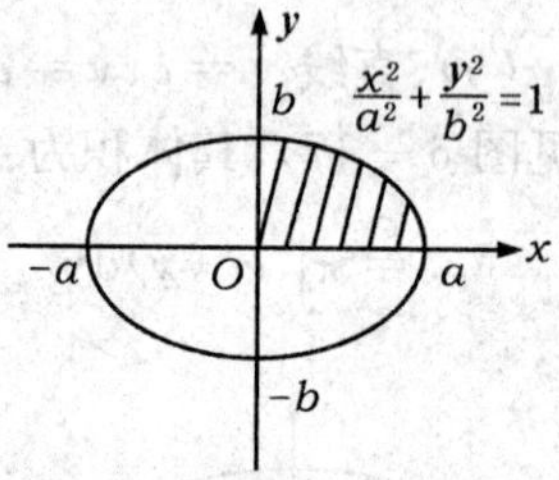

图 6－19

［例 4］ 求由曲线 $y=x^2$ 与 $y=\sqrt{x}$ 所围平面图形的面积 A，并求该图形绕 x 轴旋转一周所生成的旋转体体积 V.

解 作平面图形的草图(见图 6－20).

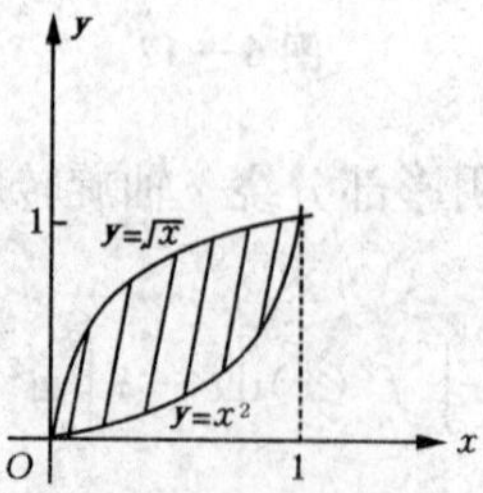

图 6－20

所求面积 $A=\int_0^1(\sqrt{x}-x^2)\mathrm{d}x$

$$=\left[\frac{2}{3}x^{\frac{3}{2}}-\frac{x^3}{3}\right]_0^1=\frac{2}{3}-\frac{1}{3}=\frac{1}{3}$$

所求体积 $V=\pi\int_0^1[(\sqrt{x})^2-(x^2)^2]\mathrm{d}x$

$$=\pi\int_0^1(x-x^4)\mathrm{d}x=\pi\left[\frac{x^2}{2}-\frac{x^5}{5}\right]_0^1$$

$$=\pi\left(\frac{1}{2}-\frac{1}{5}\right)=\frac{3\pi}{10}$$

第七章

多元函数微积分学

在人们的生产活动和科学实验中，一个因素往往要受到其他一个以上因素的影响，这就需要考察一个变量与多个变量之间的关系，研究多个自变量的函数。我们将多个自变量的函数称为多元函数。例如，两个和三个自变量的函数分别称为二元函数和三元函数。本章重点研究二元函数的微分法和二重积分，从中我们可以看出，从一元函数到二元函数，在一些概念、理论和方法上会出现某些本质的差异；而从二元函数到三元及三元以上函数，仅是一些技术性的推广而已，并无本质上的差异。

第一节　空间解析几何简介

一、空间直角坐标系

为了沟通空间图形与数的研究，我们需要建立空间的点与有序数组的联系，这种联系可以用类似于平面解析几何的方法，通过引进空间直角坐标系来实现。一般来说，要确定空间一点的位置，需要三个有序数来实现。由此，我们可以具体引进如下空间直角坐标系。

首先，选取空间中的一个定点O，过O点引三条互相垂直的数轴，它们都以O点为原点，且一般具有相同的长度单位，这三条数轴分别称为x轴、y轴、z轴，通常把x轴和y轴配置在水平面上，而z轴则是铅垂线，且它们的正方向要符合右手规则，即用右手握住z轴，当四指伸直并指向x轴正向，然后以$90°$的角度转而指向y轴的正向时，大拇指的指向就是z轴的正向（如图7－1所示）。这样就构成了一个**空间直角坐标系**$O\text{-}xyz$．点O称为**坐标原点**，三条坐标轴中的任意两条可以确定一个平面，这样确定的三个平面统称为**坐标平面**，简称**坐标面**。例如，由x轴与y轴所确定的坐标平面称为xOy坐标平面，同理，有yOz坐标面和zOx坐标面。这三个坐标面把空间分成了八个部分，每一个部分叫作一个**卦限**，含有正向x轴、正向y轴、正向z轴的那个卦限为**第Ⅰ卦限**，其余卦限及其序号如图7－2所示。

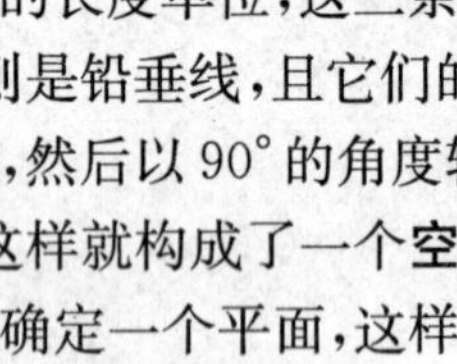

图7－1

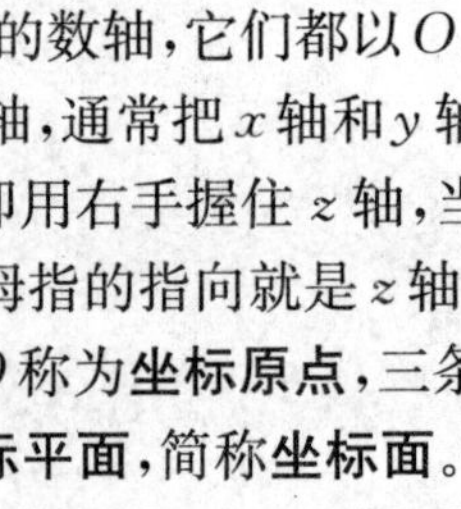

图7－2

二、空间点的直角坐标

设立了空间直角坐标系以后，就可以建立空间的点与有序数组之间的对应关系。

设 M_0 为空间一已知点，过 M_0 作三个平面分别垂直于 x 轴、y 轴和 z 轴，它们与各坐标轴的交点依次为 P,Q,R（见图7—3）. 这三点在 x 轴、y 轴、z 轴上的坐标分别为 x_o,y_o,z_o. 于是，空间中的点 M_0 就唯一地确定了一组有序数 x_o,y_o,z_o，称有序数组 (x_o,y_o,z_o) 为**点 M_o 的坐标**，也记为 $M_0(x_o,y_o,z_o)$.

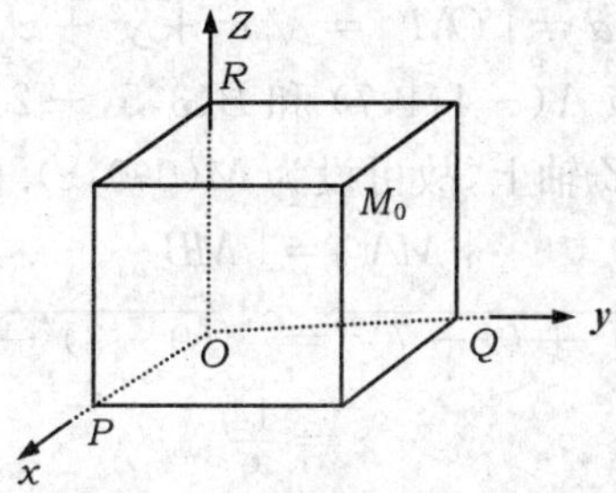

图 7—3

反之，若已知一有序数组 (x_o,y_o,z_o)，则我们可以分别在 x 轴、y 轴和 z 轴上取坐标为 x_o,y_o,z_o 的点 P,Q 和 R，然后通过 P,Q 和 R 分别作 x 轴、y 轴和 z 轴的垂直平面，这三个垂直平面的交点 M_0 便是以有序数组：(x_o,y_o,z_o) 为坐标的点。

可见，通过空间直角坐标系，我们可以建立空间的点 M 和三维有序数组 (x,y,z) 之间的一一对应关系。

显然，原点 O 的坐标为 $(0,0,0)$；在 x 轴、y 轴、z 轴上，点的坐标分别是 $(x,0,0)$、$(0,y,0)$、$(0,0,z)$；在 xOy、yOz、zOx 坐标面上，点的坐标分别为 $(x,y,0)$、$(0,y,z)$、$(x,0,z)$.

三、空间两点间的距离公式

设 $M_1(x_1,y_1,z_1)$ 和 $M_2(x_2,y_2,z_2)$ 是空间直角坐标系中任意给定的两点，过 M_1 和 M_2 各作三个分别平行于坐标面的平面，这六个平面构成了一个以线段 M_1M_2 为一条对角线的长方体（见图7－4）。显然，此长方体的棱与坐标轴平行，且三棱的长各为：

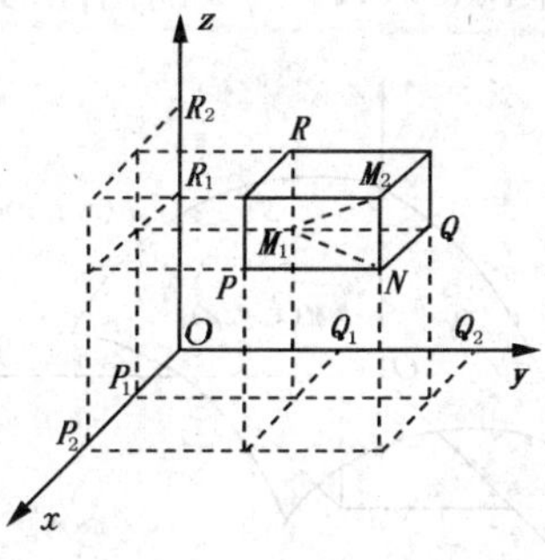

图 7—4

$$|M_1P|=|x_2-x_1|$$
$$|PN|=|y_2-y_1|$$
$$|M_2N|=|z_2-z_1|$$

于是有：$$|M_1N|^2=|M_1P|^2+|PN|^2=(x_2-x_1)^2+(y_2-y_1)^2$$

$$|M_1M_2|^2=|M_1N|^2+|M_2N|^2=(x_2-x_1)^2+(y_2-y_1)^2+(z_2-z_1)^2$$

所以，空间两点 $M_1(x_1,y_1,z_1)$、$M_2(x_2,y_2,z_2)$ 之间的**距离公式为**：

$$d=|M_1M_2|=\sqrt{(x_2-x_1)^2+(y_2-y_1)^2+(z_2-z_1)^2}$$

特别地，点 $M(x,y,z)$ 与原点 $O(0,0,0)$ 的距离为：

$$d=|OM|=\sqrt{x^2+y^2+z^2}$$

[例 1] 在 z 轴上求与两点 $A(-4,1,7)$ 和 $B(3,5,-2)$ 等距离的点。

解 由于所求的点 M 在 Z 轴上，故可设为 $M(0,0,z)$. 由题意：

$$|MA|=|MB|$$

即：$$\sqrt{(0+4)^2+(0-1)^2+(z-7)^2}=\sqrt{(0-3)^2+(0-5)^2+(z+2)^2}$$

化简，可解得：$$z=\frac{14}{9}$$

所以，所求点为 $M\left(0,0,\frac{14}{9}\right)$.

另外，由图 7－4，我们还可以得出空间两点 $M_1(x_1,y_1,z_1)$、$M_2(x_2,y_2,z_2)$ 的连线 M_1M_2 **中点的坐标为**：

$$\left(\frac{x_1+x_2}{2},\frac{y_1+y_2}{2},\frac{z_1+z_2}{2}\right)$$

四、曲面与方程

在空间解析几何中，任何曲面都可以看做是点的几何轨迹，在这样的意义下，如果曲面 S 与三元方程：

$$F(x,y,z)=0$$

有下述关系：

(1) 曲面 S 上的任何一点的坐标都满足方程 $F(x,y,z)=0$；

(2) 不在曲面 S 上的点的坐标都不满足方程 $F(x,y,z)=0$，则此方程 $F(x,y,z)=0$ 称为**曲面 S 的方程**，而曲面 S 称为方程 $F(x,y,z)=0$ 的图像（见图 7－5）。

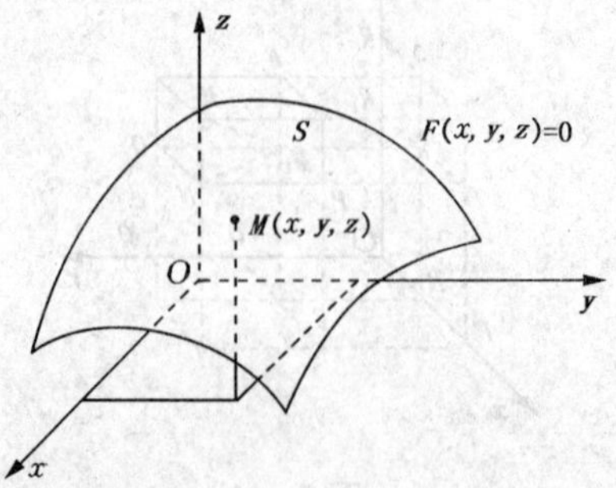

图 7－5

于是，在空间解析几何中关于曲面的研究，可归结为下列两个基本问题：

(1) 已知一曲面作为点的几何轨迹时，建立这个曲面的方程；

(2) 已知坐标 x,y,z 之间的一个方程时，研究这个方程所表示的曲面形状。

下面，我们就从这两个方面来建立和研究方程所表示的常见曲面。

1. 平面方程

［例 2］　设点 $A(1,2,3)$ 和 $B(2,-1,4)$，求线段 AB 的垂直平分面的方程。

解　由题意，所求平面就是与 A 和 B 等距离的点的几何轨迹，设 $M(x,y,z)$ 为所求平面上的任意一点，由于

$$|AM|=|BM|$$

故：
$$\sqrt{(x-1)^2+(y-2)^2+(z-3)^2}=\sqrt{(x-2)^2+(y+1)^2+(z-4)^2}$$

化简得：
$$2x-6y+2z-7=0$$

即为所要求的平面方程。

一般地，可以证明，任意一个平面的方程为三元一次方程，而任何一个三元一次方程的图像一定是平面，从而称三元一次方程

$$Ax+By+Cz+D=0 \tag{7.1}$$

为**平面的一般方程**，其中，A,B,C,D 为常数，且 A,B,C 不全为零。

特别地，$x=0$ 表示 yOz 坐标平面，而 $y=0$ 和 $z=0$ 在空间解析几何中分别表示 zOx 和 xOy 坐标平面。

$z=1$ 表示平行于 xOy 坐标平面且过点$(0,0,1)$ 的平面。

同样，对于两个平面：

$$A_1x+B_1y+C_1z+D_1=0$$
$$A_2x+B_2y+C_2z+D_2=0$$

当
$$\frac{A_1}{A_2}=\frac{B_1}{B_2}=\frac{C_1}{C_2}\quad(A_2,B_2,C_2\text{ 不为零})$$

即 x,y,z 前的系数成比例时，这两个平面相互平行。

例如，平面 $x+y+2z-1=0$ 与 $3x+3y+6z+5=0$ 平行。又如，$2x-y=0$ 与 $x-\frac{1}{2}y=1$ 平行。

当 A,B,C,D 全不为零时，方程(7.1) 可化为：

$$\frac{x}{a}+\frac{y}{b}+\frac{z}{c}=1 \tag{7.2}$$

的形式，称(7.2) 式为**平面的截距式方程**，其中，a,b,c 分别为平面在三个坐标轴上的截距。a,b,c 均大于零的平面 S，如图 7－6 所示。

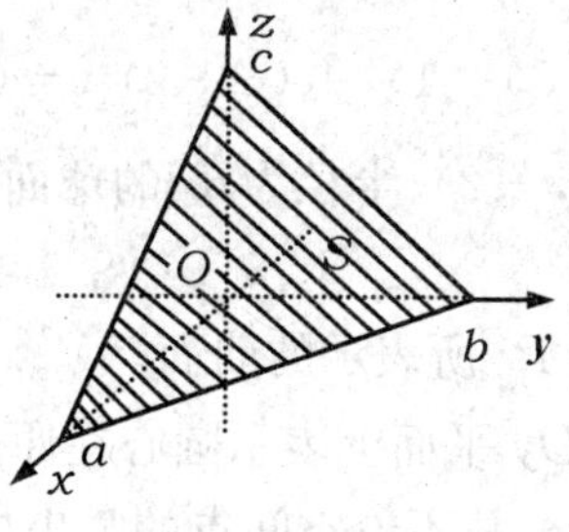

图 7－6

2. 球面方程

[例 3] 求球心为点 $M_0(x_0, y_0, z_0)$，半径为 R 的球面方程。

解 如图 7－7，设 $M(x, y, z)$ 为球面上的任意一点，则：

$$|M_0M| = R$$

于是有：

$$\sqrt{(x-x_0)^2+(y-y_0)^2+(z-z_0)^2} = R$$

因此，球心在点 $M_0(x_0, y_0, z_0)$，半径为 R 的球面方程为：

$$(x-x_0)^2+(y-y_0)^2+(z-z_0)^2 = R^2 \tag{7.3}$$

特别地，球心在原点 O，半径为 R 的球面方程为：

$$x^2+y^2+z^2 = R^2$$

$z = \sqrt{R^2-x^2-y^2}$ 的图形是上半球面（见图 7－8）。

$z = -\sqrt{R^2-x^2-y^2}$ 的图形是下半球面（见图 7－9）。

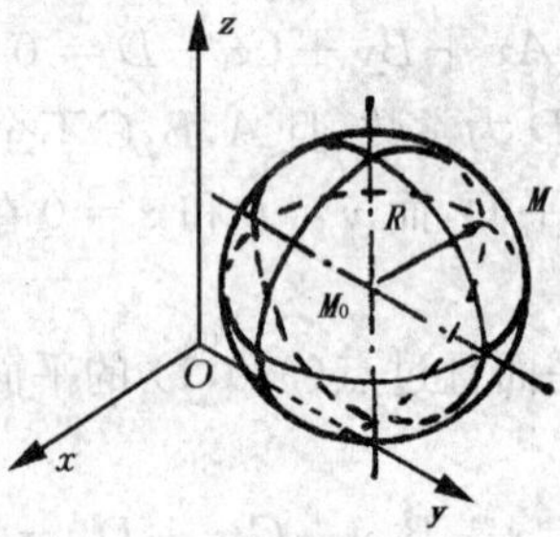

图 7－7

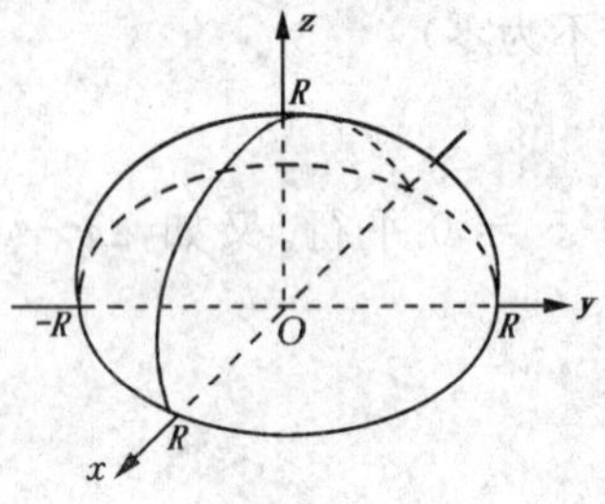

图 7－8

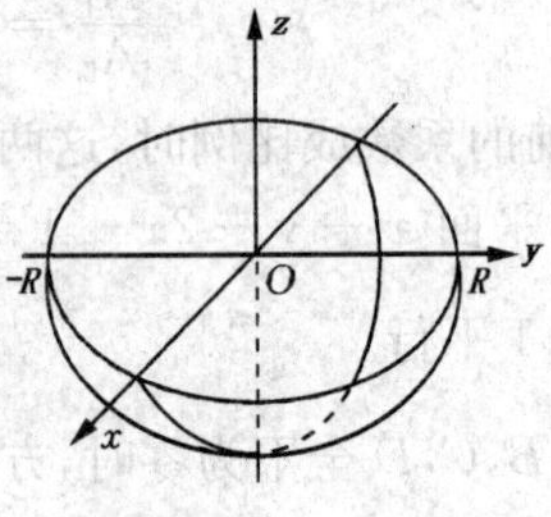

图 7－9

[例 4] 方程 $x^2+y^2+z^2-2y+4z=0$ 表示怎样的曲面？

解 因为所给方程经过配方，可化为：

$$x^2+(y-1)^2+(z+2)^2 = (\sqrt{5})^2$$

所以，这个方程表示球心在点$(0, 1, -2)$、半径为$\sqrt{5}$ 的球面。

3. 柱面方程

[例 5] 画出方程 $x^2+y^2=R^2$ 所表示的曲面。

解 方程 $x^2+y^2=R^2$ 在 xOy 平面上表示圆心在原点O、半径为 R 的圆。在空间直角坐标系中，这个方程由于不含竖坐标 z，故不论空间点的竖坐标 z 怎样，只要它的横坐标 x 和纵坐标 y 能满足这个方程，那么，这些点就在这个曲面上。这就是说，凡是通过 xOy 面内圆

$x^2+y^2=R^2$ 上一点且平行于 z 轴的直线，都在这个曲面上。因此，这个曲面可以看做是平行于 z 轴的直线沿 xOy 面上的圆 $x^2+y^2=R^2$ 移动一周而成的，故其图形为**圆柱面**（见图 7－10），xOy 面上的圆 $x^2+y^2=R^2$ 称为它的**准线**，曲面上平行于 z 轴的直线称为它的**母线**，即 $x^2+y^2=R^2$ 在空间上表示为以 xOy 面上的圆 $x^2+y^2=R^2$ 为准线，母线平行于 z 轴的圆柱面。

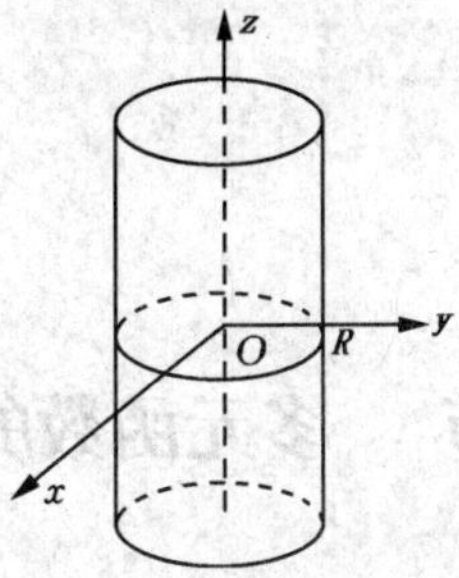

图 7－10

同理，$y^2+z^2=R^2$ 在空间上表示为以 yOz 面上的圆 $y^2+z^2=R^2$ 为准线，母线平行于 x 轴的圆柱面；$x^2+z^2=R^2$ 在空间上表示为以 xOz 面上的圆为准线，母线平行于 y 轴的圆柱面。

一般来说，二元方程 $F(x,y)=0$ 在空间上表示为母线平行于 z 轴的柱面，而方程 $F(y,z)=0$ 和 $F(x,z)=0$ 在空间上分别表示为母线平行于 x 轴和 y 轴的柱面。

4. 旋转抛物面

[例 6] 画出方程 $z=x^2+y^2$ 所表示的曲面。

解 $z=x^2+y^2$ 在 xOy 平面上表示一个点，即坐标原点 $O(0,0)$；用任意一个平行于 xOy 的平面 $z=k(k>0)$ 去截此曲面，其截痕为一个圆：$x^2+y^2=R$，且随着 R 的增大而增大；如果用 yOz 面 $x=0$ 去截此曲面，其截痕为一个抛物线：$z=y^2$；如果用 zOx 面 $y=0$ 去截此曲面，则截痕也是一个抛物线。综合上述特征，即可作出该曲面的图形（见图 7－11），此曲面称为**旋转抛物面**。

同理，方程 $z=-(x^2+y^2)$ 的图形也为旋转抛物面，但其开口方向与图7－11 所示相反。另外，$y=x^2+z^2$，$y=-(x^2+z^2)$，$x=(y^2+z^2)$，$x=-(y^2+z^2)$ 在空间的图形也均为旋转抛物面，只是它们的开口方向不同而已。

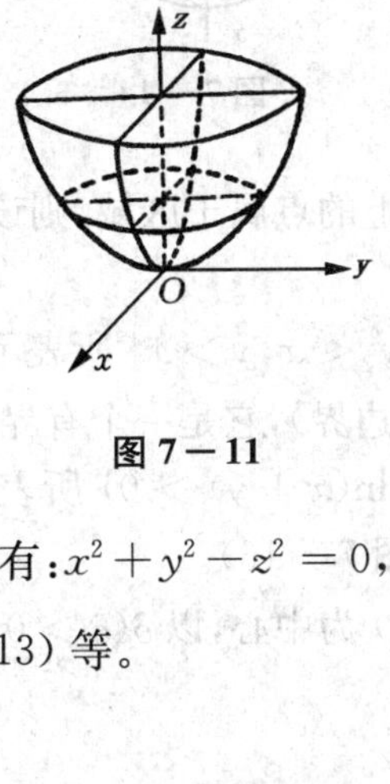

图 7－11

除以上的曲面方程外，常见的还有：$x^2+y^2-z^2=0$，其图形为**圆锥面**（见图 7－12）；以及**椭球面** $\frac{x^2}{a^2}+\frac{y^2}{b^2}+\frac{z^2}{c^2}=1$（见图 7－13）等。

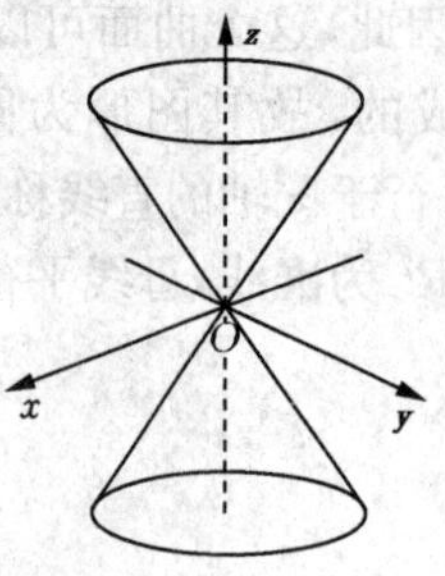

图 7－12

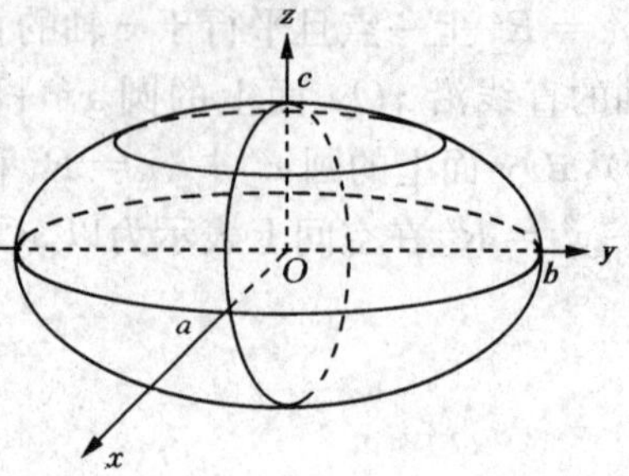

图 7－13

第二节　多元函数的概念

一、平面区域和点的邻域

在第一章的一元函数概念中，我们已经讨论了一元函数的定义域。通常由数轴上的区间构成，区间分为开区间、闭区间和半开半闭区间。但是，对于我们下面所要讨论的二元函数，由于自变量有两个，函数的定义域自然是在平面上进行讨论，因此，有必要先简单介绍一下平面区域和邻域的基本概念。

平面或由平面上的若干条曲线所围成的部分称为**平面区域**，用来围成平面区域的曲线称为该区域的**边界**，包含所有边界的区域称为**闭区域**，不包含边界的区域称为**开区域**。如果一个区域可以用某个半径确定的圆围住，则称该区域为**有界区域**，否则称为**无界区域**，区域通常可以点集来表示。

［**例 1**］　由点集 $A=\{(x,y)\mid x^2+y^2\leqslant R^2\}$ 所表示的平面区域是由圆 $x^2+y^2=R^2$ 所围成的圆域(包含圆周)，它是一个有界闭区域(见图 7－14)。

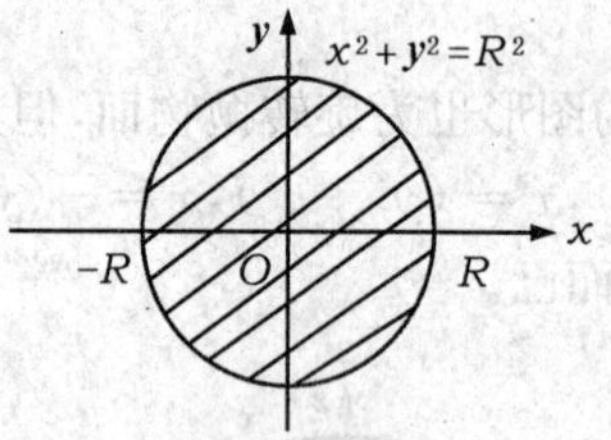

图 7－14

注意　画区域图时，如果边界上的点属于区域，则该边界以实线做标志；否则，该边界以虚线做标志。

［**例 2**］　由点集 $B=\{(x,y)\mid y^2<x,y>x\}$ 所表示的平面区域是由抛物线 $y^2=x$ 与直线 $y=x$ 所围成的内部区域(不包含边界)，它是一个有界开区域(见图 7－15)。

［**例 3**］　由点集 $C=\{(x,y)\mid \ln(x+y)>0\}$ 所表示的平面区域是一个满足 $x+y>1$ 的半平面，它是一个无界开区域(见图 7－16)。

在 xOy 平面上，以点 $M_0(x_0,y_0)$ 为中心，以 $\delta(\delta>0)$ 为半径的圆的内部点全体构成的集合 D，即：

$$D=\{(x,y)\mid\sqrt{(x-x_0)^2+(y-y_0)^2}<\delta\}$$

称为点 M_0 的 δ **邻域**，并称 M_0 为邻域的中心，δ 为邻域的半径。该邻域是一个有界开圆域（见图7－17）。

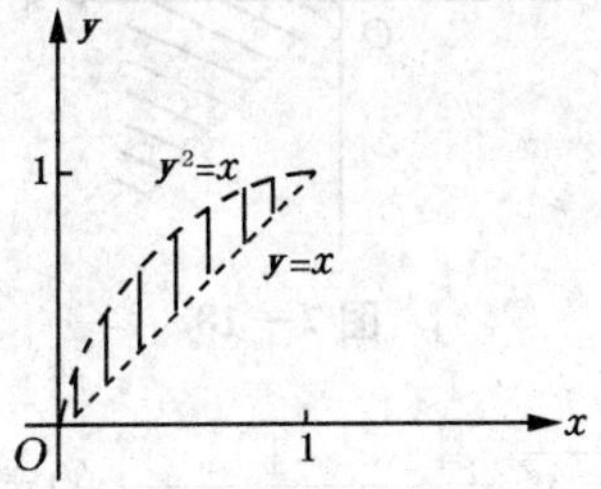

图 7－15

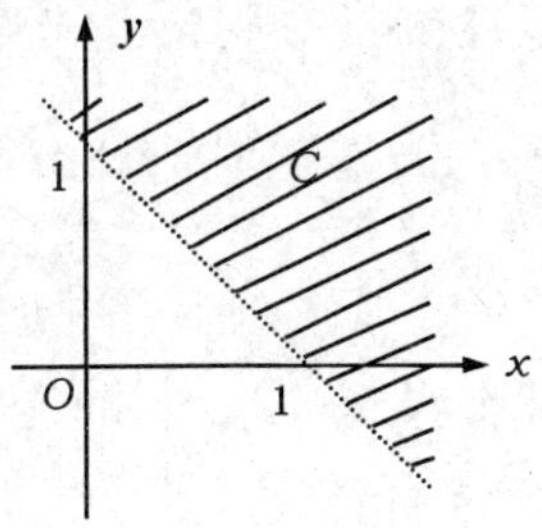

图 7－16

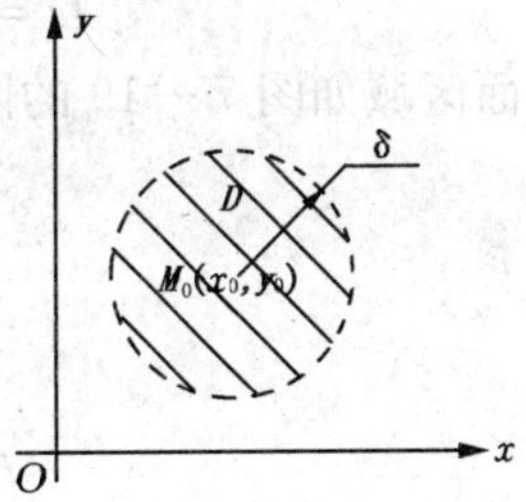

图 7－17

二、多元函数的定义

二元函数的定义　设有三个变量 x,y,z，如果当变量 x,y 在一定的平面区域 D 内任意取定一组值时，按照某一确定的对应法则 f，变量 z 总有唯一确定的数值与之对应，则称 z 为确定在 D 上的 x,y 的**二元函数**，记作

$$z=f(x,y),(x,y)\in D$$

其中，x,y 称为自变量；z 称为因变量；(x,y) 取值的平面区域 D 称为函数的**定义域**；对于 D 上的任意一点 (x_0,y_0) 对应的因变量 z 的取值 $z_0=f(x_0,y_0)$，称为函数在点 (x_0,y_0) 处的**函数值**，此时也称函数 $f(x,y)$ 在点 (x_0,y_0) 处有定义。函数值的全体称为该二元函数的**值域**。

类似地，可以定义有三个自变量 x,y,z 和因变量 u 的三元函数 $u=f(x,y,z)$ 以及三元以上的函数。

一般地，我们将二元及二元以上的函数统称为**多元函数**。

与一元函数一样，有时写函数时，并不注明它的定义域，即没有特别指定自变量的范围，那么，此时函数的定义域就是指使函数有意义的一切点组成的点集。

下面着重讨论二元函数的定义域。

［**例 4**］　函数 $z=\ln(x+y)$ 的定义域为：满足不等式 $x+y>0$ 的所有点的集合，即：

$$D=\{(x,y)\mid x+y>0\}$$

其对应的平面区域如图 7－18 的阴影部分所示。

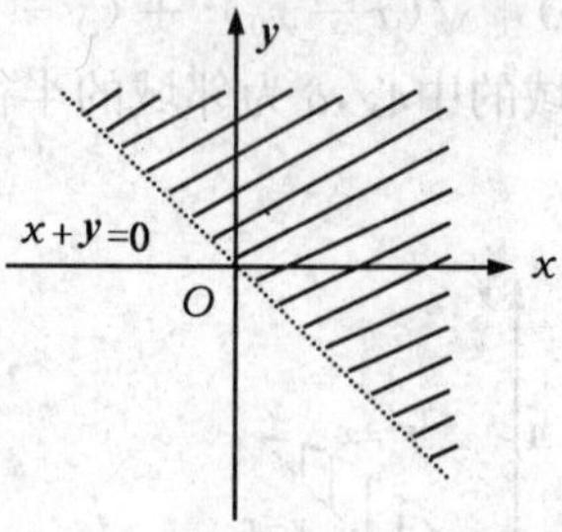

图 7－18

［例 5］ 函数 $z=\sqrt{4-x^2-y^2}+\dfrac{1}{\sqrt{x^2+y^2-1}}$ 的定义域为满足两个不等式 $x^2+y^2\leqslant 4$ 与 $x^2+y^2>1$ 的所有 (x,y) 点，即：

$$D=\{(x,y)\mid 1<x^2+y^2\leqslant 4\}$$

其对应的平面区域如图 7－19 的阴影部分，包括外边界。

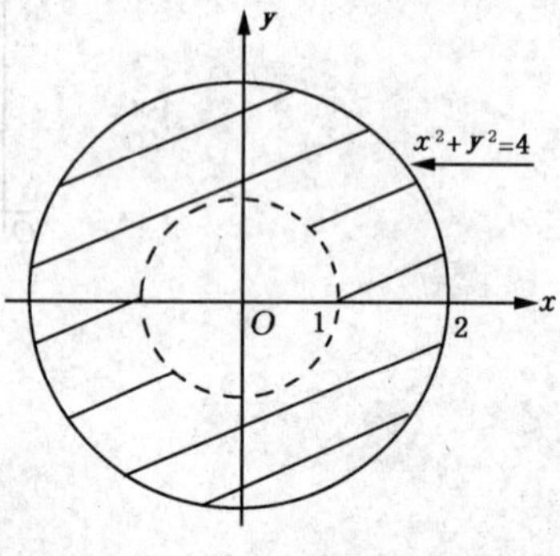

图 7－19

［例 6］ 二元函数 $z=\ln(1-x^2)+\arcsin y$ 的定义域是满足不等式：$1-x^2>0$ 和 $|y|\leqslant 1$ 的所有点，即：

$$D=\{(x,y)\mid -1<x<1,-1\leqslant y\leqslant 1\}$$

其对应的平面区域为一个正方形区域(见图 7－20)。

［例 7］ 二元函数 $z=\dfrac{1}{x^2+y^2}$ 的定义域为：

$$D=\{(x,y)\mid x^2+y^2\neq 0\}$$

其对应的平面区域为 xOy 平面上除去原点 $O(0,0)$ 的部分(见图 7－21)。

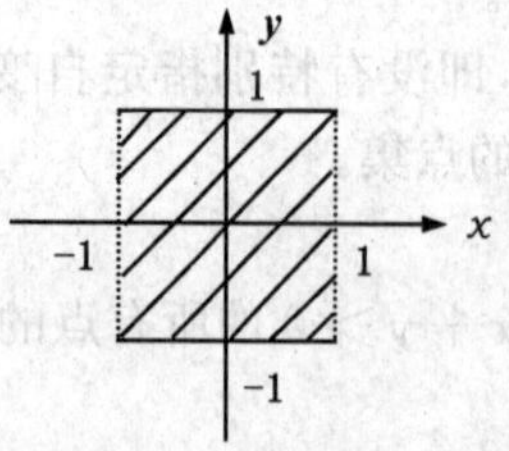

图 7－20

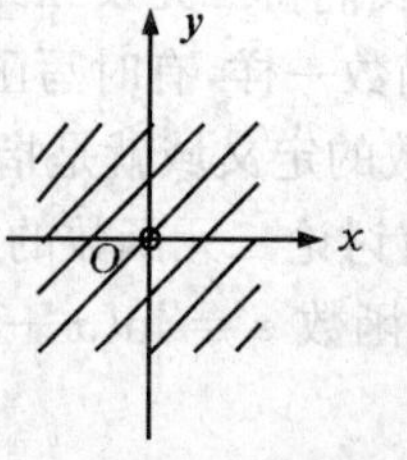

图 7－21

大家知道，一元函数 $y=f(x)$ 的图像通常是 xOy 平面上的一条曲线，那么，二元函数的几何意义呢？事实上，对于二元函数 $z=f(x,y)$，通常可以在空间直角坐标系中表示其图形：一个空间曲面。

例如，$z=x^2+y^2$ 的图形为开口向上的旋转抛物面；$z=\sqrt{x^2+y^2}$ 的图形为开口向上的圆锥面；$z=x+2y$ 的图形为平面；$z=\sqrt{4-x^2-y^2}$ 的图形为球心在原点、半径为 2 的上半球面。

第三节　二元函数的极限和连续性

定义 1　设二元函数 $z=f(x,y)$ 在点 $M_0(x_0,y_0)$ 的某个邻域内有定义（M_0 点可以除外），A 是一个定值，如果对于任意给定的小正数 ε，总存在 $\delta>0$，使满足

$$0<\sqrt{(x-x_0)^2+(y-y_0)^2}<\delta$$

的 (x,y)，恒有 $|f(x,y)-A|<\varepsilon$，则称当 (x,y) 趋于 (x_0,y_0) 时，二元函数 $f(x,y)$ 的极限为 A，记作：

$$\lim_{(x,y)\to(x_0,y_0)} f(x,y)=A$$

或

$$\lim_{\substack{x\to x_0\\ y\to y_0}} f(x,y)=A$$

要注意定义中"(x,y) 趋于 (x_0,y_0)"的方式远比一元函数"x 趋于 x_0"的情形复杂。如果 (x,y) 沿着某条特定的路径趋于 (x_0,y_0) 时，$f(x,y)$ 没有极限或沿着不同路径 $f(x,y)$ 的极限并不相同，则都说明 $f(x,y)$ 在 (x_0,y_0) 处没有极限。

定义 2　设二元函数 $z=f(x,y)$ 在包含点 $M_0(x_0,y_0)$ 的某邻域内有定义，如果

$$\lim_{(x,y)\to(x_0,y_0)} f(x,y)=f(x_0,y_0) \tag{7.4}$$

即点 M_0 处 $f(x,y)$ 的极限值等于该点的函数值，则称二元函数 $z=f(x,y)$ 在点 $M_0(x_0,y_0)$ 处**连续**，称 (x_0,y_0) 为 $f(x,y)$ 的**连续点**。

设 $\Delta x=x-x_0$，$\Delta y=y-y_0$，称它们为自变量的**增量**，相应的函数增量

$$\begin{aligned}\Delta z&=f(x,y)-f(x_0,y_0)\\&=f(x_0+\Delta x,y_0+\Delta y)-f(x_0,y_0)\end{aligned}$$

称为函数 $z=f(x,y)$ 在点 (x_0,y_0) 处的**全增量**。

由于 $x\to x_0$ 时 $\Delta x\to 0$，$y\to y_0$ 时 $\Delta y\to 0$，因此，点 (x_0,y_0) 是 $f(x,y)$ 的连续点的定义又可以等价地表达为：

$$\lim_{\substack{\Delta x\to 0\\ \Delta y\to 0}}\Delta z=0$$

如果 $f(x,y)$ 在平面区域 D 内的每一点处都连续，则称 $\boldsymbol{f(x,y)}$ **在** $\boldsymbol{D}$ **内连续**，也称 $\boldsymbol{f(x,y)}$ **是** $\boldsymbol{D}$ **内的连续函数**。

［例］　设 $f(x,y)=\begin{cases}0, & x=y=0\\ \dfrac{xy}{x^2+y^2}, & x,y\text{ 不同时为零}\end{cases}$，试判断 $f(x,y)$ 在点 $O(0,0)$ 处是否连续。

解　先考察 $f(x,y)$ 在点 $(0,0)$ 处的极限。

由于点 (x,y) 沿直线 $y=kx$ 趋向于点 $(0,0)$ 时：

$$\lim_{\substack{x\to 0\\ y=kx\to 0}} f(x,y)=\lim_{x\to 0}\frac{x(kx)}{x^2+(kx)^2}=\frac{k}{1+k^2}$$

而数值$\frac{k}{1+k^2}$随k值的不同而不同，这说明点(x,y)沿不同路径趋于$O(0,0)$时，其极限值不尽相同，所以，极限$\lim\limits_{\substack{x\to 0\\ y\to 0}} f(x,y)$不存在，从而$f(x,y)$在点$(0,0)$处不连续。

与一元初等函数相似，二元初等函数在其定义域内都是连续的。因此，在计算初等函数$f(x,y)$在点$M_0(x_0,y_0)$处的极限时，只要M_0是$f(x,y)$定义域内的点，则该极限值等于$f(x_0,y_0)$.

例如，$\lim\limits_{(x,y)\to(1,1)}\frac{1+e^x\cdot y}{x^2+y^2+1}=\frac{1+e^x\cdot y}{x^2+y^2+1}\bigg|_{\substack{x=1\\ y=1}}=\frac{1+e}{3}$.

另外，对于在有界闭区域上连续的二元函数，有相应的最大最小值定理、介值定理及有界性定理。

第四节　偏导数

在第三章中，我们知道，函数$y=f(x)$的导数是研究应变量的增量Δy与自变量的增量Δx比值极限$\lim\limits_{\Delta x\to 0}\frac{\Delta y}{\Delta x}$问题，即应变量对自变量的变化率问题，但对二元以及二元以上函数，由于此时自变量不止一个，因此，需要讨论应变量对某个自变量的变化率问题，从而引入偏导数的概念。

一、偏导数的概念

定义　设二元函数$z=f(x,y)$在点$M_0(x_0,y_0)$的某个邻域内有定义，当y固定在y_0，而x从x_0变到$x_0+\Delta x(\Delta x\neq 0)$时，相应地，函数$z=f(x,y)$的改变量$\Delta_x z$（称作$z=f(x,y)$对自变量$x$的**偏增量**）为：

$$\Delta_x z=f(x_0+\Delta x,y_0)-f(x_0,y_0)$$

如果极限

$$\lim_{\Delta x\to 0}\frac{\Delta_x z}{\Delta x}=\lim_{\Delta x\to 0}\frac{f(x_0+\Delta x,y_0)-f(x_0,y_0)}{\Delta x}\tag{7.5}$$

存在，则称此极限值为函数$z=f(x,y)$在点(x_0,y_0)处对x的**偏导数**，记作

$$f_x'(x_0,y_0)\text{ 或 }\frac{\partial z}{\partial x}\bigg|_{\substack{x=x_0\\ y=y_0}}$$

也记作：

$$\frac{\partial f}{\partial x}\bigg|_{\substack{x=x_0\\ y=y_0}}$$

类似地，函数$z=f(x,y)$在点(x_0,y_0)处对y的偏导数定义为：

$$f_y'(x_0,y_0)=\lim_{\Delta y\to 0}\frac{\Delta_y z}{\Delta y}=\lim_{\Delta y\to 0}\frac{f(x_0,y_0+\Delta y)-f(x_0,y_0)}{\Delta y}\tag{7.6}$$

也记作：

$$\frac{\partial z}{\partial y}\bigg|_{\substack{x=x_0\\ y=y_0}}\text{ 或 }\frac{\partial f}{\partial y}\bigg|_{\substack{x=x_0\\ y=y_0}}$$

如果函数 $z=f(x,y)$ 在平面区域 D 内每一点 (x,y) 处都存在偏导数 $f_x{}'(x,y)$，$f_y{}'(x,y)$，则由于这两个偏导数本身也分别是 D 内的函数，故称它们为 $f(x,y)$ 的偏导函数，在不致混淆时，也简称为偏导数，记作：

$$\frac{\partial z}{\partial x} \quad \text{或} \quad \frac{\partial f}{\partial x}$$
$$\frac{\partial z}{\partial y} \qquad\quad \frac{\partial f}{\partial y}$$

也记作：

$$z_x{}'(x,y)$$
$$z_y{}'(x,y)$$

对于二元以上函数的偏导数，也可以类似地予以定义。

二、偏导数的求法

由偏导数的定义可见，求多元函数 z 的偏导数，如求 $\frac{\partial z}{\partial x}$ 时，只要把其余的自变量视为常数，按一元函数的求导方法将函数 z 对 x 求导即可。例如，设 $f(x,y)$，$g(x,y)$ 在点 (x,y) 处偏导数 $f_x{}'(x,y)$，$g_x{}'(x,y)$ 均存在，则：

(1) $[f(x,y)\pm g(x,y)]_x{}'=f_x{}'(x,y)\pm g_x{}'(x,y)$

(2) $[f(x,y)\cdot g(x,y)]_x{}'=f_x{}'(x,y)\cdot g(x,y)+f(x,y)\cdot g_x{}'(x,y)$

(3) $\left[\frac{f(x,y)}{g(x,y)}\right]_x{}'=\frac{f_x{}'(x,y)\cdot g(x,y)-f(x,y)\cdot g_x{}'(x,y)}{g^2(x,y)}$

函数 z 对其余自变量的偏导数也可以类似地计算。

［例 1］　设 $z=x^2y^3+\ln x$，求 $\frac{\partial z}{\partial x}$，$\frac{\partial z}{\partial y}$.

解

$$\frac{\partial z}{\partial x}=(x^2y^3)_x{}'+(\ln x)_x{}'\text{（将 } y \text{ 看成常数）}$$
$$=2xy^3+\frac{1}{x}$$
$$\frac{\partial z}{\partial y}=(x^2y^3)_y{}'+(\ln x)_y{}'\text{（将 } x \text{ 看成常数）}$$
$$=3x^2y^2$$

［例 2］　设 $Z=x^y$，求 $\frac{\partial z}{\partial x}$，$\frac{\partial z}{\partial y}$.

解

$$\frac{\partial z}{\partial x}=(x^y)_x{}'=yx^{y-1}$$
$$\frac{\partial z}{\partial y}=x^y\cdot\ln x$$

［例 3］　设 $f(x,y)=\arctan\frac{y}{x}$，求 $f_x{}'(1,1)$，$f_y{}'(1,1)$.

解　因为：

$$f_x{}'(x,y)=\left(\arctan\frac{y}{x}\right)_x'=\frac{1}{1+\left(\frac{y}{x}\right)^2}\cdot\left(\frac{y}{x}\right)_x'$$

$$=\frac{1}{\frac{x^2+y^2}{x^2}}\cdot\left(-\frac{y}{x^2}\right)=-\frac{y}{x^2+y^2}$$

所以：

$$f_x'(1,1)=-\frac{1}{2}$$

又因为：

$$f_y'(x,y)=\left(\arctan\frac{y}{x}\right)_y'=\frac{1}{1+\left(\frac{y}{x}\right)^2}\cdot\left(\frac{y}{x}\right)_y'$$

$$=\frac{1}{\frac{x^2+y^2}{x^2}}\cdot\frac{1}{x}=\frac{x}{x^2+y^2},$$

所以：

$$f_y'(1,1)=\frac{1}{2}$$

[例 4]　设 $z=x^3e^{xy^2}$，求 z_x', z_y'.

解　$z_x'=(x^3e^{xy^2})_x'=(x^3)_x'e^{xy^2}+x^3\cdot(e^{xy^2})_x'$

$=3x^2e^{xy^2}+x^3\cdot e^{xy^2}(xy^2)_x'$

$=3x^2e^{xy^2}+x^3y^2e^{xy^2}=x^2e^{xy^2}(3+xy^2)$

$z_y'=(x^3e^{xy^2})_y'=x^3\cdot(e^{xy^2})_y'$

$=x^3\cdot e^{xy^2}\cdot(xy^2)_y'=x^3\cdot e^{xy^2}\cdot x\cdot 2y$

$=2x^4ye^{xy^2}$

[例 5]　设 $z=\sin(x-y)\cdot e^{-xy}$，求 z_x', z_y'.

解　$z_x'=[\sin(x-y)]_x'e^{-xy}+\sin(x-y)\cdot(e^{-xy})_x'$

$=\cos(x-y)\cdot e^{-xy}+\sin(x-y)\cdot(-ye^{-xy})$

$=e^{-xy}[\cos(x-y)-y\sin(x-y)]$

$z_y'=[\sin(x-y)]_y'\cdot e^{-xy}+\sin(x-y)\cdot(e^{-xy})_y'$

$=\cos(x-y)(-1)\cdot e^{-xy}+\sin(x-y)\cdot(-xe^{-xy})$

$=-e^{-xy}[\cos(x-y)+x\sin(x-y)]$

[例 6]　设 $z=\frac{xy}{x-y}$，求 $\frac{\partial z}{\partial x}, \frac{\partial z}{\partial y}$.

解　$\frac{\partial z}{\partial x}=\frac{(xy)_x'(x-y)-xy(x-y)_x'}{(x-y)^2}$

$=\frac{y(x-y)-xy}{(x-y)^2}=-\frac{y^2}{(x-y)^2}$

$\frac{\partial z}{\partial y}=\frac{(xy)_y'(x-y)-xy(x-y)_y'}{(x-y)^2}$

$=\frac{x(x-y)-(-1)xy}{(x-y)^2}=\frac{x^2}{(x-y)^2}$

[例 7]　设 $z=(x-y)^{xy}$，求 z_x', z_y'.

解　先对函数作恒等变形，可得：

$$z=e^{\ln(x-y)^{xy}}=e^{xy\ln(x-y)}$$

从而：

$$\begin{aligned} z_x{}' &= e^{xy\ln(x-y)}\cdot[xy\ln(x-y)]_x{}' \\ &= e^{xy\ln(x-y)}\cdot y\left[\ln(x-y)+x\cdot\frac{1}{x-y}\right] \\ &= (x-y)^{xy}\cdot y\left[\ln(x-y)+\frac{x}{x-y}\right] \\ z_y{}' &= e^{xy\ln(x-y)}\cdot[xy\ln(x-y)]_y{}' \\ &= (x-y)^{xy}x\left[\ln(x-y)+y\cdot\frac{1}{x-y}\cdot(-1)\right] \\ &= (x-y)^{xy}\cdot x\left[\ln(x-y)-\frac{y}{x-y}\right] \end{aligned}$$

［**例 8**］　设函数：

$$f(x,y)=\begin{cases}\dfrac{xy}{x^2+y^2}, & x,y\text{ 不同时为零} \\ 0, & x=y=0\end{cases}$$

求 $f(x,y)$ 在点 $O(0,0)$ 处的偏导数 $f_x{}'(0,0)$，$f_y{}'(0,0)$.

解　由偏导数的定义：

$$\begin{aligned} f_x{}'(0,0) &= \lim_{\Delta x\to 0}\frac{f(0+\Delta x,0)-f(0,0)}{\Delta x} \\ &= \lim_{\Delta x\to 0}\frac{\dfrac{(0+\Delta x)\cdot 0}{(0+\Delta x)^2+0^2}-0}{\Delta x}=0 \\ f_y{}'(0,0) &= \lim_{\Delta y\to 0}\frac{f(0,0+\Delta y)-f(0,0)}{\Delta y} \\ &= \lim_{\Delta y\to 0}\frac{\dfrac{0\cdot(0+\Delta y)}{0+(0+\Delta y)^2}-0}{\Delta y}=0 \end{aligned}$$

我们知道，对一元函数而言，可导必连续，即如果一元函数在某一点处的导数存在，则函数在该点处一定连续，但由例 8 与上一节例题的结论：所给函数 $f(x,y)$ 在点 $O(0,0)$ 处偏导数 $f_x{}'(0,0)$，$f_y{}'(0,0)$ 都存在，但此二元函数在点 $O(0,0)$ 处不连续，这说明对多元函数而言，偏导数存在并不能保证函数连续。由此可见，多元函数的理论除与一元函数的理论有许多相似之处外，也存在着许多本质的差异。

三、高阶偏导数

从上面求偏导数的例题中，我们看到函数 $z=f(x,y)$ 对 x 和 y 的偏导数 $f_x{}'(x,y)$，$f_y{}'(x,y)$ 一般来说仍是 x,y 的二元函数。如果这两个偏导数又存在对 x 与 y 的偏导数，则我们把它们的偏导数称为函数 $z=f(x,y)$ 的**二阶偏导数**。这样的二阶偏导数共有四个，分别记作：

$$\frac{\partial}{\partial x}\left(\frac{\partial z}{\partial x}\right)=\frac{\partial^2 z}{\partial x^2}=f''_{xx}(x,y)=z''_{xx}$$

$$\frac{\partial}{\partial y}\left(\frac{\partial z}{\partial x}\right)=\frac{\partial^2 z}{\partial x\partial y}=f''_{xy}(x,y)=z''_{xy}$$

$$\frac{\partial}{\partial x}\left(\frac{\partial z}{\partial y}\right)=\frac{\partial^2 z}{\partial y\partial x}=f''_{yx}(x,y)=z''_{yx}$$

$$\frac{\partial}{\partial y}\left(\frac{\partial z}{\partial y}\right)=\frac{\partial^2 z}{\partial y^2}=f''_{yy}(x,y)=z''_{yy}$$

其中，$\frac{\partial^2 z}{\partial x \partial y}$ 和 $\frac{\partial^2 z}{\partial y \partial x}$ 称为函数 $z=f(x,y)$ 的二阶**混合偏导数**。

类似地，可以定义函数 $f(x,y)$ 的三阶以至更高阶的偏导数。我们把二阶及二阶以上的偏导数统称为**高阶偏导数**。

［**例 9**］ 设 $z=x^y$，求 $\frac{\partial^2 z}{\partial x^2}, \frac{\partial^2 z}{\partial x \partial y}, \frac{\partial^2 z}{\partial y \partial x}, \frac{\partial^2 z}{\partial y^2}$.

解 因为：

$$\frac{\partial z}{\partial x}=yx^{y-1}, \frac{\partial z}{\partial y}=x^y \cdot \ln x$$

所以：

$$\frac{\partial^2 z}{\partial x^2}=\frac{\partial}{\partial x}\left(\frac{\partial z}{\partial x}\right)=(yx^{y-1})_x{}'=y\cdot(y-1)x^{y-2}$$

$$\begin{aligned}\frac{\partial^2 z}{\partial x \partial y}&=\frac{\partial}{\partial y}\left(\frac{\partial z}{\partial x}\right)=(yx^{y-1})_y{}'\\&=1\cdot x^{y-1}+y\cdot x^{y-1}\cdot \ln x\\&=x^{y-1}(1+y\ln x)\end{aligned}$$

$$\begin{aligned}\frac{\partial^2 z}{\partial y \partial x}&=\frac{\partial}{\partial x}\left(\frac{\partial z}{\partial y}\right)=(x^y\cdot \ln x)_x{}'\\&=yx^{y-1}\cdot \ln x+x^y\cdot\frac{1}{x}\\&=x^{y-1}(y\ln x+1)\end{aligned}$$

$$\begin{aligned}\frac{\partial^2 z}{\partial y^2}&=\frac{\partial}{\partial y}\left(\frac{\partial z}{\partial y}\right)=(x^y\cdot \ln x)_y{}'\\&=x^y\cdot \ln x\cdot \ln x=x^y\cdot \ln^2 x\end{aligned}$$

［**例 10**］ 设 $z=e^{x^2 y}$，求 $z''_{xx}, z''_{xy}, z''_{yx}, z''_{yy}$.

解 因为：

$$z_x{}'=2xye^{x^2 y}, z_y{}'=x^2e^{x^2 y}$$

所以：

$$\begin{aligned}z''_{xx}&=(2xye^{x^2 y})_x{}'=2y(xe^{x^2 y})_x{}'\\&=2y[1\cdot e^{x^2 y}+x\cdot e^{x^2 y}\cdot 2xy]\\&=2ye^{x^2 y}(1+2x^2 y)\end{aligned}$$

$$\begin{aligned}z''_{xy}&=(2xye^{x^2 y})_y{}'=2x(ye^{x^2 y})_y{}'\\&=2x[e^{x^2 y}+y\cdot e^{x^2 y}\cdot x^2]=2xe^{x^2 y}(1+x^2 y)\end{aligned}$$

$$\begin{aligned}z''_{yx}&=(x^2e^{x^2 y})_x{}'=2xe^{x^2 y}+x^2e^{x^2 y}\cdot 2xy\\&=2xe^{x^2 y}(1+x^2 y)\end{aligned}$$

$$z''_{yy}=(x^2e^{x^2 y})_y{}'=x^2(e^{x^2 y})_y{}'=x^4e^{x^2 y}$$

在本节上述两例中，二阶混合偏导数 $\frac{\partial^2 z}{\partial x \partial y}$ 与 $\frac{\partial^2 z}{\partial y \partial x}$ 都是相等的。一般地，当一个函数的二阶混合偏导数 $\frac{\partial^2 z}{\partial x \partial y}$ 与 $\frac{\partial^2 z}{\partial y \partial x}$ 在区域 D 内连续时，就有：

$$\frac{\partial^2 z}{\partial x \partial y}=\frac{\partial^2 z}{\partial y \partial x}$$

但应注意，在其他情况下，它们不一定相等。

第五节 全微分

对于一元函数 $y=f(x)$，在第三章第六节中，我们知道，函数 $y=f(x)$ 的微分 $\mathrm{d}y$ 是当自变量有增量 Δx 时应变量 Δy 的一个近似值，它是函数增量的线性主要部分；对于二元函数 $z=f(x,y)$，应变量的增量 Δz 是否与两个自变量的增量 Δx、Δy 也存在类似的关系呢？

一、全微分的定义及计算

定义 如果函数 $z=f(x,y)$ 在点 $M_0(x_0,y_0)$ 处的全增量

$$\begin{aligned}\Delta z &= f(x,y)-f(x_0,y_0)\\ &= f(x_0+\Delta x,y_0+\Delta y)-f(x_0,y_0)\end{aligned}$$

可以表示为：

$$\Delta z = A\cdot\Delta x + B\cdot\Delta y + o(\rho) \tag{7.7}$$

其中，A,B 仅与 x_0,y_0 有关而与 $\Delta x,\Delta y$ 无关；$\rho=\sqrt{(\Delta x)^2+(\Delta y)^2}$，$o(\rho)$ 表示一个比 ρ 高阶的无穷小量，则称函数 $z=f(x,y)$ 在点 $M_0(x_0,y_0)$ 处**可微**，并称 $A\Delta x+B\Delta y$ 为 $f(x,y)$ 在点 (x_0,y_0) 处的**全微分**，记为 $\mathrm{d}z\Big|_{\substack{x=x_0\\y=y_0}}$ 或 $\mathrm{d}f(x,y)\big|_{(x_0,y_0)}$，即：

$$\mathrm{d}z\Big|_{\substack{x=x_0\\y=y_0}} = A\Delta x + B\Delta y \tag{7.8}$$

由(7.7)式可见，当 $\Delta x\to 0,\Delta y\to 0$ 时，必有 $\Delta z\to 0$. 所以，如果函数 $f(x,y)$ 在点 (x_0,y_0) 处可微，则必在该点连续，即二元函数连续是可微的必要条件。

在一元函数中，可导的充分必要条件是可微，那么，对二元函数来讲，可微和可偏导之间有什么关系呢？下面我们就来讨论这个问题。

定理 1 若二元函数 $z=f(x,y)$ 在点 (x_0,y_0) 处可微，则必在该点可偏导，即 $f_x'(x_0,y_0)$，$f_y'(x_0,y_0)$ 都存在，且：

$$A=f_x'(x_0,y_0),B=f_y'(x_0,y_0)$$

即

$$\mathrm{d}z\,|_{(x_0,y_0)} = f_x'(x_0,y_0)\cdot\Delta x + f_y'(x_0,y_0)\cdot\Delta y \tag{7.9}$$

证 由 $z=f(x,y)$ 在点 (x_0,y_0) 处可微，即有：

$$\Delta z = A\Delta x + B\Delta y + o(\rho)$$

令 $\Delta y=0$，此时，$\rho=|\Delta x|$，$\Delta z=f(x+\Delta x,y_0)-f(x_0,y_0)$，即：

$$\Delta z = A\Delta x + o(|\Delta x|)$$

两边同除以 Δx，并令 $\Delta x\to 0$，可得：

$$\begin{aligned}\lim_{\Delta x\to 0}\frac{f(x_0+\Delta x,y_0)-f(x_0,y_0)}{\Delta x} &= \lim_{\Delta x\to 0}\frac{A\cdot\Delta x+0(|\Delta x|)}{\Delta x}\\ &= A+0=A\end{aligned}$$

此即

$$A=f_x'(x_0,y_0)$$

同理可证，$B=f_y'(x_0,y_0)$.

将 $A=f_x'(x_0,y_0)$，$B=f_y'(x_0,y_0)$ 代入(7.8)式，即得(7.9)式。

证毕。

定理1说明了二元函数 $z=f(x,y)$ 可微是可偏导的充分条件，而由前面所讨论过的函数

$$f(x,y)=\begin{cases}\dfrac{xy}{x^2+y^2}, & x,y\text{ 不同时为零}\\ 0, & x=y=0\end{cases}$$

可知，$f(x,y)$ 在点 $(0,0)$ 处的偏导数 $f_x{}'(0,0)=0$，$f_y{}'(0,0)=0$ 都存在，但 $f(x,y)$ 在 $(0,0)$ 处不连续，从而，$f(x,y)$ 在 $O(0,0)$ 处不可微。

综上所述，二元函数的偏导数存在是全微分存在的必要条件，但不是充分条件。

偏导数存在不能保证全微分存在，但如果偏导数存在且连续的话，则可保证全微分存在。

定理2 若函数 $z=f(x,y)$ 在点 (x_0,y_0) 的某个邻域内，其偏导数 $f_x{}'(x,y)$，$f_y{}'(x,y)$ 均存在且连续，则函数在点 (x_0,y_0) 处的全微分存在，且：

$$\mathrm{d}z\,|_{(x_0,y_0)}=f_x{}'(x_0,y_0)\Delta x+f_y{}'(x_0,y_0)\Delta y$$

证明从略。

上面我们讨论了 $z=f(x,y)$ 在某点处的可微性。如果 $f(x,y)$ 在区域 D 内每一点处都可微，则称 $z=f(x,y)$ 在 D 内可微，其全微分为：

$$\mathrm{d}z=f_x{}'(x,y)\Delta x+f_y{}'(x,y)\Delta y \tag{7.10}$$

由于

$$\mathrm{d}(x)=1\cdot\Delta x+0\cdot\Delta y=\Delta x$$

$$\mathrm{d}(y)=0\cdot\Delta x+1\cdot\Delta y=\Delta y$$

即自变量的增量 Δx，Δy 分别等于 $\mathrm{d}x$，$\mathrm{d}y$，因此，**函数 $z=f(x,y)$ 的全微分**：

$$\mathrm{d}z=f_x{}'(x,y)\mathrm{d}x+f_y{}'(x,y)\mathrm{d}y \tag{7.11}$$

也记为：

$$\mathrm{d}z=\frac{\partial z}{\partial x}\mathrm{d}x+\frac{\partial z}{\partial y}\mathrm{d}y$$

对于求二元初等函数的全微分问题，由于偏导数一般总能满足连续的条件，故通常不写出检验过程，而直接按定理2所得出的(7.11)式计算即可。

［**例1**］ 求函数 $z=\arctan\dfrac{y}{x}$ 的全微分 $\mathrm{d}z$.

解 因为：

$$\frac{\partial z}{\partial x}=\frac{1}{1+\left(\dfrac{y}{x}\right)^2}\cdot\left(\frac{y}{x}\right)_x'=-\frac{y}{x^2+y^2}$$

$$\frac{\partial z}{\partial y}=\frac{1}{1+\left(\dfrac{y}{x}\right)^2}\cdot\left(\frac{y}{x}\right)_y'=\frac{x}{x^2+y^2}$$

所以：

$$\mathrm{d}z=-\frac{y}{x^2+y^2}\mathrm{d}x+\frac{x}{x^2+y^2}\mathrm{d}y$$

［**例2**］ 设 $z=\dfrac{x+y}{x-y}$，求 $\mathrm{d}z$.

解 因为：

$$\frac{\partial z}{\partial x}=\frac{1\cdot(x-y)-(x+y)}{(x-y)^2}=-\frac{2y}{(x-y)^2}$$

$$\frac{\partial z}{\partial y}=\frac{1\cdot(x-y)-(x+y)\cdot(-1)}{(x-y)^2}=\frac{2x}{(x-y)^2}$$

所以：

$$dz = -\frac{2y}{(x-y)^2}dx + \frac{2x}{(x-y)^2}dy$$

$$= \frac{2}{(x-y)^2}(-ydx + xdy)$$

［**例 3**］　设 $z = f(x,y) = x^y$，求 $dz|_{(1,2)}$。

解　因为：

$$\frac{\partial z}{\partial x} = yx^{y-1}, \frac{\partial z}{\partial y} = x^y \cdot \ln x$$

$$f_x'(1,2) = 2, f_y'(1,2) = 0$$

所以：

$$dz|_{(1,2)} = 2dx + 0dy = 2dx$$

对于二元以上函数，例如三元函数 $u = f(x,y,z)$，只要偏导数 u_x', u_y', u_z' 存在且连续，即有全微分

$$du = u_x'dx + u_y'dy + u_z'dz$$

二、全微分的应用

同一元函数的微分一样，多元函数的全微分也可用作近似计算。

如果函数 $z = f(x,y)$ 在点 (x_0, y_0) 处可微，则：

$$\Delta z = f(x_0 + \Delta x, y_0 + \Delta y) - f(x_0, y_0)$$

$$= f_x'(x_0, y_0) \cdot \Delta x + f_y'(x_0, y_0)\Delta y + o(\rho)$$

其中，$\rho = \sqrt{(\Delta x)^2 + (\Delta y)^2}$，故当 $|\Delta x|$，$|\Delta y|$ 很小时，有：

$$\Delta z \approx f_x'(x_0, y_0) \cdot \Delta x + f_y'(x_0, y_0)\Delta y = dz \tag{7.12}$$

$$f(x_0 + \Delta x, y_0 + \Delta y) \approx f(x_0, y_0) + f_x'(x_0, y_0)\Delta x + f_y'(x_0, y_0)\Delta y \tag{7.13}$$

公式(7.12)式可用来计算二元函数改变量的近似值，公式(7.13)式可用来计算二元函数值的近似值。

［**例 4**］　计算 $\sqrt{1.02^3 + 1.98^3}$ 的近似值。

解　设 $f(x,y) = \sqrt{x^3 + y^3}$，本题即求函数值 $f(1.02, 1.98)$ 的近似值。

取 $x_0 = 1, \Delta x = 0.02, y_0 = 2, \Delta y = -0.02$，由于：

$$f(1,2) = \sqrt{1 + 2^3} = 3$$

$$f_x'(x,y) = \frac{1}{2\sqrt{x^3 + y^3}} \cdot 3x^2$$

$$f_y'(x,y) = \frac{1}{2\sqrt{x^3 + y^3}} \cdot 3y^2$$

$$f_x'(1,2) = \frac{1}{2 \times 3} \times 3 = \frac{1}{2}, f_y'(1,2) = \frac{1}{2 \times 3} \times 3 \times 2^2 = 2$$

并且 $|\Delta x| = 0.02$，$|\Delta y| = 0.02$ 均很小，于是，由公式(7.13)式，可得：

$$f(1.02, 1.98) \approx 3 + \frac{1}{2} \times 0.02 + 2 \times (-0.02)$$

$$= 3 - 0.03 = 2.97$$

所以：

$$\sqrt{1.02^3+1.98^3}\approx 2.97$$

第六节　多元复合函数的微分法

定理　如果函数 $z=f(u,v),u=u(x,y),v=v(x,y)$ 满足以下条件：

(1) $u(x,y),v(x,y)$ 在点 (x,y) 处存在偏导数 $\frac{\partial u}{\partial x}$、$\frac{\partial u}{\partial y}$、$\frac{\partial v}{\partial x}$、$\frac{\partial v}{\partial y}$；

(2) $f(u,v)$ 在 (x,y) 的相应点 (u,v) 处可微，则复合函数 $z=f(u(x,y),v(x,y))=z(x,y)$ 的偏导数：

$$\frac{\partial z}{\partial x}=\frac{\partial z}{\partial u}\cdot\frac{\partial u}{\partial x}+\frac{\partial z}{\partial v}\cdot\frac{\partial v}{\partial x} \tag{7.14}$$

$$\frac{\partial z}{\partial y}=\frac{\partial z}{\partial u}\cdot\frac{\partial u}{\partial y}+\frac{\partial z}{\partial v}\cdot\frac{\partial v}{\partial y} \tag{7.15}$$

证明从略。

[**例 1**]　(同本章第四节例 7)　设 $z=(x-y)^{xy}$，求 $\frac{\partial z}{\partial x},\frac{\partial z}{\partial y}$.

解　因为 $z=(x-y)^{xy}$ 可由 $z=u^v,u=x-y,v=xy$ 复合而成：

$$\frac{\partial z}{\partial u}=v\cdot u^{v-1},\quad \frac{\partial z}{\partial v}=u^v\cdot\ln u$$

$$\frac{\partial u}{\partial x}=1,\quad \frac{\partial v}{\partial x}=y$$

$$\frac{\partial u}{\partial y}=-1,\quad \frac{\partial v}{\partial y}=x$$

所以：

$$\begin{aligned}\frac{\partial z}{\partial x}&=\frac{\partial z}{\partial u}\cdot\frac{\partial u}{\partial x}+\frac{\partial z}{\partial v}\cdot\frac{\partial v}{\partial x}\\&=(v\cdot u^{v-1})\cdot 1+(u^v\cdot\ln u)\cdot y\\&=xy(x-y)^{xy-1}+[(x-y)^{xy}\cdot\ln(x-y)]\cdot y\\&=y(x-y)^{xy}\cdot\left[\frac{x}{x-y}+\ln(x-y)\right]\end{aligned}$$

$$\begin{aligned}\frac{\partial z}{\partial y}&=\frac{\partial z}{\partial u}\cdot\frac{\partial u}{\partial y}+\frac{\partial z}{\partial v}\cdot\frac{\partial v}{\partial y}\\&=v\cdot u^{v-1}\cdot(-1)+u^v\cdot\ln u\cdot x\\&=-xy\cdot(x-y)^{xy-1}+x(x-y)^{xy}\cdot\ln(x-y)\\&=x(x-y)^{xy}\left[\ln(x-y)-\frac{y}{x-y}\right]\end{aligned}$$

本例的结果与第四节例 7 的结果完全一致。

[**例 2**]　设 $z=u^2\ln v,u=\frac{x}{y},v=x-y$，求 $\frac{\partial z}{\partial x},\frac{\partial z}{\partial y}$.

解法 1　因为：

$$\frac{\partial z}{\partial u}=2u\cdot\ln v,\quad \frac{\partial z}{\partial v}=\frac{u^2}{v}$$

$$\frac{\partial u}{\partial x}=\frac{1}{y},\quad \frac{\partial v}{\partial x}=1$$

$$\frac{\partial u}{\partial y}=-\frac{x}{y^2},\quad \frac{\partial v}{\partial y}=-1$$

所以：

$$\begin{aligned}\frac{\partial z}{\partial x}&=\frac{\partial z}{\partial u}\cdot\frac{\partial u}{\partial x}+\frac{\partial z}{\partial v}\cdot\frac{\partial v}{\partial x}=2u\cdot\ln v\cdot\frac{1}{y}+\frac{u^2}{v}\cdot 1\\&=2\cdot\frac{x}{y^2}\ln(x-y)+\frac{\left(\frac{x}{y}\right)^2}{x-y}\\&=\frac{x}{y^2}\left[2\ln(x-y)+\frac{x}{x-y}\right]\end{aligned}$$

$$\begin{aligned}\frac{\partial z}{\partial y}&=\frac{\partial z}{\partial u}\cdot\frac{\partial u}{\partial y}+\frac{\partial z}{\partial v}\cdot\frac{\partial v}{\partial y}\\&=2u\cdot\ln v\cdot\left(-\frac{x}{y^2}\right)+\frac{u^2}{v}\cdot(-1)\\&=2\cdot\frac{x}{y}\cdot\ln(x-y)\cdot\left(-\frac{x}{y^2}\right)-\frac{\left(\frac{x}{y}\right)^2}{x-y}\\&=-\left(\frac{x}{y}\right)^2\left[\frac{2}{y}\ln(x-y)+\frac{1}{x-y}\right]\end{aligned}$$

解法 2　先复合，再求偏导。

因为将 $u=\frac{x}{y}$，$v=x-y$ 直接代入 $z=u^2\ln v$ 中复合即得：

$$z=\frac{x^2}{y^2}\cdot\ln(x-y)$$

所以：

$$\begin{aligned}\frac{\partial z}{\partial x}&=\frac{1}{y^2}[x^2\cdot\ln(x-y)]_x'\\&=\frac{1}{y^2}\left[2x\cdot\ln(x-y)+x^2\cdot\frac{1}{x-y}\cdot 1\right]\\&=\frac{x}{y^2}\left[2\ln(x-y)+\frac{x}{x-y}\right]\end{aligned}$$

$$\begin{aligned}\frac{\partial z}{\partial y}&=x^2\cdot\left[\frac{\ln(x-y)}{y^2}\right]_y'\\&=x^2\cdot\frac{\frac{1}{x-y}\cdot(-1)\cdot y^2-2y\ln(x-y)}{(y^2)^2}\\&=-\frac{x^2}{y^2}\left[\frac{1}{x-y}+\frac{2\ln(x-y)}{y}\right]\end{aligned}$$

上述两种解法的结果完全一致。

［**例 3**］　设 $z=f(2x-y,xy)$，且 f 可微，求 $\frac{\partial z}{\partial x},\frac{\partial z}{\partial y}$.

解　由于 $z=f(2x-y,xy)$ 可由 $z=f(u,v)$，$u=2x-y$，$v=xy$ 复合而成，且 f 可微，故 $f_u'(u,v)$，$f_v'(u,v)$ 都存在。

$$\frac{\partial u}{\partial x}=(2x-y)_x{}'=2,\quad \frac{\partial v}{\partial x}=(xy)_x{}'=y$$

$$\frac{\partial u}{\partial y}=-1,\quad \frac{\partial v}{\partial y}=x$$

所以：

$$\begin{aligned}\frac{\partial z}{\partial x}&=\frac{\partial f}{\partial u}\cdot\frac{\partial u}{\partial x}+\frac{\partial f}{\partial v}\cdot\frac{\partial v}{\partial x}=f_u{}'(u,v)\cdot 2+f_v{}'(u,v)\cdot y\\&=2f_u{}'+yf_v{}'\\\frac{\partial z}{\partial y}&=\frac{\partial f}{\partial u}\cdot\frac{\partial u}{\partial y}+\frac{\partial f}{\partial v}\cdot\frac{\partial v}{\partial y}\\&=f_u{}'(u,v)\cdot(-1)+f_v{}'(u,v)\cdot x\\&=-f_u{}'+xf_v{}'\end{aligned}$$

［**例 4**］ 设 $z=\dfrac{y}{f(x^2-y^2)}$，且 $f(u)$ 可导，求证：

$$\frac{1}{x}\cdot\frac{\partial z}{\partial x}+\frac{1}{y}\cdot\frac{\partial z}{\partial y}=\frac{z}{y^2}$$

证 设 $u=x^2-y^2, v=y$，则 $z=\dfrac{v}{f(u)}$. 由于：

$$\begin{aligned}\frac{\partial z}{\partial x}&=\frac{\partial z}{\partial u}\cdot\frac{\partial u}{\partial x}+\frac{\partial z}{\partial v}\cdot\frac{\partial v}{\partial x}\\&=v\cdot\left[-\frac{f'(u)}{f^2(u)}\right]\cdot 2x+\frac{1}{f(u)}\cdot 0\\&=-2xy\cdot\frac{f'(u)}{f^2(u)}\\\frac{\partial z}{\partial y}&=\frac{\partial z}{\partial u}\cdot\frac{\partial u}{\partial y}+\frac{\partial z}{\partial v}\cdot\frac{\partial v}{\partial y}\\&=v\cdot\left[-\frac{f'(u)}{f^2(u)}\right]\cdot(-2y)+\frac{1}{f(u)}\cdot 1\\&=2y^2\cdot\frac{f'(u)}{f^2(u)}+\frac{1}{f(u)}\end{aligned}$$

所以：

$$\begin{aligned}\text{左边}&=\frac{1}{x}\cdot\frac{\partial z}{\partial x}+\frac{1}{y}\cdot\frac{\partial z}{\partial y}\\&=-2y\cdot\frac{f'(u)}{f^2(u)}+2y\cdot\frac{f'(u)}{f^2(u)}+\frac{1}{y\cdot f(u)}\\&=\frac{1}{yf(u)}=\frac{1}{y^2}\cdot\frac{y}{f(u)}=\frac{1}{y^2}\cdot z=\text{右边}\end{aligned}$$

证毕。

在复合函数求导法则中，有一些特殊情形：

(1) 如果 $z=f(u,v), u=\varphi(x), v=h(x)$，由于复合函数 $z=f(\varphi(x),h(x))=z(x)$ 是 x 的一元函数，因此，z 对 x 的导数就是 $\dfrac{\mathrm{d}z}{\mathrm{d}x}$（称为 z 对 x 的全导数），从而该复合函数的求导法则为：

$$\begin{aligned}\frac{\mathrm{d}z}{\mathrm{d}x}&=\frac{\partial f}{\partial u}\cdot\frac{\mathrm{d}u}{\mathrm{d}x}+\frac{\partial f}{\partial v}\cdot\frac{\mathrm{d}v}{\mathrm{d}x}\\&=f_u{}'(u,v)\cdot\varphi'(x)+f_v{}'(u,v)\cdot h'(x)\end{aligned}\tag{7.16}$$

(2) 如果 $z=f(x,y), y=h(x)$，则复合函数 $z=f(x,h(x))=z(x)$ 的全导数

$$\begin{aligned}\frac{\mathrm{d}z}{\mathrm{d}x}&=\frac{\partial f}{\partial x}\cdot 1+\frac{\partial f}{\partial y}\cdot\frac{\mathrm{d}y}{\mathrm{d}x}\\&=f_x{}'(x,y)+f_y{}'(x,y)\cdot h'(x)\end{aligned}\tag{7.17}$$

事实上，令 $u=x, v=y=h(x)$，由(7.16)式即可得到(7.17)式。

［**例 5**］　设 $z=(\cos x)^{\sin x}$，求$\dfrac{\mathrm{d}z}{\mathrm{d}x}$.

解　令 $z=u^v$，其中，$u=\cos x, v=\sin x$.

因为：

$$\frac{\partial z}{\partial u}=v\cdot u^{v-1},\quad \frac{\partial z}{\partial v}=u^v\ln u$$

$$\frac{\mathrm{d}u}{\mathrm{d}x}=-\sin x,\quad \frac{\mathrm{d}v}{\mathrm{d}x}=\cos x$$

所以：

$$\begin{aligned}\frac{\mathrm{d}z}{\mathrm{d}x}&=\frac{\partial z}{\partial u}\cdot\frac{\mathrm{d}u}{\mathrm{d}x}+\frac{\partial z}{\partial v}\cdot\frac{\mathrm{d}v}{\mathrm{d}x}\\&=v\cdot u^{v-1}\cdot(-\sin x)+u^v\cdot\ln u\cdot\cos x\\&=\sin x\cdot(\cos x)^{\sin x-1}(-\sin x)+(\cos x)^{\sin x}(\ln\cos x)\cos x\\&=(\cos x)^{\sin x}\left(\cos x\cdot\ln\cos x-\frac{\sin^2 x}{\cos x}\right)\end{aligned}$$

当然，此题也可以通过变形求得，即：

$$z=(\cos x)^{\sin x}=\mathrm{e}^{\sin x\ln(\cos x)}$$

$$\begin{aligned}\frac{\mathrm{d}z}{\mathrm{d}x}&=\mathrm{e}^{\sin x\ln(\cos x)}\cdot[\sin x\cdot\ln(\cos x)]'\\&=(\cos x)^{\sin x}\left[\cos x\cdot\ln(\cos x)+\sin x\cdot\frac{1}{\cos x}\cdot(-\sin x)\right]\\&=(\cos x)^{\sin x}\left[\cos x\cdot\ln\cos x-\frac{\sin^2 x}{\cos x}\right]\end{aligned}$$

(7.14)式与(7.15)式是两个中间变量和两个自变量的复合函数求导法则，它们可类似地推广于中间变量或自变量多于两个的情形，例如：

1. 设 $z=f(u,u,w), u=u(x,y), v=v(x,y), w=w(x,y)$，则：

$$\frac{\partial z}{\partial x}=\frac{\partial f}{\partial u}\cdot\frac{\partial u}{\partial x}+\frac{\partial f}{\partial v}\cdot\frac{\partial v}{\partial x}+\frac{\partial f}{\partial w}\cdot\frac{\partial w}{\partial x}$$

$$\frac{\partial z}{\partial y}=\frac{\partial f}{\partial u}\cdot\frac{\partial u}{\partial y}+\frac{\partial f}{\partial v}\cdot\frac{\partial v}{\partial y}+\frac{\partial f}{\partial w}\cdot\frac{\partial w}{\partial y}$$

特别地，当 $z=f(x,y,w), w=w(x,y)$，即上式中 $u=x, v=y$ 时，由于$\dfrac{\partial u}{\partial x}=1,\dfrac{\partial u}{\partial y}=0,\dfrac{\partial v}{\partial x}=0,\dfrac{\partial v}{\partial y}=1$，从而复合函数 $z=f(x,y,w(x,y))$ 的偏导数为：

$$\frac{\partial z}{\partial x}=f_x{}'(x,y,w)+f_w{}'(x,y,w)\cdot\frac{\partial w}{\partial x}$$

$$\frac{\partial z}{\partial y}=f_y{}'(x,y,w)+f_w{}'(x,y,w)\cdot\frac{\partial w}{\partial y}$$

2. 设 $z=f(u,v)$，其中，$u=u(x,y,t), v=v(x,y,t)$，则复合函数 $z=f(u(x,y,t),$

$v(x,y,t))=z(x,y,t)$ 的偏导数为：

$$\frac{\partial z}{\partial x}=\frac{\partial z}{\partial u}\cdot\frac{\partial u}{\partial x}+\frac{\partial z}{\partial v}\cdot\frac{\partial v}{\partial x}$$

$$\frac{\partial z}{\partial y}=\frac{\partial z}{\partial u}\cdot\frac{\partial u}{\partial y}+\frac{\partial z}{\partial v}\cdot\frac{\partial v}{\partial y}$$

$$\frac{\partial z}{\partial t}=\frac{\partial z}{\partial u}\cdot\frac{\partial u}{\partial t}+\frac{\partial z}{\partial v}\cdot\frac{\partial v}{\partial t}$$

变量关系图：

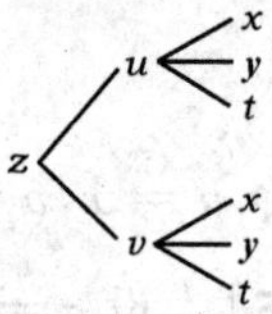

［**例 6**］ 设 $z=xy+xF(u)$，而 $u=\frac{y}{x}$，$F(u)$ 为可导函数，试证：$x\cdot\frac{\partial z}{\partial x}+y\cdot\frac{\partial z}{\partial y}=z+xy$.

证 设 $z=xy+xF(u)=f(x,y,u)$，而 $u=\frac{y}{x}$.

因为：

$$\begin{aligned}\frac{\partial z}{\partial x}&=f_x{}'(x,y,u)+f_u{}'(x,y,u)\cdot\frac{\partial u}{\partial x}\\&=y+F(u)+xF'(u)\cdot\left(-\frac{y}{x^2}\right)\\&=y+F(u)-\frac{y}{x}F'(u)\end{aligned}$$

$$\begin{aligned}\frac{\partial z}{\partial y}&=f_y{}'(x,y,u)+f_u{}'(x,y,u)\cdot\frac{\partial u}{\partial y}\\&=x+x\cdot F'(u)\cdot\frac{1}{x}=x+F'(u)\end{aligned}$$

所以：

$$\begin{aligned}x\cdot\frac{\partial z}{\partial x}+y\cdot\frac{\partial z}{\partial y}&=xy+xF(u)-yF'(u)+xy+yF'(u)\\&=z+xy\end{aligned}$$

证毕。

第七节 隐函数的微分法

在实际问题中，我们时常会遇到变量之间的对应关系是通过方程来确定的函数，即隐函数。在本节中，我们将借助于多元复合函数的微分法，求一元隐函数的导数和二元隐函数的偏导数及全微分。

一、一元隐函数的导数

如果 $y=f(x)$ 是由方程 $F(x,y)=0$ 所确定的隐函数，且 $\frac{\partial F}{\partial y}\neq 0$，那么，利用多元复合函数求导法则，有：

$$\frac{\partial F}{\partial x}+\frac{\partial F}{\partial y}\cdot\frac{\mathrm{d}y}{\mathrm{d}x}=0$$

所以：

$$\frac{\mathrm{d}y}{\mathrm{d}x}=-\frac{\frac{\partial F}{\partial x}}{\frac{\partial F}{\partial y}}=-\frac{F_x{}'}{F_y{}'} \tag{7.18}$$

[例 1]　设 y 是由方程 $\sin(xy)-\frac{1}{y-x}=1$ 所确定的函数,试求:$\frac{dy}{dx},\left.\frac{dy}{dx}\right|_{x=0}$.

解　由已知设 $F(x,y)=\sin(xy)-\frac{1}{y-x}-1$.

因为:

$$\frac{\partial F}{\partial x}=y\cos(xy)-\frac{1}{(y-x)^2}$$

$$\frac{\partial F}{\partial y}=x\cos(xy)+\frac{1}{(y-x)^2}$$

所以:

$$\frac{dy}{dx}=-\frac{F_x'}{F_y'}=-\frac{y\cos(xy)-\frac{1}{(y-x)^2}}{x\cos(xy)+\frac{1}{(y-x)^2}}=\frac{1-y(y-x)^2\cos(xy)}{1+x(y-x)^2\cos(xy)}$$

又因为将 $x=0$ 代入方程 $\sin(xy)-\frac{1}{y-x}=1$ 中,得 $y=-1$,所以,$\left.\frac{dy}{dx}\right|_{x=0}=2$.

[例 2]　设 $x^3y+e^y=4$,求$\frac{dy}{dx}$.

解　设 $F(x,y)=x^3\cdot y+e^y-4$,
因为 $F_x'=3x^2y, F_y'=x^3+e^y$,所以:

$$\frac{dy}{dx}=-\frac{F_x'}{F_y'}=-\frac{3x^2y}{x^3+e^y}$$

二、二元隐函数的偏导数

对于由方程 $F(x,y,z)=0$ 确定的一个二元函数 $z=f(x,y)$,且$\frac{\partial F}{\partial z}\neq 0$,利用复合函数的求导法则,分别对 x 与 y 求偏导,可得:

$$\frac{\partial F}{\partial x}+\frac{\partial F}{\partial z}\cdot\frac{\partial z}{\partial x}=0$$

$$\frac{\partial F}{\partial y}+\frac{\partial F}{\partial z}\cdot\frac{\partial z}{\partial y}=0$$

从而:

$$\frac{\partial z}{\partial x}=-\frac{\frac{\partial F}{\partial x}}{\frac{\partial F}{\partial z}}=-\frac{F_x'}{F_z'}\tag{7.19}$$

$$\frac{\partial z}{\partial y}=-\frac{\frac{\partial F}{\partial y}}{\frac{\partial F}{\partial z}}=-\frac{F'_y}{F'_z}\tag{7.20}$$

[例 3]　设 $z=f(x,y)$ 由方程 $e^{xyz}=x+y+z+2$ 所确定,求$\frac{\partial z}{\partial x},\frac{\partial z}{\partial y}$.

解　设 $F(x,y,z)=e^{xyz}-x-y-z-2$.

因为:

$$F_x'=yze^{xyz}-1$$

$$F_y'=xze^{xyz}-1$$

$$F_z{}' = xy\mathrm{e}^{xyz} - 1$$

所以：
$$\frac{\partial z}{\partial x} = -\frac{F_x{}'}{F_z{}'} = -\frac{yz\mathrm{e}^{xyz} - 1}{xy\mathrm{e}^{xyz} - 1}$$

$$\frac{\partial z}{\partial y} = -\frac{F_y{}'}{F_z{}'} = -\frac{xz\mathrm{e}^{xyz} - 1}{xy\mathrm{e}^{xyz} - 1}$$

［**例 4**］ 求由方程$\frac{x}{z} = \ln\frac{z}{y}$所确定的隐函数$z = g(x,y)$的全微分$\mathrm{d}z$.

解 设$F(x,y,z) = \frac{x}{z} - \ln\frac{z}{y} = \frac{x}{z} - \ln z + \ln y$.

因为：
$$F_x{}' = \frac{1}{z}, F_y{}' = \frac{1}{y}, F_z{}' = -\frac{x}{z^2} - \frac{1}{z} = -\frac{x+z}{z^2}$$

所以：
$$\frac{\partial z}{\partial x} = -\frac{F_x{}'}{F_z{}'} = -\frac{\frac{1}{z}}{-\frac{x+z}{z^2}} = \frac{z}{x+z}$$

$$\frac{\partial z}{\partial y} = -\frac{F_y{}'}{F_z{}'} = -\frac{\frac{1}{y}}{-\frac{x+z}{z^2}} = \frac{z^2}{y(x+z)}$$

$$\begin{aligned}\mathrm{d}z &= \frac{\partial z}{\partial x}\mathrm{d}x + \frac{\partial z}{\partial y}\mathrm{d}y \\ &= \frac{z}{x+z}\mathrm{d}x + \frac{z^2}{y(x+z)}\mathrm{d}y\end{aligned}$$

第八节　二元函数的极值

一、二元函数的极值

如同一元函数的极值定义，我们对二元函数的极值定义如下：

定义 如果二元函数$z = f(x,y)$在点(x_0,y_0)的某一邻域内有定义，且对于此邻域内所有异于(x_0,y_0)的点都满足

$$f(x,y) < f(x_0,y_0)$$

则称(x_0,y_0)为$f(x,y)$的**极大值点**，$f(x_0,y_0)$为$f(x,y)$的**极大值**；如果总有

$$f(x,y) > f(x_0,y_0)$$

则称(x_0,y_0)为$f(x,y)$的**极小值点**，$f(x_0,y_0)$为$f(x,y)$的**极小值**。

函数的极大值与极小值统称为**极值**，使函数取得极值的点称为**极值点**。

例如，函数$z = x^2 + y^2$在点$O(0,0)$处取得极小值 0，因为对于点$O(0,0)$的一个邻域内异于$O(0,0)$点的函数值均为正数，大于$z(0,0) = 0$. 又如，函数$z = 1 - \sqrt{x^2+y^2}$在点$O(0,0)$处取得极大值 1，因为对于点$O(0,0)$邻域内异于$O(0,0)$点的函数值均小于该点处的函数值 1.

应该明白，与一元函数的极值相仿，二元函数的极值也只是函数在一个局部范围内的最大值或最小值，即只要在某个邻域内成立$f(x,y) > f(x_0,y_0)$或$f(x,y) < f(x_0,y_0)$，并不要求在整个定义域内都成立；另外，二元函数也有如下定理：

定理 1(极值的必要条件) 如果函数 $f(x,y)$ 在点 (x_0,y_0) 处取得极值，且偏导数 $f_x{}'(x_0,y_0)$，$f_y{}'(x_0,y_0)$ 均存在，则一定有：

$$f_x{}'(x_0,y_0)=0, f_y{}'(x_0,y_0)=0$$

证明从略。

使一阶偏导数 $f_x{}'(x,y)$ 与 $f_y{}'(x,y)$ 同时为零的点 (x_0,y_0)，称为函数 $z=f(x,y)$ 的**驻点**。

类似于一元函数，二元函数的极值只可能在其驻点和偏导数不存在的 (x,y) 点处取得。

由定理 1 知，可微函数的极值点必定是驻点。从而，对于可微函数，我们只要在它的驻点中去判定极值点即可。

定理 2(极值存在的充分条件) 如果 (x_0,y_0) 是 $f(x,y)$ 的驻点，且 $f(x,y)$ 在点 (x_0,y_0) 的某个邻域内具有连续的二阶偏导数，记

$$f''_{xx}(x_0,y_0)=A, f''_{xy}(x_0,y_0)=B, f''_{yy}(x_0,y_0)=C$$

则：(1) 当 $B^2-AC<0$ 时，点 (x_0,y_0) 是极值点，且当 $A<0$ 时，(x_0,y_0) 是极大值点；$A>0$ 时，(x_0,y_0) 是极小值点；

(2) 当 $B^2-AC>0$ 时，(x_0,y_0) 不是极值点；

(3) 当 $B^2-AC=0$ 时，(x_0,y_0) 是否为极值点需进一步用其他方法判断。

(注：通常记 B^2-AC 为 Δ，即 $\Delta=B^2-AC$.)

[**例 1**] 求函数 $f(x,y)=x^2-xy+y^2+9x-6y+20$ 的极值。

解 因为：

$$f_x{}'=2x-y+9$$
$$f_y{}'=-x+2y-6$$

故 $f(x,y)$ 可微，无偏导数不存在的点。

由 $\begin{cases}f_x{}'=0,\\ f_y{}'=0,\end{cases}$ 即 $\begin{cases}2x-y+9=0,\\ -x+2y-6=0,\end{cases}$ 解得 $\begin{cases}x=-4\\ y=1\end{cases}$，故 $f(x,y)$ 的驻点为：$(-4,1)$.

又因为：

$$A=f''_{xx}(-4,1)=2>0$$
$$B=f''_{xy}(-4,1)=-1$$
$$C=f''_{yy}(-4,1)=2$$
$$\Delta=B^2-AC=(-1)^2-2\times 2=-3<0$$

所以，点 $(-4,1)$ 是函数的极小值点，函数的极小值为 $f(-4,1)=-1$.

对于一个多元函数，类似于一元函数的情形，有时也可能要求出其最大值、最小值。所谓函数 $z=f(x,y)$ 在某区域 D 上取得最大(小)值 $f(x_0,y_0)$，是指对于区域 D 上的一切点，都满足

$$f(x,y)\leqslant f(x_0,y_0),\ (f(x,y)\geqslant f(x_0,y_0))$$

同样，应该明白，多元函数的最大(小)值是全局性概念，而极值是局部性概念。另外，如果 $f(x,y)$ 在有界闭区域 D 上连续，则 $f(x,y)$ 在 D 上必定能取得它的最大值和最小值。这种使函数取得最大值与最小值的点可能在 D 的内部各驻点或偏导数不存在的点上取得，也可能在 D 的边界上取得。因此，求可微函数的最大值和最小值的一般步骤为：

(1) 求出函数 $f(x,y)$ 在 D 内的所有驻点处的函数值；

(2) 求出 $f(x,y)$ 在 D 的边界上的最大值、最小值；

(3) 比较上列求出的所有函数值的大小，其中，最大者和最小者就是所要求的 $f(x,y)$ 在 D 上的最大值和最小值。

特别地，在解决实际问题时，往往根据问题的性质，已经能够判断它是在区域内部而不是在边界上取得最大值和最小值。从而，对可微函数 $f(x,y)$ 来讲，求最大值和最小值，只要将驻点处的所有函数值进行比较即可。当然，此时如果在 D 内仅有一个驻点，则可以肯定在该驻点处，函数一定取得最大值(或最小值)。

[例 2] 要造一个容量为 V_0 的长方体箱子，问：应选择怎样的尺寸，才能使所用的板材最少？

解 设所造箱子的长、宽、高分别为 x,y,z，则容量 $V_0=xyz$，所用的板材总量就是此箱子的表面积：

$$S=2(xy+yz+zx)$$

由 $V_0=xyz$，解得 $z=\dfrac{V_0}{xy}$，代入上式，即得一个二元函数：

$$S(x,y)=2\left(xy+\frac{V_0}{x}+\frac{V_0}{y}\right)$$

因为：
$$S_x{}'=2\left(y-\frac{V_0}{x^2}\right)$$
$$S_y{}'=2\left(x-\frac{V_0}{y^2}\right)$$

由 $\begin{cases}S_x{}'=0,\\S_y{}'=0,\end{cases}$ 即 $\begin{cases}2\left(y-\dfrac{V_0}{x^2}\right)=0\\2\left(x-\dfrac{V_0}{y^2}\right)=0\end{cases}$，解得：驻点为 $(\sqrt[3]{V_0},\sqrt[3]{V_0})$，此时，$z=\dfrac{V_0}{(\sqrt[3]{V_0})^2}=\sqrt[3]{V_0}$.

根据实际问题最小值存在性，这唯一的驻点就是表面积函数 $S(x,y)$ 的最小值点。因此，在点 $(\sqrt[3]{V_0},\sqrt[3]{V_0})$ 处，$S=6V_0^{\frac{2}{3}}$ 就是最小面积值。

所以，当箱子的长、宽、高相等，均为 $\sqrt[3]{V_0}$ 时，所用的板材最少，面积为 $6V_0^{\frac{2}{3}}$.

[例 3] 设某厂生产甲、乙两种产品，售价每吨分别为 12 万元和 18 万元，又生产 x 吨甲、y 吨乙产品时的总成本为 $C(x,y)=2x^2+xy+2y^2+4$(万元)。问：两种产品的产量各为多少时，可获得的利润最大？最大利润为多少？

解 由题意，生产 x 吨甲、y 吨乙产品的总利润函数为：

$$\begin{aligned}L(x,y)&=12x+18y-(2x^2+xy+2y^2+4)\\&=12x+18y-2x^2-xy-2y^2-4\end{aligned}$$

因为：
$$L_x{}'=12-4x-y$$
$$L_y{}'=18-x-4y$$

由 $\begin{cases}L_x{}'=0,\\L_y{}'=0,\end{cases}$ 即 $\begin{cases}12-4x-y=0\\18-x-4y=0\end{cases}$，解得：驻点为(2,4)，又在该驻点处，因为：

$$A=L''_{xx}(2,4)=-4<0$$
$$B=L''_{xy}(2,4)=-1$$
$$C=L''_{yy}(2,4)=-4$$
$$\Delta=B^2-AC=1-(-4)\times(-4)=-15<0$$

所以，在点(2,4) 处，函数 $L(x,y)$ 取得极大值。

由该实际问题的最大值存在性，则此极大值即是最大值，从而当甲、乙产品的产量分别为2吨和4吨时，所获利润最大，最大利润为 $L(2,4)=44$ 万元。

二、条件极值与拉格朗日乘数法

在讨论极值问题时，如果除了要求自变量在定义域内取值外，并无其他限制自变量的条件，则称此类极值为无条件极值。但在有些实际问题中，各个自变量之间还具有一定的关系，即对二元函数 $z=f(x,y)$，其中，自变量 x 与 y 之间还要满足一定的条件 $\varphi(x,y)=0$（称为约束条件或约束方程），这类极值问题称为**条件极值**。

通常，条件极值问题的一般提法为：对二元函数 $z=f(x,y)$，求其在约束条件 $\varphi(x,y)=0$ 下的极值。

条件极值问题有如下两种解法：

方法1　从 $\varphi(x,y)=0$ 中解出 y，代入 $f(x,y)$，使之成为一元函数的无条件极值问题。

方法2（拉格朗日乘数法）　此方法的基本步骤为：

(1) 作拉格朗日函数：

$$F(x,y,\lambda)=f(x,y)+\lambda\varphi(x,y)$$

(2) 求出 $F(x,y,\lambda)$ 的所有一阶偏导数，并令它们为零，得方程组：

$$\begin{cases}F_x'=f_x'(x,y)+\lambda\varphi_x'(x,y)=0\\F_y'=f_y'(x,y)+\lambda\varphi_y'(x,y)=0\\F_\lambda'=\varphi(x,y)=0\end{cases}\tag{7.21}$$

(3) 解方程组(7.21)，求出 $F(x,y,\lambda)$ 的驻点：(x_0,y_0,λ_0)，则 (x_0,y_0) 就是函数 $z=f(x,y)$ 在条件 $\varphi(x,y)=0$ 下可能的极值点。

应该指出的是，第一种方法的前提是假定能从约束条件中方便地解出 y，从而如果不能从约束方程中解出 y，就只能用方法2，即拉格朗日乘数法。

[**例4**]　某企业生产甲、乙两种产品，销售单价分别为10万元和9万元。若生产 x 件甲、y 件乙产品的总成本为 $C(x,y)=400+2x+3y+0.01(3x^2+xy+3y^2)$（万元），又已知两种产品的总产量为100件，求企业获得最大利润时，两种产品的产量各为多少？

解　由题意，要求总利润函数：

$$\begin{aligned}L(x,y)&=(10x+9y)-C(x,y)\\&=8x+6y-0.01(3x^2+xy+3y^2)-400\end{aligned}$$

在约束条件：$x+y=100$ 下的最大值点。

解法1　由约束条件 $x+y=100$，得 $y=100-x$，代入 $L(x,y)$，得：

$$\begin{aligned}L(x,y)=L(x)&=8x+6(100-x)-0.01[3x^2+x(100-x)+3(100-x)^2]-400\\&=-0.05x^2+7x-100\end{aligned}$$

因为 $L'(x)=-0.1x+7$，令 $L'(x)=0$，得：驻点 $x=70$.

又因为 $L''(70)=-0.1<0$，所以，当 $x=70$（此时，$y=100-70=30$）时，$L(x)$ 取得极大值。由于极值点唯一，故该极大值点也就是 $L(x)$ 的最大值点。从而，当甲、乙两种产品的产量分别为70件和30件时，企业获得的利润最大。

解法2（拉格朗日乘数法）　作拉格朗日函数：

$$\begin{aligned}F(x,y,\lambda)&=L(x,y)+\lambda\varphi(x,y)\\&=8x+6y-0.01(3x^2+xy+3y^2)-400+\lambda(x+y-100)\end{aligned}$$

由 $\begin{cases} F_x' = 8 - 0.06x - 0.01y + \lambda = 0 \\ F_y' = 6 - 0.01x - 0.06y + \lambda = 0 \\ F_\lambda' = x + y - 100 = 0 \end{cases}$

消去λ,可解得 $x = 70, y = 30$.

因为$F(x,y,\lambda)$驻点唯一,且实际问题最大值是存在的,因此,$(70,30)$是$L(x,y)$在条件$x+y=100$下的最大值点,从而当甲、乙两种产品的产量分别为70件和30件时,企业获得的利润最大。

拉格朗日乘数法还可以推广到多元函数在多个约束条件下的极值问题。例如,求三元函数$u=f(x,y,z)$在约束条件$\varphi_1(x,y,z)=0$,$\varphi_2(x,y,z)=0$下的极值问题时,同样可以先构造一个拉格朗日函数:

$$F(x,y,z,\lambda,k) = f(x,y,z) + \lambda\varphi_1(x,y,z) + k\varphi_2(x,y,z)$$

再由方程组:

$$\begin{cases} F_x' = 0 \\ F_y' = 0 \\ F_z' = 0 \\ F_\lambda' = 0 \\ F_k' = 0 \end{cases}$$

消去λ与k,解得:$x=x_0, y=y_0, z=z_0$,则点(x_0,y_0,z_0)即为所要求的可能极值点。

第九节　二重积分

本节主要讨论二元函数的积分问题,先介绍二重积分的概念与性质,再讲解在直角坐标系和极坐标系中将二重积分化为二次积分及其计算方法。

一、二重积分的基本概念

1. 二重积分的定义

定义　设二元函数$z=f(x,y)$在有界闭区域D上有定义,将D任意分成n个小区域:

$$D_1, D_2, \cdots, D_n$$

相应的小区域面积依次记为:$\Delta\sigma_1, \Delta\sigma_2, \cdots, \Delta\sigma_n$,在第$i$个小区域$D_i$上任取一点$(x_i,y_i)$,作乘积:

$$f(x_i,y_i)\cdot\Delta\sigma_i (i=1,2,\cdots,n)$$

再作和式:

$$\sum_{i=1}^{n} f(x_i,y_i)\cdot\Delta\sigma_i = f(x_1,y_1)\cdot\Delta\sigma_1 + f(x_2,y_2)\cdot\Delta\sigma_2 + \cdots + f(x_n,y_n)\cdot\Delta\sigma_n$$

如果当n无限增大,$D_1,D_2,\cdots,D_n$的直径中的最大者(记为$\|\Delta\sigma\|$)趋于零时,此和式的极限存在,且与对区域D的分法及点(x_i,y_i)的取法无关,则称此极限值为函数$f(x,y)$在区域D上的**二重积分**,记作:

$$\iint_D f(x,y)\mathrm{d}\sigma \quad 或 \quad \iint_D f(x,y)\mathrm{d}x\mathrm{d}y$$

即：
$$\iint_D f(x,y)\mathrm{d}\sigma=\iint_D f(x,y)\mathrm{d}x\mathrm{d}y=\lim_{\|\Delta\sigma\|\to 0}\sum_{i=1}^{n}f(x_i,y_i)\cdot\Delta\sigma_i$$
并称其中的 D 为**积分区域**，$f(x,y)$ 为**被积函数**，x 与 y 为**积分变量**，$\mathrm{d}\sigma$（或 $\mathrm{d}x\mathrm{d}y$）为**面积元素**，$\iint$ 为**二重积分记号**。

定理　如果二元函数 $z=f(x,y)$ 在有界闭区域 D 上连续，则二重积分 $\iint\limits_D f(x,y)\mathrm{d}\sigma$ 存在，即 $f(x,y)$ 在 D 上可积。

证明从略。

二重积分的几何意义：如果在有界闭区域 D 上二元连续函数 $z=f(x,y)\geqslant 0$，则二重积分 $\iint\limits_D f(x,y)\mathrm{d}\sigma$ 的值等于以积分区域 D 为底，以连续曲面 $z=f(x,y)$ 为顶的曲顶柱体（见图 7－22）的体积 V. 即有：
$$\iint_D f(x,y)\mathrm{d}\sigma=V$$

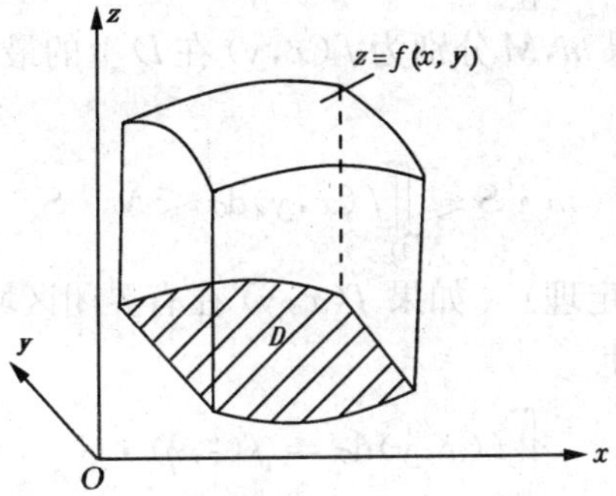

图 7－22

2. 二重积分的性质

类似于定积分的情形，可以证明二重积分具有下列性质（假定所论及的函数均在有界闭区域 D 上可积）：

性质 1　如果在 D 上 $f(x,y)\equiv 1$，S 为区域 D 的面积值，则：
$$\iint_D 1\mathrm{d}\sigma=\iint_D \mathrm{d}\sigma=S$$
性质 1 的几何意义很明显：高为 1 的平顶柱体的体积在数值上等于该柱体的底面积。

例如，若 $D=\{(x,y)\mid x^2+y^2\leqslant a^2\}$，则 $\iint\limits_D \mathrm{d}\sigma=\pi a^2$. 这是因为 $\iint\limits_D \mathrm{d}\sigma$ 等于 D 的面积值，而区域 D 是由半径为 a 的圆所围成，其面积为 πa^2.

性质 2　如果 k 为常数，则：
$$\iint_D kf(x,y)\mathrm{d}\sigma=k\iint_D f(x,y)\mathrm{d}\sigma$$
即常数因子可以提到二重积分号的前面来。

性质 3　$\iint\limits_D [f(x,y)\pm g(x,y)]\mathrm{d}\sigma=\iint\limits_D f(x,y)\mathrm{d}\sigma\pm\iint\limits_D g(x,y)\mathrm{d}\sigma$

即函数和(差)的二重积分等于各函数二重积分的和(差)。

性质 4(二重积分的积分区域可加性)　如果积分区域 D 被一连续曲线分成了 D_1, D_2 两个区域(见图 7－23),则:

$$\iint_D f(x,y)\mathrm{d}\sigma = \iint_{D_1} f(x,y)\mathrm{d}\sigma + \iint_{D_2} f(x,y)\mathrm{d}\sigma$$

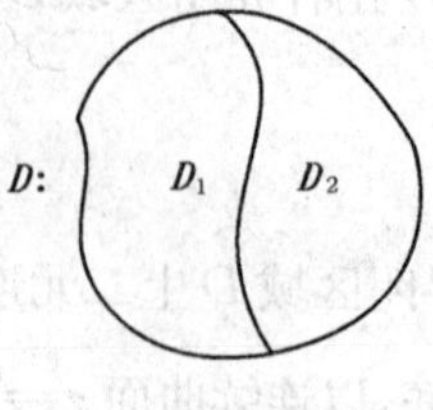

图 7－23

性质 5　如果在 D 上 $f(x,y) \leqslant g(x,y)$,则:

$$\iint_D f(x,y)\mathrm{d}\sigma \leqslant \iint_D g(x,y)\mathrm{d}\sigma$$

性质 6(估值性质)　如果 m, M 分别为 $f(x,y)$ 在 D 上的最小值和最大值,区域 D 的面积为 S,则:

$$m \cdot S \leqslant \iint_D f(x,y)\mathrm{d}\sigma \leqslant M \cdot S$$

性质 7(二重积分的中值定理)　如果 $f(x,y)$ 在有界闭区域 D 上连续,D 的面积为 S,则在 D 上至少存在一点 (ξ,η),使

$$\iint_D f(x,y)\mathrm{d}\sigma = f(\xi,\eta) \cdot S$$

如果在 D 上 $f(x,y) \geqslant 0$,那么,性质 7 的几何意义很明显:曲顶柱体的体积等于以 D 上某点的函数值 $f(\xi,\eta)$ 为高的同底平顶柱体的体积。

二、二重积分的计算

我们知道,多元函数的偏导数大多数可以利用一元函数的求导公式和方法来计算。事实上,二重积分的计算通常也可以归结为连着求二次定积分,即化为二次积分(累次积分)。

1. 在直角坐标系下计算二重积分

设 D 是由两条垂直于 x 轴的直线 $x=a, x=b$ 及曲线 $y=\varphi_1(x)$ 与 $y=\varphi_2(x)$ 所围成的区域(见图 7－24),D 可由不等式组 $\begin{cases} a \leqslant x \leqslant b \\ \varphi_1(x) \leqslant y \leqslant \varphi_2(x) \end{cases}$ 表示。若在 D 上 $f(x,y) \geqslant 0$,则由几何意义,二重积分 $\iint_D f(x,y)\mathrm{d}\sigma$ 等于以 D 为底,以曲面 $z=f(x,y)$ 为曲顶的曲顶柱体体积 V. 现采用平行截面面积为已知的立体体积公式计算 V,进而得出利用定积分计算二重积分 $\iint_D f(x,y)\mathrm{d}\sigma$ 的公式。

在点 x 处用垂直于 x 轴的平面去截曲顶柱体,所得截面为一曲边梯形(如图 7－25 阴影部分所示),设此截面面积为 $A(x)$,则由第六章计算平行截面面积为已知的立体体积公式,得

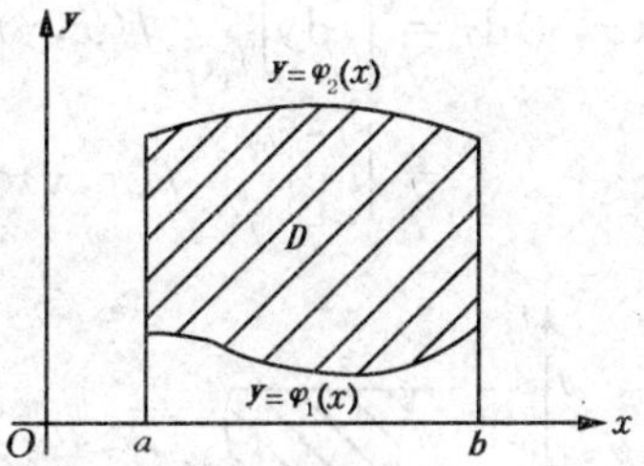

图 7—24

$V=\int_a^b A(x)\mathrm{d}x$. 而所论曲边梯形的面积 $A(x)=\int_{\varphi_1(x)}^{\varphi_2(x)} f(x,y)\mathrm{d}y$，于是有 $V=\int_a^b\left[\int_{\varphi_1(x)}^{\varphi_2(x)} f(x,y)\mathrm{d}y\right]\mathrm{d}x$，故：

$$\iint_D f(x,y)\mathrm{d}\sigma=\int_a^b\left[\int_{\varphi_1(x)}^{\varphi_2(x)} f(x,y)\mathrm{d}y\right]\mathrm{d}x \tag{7.22}$$

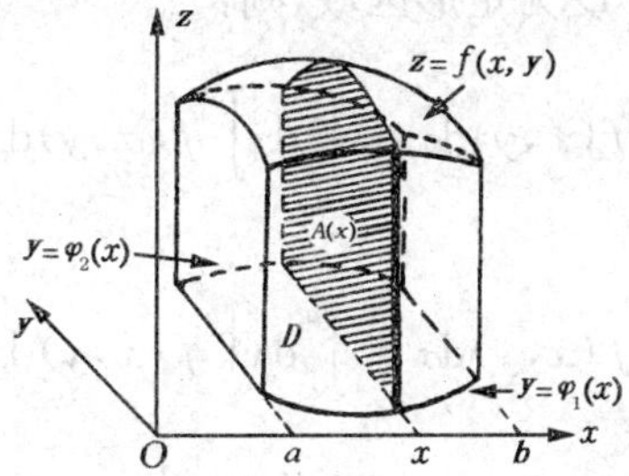

图 7—25

(7.22) 式右端的积分叫作**先对 y 后对 x 的二次积分**（**累次积分**），**内层积分变量**为 y，**外层积分变量**为 x. 其含义为：先计算内层积分，把 $f(x,y)$ 中的 x 看做是常数，y 看做是自变量，对 y 求定积分，积分下限为 $\varphi_1(x)$，上限为 $\varphi_2(x)$，内层积分结果通常是 x 的函数，然后再对 x 从 a 到 b 求定积分。这个公式也可以简记为：

$$\iint_D f(x,y)\mathrm{d}\sigma=\int_a^b \mathrm{d}x\int_{\varphi_1(x)}^{\varphi_2(x)} f(x,y)\mathrm{d}y$$

公式(7.22) 式虽然是在被积函数非负的假设下推导得出的，但其适用性却不仅限于此。事实上，只要 $f(x,y)$ 在图 7—24 所示的区域 D 上连续，则 $\iint_D f(x,y)\mathrm{d}\sigma$ 就可利用(7.22) 式来计算，即有：

$$\iint_D f(x,y)\mathrm{d}\sigma=\int_a^b \mathrm{d}x\int_{\varphi_1(x)}^{\varphi_2(x)} f(x,y)\mathrm{d}y$$
$$=\int_a^b\left[\int_{\varphi_1(x)}^{\varphi_2(x)} f(x,y)\mathrm{d}y\right]\mathrm{d}x$$

类似地有：如果积分区域 D（如图 7 — 26 阴影部分所示）可由不等式组

$$\begin{cases} c\leqslant y\leqslant d \\ h_1(y)\leqslant x\leqslant h_2(y) \end{cases}$$

表示，$f(x,y)$ 在 D 上连续，则：

$$\iint\limits_D f(x,y)\mathrm{d}\sigma = \int_c^d \mathrm{d}y \int_{h_1(y)}^{h_2(y)} f(x,y)\mathrm{d}x$$
$$= \int_c^d \left[\int_{h_1(y)}^{h_2(y)} f(x,y)\mathrm{d}x\right]\mathrm{d}y \tag{7.23}$$

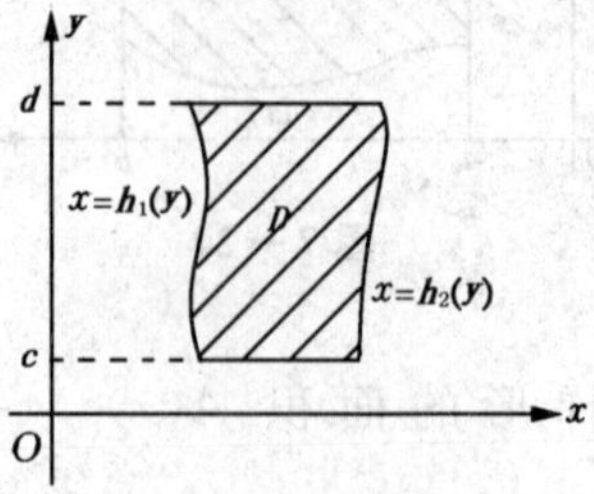

图 7－26

特别地：

(1) 如果 $D:\begin{cases}a\leqslant x\leqslant b\\ c\leqslant y\leqslant d\end{cases}$，即 D 为矩形区域，则：

$$\iint\limits_D f(x,y)\mathrm{d}\sigma = \int_a^b \mathrm{d}x \int_c^d f(x,y)\mathrm{d}y \tag{7.24}$$

或

$$\iint\limits_D f(x,y)\mathrm{d}\sigma = \int_c^d \mathrm{d}y \int_a^b f(x,y)\mathrm{d}x \tag{7.25}$$

(2) 如果被积函数 $f(x,y)=g(x)\cdot p(y)$，且 D 为矩形区域：$\begin{cases}a\leqslant x\leqslant b\\ c\leqslant y\leqslant d\end{cases}$，则：

$$\iint\limits_D f(x,y)\mathrm{d}\sigma = \int_c^d \left[\int_a^b g(x)\cdot p(y)\mathrm{d}x\right]\mathrm{d}y$$
$$= \int_c^d p(y)\cdot\left[\int_a^b g(x)\mathrm{d}x\right]\mathrm{d}y$$

因为定积分 $\int_a^b g(x)\mathrm{d}x$ 是常数，将它提到外层积分号外，即得：

$$\iint\limits_D f(x,y)\mathrm{d}\sigma = \left[\int_a^b g(x)\mathrm{d}x\right]\cdot\left[\int_c^d p(y)\mathrm{d}y\right] \tag{7.26}$$

［例 1］ 计算二重积分 $\iint\limits_D x^5y^2\mathrm{d}\sigma$，其中 $D:\begin{cases}0\leqslant x\leqslant 1\\ -1\leqslant y\leqslant 1\end{cases}$.

解 因为 D 为矩形区域（见图 7－27），且被积函数 $f(x,y)=x^5\cdot y^2$，从而可利用公式(7.26)式计算，所以：

$$\iint\limits_D x^5\cdot y^2\mathrm{d}\sigma = \left[\int_0^1 x^5\mathrm{d}x\right]\cdot\left[\int_{-1}^1 y^2\mathrm{d}y\right]$$
$$= \left[\frac{x^6}{6}\Big|_0^1\right]\times\left[\frac{y^3}{3}\Big|_{-1}^1\right]$$
$$= \left(\frac{1}{6}-0\right)\times\left[\frac{1}{3}-\left(-\frac{1}{3}\right)\right]$$
$$= \frac{1}{6}\times\frac{2}{3}=\frac{1}{9}$$

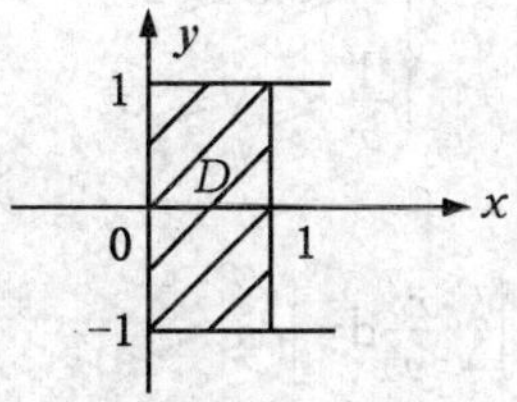

图 7－27

在计算二重积分时，除矩形区域外，通常总是先画出区域草图，然后再根据被积函数和积分区域的特点选择适当的累次积分公式，尽可能使运算简便可行。

［例 2］　计算$\iint\limits_D (1+x+y)\mathrm{d}x\mathrm{d}y$，$D$ 是由 $x=0$，$y=0$ 与 $x+y=1$ 所围成的区域。

解　作区域图（见图 7－28）。

区域 D 可表示为：

$$\begin{cases}0\leqslant x\leqslant 1\\0\leqslant y\leqslant 1-x\end{cases}$$

由公式(7.22)式，有：

$$\begin{aligned}\iint\limits_D (1+x+y)\mathrm{d}x\mathrm{d}y &= \int_0^1\left[\int_0^{1-x}(1+x+y)\mathrm{d}y\right]\mathrm{d}x\\&=\int_0^1\left[(1+x)\cdot y+\frac{y^2}{2}\right]\Bigg|_0^{1-x}\mathrm{d}x\\&=\int_0^1\left[(1+x)(1-x)+\frac{(1-x)^2}{2}\right]\mathrm{d}x\\&=\int_0^1\left(\frac{3}{2}-x-\frac{x^2}{2}\right)\mathrm{d}x\\&=\left[\frac{3}{2}x-\frac{x^2}{2}-\frac{1}{2}\cdot\frac{x^3}{3}\right]\Bigg|_0^1\\&=\frac{5}{6}\end{aligned}$$

本节例 2 也可以先对 x 后对 y 积分，这与先对 y 后对 x 积分的难易程度相当。

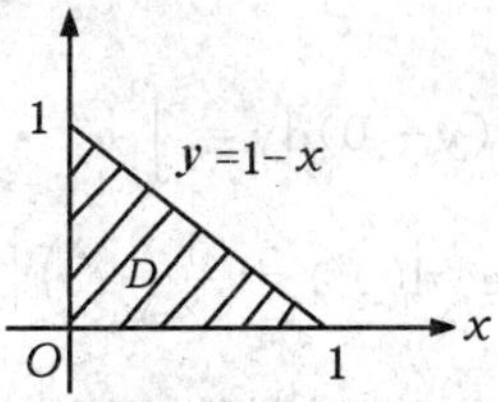

图 7－28

［例 3］　计算 $\iint\limits_D \frac{x^2}{y^2}\mathrm{d}x\mathrm{d}y$，其中，$D$ 是由 $x=2$，$y=x$，$y=\frac{1}{x}$ 所围成的平面区域。

解　作区域图（见图 7－29）。

区域 D 可表示为：

$$\begin{cases}1\leqslant x\leqslant 2\\ \dfrac{1}{x}\leqslant y\leqslant x\end{cases}$$

由(7.22)式,有:

$$\begin{aligned}\iint_D \frac{x^2}{y^2}\mathrm{d}x\mathrm{d}y &= \int_1^2\left[\int_{\frac{1}{x}}^{x}\frac{x^2}{y^2}\mathrm{d}y\right]\mathrm{d}x\\ &=\int_1^2 x^2\left[\int_{\frac{1}{x}}^{x}\frac{1}{y^2}\mathrm{d}y\right]\mathrm{d}x=\int_1^2 x^2\cdot\left[-\frac{1}{y}\Big|_{\frac{1}{x}}^{x}\right]\mathrm{d}x\\ &=\int_1^2 x^2\left(-\frac{1}{x}+x\right)\mathrm{d}x=\int_1^2(-x+x^3)\mathrm{d}x\\ &=\left[-\frac{x^2}{2}+\frac{x^4}{4}\right]\Big|_1^2\\ &=\left(-\frac{4}{2}+\frac{16}{4}\right)-\left(-\frac{1}{2}+\frac{1}{4}\right)\\ &=\frac{9}{4}\end{aligned}$$

本节例3如果采用先对 x 后对 y 积分,则由区域的图形特征,必须先将区域 D 分成两个部分,这一解法显然比较繁琐。

[例4] 计算 $\iint\limits_D e^{y^2}\mathrm{d}\sigma$,其中,$D$ 是由 $x=0$,$y=x$ 以及 $y=1$ 所围成的区域。

解 作区域图(见图7-30)。

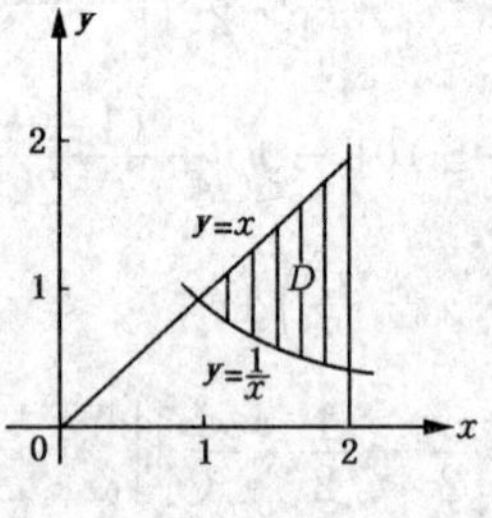

图7-29

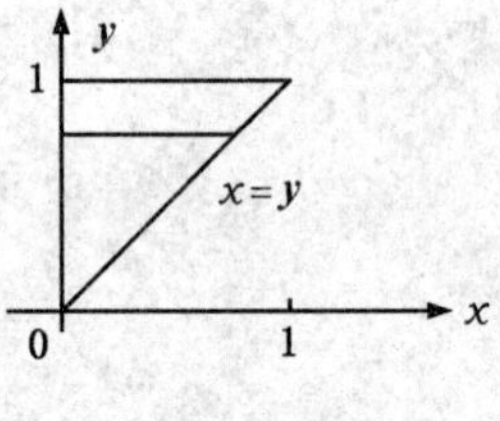

图7-30

先对 x 后对 y 积分,得:

$$\begin{aligned}\iint_D e^{y^2}\mathrm{d}\sigma &=\int_0^1\left[\int_0^y e^{y^2}\mathrm{d}x\right]\mathrm{d}y\\ &=\int_0^1 e^{y^2}(y-0)\mathrm{d}y=\int_0^1 e^{y^2}\cdot y\mathrm{d}y\\ &=\frac{1}{2}\int_0^1 e^{y^2}\mathrm{d}(y^2)=\frac{1}{2}\left(e^{y^2}\right)\Big|_0^1=\frac{1}{2}(e-1)\end{aligned}$$

本题不能采用先对 y 后对 x 的积分次序来计算,因为 $\int e^{y^2}\mathrm{d}y$ 积不出。

[例5] 设区域 D 由抛物线 $y=x^2$ 与直线 $x=1$、$y=2x(0\leqslant x\leqslant 1)$ 围成。

(1) 将 $\iint\limits_D f(x,y)\mathrm{d}\sigma$ 化成累次积分(写出两种积分次序);

(2) 计算 $\iint\limits_D (2y+x)\mathrm{d}\sigma$;

(3) 计算 D 的面积 S.

解　作区域图(见图 7－31)。

(1) 若先对 y 后对 x 积分，由于区域 D 可表示为 $D:\begin{cases}0\leqslant x\leqslant 1\\ x^2\leqslant y\leqslant 2x\end{cases}$，故 $\iint\limits_D f(x,y)\mathrm{d}\sigma=\int_0^1\mathrm{d}x\int_{x^2}^{2x}f(x,y)\mathrm{d}y$.

若先对 x 后对 y 积分，则区域 D 必须分为 D_1 和 D_2 两部分(见图 7－32)。

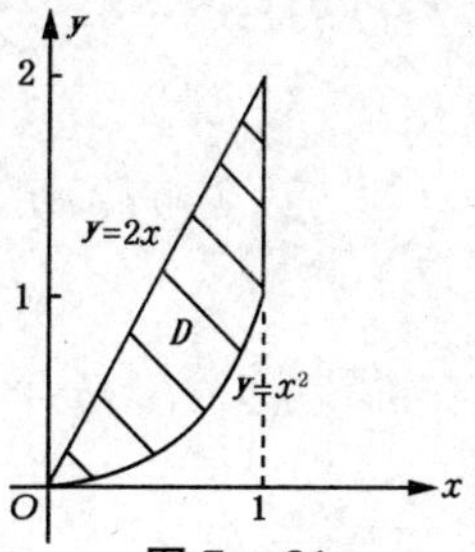

图 7－31

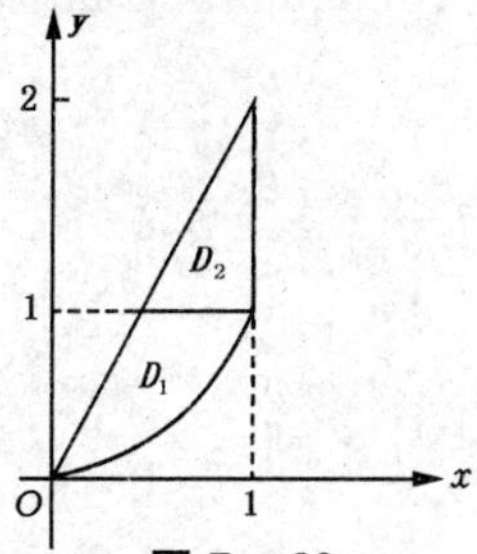

图 7－32

D_1 由 $x=\sqrt{y}$，$x=\dfrac{y}{2}$ 及 $y=1$ 所围成，D_2 由 $x=\dfrac{y}{2}$，$y=1$ 及 $x=1$ 所围成。

由于：　$D_1:\begin{cases}0\leqslant y\leqslant 1\\ \dfrac{y}{2}\leqslant x\leqslant\sqrt{y}\end{cases}$　　$D_2:\begin{cases}1\leqslant y\leqslant 2\\ \dfrac{y}{2}\leqslant x\leqslant 1\end{cases}$

故：

$$\iint\limits_D f(x,y)\mathrm{d}\sigma=\iint\limits_{D_1}f(x,y)\mathrm{d}\sigma+\iint\limits_{D_2}f(x,y)\mathrm{d}\sigma$$

$$=\int_0^1\mathrm{d}y\int_{\frac{y}{2}}^{\sqrt{y}}f(x,y)\mathrm{d}x+\int_1^2\mathrm{d}y\int_{\frac{y}{2}}^{1}f(x,y)\mathrm{d}x$$

(2) 显然，采用先对 y 后对 x 的积分次序计算 $\iint\limits_D(2y+x)\mathrm{d}\sigma$ 比较简单。

$$\iint\limits_D(2y+x)\mathrm{d}\sigma=\int_0^1\left[\int_{x^2}^{2x}(2y+x)\mathrm{d}y\right]\mathrm{d}x$$

$$=\int_0^1\left[y^2+xy\right]\Big|_{x^2}^{2x}\mathrm{d}x=\int_0^1\left[(4x^2+2x^2)-(x^4+x^3)\right]\mathrm{d}x$$

$$=\int_0^1(6x^2-x^3-x^4)\mathrm{d}x=\left[2x^3-\frac{x^4}{4}-\frac{x^5}{5}\right]\Big|_0^1$$

$$=2-\frac{1}{4}-\frac{1}{5}=\frac{31}{20}$$

(3) 由二重积分的性质 1，得：

$$S=\iint\limits_D 1\mathrm{d}\sigma=\int_0^1\left[\int_{x^2}^{2x}\mathrm{d}y\right]\mathrm{d}x$$

$$=\int_0^1(2x-x^2)\mathrm{d}x=\left[x^2-\frac{x^3}{3}\right]\Big|_0^1$$

$$=1-\frac{1}{3}=\frac{2}{3}$$

[**例 6**] 交换(改变)二次积分$\int_0^1 dx\int_1^{e^x} f(x,y)dy$ 的积分次序。

解 由所给二次积分的上、下限,可知对应的二重积分的积分区域D:$\begin{cases}0\leqslant x\leqslant 1\\ 1\leqslant y\leqslant e^x\end{cases}$.

作区域图(见图 7－33)。

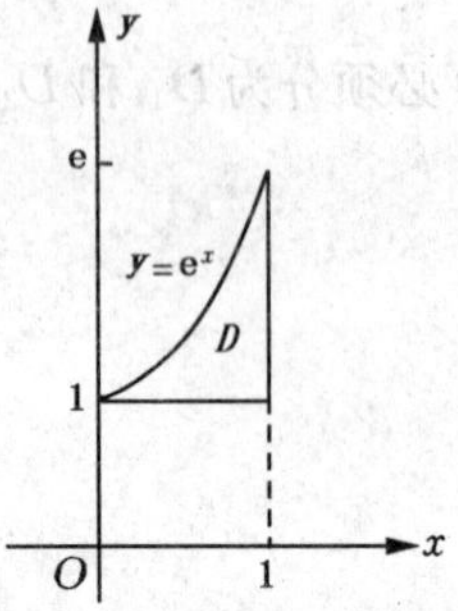

图 7－33

所给的是先对 y 后对 x 的二次积分,交换积分次序,即化为先对 x 后对 y 的二次积分。由于 D 也可以表示为:

$$\begin{cases}1\leqslant y\leqslant e\\ \ln y\leqslant x\leqslant 1\end{cases}$$

所以,$\int_0^1 dx\int_1^{e^x} f(x,y)dy=\int_1^e dy\int_{\ln y}^1 f(x,y)dx$.

2. 在极坐标系下计算二重积分

由平面解析几何的知识可知,平面上任意一点的直角坐标(x,y)与它的极坐标(r,θ)(见图 7－34)的变换关系为:$\begin{cases}x=r\cos\theta\\ y=r\sin\theta\end{cases}$,因此,直角坐标系下的 $f(x,y)$ 可化为极坐标系下的 $f(r\cos\theta,r\sin\theta)$. 另外,可以证明,二重积分的面积元素 $d\sigma$ 在极坐标系下等于 $rdrd\theta$(证明从略),即:

$$d\sigma=rdrd\theta$$

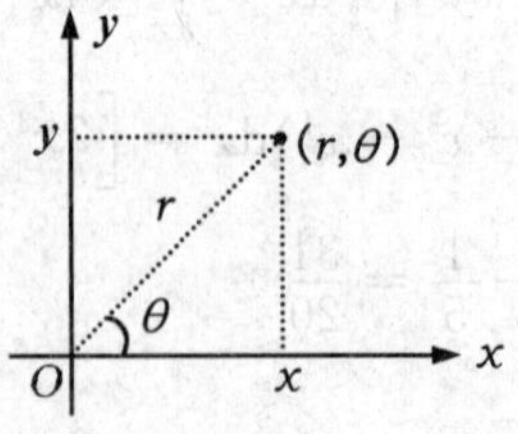

图 7－34

于是,有二重积分的变量从直角坐标变换为极坐标的变换公式:

$$\iint_D f(x,y)dxdy=\iint_D f(r\cos\theta,r\sin\theta)rdrd\theta \tag{7.27}$$

上式右端中的区域 D 相应地以极坐标表示。

下列三种区域上的二重积分$\iint\limits_D f(r\cos\theta, r\sin\theta) r\mathrm{d}r\mathrm{d}\theta$通常可以化为二次积分来计算：

(1) 若极点O在区域D之外，并且区域是由连续曲线$r=\varphi_1(\theta)$、$r=\varphi_2(\theta)$和射线$\theta=\alpha$、$\theta=\beta$所围成(见图 7－35)，即$D:\begin{cases}\alpha\leqslant\theta\leqslant\beta\\ \varphi_1(\theta)\leqslant r\leqslant\varphi_2(\theta)\end{cases}$，则：

$$\iint\limits_D f(r\cos\theta, r\sin\theta) r\mathrm{d}r\mathrm{d}\theta=\int_\alpha^\beta\left[\int_{\varphi_1(\theta)}^{\varphi_2(\theta)} f(r\cos\theta, r\sin\theta) r\mathrm{d}r\right]\mathrm{d}\theta \tag{7.28}$$

也可写成：

$$\iint\limits_D f(r\cos\theta, r\sin\theta) r\mathrm{d}r\mathrm{d}\theta=\int_\alpha^\beta\mathrm{d}\theta\int_{\varphi_1(\theta)}^{\varphi_2(\theta)} f(r\cos\theta, r\sin\theta) r\mathrm{d}r$$

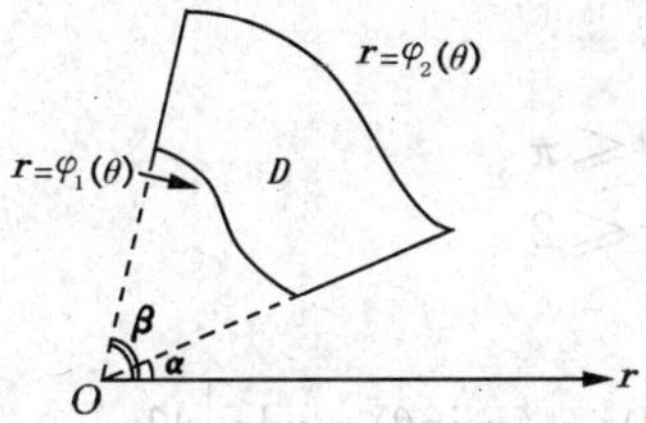

图 7－35

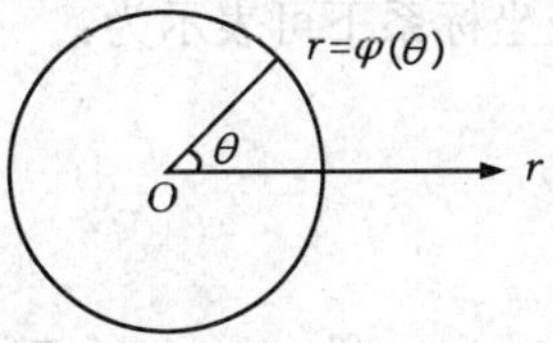

图 7－36

(2) 若极点O在区域D的内部，并且区域由连续曲线$r=\varphi(\theta)$所围成(见图 7－36)，即：

$$D:\begin{cases}0\leqslant\theta\leqslant 2\pi\\ 0\leqslant r\leqslant\varphi(\theta)\end{cases}$$

则：

$$\iint\limits_D f(r\cos\theta, r\sin\theta) r\mathrm{d}r\mathrm{d}\theta=\int_0^{2\pi}\mathrm{d}\theta\int_0^{\varphi(\theta)} f(r\cos\theta, r\sin\theta) r\mathrm{d}r \tag{7.29}$$

(3) 若极点O在区域D的边界上，并且区域是由连续曲线$r=\varphi(\theta)$及射线$\theta=\alpha$，$\theta=\beta$所围成(见图 7－37)，即：

$$D:\begin{cases}\alpha\leqslant\theta\leqslant\beta\\ 0\leqslant r\leqslant\varphi(\theta)\end{cases}$$

则：

$$\iint\limits_D f(r\cos\theta, r\sin\theta) r\mathrm{d}r\mathrm{d}\theta=\int_\alpha^\beta\mathrm{d}\theta\int_0^{\varphi(\theta)} f(r\cos\theta, r\sin\theta) r\mathrm{d}r \tag{7.30}$$

当积分区域D的边界曲线用极坐标表达较为简便(如圆域等)，且$f(x,y)$用极坐标变量r,θ表达也较为简单时，通常我们就可以利用极坐标来计算$\iint\limits_D f(x,y)\mathrm{d}\sigma$。

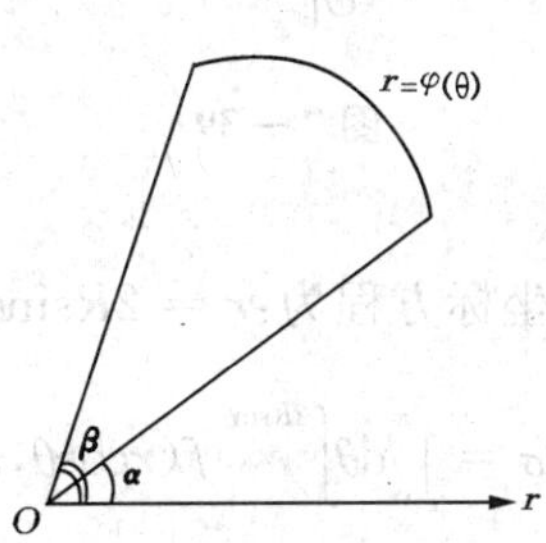

图 7－37

［例 7］ 计算二重积分$\iint\limits_D x^2 y\mathrm{d}\sigma$. 其中，$D=\{(x,y)\mid 1\leqslant x^2+y^2\leqslant 4, y\geqslant 0\}$.

解 作区域图(见图 7－38)。

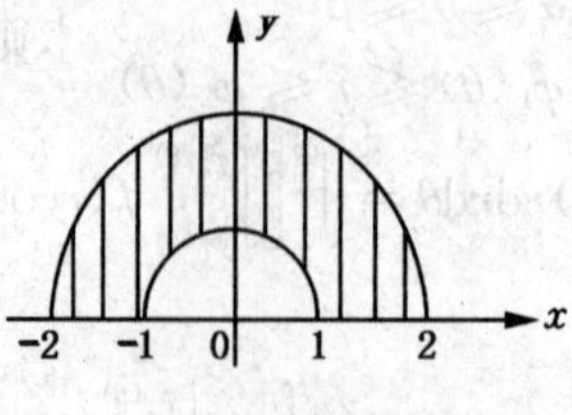

图 7－38

区域 D 在极坐标系下可表示为：

$$\begin{cases}0\leqslant\theta\leqslant\pi\\1\leqslant r\leqslant 2\end{cases}$$

由(7.28)式，有：

$$\begin{aligned}\iint\limits_D x^2 y\mathrm{d}\sigma &= \int_0^{\pi}\left[\int_1^2 (r\cos\theta)^2\cdot(r\sin\theta)\cdot r\mathrm{d}r\right]\mathrm{d}\theta\\&=\int_0^{\pi}\cos^2\theta\cdot\sin\theta\cdot\left[\int_1^2 r^4\mathrm{d}r\right]\mathrm{d}\theta\\&=\left[\frac{r^5}{5}\bigg|_1^2\right]\cdot\int_0^{\pi}(-\cos^2\theta)\mathrm{d}(\cos\theta)\\&=\frac{1}{5}(32-1)\cdot\left[-\frac{(\cos\theta)^3}{3}\right]_0^{\pi}\\&=\frac{31}{5}\cdot\frac{2}{3}=\frac{62}{15}\end{aligned}$$

［例 8］ 设 $D=\{(x,y)\mid x^2+y^2\leqslant 2Ry\}$，$f(x,y)$ 在 D 上连续，试将 $\iint\limits_D f(x,y)\mathrm{d}\sigma$ 化为极坐标系下的累次积分。

解 作区域图(见图 7－39)。

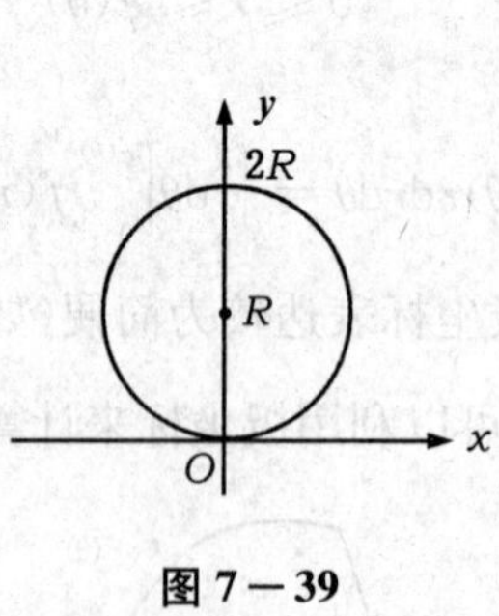

图 7－39

由于边界 $x^2+y^2=2Ry$ 的极坐标方程为：$r=2R\sin\theta$，区域D：$\begin{cases}0\leqslant\theta\leqslant\pi\\0\leqslant r\leqslant 2R\sin\theta\end{cases}$，故：

$$\iint\limits_D f(x,y)\mathrm{d}\sigma=\int_0^{\pi}\mathrm{d}\theta\int_0^{2R\sin\theta}f(r\cos\theta,r\sin\theta)r\mathrm{d}r$$

［例 9］　设区域 D 由圆 $x^2+y^2=2Rx$ 围成，$f(x,y)$ 在 D 上连续，试将 $\iint\limits_D f(x,y)\mathrm{d}x\mathrm{d}y$ 化作极坐标系下的累次积分。

解　作区域图（见图 7－40）。

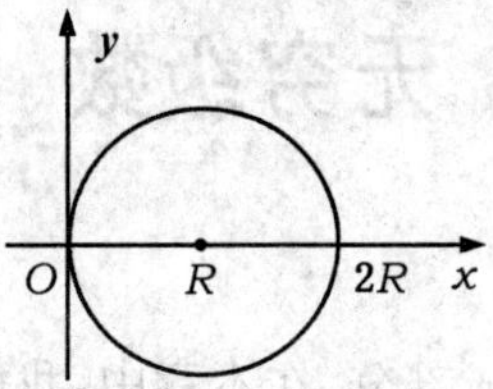

图 7－40

由于圆 $x^2+y^2=2Rx$ 的极坐标方程为：$r=2R\cos\theta$，区域 D：$\begin{cases}-\dfrac{\pi}{2}\leqslant\theta\leqslant\dfrac{\pi}{2}\\ 0\leqslant r\leqslant 2R\cos\theta\end{cases}$，故：

$$\iint\limits_D f(x,y)\mathrm{d}x\mathrm{d}y=\int_{-\frac{\pi}{2}}^{\frac{\pi}{2}}\mathrm{d}\theta\int_0^{2R\cos\theta}f(r\cos\theta,r\sin\theta)r\mathrm{d}r$$

［例 10］　设 $D=\{(x,y)\mid x^2+y^2\leqslant a^2,x\geqslant 0,y\geqslant 0\}$，计算积分 $\iint\limits_D \mathrm{e}^{-x^2-y^2}\mathrm{d}x\mathrm{d}y$.

解　作区域图（见图 7－41）。

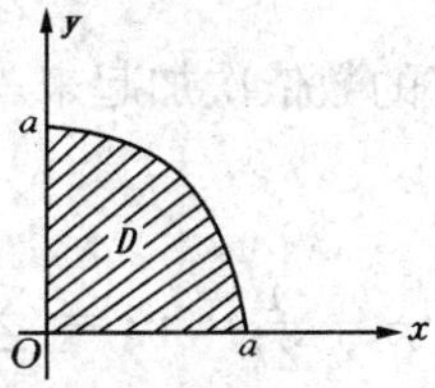

图 7－41

区域 D 在极坐标系下可表示为：

$$\begin{cases}0\leqslant\theta\leqslant\dfrac{\pi}{2}\\ 0\leqslant r\leqslant a\end{cases}$$

故：

$$\iint\limits_D \mathrm{e}^{-x^2-y^2}\mathrm{d}x\mathrm{d}y=\int_0^{\frac{\pi}{2}}\left[\int_0^a \mathrm{e}^{-r^2}\cdot r\mathrm{d}r\right]\mathrm{d}\theta$$

$$=\frac{\pi}{2}\cdot\left[-\frac{1}{2}\mathrm{e}^{-r^2}\Big|_0^a\right]$$

$$=\frac{\pi}{4}(1-\mathrm{e}^{-a^2})$$

* 第八章

无穷级数

无穷级数是高等数学的重要组成部分。在本章中，我们先考察常数项级数，然后讨论幂级数以及怎样将函数展开成幂级数的问题。

第一节　常数项级数及其敛散性

一、常数项级数的定义

定义 1　设 $u_1, u_2, \cdots, u_n, \cdots$ 是一个给定的数列，则式子

$$u_1 + u_2 + \cdots + u_n + \cdots (\text{简记成} \sum_{n=1}^{\infty} u_n)$$

称为**常数项级数**或**无穷级数**，简称**级数**。式中的第 n 项 u_n 称为级数的**通项**或**一般项**。

无穷级数就是将无穷多个有顺序的数依次加起来。例如，将等比数列：$1, \frac{1}{3}, \frac{1}{9}, \frac{1}{27}, \cdots$ 顺序相加，即得**等比级数**：

$$1 + \frac{1}{3} + \frac{1}{9} + \frac{1}{27} + \cdots = \sum_{n=1}^{\infty} \left(\frac{1}{3}\right)^{n-1}$$

又如：

$$1 + 2 + 3 + 4 + \cdots$$
$$1 - 2 + 3 - 4 + \cdots$$
$$1 + \frac{1}{2^2} + \frac{1}{3^2} + \frac{1}{4^2} + \cdots$$

都是无穷级数，它们的通项分别是 $n, (-1)^{n+1} \cdot n$ 和 $\frac{1}{n^2}$.

通项 $u_n = \frac{1}{n^p}$（p 为常数）的级数：

$$\sum_{n=1}^{\infty} \frac{1}{n^p} = 1 + \frac{1}{2^p} + \frac{1}{3^p} + \cdots + \frac{1}{n^p} + \cdots$$

称为 **p 级数**.

$p = 1$ 的 p 级数 $\sum_{n=1}^{\infty} \frac{1}{n} = 1 + \frac{1}{2} + \frac{1}{3} + \cdots + \frac{1}{n} + \cdots$ 称为**调和级数**.

我们知道，有限个数相加，只要一个接一个地加下去，总能求得其和。那么，无穷级数是否也有和，无限多项相加该如何实现？与解决无限区间的广义积分问题相类似，我们先把无限项

求和的问题转化为有限项的常规求和问题，再用极限的概念加以解决。

二、级数收敛与发散的概念

定义 2　设级数 $\sum_{n=1}^{\infty} u_n = u_1 + u_2 + \cdots + u_n + u_{n+1} + \cdots$，称

$$s_n = u_1 + u_2 + \cdots + u_n$$

为级数 $\sum_{n=1}^{\infty} u_n$ 的**前 n 项部分和**，简称为**部分和**。

$s_n(n = 1,2,\cdots)$ 构成了一个新数列：

$$\begin{aligned} s_1 &= u_1 \\ s_2 &= u_1 + u_2 \\ &\vdots \\ s_n &= u_1 + u_2 + \cdots + u_n \\ &\vdots \end{aligned}$$

称为级数 $\sum_{n=1}^{\infty} u_n$ 的部分和数列，记作 $\{s_n\}$.

若当 $n \to \infty$ 时 s_n 的极限存在，且极限值为 s，即有：

$$\lim_{n\to\infty} s_n = s$$

则称**级数 $\sum_{n=1}^{\infty} u_n$ 收敛**，s 为**该级数的和**，又称**级数收敛于 s**，并记作：

$$\sum_{n=1}^{\infty} u_n = u_1 + u_2 + \cdots + u_n + \cdots = s$$

称 s 与部分和 s_n 的差：$s - s_n = u_{n+1} + u_{n+2} + \cdots$ 为级数的**余项**，记为 R_n. 由于 $\lim\limits_{n\to\infty} R_n = \lim\limits_{n\to\infty}(s - s_n) = s - s = 0$，故收敛级数的余项收敛于零。

若 $\lim\limits_{n\to\infty} s_n$ 不存在（包括 $\lim\limits_{n\to\infty} s_n = \infty$ 情形），则称**级数 $\sum_{n=1}^{\infty} u_n$ 发散**，发散的级数没有和。

[例 1]　根据级数收敛与发散的定义，判定级数的敛散性：

(1) $\sum_{n=1}^{\infty} n$；　(2) $\sum_{n=1}^{\infty} \left[\frac{1}{n^2} - \frac{1}{(n+1)^2}\right]$；　(3) $\sum_{n=1}^{\infty} \ln \frac{n+1}{n}$.

解　(1) 由于：

$$s_n = 1 + 2 + \cdots + n = \frac{n}{2}(n+1)$$

$$\lim_{n\to\infty} s_n = \lim_{n\to\infty} \frac{n(n+1)}{2} = +\infty$$

故级数 $\sum_{n=1}^{\infty} n$ 发散。

(2) 因为：

$$\begin{aligned} s_n &= \left(1 - \frac{1}{2^2}\right) + \left(\frac{1}{2^2} - \frac{1}{3^2}\right) + \cdots + \left[\frac{1}{(n-1)^2} - \frac{1}{n^2}\right] + \left[\frac{1}{n^2} - \frac{1}{(n+1)^2}\right] \\ &= 1 - \frac{1}{(n+1)^2} \end{aligned}$$

$$\lim_{n\to\infty} s_n = \lim_{n\to\infty}\left[1 - \frac{1}{(n+1)^2}\right] = 1$$

所以，级数$\sum_{n=1}^{\infty}\left[\frac{1}{n^2}-\frac{1}{(n+1)^2}\right]$收敛，其和为 1.

(3) 因为：

$$u_n=\ln\frac{n+1}{n}=\ln(n+1)-\ln n$$

$$\begin{aligned}s_n&=(\ln 2-\ln 1)+(\ln 3-\ln 2)+\cdots+\\&\quad[\ln n-\ln(n-1)]+[\ln(n+1)-\ln n]\\&=\ln(n+1)\end{aligned}$$

$$\lim_{n\to\infty}s_n=\lim_{n\to\infty}\ln(n+1)=+\infty$$

所以，级数$\sum_{n=1}^{\infty}\ln\frac{n+1}{n}$发散。

[**例 2**] 设常数 $a\neq 0$，试讨论**等比级数**(又称**几何级数**)

$$a+aq+aq^2+\cdots+aq^{n-1}+\cdots=\sum_{n=1}^{\infty}aq^{n-1}$$

的敛散性。

解 若 $|q|\neq 1$，由于$\sum_{n=1}^{\infty}aq^{n-1}$的部分和为：

$$s_n=a+aq+aq^2+\cdots+aq^{n-1}=\frac{a(1-q^n)}{1-q}$$

当 $|q|<1$ 时，因$\lim_{n\to\infty}q^n=0$，故：

$$\lim_{n\to\infty}s_n=\lim_{n\to\infty}\frac{a(1-q^n)}{1-q}=\frac{a}{1-q}$$

所以，级数$\sum_{n=1}^{\infty}aq^{n-1}$收敛，且其和为$\frac{a}{1-q}$.

当 $|q|>1$ 时，因$\lim_{n\to\infty}|q|^n=+\infty$，$\lim_{n\to\infty}q^n$不存在，故$\lim_{n\to\infty}s_n=\lim_{n\to\infty}\frac{a(1-q^n)}{1-q}$不存在，所以，级数$\sum_{n=1}^{\infty}aq^{n-1}$发散。

若 $q=1$，由于 $s_n=na$，$\lim_{n\to\infty}s_n=\infty$，故级数发散。

若 $q=-1$，由于 $s_n=a-a+\cdots+(-1)^{n-1}a=\begin{cases}a, & n\text{ 为奇数}\\0, & n\text{ 为偶数}\end{cases}$，$\lim_{n\to\infty}s_n$不存在，故级数发散。

综上所述，**当且仅当 $|q|<1$ 时，首项为 a、公比为 q 的等比级数收敛，其和为$\frac{a}{1-q}$.**

本节例 2 的结论必须熟记，并能熟练地用于求收敛的等比级数的和。

例如，$\sum_{n=1}^{\infty}3\left(-\frac{1}{2}\right)^{n-1}$是首项 $a=3$，公比 $q=-\frac{1}{2}$ 的等比级数，由于 $|q|=\frac{1}{2}<1$，故此等比级数收敛，且：

$$\sum_{n=1}^{\infty}3\left(-\frac{1}{2}\right)^{n-1}=3-\frac{3}{2}+\frac{3}{2^2}-\frac{3}{2^3}+\cdots=\frac{3}{1-\left(-\frac{1}{2}\right)}=2$$

又如，$\sum_{n=1}^{\infty}\left(-\frac{5}{2}\right)^n$是公比 $q=-\frac{5}{2}$ 的等比级数，由于 $|q|=\frac{5}{2}>1$，故等比级数

$\sum_{n=1}^{\infty}\left(-\frac{5}{2}\right)^n$ 发散。

关于 p 级数 $\sum_{n=1}^{\infty}\frac{1}{n^p}=1+\frac{1}{2^p}+\frac{1}{3^p}+\cdots+\frac{1}{n^p}+\cdots$，可以说明：**调和级数 $\sum_{n=1}^{\infty}\frac{1}{n}$ 是发散的，$p>1$ 的 p 级数是收敛的**（在这里，由于考察相应的 $\{s_n\}$ 的极限需要用特殊的方法，而这两种方法不具有普遍性，故过程从略。以后，我们还将利用正项级数的比较判别法说明：$p<1$ 的 p 级数是发散的）。

应该指出，直接按定义判定级数的敛散性，必须有级数的部分和 s_n 容易化简、极限 $\lim\limits_{n\to\infty}s_n$ 容易考察为前提。请注意本节例 1 中各小题的特点，就大多数级数而言，直接按定义判定级数的敛散性是很困难的。为了能快捷地判断级数的敛散性，有必要研究级数的一些性质及其他的一些判别法。

第二节　级数的基本性质

性质 1　若级数 $\sum_{n=1}^{\infty}u_n$，$\sum_{n=1}^{\infty}v_n$ 都收敛，且：

$$\sum_{n=1}^{\infty}u_n=u_1+u_2+\cdots+u_n+\cdots=s$$

$$\sum_{n=1}^{\infty}v_n=v_1+v_2+\cdots+v_n+\cdots=w$$

则级数 $\sum_{n=1}^{\infty}(u_n+v_n)$，$\sum_{n=1}^{\infty}(u_n-v_n)$ 也都收敛，且：

$$\begin{aligned}\sum_{n=1}^{\infty}(u_n\pm v_n)&=(u_1\pm v_1)+(u_2\pm v_2)+\cdots+(u_n\pm v_n)+\cdots\\&=s\pm w\end{aligned}$$

性质 1 说明，两个收敛级数逐项相加（减）所成的级数仍收敛，且其和等于原来两个级数相加（减）。在实际应用中，若级数的通项是两个收敛级数通项的和（或差），则由性质 1，此级数也是收敛的。

例如，级数 $\sum_{n=1}^{\infty}\left[\frac{1}{2^n}-\left(\frac{2}{5}\right)^n\right]$，由于 $\sum_{n=1}^{\infty}\frac{1}{2^n}$，$\sum_{n=1}^{\infty}\left(\frac{2}{5}\right)^n$ 都是收敛的等比级数，因此，$\sum_{n=1}^{\infty}\left[\left(\frac{1}{2}\right)^n-\left(\frac{2}{5}\right)^n\right]$ 也收敛，且其和为：

$$\frac{\frac{1}{2}}{1-\frac{1}{2}}-\frac{\frac{2}{5}}{1-\frac{2}{5}}=1-\frac{2}{3}=\frac{1}{3}$$

推论　若 $\sum_{n=1}^{\infty}u_n$ 收敛，$\sum_{n=1}^{\infty}v_n$ 发散，则 $\sum_{n=1}^{\infty}(u_n\pm v_n)$ 发散。

据此，读者可以自行说明级数 $\sum_{n=1}^{\infty}\left(\frac{1}{n}+\frac{1}{2^n}\right)$，$\sum_{n=1}^{\infty}\left(n-\frac{1}{2^n}\right)$ 都是发散的。

性质 2　设 k 为非零常数，若级数 $u_1+u_2+\cdots=\sum_{n=1}^{\infty}u_n$ 收敛于 s，则每一项乘以 k 所得的

级数 $ku_1+ku_2+\cdots=\sum\limits_{n=1}^{\infty}ku_n$ 收敛于 ks. 若级数 $\sum\limits_{n=1}^{\infty}v_n$ 发散,则 $\sum\limits_{n=1}^{\infty}kv_n$ 也发散。

例如,级数 $\sum\limits_{n=1}^{\infty}\frac{1}{5n}$,由于调和级数 $\sum\limits_{n=1}^{\infty}\frac{1}{n}$ 发散,根据性质 2 可知,$\sum\limits_{n=1}^{\infty}\frac{1}{5n}$ 发散。

性质 3 设 k 为某个大于 1 的自然数,则级数

$$\sum_{n=1}^{\infty}u_n=u_1+u_2+\cdots+u_n+\cdots$$

与

$$\sum_{n=k}^{\infty}u_n=u_k+u_{k+1}+\cdots+u_n+\cdots$$

同为收敛或同为发散。

性质 3 说明,一个级数去掉前面有限项或在前面加上有限项,所得到的新级数与原级数的敛散性相同。当然,在收敛情形下,级数和会发生相应变化。

例如,级数 $\sum\limits_{n=5}^{\infty}\frac{1}{n}=\frac{1}{5}+\frac{1}{6}+\frac{1}{7}+\cdots+\frac{1}{n}+\cdots$,它相当于调和级数 $\sum\limits_{n=1}^{\infty}\frac{1}{n}=1+\frac{1}{2}+\cdots+\frac{1}{n}+\cdots$ 去掉了前四项,而调和级数是发散的,根据性质 3,$\sum\limits_{n=5}^{\infty}\frac{1}{n}$ 发散。

以上三个性质,读者很容易根据级数敛散性的定义加以验证。

性质 4(级数收敛的必要条件) 若级数 $\sum\limits_{n=1}^{\infty}u_n$ 收敛,则:

$$\lim_{n\to\infty}u_n=0$$

证 设级数 $\sum\limits_{n=1}^{\infty}u_n$ 的前 n 项部分和为 s_n,由于 $\sum\limits_{n=1}^{\infty}u_n$ 收敛,不妨设其和为 s,则有:

$$\lim_{n\to\infty}s_n=s$$

而

$$u_n=s_n-s_{n-1}$$

所以:

$$\lim_{n\to\infty}u_n=\lim_{n\to\infty}(s_n-s_{n-1})=s-s=0$$

证毕。

注意 通项趋于零是级数收敛的必要条件,而非充分条件,亦即若级数的一般项趋于零,那么,级数未必收敛。

例如,调和级数 $\sum\limits_{n=1}^{\infty}\frac{1}{n}$,其通项 $u_n=\frac{1}{n}\to 0(n\to\infty)$,但调和级数是发散的。

性质 4 的逆否命题:**若 $\lim\limits_{n\to\infty}u_n\neq 0$,则级数 $\sum\limits_{n=1}^{\infty}u_n$ 发散**。

这个结论相当实用。

例 判定下列级数的敛散性:

(1) $\sum\limits_{n=1}^{\infty}\frac{1}{\sqrt[n]{5}}$;

(2) $1-2^3+3^3-4^3+\cdots+(-1)^{n+1}n^3+\cdots$;

(3) $\sum\limits_{n=1}^{\infty}\left(1+\frac{1}{n}\right)^{-n}$.

解 (1) 因为一般项

$$u_n = \frac{1}{\sqrt[n]{5}} = 5^{-\frac{1}{n}}$$

$$\lim_{n\to\infty} u_n = \lim_{n\to\infty} 5^{-\frac{1}{n}} = 5^0 = 1 \neq 0$$

所以，级数$\sum_{n=1}^{\infty}\frac{1}{\sqrt[n]{5}}$发散。

(2) 因为$u_n=(-1)^{n+1}n^3$，$|u_n|=n^3\to+\infty(n\to\infty)$，从而$\lim_{n\to\infty}u_n=\lim_{n\to\infty}[(-1)^{n+1}n^3]$不存在，所以，$\sum_{n=1}^{\infty}(-1)^{n+1}n^3$发散。

(3) 由于：

$$u_n = \left(1+\frac{1}{n}\right)^{-n}$$

$$\lim_{n\to\infty} u_n = \lim_{n\to\infty}\frac{1}{\left(1+\frac{1}{n}\right)^n} = \frac{1}{\mathrm{e}} \neq 0$$

所以，级数$\sum_{n=1}^{\infty}\left(1+\frac{1}{n}\right)^{-n}$发散。

第三节　正项级数

若$u_n \geqslant 0(n=1,2,3,\cdots)$，则称级数$\sum_{n=1}^{\infty}u_n$为**正项级数**。也就是说，正项级数就是每项均为非负数的级数。例如：

$$\sum_{n=1}^{\infty}\frac{1}{2^n}=\frac{1}{2}+\frac{1}{4}+\frac{1}{8}+\cdots+\frac{1}{2^n}+\cdots$$

$$\sum_{n=1}^{\infty}\left(\frac{5}{3}\right)^{n-1}=1+\frac{5}{3}+\frac{25}{9}+\cdots+\left(\frac{5}{3}\right)^{n-1}+\cdots$$

$$\sum_{n=1}^{\infty}[1+(-1)^n]=0+2+0+\cdots+[1+(-1)^n]+\cdots$$

以及p级数等都是正项级数。

事实上，正项级数是相当常见又相当重要的一类级数。根据级数的敛散性定义和性质，我们已经能判定一些正项级数的敛散性，但这远远不够。下面接着介绍比较判别法和比值判别法，这两个基本方法有助于判定许多级数的敛散性。

显然，正项级数的部分和数列$\{s_n\}$是单调增加的，即：

$$s_1 \leqslant s_2 \leqslant s_3 \leqslant \cdots \leqslant s_n \leqslant \cdots$$

根据数列极限的单调有界准则，如果s_n有界，则它收敛，否则就发散。因此，**正项级数收敛的充要条件是部分和数列有界**。由此可以导出正项级数的比较判别法和比值判别法。

一、比较判别法

定理 1(比较判别法)　设正项级数$\sum_{n=1}^{\infty}u_n$和$\sum_{n=1}^{\infty}v_n$满足：

$$u_n \leqslant v_n(n=1,2,3,\cdots)$$

(1) 若$\sum\limits_{n=1}^{\infty} v_n$ 收敛,则$\sum\limits_{n=1}^{\infty} u_n$ 也收敛;

(2) 若$\sum\limits_{n=1}^{\infty} u_n$ 发散,则$\sum\limits_{n=1}^{\infty} v_n$ 也发散。

证 设 $s_n = u_1 + u_2 + \cdots + u_n, w_n = v_1 + v_2 + \cdots + v_n$.

因为 $u_n \leqslant v_n (n = 1,2,\cdots)$,于是有:

$$u_1 + u_2 + \cdots + u_n \leqslant v_1 + v_2 + \cdots + v_n$$

所以:

$$s_n \leqslant w_n$$

(1) 若$\sum\limits_{n=1}^{\infty} v_n$ 收敛,那么,其部分和 w_n 必有界。

由于 $s_n \leqslant w_n$,因此,s_n 也有界,所以,$\sum\limits_{n=1}^{\infty} u_n$ 收敛。

(2) 若$\sum\limits_{n=1}^{\infty} u_n$ 发散,那么,s_n 无界,于是,w_n 也无界,所以,$\sum\limits_{n=1}^{\infty} v_n$ 发散。

证毕。

[**例 1**] 讨论 $p < 1$ 时 p 级数$\sum\limits_{n=1}^{\infty} \frac{1}{n^p}$ 的敛散性。

解 因为当 $p < 1$ 时,$0 < n^p \leqslant n (n = 1,2,\cdots)$,于是有:

$$0 < \frac{1}{n} \leqslant \frac{1}{n^p}$$

由于调和级数$\sum\limits_{n=1}^{\infty} \frac{1}{n}$ 发散,根据比较判别法可知 $p < 1$ 时 p 级数$\sum\limits_{n=1}^{\infty} \frac{1}{n^p}$ 发散。

p 级数的敛散性必须熟记:**当 $p \leqslant 1$ 时,p 级数发散;当 $p > 1$ 时,p 级数收敛**。

利用比较法解题的关键在于选择适当的已知级数[如 p 级数或几何级数$\sum\limits_{n=1}^{\infty} q^{n-1} (q > 0)$]作比较对象。

[**例 2**] 判定下列级数的敛散性:

(1)$\sum\limits_{n=1}^{\infty} \frac{1}{n\sqrt{n+1}}$; (2)$\sum\limits_{n=1}^{\infty} \frac{\sin^2 n}{3^n}$; (3)$\sum\limits_{n=1}^{\infty} \frac{3n+4}{n(n+1)}$.

解 (1) 因为:

$$u_n = \frac{1}{n\sqrt{n+1}} > 0$$

$$u_n = \frac{1}{n\sqrt{n+1}} < \frac{1}{n\sqrt{n}} = \frac{1}{n^{\frac{3}{2}}}$$

而$\sum\limits_{n=1}^{\infty} \frac{1}{n^{\frac{3}{2}}}$是 $p = \frac{3}{2} > 1$ 的 p 级数,收敛,所以,由比较判别法知,正项级数$\sum\limits_{n=1}^{\infty} \frac{1}{n\sqrt{n+1}}$ 收敛。

(2) 由于 $u_n = \frac{\sin^2 n}{3^n} \geqslant 0$,且:

$$u_n = \frac{\sin^2 n}{3^n} \leqslant \frac{1}{3^n} = \left(\frac{1}{3}\right)^n$$

而$\sum\limits_{n=1}^{\infty} \left(\frac{1}{3}\right)^n$ 是收敛的等比级数,故正项级数$\sum\limits_{n=1}^{\infty} \frac{\sin^2 n}{3^n}$ 收敛。

(3) 因为 $u_n=\frac{3n+4}{n(n+1)}>\frac{3n}{n(n+1)}=\frac{3}{n+1}$，由于调和级数 $\sum\limits_{n=1}^{\infty}\frac{1}{n}$ 发散，根据级数性质知 $\sum\limits_{n=1}^{\infty}\frac{3}{n+1}$ 发散（事实上，$\sum\limits_{n=1}^{\infty}\frac{3}{n+1}$ 相当于 $\sum\limits_{n=1}^{\infty}\frac{3}{n}$ 去掉第一项），故由正项级数的比较判别法知，$\sum\limits_{n=1}^{\infty}\frac{3n+4}{n(n+1)}$ 发散。

推论　（比较判别法的极限形式）设 $u_n>0,v_n>0$，若：

$$\lim_{n\to\infty}\frac{u_n}{v_n}=C$$

且常数 $C\neq0$，则正项级数 $\sum\limits_{n=1}^{\infty}u_n$ 与 $\sum\limits_{n=1}^{\infty}v_n$ 同为发散或同为收敛。

对于通项类似于 $u_n=\frac{n^k+1}{n^p+1}$（k,p 为常数）等的级数，如本节例 2 中的(1)、(3)，采用极限形式的比较判别法尤为便捷，并且总是设 $v_n=\frac{1}{n^{p-k}}$.

［**例 3**］　判定下列级数的敛散性：

(1) $\sum\limits_{n=1}^{\infty}\frac{n^3+1}{n^5+2n+3}$；　(2) $\sum\limits_{n=1}^{\infty}\frac{1}{\sqrt{4n-1}}$；　(3) $\sum\limits_{n=1}^{\infty}\ln\frac{n^2+1}{n^2}$.

解　(1) 因为 $u_n=\frac{n^3+1}{n^5+2n+3}>0$，设 $v_n=\frac{1}{n^{5-3}}=\frac{1}{n^2}$，由于：

$$\lim_{n\to\infty}\frac{u_n}{v_n}=\lim_{n\to\infty}\frac{\frac{n^3+1}{n^5+2n+3}}{\frac{1}{n^2}}=\lim_{n\to\infty}\frac{1+\frac{1}{n^3}}{1+\frac{2}{n^4}+\frac{3}{n^5}}=1\neq0$$

而 $\sum\limits_{n=1}^{\infty}\frac{1}{n^2}$ 是 $p=2>1$ 的 p 级数，收敛，所以，$\sum\limits_{n=1}^{\infty}\frac{n^3+1}{n^5+2n+3}$ 也收敛。

(2) 因为 $u_n=\frac{1}{\sqrt{4n-1}}>0$，设 $v_n=\frac{1}{\sqrt{n}}=\frac{1}{n^{\frac{1}{2}}}$. 由于：

$$\lim_{n\to\infty}\frac{\frac{1}{\sqrt{4n-1}}}{\frac{1}{\sqrt{n}}}=\lim_{n\to\infty}\frac{1}{\sqrt{4-\frac{1}{n}}}=\frac{1}{2}\neq0$$

而 $\sum\limits_{n=1}^{\infty}\frac{1}{n^{\frac{1}{2}}}$ 是 $p=\frac{1}{2}<1$ 的 p 级数，发散，所以，$\sum\limits_{n=1}^{\infty}\frac{1}{\sqrt{4n-1}}$ 发散。

(3) 因为 $u_n=\ln\frac{n^2+1}{n^2}=\ln\left(1+\frac{1}{n^2}\right)>0$，由于：

$$\lim_{n\to\infty}\frac{\ln\left(1+\frac{1}{n^2}\right)}{\frac{1}{n^2}}=\lim_{n\to\infty}\ln\left[\left(1+\frac{1}{n^2}\right)^{n^2}\right]=\ln e=1\neq0$$

而 $\sum\limits_{n=1}^{\infty}\frac{1}{n^2}$ 是收敛的 p 级数，所以，$\sum\limits_{n=1}^{\infty}\ln\frac{n^2+1}{n^2}$ 收敛。

二、比值判别法

定理2（比值判别法） 设$u_n>0(n=1,2,\cdots)$，且级数$\sum\limits_{n=1}^{\infty}u_n$满足条件：$\lim\limits_{n\to\infty}\frac{u_{n+1}}{u_n}=l$，那么：

(1) 若$l<1$，则级数收敛；

(2) 若$l>1$（或$l=\infty$），则级数发散；

(3) 若$l=1$，则不能据此判定级数的敛散性。

证明从略。

当通项u_n含有$n!$，n^n或a^n等因子时，通常可试用比值法来判定正项级数$\sum\limits_{n=1}^{\infty}u_n$的敛散性。

[例4] 判定级数$\sum\limits_{n=1}^{\infty}\frac{4n+1}{3^n}$的敛散性。

解 因为：

$$u_n=\frac{4n+1}{3^n}>0,u_{n+1}=\frac{4(n+1)+1}{3^{n+1}}$$

$$\frac{u_{n+1}}{u_n}=\frac{\frac{4(n+1)+1}{3^{n+1}}}{\frac{4n+1}{3^n}}=\frac{1}{3}\cdot\frac{4n+5}{4n+1}$$

$$\lim_{n\to\infty}\frac{u_{n+1}}{u_n}=\lim_{n\to\infty}\frac{1}{3}\frac{4n+5}{4n+1}=\frac{1}{3}<1$$

故由比值判别法知，级数$\sum\limits_{n=1}^{\infty}\frac{4n+1}{3^n}$收敛。

[例5] 判定级数$\sum\limits_{n=1}^{\infty}\frac{3^{n-1}}{n!}$的敛散性。

解 由于：

$$u_n=\frac{3^{n-1}}{n!}>0,u_{n+1}=\frac{3^n}{(n+1)!}$$

$$\frac{u_{n+1}}{u_n}=\frac{3^n/(n+1)!}{3^{n-1}/n!}=\frac{3}{n+1}$$

$$\lim_{n\to\infty}\frac{u_{n+1}}{u_n}=\lim_{n\to\infty}\frac{3}{n+1}=0<1$$

故级数$\sum\limits_{n=1}^{\infty}\frac{3^{n-1}}{n!}$收敛。

[例6] 判定级数$\sum\limits_{n=1}^{\infty}\frac{5^n\cdot n!}{n^n}$的敛散性。

解 由于：

$$u_n=\frac{5^n\cdot n!}{n^n}>0$$

$$\frac{u_{n+1}}{u_n}=\frac{\frac{5^{n+1}\cdot(n+1)!}{(n+1)^{n+1}}}{\frac{5^n\cdot n!}{n^n}}=5\cdot\left(\frac{n}{1+n}\right)^n=5\cdot\left(1+\frac{1}{n}\right)^{-n}$$

$$\lim_{n\to\infty}\frac{u_{n+1}}{u_n}=\lim_{n\to\infty}5\cdot\left(1+\frac{1}{n}\right)^{-n}=5\cdot e^{-1}=\frac{5}{e}>1$$

故级数$\sum\limits_{n=1}^{\infty}\frac{5^n\cdot n!}{n^n}$发散。

对于既可以用比较法也可以用比值法的，如$\sum\limits_{n=1}^{\infty}\frac{1}{2^n(n+1)}$等，通常采用比值法来判定其敛散性较为便捷。

注意　本节例2中的三个级数：

$\sum\limits_{n=1}^{\infty}\frac{\sin^2 n}{3^n}$ 由于 $\lim\limits_{n\to\infty}\frac{u_{n+1}}{u_n}=\lim\limits_{n\to\infty}\frac{\sin^2(n+1)}{3^{n+1}}\bigg/\frac{\sin^2 n}{3n}$

$$=\lim_{n\to\infty}\frac{1}{3}\frac{\sin^2(n+1)}{\sin^2 n}\text{不存在}$$

$\sum\limits_{n=1}^{\infty}\frac{1}{n\sqrt{n+1}}$ 由于 $\lim\limits_{n\to\infty}\frac{u_{n+1}}{u_n}=\lim\limits_{n\to\infty}\frac{1}{(n+1)\sqrt{n+2}}\bigg/\frac{1}{n\sqrt{n+1}}=1$

$\sum\limits_{n=1}^{\infty}\frac{3n+4}{n(n+1)}$ 由于 $\lim\limits_{n\to\infty}\frac{u_{n+1}}{u_n}=\lim\limits_{n\to\infty}\frac{3n+7}{(n+1)(n+2)}\bigg/\frac{3n+4}{n(n+1)}=1$

故均不能用比值法来判定。事实上，由于p级数不论p为何值时均有：

$$\lim_{n\to\infty}\frac{u_{n+1}}{u_n}=\lim_{n\to\infty}\frac{1}{(n+1)^p}\bigg/\frac{1}{n^p}=\lim_{n\to\infty}\frac{n^p}{(n+1)^p}=1$$

因此，类似的级数都应该选用其他方法如比较法等来判定敛散性。

另有一些级数需要综合运用两种方法才能判定敛散性。

［例7］　判定级数$\sum\limits_{n=1}^{\infty}\frac{n^n}{3^n\cdot n!}\cdot\cos^4\frac{\pi}{n}$的敛散性。

解　设$u_n=\frac{n^n}{3^n\cdot n!}\cdot\cos^4\frac{\pi}{n}$，因为：

$$0\leqslant\cos^4\frac{\pi}{n}\leqslant 1$$

$$0\leqslant u_n=\frac{n^n}{3^n\cdot n!}\cdot\cos^4\frac{\pi}{n}\leqslant\frac{n^n}{3^n\cdot n!}=v_n$$

由于$\sum\limits_{n=1}^{\infty}\frac{n^n}{3^n\cdot n!}$可用比值法判定为收敛（因$\lim\limits_{n\to\infty}\frac{v_{n+1}}{v_n}=\lim\limits_{n\to\infty}\frac{\left(\frac{n+1}{n}\right)^n}{3}=\frac{e}{3}<1$），故由比较判别法知，级数$\sum\limits_{n=1}^{\infty}\frac{n^n}{3^n\cdot n!}\cos^4\frac{\pi}{n}$收敛。

第四节　任意项级数

非正项级数统称任意项级数。本节先介绍交错级数，然后讨论任意项级数敛散性的判别法。

一、交错级数

设$u_n>0(n=1,2,\cdots)$，则形如

$$\sum_{n=1}^{\infty}(-1)^{n-1}\cdot u_n=u_1-u_2+u_3-u_4+\cdots+(-1)^{n-1}u_n+\cdots$$

或
$$\sum_{n=1}^{\infty}(-1)^{n}\cdot u_n=-u_1+u_2-u_3+\cdots+(-1)^{n}\cdot u_n+\cdots$$

的级数称为**交错级数**，即各项正负相间的级数为交错级数。

例如：

$$1-\frac{1}{2}+\frac{1}{3}-\frac{1}{4}+\cdots=\sum_{n=1}^{\infty}(-1)^{n-1}\cdot\frac{1}{n}\quad \frac{1}{\ln 2}+\frac{1}{\ln 3}-\frac{1}{\ln 4}+\frac{1}{\ln 5}-\frac{1}{\ln 6}+\cdots$$
$$=\sum_{n=1}^{\infty}(-1)^{n}\cdot\frac{1}{\ln(n+1)}$$

均为交错级数。

莱布尼兹定理 设 $u_n>0$，若交错级数 $\sum_{n=1}^{\infty}(-1)^{n-1}u_n\left[\text{或}\sum_{n=1}^{\infty}(-1)^{n}\cdot u_n\right]$ 满足条件：

(1) $\lim\limits_{n\to\infty}u_n=0$；

(2) $u_{n+1}\leqslant u_n(n=1,2,\cdots)$，

则级数收敛，且 $\sum_{n=1}^{\infty}(-1)^{n-1}u_n$ 的和 $s\leqslant u_1$.

莱布尼兹定理说明，通项的绝对值递减且趋于零的交错级数是收敛的。

[**例 1**] 判别 $\sum_{n=1}^{\infty}(-1)^{n-1}\cdot\frac{1}{n}$ 的敛散性。

解 由于 $\sum_{n=1}^{\infty}(-1)^{n-1}\cdot\frac{1}{n}$ 是交错级数，且：

$$\lim_{n\to\infty}u_n=\lim_{n\to\infty}\frac{1}{n}=0$$
$$u_{n+1}=\frac{1}{n+1}<\frac{1}{n}=u_n$$

故由莱布尼兹定理知此级数收敛。

二、任意项级数绝对收敛的概念

设级数 $\sum_{n=1}^{\infty}u_n=u_1+u_2+\cdots+u_n+\cdots$ 是一个任意项级数，如果正项级数 $\sum_{n=1}^{\infty}|u_n|=|u_1|+|u_2|+\cdots+|u_n|+\cdots$ 收敛，则称级数 $\sum_{n=1}^{\infty}u_n$ 为**绝对收敛**级数。如果 $\sum_{n=1}^{\infty}|u_n|$ 发散而 $\sum_{n=1}^{\infty}u_n$ 本身是收敛的，则称 $\sum_{n=1}^{\infty}u_n$ 为**条件收敛**。

例如，级数 $\sum_{n=1}^{\infty}(-1)^{n}\cdot\frac{1}{3^n}$ 是绝对收敛的(因为 $\sum_{n=1}^{\infty}\left|(-1)^{n}\cdot\frac{1}{3^n}\right|=\sum_{n=1}^{\infty}\frac{1}{3^n}$ 收敛)；级数 $\sum_{n=1}^{\infty}(-1)^{n-1}\cdot\frac{1}{n}$ 为条件收敛(因为 $\sum_{n=1}^{\infty}\left|(-1)^{n-1}\frac{1}{n}\right|=\sum_{n=1}^{\infty}\frac{1}{n}$ 是发散的，而由本节例 1 知，$\sum_{n=1}^{\infty}(-1)^{n-1}\cdot\frac{1}{n}$ 收敛)。

定理 1　若$\sum\limits_{n=1}^{\infty}|u_n|$收敛，则$\sum\limits_{n=1}^{\infty}u_n$收敛。

证　因为：

$$u_n=|u_n|-(|u_n|-u_n)$$
$$0\leqslant|u_n|-u_n\leqslant 2|u_n|$$

由于$\sum\limits_{n=1}^{\infty}|u_n|$收敛，于是，$\sum\limits_{n=1}^{\infty}2|u_n|$收敛，据正项级数的比较判别法知，$\sum\limits_{n=1}^{\infty}(|u_n|-u_n)$也收敛。

由于$\sum\limits_{n=1}^{\infty}|u_n|$和$\sum\limits_{n=1}^{\infty}(|u_n|-u_n)$收敛，根据级数的性质1得，级数$\sum\limits_{n=1}^{\infty}[|u_n|-(|u_n|-u_n)]=\sum\limits_{n=1}^{\infty}u_n$收敛。

证毕。

定理1说明，凡绝对收敛的级数必定收敛。这样，许多任意项级数敛散性的判别问题，归结为相应的正项级数敛散性问题。但要注意，如果$\sum\limits_{n=1}^{\infty}|u_n|$发散，那么，不能据此判定$\sum\limits_{n=1}^{\infty}u_n$发散（因为$\sum\limits_{n=1}^{\infty}u_n$可能为条件收敛）。

［**例 2**］　判定下列级数是绝对收敛还是条件收敛的？

(1) $\sum\limits_{n=1}^{\infty}\dfrac{\cos\sqrt{n}}{n^3}$；　　(2) $\sum\limits_{n=1}^{\infty}(-1)^n\cdot\dfrac{1}{\ln(n+1)}$.

解　(1) 因为$\left|\dfrac{\cos\sqrt{n}}{n^3}\right|\leqslant\dfrac{1}{n^3}$，而$\sum\limits_{n=1}^{\infty}\dfrac{1}{n^3}$是$p=3>1$的$p$级数，该级数收敛，由正项级数的比较判别法知，$\sum\limits_{n=1}^{\infty}\left|\dfrac{\cos\sqrt{n}}{n^3}\right|$收敛，故$\sum\limits_{n=1}^{\infty}\dfrac{\cos\sqrt{n}}{n^3}$为绝对收敛。

(2) 因为$\sum\limits_{n=1}^{\infty}\left|(-1)^n\cdot\dfrac{1}{\ln(n+1)}\right|=\sum\limits_{n=1}^{\infty}\dfrac{1}{\ln(n+1)}$，由于$n>\ln n$，故有$\dfrac{1}{n+1}<\dfrac{1}{\ln(n+1)}$，而$\sum\limits_{n=1}^{\infty}\dfrac{1}{n+1}=\dfrac{1}{2}+\dfrac{1}{3}+\cdots$发散（相当于调和级数去掉了第一项），根据比较判别法知，$\sum\limits_{n=1}^{\infty}\left|(-1)^n\cdot\dfrac{1}{\ln(n+1)}\right|$发散。

又因为$\sum\limits_{n=1}^{\infty}(-1)^n\cdot\dfrac{1}{\ln(n+1)}$是交错级数，且满足：

$$\lim_{n\to\infty}u_n=\lim_{n\to\infty}\frac{1}{\ln(n+1)}=0$$
$$u_{n+1}=\frac{1}{\ln(n+2)}<\frac{1}{\ln(n+1)}=u_n$$

根据莱布尼兹定理知，$\sum\limits_{n=1}^{\infty}(-1)^n\cdot\dfrac{1}{\ln(n+1)}$收敛，故$\sum\limits_{n=1}^{\infty}(-1)^n\cdot\dfrac{1}{\ln(n+1)}$为条件收敛。

请注意，对于交错级数，通常总是先看它是否绝对收敛，如果不是绝对收敛，再看它是否满足莱布尼兹定理，即可判别它是条件收敛还是发散的。

［例 3］ 设 p 为常数，试讨论交错级数 $\sum_{n=1}^{\infty}(-1)^{n-1}\cdot\frac{1}{n^p}$ 的敛散性。

解 因为 $\sum_{n=1}^{\infty}\left|(-1)^{n-1}\cdot\frac{1}{n^p}\right|=\sum_{n=1}^{\infty}\frac{1}{n^p}$ 是 p 级数，当 $p>1$ 时收敛，当 $p\leqslant 1$ 时发散，故：

当 $p>1$ 时，$\sum_{n=1}^{\infty}(-1)^{n-1}\cdot\frac{1}{n^p}$ 绝对收敛；

当 $0<p\leqslant 1$ 时，由于 $\sum_{n=1}^{\infty}(-1)^{n-1}\cdot\frac{1}{n^p}$ 满足莱布尼兹定理的条件$\left[\lim\limits_{n\to\infty}u_n=\lim\limits_{n\to\infty}\frac{1}{n^p}=0\right.$ 且 $u_{n+1}=\frac{1}{(n+1)^p}\leqslant\frac{1}{n^p}=u_n,(n=1,2,\cdots)\Big]$，故交错级数 $\sum_{n=1}^{\infty}(-1)^{n-1}\cdot\frac{1}{n^p}$ 收敛，且为条件收敛；

当 $p\leqslant 0$ 时，由于 $\lim\limits_{n\to\infty}\frac{1}{n^p}=\lim\limits_{n\to\infty}n^{-p}=+\infty$，$\lim\limits_{n\to\infty}\left[(-1)^{n-1}\cdot\frac{1}{n^p}\right]$ 不存在，通项不趋于零，故级数 $\sum_{n=1}^{\infty}(-1)^{n-1}\cdot\frac{1}{n^p}$ 发散。

综上所述，**级数 $\sum_{n=1}^{\infty}(-1)^{n-1}\cdot\frac{1}{n^p}$ 当 $p>1$ 时，级数绝对收敛；当 $0<p\leqslant 1$ 时，级数条件收敛；当 $p\leqslant 0$ 时，级数发散。**

由正项级数的比值判别法，可演化出下面的定理 2.

定理 2 如果任意项级数 $\sum_{n=1}^{\infty}u_n$ 满足：$|u_n|\neq 0(n=1,2,\cdots)$ 且 $\lim\limits_{n\to\infty}\left|\frac{u_{n+1}}{u_n}\right|=l$，则当 $l<1$ 时，$\sum_{n=1}^{\infty}u_n$ 绝对收敛；当 $l>1$（或 $l=+\infty$）时，$\sum_{n=1}^{\infty}u_n$ 发散。

证 如果 $l<1$，则由正项级数的比值判别法知，$\sum_{n=1}^{\infty}|u_n|$ 收敛，故 $\sum_{n=1}^{\infty}u_n$ 绝对收敛；

如果 $l>1$，则由于 $n\to\infty$ 时 $|u_n|$ 不可能趋于零，因此，u_n 也不可能趋于零，故由级数收敛的必要条件知，$\sum_{n=1}^{\infty}u_n$ 发散。

证毕。

［例 4］ 判定级数 $\sum_{n=1}^{\infty}\frac{(-1)^n\cdot n!}{3^{n+1}}$ 的敛散性。

解 因为：

$$|u_n|=\frac{n!}{3^{n+1}}>0,\ |u_{n+1}|=\frac{(n+1)!}{3^{n+2}}$$

$$\lim_{n\to\infty}\left|\frac{u_{n+1}}{u_n}\right|=\lim_{n\to\infty}\frac{(n+1)!}{3^{n+2}}\cdot\frac{3^{n+1}}{n!}=\lim_{n\to\infty}\frac{n+1}{3}=+\infty$$

所以，级数 $\sum_{n=1}^{\infty}\frac{(-1)^n\cdot n!}{3^{n+1}}$ 发散。

［例 5］ 判定级数 $\sum_{n=1}^{\infty}\frac{(-1)^{n+1}\cdot 2^n}{n\cdot 5^n}$ 的敛散性。

解 因为：

$$|u_n|=\frac{1}{n}\cdot\left(\frac{2}{5}\right)^n>0,\ |u_{n+1}|=\frac{1}{n+1}\cdot\left(\frac{2}{5}\right)^{n+1}$$

$$\lim_{n\to\infty}\left|\frac{u_{n+1}}{u_n}\right|=\lim_{n\to\infty}\frac{n}{n+1}\cdot\left(\frac{2}{5}\right)=\frac{2}{5}<1$$

所以，原级数绝对收敛。

第五节 幂级数

我们前面所讨论的都是常数项级数，即级数 $\sum_{n=1}^{\infty} u_n$ 中，当项数 n 确定后，u_n 就是常数了，而如果 u_n 是 x 的函数：$u_n = u_n(x)$，则：

$$u_1(x) + u_2(x) + \cdots + u_n(x) + \cdots$$

称为函数项级数，例如：

$$\cos x + \cos 2x + \cdots + \cos nx + \cdots = \sum_{n=1}^{\infty} \cos nx$$

$$1 + x + x^2 + \cdots + x^n + \cdots = \sum_{n=0}^{\infty} x^n \left(\text{也记为} \sum_{n=1}^{\infty} x^{n-1}\right)$$

都是函数项级数。

本书只讨论在函数项级数中最简单且在应用方面最重要的幂级数。

本节介绍幂级数的概念与性质、幂级数的收敛半径及收敛区间的求法。

一、幂级数及其收敛区间

设 x_0 为常数，则形如

$$\sum_{n=0}^{\infty} a_n (x - x_0)^n = a_0 + a_1(x - x_0) + a_2(x - x_0)^2 + \cdots + a_n(x - x_0)^n + \cdots$$

的函数项级数称为**$(x - x_0)$ 的幂级数**，其中，$a_0, a_1, a_2, \cdots, a_n, \cdots$ 称为**幂级数的系数**，$x \in (-\infty, +\infty)$.

如果 $x_0 = 0$，则 $\sum_{n=0}^{\infty} a_n (x - x_0)^n = \sum_{n=0}^{\infty} a_n x^n$ 称为 **x 的幂级数**，简称**幂级数**。

现重点讨论形如

$$\sum_{n=0}^{\infty} a_n x^n = a_0 + a_1 x + a_2 x^2 + \cdots + a_n x^n + \cdots \tag{8.1}$$

的幂级数。

因为若常数 $x_0 \neq 0$，那么，只要作代换 $y = x - x_0$，幂级数 $\sum_{n=0}^{\infty} a_n (x - x_0)^n$ 就可化为形如 (8.1) 式的幂级数。

下面来讨论幂级数(8.1) 式的收敛性问题。

当 x 在$(-\infty, +\infty)$ 内取定值 x_1，即 $x = x_1$ 时，(8.1) 式就成为常数项级数：

$$a_0 + a_1 x_1 + a_2 x_1^2 + \cdots + a_n x_1^n + \cdots \tag{8.2}$$

如果级数(8.2) 式收敛，则称 x_1 是幂级数(8.1) 式的**收敛点**或称**幂级数(8.1) 式在点 x_1 处收敛**。如果(8.2) 式发散，则称 x_1 是幂级数(8.1) 式的**发散点**，或称(8.1) 式在点 x_1 处发散。

一个幂级数的收敛点的全体(它通常是一个区间) 称为该幂级数的**收敛域**或**收敛区间**，发散点的全体称为该幂级数的**发散域**。

设幂级数(8.1) 式的收敛域为 D，由于对每一个 $x \in D$，级数(8.1) 式都有一个确定的和，所以，(8.1) 式的和是 x 的函数，不妨用 $s(x)$ 表示，即有：

$$a_0+a_1x+a_2x^2+\cdots+a_nx^n+\cdots=s(x),x\in D$$

例如，幂级数 $\sum_{n=0}^{\infty}x^n=1+x+x^2+\cdots+x^n+\cdots$，由于该级数是公比为 x 的等比级数，当 $|x|\geqslant 1$ 时发散，当 $|x|<1$ 时收敛于 $\frac{1}{1-x}$，故收敛区间为 $(-1,1)$，且：

$$\sum_{n=0}^{\infty}x^n=1+x+x^2+\cdots+x^n+\cdots=\frac{1}{1-x},x\in(-1,1)$$

注意 只有在收敛域的范围内，幂级数才能与一个函数(即**和函数**)相等。

上面我们求出了幂级数 $\sum_{n=0}^{\infty}x^n$ 的收敛域为开区间 $(-1,1)$，现在我们接着讨论一般的幂级数(8.1) 式的收敛域特点。

显然，形如(8.1) 式的幂级数在 $x=0$ 处总是收敛的。

可以说明，若 $\sum_{n=0}^{\infty}a_nx^n$ 不是仅在 $x=0$ 处收敛，也不是在整个数轴上都收敛的话，则必定存在一个确定的正数 R，当 $|x|<R$ 时，$\sum_{n=0}^{\infty}a_nx^n$ 绝对收敛；当 $|x|>R$ 时，$\sum_{n=0}^{\infty}a_nx^n$ 发散，称 R 为幂级数 $\sum_{n=0}^{\infty}a_nx^n$ 的**收敛半径**，再由幂级数在 $x=\pm R$ 处的敛散性，即可确定在 $[-R,R]$、$(-R,R)$、$[-R,R)$ 与 $(-R,R]$ 中，哪一个是 $\sum_{n=0}^{\infty}a_nx^n$ 的收敛区间。

如果(8.1) 式仅在 $x=0$ 处收敛，则规定 $R=0$；如果(8.1) 式在 $(-\infty,+\infty)$ 内均收敛，则规定 $R=+\infty$.

于是，欲求 $\sum_{n=0}^{\infty}a_nx^n$ 的收敛区间，可先确定其收敛半径 R.

对于满足 $a_n\neq 0$，$\lim\limits_{n\to\infty}\left|\frac{a_{n+1}}{a_n}\right|=L$ 的幂级数 $\sum_{n=0}^{\infty}a_nx^n$：

(1) 若 L 为非零常数，因为：

$$\lim_{n\to\infty}\left|\frac{u_{n+1}}{u_n}\right|=\lim_{n\to\infty}\left|\frac{a_{n+1}x^{n+1}}{a_nx^n}\right|=|x|\cdot L(x\neq 0)$$

由上一节的定理 2 知：

当 $|x|\cdot L<1$，即 $|x|<\frac{1}{L}$ 时，$\sum_{n=0}^{\infty}a_nx^n$ 绝对收敛；

当 $|x|\cdot L>1$，即 $|x|>\frac{1}{L}$ 时，$\sum_{n=0}^{\infty}a_nx^n$ 发散，所以，收敛半径 $R=\frac{1}{L}$.

(2) 若 $L=0$，由于：

$$\lim_{n\to\infty}\left|\frac{u_{n+1}}{u_n}\right|=|x|\cdot L=0<1$$

故 $\sum_{n=0}^{\infty}a_nx^n$ 在 $(-\infty,+\infty)$ 内均收敛，$R=+\infty$.

(3) 若 $\lim\limits_{n\to\infty}\left|\frac{a_{n+1}}{a_n}\right|=+\infty$，由于当 $x\neq 0$ 时就有 $\lim\limits_{n\to\infty}\left|\frac{u_{n+1}}{u_n}\right|=\lim\limits_{n\to\infty}\left|\frac{a_{n+1}}{a_n}\right|\cdot|x|=+\infty$，故 $x\neq 0$

时，$\sum\limits_{n=0}^{\infty}a_nx^n$ 发散，幂级数仅在 $x=0$ 处收敛，$R=0$.

综上所述，若 $a_n\neq 0$，且 $\lim\limits_{n\to\infty}\left|\dfrac{a_{n+1}}{a_n}\right|=L$，则幂级数 $\sum\limits_{n=0}^{\infty}a_nx^n$ 的收敛半径：

$$R=\begin{cases}\dfrac{1}{L}, & 0<L<+\infty \\ 0, & L=+\infty \\ +\infty, & L=0\end{cases} \tag{8.3}$$

［例 1］　求幂级数 $\sum\limits_{n=0}^{\infty}\dfrac{(n+1)!}{2^n}\cdot x^n$ 的收敛域。

解　因为：

$$|a_n|=\frac{(n+1)!}{2^n}>0,\ |a_{n+1}|=\frac{(n+2)!}{2^{n+1}}$$

$$L=\lim_{n\to\infty}\left|\frac{a_{n+1}}{a_n}\right|=\lim_{n\to\infty}\frac{\dfrac{(n+2)!}{2^{n+1}}}{\dfrac{(n+1)!}{2^n}}=\lim_{n\to\infty}\frac{n+2}{2}=+\infty$$

所以，$R=0$，幂级数 $\sum\limits_{n=0}^{\infty}\dfrac{(n+1)!}{2^n}\cdot x^n$ 仅在 $x=0$ 处收敛。

［例 2］　求幂级数 $\sum\limits_{n=0}^{\infty}\dfrac{x^n}{n!}$ 的收敛区间。

解

$$|a_n|=\frac{1}{n!}>0,\ |a_{n+1}|=\frac{1}{(n+1)!}$$

因为：

$$\lim_{n\to\infty}\left|\frac{a_{n+1}}{a_n}\right|=\lim_{n\to\infty}\frac{1}{(n+1)!}\cdot\frac{n!}{1}=\lim_{n\to\infty}\frac{1}{n+1}=0$$

所以，$R=+\infty$，幂级数 $\sum\limits_{n=0}^{\infty}\dfrac{x^n}{n!}$ 的收敛区间为：$(-\infty,+\infty)$.

［例 3］　求幂级数 $\sum\limits_{n=1}^{\infty}\dfrac{(-1)^{n-1}}{n}\cdot x^n$ 的收敛区间。

解

$$|a_n|=\frac{1}{n}>0,\ |a_{n+1}|=\frac{1}{n+1}$$

因为：

$$\lim_{n\to\infty}\left|\frac{a_{n+1}}{a_n}\right|=\lim_{n\to\infty}\frac{1}{n+1}\cdot n=\lim_{n\to\infty}\frac{n}{n+1}=1=L$$

故幂级数的收敛半径 $R=\dfrac{1}{L}=1$.

又因为当 $x=1$ 时，$\sum\limits_{n=1}^{\infty}\dfrac{(-1)^{n-1}}{n}\cdot x^n=\sum\limits_{n=1}^{\infty}\dfrac{(-1)^{n-1}}{n}$ 是满足莱布尼兹定理条件的交错级数，收敛；当 $x=-1$ 时，$\sum\limits_{n=1}^{\infty}\dfrac{(-1)^{n-1}}{n}\cdot x^n=\sum\limits_{n=1}^{\infty}\left(-\dfrac{1}{n}\right)$，发散.

所以，幂级数 $\sum\limits_{n=1}^{\infty}\dfrac{(-1)^{n-1}}{n}\cdot x^n$ 的收敛区间为$(-1,1]$.

[例 4] 求幂级数$\sum\limits_{n=1}^{\infty}\frac{n}{2^n}x^n$的收敛区间。

解 $|a_n|=\frac{n}{2^n}>0,\ |a_{n+1}|=\frac{n+1}{2^{n+1}}$

因为：

$$\lim_{n\to\infty}\left|\frac{a_{n+1}}{a_n}\right|=\lim_{n\to\infty}\frac{n+1}{2^{n+1}}\cdot\frac{2^n}{n}=\lim_{n\to\infty}\frac{n+1}{n}\cdot\frac{1}{2}=\frac{1}{2}=L$$

故收敛半径$R=\frac{1}{L}=2$.

又因为当$x=2$时，级数为$\sum\limits_{n=1}^{\infty}n$，发散；当$x=-2$时，级数为$\sum\limits_{n=1}^{\infty}(-1)^n\cdot n$，发散。所以，$\sum\limits_{n=1}^{\infty}\frac{n}{2^n}x^n$的收敛区间为$(-2,2)$.

[例 5] 求$\sum\limits_{n=1}^{\infty}n(x-1)^n$的收敛区间。

解 令$y=x-1$，则$\sum\limits_{n=1}^{\infty}n(x-1)^n=\sum\limits_{n=1}^{\infty}ny^n$.

在幂级数$\sum\limits_{n=1}^{\infty}ny^n$中，$a_n=n\neq 0$，因为：

$$\lim_{n\to\infty}\left|\frac{a_{n+1}}{a_n}\right|=\lim_{n\to\infty}\frac{n+1}{n}=1=L$$

故收敛半径$R=\frac{1}{L}=1$.

当$y=1$时，级数$\sum\limits_{n=1}^{\infty}ny^n=\sum\limits_{n=1}^{\infty}n$发散；

当$y=-1$时，级数$\sum\limits_{n=1}^{\infty}ny^n=\sum\limits_{n=1}^{\infty}(-1)^n\cdot n$也发散，所以，$\sum\limits_{n=1}^{\infty}ny^n$的收敛区间为$(-1,1)$.

由于$y=x-1$，故$-1<x-1<1$，即$0<x<2$，所以，幂级数$\sum\limits_{n=1}^{\infty}n(x-1)^n$的收敛域为开区间$(0,2)$.

注意 只有当$\sum\limits_{n=0}^{\infty}a_nx^n$中的系数$a_n\neq 0$，且极限$\lim\limits_{n\to\infty}\left|\frac{a_{n+1}}{a_n}\right|$存在或为$+\infty$时，才能利用(8.3)式来求收敛半径$R$.若$\sum\limits_{n=0}^{\infty}a_nx^n$中有无穷多项为零，例如，幂级数缺偶(或奇)次幂项，由于$a_{2n}=0$(或$a_{2n+1}=0$)，即不满足$a_n\neq 0$，故$\frac{a_{n+1}}{a_n}$无意义，从而不能利用(8.3)式来求R.对此，我们通常直接试用上一节的定理2来判定收敛半径R，进而确定收敛区间。

[例 6] 求幂级数$\sum\limits_{n=1}^{\infty}\frac{x^{2n}}{9^n\cdot n}$的收敛区间。

解 因为$|u_n|=\frac{|x|^{2n}}{9^n\cdot n}$，$|u_{n+1}|=\frac{|x|^{2(n+1)}}{9^{n+1}\cdot(n+1)}$，显然，幂级数在$x=0$处收敛；

当$x\neq 0$时，由于$\lim\limits_{n\to\infty}\left|\frac{u_{n+1}}{u_n}\right|=\lim\limits_{n\to\infty}\frac{|x|^{2n+2}}{9^{n+1}(n+1)}\cdot\frac{9^n\cdot n}{|x|^{2n}}=\frac{|x|^2}{9}$，故：

当$\frac{|x|^2}{9}<1$，即$|x|<3$时，级数收敛；当$\frac{|x|^2}{9}>1$，即$|x|>3$时，级数发散。所以，幂级数的收敛半径$R=3$.

又因为$x=\pm 3$时，$\sum\limits_{n=1}^{\infty}\frac{x^{2n}}{9^n\cdot n}=\sum\limits_{n=1}^{\infty}\frac{1}{n}$，发散，所以，幂级数$\sum\limits_{n=1}^{\infty}\frac{x^{2n}}{9^n\cdot n}$的收敛域为开区间$(-3,3)$.

二、幂级数的性质

性质 1　设幂级数$\sum\limits_{n=0}^{\infty}a_nx^n$的收敛半径$R>0$，且其和函数为$s(x)$，则$s(x)$在收敛区间$(-R,R)$内连续。

性质 2　设有两个幂级数$\sum\limits_{n=0}^{\infty}a_nx^n$和$\sum\limits_{n=0}^{\infty}b_nx^n$，它们的收敛域分别为$D_1$和$D_2$，和函数分别为$s(x)$与$f(x)$，即：

$$\sum_{n=0}^{\infty}a_nx^n=a_0+a_1x+a_2x^2+\cdots+a_nx^n+\cdots=s(x),x\in D_1$$

$$\sum_{n=0}^{\infty}b_nx^n=b_0+b_1x+b_2x^2+\cdots+b_nx^n+\cdots=f(x),x\in D_2$$

则：

$$\begin{aligned}\sum_{n=0}^{\infty}(a_n\pm b_n)x^n&=\sum_{n=0}^{\infty}a_nx^n\pm\sum_{n=0}^{\infty}b_nx^n\\&=s(x)\pm f(x),x\in D_1\cap D_2\end{aligned}$$

性质 3　若幂级数$\sum\limits_{n=0}^{\infty}a_nx^n$的收敛半径为$R(R>0)$，和函数为$s(x)$，则在区间$(-R,R)$内，$\sum\limits_{n=0}^{\infty}a_nx^n$可以逐项求导数和逐项求积分，且逐项求导数和逐项求积分后所得的幂级数，其收敛半径仍为R，即在$(-R,R)$内：

$$\left(\sum_{n=0}^{\infty}a_nx^n\right)'=\sum_{n=0}^{\infty}(a_nx^n)'=\sum_{n=1}^{\infty}na_nx^{n-1}=s'(x)$$

$$\int_0^x\left(\sum_{n=0}^{\infty}a_nt^n\right)\mathrm{d}t=\sum_{n=0}^{\infty}\int_0^x a_nt^n\mathrm{d}t=\sum_{n=0}^{\infty}\frac{a_n}{n+1}x^{n+1}=\int_0^x s(t)\mathrm{d}t$$

证明从略。

我们已经掌握了收敛的等比级数求和的公式。如果一个幂级数的通项可以通过求导或积分化为等比级数的通项，则利用幂级数的性质，就可以求得其和函数。

［**例 7**］　求幂级数$\sum\limits_{n=1}^{\infty}\frac{(-1)^{n-1}}{n}\cdot x^n=x-\frac{x^2}{2}+\frac{x^3}{3}-\frac{x^4}{4}+\cdots$在其收敛区间$(-1,1]$上的和函数。

解　设$s(x)$为$\sum\limits_{n=1}^{\infty}\frac{(-1)^{n-1}}{n}\cdot x^n$在其收敛区间上的和函数，即：

$$x-\frac{x^2}{2}+\frac{x^3}{3}-\frac{x^4}{4}+\cdots=s(x),\quad x\in(-1,1]$$

在收敛区间内逐项求导，得等比级数：

$$\sum_{n=1}^{\infty}(-1)^{n-1}\cdot x^{n-1}=\sum_{n=1}^{\infty}(-x)^{n-1}$$
$$=1-x+x^2-x^3+\cdots=s'(x)$$

由于 $x\in(-1,1)$ 时，$\sum_{n=1}^{\infty}(-x)^{n-1}=\frac{1}{1-(-x)}=\frac{1}{1+x}$，即有：

$$s'(x)=\frac{1}{1+x}$$

故：

$$s(x)=\int_0^x\frac{1}{1+t}\mathrm{d}t=\ln(1+x)$$

所以，幂级数 $\sum_{n=1}^{\infty}\frac{(-1)^{n-1}}{n}\cdot x^n=\ln(1+x)$，$x\in(-1,1]$.

第六节　函数的幂级数展开式

一个幂级数在其收敛域内能与某个函数相等，其实这同时也说明，有些函数可以用幂级数来表达。如果一个函数比较复杂，而它能用某个幂级数来表达的话，由于幂级数的部分和是一个简单的多项式，这样就可以用容易讨论和分析的一个多项式来近似地表达该函数。

本节主要讨论对一个给定的函数 $f(x)$，能否求得一个相应的幂级数，使它的和恰为 $f(x)$，这个问题也称为将函数 $f(x)$ 展开为幂级数。

一、泰勒公式与泰勒级数

泰勒(Taylor)定理　若函数 $f(x)$ 在含有点 x_0 的区间 (a,b) 内具有直到 $n+1$ 阶的导数，则当 $a<x<b$ 时，$f(x)$ 可以表示为 $(x-x_0)$ 的一个 n 次多项式与一个余项 $R_n(x)$ 之和：

$$f(x)=f(x_0)+f'(x_0)\cdot(x-x_0)+\frac{f''(x_0)}{2!}\cdot(x-x_0)^2+\cdots+\frac{f^{(n)}(x_0)}{n!}(x-x_0)^n+R_n(x) \tag{8.4}$$

(8.4) 式称为 $f(x)$ 在 $x=x_0$ 处的 n 阶**泰勒公式**，其中：

$$R_n(x)=\frac{f^{(n+1)}(\xi)}{(n+1)!}(x-x_0)^{n+1}\ (\xi\text{ 介于 }x_0\text{ 与 }x\text{ 之间})$$

称为**拉格朗日型余项**。

泰勒公式(8.4)式在 $x_0=0$ 时，称为**麦克劳林(Maclaurin)公式**，即：

$$f(x)=f(0)+f'(0)\cdot x+\frac{f''(0)}{2!}x^2+\cdots+\frac{f^{(n)}(0)}{n!}x^n+\frac{f^{(n+1)}(\xi)}{(n+1)!}x^{n+1}$$

(ξ 介于 0 与 x 之间)

定义　若函数 $f(x)$ 具有各阶导数：$f'(x),f''(x),\cdots,f^{(n)}(x),\cdots$，则称系数 $a_n=\frac{f^{(n)}(x_0)}{n!}$ 的级数：

$$\sum_{n=0}^{\infty}\frac{f^{(n)}(x_0)}{n!}(x-x_0)^n$$
$$=f(x_0)+f'(x_0)(x-x_0)+\frac{f''(x_0)}{2!}(x-x_0)^2+\cdots+\frac{f^{(n)}(x_0)}{n!}(x-x_0)^n+\cdots$$

为 $f(x)$ 在 $x=x_0$ 处的**泰勒级数**。

$f(x)$ 在 $x=0$ 处的泰勒级数：

$$\sum_{n=0}^{\infty}\frac{f^{(n)}(0)}{n!}x^n=f(0)+f'(0)x+\cdots+\frac{f''(0)}{2!}x^2+\cdots+\frac{f^{(n)}(0)}{n!}x^n+\cdots$$

又称为 $f(x)$ 的**麦克劳林级数**。

例如，函数 $f(x)=\mathrm{e}^x$ 在其定义域$(-\infty,+\infty)$内具有任意阶导数，且 $f^{(n)}(x)=\mathrm{e}^x$，从而有$\dfrac{f^{(n)}(0)}{n!}=\dfrac{\mathrm{e}^0}{n!}=\dfrac{1}{n!}$.

故 e^x 的 n 阶麦克劳林公式为：

$$\mathrm{e}^x=1+x+\frac{1}{2!}x^2+\cdots+\frac{1}{n!}x^n+\frac{\mathrm{e}^{\xi}}{(n+1)!}x^{n+1}（\xi\text{ 介于 }0\text{ 与 }x\text{ 之间}）$$

而 e^x 的麦克劳林级数为：

$$\sum_{n=0}^{\infty}\frac{f^{(n)}(0)}{n!}\cdot x^n=\sum_{n=0}^{\infty}\frac{1}{n!}x^n$$

$$=1+x+\frac{1}{2!}x^2+\cdots+\frac{1}{n!}x^n+\cdots$$

又如，函数 $g(x)=\dfrac{1}{1+x}$ 在其定义域$(-\infty,-1)\cup(-1,+\infty)$内具有各阶导数：

$$g'(x)=-\frac{1}{(1+x^2)}$$

$$g''(x)=\frac{1\cdot 2}{(1+x)^3},\cdots$$

$$g^{(n)}(x)=\frac{(-1)^n\cdot n!}{(1+x)^n},\cdots$$

从而　$g(0)=1,g'(0)=-1,\cdots,g^{(n)}(0)=(-1)^n\cdot n!,\cdots$

故$\dfrac{1}{1+x}$的麦克劳林级数为：

$$\sum_{n=0}^{\infty}\frac{g^{(n)}(0)}{n!}\cdot x^n=\sum_{n=0}^{\infty}(-1)^n\cdot x^n=1-x+x^2-x^3+\cdots+(-1)^nx^n+\cdots$$

关于函数展开成幂级数专题，在理论上要解决这样两个问题：

(1) 如果在区间(a,b)内函数 $f(x)$ 可以展开成为幂级数 $\sum\limits_{n=0}^{\infty}a_n(x-x_0)^n$，则系数 a_n 为何值？

(2) 怎样的函数 $f(x)$ 可以展开成为幂级数？

现分别讨论如下：

(1) 如果在区间(a,b)内：

$$f(x)=a_0+a_1(x-x_0)+a_2(x-x_0)^2+\cdots+a_n(x-x_0)^n+\cdots \tag{8.5}$$

由于(8.5)式在(a,b)内可以逐项求导任意次，故有：

$$f'(x)=a_1+2a_2(x-x_0)+3a_3(x-x_0)^2+\cdots+na_n(x-x_0)^{n-1}+\cdots$$

$$f''(x)=2!a_2+3\cdot 2a_3(x-x_0)+\cdots+n(n-1)a_n(x-x_0)^{n-2}+\cdots$$

$$f'''(x)=3!a_3+\cdots+n(n-1)(n-2)a_n(x-x_0)^{n-3}+\cdots$$

$\cdots$

$$f^{(n)}(x)=n!a_n+(n+1)n(n-1)\cdot\cdots\cdot3\cdot2(x-x_0)a_{n+1}+\cdots$$

…

将 $x=x_0$ 代入以上各式,化简可得:

$$a_0=f(x_0),a_1=f'(x_0),a_2=\frac{f''(x_0)}{2!},\cdots,a_n=\frac{f^{(n)}(x_0)}{n!},\cdots$$

可见,一个函数如果能展开成 $(x-x_0)$ 的幂级数的话,则这个幂级数就是该函数的泰勒级数。

(2) 首先,函数 $f(x)$ 必须在某个区间 D 内具有任意阶导数,这样它才有可能展开成幂级数。

其次,记:

$$s_n(x)=f(x_0)+f'(x_0)(x-x_0)+\frac{f''(x_0)}{2!}(x-x_0)^2+\cdots+\frac{f^{(n)}(x_0)}{n!}(x-x_0)^n$$

由于 $f(x)$ 的 n 阶泰勒公式为:

$$f(x)=f(x_0)+f'(x_0)(x-x_0)+\cdots+\frac{f^{(n)}(x_0)}{n!}(x-x_0)^n+R_n(x)$$

于是,余项 $R_n(x)=f(x)-s_n(x)$,因此,对于区间 D 内所有的 x 均有 $\lim\limits_{n\to\infty}R_n(x)=0$ 的充要条件是 $f(x)=\lim\limits_{n\to\infty}s_n(x)$,而 $\lim\limits_{n\to\infty}s_n(x)=\sum\limits_{n=0}^{\infty}\frac{f^{(n)}(x_0)}{n!}\cdot(x-x_0)^n$ 正是 $f(x)$ 的泰勒级数。

这同时说明,$f(x)$ 具有泰勒级数与 $f(x)$ 能够等于它的泰勒级数(或称 $f(x)$ 能展开成泰勒级数)两者间有联系,但绝不是一回事。

例如,函数 $g(x)=\frac{1}{1+x}$,由于它的麦克劳林级数:$\sum\limits_{n=0}^{\infty}\frac{g^{(n)}(0)}{n!}\cdot x^n=\sum\limits_{n=0}^{\infty}(-1)^n\cdot x^n$ 恰为等比级数,故当且仅当 $|x|<1$ 时,$\sum\limits_{n=0}^{\infty}(-1)^n\cdot x^n$ 才收敛于 $\frac{1}{1-(-x)}=\frac{1}{1+x}$,即 $g(x)=\frac{1}{1+x}$ 只有在其麦克劳林级数的收敛区间 $(-1,1)$ 内才能展开成 x 的幂级数:$\frac{1}{1+x}=1-x+x^2-x^3+\cdots+(-1)^nx^n+\cdots,x\in(-1,1)$,而在 $g(x)$ 定义域内的其他部分都不能展开成 x 的幂级数。

二、函数的幂级数展开式

将一个函数展开成幂级数有直接展开与间接展开两种方法。

1. 直接展开法

直接展开法就是先求出所给函数的泰勒级数及其收敛域 D,然后考察函数泰勒公式的余项 $R_n(x)$ 趋于零否,若在 D 内 $\lim\limits_{n\to\infty}R_n(x)=0$,则函数即可在 D 内展开成它的泰勒级数。

[**例 1**] 将函数 $f(x)=e^x$ 展开成为 x 的幂级数。

解 因为 e^x 的麦克劳林级数为:

$$\sum_{n=0}^{\infty}\frac{f^{(n)}(0)}{n!}x^n=\sum_{n=0}^{\infty}\frac{1}{n!}x^n=1+x+\frac{1}{2!}x^2+\cdots+\frac{1}{n!}x^n+\cdots$$

由上一节的例 2 知,$\sum\limits_{n=0}^{\infty}\frac{x^n}{n!}$ 的收敛区间为 $(-\infty,+\infty)$。

由于 $f(x)=e^x$ 的麦克劳林公式的余项:$R_n(x)=\frac{f^{(n+1)}(\xi)}{(n+1)!}\cdot x^{n+1}=e^{\xi}\cdot\frac{x^{n+1}}{(n+1)!}$ (ξ 介

于 0 与 x 之间）对任意取定的 $x\in(-\infty,+\infty)$，不难验证级数 $\sum\limits_{n=0}^{\infty}\dfrac{x^{n+1}}{(n+1)!}$ 收敛，由级数收敛的必要条件知，$n\to\infty$ 时，其通项 $\dfrac{x^{n+1}}{(n+1)!}\to 0$，而 e^{ξ} 为有界量，于是，$\lim\limits_{n\to\infty}e^{\xi}\cdot\dfrac{x^{n+1}}{(n+1)!}=0$，即有 $\lim\limits_{n\to\infty}R_n(x)=0$，所以：

$$e^x=\sum_{n=0}^{\infty}\frac{1}{n!}x^n=1+x+\frac{1}{2!}x^2+\cdots+\frac{1}{n!}x^n+\cdots\quad x\in(-\infty,+\infty)$$

对于函数 $\sin x$ 和 $(1+x)^{\alpha}$（α 为常数），也都可以用直接展开法分别展开成 x 的幂级数（过程从略）：

$$\begin{aligned}\sin x&=x-\frac{1}{3!}x^3+\frac{1}{5!}x^5-\frac{1}{7!}x^7+\cdots\\&=\sum_{n=0}^{\infty}\frac{(-1)^n}{(2n+1)!}\cdot x^{2n+1},\quad x\in(-\infty,+\infty)\end{aligned}$$

$$\begin{aligned}(1+x)^{\alpha}&=1+\frac{\alpha}{1!}x+\frac{\alpha(\alpha-1)}{2!}x^2+\cdots\\&\quad+\frac{\alpha(\alpha-1)(\alpha-2)\cdots(\alpha-n+1)}{n!}x^n+\cdots,\quad x\in(-1,1)\end{aligned}$$

展开式在区间端点 $x=-1$ 及 $x=1$ 处是否成立视 α 值而定。

$\alpha=-1$ 时，$(1+x)^{\alpha}$ 的展开式就是：

$$\frac{1}{1+x}=1-x+x^2-x^3+\cdots+(-1)^nx^n+\cdots,\quad x\in(-1,1)$$

2. 间接展开法

用直接展开法解题，必须求 $f(x)$ 的各阶导数，并要考察余项 $R_n(x)$ 趋于零否，这些工作对大多数函数而言都相当困难。因此，在可行的前提下，我们采用下述的间接展开法而不用直接法。

所谓"间接展开"，是指将等比级数的求和公式反过来运用，或利用已知的函数展开式和幂级数的性质、变量代换等，将所给函数展开成幂级数。

例如，$\dfrac{3}{1-x}=3\cdot\dfrac{1}{1-(x)}=3\sum\limits_{n=0}^{\infty}x^n,\quad x\in(-1,1).$

又如，欲将 e^{-x^2} 展开成 x 的幂级数，由于：

$$e^t=\sum_{n=0}^{\infty}\frac{1}{n!}\cdot t^n,\quad t\in(-\infty,+\infty)$$

以 $-x^2$ 代换上式中的 t，有：

$$e^{(-x^2)}=\sum_{n=0}^{\infty}\frac{1}{n!}(-x^2)^n=\sum_{n=0}^{\infty}\frac{(-1)^n}{n!}x^{2n},\quad x\in(-\infty,+\infty)$$

所以：

$$e^{(-x^2)}=\sum_{n=0}^{\infty}\frac{(-1)^n}{n!}\cdot x^{2n},\quad x\in(-\infty,+\infty)$$

如果将展开式

$$\frac{1}{1+x}=1-x+x^2-x^3+\cdots+(-1)^nx^n+\cdots,\quad x\in(-1,1)$$

逐项积分，并判定两端点 $x=-1$ 和 $x=1$ 处的敛散性，则可得 $\ln(1+x)$ 的幂级数展开式：

$$\ln(1+x)=x-\frac{x^2}{2}+\cdots+(-1)^n\cdot\frac{x^{n+1}}{n+1}+\cdots$$

$$=\sum_{n=0}^{\infty}(-1)^n\frac{1}{n+1}x^{n+1}$$

$$\left(\text{也记作}\sum_{n=1}^{\infty}\frac{(-1)^{n-1}}{n}\cdot x^n\right),\quad x\in(-1,1]$$

而对

$$\sin x=x-\frac{1}{3!}x^3+\frac{1}{5!}x^5-\frac{1}{7!}x^7+\cdots$$

$$=\sum_{n=0}^{\infty}\frac{(-1)^n}{(2n+1)!}\cdot x^{2n+1},\quad x\in(-\infty,+\infty)$$

两边同时求导数，则可得 $\cos x$ 的展开式：

$$\cos x=1-\frac{1}{2!}x^2+\frac{1}{4!}x^4-\frac{1}{6!}x^6+\cdots$$

$$=\sum_{n=0}^{\infty}\frac{(-1)^n}{(2n)!}\cdot x^{2n},\quad x\in(-\infty,+\infty)$$

现将以后在间接展开法中常用的函数展开式罗列如下：

(1) $e^x=\sum_{n=0}^{\infty}\frac{1}{n!}x^n=1+x+\frac{1}{2!}x^2+\cdots+\frac{1}{n!}x^n+\cdots,\quad x\in(-\infty,+\infty)$

(2) $\sin x=x-\frac{1}{3!}x^3+\frac{1}{5!}x^5-\cdots+(-1)^n\cdot\frac{1}{(2n+1)!}x^{2n+1}+\cdots$

$$=\sum_{n=0}^{\infty}\frac{(-1)^n}{(2n+1)!}x^{2n+1},\quad x\in(-\infty,+\infty)$$

(3) $\cos x=1-\frac{1}{2!}x^2+\frac{1}{4!}x^4-\cdots+\frac{(-1)^n}{(2n)!}\cdot x^{2n}+\cdots$

$$=\sum_{n=0}^{\infty}\frac{(-1)^n}{(2n)!}x^{2n},\quad x\in(-\infty,+\infty)$$

(4) $\frac{1}{1-x}=1+x+x^2+\cdots+x^n+\cdots=\sum_{n=0}^{\infty}x^n,\quad x\in(-1,1)$

$$\frac{1}{1+x}=1-x+x^2-\cdots+(-1)^n x^n+\cdots$$

$$=\sum_{n=0}^{\infty}(-1)^n\cdot x^n,\quad x\in(-1,1)$$

(5) $\ln(1+x)=x-\frac{x^2}{2}+\frac{x^3}{3}-\cdots+\frac{(-1)^{n-1}}{n}x^n+\cdots$

$$=\sum_{n=1}^{\infty}\frac{(-1)^{n-1}}{n}x^n,\quad x\in(-1,1]$$

[例 2] 将 $\cos 2x$ 与 $\sin^2 x$ 展为 x 的幂级数。

解 因为 $\cos t=\sum_{n=0}^{\infty}\frac{(-1)^n}{(2n)!}t^{2n}, t\in(-\infty,+\infty)$，以 $2x$ 代换 $\cos t$ 展开式中的 t，即得：

$$\cos 2x=\sum_{n=0}^{\infty}\frac{(-1)^n}{(2n)!}(2x)^{2n}$$

$$=\sum_{n=0}^{\infty}\frac{(-1)^n\cdot 2^{2n}}{(2n)!}x^{2n},\quad -\infty<2x<+\infty$$

故：

$$\cos 2x = 1-\frac{2^2}{2!}x^2+\frac{2^4}{4!}x^4-\cdots+\frac{(-1)^n \cdot 2^{2n}}{(2n)!}x^{2n}+\cdots,\qquad x\in(-\infty,+\infty)$$

由于 $\sin^2 x=\frac{1-\cos 2x}{2}=\frac{1}{2}-\frac{1}{2}\cos 2x$，故：

$$\sin^2 x=\frac{1}{2}-\frac{1}{2}\left[1-\frac{2^2}{2!}x^2+\frac{2^4}{4!}x^4-\cdots+\frac{(-1)^n 2^{2n}}{(2n)!}x^{2n}+\cdots\right]$$

$$=x^2-\frac{1}{3}x^4+\cdots+(-1)^{n+1}\frac{2^{2n-1}}{(2n)!}x^{2n}+\cdots,\qquad x\in(-\infty,+\infty)$$

［**例 3**］　将 $\ln(2+x)$ 展开成 x 的幂级数。

解　因为 $\ln(2+x)=\ln 2\left(1+\frac{x}{2}\right)=\ln 2+\ln\left(1+\frac{x}{2}\right)$，由

$$\ln(1+t)=\sum_{n=1}^{\infty}\frac{(-1)^{n-1}}{n}t^n,\qquad -1<t\leqslant 1$$

可得：

$$\ln\left[1+\left(\frac{x}{2}\right)\right]=\sum_{n=1}^{\infty}\frac{(-1)^{n-1}}{n}\left(\frac{x}{2}\right)^n,\quad -1<\frac{x}{2}\leqslant 1, -2<x\leqslant 2$$

所以：

$$\ln(2+x)=\ln 2+\sum_{n=1}^{\infty}\frac{(-1)^{n-1}}{n\cdot 2^n}x^n,\qquad x\in(-2,2]$$

注意　本节例 3 不要展成：

$$\ln(2+x)=\ln[1+(1+x)]=\sum_{n=1}^{\infty}\frac{(-1)^{n-1}}{n}(x+1)^n$$

因为这是$(x+1)$的幂级数，不是 x 的幂级数，不合题意。

［**例 4**］　将 $\ln(1+2x-3x^2)$ 展开成 x 的幂级数。

解　因为：

$$\ln(1+2x-3x^2)=\ln(1+3x)(1-x)$$
$$=\ln(1+3x)+\ln(1-x)$$

由

$$\ln(1+t)=\sum_{n=1}^{\infty}\frac{(-1)^{n-1}}{n}t^n,\qquad -1<t\leqslant 1$$

可得：

$$\ln(1+3x)=\sum_{n=1}^{\infty}\frac{(-1)^{n-1}}{n}\cdot(3x)^n$$

$$=\sum_{n=1}^{\infty}\frac{(-1)^{n-1}\cdot 3^n}{n}x^n,\qquad -1<3x\leqslant 1$$

$$\ln[1+(-x)]=\sum_{n=1}^{\infty}\frac{(-1)^{n-1}}{n}\cdot(-x)^n$$

$$=\sum_{n=1}^{\infty}\frac{(-1)}{n}x^n,\qquad -1<-x\leqslant 1$$

所以：

$$\ln(1+2x-3x^2)=\sum_{n=1}^{\infty}\frac{(-1)^{n-1}\cdot 3^n-1}{n}x^n,\qquad x\in\left(-\frac{1}{3},\frac{1}{3}\right]$$

［例 5］ 将$\frac{1}{4-x}$展开成x的幂级数。

解 已知$\frac{1}{1-t}=\sum_{n=0}^{\infty}t^n,-1<t<1$,由于：

$$\frac{1}{4-x}=\frac{1}{4}\cdot\frac{1}{1-\left(\frac{x}{4}\right)}=\frac{1}{4}\sum_{n=0}^{\infty}\left(\frac{x}{4}\right)^n,\quad -1<\frac{x}{4}<1$$

所以：

$$\frac{1}{4-x}=\sum_{n=0}^{\infty}\frac{1}{4^{n+1}}\cdot x^n,\quad x\in(-4,4)$$

［例 6］ 将$\frac{1}{4-x}$展开成$(x-2)$的幂级数。

解 因为$\frac{1}{4-x}=\frac{1}{2-(x-2)}=\frac{1}{2}\cdot\frac{1}{1-\left(\frac{x-2}{2}\right)}$,已知：

$$\frac{1}{1-t}=\sum_{n=0}^{\infty}t^n,\quad -1<t<1$$

于是：

$$\frac{1}{1-\left(\frac{x-2}{2}\right)}=\sum_{n=0}^{\infty}\left(\frac{x-2}{2}\right)^n=\sum_{n=0}^{\infty}\frac{1}{2^n}(x-2)^n,\quad -1<\frac{x-2}{2}<1$$

所以：

$$\frac{1}{4-x}=\frac{1}{2}\sum_{n=0}^{\infty}\frac{1}{2^n}(x-2)^n=\sum_{n=0}^{\infty}\frac{1}{2^{n+1}}(x-2)^n,\quad x\in(0,4)$$

顺便再说明一下，关于幂级数求和函数，若所给幂级数恰为等比级数，那么，利用收敛的等比级数求和公式即可求得该幂级数的和函数。而当所给幂级数如果经适当变形恰可化为一个常见的函数展开式时，则我们将此展开式反过来运用，即可求得该幂级数的和函数与收敛域。

例如，欲求$\sum_{n=0}^{\infty}\frac{(-1)^n}{n}x^n$的和函数与收敛域，由于：

$$\sum_{n=1}^{\infty}\frac{(-1)^n}{n}x^n=(-1)\sum_{n=1}^{\infty}\frac{(-1)^{n+1}}{n}x^n$$

而我们已知：

$$\ln(1+x)=\sum_{n=1}^{\infty}\frac{(-1)^{n+1}}{n}x^n,\quad x\in(-1,1]$$

所以，$\sum_{n=1}^{\infty}\frac{(-1)^n}{n}x^n=-\ln(1+x)$，收敛域为$(-1,1]$.

又如，$\sum_{n=0}^{\infty}\frac{(-1)^n}{n!}x^{3n}$在$-\infty<x<+\infty$的和函数为：$e^{-x^3}$，这是因为$\sum_{n=0}^{\infty}\frac{(-1)^n}{n!}x^{3n}=\sum_{n=0}^{\infty}\frac{(-1)^n}{n!}(x^3)^n=\sum_{n=0}^{\infty}\frac{1}{n!}(-x^3)^n$，而我们已知$\sum_{n=0}^{\infty}\frac{1}{n!}t^n=e^t$，把$-x^3$视为$t$，即得$\sum_{n=0}^{\infty}\frac{1}{n!}(-x^3)^n=e^{-x^3}$.

三、幂级数在近似计算中的应用

级数知识在数值计算等方面有着广泛应用，现举例说明如何利用函数 $f(x)$ 的幂级数展开式中的部分和 $s_n(x)$ 作近似计算。

［**例 7**］ 计算数 e 的近似值。

解 由 e^x 的幂级数展开式：

$$e^x = 1 + x + \frac{1}{2!}x^2 + \frac{1}{3!}x^3 + \cdots + \frac{1}{n!}x^n + \cdots, \qquad x \in (-\infty, +\infty)$$

取 $x = 1$，得 $e = 1 + 1 + \frac{1}{2!} + \frac{1}{3!} + \cdots + \frac{1}{n!} + \cdots$.

若以前 9 项($n = 8$) 之和作为 e 的近似值，则：

$$e \approx 1 + 1 + \frac{1}{2!} + \cdots + \frac{1}{8!} \approx 2.718\ 279$$

n 愈大，精确度愈高。

［**例 8**］ 求积分$\int_0^{0.2} e^{-x^2}\,dx$ 的近似值。

解 由于$\int e^{-x^2}\,dx$ 积不出，故定积分$\int_0^{0.2} e^{-x^2}\,dx$ 不能直接利用牛顿—莱布尼兹公式来求得其值。

现在，我们可以利用级数来求这个定积分的近似值。

因为被积函数 e^{-x^2} 可展开成 x 的幂级数：

$$\begin{aligned} e^{-x^2} &= \sum_{n=0}^{\infty} \frac{1}{n!}(-x^2)^n \\ &= 1 - x^2 + \frac{1}{2!}x^4 - \frac{1}{3!}x^6 + \cdots, \qquad x \in (-\infty, +\infty) \end{aligned}$$

所以：

$$\begin{aligned} \int_0^{0.2} e^{-x^2}\,dx &= \int_0^{0.2}\left(1 - x^2 + \frac{x^4}{2!} - \frac{x^6}{3!} + \cdots\right)dx \\ &= \left[x - \frac{x^3}{3} + \frac{x^5}{5 \cdot 2!} - \frac{x^7}{7 \cdot 3!} + \cdots\right]_0^{0.2} \\ &= 0.2 - \frac{(0.2)^3}{3} + \frac{(0.2)^5}{10} - \frac{(0.2)^7}{42} + \cdots \end{aligned}$$

取前三项之和作近似：

$$\int_0^{0.2} e^{-x^2}\,dx \approx 0.2 - \frac{(0.2)^3}{3} + \frac{(0.2)^5}{10} \approx 0.197\ 4$$

附　录

在这里只简要地介绍本课程用到的一些集合知识及罗列最常用的初等数学知识。

一、集合简介

1. 集合的概念

具有某种共同性质的一些被研究对象的全体称为**集合**。组成某一集合的那些对象，称为这个集合的**元素**。元素可以是抽象的也可以是具体的。在高等数学中所研究的集合主要是数的集合（数集）和点的集合（点集）。

通常用大写英文字母 $A,B,C,\cdots$ 表示集合，小写字母 $a,b,c,\cdots$ 表示集合的元素。如果 a 是集合 A 的元素，则记作 $a\in A$，读作"a 属于 A". 如果 a 不是集合 A 的元素，则记作 $a\bar{\in} A$（或 $a\notin A$），读作"a 不属于 A".

2. 集合的表示

集合通常用列举法和描述法表示。

列举法就是把集合的元素一一列举出来，并用花括号{　}括起来。

例如，$A=\{a,b,c,d,e\}$ 表示由 a,b,c,d,e 这五个元素构成的集合 A.

规定花括号内的元素不必重复，并且元素排列的顺序是无关的。例如，$\{a,b,c\}$，$\{a,c,b\}$，$\{b,c,a\}$ 是同一集合，而 $\{a,a,b,c\}$ 与 $\{a,b,b,c,c\}$ 只要表示为 $\{a,b,c\}$ 即可。

描述法的一般形式为 $A=\{x\mid p(x)\}$，其中，x 表示元素，$p(x)$ 表示元素 x 具有性质 p. 也就是说具有性质 p 的所有元素组成集合 A.

例如，$A=\{x\mid -1<x<1\}$ 表示介于 -1 与 1 之间的所有实数组成的集合。又如 $B=\{(x,y)\mid x^2+y^2=1\}$ 表示 xOy 平面上单位圆周上的点组成的集合。

例　全体实数构成的数集记作 $\boldsymbol{R}$，即：

$$\boldsymbol{R}=\{x\mid x\text{ 为实数}\}$$

全体自然数组成的数集记作 $\boldsymbol{N}$，即：

$$\boldsymbol{N}=\{n\mid n\text{ 为自然数}\}$$

根据集合的所含元素是有限个还是无穷多个，可分为**有限集**和**无限集**。例如，$A=\{a,b,c\}$ 为有限集，而实数集 $\boldsymbol{R}$ 和自然数集 $\boldsymbol{N}$ 都是无限集。

特别地，把不含任何元素的集合叫作空集，记为 $\varnothing$，例如，"方程 $x^2+3=0$ 的实根"的集合就是一个空集。至少含有一个元素的集合称为**非空的**集合。

3. 集合之间的关系

如果集合 A 的每一个元素都是集合 B 的元素，则称集合 A 是集合 B 的一个**子集**。记作：

$$A\subset B\text{ 或 }B\supset A$$

读作"A 包含于 B"或"B 包含 A".

例如，自然数集 $\boldsymbol{N}$ 是实数集 $\boldsymbol{R}$ 的子集。空集 $\varnothing$ 是任何集合的子集，即 $\varnothing\subset A$.

如果 $A\subset B$ 且 $B\supset A$，则称集合 A 和 B **相等**，记作 $A=B$.

两个相等的集合含有相同的元素；否则就称 A 与 B 不相等，记作 $A\neq B$.

由集合 A 和 B 的所有元素合并在一起组成的集合，称为 A 和 B 的**并集**，记作 $A\cup B$，即：

$$A\cup B=\{x\mid x\in A\text{ 或 }x\in B\}$$

由集合 A 和 B 的所有公共元素组成的集合，称为 A 和 B 的**交集**，记作 $A\cap B$，即：

$$A\cap B=\{x\mid x\in A\text{ 且 }x\in B\}$$

例如，设 $A=\{0,1,2,3,4\}$，$B=\{3,4,5,6\}$，$C=\{5,8,9\}$，则：

$$A \cup B = \{0,1,2,3,4,5,6\}$$
$$A \cap B = \{3,4\}$$
$$A \cap C = \varnothing$$
$$(A \cup C) \cap B = \{3,4,5\}$$

例 单项选择：下列集合中为空集的是( )。

A. $\{x \mid x < 1 \text{ 且 } x \geqslant 0\}$ B. $\{x \mid x + 1 = 0\}$

C. $\{x \mid x^2 + 1 = 0, x \text{ 为实数}\}$ D. $\{x \mid x > 0 \text{ 且 } x < 1\}$

解 应选(C).

因为 $\{x \mid x < 1 \text{ 且 } x \geqslant 0\} = \{x \mid 0 \leqslant x < 1\}$、$\{x \mid x + 1 = 0\} = \{-1\}$、$\{x \mid x > 0 \text{ 且 } x < 1\} = \{x \mid 0 < x < 1\}$ 均为非空集合。而 x 为实数时，$x^2 + 1 \geqslant 1 \neq 0$，即 $x^2 + 1 = 0$ 无实根，$\{x \mid x^2 + 1 = 0, x \text{ 为实数}\} = \varnothing$.

二、初等数学基础知识简介

1. 常用的初等代数知识

(1) 实数的系统表。

- 实数
  - 有理数（有限小数和无限循环小数）
    - 正有理数
      - 正整数
      - 正分数
    - 零
    - 负有理数
      - 负整数
      - 负分数
  - 无理数（无限不循环小数）
    - 正无理数
    - 负无理数

每一个有理数都可用分数形式 $\dfrac{p}{q}$（p, q 为整数，$q \neq 0$）表示。

(2) 绝对值。

① 定义：实数 a 的绝对值 $|a| = \sqrt{a^2} = \begin{cases} a, & a \geqslant 0 \\ -a, & a < 0 \end{cases}$；

② 运算：$|a \cdot b| = |a| \cdot |b|$；

$$\left|\frac{a}{b}\right| = \frac{|a|}{|b|} \ (b \neq 0).$$

③绝对值不等式：

$$|a+b| \leqslant |a| + |b|;\ |a-b| \geqslant |a| - |b|;$$

设常数 $k > 0$，则

$$|a| \leqslant k \Leftrightarrow -k \leqslant a \leqslant k,$$
$$|a| \geqslant k \Leftrightarrow a \leqslant -k \text{ 或 } a \geqslant k.$$

(3) 整式的乘法公式和因式分解公式：

$(x+a)(x+b) = x^2 + (a+b)x + ab$；

$a^2 - b^2 = (a+b)(a-b)$；

$a^3 \pm b^3 = (a \pm b)(a^2 \mp ab + b^2)$；

$a^n - b^n = (a-b)(a^{n-1} + a^{n-2} \cdot b + \cdots + ab^{n-2} + b^{n-1})$；

$(a \pm b)^2 = a^2 \pm 2ab + b^2$；

$(a \pm b)^3 = a^3 \pm 3a^2 b + 3ab^2 \pm b^3$；

$$(a+b)^n = a^n + n a^{n-1} \cdot b + \frac{n(n-1)}{2} a^{n-2} \cdot b^2 + \cdots + \frac{n(n-1)\cdots(n-k+1)}{k!} a^{n-k} b^k + \cdots + b^n.$$

(4) 二次方程的求根公式。

设二次方程 $ax^2+bx+c=0(a\neq 0)$，称 $\Delta=b^2-4ac$ 为二次方程判别式。

当 $\Delta>0$ 时，方程有两不相等的实根：$x_{1,2}=\dfrac{-b\pm\sqrt{b^2-4ac}}{2a}$；

当 $\Delta=0$ 时，方程有两个相同的实根(二重根)：$x_1=x_2=-\dfrac{b}{2a}$；

当 $\Delta<0$ 时，方程无实根。

(5) 指数。

① 定义：

$$a^n=\underbrace{a\cdot a\cdot a\cdots a}_{n个},(a\neq 0)$$

a 为底数；n 为指数；$a^0=1$；$a^{-n}=\dfrac{1}{a^n}$；$a^{\frac{m}{n}}=\sqrt[n]{a^m}(a\geqslant 0)$；$a^{-\frac{m}{n}}=\dfrac{1}{\sqrt[n]{a^m}}(a>0)$；$n$、$m$ 均为正整数。

② 运算法则：

$$a^m\cdot a^n=a^{m+n};a^m\div a^n=a^{m-n}$$

$$(ab)^n=a^n\cdot b^n;(a^n)^m=a^{nm}$$

其中，$a>0,b>0,n、m$ 为任意实数。

(6) 对数。

① 定义：若 $a^b=N(a>0,a\neq 1)$，则 b 称为以 a 为底 N 的对数，记作 $\log_a N=b$(N 称为以 a 为底 b 的真数)。以 10 为底的对数称为常用对数，记作 $\lg N$；以无理数 e(e = 2.718 28…) 为底的对数称为自然对数，记作 $\ln N(N>0)$。

② 性质：$a^{\log_a N}=N$； $\log_a a^b=b$；$\log_a a=1$；$\log_a 1=0$。

③ 运算法则：

$$\log_a(x\cdot y)=\log_a x+\log_a y(x>0,y>0)$$

$$\log_a\frac{x}{y}=\log_a x-\log_a y$$

$$\log_a x^n=n\log_a x$$

$$\log_a\sqrt[n]{x}=\frac{1}{n}\log_a x(n\text{为大于 1 的自然数})$$

④ 换底公式：$\log_a N=\dfrac{\log_b N}{\log_b a}$

(7) 数列。

① 等差数列：$a_1,a_1+d,a_1+2d,\cdots$(公差为 d).

通项公式 $a_n=a_1+(n-1)d$.

前 n 项之和公式 $s_n=\dfrac{(a_1+a_n)n}{2}=na_1+\dfrac{n(n-1)d}{2}$，例如，$1+2+3+\cdots+n=\dfrac{n}{2}(n+1)$.

② 等比数列：$a_1,a_1q,a_1q^2,\cdots$(公比为 q).

通项公式 $a_n=a_1q^{n-1}$.

前 n 项之和公式 $s_n=\dfrac{a_1(1-q^n)}{1-q}(q\neq 1)$.

2. 特殊角的三角函数值及常用的三角函数关系式

三角函数对角的度量通常采用弧度制，即 $180°=\pi$ 弧度。并规定按逆时针方向转动的角为正角。几个常见的特殊角及其对应的弧度数见下表：

角度	0°	30°	45°	60°	90°	180°	270°	360°
弧度	0	$\frac{\pi}{6}$	$\frac{\pi}{4}$	$\frac{\pi}{3}$	$\frac{\pi}{2}$	π	$\frac{3\pi}{2}$	2π

特殊角的三角函数值如下表所示：

x	$\sin x$	$\cos x$	$\tan x$	$\cot x$
0	0	1	0	不存在
$\frac{\pi}{6}$	$\frac{1}{2}$	$\frac{\sqrt{3}}{2}$	$\frac{\sqrt{3}}{3}$	$\sqrt{3}$
$\frac{\pi}{4}$	$\frac{\sqrt{2}}{2}$	$\frac{\sqrt{2}}{2}$	1	1
$\frac{\pi}{3}$	$\frac{\sqrt{3}}{2}$	$\frac{1}{2}$	$\sqrt{3}$	$\frac{\sqrt{3}}{3}$
$\frac{\pi}{2}$	1	0	不存在	0
π	0	-1	0	不存在
$\frac{3\pi}{2}$	-1	0	不存在	0
2π	0	1	0	不存在

常用的三角函数关系式如下：

$$\sin x \cdot \csc x = 1,\quad \cos x \cdot \sec x = 1,\quad \tan x \cdot \cot x = 1$$

$$\frac{\sin x}{\cos x} = \tan x, \frac{\cos x}{\sin x} = \cot x$$

$$\sin^2 x + \cos^2 x = 1,\quad \tan^2 x + 1 = \sec^2 x,\quad \cot^2 x + 1 = \csc^2 x$$

$$\sin 2x = 2\sin x \cdot \cos x$$

$$\cos 2x = \cos^2 x - \sin^2 x = 2\cos^2 x - 1 = 1 - 2\sin^2 x$$

3. 初等几何的常用公式

(1) 矩形、三角形、梯形面积。

① 长为 a，宽为 b 的矩形面积 $S = a \cdot b$.

特别地，边长为 a 的正方形面积 $S = a^2$.

② 设三角形的底和高分别是 a 和 h，则三角形面积：

$$S = \frac{1}{2} a \cdot h$$

③ 设梯形的上、下底分别是 a 和 b，高是 h，则面积：

$$S = \frac{1}{2}(a+b) \cdot h$$

(2) 圆的周长和面积。

以 R 为半径的圆，周长 $C = 2\pi R$，面积 $S = \pi R^2$.

(3) 正圆柱和正圆锥的体积。

① 底半径为 R，高为 h 的圆柱体体积 $V = \pi R^2 \cdot h$.

② 底半径为 R，高为 h 的正圆锥体体积：

$$V = \frac{1}{3}\pi R^2 \cdot h$$

(4) 球的表面积和体积。

以 R 为半径的球，表面积 $S = 4\pi R^2$，体积 $V = \frac{4}{3}\pi R^3$.

4. 平面解析几何简介

(1) 直线。

① 直线的倾角和斜率。

直线 l 的倾角 α 是指 l 向上方向与 x 轴正向所成之最小正角[见附录图(1)].

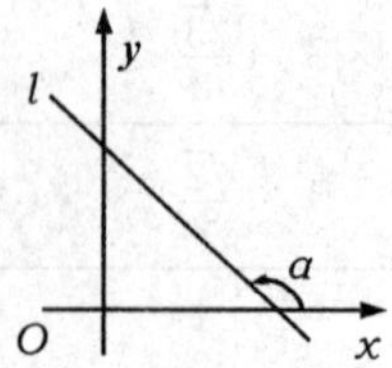

附录图(1)

例如，平行于 x 轴的直线 l 的倾角 $\alpha = 0$；垂直于 x 轴的直线 l 的倾角 $\alpha = \frac{\pi}{2}$.

直线 l 的斜率 $k = \tan\alpha(\alpha \neq \frac{\pi}{2})$.

显然，当 α 为锐角时，$k > 0$；当 α 为钝角时，$k < 0$，当 $\alpha = 0$ 时，$k = 0$.

② 直线方程的几种形式。

点斜式：

过定点 $P_0(x_0, y_0)$，斜率为 k 的直线 l 的方程为：

$$y - y_0 = k(x - x_0)$$

斜截式[见附录图(2)]：

已知直线 l 的斜率为 k，在 y 轴上截距为 b，则 l 的方程为：

$$y = kx + b$$

其中，$k = \tan\alpha$.

两点式：

过定点 $P_1(x_1, y_1)$ 和 $P_2(x_2, y_2)$ 的直线 l[见附录图(3)] 的方程为：

$$(y - y_1)(x_2 - x_1) = (x - x_1)(y_2 - y_1)$$

截距式[见附录图(4)]：

若直线 l 在 x 轴和 y 轴上的截距分别为 a 和 b，则 l 的方程为：

$$\frac{x}{a} + \frac{y}{b} = 1$$

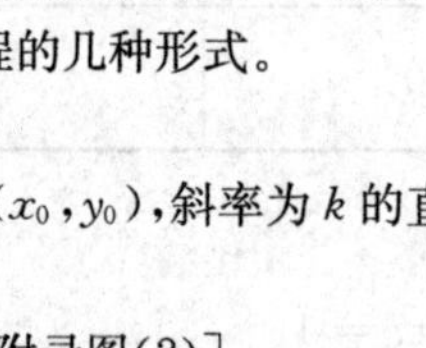

附录图(2)

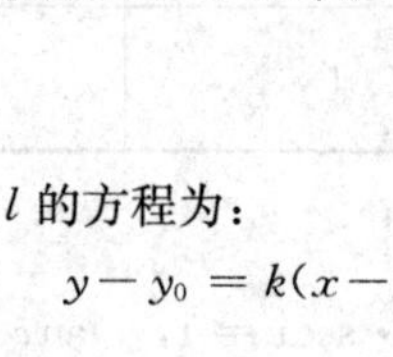

附录图(3)

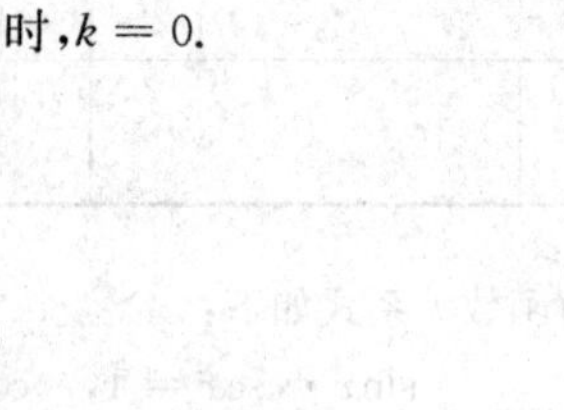

附录图(4)

此外，还有几种特殊的直线方程，如 $y = kx$ 表示斜率为 k 且过原点的直线；$y = b$ 表示平行于 x 轴且过点 $(0, b)$ 的直线；$x = a$ 表示垂直于 x 轴且过点 $(a, 0)$ 的直线。

③ 两直线平行和垂直的条件。

设两直线为：

$$l_1: y = k_1x + b_1$$
$$l_2: y = k_2x + b_2$$

若 $k_1 = k_2$，则 l_1 与 l_2 平行；若 $k_1 \cdot k_2 = -1$，则 l_1、l_2 互相垂直。

(2) 二次曲线。

① 圆。

以点 (a,b) 为圆心，半径为 R 的圆［如附录图(5) 所示］的方程为：

$$(x-a)^2 + (y-b)^2 = R^2$$

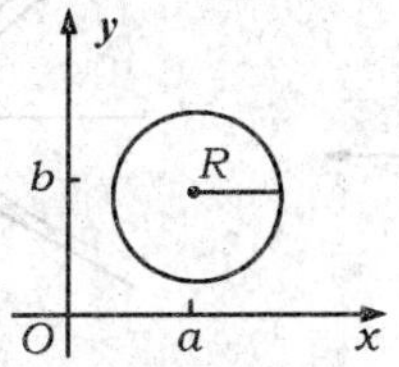

附录图(5)

特别地，以原点 $(0,0)$ 为圆心，半径为 R 的圆［如附录图(6) 所示］，其方程为：

$$x^2 + y^2 = R^2$$

以 (R,O) 为圆心，半径为 R 的圆［如附录图(7) 所示］，其方程为：

$$(x-R)^2 + y^2 = R^2$$

即

$$x^2 + y^2 = 2Rx$$

以 (O,R) 为圆心，半径为 R 的圆［如附录图(8) 所示］，其方程为：

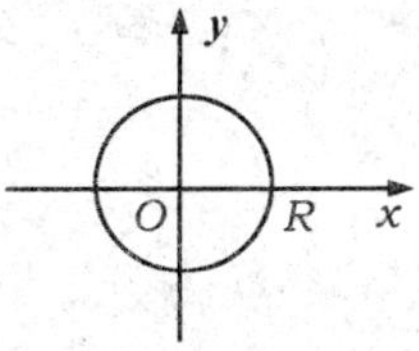

附录图(6)

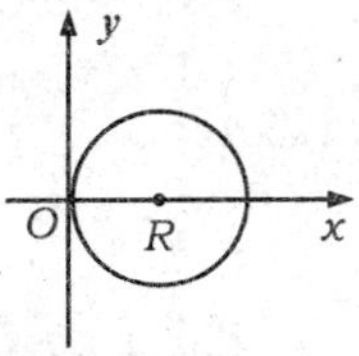

附录图(7)

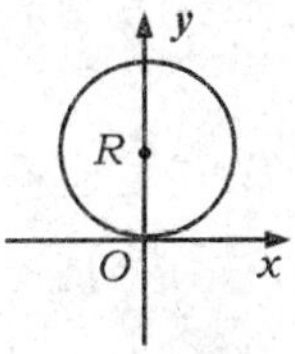

附录图(8)

$$x^2 + (y-R)^2 = R^2$$

即

$$x^2 + y^2 = 2Ry$$

② 抛物线。

方程 $y = ax^2 (a > 0)$ 的图形为开口向上，且以点 $(0,0)$ 为顶点的抛物线［如附录图(9) 所示］。

方程 $x = ay^2 (a > 0)$ 的图形为开口向右，顶点为 $(0,0)$ 的抛物线［如附录图(10) 所示］。

此外，如 $y = -x^2$ 为开口向下的抛物线，$x = -2y^2$ 为开口向左的抛物线。

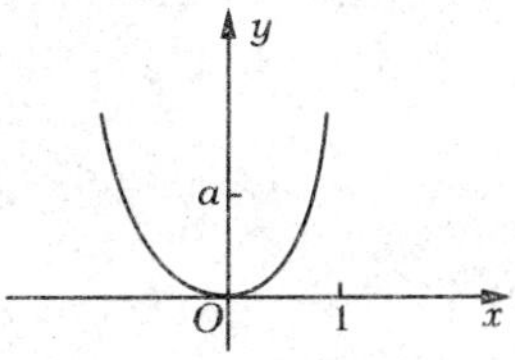

附录图(9)

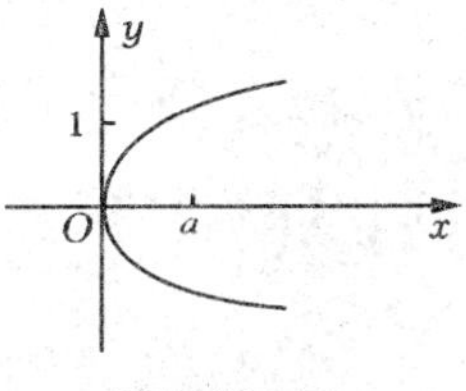

附录图(10)

③ 椭圆。

以原点 $(0,0)$ 为中心，以 a 为长半轴、b 为短半轴的椭圆［如附录图(11) 所示］的方程为：

$$\frac{x^2}{a^2}+\frac{y^2}{b^2}=1$$

④ 双曲线。

方程

$$\frac{x^2}{a^2}-\frac{y^2}{b^2}=1$$

表示以点$(a,0)$及$(-a,0)$为顶点，以$y=\frac{b}{a}x$、$y=-\frac{b}{a}x$为渐近线的双曲线[如附录图(12)所示]。

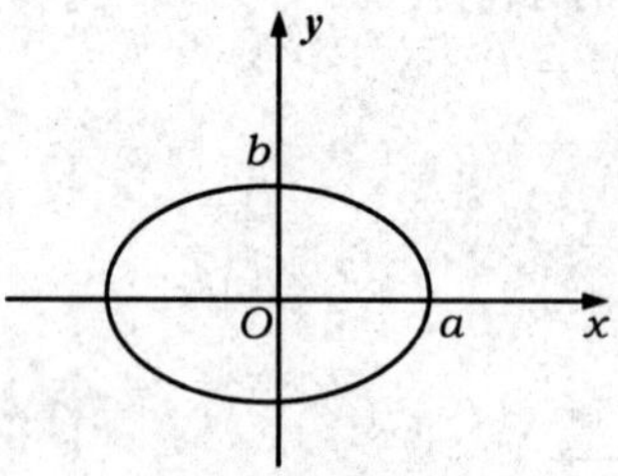

附录图(11)

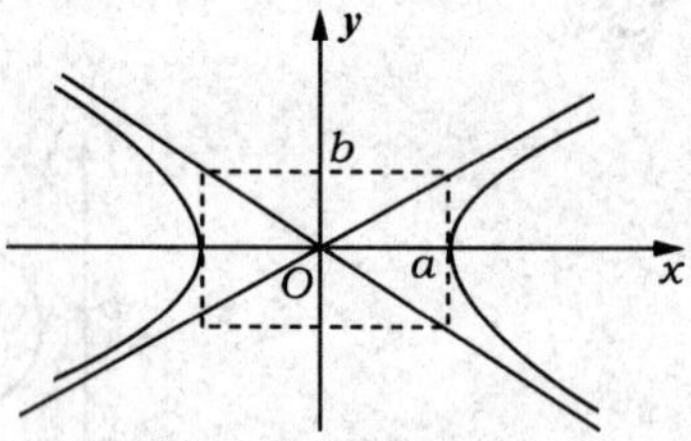

附录图(12)